TURRIS FORTISSIMA DEUS
MATTHÆUS FRANCISCUS GEOFFROY
Pharmacopoeorum Parisiensium antiquior
Præfectus, Ædilis & Consul

LE NOVVEAV ET SÇAVANT MARESCHAL

Qui Enseigne à connoistre toutes les Maladies des Cheuaux, et la maniere de les guerir en peu de temps

ENSEMBLE VN NOVVEAV TRAITÉ DV *HARAS pour esleuer de beaux et bons Cheuaux auec vn nouuel Art de les bien embouscher, le tout Enrichi de figures.*

LE NOVVEAV
ET SÇAVANT
MARESCHAL,
DV SIEVR DE MARKAM,

DANS LEQVEL EST TRAITE' DE LA COMPOSITION, DE LA NATVRE, DES QVALITEZ, PERFECTIONS ET DEFAVTS DES CHEVAVX.

Plus les Signes de toutes les Maladies & des Bleſſures qui leur peuuent arriuer, auec la Methode de les guerir parfaitement, par le moyen des Remedes certains, & approuuez des plus habiles Mareſchaux de l'Europe. Comme auſſi la maniere de les conſeruer en ſanté dans les longues fatigues ; en quel Temps & Saiſon on les doit ſaigner, purger & les mettre à l'herbe.

L'ANATOMIE DV CORPS DV CHEVAL, AVEC LES FIGVRES.

Vn Nouueau Traité du Haras, qui enſeigne le moyen d'éleuer de tres-beaux & bons Cheuaux ; la maniere de les emboucher, ſelon les Mords les plus vſitez, qui ſont repreſentez en ce Liure. La Nature, la Qualité, & les Effets des Médicamens.

Les Ruſes que les Marchands de Cheuaux employent pour cacher les Defauts que peut auoir vn Cheual qu'ils expoſent en vente, & le moyen de les découurir.

Et vn excellent Traité pour bien ferrer & rétablir les méchans Pieds, & conſeruer les bons, ſur le deſſein de pluſieurs Fers inuentez ſur ce ſujet. La maniere de les fabriquer & appliquer.

A PARIS,

Chez I. BAPTISTE LOYSON, au Palais vis à vis le Premier Pilier de la Grand' Salle, du coſté de S. Barthelemy, à la Croix d'Or.

AVEC PRIVILEGE DV ROY.

DEFENSE

DE LA TRADVCTION DV NOVVEAV & Sçauant Mareſchal du Sieur de Markam,

CONTRE

L'AVIS IMPORTANT DE L'AVTHEVR du Parfait Mareſchal.

L'AVTHEVR du Parfait Mareſchal, enflé de la bonne opinion qu'il a de ſa perſonne, s'eſt folement imaginé qu'il ne pouuoit rien produire qui ne fuſt *veritablement parfait*, ou d'vne grande *importance*: C'eſt pourquoy il a donné le titre de veritable *Parfait Mareſchal* à ſon Liure; & ne pouuant ſouffrir aucun qui veüille encherir ſur luy, ou ſeulement marcher à ſes coſtez, il ne peut retenir ou diſſimuler la violence de ſa paſſion, qui l'emporte au delà de toute raiſon; ce qui a fait qu'ayant veu paroiſtre au jour depuis peu le *Nouueau & Sçauant Mareſchal du ſieur MarKam* en noſtre Langue, il n'a pû s'empeſcher de faire éclater l'enuie qui le ronge, en adjouſtant à ſon Liure *vn Auis* qu'il appelle *important ſur la Traduction du MarKhame, nommée le Nouueau & Sçauant Mareſchal.* Il me ſouuient d'Hortenſius dans l'Hiſtoire Comique de Francion, lequel s'imaginant eſtre vn grand Roy, vouloit qu'on redigeaſt par écrit tout ce qu'il diſoit, comme autant d'Oracles & d'admirables Sentences, & croyoit que tout ce qu'il proferoit eſtoit autant d'apophtegmes; car c'eſt à peu prés la meſme choſe que fait ce donneur d'auis, dans lequel il louë hautement ſon Ouurage, & vante l'eſtime & la reputation qu'il s'eſt acquiſe, foulant aux pieds toutes les productions des autres, & déclamant injurieuſement contre le Traducteur de Markam, qui l'auoit obligé de la belle maniere, en luy donnant des loüanges dans ſa Preface, qui meritoient plutoſt des remerciemens, que les inuectiues qu'il a fait contre luy en des termes ſi vils & ſi populaires, qu'il merite pluſtoſt vn mépris qu'vne replique. On y voit des pensées & des expressions si pueriles, qu'elles font pitié, & donnent sujet de rire en mesme temps, comme lors qu'il veut faire croire au Lecteur que le Traducteur de Markam a eu dessein d'imiter son Liure en toutes choses ; il dit, *que pour acheuer ce dessein, il deuoit mettre vn nom qui se terminast comme le sien, de mesme que l'on voit à Paris que pour confondre l'Enseigne du Pauillon, on a mis tout contre celle du Papillon ; ou bien Flamine auprés de Carmeline.* Sans parler dauantage de la vanité de cét Autheur, qui ne croit pas que rien puisse estre recommandable, s'il ne porte son nom ; i'ay honte de ses comparaisons si triuiales, qui seroient plus estimées en la Place aux Veaux, ou au Marché-neuf, qu'au Palais.

N'a-t'il pas bonne grace, quand il dit, *que le Liure de Markam est composé pour l'Angleterre, & qu'il peut estre bon en ces Pays-là ; mais comme leur climat est absolument different du nostre, leur façon de nourrir & médicamenter les Cheuaux est fort differente & mesme opposée à la nostre.* C'est icy que l'Autheur du parfait Mareschal court risque de passer pour vn *Vendeur de Mithridat* : car qui ne sçait que les regles generales de la Medecine sont les mesmes par tout, & qu'encore qu'Hippocrate ait pratiqué la Medecine en l'Isle de Coos, & en d'autres lieux de la Grece ; neantmoins on ne laisse pas de reconnoistre tous les jours en France, & ailleurs, la verité de ses maximes, qu'il a establie sur les Obseruations qu'il auoit faites ? Il en est de mesme touchant la methode de traiter & médicamenter les Cheuaux : il se peut faire que la difference sera pour quelques remedes particuliers qui auront esté éprouuez plutost de l'vn que de l'autre, tels qu'on peut trouuer dans Markam, qui ont esté reconnus excellens par l'experience qu'en ont fait plusieurs & differens Autheurs tant anciens que nouueaux, soit dans les Voyages qu'ils ont fait, soit dans leur Pays mesme ; de sorte qu'on ne peut pas dire auec justice que le Liure de Markam n'est bon que pour l'Angleterre : D'ailleurs il y a en France des Cheuaux qui viennent de diuers endroits hors du Royaume, comme d'Espagne, de Hollande, de Pologne, d'Angleterre, & d'autres lieux de l'Europe, lesquels doiuent estre traittez selon la maniere du Climat où ils ont esté éleuez, si la maxime de l'Autheur de l'Auis important a lieu : Ainsi il se trouuera que le Liure de Markam apportera vne grande vtilité en France aussi bien qu'en Angleterre. Que s'il falloit suiure ses sentimens, il faudroit renuoyer ces Cheuaux en leur Pays natal pour guerir, lors qu'ils deuiennent malades en France. Cela fait voir que c'est luy-mesme qui *se tourne en ridicule.*

Si les Instrumens des Mareschaux d'Angleterre ne sont pas vsitez en France, la representation & la figure que nous en auons faite ne sera pas infructueuse & inutile, soit pour contenter la curiosité de ceux qui n'ont pas voyagé en ce Pays, & qui ne les ont pas veus, soit pour en inuenter de meilleurs, soit pour choisir ceux que l'on jugera les plus conuenables.

Mais comme l'Autheur du veritable Parfait Mareschal est vn sujet digne d'imiter, s'il le faut croire, ie crois qu'il me sera permis de me seruir de comparaisons tirées du vulgaire comme luy, & plus propres pour le Palais, que celles qu'il employe : Comme donc on ne peut pas dire auec raison, qu'à cause qu'il se fait de bon Ruban à Paris, il ne s'en fasse d'aussi bon ailleurs, ou qu'il n'en puisse venir de meilleur d'Angleterre; de mesme l'Autheur du Parfait Mareschal ne doit pas tant présumer de son Liure, qu'il puisse faire croire à tout le monde qu'il n'y en ait point de pareil, ou que l'on ne puisse rien produire ailleurs en cette matiere, qui ne soit au dessous de luy.

Il accuse l'Autheur de la Traduction d'y auoir mal trauaillé ; mais comment est-il capable d'en juger, luy qui ne sçait pas la Langue Angloise ? Et pour faire voir qu'il parle auec passion, c'est que tantost il accuse le Traducteur d'obscurité, tantost il en accuse Markam, disant *qu'il faut estre consommé dans les maladies des Cheuaux pour y entendre quelque chose, car il embarasse plus le Lecteur qu'il ne luy donne de lumiere.* On voit clairement qu'il ne sçait à qui se prendre, & qu'il veut jetter de la poudre aux yeux du Lecteur pour l'éblouir ; comme aussi il est aisé de reconnoistre qu'il tombe sans y penser, dans vne contradiction, quand il dit dans cet Auis, *qu'il auouë ingenuëment que Markam est sçauant* ; & dans la Preface qu'il a mise au frontispice de son Liure, il dit, *que Markam a exposé la cure des maladies des Cheuaux auec beaucoup d'exactitude*, qui sont des éloges qui ne s'accordent gueres auec l'obscurité que depuis il luy impute; puis que la Science est vne connoissance claire & certaine, & que l'obscurité est plutost vn effet de la confusion que de l'exactitude.

En suite il se ruë comme vn furieux sur tout ce qu'il rencontre sans discernement. Il dit, *que le Traducteur louë les actions des Cheuaux fort communes, & qui ne sont aucunement dignes de loüanges, qu'il parle des Cheuaux en meschans termes, & qui sont peu en vsage parmy ceux qui font le mestier.* Il parle icy comme vn insensé qui blâme & reprend le Traducteur en general, sans prouuer ce qu'il met en auant. Ne deuoit-il pas dire quelles sont ces actions si peu dignes de loüanges, ausquelles le Traducteur s'arreste ? C'est peut-estre de porter ou traisner des fardeaux : mais le Lecteur reconnoistra que l'intention du Traducteur n'est autre dans cette Preface, que d'étaler les vtilitez & commoditez que le Cheual nous procure, pour nous obliger de prendre soin de sa conseruation : Ie ne crois pas qu'il y ait rien digne de reprehension en tout ce Discours, & que le Traducteur ait parlé des Cheuaux en si mauuais termes qu'il dit, puis que l'Auis important n'en specifie aucun.

Il se plaint de ce que le Traducteur en sa Preface, *l'accuse de n'auoir pas donné les signes pour connoistre les maladies.* Il deuoit pour rapporter la chose comme elle est, adjouster *exactement.* En cela on peut dire auec verité que le Traducteur n'a rien dit qu'il ne fust vray.

Il se plaint encore qu'on l'accuse *de n'auoir point gardé d'ordre en son Liure*: mais qu'est-il besoin de montrer que ce reproche est fait auec justice ; puis que le Traducteur luy en fait voir des exemples en sa Preface, ausquels il n'a rien répondu ? Il dit en son Auis important, *qu'il a commencé les maladies par le bout du nez.* Ie demande si le Lampas par lequel il commence au chap. 20. pag. 174. est vne maladie du bout du nez, comme aussi les barbes ou barbillons dont il traitte en suite. Ie demande encore, si c'est obseruer vn bon ordre, que de traiter des tranchées qui sont maladies des boyaux au chapitre

35. 36. 37. 38. 39. 40. 41. & de traiter en suite du Vertige, qui est vne maladie du cerueau au chap. 42. Quoy que l'Autheur du Parfait Mareschal soit braue, ie ne crois pas qu'il puisse parer ce coup.

Il y auroit plus de sujet de se plaindre de ce qu'il blâme le Traducteur, ou le Libraire, d'auoir emprunté quelque chose de Monsieur de Pluuinel & de Charnisait touchant les embouchures, & de l'auoir adjousté au Liure de Markam pour rendre son Liure plus accomply, & plus capable de satisfaire aux necessitez d'vn chacun, principalement de ceux qui n'ont pas fait vn grand amas de Liures, ou qui sont éloignez des grandes Villes pour les acheter; puis qu'il n'estoit pas necessaire de nommer ces Autheurs qui sont assez connus d'vn chacun, desquels on auoit tiré ce qui estoit le plus necessaire & vtile sur ce suiet; mais quel mal peut-il y auoir en cela? veu que luy-mesme dans son Epistre au Lecteur confesse qu'il a pris du Liure de Monsieur le Marquis de Nieucastle, ce qu'il a dit du Haras; Et en la pag. 325. au ch. 80. il insere de mot à mot ce qu'il a leu dans vn Liure imprimé à Poitiers pour la guerison des morsures des Bestes enragées, & employe les pages 325. 326. 327. & 328. à transcrire ou copier ce qui est dans ce Liure. Ce n'est pas que ie le veüille blâmer pour ce sujet : mais ie trouue fort étrange qu'il veüille condamner en autruy ce que luy-mesme pratique.

En voicy vne autre preuue à laquelle il n'y a point de replique. Il se plaint dans cet Auis, *que le Traducteur l'a imité & l'a contrefait en tout*, comme si son Liure estoit vn fort beau modele : Mais que dira-t'il, quand nous luy ferons ce reproche auec plus de sujet, d'auoir fait imprimer & mettre en la teste de son Liure vne feuïlle dattée de l'année 1666. en la place de l'autre qui estoit de l'année 1664. pour faire croire que son Liure est nouueau, à ceux qui demandent le Nouueau & Sçauant Mareschal? Ainsi cet Autheur, malgré luy, passera pour vn vray Singe.

Pour faire voir qu'il n'est pas infaillible, comme il s'imagine, il faut que ie marque encore quelques obseruations que i'ay faites en parcourant le Liure du Mareschal Parfait, en attendant que i'en fasse vne Critique entiere, si l'occasion s'en presente.

Il dit dans sa Preface au Lecteur, *qu'il y a des maux qui s'irritent par les remedes, à cause qu'ils sont entretenus par des intemperies, & par l'irritation de l'archée, quelquefois aussi par vne abondance d'humeurs.* C'est icy qu'on peut dire qu'il parle d'vne matiere qu'il n'entend pas ; car dans les maladies qui s'irritent contre les remedes, il faut chercher autre chose que l'intemperie & l'abondance d'humeurs qui soit cause de leur rebellion ; autrement toutes les maladies causées d'intemperie & d'abondance d'humeurs, ne cederoient pas aux remedes ordinaires. Il faut donc dire qu'il y a dans ces maladies vne qualité maligne, laquelle ne peut estre surmontée par ces remedes, & que le vray caractere de cette malignité est l'irritation de ces maladies contre les remedes : cela se peut remarquer au Cancer, & autres maladies semblables.

En la page 145. au chap. 16. il veut faire paroistre qu'il a oüy parler de l'Anatomie nouuellement reformée ; mais il n'a pas bien suiuy ou entendu les memoires qu'on luy a fournis. Il dit en parlant du Chyle : *Cette matiere blanche est portée par des canaux qu'on appelle veines lactées, iusques dans vn tronc plus spacieux qui s'étend depuis les reins, le long de l'épine du dos, jusques au haut de la poitrine, & se dégorge par plusieurs ouuertures dans les rameaux de la grosse veine, où elle se fourche pour se distribuer dans le col & dans les épaules.* Il deuoit dire: Cette matiere blanche est portée par des canaux qu'on appelle veines lactées iusques dans vn receptacle, ou reseruoir, d'où sort vn canal qui monte en haut depuis les reins le long de l'épine du dos, & se va inserer par plusieurs branches dans la veine sousclauiere, qui est vn rameau de la veine-caue par laquelle cette matiere est portée dans le ventricule droit du cœur : car c'est ainsi que cette distribution se fait. Il dit en suite que Olaus Rudbek est le premier qui a trouué ces canaux dans des Chiens, dérobant à Monsieur Pecquet la gloire qui luy est legitimement deuë, lequel aprés auoir dissequé plusieurs Chiens viuans, a fait le premier cette heureuse découuerte, quoy que Bartholomeus Eustachius enuiron cent ans auparauant l'ait remarquée dans vn Cheual : mais il l'a décrite si obscurement, qu'on ne s'en estoit point apperceu. Rudbek ne se glorifie d'autre chose, que d'auoir trouué les veines qu'on appelle Lymphatiques, l'inuention desquelles il dispute à Bartholin.

En la page 178. au Chapitre 22. parlant du Cheual dégousté, il promet de rapporter plusieurs causes de ce dégoust, & neantmoins il n'en allegue qu'vne, qui vient des cirons au dedans des levres. Voyez, s'il vous plaist, par ce petit échantillon que ie vous fais voir, s'il ne donne pas plus de promesses que d'effets.

En la page 462. il met deux onces de miel violat dans vn lauement purgatif. Ie luy demande, que fera vne si petite dose de miel violat pour vn Cheual? au moins en falloit-il mettre à proportion des autres drogues.

Cet Homme qui fait l'entendu & le sçauant, a fait voir qu'il ne sçauoit ny parler ny écrire comme il faut. Il dit souuent *seringuer* pour *siringuer*; comme en la page 191. & 192. il écrit *dursiroient* pour *durciroient*. Il dit au mesme endroit comme le commun peuple, *diaculum* pour *diachylon*. Il écrit page 185. *nerfueuse* pour *nerueuse*. Il écrit onguent de *altea* pour *althea*. Il écrit page 188. *n'exalle* pour *n'exhale*. En la page 193. chap. 26. il dit qu'il faut frotter des tentes auec du basilic ou *delgiphtiac* : car c'est ainsi qu'il l'écrit au lieu *d'egyptiac*. Il deuoit dire auec l'onguent dit *basilicum* : Car le mot de basilic est équiuoque, & peut estre pris pour vne herbe. En vn autre endroit il écrit *philozelle*, pour *pilozelle*.

On peut remarquer au bas de la page 193. chap. 27. l'obscurité & l'embarras de son discours, lors qu'il veut expliquer les causes du rhume du Cheual : car aprés auoir dit que le rhume arriue au Cheual lors qu'aprés auoir esté échauffé on le laisse exposé au froid, il adjouste ces paroles, *& par ce moyen il s'enrhume & mesme se morfond.* Il me semble qu'il deuoit mettre, il se morfond auant que mettre il s'enrhume, puis que la cause precede toûjours l'effet : ou bien il deuoit plutost obmettre ces mots *il s'enrhume*, puis que c'est vne vaine redite de ce qu'il auoit dit auparauant. Il ne deuoit pas dire non plus *& mesme il se morfond*, aprés auoir dit *il s'enrhume*, comme si se morfondre estoit plus que de s'enrhumer; il adjouste en suite comme vne explication du rhume & de la morfondure, qui est, dit-il, *lors que la fluxion occupe toutes les parties externes du corps & en empesche le libre exercice.* Ie laisse au Lecteur à juger si ce discours n'est pas vn pur galimathias.

Ie ne sçay comment on pourra s'empescher de rire, lors qu'on lira cet endroit de la page 147. où il affecte de paroistre sçauant; & cependant il découure son ignorance en la Langue Latine, en ces mots. *Les Anciens pour se décrasser se seruoient d'vn instrument que les Romains appelloiét* strigilis, *qui a donné le nom à nos étrilles*; il falloit dire *strigil.* Ainsi vous voyez quelques exemples des incongruitez dont le Liure intitulé *le Parfait Mareschal* est tout remply.

Aprés tout, si l'Autheur de ce Liure me veut croire, il demeurear en repos, & n'émouuera pas sa bile dauantage: sans doute il fera bien mieux de laisser au Lecteur la liberté toute entiere de juger de la bonté de son Liure, que de le vouloir preuenir par les loüanges indecentes qu'il luy donne, & de vouloir l'éleuer sur le décry & le mépris qu'il fait des autres. Quoy qu'il fasse, on reconnoistra toûjours bien que l'amour de soy-mesme, & l'insatiable auidité de gagner du Libraire qui a imprimé son Liure, l'auront porté à ces extremitez indignes d'vn Homme d'honneur, comme ie crois qu'il est.

AV LECTEVR.

IL ny a point d'animal au monde qui rende plus de seruice à l'homme, soit dans la paix, soit dans la guerre, que le Cheual: durant la paix il sert à la pompe, à l'ornement, & à la magnificence; en la guerre il sert de renfort, de defense, & de soustien: il est ardent au combat, & ambitieux de gloire: il s'anime au son de la trompette, & combat auec l'homme: en tout temps il est le soulagement de la fragilité humaine, il fournit des pieds à ceux qui n'en ont point, il entend ce que le frain demande de luy, aussi promptement & facilement qu'vne personne raisonnable entendroit la voix d'vne autre qui parleroit à elle, il est vigilant & ne se repose iamais, si ce n'est lors qu'il est fatigué, il porte ou traisne des fardeaux, il court, il saute, & semble qu'il est né pour procurer à l'homme toutes ses commoditez.

Qui est-ce qui n'admirera point en vn si grand animal, auec la force & la vigueur du corps, vne grande docilité & vne merueilleu-

é

se disposition pour receuoir toutes sortes d'instructions. Scaliger rapporte qu'en Irlande il y a des Cheuaux si doux & si aisez, qu'ils se baissent & prestent le dos pour receuoir celuy qui les veut monter. Dion Cassius en la vie de Trajan, escrit que les Parthes entr'autres presents qu'ils firent à l'Empereur, luy presenterent vn Cheual si bien instruit, qu'il s'enclinoit deuant luy, flechissant les genoüils des jambes de deuant, & courbant la teste.

Liure 10. de la subtilité.

Athenée dit que les Sybarites estoient tellement plongez dans les delices & dans les plaisirs, qu'ils accoustumoient leurs Cheuaux à danser au son des flustes durant leurs banquets: Et Pline escrit qu'on auroit veu toute la Caualerie de leur armée danser à l'ouye de la symphonie. Pausanias fait mention d'vn Cheual, lequel toutes les fois qu'il remportoit la victoire aux jeux Olympiques, accouroit vers ceux qui presidoient à ces jeux, comme s'il eust voulu les aduertir qu'il auoit merité le prix. Platon dans le Liure intitulé *Laches*, dit que les Scythes ne combattent pas moins en fuyant qu'en poursuiuant : de là vient qu'Homere loüant les Cheuaux d'Enée, dit qu'ils poursuiuent & fuyent de costé & d'autre. Iules Cesar, Scaliger parlant de l'industrie de cét Animal, dit qu'il a eu vn Cheual d'Espagne qui tiroit le foin auec ses pieds de derriere à la façon des Singes. Pindare re-

Liure 12. deipnosoph.

Chapitre 4. liure 8. de l'histoire naturelle.

marque la diligence & la docilité d'vn Cheual nommé Pherenicus, lequel sans estre poussé de l'esperon, obeïssoit parfaitement à son Maistre dans la course. Homere donne cette loüange à quelques Caualles, qu'elles couroient sans estre incitées par l'esperon.

Ode 1. des Olympiq.

ἄνευ κέντροιο θένωσι.

N'y a-t'il pas sujet de s'estonner voyant le bon naturel, l'affection, & la tendresse que le Cheual a pour son Maistre, lorsque nous lisons que celuy de Nicomedes Roy de Bithynie voyant son Maistre mort, ne voulut ny boire ny manger, & qu'il se laissa mourir de faim finissant sa vie en pleurant. Suetone nous en fournit encore vn exemple assez memorable dans la vie de Iules Cesar, lors que descriuant les prodiges qui arriuerent vn peu auant sa mort, rapporte qu'il trouua des troupes de Cheuaux qu'il auoit consacrez en passant le Rubicon, & qu'il auoit laissez errans çà & là sans aucun gardien, ne voulans prendre aucune nourriture, & pleurans abondamment.

Pline liure 8 de l'histoire naturelle chapitre 42.

Oppian estalle magnifiquement les belles & excellentes qualitez dont le Cheual est orné. Il dit que la nature a donné aux Cheuaux vn cœur d'homme, & leur a versé dans le sein diuerses affections, ils reconnoissent tousiours celuy qui les gouuerne, & hannissent voyans celuy qui les conduit : ils regrettent & deplorent le malheur de leurs compa-

Liure 1. de la chasse.

gnons qui ſuccombent dans les combats, & autrefois on a veu vn Cheual rõpre les liens du ſilence, & violer les loix que la nature auoit établies, en faiſant ſortir de ſa bouche vne voix ſemblable à celle d'vn homme, & faiſant faire à ſa langue ce qu'vn homme pourroit faire à la ſienne, voulant peut-eſtre inſinuër ce qui ſe lit dans Homere touchant le Cheual d'Achilles nommé Xanthus, lequel ce Poëte introduit parlant à ſon Maiſtre.

Iliad. 19.

Ælian fait voir bien clairement combien cét animal eſt plein de feu, diſant que lors que le Cheual oyt le bruit de ſon mors, & qu'il apperçoit ſon enharnachement, il hannit & frappe du pied contre terre: La ſeule voix de l'Eſcuyer eſt capable de l'animer, il dreſſe les oreilles, & enflant ſes narines il ne reſpire qu'vn prompt depart.

Chapitre 10 du 6. liure des animaux

Les Hiſtoires nous fourniſſent pluſieurs exemples du grand courage qui ſe rencontre dans les Cheuaux: Elles diſent que celuy de l'Empereur Tybere vomiſſoit feu & flamme par la bouche lors qu'il eſtoit dans les combats. Alexandre le Grand s'eſt ſeruy de ſon Bucephale dans toutes les guerres qu'il a faites dans l'Aſie: & lors que ce Cheual fuſt bleſſé deuant la ville de Thebes qui eſtoit aſſiegée, il ne voulut pas ſouffrir qu'Alexandre en montaſt vn autre. Le meſme Cheual, en la guerre qu'Alexandre fit dans les Indes, quoy qu'il fust tout percé de fleches, & qu'il eust perdu presque tout son sang, ne laissa pas d'enleuer son maistre du milieu de ses ennemis, & apres l'auoir mené hors de la portée du traict, & qu'il fust asseuré qu'il estoit en seureté, il expira au mesme lieu.

Philippes Camerarius en ses Meditations historiques; fait voir le jugement & la finesse de cét Animal dans vne histoire qu'il recite. Vn Gentilhomme François, dit-il, ancien amy de mon pere nommé Matthieu de Rotenhan, nous a asseuré qu'il auoit autrefois eschappé, des embuscades de ses ennemis par l'industrie de son Cheual, lors que voulant passer le Mein par vn endroit gueable qui luy estoit connu, & les ennemis estans de l'autre costé de la riuiere qui l'obseruoient auec la trouppe de gens de Cheual qu'il conduisoit; son Cheual qui d'ailleurs estoit obeïssant & intrepide, s'arresta tout cout court au milieu de la riuiere dressant les oreilles, & ne voulut iamais passer outre; mais il tourna en arriere nonobstant les coups d'esperon & la voix de son Maistre qui l'incitoit à passer ce fleuue, iusques à ce qu'ayant découuert qu'il y auoit vne embuscade de l'autre costé, il fut contraint d'auoüer franchement qu'il auoit esté sauué par l'ayde de Dieu, & par la prudence de son Cheual. Le mesme Autheur dit auoir veu plusieurs fois ce Cheual qui estoit de diuerses couleurs, & cette sorte de

Cheuaux ſont appellez des Thraces *marons*.

Darius s'eſt pû vanter d'auoir obtenu le Royaume par la vertu de ſon Eſcuyer & de ſon Cheual, ainſi qu'il le témoigna par l'inſcription qu'il fit mettre au deſſous de la ſtatuë de pierre qui le repreſentoit à Cheual, où ces mots eſtoiēt grauez : *Darius fils d'Hyſtape a acquis le Royaume des Perſes, tant par la vertu de ſon Eſcuyer nommé Oebare, que par celle de ſon Cheual, duquel on peut voir l'Hiſtoire dans le troiſiéme Liure d'Herodote.*

Iules Ceſar auoit vn Cheual, duquel les pieds eſtoient diſtinguez par des rayes & marques noires en forme de doigts d'hommes, ſans aucune ſeparation & diuiſion : ce qui luy fut vn preſage qu'il paruiẽdroit à l'Empire du monde.

Ce n'eſt pas d'aujourd'huy que les Cheuaux ſont eſtimez neceſſaires pour le bien public: autrefois il eſtoit enjoint parmy les Grecs, à tous les riches, pour l'vtilité de la Republique, d'entretenir des Cheuaux: d'où vient que Pindare parlant de Xenocrates comme d'vn hõme tres-vertueux, dit qu'il auoit ſoin de nourrir des Cheuaux ſuiuant la loy eſtablie chez les Grecs. On lit auſſi ſur ce meſme ſujet dans Iſocrate, qu'entre pluſieurs loüanges qui ſont données à Alcibiades, celle-cy luy eſt particulierement attribuée, à ſçauoir qu'il s'addonnoit à nourrir des Cheuaux; ce que nulle perſonne vile & abjecte ne pouuoit faire. Anciennement c'eſtoit vne choſe fort honorable & bien-ſeante

Iſthmes Ode 2.

ἱπποτροφίας τε νομίζων ἐν πανελλάνων νόμῳ.

Dans l'Oraiſon de Bigis, c'eſt à dire des chars attelez de deux Cheuaux.

aux perſonnes de condition releuée d'aller à Cheual; & pour preuue de cela vous n'auez qu'à lire dans Homere comme Mineruе parle à Nauſicaa fille d'Alcinous, & luy dit qu'il eſt bien plus honorable d'aller à Cheual qu'à pied.

Au 6. liure de l'Odiſſée.

Il n'y a point de doute que toutes les belles qualitez que poſſede le Cheual, & qui le rendent recommandable par deſſus tous les autres animaux, ne le rendent auſſi plus digne de nos ſoins: Il faudroit eſtre bien dur & fort cruel ſi on ne faiſoit pas tous les bons traitemens poſſibles à vn Animal, dont nous tirons tant d'auantages & de profit, & qui nous eſt ſi neceſſaire, ſoit pour les commoditez de la vie, ſoit pour noſtre contentement & diuertiſſement. Et comme nous ne pouuons pas auoir vn excellent Cheual ſi ce n'eſt pour vn notable prix; auſſi il y va de noſtre intereſt de le conſeruer en ſanté, & le garantir des maladies qui l'attaquent, ſi nous ne voulons ſouffrir vne notable perte, non ſeulement à cauſe de l'argent qu'il a couſté; mais auſſi pour la difficulté qu'il y a d'en rencontrer vn autre pareil en bonté. Il y a des Cheuaux ſi exquis que le prix en eſt extraordinaire, & qu'on ne pourroit en ſouffrir la perte ſans vn grand regret. Pline dit que le Cheual d'Alexandre couſta ſeize talents. Plutarque en ſa vie & Aulu-gelle, diſent qu'il fuſt achepté ſeulement treize talents ou trois cents douze ſeſterces, chaque talent faiſant vingt-

Liure 8. de l'hiſtoire naturelle chapitre 42.
Liure 5 des Nuicts antiques chapitre 42.

quatre sesterces, c'est à dire soixante liures pesant d'argent qui font six cens ducatons d'Italie. Le mesme Aulu-gelle rapporte qu'vn certain Consul allant en Syrie, s'arresta à Argos pour y voir vn Cheual de grand prix, lequel il achepta cent mil sesterces.

Liure 3. chapitre 9.

Il arriue quelquefois que nous aymerions mieux perdre le double du prix que le Cheual mesme, à cause de l'estime que nous en faisons. Nous auons des exemples de grands Princes qui ont affectionné leurs Cheuaux iusqu'à l'excez. Alexandre ayma tant son Bucephale que pour honorer sa memoire il fit construire vne ville nommée de son nom. Semiramis ayma vn Cheual au delà de la raison & de l'honnesteté. L'Empereur Auguste fit faire vn tombeau à vn Cheual sur lequel Germanicus fit des vers. Dion Cassius dit que l'Empereur fit faire vn sepulchre à vn Cheual mort, & luy fit dresser vne colomne sur laquelle estoit grauée vne Epigramme. Iules Cesar fit nourrir & entretenir auec grand soin ce Cheual, qui auoit les pieds approchans de la figure des pieds d'homme, & apres sa mort il l'honora d'vne statuë posée deuant le Temple de Venus la mere comme rapporte Suetone. Antonius Verus fit dresser vne statuë d'or qui representoit le sien. Neron honora le sien d'vne robe de Senateur. Caligula faisoit boire le sien dans des vases d'or; & de plus le vouloit faire Consul.

Pline liure 8. chapitre 42.

Andromache

Andromaque femme d'Hector dans Homere, à plus de soin des Cheuaux de son mary, que de luy-mesme, elle leur fait donner du froment à manger & du vin à boire, pour soustenir leur courage & les fortifier dans le combat.

Ie n'estime pas qu'il faille loüer les folles passions que ces Payens ont eu pour des brutes; mais ie croy que personne ne doit blasmer le soin & la peine qu'on prendra à guerir & sauuer vn animal qu'on fait gloire de posseder. Que si on prend le soin de conseruer en son entier, ou de restablir la machine d'vn horloge qui est dans le dereglement, à cause des commoditez que nous en receuons, combien plus doit-on employer de diligence & d'industrie, pour conseruer cette machine viuãte & mobile qui se presente si agreablement à l'homme, & qui non seulement s'approche, mais qui se joint & s'vnit auec luy par maniere de dire pour l'assister dans ses necessitez.

Les Anciens considerans cette association de l'homme auec le Cheual, pour concourir d'vn mesme concert aux fins que l'homme s'est proposé, ont feint que l'homme & le Cheual ne composoient qu'vn seul animal qu'ils ont nommé Hippocentaure; Et à vray dire il semble qu'vn homme à Cheual n'est autre chose qu'vn Cheual cõduit & gouuerné par vn homme qui est monté sur luy: ou bien vn homme emporté par la vertu & legereté du Cheual, comme parle Grynæus, dans la Preface qu'il a mise deuant les Autheurs Grecs de l'art veterinaire. Il y a vn peu plus de cent ans que les Indiens n'auoient iamais veu de Cheual; c'est pourquoy au commencement qu'ils virent vn homme monté sur cét Animal, ils s'imaginerent que l'homme & le Cheual ne composoient qu'vn seul corps; & on peut dire que l'homme & le Cheual ont esté cét Animal qui a porté la frayeur dans leurs esprits, & qui les a vaincus; car par tout ou les Cheuaux n'ont pû penetrer, les Espagnols ont toûjours esté vaincus par les Indiens.

Mais comme nous ne pouuons pas posseder vn bien fort long temps sans ressentir quelque disgrace, qui trouble la joye que nous en receuons; aussi cette machine viuante, dont nous venons de parler se déreigle fort souuent, ce qui l'empesche dans ses mouuemens, & nous priue de l'vtilité & du seruice que nous en pourrions recueillir: Car il faut auoüer que de tous les animaux parfaits il ny en a point qui soit sujet à tant de maladies apres l'homme que le Cheual, ce qui a fait dire à ce grand genie de la nature, que le Cheual estoit attaqué d'vn aussi grand nombre de maladies que l'homme.

Aristote au liure 8. de l'histoire des animaux chapitre 24. & Pline liure 8. chapitre 42.

Que si les maladies de l'vn & de l'autre ne sont pas toutes semblables, du moins il y en a plusieurs qui arriuét à l'vn & à l'autre, & qui ont beaucoup de conuenance entr'elles: C'est pourquoy la medecine qui donne la connoiſſance des maladies des hommes & de leur gueriſon, ne communique pas peu de lumiere à l'art de traiter & de gouuerner les beſtes, & principalement les Cheuaux, lequel ſans ſon ayde agiroit aueuglement, & ignoreroit pluſieurs choſes, qu'il faut neceſſairement ſçauoir pour reuſſir en cét art.

Les ſept choſes naturelles qui conſtituent la nature de l'homme, & deſquelles la Medecine traite en ſa premiere partie, n'entrent-elles pas auſſi en la compoſition du Cheual. On ne peut pas s'imaginer combien cette connoiſſance eſt neceſſaire à celuy qui veut entreprendre la gueriſon de cét Animal; c'eſt pourquoy le ſieur Markham commence ſon Liure par ce Traité, & n'oublie pas vne des autres parties de la Medecine, qui concernent ou la Theorie, ou la Practique.

Les ſix choſes non naturelles ſont comme ces medailles qui ont deux faces fort differentes; on y peut voir l'image de la mort, ou plûtoſt de la maladie qui eſt le chemin pour y paruenir; de l'autre on y peut remarquer celle de la ſanté, ou meſme de la vie, puiſque la veritable vie conſiſte en la parfaite ſanté: elles peuuent conſeruer & détruire ſelon la bonne ou mauuaiſe application qu'on en fait. Cõment donc pourra t'on gouuerner ſagement la ſanté du Cheual, ſi on en ignore le vray & legitime vſage.

Les choſes contre nature ſont celles qui la détruiſent, à ſçauoir la maladie, la cauſe de la maladie, & l'accident qui la ſuit comme l'ombre fait le corps. Comment pourra-t'on éuiter ou decliner ces trois traicts mortels & funeſtes qui peuuent bleſſer & accabler le Cheual, ſi on ne connoiſt leur nature, leurs qualitez & leurs effects? Et comment pourra-t'on reconnoiſtre les maladies, ſi ce n'eſt par les ſignes qui paroiſſent ou qui accompagnent le mal, ou qui luy ſuruiennent, leſquels ſuppléent au deffaut de ſa voix, qui ne peut pas exprimer comme fait l'homme ſes paſſions & ſes ſouffrances, & qui nous font connoiſtre quelle en ſera l'iſſuë.

La gueriſon de ſes maladies ſe fait par les meſmes moyens, & par les meſmes organes que l'on employe en la gueriſon de l'homme qui ſont trois, à ſçauoir la diete ou regime de viure, les medicaments, & l'operation de la main, qui employe le fer & le feu pour guerir les maladies que les deux premieres parties de la therapeutique ou de l'art curatoire, n'ont pû guerir: n'employe-t'on pas les meſmes medicaments en la gueriſon du Cheual qu'en la gueriſon de l'homme, comme ſont la rheubarbe, l'agaric, l'ellebore, la coloquinte, l'aloës, & pour ce qui eſt des medicaments compoſez, les electuaires, les clyſteres, les pilules, les breuuages, les emplaſtres, les cataplasmes, les linimens, les fomentations : il n'y a que la quantité & la dose des medicaments qu'il faut changer, sans rien innouer en la methode ny aux regles que la Medecine a establie. Pour cette raison on dit qu'Esculape a esté celuy qui a inuenté l'vne & l'autre Medecine, & que Chiron qui a esté son Precepteur est representé sous la forme d'vn Centaure, duquel les parties de deuant tenoient de la nature de l'homme, & celles de derriere tenoient de la nature du Cheual, pour donner à entendre que le mesme Chiron, auquel Apollon donna son fils Esculape pour instruire, exerçoit la Chirurgie tant sur les hommes que sur les Cheuaux, & qu'il portoit ce nom de Chiron à cause de la dexterité de sa main, qu'il employoit à guerir les playes & les vlceres. Il fut fils de Saturne, c'est à dire du temps, & de Phillira c'est à dire de l'experience qu'il faut auoir pour amie, parce que pour acquerir l'experience, il est besoin de beaucoup de temps.

La Veterinaire donc, qui est l'art de traiter & de guerir les Cheuaux, ainsi appellée du mot Latin *Veterinum*, qui signifie vn Cheual, ou toute sorte d'animal propre à porter, est de la jurisdiction de la Medecine. Voire mesme on peut dire que c'est le mesme art qui a les mesmes regles & preceptes, tant à l'égard des hommes que des bestes, & qui est distingué ſeulement ſelon la difference de l'objet qu'il conſidere, l'vn eſtant beaucoup plus noble & excellent que l'autre, autant que l'homme eſt plus releué & eſtimé que la brute.

Cependant il ne faut pas eſtimer que la Medecine ſoit deſ-honorée, ſi on pretend luy attribuër cette connoiſſance. Les anciens l'ont tant eſtimée qu'ils l'ont fait deriuer de leurs fauſſes diuinitez. Hierocles qui eſt vn des Autheurs Grecs qui a eſcrit des remedes pour les maladies des Cheuaux, prie dans la Preface du premier Liure de l'art Veterinaire que Neptune qui eſt vn Dieu Caualier luy ſoit fauorable, comme auſſi Eſculape, qui a le ſoin de conſeruer les hommes, & qui ſemblablement prend le ſoin des Cheuaux.

Les Payens ont creu releuer la Majeſté de leurs Dieux, lors qu'ils les ont dépeints montez ſur des Cheuaux. Dans les Achaïes Pauſanias eſcrit que Neptune eſt le premier qui a trouué l'art de ſe tenir à Cheual; Homere
Iliad. 13. le décrit monté ſur vn char traiſné par quatre Cheuaux legers comme de l'air, & volans, ayans des pieds d'airain, & la criniere reſplen-
Ode 5 des Olymp. diſſante comme de l'or: de là vient que Pindare voulant ſignifier des Cheuaux excellens & tres-legers, les appelle des Cheuaux de Neptune, comme on peut voir en cette Ode, où il fait vne belle apoſtrophe, & vn ſouhait à Pſaumis qui auoit remporté la victoire aux

jeux Olympiques, à ſçauoir que ſe ſeruant des Cheuaux de Neptune, il joüiſſe d'vne joyeuſe & agréable vieilleſſe: Ils diſent encore que le meſme Neptune fit preſent à ſon fils Bellerophon d'vn Cheual aiſlé pour aller combattre & deffaire la Chymere, & que ce Cheual ayant frappé de ſon pied vne pierre ſur le Mont Helicon, il fit naiſtre cette fontaine conſacrée aux Muſes nommée Hippocrene. Ils diſent qu'vne autrefois Neptune dormant ſur vne pierre répandit quelque ſeméce, dont s'engendra le Cheual qu'ils appellent Scyphius.

Quelquefois auſſi par allegorie les Poëtes nomment vn Nauire vn cheual de bois, & Homere appelle les Vaiſſeaux les cheuaux de la mer: d'où vient qu'Artemidore compare l'vn auec l'autre, & dit qu'vn Nauire rend le meſme ſeruice aux hommes ſur la mer que le Cheual ſur la terre.

Les meſmes Anciens qui ont voulu repreſenter pluſieurs belles choſes ſous des fictions, nous ont repreſenté le Soleil monté ſur vn char tiré par quatre Cheuaux, appellez par Ouide Pyrois, Eous, Æthon, & Phlegon, leſquels font ſortir de leurs nazeaux la lumiere, & rempliſſent les airs de hanniſſemens qui portent le feu, & qu'il conduit tenant des reſnes d'or en ſa main. Semblablement ils dépeignent le Dieu Mars porté ſur vn chariot conduit par Bellone, laquelle tient en ſa main vn foüet

Au 2. liure des Metamorphoſes.

Virgile.

tout sanglant, & dont les Cheuaux sont l'espouuentement & la crainte qui marchent toûjours deuant luy. Il ny a pas iusques à Pluton qu'ils ont voulu estre monté sur vn char attelé de Cheuaux noirs.

Ouide au 5. des Metamorphoses.

On peut aussi remarquer que ces deux medecines des hommes & des brutes estoient autrefois exercées par vne mesme personne, Apsyrtus nomme souuent vn Medecin de Cheuaux, & quelquefois simplement & absolument vn Medecin. Ainsi au commencement du premier Liure il y a pour inscription, Apsyrtus à Hippocrates Medecin de Cheuaux salut, & au chapitre 22. *Apsyrtus à secundus* Medecin de Cheuaux salut: au chapitre 42. Apsyrtus à Statilius Stephanus Medecin salut, & au chapitre 69. Apsyrtus à Hegesagoras tres-bon Medecin salut; tous ces hommes là pratiquans la Medecine sur les Cheuaux consultoient Apsyrtus, touchant leurs maladies les plus importantes. Il appelle aussi cette profession du nom simple de Medecine, lors qu'il escrit à Achaïcus en ces termes. *Puisque tu és fort curieux de la connoissance de la Medecine, & que tu me demandes si la saignée est profitable aux Cheuaux, &c.* Le mesme Apsyrtus asseure qu'il n'a pas seulement traité des remedes pour les Cheuaux, mais aussi pour les hommes: Et pour vous faire voir que les Anciens ont creu qu'il y auoit quelque rapport de l'art de guerir les

Liure 1. chapitre 10.

Liure 2. chapitre 129.

Liure 2. de l'art veterinaire chapitre 129.

Cheuaux

Cheuaux à celuy qui enseigne la maniere de guerir les hommes, c'est que Hierocles dit qu'il feroit vn ouurage digne de consideration, si à l'imitation de Diocles, qui fit vn petit traité addressé au Roy Antigonus, où il luy proposoit les moyens de conseruer sa santé, qu'il auoit esprouuez luy-mesme, il faisoit aussi de son costé vn petit traité, qui enseigneroit le moyen de gouuerner les Cheuaux, & de les garantir des maladies qui leur pourroient arriuer.

En diuers temps il y a eu de tres-habiles hommes de differentes Nations qui ont traité de cette matiere, non seulement en Grec & en Latin; mais aussi en Allemand, en François, en Italien, & en Anglois. Nous auons en vn Liure vn recueil de plusieurs Autheurs Grecs qui ont escrit de l'Hippiatrique ou du moyen de traiter les Cheuaux, lequel Ruellius a tourné en Latin par le commandement du Roy François premier, le Restaurateur des Arts & des Sciences: ce Liure qui est assez ancien a esté traduit aussi en Italien, il contient les escrits d'Apsyrtus, de Hierocles, de Theomnestus, Pelagonius, Anatolius, Tyberius, Eumelus, Archedemus, Hippocrates, Æmilius Espagnol, Litorius de Beneuent, Himerius Africanus, Didymus, Diophanes, Pamphilus, Mago de Carthage; outre ceux-là il y en a eu d'autres qui ont traité du mesme sujet comme Chiron,

Agatotychus, Niphon, Ieron Casius, Hierosme, Gregoire, Celsé, Archelaus, Micon, Publius, Varron, & Cimon, le plus ancien de tous qui auoit escrit contre les murailles du Temple de Pallas Eleusienne, les enseignemens qui concernent les Cheuaux, & qui en auoit fait la demonstration, tant par figures que par des graueures sur cuiure, comme le rapporte Hieroclés, en la Preface qui est mise au deuant du premier Liure de l'art Veterinaire.

Au 8. liure de l'histoire des animaux chapitre 24.

Aristote a escrit plusieurs choses qui concernent l'anatomie, la maniere de gouuerner & de guerir les Cheuaux; comme aussi Pline au huictiesme Liure de son Histoire Naturelle Xenophon a composé deux petits Traitez, l'vn touchant ce qui concerne les Cheuaux, & l'autre intitulé Hipparchique ou l'Escuyer; depuis ce temps-là il y en a eu plusieurs autres qui ont escrit de cette matiere comme sont Constantin, Cesar, Columelle, Marc Varron, Palladius, Vegetius, Nigressius, Laurentius Romanus, Iordanus, Ruffus de Calabre, Augustinus Columbus qui a traité de l'anatomie des Cheuaux, Laurentius Rusius, Iean Philippe Ingrassias.

Chapitre 42.

Vegece dans la Preface de son Liure donne son jugement touchant les ouurages de quelques Autheurs qui l'ont precedé. Il dit que Columelle traite fort legerement de la cure des Cheuaux, ſon principal deſſein eſtant d'enſeigner le trauail des champs; que Pelagonius a eſcrit auec negligence, & a laiſſé en arriere les principaux fondemens de l'art, comme s'il n'euſt eſcrit que pour les ſçauans, n'ayant fait aucune mention des ſignes des maladies. Que Chiron & Abſyrte ont traité de ces choſes auec plus de ſoin; mais en bas ſtile & auec beaucoup de confuſion; de ſorte que le Lecteur eſt contraint de parcourir les tiltres des chapitres, pour trouuer vne partie de la cure en vn endroit, & l'autre partie en vn autre: il adjoûte auſſi que eſtans pouſſez par le deſir du gain, ils auoient inſeré en leurs Traitez des breuuages ſi compoſez, que le prix & l'argent qu'il faudroit débourſer pour le traitement du Cheual, excederoit ce qu'il ſeroit eſtimé; il conclud qu'ayant pris plaiſir dés ſa jeuneſſe à nourrir & éleuer des Cheuaux, il a recueilly en vn abregé ce qu'il auoit leu dans tous les Autheurs Latins ſeulement qui auoient eſcrit de cette matiere, meſme ce qu'il auoit puiſé dans les Medecins; & qu'il auoit declaré & expoſé les cauſes & les ſignes des maladies: Que ſi vn Medecin eſt digne de loüange & de gloire, d'auoir découuert la nature de la maladie d'vn homme, qui par ſa voix & par ſes geſtes luy peut declarer ſes ſouffrances, combien plus eſt-il glorieux & difficile de reconnoiſtre la maladie d'vn animal muet, & qui ne peut pas exprimer par ſa bouche ſa langueur.

C'eſt le defaut qui ſe rencontre, principalement en tous les Liures qui traitent des maladies des Cheuaux, qu'il ne s'en trouue presque point, ou les signes de ces maladies soient exactement proposez, comme on peut voir dans tous les Liures recens qui ont traité de cette matiere, & mesme en ceux qui promettent dans leur inscription, *la parfaite connoissance des Cheuaux*, & qui se glorifient du tiltre *de veritable parfait Mareschal*, ou qui promettent plus qu'ils ne donnent. Et quoy qu'on ne puisse rien dire estre veritablement parfait; neantmoins on auroit pû par condescendance luy accorder ce tiltre, s'il eust traité des signes de toutes les maladies du Cheual plus exactement, & s'il n'eust pas negligé vne chose qui est de la derniere importance pour la cure des Cheuaux, ou s'il n'eust pas laissé en arriere plusieurs maladies qui arriuent aux Cheuaux, lesquelles on trouuera traitées en ce Liure cy, & s'il eust obserué quelque ordre en traitant de leurs maladies, commençant par les maladies de la la teste & descendant à celles de la poictrine du ventre inferieur, & des extremitez pour soulager le Lecteur, qui trouueroit auec moins de peine & d'embarras vne maladie si elle estoit traitée en son lieu, ce defaut se remarque en tous les endroits du Liure, nommé *le veritable* (ou pour parler plus correctement François) *le veritablement parfait Mareschal*, comme par exemple au chapitre 41. du premier Liure, il traite d'vne espece de trenchée, & au chapitre 42. il traite du vertige: au chapitre 43. il parle des efforts de l'espaule, & au chapitre 46. il parle des jambes cassées. Apres auoir traité des jambes & des pieds, il traite de la rage en la page 327. de la pousse en la page 328.

de la toux des Cheuaux en la page 337. de la fievre, du farcin, de l'effort des reins, en la page 406. de l'enfleure des testicules page 409. &c. & en suite il parle encore des maux qui arriuent aux jambes du Cheual.

Ce n'est pas qu'il ne faille auoüer que l'Autheur de ce Liure n'ait beaucoup merité du public en communiquant les obseruations & experiences qu'il a faites ou qu'il a apprises d'autres, dans le traitement des Cheuaux : ce que ie viens de dire n'est pas pour obscurcir la gloire qu'il a meritée; mais seulement pour faire voir qu'il ny a rien de veritablement parfait.

L'ouurage du sieur Geruais Marckham Gentilhomme Anglois est si bien digeré, qu'ayant exposé assez au long les sept choses naturelles qui composent le Cheual, & ayant parlé en vn chapitre particulier des six choses non naturelles qui peuuent estre causes de la santé & de la maladie, il traite en suite au chapitre 11. du premier Liure des causes des maladies en general, de leurs differences, & de leurs signes au chapitre douziesme apres il traicte de chaque maladie en particulier, commençant par l'explication de la nature de la maladie, puis vient aux causes qui la produisent, & aux signes qui la font connoistre: enfin il propose les diuers moyens qui la peuuent guerir tirez tant du regime de viure, que des medicamens, tant simples que composez, & de l'operation de la main, comme sont la saignée, incisions, scarifications, cauterizations & autres choses semblables.

Cét Autheur est si riche & si fecond en remedes, qu'en ayant proposé plusieurs pour vne mesme maladie, il conclud par le jugement qu'il en fait, & met en auant celuy qu'il a experimenté, & qu'il a trouué le plus asseuré.

Pour composer cét ouurage, il n'a pas seulement recueilly ce qu'il a leu dans les Autheurs anciens & modernes imprimez : mais aussi de ce qu'il a appris d'autres Mareschaux qui n'ont point veu le iour. Du premier rang sont Xenophon, Russius, Vegetius, Pelagonius, Camerarius, Apollonius, Brisson, Bri li, Toratio, Libalt, Steuens, Viterus, la Brouë, Martin l'Ancien, Clifford, Mascal : Du second rang Martin le jeune, Vveb, d'Alidourne l'ancien, d'Alidourne le jeune, Ausborne, Stanley, Smith, Barnes, Maffegle, Lupman, Goodsonne, Purfray. Vvhite.

Et pour faire voir combien ce Liure est estimé en Angleterre, & qu'il a esté reconnu tres-necessaire & tres-vtile au public, c'est qu'il s'y en est fait vne quantité d'Editions: Il y auroit sujet de s'estonner de ce qu'il n'a point encore paru en nôtre lãgue, si on ne se representoit qu'il y a peu de personnes qui entendẽt l'vne & l'autre lãgue parfaitement, & qu'il se rencõtre dans l'original de ce Liure plusieurs difficultez qui sont, ou des mots techniques, c'est à dire qui concernent l'art de Mareschal, ou des nõs particuliers de drogues & medicamens qui sont seulement connus ou des gens du mestier, ou des droguistes & simplistes de la nation. Et veritablement nous n'auons iamais creu qu'il se seroit presenté tant de difficultez a surmonter en la version de ce Liure, que lors que nous nous sommes trouuez engagez en cette entreprise.

Il n'est pas croyable combien il a fallu consulter

de personnes doctes de la nation Angloise pour tirer des lumieres, des expressions, & des mots difficiles qu'on ne pouuoit entendre dans l'original, n'espargnant ny peine, ny trauail, ny despense pour acheuer cét ouurage.

Ceux qui auront fait acquisition du parfait Mareschal, ne doiuent pas se priuer de celuy-cy: chacun peut auoir son vsage particulier: Et quoy que tous les deux traictent d'vne mesme matiere: neantmoins on peut dire que ce n'est pas de la mesme maniere, & que ce n'est pas vne mesme chose: on trouuera en celuy-cy vne physiologie du Cheual, laquelle on ne trouuera point dans les autres, comme aussi vn abregé de l'Hygine, de la Pathologie, de la Simejotique: & ce qui est de principal vne abondance de remedes à choisir, auec la chirurgie telle qu'elle se doit pratiquer sur les Cheuaux: ce qui ne se trouuera point ailleurs. On trouuera aussi sur la fin vne explication des medicamens dont est parlé en ce Liure, qui sont reduits par ordre de l'alphabet, pour la commodité de celuy qui en cherchera la signification & la qualité.

Et afin que cét ouurage fust plus accomply, nous y auons adjoûté vn excellent traité du Haras, duquel on peut apprendre le moyen d'esleuer des Cheuaux qui excellent en beauté & en bonté, qui est vne chose tres-vtile & necessaire en vn estat, & digne du soin & de la curiosité de la noblesse. En suite vous y verrez vn petit traité des emboucheures qui sont aujourd'huy le plus en vsage, & enfin vn autre traité des ruses & finesses dont se seruent les Maquignons pour tromper ceux qui acheptent des Cheuaux, & des moyens de les reconnoistre. Il reste maintenant de leuer deux difficultez que le Lecteur pourra rencontrer en ce Liure. L'vne est qu'elle peut estre la composition de l'eau du Docteur Estienne, dont est fait mention dans le Liure du sieur Markham, & l'autre si les poids & mesures d'Angleterre se rapportent aux nostres. Pour satifaire à la premiere, nous auons estimé qu'il falloit donner icy la description de cette eau qui a grande vogue en Angleterre, telle qu'elle nous a esté communiquée par vn habile Medecin de la nation.

Eau du Docteur Stephens.

Prenez de tres-bon vin de Gascogne quatre liures, du gingembre, de l'vne & de l'autre galanga, du cinnamome, de la noix myristique, de clouds de girofles, des grains de Paradis, semence d'anis, de fenoüil, de caruy tres-subtilement puluerisez de chacun vne drachme, des feüilles de roses rouges, de menthe, de sauge, de helxines ou parietaire, de camomille, lauende, rosmarin, serpollet, thim, le tout haché menu, de chacun vne poignée: faites tout infuser dans le vin susdit pendant l'espace de douze heures, en remuant souuent le vaisseau, ou tout sera mis, & apres faites-le distiller par l'alembic.

Quant à l'autre difficulté, il est necessaire de vous aduertir que la quarte d'Angleterre est la pinte de Paris, & les autres à proportion. Pour ce qui est des poids d'Angleterre, ils ne different gueres des nostres.

TABLE DES CHAPITRES CONTENVS AV PREMIER Liure.

TABLE DES CHAPITRES.

TABLE DES CHAPITRES.

TABLE DES CHAPITRES DV second Liure.

on peut

TABLE DES CHAPITRES, DE LA premiere Partie du Traicté du Haras.

TABLE DES CHAPITRES.

Table des Chapitres de la seconde Partie.

LE MOYEN DE DECOVVRIR LES RVSES des Marchands de Cheuaux.

DES

DES DIVERSES MANIERES de ferrer & conseruer les pieds des Cheuaux.

ẽẽ

Fautes à corriger en la premiere Partie de ce Liure.

PAge 2. ligne 33. au lieu de *celle* liſez *celles*. p. 12. l. 25. au lieu de *appliquées* liſez *expliquées* p. 23. l. 25. au lieu de ces paroles *de malpot ainſi appellé par les Anglois*, liſez *de bleſſure faite ſur le col causée par le licol*. p. 46. au lieu de Chap. 30. liſez 32. p. 414. au lieu de Chap. 113. liſez 93.

En la ſeconde Partie.

PAge 6. ligne 19. au lieu de *ſpinules* liſez *ſurots*, en la meſme page ligne 22. au lieu de ces mots *à l'endroit ou on a accouſtumé de mettre les fers aux Cheuaux*, liſez *des paſturons*. p. 20. ligne 12. au lieu *de miel auec la ruſche*, liſez *miel en pierre*. p. 23. ligne 5. au lieu de *boüe* liſez *argille*. p. 344. Chap. 13. du Traité du Haras, au lieu de fetus liſez *fœtus*.

Additions.

AV Chapitre 35. page 52. de la premiere Partie. apres ces paroles, *ce mal arriue principalement aux Cheuaux qui ſont trop gras & qui ſont nouuellement retirez de l'herbe dite perſicaria, & en françois culrage ou poiure d'eau; ou bien tels que ſont ceux que l'on retire de l'herbe en hyuer.*

Au Chapitre 48. page 78. apres ces mots *prenez des feuilles de capillaires, de la borache de chacune vne poignée, de la racine d'iris, eſcorce moyenne de freſne, regueliſſe*, aioûtez *fenugrec, meliſſe*.

Au meſme Chap. p. 79 apres ces mots *il y en a d'autres qui prennent les racines de ſerpentaire, d'enula campana broyées*, aioûtez *feuilles de violette, veronique.*

Le Lecteur aura la bonté s'il luy plaiſt, de ſuppléer aux autres fautes d'impreſſion qu'il rencontrera.

LE

Figures des Inſtrumens neceſſai-
re, desquels les Mareschaux ſe ſeruent
pour la cure des Cheuaux.

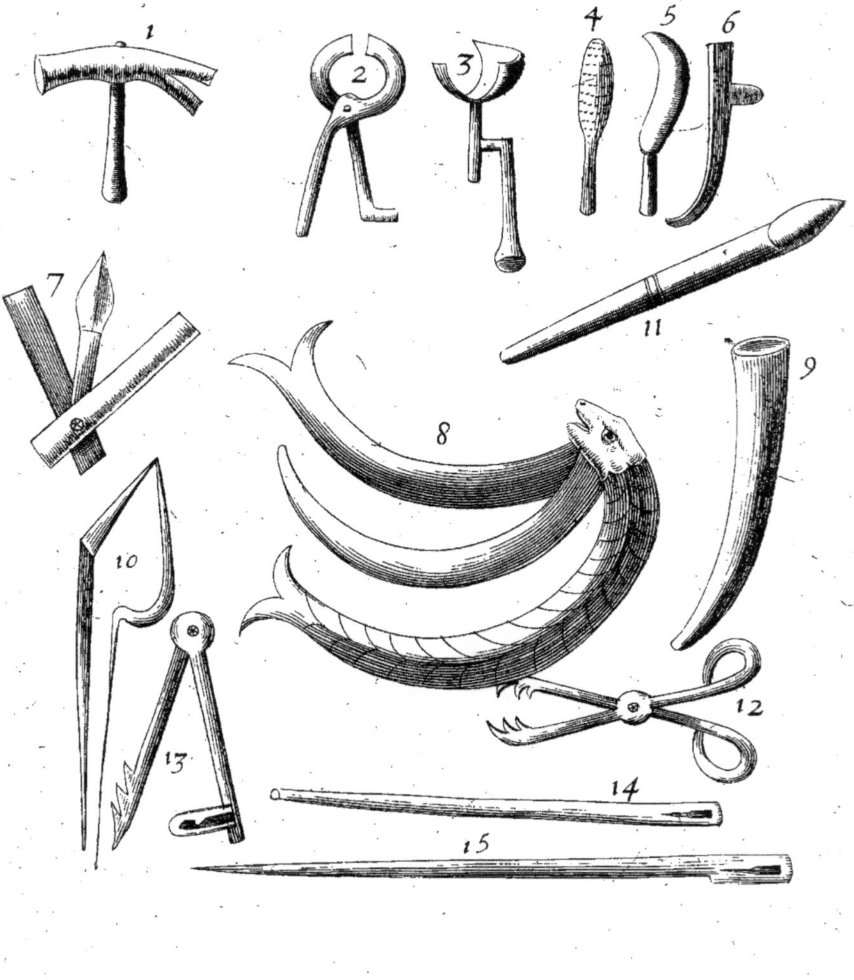

LE NOVVEAV ET SCAVANT MARESCHAL.

QVI ENSEIGNE A CONNOISTRE LA NATVRE DES maladies des Cheuaux, & la maniere de les guerir.

LIVRE PREMIER

Ou est traicté de la guerison des maladies internes des Cheuaux.

CHAPITRE PREMIER.

De la structure, & composition naturelle des corps des Cheuaux

L'VTILITE' qu'on peut tirer de la lecture de ce Livre est si grande, que ie me suis imaginé qu'on ne pouuoit pas obliger d'auantage le public qu'en luy faisant vn present de cét Ouvrage plus élaboré & plus accomply que tous ceux qui cy-deuant ont traité du mesme suiet. Et en effet i'ay composé ce volume auec vn si grand soin, vne si grande experience, que i'oserois engager, &

voudrois perdre tout ce que ie possede au monde, si les plus simples & les plus ignorans, qui pendant leur vie n'ont eu aucune connoissance de cét Art, ne pourront non seulement auec autant de iugement & de bon-heur faire d'aussi belles cures que les meilleurs Mareschaux du monde; mais aussi qu'ils pourront soûtenir par de bonnes & solides raisons tout ce qu'ils feront (ce que iamais n'a fait aucun Mareschal que i'aye pû connoistre) lesquelles le meilleur artiste ne pourra refuter ; & auec cette protestation que ie fais au Lecteur, qui mettra en practique les enseignemens que ie donne en cét ouvrage, ie commenceray mon discours selon le tiltre du Chapitre.

Il est necessaire à quiconque voudra prendre la peine de se rendre habille en cét art, d'apprendre premierement qu'elles sont les choses qui naturellement composent le corps du Cheual, affin qu'ayant la connoissance de sa constitution naturelle, il puisse connestre par l'opposition qu'il en fera, qu'elle sera sa constitution contre nature, & quand ses operations s'éloigneront du degré de perfection qu'elles doiuent auoir naturellement, afin que dans cét estat il puisse preparer des remedes vtiles & conuenables aux maladies qui suruiendront aux Cheuaux, & qu'il n'imite pas ceux qui aveuglement se seruent d'vn mesme emplastre pour toutes sortes de blessures, & d'vn mesme remede pour toutes sortes d'infirmitez.

Pour connestre donc la veritable constitution du corps d'vn cheual, il faut sçauoir qu'il est composé comme le corps de l'homme des sept choses naturelles, qui sont les elemens, les temperamens, les humeurs, les parties, les facultez, les actions, & les esprits; lesquelles sont appellées naturelles, parce que l'excellence & perfection naturelle de chaque corps qui à vie & sentiment en dépend entierement, & n'a pas plus long temps de mouuement que ces choses ont le pouuoir d'agir. Outre cela qu'il y a six choses dites non naturelles, qui sont l'air, le manger & le boire, le mouuement & le repos, le sommeil & la veille, la repletion & l'inanition, & les passions de l'ame, & celle cy sont dites non naturelles, à cause que comme auec le bon ordre & le bon vsage qu'elles sont employées, elles conseruent & entretiennent les corps; aussi estans prises auec excez & mauuais ordre, elles destruisent & renuersent toute l'œconomie du corps, & de ces treize choses que ie viens de nommer, ie traiteray cy-apres separement.

CHAPITRE II.

Des quatre elemens, de leurs qualitez & operations.

POVR entendre ce que signifie le mot d'Element, vous deuez sçauoir que c'est la premiere & la plus simple de toutes les parties qui composent nostre corps, & en laquelle enfin il se reduit. Il doit estre de sa nature pur, & ne doit tenir d'aucun mélange. C'est en vn mot la moindre partie, ou par maniere de dire vn atome (selon ce qu'il paroist aux sens) de la chose qu'il compose.

Ces elemens qui sont les principes du mouuement de toutes choses sont quatre sçauoir le feu, l'air, l'eau, & la terre, ie n'entends pas ceux qui sont visibles icy bas, & qui par leur grossiereté sont palpables & sensibles, mais ceux qui se dérobent à nos sens à cause de leur pureté & subtilité : car les autres à proprement parler sont plustost des corps composez que des corps simples. Le feu est le plus actif de tous & tend tousiours en haut, il est chaud & sec, & semble que la chaleur soit sa qualité prédominante & plus naturelle, mais c'est à cause que la secheresse qui luy est jointe fortifie son action, l'air suit le feu & à l'egard de sa situation & de sa legereté. Sa qualité prédominante est l'humidité, l'eau est apres l'air, la nature de laquelle est pesante & humide, & sa qualité principale est le froid. La terre est au dessous de tous les autres ayant plus de pesanteur, elle est froide & extremement seche. Quant à leurs vertus proprietez, & operations. Le feu par sa chaleur meut la matiere à la generation & est la source & le principe de la vie de toutes choses, il separe dans les corps composez les choses qui sont de diuerse nature, & rassemble celles qui sont de mesme nature. C'est par cette vertu du feu que les os des Cheuaux sont separez & distinguez de la chair, la chair des nerfs, & les nerfs des veines, les veines des arteres, le cœur du foye, & le foye de la ratte, & ainsi des autres, en la mesme sorte que nous voyons les diuerses parties du bois que nous bruslons estre separées les vnes des autres par la vertu du feu & de la chaleur, comme la vapeur d'auec la fumée, la fumée d'auec la flamme, & la flamme d'auec les cendres. On remarque le semblable en plusieurs autres choses comme dans l'épreuue que l'on fait des metaux, ou le feu par le moyen de sa chaleur separe le corps d'auec le corps, c'est à dire vn metal d'auec vn metal, & la corruption d'auec l'incorruption, vnissant ensemble les choses qui sont de mesme nature & espece. De plus la vertu du feu est de meurir, regler & digerer les choses cruës & indigestes, meslant le sec auec l'humide, & ouurant les pores, afin que l'air plus espais & plus grossier se puisse insinuer dans le corps. Enfin le feu modere la froideur de l'eau & de la terre, en sorte qu'ils ne puissent par leur intemperie interrompre la belle harmonie des quatres premieres qualitez qui se doit rencontrer dans les corps viuans.

Pour ce qui est de la vertu & de l'operation de l'air. Il faut sçauoir que par son humidité il fait que la matiere soit capable la figure soit naturelle, soit artificielle, & que par l'ayde & assistance du feu il reçoit les influence celestes & vertus des estoiles, lesquelles il transmet à ces corps inferieurs, en rendant les corps mixtes non seulement subtils & penetrables, mais de plus legers & capables de monter en haut, & fait qu'ils ne sont ny trop espais, ny trop pesants. En second lieu l'air par son humidité rafraichit la chaleur bruslante du cœur, du foye, & des autres entrailles, comme nous voyons arriuer tous les iours par l'entremise des poulmons, lesquels ainsi que des soufflets tirent incessamment l'air frais du dehors & le portent au cœur & aux parties du dedans. Et quoy que l'air ne paroisse pas à nos yeux, estre si humide que l'eau neantmoins selon nos autheurs & le sentiment de nos meilleurs Medecins, il est pourtant bien plus humide en effet: Ce qui se prouue, disent-ils, par la fluidité qu'il possede en soy, laquelle s'épandant par toutes les parties vuides du corps, y laisse les characteres & les proprietez de l'humidité, & pour cette raison il est retenu & renfermé de ses propres bornes auec plus de difficulté que n'est l'eau des siennes. Enfin comme Dieu a fait changer à l'eau son premier lieu qui luy estoit naturel, de mesme l'air selon l'opinion de l'Escole, n'a pas esté laissé dans son entiere & premiere disposition; de peur que par son humidité excessiue, il suffoquast les sens de telle sorte, que ny les hommes ny les bestes n'eussent pû respirer, ny viure.

Quant à la puissance & aux effects de l'eau, il faut remarquer que par sa froideur elle vnit & lie ensemble dans les corps mixtes les parties & les membres de diuerse nature, comme les os auec la chair & les nerfs, la chair auec les nerfs & les os, & les nerfs auec les os & la chair, cela se fait voir par vn exemple familier, lors que durant les grandes gelées, la force du froid vnit ensemble dans les glaçons des choses de differente nature reduisant en vne mesme masse l'eau, le limon, les pierres, les pailles, les bastons, & les fueilles : adioustez à cecy que l'eau par sa froideur tempere la chaleur du feu ramassant ensemble les choses que la chaleur separeroit.

En dernier lieu la vertu & l'action de la terre est de faire par sa secheresse que les corps mixtes s'endurcissent & retiennent leur figure en les fixant : lesquels autrement l'air & l'eau rendroient si mols & si solubles, qu'ils ne demeureroient iamais ioints ensemble : ce qui se voit dans la cire, dans la paste & autres choses semblables lesquelles pendant qu'elles sont trop humides ne retiendront aucune impression ny figure : mais s'endurcissants vn peu elles retiennent les vestiges & les characteres de tout ce que l'on y imprime. Et faut encore icy remarquer que selon l'opinion d'Hippocrates quand quelque animal vient à mourir, non seulement chaque qualité, mais aussi chaque substance & partie retourne à l'element duquel elle à pris son origine, comme la chaleur au feu, l'humidité à l'air, le froid à l'eau, & la secheresse à la terre & ainsi en peu de mots vous voyez en ces quatres communs elemens & principes des choses, le feu estant chaud, separer : l'air estant humide contribuer à receuoir la figure, l'eau estant froide rallier la matiere, & la terre estant seche l'endurcir & luy donner la consistance.

Cette connoissance est grandement vtile, car outre qu'elle nous represente la composition du corps naturel, elle nous enseigne de plus quelles choses vous deuez choisir pour la guerison des maladies, par exemple quand vous rencontrez quelque indisposition ou infirmité qui procede du feu, comme l'inflammation de quelque partie du corps, vous appliquerez des simples qui tiennent de la nature de l'air ou de l'eau, lesquels peuuent humecter & rafraichir cette chaleur Que si la maladie prouient de l'air comme flus de sang ou vn excez d'humidité; alors vous appliquerez des simples qui sont d'vne nature terrestre ou ignée, la chaleur & secheresse desquels peuuent dissiper, & fixer cette humidité. Si le mal vient de l'eau comme les rheumes, froidures, apoplexies & semblables; alors vous chercherez les simples qui sont d'vne nature ignée & aerienne afin que par la chaleur des vns, & la legere humidité des autres, telles humeurs froides, épaisses & grossieres soient dissipées: mais si la maladie vient de la terre comme la grosse galle, la lepre ou semblables vices de la peau accompagnez de secheresse & de dureté: alors vous employerez des simples qui soient de la nature du feu, car la chaleur dissipera & resoudra les humeurs coagulées, endurcies, & ramassées ensemble. Vous voyez par ce moyen la trop grande chaleur corrigée par le froid & l'humidité, la trop grande humidité par la chaleur & la secheresse, le trop grand froid par l'humidité & chaleur; la trop grande secheresse par l'humidité seule.

Voila ce que nous auions à dire de ces quatre communs elemens, lesquels sont les principes de toutes les choses animées ou inanimées, ayans sentiment ou estans destituées de sentiment: mais pour ce qui est des choses qui ont sentiment & qui ont du sang, il y à d'autres elemens en leur composition, qui sont plus prochains & qui ne sont pas si esloignez que les autres ceux-là sont la semence & le sang menstruel desquels les animaux sont formez. Neantmoins ces elemens propres aux animaux sont participans des qualitez premieres dont nous auons cy-deuant parlé sçauoir chaleur, froidure, humidité & secheresse: car sans ces qualitez cy, les autres elemens ne sont rien & ne peuuent rien.

CHAPITRE III.

Des Temperaments, de leurs differences, & combien de sortes il s'en rencontre dans le Cheual.

LE Temperament, ou la Temperature: est la seconde chose qui se trouue en la composition d'vn Cheual. C'est vne qualité qui prouient du diuers meslange, des quatre Elemens.

Il y en à neuf differentes sortes, à sçauoir huict, qui sont inégales & vne qui est égale, des inégales il y en à quatre qui sont simples, à sçauoit chaude, froide, humide & seche ; les autres composées, & sont chaude & humide, chaude & seche, froide & humide, froide & seche. Le Temperament égal est consideré à deux égards, ou en general ou absolument, ou à l'égard de l'espece, & du particulier. Le premier, est quand les quatre Elements sont en égal poids & proportion dans tout le corps, ne participant pas plus de l'vn que de l'autre : le second est lors que les quatre Elements, ou plustost leurs qualitez sont proportionnés selon que le requiert la condition de chaque espece, pour faire ses fonctions dans vne juste & raisonnable perfection ; soit qu'il se trouue dans vne Plante, ou dans vn Animal ; par exemple le Temperament conuenable à la cigue selon que la justice le requiert, est d'estre froide, & celuy de la ruë est d'estre chaude, il en est de mesme des Animaux. Tel Cheual, tel Porceau, tel Chien, est-dit auoir son propre Temperament qui luy est deu, quand il est du Temperament propre à son espece, ce qui se discerne mieux par ses propres actions ou mouuements : ainsi on connoist que le Cheual est chaud & humide, par sa legereté, sa promptitude, sa vigeur, & longueur de vie : on connoist qu'il est d'vne nature temperée, quand il est souple, docile, obeissant, & familier ; & aussi long temps que le Cheual ou autre chose continuë dans la mediocrité & excellence de son Temperament, autant de temps le peut on juger de bon Temperament, & de bonne constitution. Que s'il y à quelque excés de qualitez, ou superfuité dans les humeurs, comme par exemple, de chaleur, froideur, humidité & secheresse, alors nous disons que c'est vn Cheual sec & mechant, ou bien vn Cheual humide & craintif, selon la qualité qui predomine en luy.

Derechef chaque Cheual est dit auoir son temperament propre selon l'âge qu'il a & le païs où il est nourry, & quelques fois selon le temps de l'année auquel il vit : ainsi en l'âge de Poulain qui s'estend jusques a la sixiéme année inclusiuement, vn Cheual est naturellement chaud & humide, dans l'âge moyen qui est jusques à douze ans, il est plus chaud, & plus sec qu'humide, dans sa vieillesse qui est quand il a passé la dix-huitiéme année, il est plus sec & plus froid, que humide & chaud: de mesme les Cheuaux qu'on éleue vers le Sud où Midy, comme en Espagne en Grece, en Barbarie, sont naturellement plus chauds, que ceux qu'on éleue dans les

Païs Bas, en Allemagne, & en Angleterre; ny les Cheuaux qui ont le corps bien constitué, ne sont si Chauds au Printemps, comme ils sont en esté, ny si froids en esté comme en hyuer. Les Mareschaux doiuent faire toutes ces remarques lors qu'ils voudront entreprendre de guerir les maladies des Cheuaux: car s'ils ne considerent leurs natures, leurs temperaments, & toutes les autres circonstances, que nous auons des-ja declarées, ils seront bien tost trompez, dans l'admnistration de de leurs remedes: c'est pourquoy, ie conseille chaque Mareschal, auant que donner aucune potion, ou breuuage au Cheual, de s'enquerir premierement de son espece de sa race, de sa disposition, de son âge; du païs ou il à esté noury, & enfin de la saison de l'année; & ainsi selon le recit qui luy en sera fait, il pourra tirer ses indications pour faire la composition de ses remedes.

Il est aussi tres-necessaire à chaque Mareschal, de considerer les secondes qualitez, lesquelles s'appellent ainsi, parce qu'elles prennent leur origine des premieres, desquelles secondes qualitez, les vnes sont palpables & se peuuent toucher, comme sont la dureté mollesse, aspreté, égalité, viscosité, legereté, pesanteur, espaisseur, petitesse, grosiereté & autres semblables. Les autres ne sont pas palpables, comme sont celles qui se rapportent à Loüye, à l Odorat, à la Veuë, telles que sont le son, les couleurs, les odeurs & autres semblables. Par la diligente obseruation de ces qualitez secondes, il connoistra auec plus de facilité, si le Cheual est disposé à quelque maladie, ou non, comme sera plus amplement declarée cy-apres, en chaque chapitre particulier.

CHAPITRE IV.

Des Humeurs, & de leurs Vsages.

LES Humeurs qui sont la troisiéme sorte de choses, qui constituent le corps du Cheual, aussi bien que des autres animaux, sont quatre en nombre, à sçauoir le sang, la pituite, la bile, & l'humeur melancholique, le sang de sa nature est chaud & humide,

humide, doux au goust, & comme participant du feu & de l'air. La pituite est froide & humide, & est insipide, participante de l'eau & de l'air. La bile est chaude & seche, & est amere au goust comme participante du feu & de la terre. L'humeur melancholique est froid & sec, acide au goust & pesant, comme participant de l'eau & de la terre : en sorte que ces quatre humeurs par leurs qualitez, sont alliées de tous costez aux élements. Pour dire en vn mot, comme font les Medecins, le sang est de la nature de l'air qui y predomine, la pituite de la nature de l'eau, la bile de la nature du feu, l'humeur melancholique de la nature de la terre : Et combien que ces humeurs soient symbolisez & meslez dans chaque partie du corps, si est ce que l'vn deux abonde plus dans vne partie que dans l'autre, & ont leur residence en particulier, en quelque partie du corps, comme le sang en l'entour du cœur, la pituite au cerueau, la bile au foye, & l'humeur melancholique dans la ratte. Or comme ces humeurs sont abondantes, ou defectueuses, ou ont plus ou moins de domination sur le corps d'vn Cheual, ainsi la beste sera mieux ou moins colorée, qualifiée & agile : de cette maniere le Cheual auquel le sang predomine, se peut appeller vn Cheual sanguin, & est de couleur bay, tirant sur le roux, agile, plaisant, & de mouuement moderé. Le Cheual auquel la pituite domine, s'appellent Cheual phlegmatique, & est pour la plusspart de couleur de laict, blanchastre, & par consequent tardif, stupide & pesant. Si la bile predomine, il est de couleur rousse, & par mesme moyen de temperament chaud, ignée, & de peu de force. Enfin si la terre excede les autres élements, il peut estre appellé Cheual melancholique : alors il est de couleur, de souris & cendrée, sa disposition est coüarde, craintifue & paresseuse. Mais parce que ces particularitez, appartiennent proprement aux complexions des Cheuaux, desquelles nous parlerons plus amplement cy apres, ie ne m'arresteray pas à en parler dauantage. Au reste, ie vous diray seulement cecy, pour vous faire entendre que chaqu'vne des humeurs susdites, a son vsage & sa fin, à laquelle elle est destinée. Le sang sert proprement à nourir le corps, le phlegme donne le mouuement aux iointures, la bile excite à chasser les excrements, & l'humeur melancholique, resueille l'appetit & donne le desir de manger. Pendant que ces humeurs possedent leurs qualitez naturelles, elle entretiennent la santé, & l'enbon point, & sont appellées de leurs propres noms, sans addition. Que si par quelque accident elles sont desreglées, ou corrompues; alors elles sont causes de maladies, & ne s'appellent plus de leurs noms simples, mais qui sont ioints, auec d'autres epithetes, comme sang melancholique, pituite salée, bile aduste, melancholie noire, lesquelles humeurs estant degenerées, donnent sujet à plusieurs maladies pestilentes & dangereuses, comme il sera cy-apres declaré amplement. Et voila pour ce qui est des humeurs.

CHAPITRE V.

Des Parties, & de leurs Differences.

LES parties, qui sont la quatriéme sorte de choses, qui composent cette grãde machine du corps du Cheual, sont diuisées par les scholastiques en deux sortes. Les vnes sont similaires, de semblable & de mesme nature, les autres sont dissimilaires & instrumentales, qui sont composées de parties de differente nature. Les parties similaires, sont celles lesquelles estant diuisées en plusieurs petites parties, chaqu'vne d'elles est de mesme nature que le tout, & n'a rien de different en sa definition, & en son appellation : comme la chair, l'os, le nerf & autres : car la chair estant coupée en diuerses partie, chaque partie est toûjours chair, & est reputée telle, aussi bien que lors qu'elle faisoit vn tout, auec les autres parties, on peut dire le mesme des os, des nerfs & autres semblables. Les parties dissimilaires ou instrumentales sont celles lesquelles estans composées de similaires, & diuisées en d'autres parties, neantmoins ces parties ne sont point semblables entr'elles, & n'ont pas vne mesme appellation que le tout, comme la teste, le pied, la iambe & autres : car chaque partie de la teste n'est pas appellée teste, ny chaque partie de la jambe appellée iambe, mais ont d'autres denominations, comme les sourcils, les temples, le genoüil, &c. Ces parties instrumentelles requierent beaucoup plus de perfections pour faire leurs actions, que les similaires : c'est pourquoy les Scholastiques en ont fait quatre principales, à sçauoir le cerueau, le cœur, le foye, & les testicules; dont les trois premieres sont pour la conseruation du corps de l'indiuidu, la quatriéme est pour celle de l'espece: les trois premieres donnent le mouuement & la nourriture au corps, la quatriéme la generation & propagation dans les âges suiuans. De ces parties principales sortent d'autres parties qui les seruent comme des rameaux ou branches du tronc d'vn arbre, de cette maniere les nerfs deriuent du cerueau, qui son destinez pour le mouuement & le sentiment des parties ausquelles ils sont distribuez, les autres prouiennent du cœur dont l'office est de viuifier & de réjoüir par son Nectar viuifique, toutes les parties du corps. Du foye procedent les veines qui rapportent au cœur le sang qui a seruy de nourriture aux parties, pour reprendre de nouueaux esprits & vne nouuelle chaleur capable de restaurer celles des parties, qui autrement seroit languissante. Des testicules sortent les vaisseaux qui portent la semence & seruent à l'œuvre de la generation. Mais outre ces parties il y en a d'autres qu'on appelle officieuses qui agissent pour l'vtilité de tout le corps comme sont le ventricule, la ratte, les poulmons, les boyaux, & autres pour la connoissance desquelles ie renuoye le Lecteur studieux & celuy qui aura besoin de trauailler sur quelque partie du Cheual, au second volume qui traite de l'operation manuelle, où il trouuera la description & la veritable anatomie de chaque partie du Cheual, si viuement demonstrée qu'il ne manquera rien à sa perfection, & à la satisfaction de son esprit: & ainsi i'acheue le traité des parties.

CHAPITRE VI.

Des facultez & puissances du corps du Cheual.

LES puissances que quelques-vns appellent vertus, ou facultez principales qui gouuernent tant le corps de l'homme que celuy de la beste sont trois, à sçauoir la faculté animale, vitale, & naturelle. La faculté animale est vne puissance residente au cerueau, laquelle par le moyen des nerfs comme par des tuyaux qui sortent de sa substance, distribuë le sentiment & le mouuement à toutes les parties du corps, par l'entremise des esprits qu'elle enuoye de tous costez La faculté vitale est vne vertu qui à son siege dans le cœur, laquelle entretient la vie & la vigueur de tout le corps par le moyen des arteres qui procedent du cœur, estant la source principale de la chaleur naturelle, & le vray foyer de la vie, lesquelles portẽt dans leurs canaux par tout le corps cét esprit vital & subtil qui donne la viuacité & la promptitude à toute la masse. La faculté naturelle est vne vertu que l'on place dans le foye, lequel fournit la nourriture du corps qu'il enuoye par les veines respanduës dans toutes les parties. Il y à quatres autres puissances, qui seruent à la faculté naturelle, & qui se rencontrent en toutes les parties, à sçauoir l'attractrice laquelle attire l'aliment conuenable à chaque partie. La retentrice par laquelle la nourriture qui a esté receuë dans la la partie est retenuë. La cõctrice par laquelle les alimens retenus sont cuits & digerez, & la vertu expultrice par laquelle les excremens & les superfluitez du corps sont poussez dehors. Ces puissances estant d'vne si grande importance comme vous, apprenez de ce discours; c'est le deuoir d'vn bon Mareschal d'y auoir esgard, & de prendre garde si les actions qui en procedent sont en leur entier: que si vous voyez que vostre Cheual reiette sa nourriture, ou qu'il ne la retienne pas, ou qu'il ne la digere pas, ou qu'il ne vuide pas ses excremens à la maniere accoustumée; mais les retient brûlez dans son corps, tenez ces choses pour signes d'vne maladie mortelle.

CHAPITRE VII.

Des actions & operations du Cheual.

LES actions ou operations sont la sixiéme colonne qui soustient cét édifice, desquelles nous traitons presentement. Elles sont deriuées des trois puissances que nous auons appliquées. L'action de la faculté animale est de discerner, sentir, & mouuoir. Les Cheuaux ont le discernement par le moyen des vertus imaginatiue, & memoratiue, dont la premiere reside principalement en la partie anterieure du cerueau, & l'autre en la partie posterieure. Le mouuement se fait par le moyen des muscles & des nerfs, qui sont les instrumens & les organes desquelles se sert la faculté motrice ou mouuante du Cheual. L'action sensitiue se fait par la vertu sensitiue qui a cinq organes destinez à autant d'actions differentes qui sont de voir, ouyr, fleurer, gouster, & toucher, & toutes ces actions sont nommées animales, parce qu'elles appartiennent proprement à l'animal & ne se trouuent point dans les plantes. L'action vitale est d'engendrer les esprits que le cœur enuoye par les arertes, & de mouuoir le cœur & les arteres, ce qu'on appelle pulsation ou poulx. Le Mareschal reconnestra que le poulx ou le battement, des arteres n'est pas dans l'ordre naturel, en touchant les arteres le long des deux iambes de deuant, interieurement, vn peu plus bas que les éminences des espaules, & vers les temples vn peu au dessus des yeux. Que si quelqu'vn est si simple de s'imaginer que l'espaisseur de la peau du Cheual qui est plus grande que celle de l'Homme empesche qu'on ne remarque le poulx, qu'il considere d'autre costé que les arteres sont plus grosses que celles de l'Homme & ainsi battent auec plus de vehemence, & par consequent leur mouuement se peut sentir sans difficulté.

Les actions de la puissance naturelle sont d'engendrer, de croistre, de nourrir, auoir appetit, d'attirer, d'alterer, digerer, retenir, & chasser, & plusieurs autres que le Mareschal doit obseruer soigneusement, afin que par leur moyen il puisse connestre quand vn Cheual sera dans son estat naturel, ou quelle partie sera blessée lors que quelques-vnes de ces actions se fera mal, ou imparfaitement. Par exemple si vous apperceuez que le Cheual deuienne oublieux, paresseux & stupide à la correction, c'est vn signe de maladie au cerueau & que la faculté animale est blessée. Si vous sentez que le poulx bat trop lentement, ou trop viste, c'est vn signe que la faculté vitale est attaquée. Que si vous voyez le Cheual deuenir maigre, & perdre l'appetit, c'est signe que le foye languit & que toutes les parties qui seruent à la nourriture que nous appellons naturelles, ne sont pas en bon estat. De plus il y à des actions volontaires & d'autres inuolontaires: les volontaires sont comme lors que le cheual auance, recule, ou s'arreste ainsi que bon luy semble: Les actions inuolontaires sont celles qui ne dependent en aucune façon de la volonté de la beste; mais se font naturellement, comme le mouuement du cœur & des arteres, & le passage du sang des arteres dans les veines; l'vn & l'autre se faisant sans interruption.

CHAPITRE VIII.

Des Esprits.

LEs esprits qui sont les principaux ressorts qui font mouuoir cette machine, sont cette substance subtile, pure & aerée qui s'engendre de la plus pure partie du sang, par le moyen de laquelle la vertu des parties principales se peut communiquer aux parties plus éloignées d'elles pour les ayder en leurs fonctions.

Quelques Medecins en font de deux sortes à sçauoir les vitaux & les animaux. L'esprit animal est celuy qui donne aux parties le pouuoir de sentir, & de se mouuoir, & reside au cerueau, duquel il est distribué par les nerfs à toutes les autres parties du corps ; il est engendré de l'esprit vital qui reçoit vne plus grande perfection, & en partie de l'air attiré par le nez.

L'esprit vital est engendré dans les ventricules du cœur, desquels il se porte aux parties estant le premier suiet de la chaleur naturelle: il est produit de la plus subtile partie du sang & de l'air attiré dans les poulmons par le moyen de l'inspiration. Il y en à quelques vns qui ajoustent à ces deux l'esprit naturel qu'ils establissent dans le foye & dans les voines, mais les deux premiers sont d'vne telle consequence, & ont vne telle prerogatiue que sans leur secours le corps ne sçauroit faire aucune fonction: c'est pourquoy il est du deuoir du Mareschal d'auoir quelque remede confortatif qui retienne ces esprits dans leur vigueur & actiuité: Ce que nous auons dit doit suffire pour l'explication des sept choses naturelles qui composent le corps.

CHAPITRE IX.

Des six choses non naturelles.

IL faut maintenant discourir des six choses que les Medecins appellent non naturelles, entant qu'elles peuuent seruir au gouuernement des cheuaux. La premiere de ces choses qui peut conseruer le corps du Cheual en bonne santé est l'air, lequel estant pur, clair & subtil, peut beaucoup contribuer à la longue vie, & à l'embonpoint du Cheual : mais au contraire estant grossier, espais, & infecté, il doit necessairement alterer le corps d'vn Cheual, & estre la cause de beaucoup d'infirmitez. C'est pourquoy tout Mareschal doit auoir esgard à la qualité de l'air dans lequel vit le Cheual & ou il aura esté éleué, comme par exemple si vn Cheual qui a esté éleué dans vn air chaud vient à viure dans vn air froid, & par ce changement vient à estre malade, le Mareschal par vn regime de viure qui ait la vertu d'échauffer en le tenant dans vn lieu fermé & le couurāt moderement, peu à peu accoustumera son naturel à souffrir des choses qui s'éloigneront de la moderation. Aussi quand le temperamment du Cheual excede en l'vne des quatre qualitez, il vaut mieux pour luy de viure dans vn air qui à vne qualité contraire à celle qu'il possede auec excez. Enfin le changement d'air est salutaire en beaucoup de maladies, comme nous montrerons amplement dans les maladies particulieres.

Pour ce qui est des alimens & du breuuage qui sont le second couple des choses non naturelles pour conseruer ou pour destruire la santé du Cheual : tant que les aliments seront doux, purs & de bon suc, tels que sont le pain bien fait & bien cuit, l'auoine sechée, les febues seches, le foin doux, la douce paille, ou l'herbe courte, ils la conserueront : que s'ils sont puants, corrompus, & sales, ou s'il mange du seigle, orge, poix chiches, alors il doit estre attaqué de maladies : Et partant le Mareschal doit estre soigneux de l'empescher de prendre tels alimens qui engendrent vn mauuais sang. Quant à l'eau qu'il boit, celle qui est la plus pure est la meilleure : au contraire celle qui est trouble, espaisse & desagreable est mauuaise pour la santé.

Le mouuement & le repos contribuent indubitablement beaucoup à la santé du Cheual : Car comme l'exercice moderé dissout les humeurs grossieres, excite l'appetit & apporte de la force & de la vigueur aux membres ; ainsi le repos moderé ayde la digestion, fortifie les nerfs, & repare les esprits dissipez par le trauail, mais au contraire l'exercice immoderé, comme quand on a fait courir vn Cheual plus qu'il ne faut & au delà de ses forces, produit plusieurs maladies mortelles & dangereuses, comme la morfondure, la Phtysie, le vice aux poulmons, l'atonie du foye, la colliquation de la graisse, le pissement du sang, la demangaison, & semblables, toutes lesquelles maladies demandent des remedes puissants, & les externes des remedes corrosifs. Le grand repos lors que le Cheual demeure long-temps sans faire aucun exercice, est contraire à la santé d'vn Cheual, car il amasse toute sorte de mauuaises humeurs, il engendre vn sang corrompu, vne pourriture dans les chairs, & generalement autant de mauuaises humeurs que pourroit faire vne mauuaise façon de viure.

Le sommeil & la veille sont si necessaires à la conseruation du Cheual qu'il ne peut pas viure sans leur moyen. Le sommeil ayde merueilleusement à la digestion, soulage tout le corps, parce que le Cheual dormant, les puissances animales se reposent, lesquelles autrement seroient trop fatiguées, & ne pourroient satisfaire à leur deuoir, ny continuer leurs actions & operations, à sçauoir au mouuement & au sentiment. Pendant que ces actions animales sont vacantes, l'action naturelle est plus libre à faire son ouurage, à cuire & digerer les alimens, à reparer les esprits & les forces dissipées. En effet ie croy que le sommeil n'est rien autre chose que le repos des sens ordonné de la nature pour leur donner vne nouuelle force & vigueur, lors qu'ils se trouuent lassez par le trauail, il est produit par les vapeurs douces & benignes, qui s'éleuent des aliments & montent au cerueau, où estant espaissi, elles bouchent les canaux des esprits, & empeschent qu'ils ne puissent se communiquer aux organes des sens & aux parties, pour leur donner mouuement & sentiment. C'est pourquoy le corps pendant ce temps là est priué de ses actions & mouuements, & à proportion que ces vapeurs bouchent plus ou moins ces conduits, le sommeil du Cheual est plus ou moins profond, & non interrompu: mais quand ce sommeil en quelque temps que ce soit croistra à l'exés, & que vous apperceurez vn Cheual dormir plus que de coustume, alors vous iugerez qu'vn tel assoupissement vient d'vne mauuaise disposition du corps, & est signe ou d'vne Lethargie, ou que les esprits sont offusquez, ou bien d'vne douleur interne aux membres quand il se tient debout, laquelle estant appaisée & luy donnant relache lors qu'il est couché, prouoque en luy vn repos & vn sommeil de longue durée.

Les veilles estant contraires au sommeil, il n'est pas besoin d'en dire beaucoup de choses, sinon que comme l'exés de l'vn

montre

montre la necessité de l'autre aussi le defaut ou l'excez de l'vn ou de l'autre fait voir le mauuais estat du corps du Cheual, & denonce que quelque maladie luy doit arriuer.

La repletion & l'inanition tient le cinquiéme rang entre les choses non naturelles, & se peut rapporter à l'addition & à la detraction, dans lesquelles quelques-vns font consister toute la Medecine des Cheuaux: & veritablement qui poura oster ce qui est superflu ou corrompu dans le corps du Cheual, & luy rendre le degré de perfection qui luy manque, éloignera toûjours sans doute les causes qui peuuent exciter les maladies des Cheuaux & leur procurera vne santé parfaite: Mais il y à deux sortes de repletion, l'vne qui est faite par la quantité des humeurs, l'autre par l'excez des alimens; l'vne & l'autre trouble l'œconomie du corps & sont causes de maladie: l'abondance d'humeurs est de deux sortes: l'vne est vne plenitude égale de toutes les humeurs generalement: l'autre est vn excez ou abondance particuliere de quelque humeur, comme de pituite, d'humeurs aqueuses ou d'humeur melancholique. Le premier vice est appellé abondance ou plenitude d'humeurs, le second abondance ou excez des mauuais sucs & s'appelle proprement cacochymie chez les Medecins. Le Cheual peut estre accablé d'vne repletion qui sera à raison de la quantité & de la qualité. A raison de la quantité comme quand il est trop remply de sang, à raison de la qualité quand il à trop d'humeurs froides, ou chaudes, espaisses ou subtiles, & comme toute maladie de repletion se doit guerir par son contraire qui est l'inanition qui se peut faire par la saignée, la purgation, les frictions, les scarifications, les ventouses, les sueurs: Aussi toute maladie causée par inanition se doit guerir par repletion. Mais ces choses doiuent estre traitées lors que l'on parlera des maladies des Cheuaux.

En dernier lieu, pour ce qui est des passions de l'ame, il faut sçauoir, qu'autant que l'ame sensitiue s'estend, autant s'estendent les affections des Cheuaux, comme d'aymer, haïr, se fascher, se réjouir, s'attrister, craindre. Il n'est pas besoin de prouuer que les Cheuaux soient susceptibles de toutes ces passions puisque l'experience journaliere nous en découure assez la verité. Qui est celuy qui ne voit l'amour que les Cheuaux ont pour les Palfreniers qui les soignent & les pensent, la haine pour les estrangers qu'ils ne connoissent pas, leur colere quand on les bat, leur ioye & fierté crainte qu'ils ont des Caualiers qui les montent. Or puisque ces passions excitent de grandes & estranges émotions dans le corps : pour cette raison les Mareschaux les doiuent auoir en grande consideration, & prendre garde que le Cheual n'en soit accablé & outré, principalement de la crainte & de la haine, la premiere faisant prendre la fuite aux esprits vers les parties du dedans, & abandonnant & laissant les parties du dehors destituées de chaleur & de sentiment. La derniere les rendant inquiets, fiers, enragez, & toutes deux produisent quelque intemperie dans le corps d'vn Cheual, capable de produire apres des maladies mortelles, & voilà ce que nous auions à dire des six choses non naturelles.

CHAPITRE X.

Des signes du temperament des Cheuaux.

LA connoissance particuliere des complexions des Cheuaux est vne des choses la plus necessaire au Mareschal, tant pour pouuoir iuger des maladies d'vn Cheual, que pour composer les remedes conuenables à chaque infirmité.

Vous sçaurez donc en premier lieu que par la couleur d'vn Cheual vous pouuez iuger de quel temperamẽt il est. Considerez donc attentiuement quel element predomine en luy ; car de cét element on tire le temperament : par exemple s'il participe plus du feu que des autres elemens, on iugera qu'il est colerique : ioignez à cela s'il est d'vne couleur rousse & luisante, ou d'vne couleur purement noire comme d'vn charbon sans aucun meslange de blanc, ou d'vn gris de fer qui n'est pas suiet à changer, c'est à dire à se tourner ny en gris ny en blanc ny en couleur de piqueures de puces. Les Cheuaux qui ont toutes ces qualitez sont d'vne nature legere, chaude, ignée, & rarement sont d'vne grãde force. Ils sont de plus suiets aux fiévres pestilentes, iaunisse, & inflammations du foye : c'est pourquoy le Mareschal prendra garde lors qu'il voudra purger ces sortes de Cheuaux de choisir des remedes qui purgent la bile, & de preparer des breuuages qui purgent moderément & sans violence. Car ces Cheuaux n'estans pas vigoureux, qu'elle apparence y auroit-il d'abbatre le peu de force qu'ils ont, & il y auroit grand danger de troubler tout leur corps. Si le Cheual participe plus de l'air que des autres elemens, il sera de temperament sanguin & sa couleur est ou bay luisant ou bay sombre, sa mine ne sera pas triste & refrongnée, il n'aura pas le nez farineux, les flancs ne seront pas de couleur blanche, ny argentée, ny de couleur noire auec vne estoile blanche, le dos ne sera pas blanc, non plus que les pieds. Ces Cheuaux sont agiles, libres, & de bonne force. Les maladies ausquelles ils sont suiets, sont l'atrophie ou amaigrissement prouenantes du foye, la lepre, les escroüelles, & autres maladies contagieuses. Ils sont de bonne & forte constitution, & peuuent supporter des remedes puissant, & qui ayent la vertu de raffraichir le sang..

Si le Cheual tient plus de l'eau que des autres elemens, alors il est d'vn temperamment pituiteux, & sa couleur est ou blanc de laict ou iaunastre ou de la couleur d'vn Milan, & le meslange des couleurs sera fait également, c'est à dire autant de blanc que des autres couleurs; autrement si le blanc estoit surpassé par le noir, ou par le bay, il est a iuger qu'il seroit du temperament signifié par la couleur prédominante. Le nature de ces Cheuaux est tardif, pesant & suiet à deuenir maigre, aux rheumes, maux de testes, toux, tournoyemens, & autres maladies semblables. Ils peuuent supporter l'effet des medicamens qui ont vne mediocre force, à cause de l'abondance de pituite qui est en eux, la force de la nature & du breuuage estant contrepesez. Les simples qui ont vne qualité froide ne leur sont pas fort vtiles, comme aussi ceux qui ont vne qualité chaude au troisiéme degré. Les premiers parce qu'ils reserrent trop tost, les seconds parce qu'ils disipent trop tost: C'est pourquoy les simples temperez leurs seront meilleurs.

Si le Cheual participe plus de la terre que des autres elemens vous iugerez qu'il est d'vn temperament melancholique, & est roux, gris, bay sombre, auec le nez fariné, les flancs rouges ou blancs, ou bay-rougeastre, ayant aux iambes le poil blanc & long comme le poil de Cheures. Ces Cheuaux sont pesants, & poltrons: leurs maladies ordinaires sont inflammation de ratte, phrenesie, hydropisie & semblables. Ils sont d'ordinaire d'vne plus grande force qu'ils ne paroissent en leurs actions, & peuuent supporter raisonnablement l'operation des remedes vigoureux. Tous les simples qui ont la vertu de desecher & cicatrizer leurs sont nuisibles. Ceux qui ont vne qualité froide & humide leurs sont plus profitables.

Outre ces quatres sortes de temperamens bilieux, sanguin, pituiteux & melancholique auec leurs qualitez & proprietez, vous sçaurez que parmy les Mareschaux il y a vne autre complexion ou cinquiéme temperament qui s'appelle le meslange des temperamens, c'est à dire quand vn Cheual participe de tous les autres elemens egalement & en vne proportion legitime, ny ayant pas plus de l'vn que de l'autre. Cette complexion est la meilleure & la plus parfaite de toutes, & le Cheual qui est de ce temperament est tousjours de l'vne de ces couleurs, c'est à dire ou d'vn beau brun pommelé ou non pommelé, gris pommelé, noir remply de poil argenté, le crain rouge ou noir, & ces Cheuaux sont d'vne nature excellente, fort temperée, les plus forts, les plus gentils, & les plus sains: Et quoy qu'ils puissent deuenir malades de toutes sortes de maladies, si est-ce que naturellement ils ny sont pas suiets: mais les infirmitez qui leurs arriuent, sont purement accidentelles, & ne viennent pas de leur temperament. Les remedes leurs sont conuenables selon la nature & le temps de leurs maladies. Car si la maladie est nouuelle & recente, alors ils sont capables de receuoir tous les remedes qu'on iugera propres pour leurs maladies: mais si la maladie est inueterée, & les facultez affoiblies, alors il faut songer de fortifier la nature, meslant tousiours parmy chaque remede de quelque qualité qu'il soit, quelque simple cordial, afin qu'à mesure que les mechantes humeurs sont éuacuées, en mesme temps les forces soient reparées & maintenuës.

CHAPITRE XI.

Des maladies internes des Cheuaux, de leurs causes, & de leurs diuerses especes.

APRES auoir traité des choses naturelles qui composent le corps du Cheual, & des choses non naturelles qui conseruent ou qui destruisent sa santé selon l'vsage qu'on en fait. Il est maintenant à propos de traiter des choses contre nature qui destruisent & ruinent la santé du Cheual, elles sont au nombre de trois, à sçauoir les causes, les maladies, & les symptomes ou accidens des maladies.

Les causes des maladies sont des affections contre la nature qui précedent la maladie, & qui la produisent. Il y en à deux differentes sortes, les vnes sont internes, & les autres externes : les internes sont celles qui ont leur siege aux parties du dedans du corps, comme sont l'abondance ou la mauuaise qualité des humeurs, lesquelles les Medecins diuisent encore en causes antecedentes & conjointes : les externes sont celles qui viennent du dehors & produisent vne mauuaise disposition au corps comme la chaleur, froidure, blesseure & autres desquelles ie parleray plus amplement au second Liure : & comme i'ay intention en traitant de chaque maladie en particulier d'expliquer dés le commencement la cause de la maladie, ie ne m'estendray pas presentement d'auantage sur ce suiet. La maladie est vne affection ou disposition contre nature qui de soy & immediatement blesse les actions. Il y en à de trois diuers genres, le premier est l'intemperie, le second est la mauuaise conformation, & le troisiéme est la solution de continuité. Ie ne pretends pas parler de ces deux dernieres sortes en ce lieu parce qu'elles appartiennent principalement à la Chirurgie, laquelle ie me remets à traiter au second volume. L'intemperie donc est ou simple ou composée. La simple est quand vne seule qualité excede, comme d'estre trop sec, ou trop humide. La composée est lors que plusieurs qualitez excedent, comme si vn Cheual auoit trop de chaleur & de secheresse, ou trop de froideur & d'humidité. Derechef les maladies sont longues comme la consomption, les escroüelles & semblables, lesquelles consument le Cheual peu à peu & par degrez : Les autres sont courtes comme la iaunisse, l'anticorre l'éblouïssement, les auiues & semblables, lesquelles sont dangereuses & mortelles dés le moment qu'on les apperçoit. Des maladies interieures quelques-vnes occupent tout le corps, comme les fiévres, la peste, la conuulsion : les autres attaquent quelque partie seulement, comme sont la douleur de teste, la debilité d'estomach, telles que sont encore toutes les infirmitez exterieures qui sont propres à chaque partie, comme esparuins aux iambes, grappe & chapelet aux pieds, greste aux yeux (qui est vne tache qu'on appelle en Latin *grando*) comme on pourra voir cy-apres.

CHAPITRE XII.

Des signes des maladies & de leur nature.

LES signes qui donnent à connestre la maladie sont plusieurs, & presque infinis: neantmoins ie vous declareray le mieux que ie pourray ceux qui suffiront pour la connoissance de chaque maladie, vous sçaurez donc que selon les regles de la medecine, il y à quatres voyes pour connoistre les maladies tant, internes qu'externes: premierement par les accidens qui arriuent à la figure, au nombre, à la quantité, & à la situation de la partie affligée: car si elle n'est pas proportionnée comme elle doit, ou si elle est en moindre ou plus grand nombre; ou en vne plus grande quantité, ou si elle est hors de sa place, alors on peut infailliblement asseurer que la partie n'est pas en sa constitution naturelle & qu'elle est malade. En second lieu par l'alteration arriuée à la partie, comme quād elle à trop de chaleur, de froideur, d'humidité ou de secheresse. En troisiéme lieu quād l'action de la partie est blessée & qu'elle ne fait par sa fonction, comme quand l'œil est empesché de voir ou le pied de marcher. En quatriéme lieu par les excremēs, comme par les vrines & les fiantes; mais d'autant que plusieurs n'ayans pas la connoissance de ces qualitez pouroient estre empeschez à les discerner, & mesme pourroient se tromper; pour le soulagement & la satisfaction de toutes sortes de personnes, ie vous descouuriray en peu de paroles, & parfaitement les signes les plus asseurez de toute sorte de maladie interne, en la maniere qui suit. Si vn Cheual est lent au trauail, ou dur à l'esperon plus qu'à l'ordinaire, s'il à courte haleine, si les oreilles sont pendantes plus que de coustume, si le poil est redressé, si les flancs sont plus creux, s'il ressent vne grande chaleur prés des oreilles ou aux pasturons, s'il souffle en trauaillant, si sa bouche qui escumoit en trauaillant deuient seche: dites que ces choses sont des marques euidente de maladies.

Quand vn Cheual tient sa teste baissée, qui auparauant estoit allegre, c'est signe de fiévre, mal de teste, ou morfondure au corps.

Si vn Cheual qui voyoit clair, à la veuë tenebreuse, c'est signe de mal de teste, tournoyement, ou bien qu'il y à quelque vice dans les yeux.

Quand vn Cheual tourne la teste en arriere il à cette partie offensée, s'il la tourne vers le costé droit, c'est marque d'ostructions au foye, que s'il baisse la teste vers le ventre c'est signe de colique & de vers; ou de quelque tumeur. Quand l'eau coule de la bouche d'vn Cheual c'est signe qu'il à la veuë trouble, ou qu'il à vne toux humide.

Si l'haleine du Cheual est puante, ou si quelque pourriture sort de ces narines, c'est signe d'vlcere à la teste, ou au nez: que si la matiere est iaunastre c'est signe d'vne maladie qui produit vn escoulement par le nez· si la matiere est noire c'est signe de melancholie, si elle est iaune c'est signe d'amaigrissement prouenant du defaut du foye, que s'il iette quelques petits morceaux par la bouche c'est signe de pourriture du poulmon.

Si le corps du Cheual est chaud & l'haleine chaude, c'est signe de fiévre & de chaleur d'estomach, si auec cela il quitte les alimẽs, c'est signe d'inflammation du foye & de la iaunisse seche ou humide.

Si les temples de la teste du Cheual sont creuses ou enfoncées, c'est signe ou d'aage ou d'estranglement.

La courte haleine marque ou la fiévre ou l'estranglement que si le passage du gosier est empesché; c'est signe qu'il y à quelque vice dans l'aspre artere, ou que la ratte est gonflée, & que la respiration est empeschée.

Si on sent vn battement des deux costez du front, c'est signe d'estourdissement ou obscurité de veuë.

S'il y à enfleure entre les deux oreilles, c'est signe de malpot, ainsi appelle par les Anglois, si au dessous des oreilles, c'est signe des auiues & d'enfleure à la bouche, signe de cancers, loupes, & de l'alluette enflée.

L'enfleure au dessous du gosier est signe de glandes, & l'enfleure au bas de la langue, c'est signe d'estranglement, que si au bas de la langue il se trouue seulement de petits nœuds, c'est signe de froid.

L'enfleure du costé gauche est signe de mal de ratte, l'enfleure au ventre & aux pieds est signe d'hydropisie: enfleure aux flancs c'est signe de cholere seulement, tousser ou enuie de tousser, est signe de glandes, des orillons, de la fiévre, ou de l'artere abbreuuée, de la toux seche ou humide, de la maladie de consomption, ou phtisie, & de colliquation de tout le corps.

S'arrester & ruer est signe de la fievre, d'esbloüissement ou de mal de col, que s'il ruë en arriere seulement, c'est signe de colliquation, ou de mal de reins.

Trembler c'est signe de la fievre ou de la colliquation; Et faut remarquer qu'vn Cheual qui tremble apres auoir beu de l'eau froide, à vn accez de fievre, que si le Mareschal y prend garde apres qu'il aura tremblé, il trouuera qu'il bruslera de chaleur durant vne heure, ou d'auantage, & il y a des Cheuaux qui suent aussi apres la chaleur.

Le dos du Cheual estant creus est vne marque de la maladie seche, ou de l'hydropisie.

Le poil renuersé est signe d'estomach froid, ou de morfondure.

Si le Cheual à peine de courir, c'est signe de colliquation, de colique venteuse, ou de la pierre.

Si l'vrine qu'il rend est iaunastre, c'est signe de glandes, que si elle est noire & espaisse c'est signe de mal de reins.

Maigreur est marque de phtisie, iaunisse, maladie seche, colliquation, inflammation de foye, colique, ou de vers.

Le ventre trop lache est signe de chaleur de foye.

Le ventre serré est signe de iaunisse, ou de maladie de la vessie du fiel.

Si le fient du Cheual put extremement, c'est signe de foye eschauffé, que s'il n'y à point d'odeur c'est signe d'vn foye refroidy, que s'il est cru & mal digeré c'est signe de phtysie ou de maladie seche.

Si vn Cheual marche roide c'est signe d'escorcheure, fentes, creuasses, ou colliquations des iambes, s'il marche se couchant en arriere, & roide en auant; alors la douleur est au pied de deuant; que s'il marche foiblement en arriere seulement, c'est signe qu'il souffre seulement aux pieds de derriere.

Si vn Cheual desire passionnement de coucher sur le costé droit c'est signe de chaleur de foye, si du costé gauche c'est signe du mal de ratte, s'il se couche & se leue souuent, ne prenant point de repos c'est signe d'abscés, ou tumeur, de vers, trenchées, colique. Si quand il à fienté il s'estend, c'est marque d'hydropisie. S'il gronde estant couché c'est signe de mal de ratte, iaunisse humide, colique, tumeur, ou de l'artere dilatée. S'il ne se peut leuer estant couché, c'est signe d'vne foiblesse mortelle, colliquation au corps ou aux iambes.

Estre

Estre tourmenté de beaucoup de vents est signe ou de mal de ratte, ou d'vne trop grande perte de sang.

Si vn Cheual quitte son aliment, c'est signe ou de fievre, ou de mal de teste, destranglement, estourdissement, de consomption ou de maladie seche, d'anticorre, ou colliquation au corps, d'vn foye chaud & bruslé, de iaunisse humide, colique, ou de vers. Que si lors qu'il quitte son auoine il masche vn peu de foin, & en maschant il fait vn son aigu en sa bouche, & que sa langue ne puisse se separer du palais sans peine, c'est vn signe éuident que le palais est enflé ce qui vient seulement d'auoir trop fatigué, ou d'auoir porté de trop grands fardeaux.

Si vn Cheual veut beaucoup manger, & boire peu, c'est signe d'vn foye froid, que s'il desire beaucoup boire & peu manger c'est alors signe de fievre, de poulmons pourris & de ratte malade. Le Marcher pesant & paresseux contre nature est signe ou de la fievre, de mal de ratte, de iaunisse, ou d'obstruction de foye.

Si vn Cheual frappe son ventre de son pied, c'est signe de colique: mais s'il remuë sa queuë à mesme temps qu'il frappe, alors c'est signe des bots qu'on appelle boyau noué, ou bien de gros vers.

Si vn Cheual est galeux & vlceré tout le long du corps ou seulement autour du col, c'est signe de ladrerie, & demangeaison. Si c'est vn vlcere remply de nœuds, montant le long d'vne veine, c'est le farcin, si se dilatant seulement en vn lieu, il s'estend, c'est vn cancer. Si l'vlcere est profond & rabotteux, c'est vne fistule: mais si c'est vne verruë spongieuse remplie de sang, c'est vne tumeur contre nature.

Si la langue du Cheual est hors de sa bouche pendante, c'est signe d'estranglement.

Pour conclusion, si vn Cheual en santé frappe ses flancs vitement & à grands coups, c'est vne marque de maladie de poulmon, à sçauoir difficulté de respirer: vne infinité d'autres signes semblables seront declarez dans les chapitres particuliers.

CHAPITRE XIII.

Contenant les generales obſeruations qu'il faut faire touchant les purgations des Cheuaux.

APres que vous aurez reconnu par ces marques la ſanté ou la maladie d'vn Cheual, il eſt neceſſaire que vous appreniez en en ſuitte quelques regles & remarques generales qui concernent la purgation du Cheual, de peur que l'ignorance ou la temerité ne faſſent commettre plus de fautes, que les remedes qui leurs ſeront adminiſtrez ; ne leur apporteront de profit.

Premierement quand vous aurez deſſein de donner à vôtre Cheual quelque breuuage, vous deuez prendre garde qu'il ne ſoit pas plus chaud que du laict nouuellement tiré du pis de la Vache : car il ny à rien ſi mortel à vn Cheual que d'eſchauffer, ou bruſler ſon eſtomach.

En ſecond lieu vous deuez auoir grand ſoin de luy faire auallet ce breuuage doucement & lentement ; de peur que voulant trop haſter, vous faſſiez couler vôtre liqueur dans la trachée artere, ou dans les organes de la reſpiration, & ainſi luy ſuſciteroit vne toux extrême, & l'eſtoufferoit. Que ſi cela arriuoit, il faudroit laſcher la teſte, & le promener deçà & delà iuſques à ce que cette incommodité fuſt paſſée.

Enfin vous obſeruerez en luy donnant le breuuage de luy tirer la langue dehors auant qu'introduire l'entonnoir ou la corne, & toſt apres la relacher, car cela luy fera aualer malgré luy. Et eſt à remarquer principalement quand vous voudrez donner des pillules à vôtre Cheual, ou le beurre quelles ſoient faites auec l'ail, le beurre, & les ſantaulx & la ſabine. Le breuuage operera mieux en le faiſãt ieuſner deuant & apres auoir pris le remede. Et faut encore remarquer que l'exercice moderé (comme celuy de la promenade, qui eſt fait ſelon la force du Cheual apres auoir beu) eſt fort ſain, & la Medecine fera mieux ſon operation, ſi vous faites trotter vn peu le Cheual.

Il faut aussi remarquer que si la maladie du Cheual est vne fiévre, il faut mesler les simples ou auec de l'eau chaude, ou auec du miel, ou auec de l'huile, Que s'il est malade de la toux, rheume, ou autres incommoditez prouenantes de cause froide, alors vous meslerez vos simples auec de la bonne bierre ou du vin ; que si le Cheual est bien bas, & foible, alors vous meslerez vos simples auec du laict ou des œufs.

Pour ce qui est de la saignée, il faut remarquer qu'à vn ieune Cheual, il ne faut tirer que la moitié de sang de ce qu'on tireroit à vn vieux Cheual, & qu'à vn Poulain d'vn an il n'en faut tirer que le quart, & de plus il faut auoir esgard à l'aage & à la force du Cheual pour ne faire qu'autant d'éuacuation que l'vn & l'autre peuuent permettre. Enfin la saigné est ou pour preuenir la maladie & preseruer la santé, ou pour raffraichir & temperer les esprits, ou pour diminuer la quantité du sang, ou pour éuacuer auec le sang les autres humeurs qui pechent & qui sont contenus dans les veines.

Auant que saigner le Cheual il faut l'eschauffer par vn peu d'exercice, & puis il faut le laisser reposer le iour auant qu'il soit saigné & trois iours apres Et faut sçauoir qu'Avril & Octobre sont les saisons les plus propres, si ce n'est qu'il y ayt quelque occasion pressante qui demande la saignée. Vous obseruerez encore, que lors que vous voudrez tirer auec la main les excremens du fondement du Cheual quand il ne les peut vuider, il est necessaire de frotter la main d'huile d'oliue, de mesme quand vous voulez donner des suppositoires : mais quand vous donnerez des clysteres il faut tremper dans l'huile le canon de la seringue seulement. Il y à aussi plusieurs autres remarques à faire qui sont plus particulieres, lesquelles vous trouuerez annexées aux guerisons particulieres.

CHAPITRE XIV.

De l'vrine & des excremens du Cheual.

APRES que vous aurez consideré exactement tous les signes & marques cy-deuant mentionnées, & que par leur moyen vous aurez reconnu éuidemment qu'vn Cheual est attaqué de maladie, ie serois d'aduis (si faire se pouuoit & si le mal le pounoit permettre) qu'auant de luy rien donner vous prissiez garde à son vrine, de l'inspection de laquelle vous tirerez ces connoissances.

Si l'vrine du Cheual est de couleur pasle, blanche, jaune comme de l'ambre ou auec vne odeur forte, & si elle n'est pas trop claire, vous deuez estre asseuré que le Cheual se porte bien, qu'il est vigoureux & en bonne disposition. Que si elle est blanche extraordinairement & comme de la cresme, alors elle signifie que le Cheual à les reins foibles, & qu'il est suiet à la pierre, à la suppression d'vrine, & aux obstructions des reins.

Si l'vrine du Cheual est d'vne couleur plus haute, & resplandissante, claire comme l'ambre, & non pas ombrée, ou de couleur de bierre de Mars, c'est vn indice de l inflammation du sang, & qu'il à la fiévre, ou qu'il à de la plenitude. Que si elle est rouge comme du sang, c'est signe d'vne plus grande inflammation, & que la plenitude est accompagnée d'vne trop grande chaleur, & de trop de trauail; en sorte que s'il n'est secouru promptement par les remedes conuenables soit purgatifs ou autres, le Cheual ne poura euiter vne maladie qui menacera de mort.

Si l'vrine du Cheual est d'vne couleur pasle grisastre, espaisse & phlegmatique, c'est signe d'vn dos foible, & de chaude-pisse.

En dernier lieu si l'vrine du Cheual est d'vne haute couleur; mais nebuleuse & remplie de noir, c'est signe d'vne maladie mortelle & difficile à guerir par quelque remede que ce soit. Que si la noirceur & obsurité ne s'arrestent pas comme si elle estoient vnies en vn corps; mais est dispersée & dissipée comme s'il y auoit plusieurs nuages en vne seule eau; c'est signe que la violence de la maladie diminuë, & il à grand suiet d'esperer, que le Cheual recouurira sa santé comme auparauant.

Quant à la fiente du Cheual qui merite autant d'estre considerée que l'vrine, il faut remarquer que l'excrement à toûjours du rapport auec l'aliment; i'entends qu'il est ou en partie ou en tout de mesme couleur, que ce qu'il mange: par exemple s'il mange de l'herbe la fiente sera tousioursverde, & la verde estant ny trop dure ny trop molle, la santé du Cheual en sera tres parfaite, & l'estat de son corps aussi. Que si la verdeur est esclatante, & l'excrement mol, soluble, & si fluide qu'il decoule du Cheual comme de l'eau, alors vous sçaurez qu'il a mangé quelque plume, ou bien qu'il à quelque froideur ou crudité tant en ses entrailles, que dans son estomach.

Si la fiente est d'espoisseur raisonnable, ny trop espoisse ny trop fluide, & que la verdeur tire sur le noir, c'est vn signe qu'il à l'estomach chaud, & qu'il est suiet à la iaunisse ou estourdissement: si la fiente est ronde dure comme de petites balles, de couleur verde & noire comme celle des moutons, ou de cerf cela signifie excez ou trop de trauail, ou mauuaise nourriture ou bien qu'il est malade de iaunisse ou colliquation de corps.

Que si le Cheual se repaist de paille, seulement, alors la couleur de la fiente sera iaune, plus reserrée que fluide & non pas bien liée, tous ces signes sont marques de santé : que si la couleur tiroit sur le rouge, ou s'il est excessiuement sec ou humide ou aqueux comme celuy d'vn bœuf ou d'vne vache ; ce sont les signes d'vne maladie interne, ou s'il perd la force de son odeur, c'est signe de mort.

Si vostre Cheual se repaist de foin & d'auoine, alors le fient aura la couleur brune ou iaune auec quelques grains longuets, mais il sera humide & bien lié. Que si la couleur brune tire vers le rouge, c'est signe d'intemperie, & si elle deuient noire, c'est signe de mort. Pour ce qui est de l'odeur de la crotte vous sçaurez que tant plus vous luy donnerez d'auoine, tant plus elle sentira, & que la senteur deuiendra moindre, auec la diminution de l'auoine.

Que si vous nourrissez vostre Cheual seulement d'auoine, de pain & de semblables choses ; alors la crotte qui marque vn corps parfait & sain, sera d'vne coulenr passe iaune comme du miel commun, & de consistence d'vn emplastre espais, ayant au dedans lors qu'on marche dessus, des petites graines blanches comme dans le sauon; ou si la crotte est plus dure, comme l'excremēt ordinaire d'vne personne, elle ne signifiera rien de mauuais : car tous deux marquent & santé & vigueur. Que si la crotte est rouge, c'est signe qn'il y à chaleur au dedans, & qu'il y à inflammation dans l'estomach & dans les entrailles

Si la crotte est brune, brillante, grasse, & oleagineuse c'est signe qu'il y à quelque partie fenduë de la graisse interne, & qu'elle est arrestée & putrefiée au dedans de son corps. Que s'il vuide auec sa crotte des morceaux & lopins de graisse : alors vous pouuez estre asseuré que sa graisse à esté fonduë, mais que la nature a surmonté l'infirmité, & que le plus grand danger est passé. Que si la crotte paroist mal cuite auec des grains de bled, ou morceaux de pain entiers, c'est signe que le Cheual à fait excez, ou qu'il entre dans vne phtisie mortelle. Enfin si sa crotte est noire ou à perdu l'odeur c'est vn signe éuident de mort.

CHAPITRE XV.

Des Fiévres en general, de leurs diuerses especes, & de leur guerison.

QVE les Cheuaux ayent des fiévres, & que ces fiévres soient de diuerse nature, il ny à rien de plus certain comme il se peut obseruer par les remarques qu'on fait tous les iours; principalement quand on les trauaille trop, ou qu'on commet des fautes en leur regime de viure: car sãs doute toutes les fiévres prennẽt leur origine de ces deux causes: mais il faut que ie vous declare auparauãt ce que c'est que la fiévre du Cheual. Vous sçaurez donc que c'est vne chaleur immoderée contre nature, laquelle procedente du cœur, se distribuë non seulement par les arteres, mais aussi par les veines du corps du Cheual, & empesche toutes ses actions & tous ses mouuemens naturels. Il y à trois sortes de fiévres; La premiere consiste dans les esprits eschauffez contre nature. La seconde est dans les humeurs corrompues & pourries par la chaleur contre nature. La troisiéme est dans les parties solides continuellement eschauffées laquelle est deuenuë habituelle. Pour soulager la memoire ie les diuiseray en deux sortes à sçauoir en fiévres ordinaires, & en fiévres extraordinaires ou malignes, les ordinaires sont dans les esprits, dans les humeurs, ou dans les parties solides, de ce rang sont les fiévres quotidiennes, tierces, quartes, fiévres hectiques, fiévres continuës, fiévres d'Automne, d'Esté & d'Hyuer. Les extraordinaires & accompagnez de fascheux accidens sont les pestilentielles & la peste mesme, lesquelles sont accompagnées de bubons, d'vlceres, & les fieures accidentelles qui suruiennent à vne playe mortelle.

Les causes d'ou procedent ces fiévres ordinaires sont generalement l'excez de trauail, ou l'excez de meschante nourriture, comme pois verds, yvraye, auoine cruë, pain moisi & mal sain, & semblables, quelquefois aussi la trop grande chaleur du Soleil les produit, comme quand on court la poste pendant la grande chaleur du iour, ces deux chaleurs produites du Soleil & du grand trauail, se meslans ensemble, il est impossible qu'il ne s'engendre au Cheual vne chaleur mortelle. Et quant à moy i'ay veu des Cheuaux tomber roides morts dans le grand chemin, de la mort desquels ie n'ay trouué autre cause que le trauail immoderé & la chaleur du Soleil. Les fiévres sont causées quelquefois de froid en cette maniere, comme quand vn Cheual en Hyuer a esté fatigué pendant tout le iour & est conduit à la maison estant tout eschauffé. Si auant que son sang & ses esprits sont reposez & refroidis, vous allez incontinent, ou la nuict suiuante luy donner de l'eau froide, tant qu'il en pourra boire, vous le verrez bien-tost apres trembler extremement, & du frissennement il passera à vne violente chaleur, auec tous les autres accidens de la fiévre.

Les fiévres que i'appelle extraordinaires procedent ou de la corruption du sang, ou de l'infection de l'air; & quoy que ces fiévres ne soient pas connuës des Mareschaux, si est-ce qu'elles sont aussi communes, que les premieres desquelles elles sont distinguées seulement par leur violence & leur venin, qui sont si grands qu'elles sont tousiours accompagnées de quelque maladie mortelle, comme sont l'estourdissement, l'anticoeur, la iaunisse, & semblables lesquelles sont tousiours deuancées d'vne fiévre pestilente, & ne sont reconnuës, sinon lors que la guerison est desesperée, comme sont les signes de la peste ordinairement, & alors le Mareschal sans experience n'y prenant pas garde, ou ne connoissant pas les effets de la fiévre, ne donne pas à la maladie le nom qui luy appartient, & prenant le moindre pour le plus grand, manque plusieurs fois de faire la cure qu'il pretendoit.

Les signes qui font connoistre la fiévre sont ceux-cy. Premierement il tiendra tousiours la teste en bas, il tremblera & frissonnera, mais quand son tremblement sera passé, alors son corps bruslera, son haleine sera chaude, sa respiration sera frequente & viste, & la pulsation se sentira dans les flancs, il aura des tournoyemens, il quittera sa nourriture, les yeux luy enfleront & se fermeront, & decoulera d'eux beaucoup d'eau, sa chair semblera tomber de ses os, & ses testicules penderont en bas, il se couchera & se releuera souuent, tout son desir sera de boire mais il ne dormira pas beaucoup à chaque fois, & ne dormira point du tout.

Pour la generale guerison de ces fiévres, vous sçaurez que quelques Mareschaux ont accoustumé de les seigner de la veine du front, aux temples & au palais, & d'empescher dés le premier iour le Cheual de manger; mais ils luy donnent quelque boisson chaude peu à la fois, & apres du foin trempé dans l'eau, ou des herbes les plus fines, le tenant chaudement & le promenant souuent dans vn air temperé, & luy donnnant force littiere. Apres lors qu'il commence à se mieux porter on le nourrit auec de l'orge mondé, trempé & battu menu comme on fait en Angleterre le froment auant que de faire ce qu'ils appellent formitie (qui est vne sorte de mets fait de bled qu'ils font cuire auec du laict & du sucre comme on fait le ris) & cette methode de guerir est loüable car elle est conforme à l'experience ancienne des Italiens; mais en nos Cheuaux Anglois elle manque souuent à cause du climat.

La meilleure guerison que i'ay trouuée est aussi-tost que vous l'apperceuez trembler, de luy donner les iaunes de trois ou quatre œufs battus, auec sept ou huict cuillerées d'eau de vie pour luy en faire boire, & apres le frotter vn peu iusques à ce que son tremblement soit passé, & puis l'enfermer chaudement, & le bien couurir pour le faire suer pendant vne heure, qu'on le nourrisse d'auoine bien sec & bien criblé & laué dans de la bierre. Si son tremblement est passé auant que vous apperceuiez sa maladie vous luy donnerez seulement vne pinte de vin muscat, & vne once de sucre candi meslez ensemble. Et ainsi vous le laisserez reposer ne luy donnant point d'eau qui ne soit chaude; & obseruerez cét ordre au commencement, ou bien chaque matin si la maladie est continuë.

CHAPITRE XVI.

De la fiévre quotidienne & de sa guerison.

LA fievre quotidienne est celle qui vient au Cheual chaque iour Elle paroist au commencement violente; mais rarement elle est de longue durée, si le Mareschal la sçait bien traitter.

Elle

Elle prouient ordinairement d'auoir trop fait courir le Cheual soit apres l'auoir abbreuué, soit apres l'auoir remply de nourriture, Alors subitement ayant esté renfermé dans l'Escurie & n'ayant esté frotté, ny soigné, il suruient vn froid qui succede à cette chaleur auec tremblement & autres symptomes de la fiévre.

Les marques pour la connoistre sont les yeux aqueux, sanguins, & languissans, vne respiration courte & chaude, nausée, pandiculation, & les membres roides : mais outre cela pour connoistre si elle est quotidienne vous obseruerez que la maladie ne dure que six ou sept heures par iour, & apres le Cheual sera allegre & comme en santé iusques à la mesme heure du lendemain, à laquelle heure son accez le reprendra, & icy est à remarquer que plus elle change d'heure, plus aussi la guerison est à esperer, comme si elle prenoit vn iour à sept heures, & vn autre iour à trois heures.

Pour la cure il ne luy faut rien donner deuant son accez, sinon vne souppe faite de farine de bled (telle qu'on prepare pour faire de la bierre) & de l'eau tiede, & le promener doucement à vn air temperé. Aussi-tost que son accez sera passé, vous le mettrez dans l'Escurie & luy frotterez les iambes & son corps fort bien, & quatre heures apres vous luy donnerez ce breuuage. Prenez vne pinte de bierre forte, & y faites boüillir vne demie poignée d'Absynthe, de poivre lõg, cardamome deux onces, du meilleur theriaque deux onces, de la poudre de ruë seche vne once, faites tout boüillir iusques à la consomption de la tierce partie, apres l'auoir tiré du feu coulez le, & y adioustez trois onces de sucre candi puluerisé, & auec la corne donnez luy tiede à boire, faites cela deux fois pour le moins, ou trois fois, si les accez continuent, & sans doute il guerira.

CHAPITRE XVII.

De la fievre tierce.

LA fievre tierce est celle qui vient de deux iours l'vn, le Cheual ayant vn iour de bon, & l'autre mauuais. Elle n'est pas si violente que la quotidienne ; mais elle est de plus longue durée. Elle arriue pour le plus souuent au printemps quand le sang commence à augmenter, & aux grands Cheuaux. Elle procede des mesmes causes externes que la quotidienne; & aussi de sang corrompu, & de bile amassée dans le ventre. Les signes ont esté dits au commencement du chapitre & sont assez euidens. Cette fiévre ne commence iamais que par frisson.

Le remede est tout aussi tost que vous verrez le Cheual trembler vous prendrez vne herbe que les Anglois appellent *stone crop*, qui croist dans les pierres & dans les murailles (qui est vne vermiculaire que Dodonée fait la troisiesme espece de petit *Semperuiuum*) pilez la dans vn mortier de pierre: prenez apres quatre cueillerées de son ius, meslez les dans vne quarte de forte bierre, & donnez le tout à boire au Cheual, puis promenez le à vn air temperé, pendant vne heure. Apres renfermez le, & à force de couuerture faites le suer pendant vne autre heure. Laissez le refroidir, & ne permettez pas qu'il boiue froid en façon quelconque iusques à ce que la fiévre l'ayt quitté, & faites en sorte que son auoine soit la plus vieille & la plus seche qu'on pourra trouuer, laquelle on luy donnera seulement les iours qu'il n'aura pas de fiévre. Et faites qu'il soit longtemps à ieun auparauant l'accez.

CHAPITRE XVIII.

De la Fiévre quarte.

LA fiévre quarte est celle que quelques Mareschaux appellent la fiévre du troisiesme iour, comme par exemple si l'accez commence le Lundi, il aura le Mardy & le Mercredy de bon, & sera derechef malade le Ieudy. Elle prouient d'vn humeur plus grossiere & plus terrestre que la fiévre tierce, & n'est pas apparemment si violente, mais est de plus longue durée: car si on n'y prend bien garde elle durera trois mois, six mois, & peut estre vn an entier Il n'est pas besoin d'autres marques pour la reconnoistre que le periode des accez. Et pour la guerison elle est la mesme que celle de la fiévre tierce, exceptez si la fiévre ne le quitte à la premiere prise de son remede, vous luy en donnerez vne seconde fois; mais non pas plus de trois fois en tout.

CHAPITRE XIX.

De la Fiévre continuë

LA fiévre continuë est celle qui n'a point d'intermission, & est fort dangereuse & violente. Car on peut rencontrer en elle tous les symptomes & accidens qui se trouuent dans les fiévres precedentes, l'vne pouuant estre suiuie de l'autre, comme si la quotidienne estoit suiuie de la tierce, & la tierce de la quarte, & si ces deux occupoient les heures d'intermission qui deuoient rester iusques au commencement de la quotidienne.

Les fiévres continuës viennent ordinairement de la pourriture du sang dans les grands vaisseaux, ou de quelque inflammation & chaleur violente dans les parties principales & vers le cœur.

Les signes sont l'inquietude, les chairs flasques & qui n'ont point de soustien, de plus il y a enfleure & inflammation vers les flancs & les parties voisines.

Les remedes sont de purger premierement la teste par esternuëmens Les erhines & medicamens à faire esternuer se trouueront cy-apres dans vn Chapitre particulier. Cela estant fait vous luy donnerez ce breuuage. Prenez deux onces de germandrée qu'on appelle chamædrys, de la gomme tragacanth, & des roses seches de chacun demie once, reduisez le tout en poudre subtile que vous meslerez dans vne quarte de bierre, aioustant deux onces d'huile d'oliue, & autant de miel. Donnez-le tiede à boire à vôtre Cheual, & promenez le vn peu de temps; puis apres renfermez le chaudement, empeschez le de boire de l'eau froide, & donnez luy de l'auoine seche.

CHAPITRE XX.

De la Fievre Hectique.

LA fiévre hectique est vne maladie perilleuse & mortelle aux Cheuaux, estant le commencement de la Phtisie, c'est vne chaleur contre nature fixe & permanente dans le cœur, qui estant communiquée aux parties solides du corps, ne consume pas seulement le suc destiné à leur nourriture : mais aussi deuore leur substance mesme, peu à peu & lentement. Elle prend bien souuent son origine de l'estomach qui a esté eschauffé & bruslé par des breuuages eschauffans (tels qu'on fait prendre souuent à ces Cheuaux de course qui sont mal nourris, & repeus de beaucoup d'espisseries, & ausquels on donne des potions eschauffantes à la moindre occasion) & qui ont perdu la force de la digestion. Elle arriue aussi quelquesfois à ces Cheuaux, lesquels on a accoustumé de boire de la bierre & du vin, & ausquels on en donne si frequemment, qu'enfin ils tombent en ceste maladie.

Vous la remarquerez à ces signes. Le Cheual ne mangera pas auec appetit & quand vous luy ferez sortir sa langue, vous la trouuerez chargée & escorchée, sa chair sera flasque & molle, & son corps suiet à vn tremblement perpetuel, les remedes sont premierement de lauer sa langue ou auec le syrop de mures, ou auec de l'alun, eau de fontaine, de la sauge & fueilles de bois astreingens bouillis ensemble. Et apres vous luy donnerez à jeun cette potion. Prenez vne once d'aloës, dagaric demie once, de la reglisse & semence d'anis de chacun vne dragme, puluerisez les & qu'il boiue tout auec vne pinte de vin blanc tiede & addoucy auec du miel & du sucre candi, & qu'il le boiue chaud : que son manger soit du foin doux, ou du bled verd, & tousiours apres son remede qu'on le tienne chaudement, & qu'il demeure à ieun trois heures, estant bien couuert & debout.

CHAPITRE XXI.

De la Fiévre Autumnale.

TOutes les fiévres dont nous auons parlé arriuent pour la plufpart au Printemps, à cause que le sang en ce renouuellement de saisons est plus propre à estre enflammé. Cependant nous trouuons par experience que plusieurs fiévres arriuent à la cheute des fueilles, lesquelles nous appellons autumnales, & sont de plus longue durée que les autres. Les signes sont mesmes que des deux autres fiévres cy-deuant expliquées : car ce sont les mesmes fiévres differentes seulement à cause de la saison. Si donc vostre Cheual deuient febricitant en Automne, vous luy ferez tirer du sang de la veine iugulaire & de la veine du palais dans la bouche, & luy donnerez les mesmes potions d'escrites cy-deuant pour la fiévre continuë, & il ny à point de doute qu'il ne recouure sa santé.

CHAPITRE XXII.

De la Fiévre d'Esté.

LA fiévre qui prend en Esté est la pire de toutes les fiévres ordinaires, & principalement celle qui arriue pendant les iours caniculaires ; parce que selon le sentiment des Mareschaux tous les symptomes sont alors plus furieux.

Les signes particuliers de cette fiéure sont, que les arteres battent manifestement, & par tout où il pisse il repand sa semence.

Le remede selon les anciens est de le saigner à la grande veine, qui est à la hanche posterieure 4. doigts au dessous du fondement. Mais quant à moy i'estime quelle n'est pas facile à trouuer à vn Mareschal qui n'est pas fort experimenté, & que par mesprise il pourroit ouurir l'artere au lieu de la veine. i'estime aussi qu'il sera bon de saigner à la veine du col. Cela estant fait, donnez luy deux heures & demie apres cette potion. Prenez le ius d'vne poignée de pourpier, & meslez le auec de la gomme tragacanth, semence d'anis & des roses de damas, leurs fueilles estans reduites en poudre: alors mettez tout dans vne quarte de forte bierre dulcifiée soit auec du sucre candi, soit auec du miel, & ne manquez pas de luy en donner trois matinées, tenant le Cheual bien couuert durant sa maladie.

CHAPITRE XXIII.

De la Fiévre d'Hyuer.

LA fiévre qui prend en Hyuer n'est pas si dangereuse pour la vie du Cheual, cōme la fiévre cy deuant mentionnée. Si est-ce pourtant que c'est vne fiévre qui dure long-temps, & qui demande beaucoup de soin pour la guerir. Les causes sont semblables à celles qui ont esté mises en auant, & il ny à point d'autres signes que ceux qui ont esté desia proposez.

La guerison consiste premierement à purger la teste, en le faisant esternuer; apres il le faut saigner de la veine iugulaire, & du palais, & deux heures & demie apres il faut luy donner cette potion. Prenez du poiure rond demie once, fueilles de laurier & semence de guimauues de chacune demie once, faites les boüillir dans du vin blanc & luy en donnez à boire tiede. D'autres Mareschaux prennent vne pinte de laict tout recent, & y mettent deux onces d'huile d'oliue, vn scrupule de safran, & deux scrupules de myrrhe, & vne cuillerée de graine de guimauues, & ils luy font boire tiede, mais le Cheual auquel on donnera ce breuuage doit auoir bien de la force.

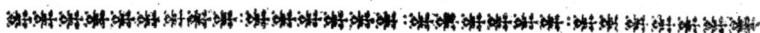

Les anciens Italiens auoient de coustume pour guerir cette fiévre de donner ce breuuage. Prenez vne once d'aristoloche, de gentiane, hyssope, absynthe & d'abrotanum ou d'aurone, de chacune vne once, trois onces de figues grasses & seches, de la graine de guimauues vne once, & demie poignée de rue, faites les boüillir dans de l'eau de riuiere dans vn pot bien net, iusques à ce que la moitié en soit consommée: alors quand cette decoction commence à s'espaissir, ostez la du feu, coulez la, & la donnez tiede à vostre Cheual. Chacune de ces potions est suffisante pour sa guerison; mais la premiere est la meilleure. Quant à son regime de viure, ne manquez pas de le faire ieusner long-temps auant l'accez & que sa boisson soit de farine de bled, telle qu'on fait pour la bierre, auec de l'eau tiede. Que si vous apperceuez que ces accez durent & qu'ils affoiblissent le Cheual, alors pour exciter & conforter la chaleur naturelle du Cheual, vous luy froterez tout son corps, soit au Soleil, ou aupres de quelque feu moderé auec vne friction salutaire que vous choisirez dans le chapitre ou les frictions sont d'escrites en particulier, auec leurs vsages & qualitez.

CHAPITRE XXIV.

De la Fiévre qui procede seulement de l'excez de manger.

LA fiévre qui vient de trop manger, sans vn trauail immoderé ou corruption de sang, est connuë par ces signes cy. Le Cheual se leuera en arriere & frapera, l'haleine sera courte, chaude & seche, il respirera seulement par le nez auec grande violence.

Pour remede vous luy tirerez du sang de la veine iugulaire dessous les yeux, & au palais, & purgerez sa teste le faisant esternuer, & apres luy ferez obseruer vne diete bien tenuë, c'est à dire qu'il ieusne plus de la moitié du iour & qu'il ne boiue qu'vne fois en 24. heures, & sa boisson sera de l'eau chaude, vous luy eschaufferez aussi vne ou deux fois le corps par des frictions salutaires; & si durant son traittement il à le ventre dur, vous le ferez frotter & peigner, & luy donnerez des suppositoires, ou clysteres desquels on traittera cy-apres dans vn chapitre expres, comme aussi de leur nature.

CHAPITRE XXV.

Des Fiévres extraordinaires, 1°. des Fiévres pestilentes.

NOvs trouuons dans plusieurs anciens autheurs Italiens que les Romains ont reconnu par experience que plusieurs Cheuaux sont sujets à cette maladie pestilentieuse qui est vne fievre contagieuse & presque incurable. Ie l'ay remarquée moy-mesme en plusieurs ieunes Cheuaux, ie pense à la verité qu'elle procede ou d'vne grande corruption du sang, ou d'vne infection de l'air.

On la reconnoist quand le Cheual baisse la teste, quitte le manger, respand beaucoup d'eau par les yeux, & a des oreillons vlcerez.

Pour la cure on le saignera à la veine jugulaire, deux ou trois heures apres on luy donnera vn lauement, & apres vous ferez cét emplastre. Prenez cinq onces desquille ou d'oignon marin, de suseau, de castor, de graine de moustarde, & deuphorbe de chacun deux onces : il les faut dissoudre auec du ius de sauge & dasphodelle bouillis, & appliquez cét emplastre aux temples, & entre les oreilles : puis donnez luy à boire le matin à ieun trois ou quatre iours desuite deux onces du meilleur theriaque, dissoutes dans vne pinte de vin muscat. Les Italiens ont de coustume de donner vne liure de suc de racine de suseau, durant plusieurs matinées, ou bien au lieu de foin, de luy donner de l'herbe appellée cappilli veneris. Que si c'est vne saison de l'année qu'on ne le puisse trouuer verd, alors ils le font bouillir dans de l'eau qu'ils coulent, & luy donnent a boire : mais i'estime que la premiere potion suffit, luy faisant obseruer vne diete exacte, & le tenant chaudement.

CHAPITRE XXVI.

De la Peste des Cheuaux appellée de quelques vns Gargil ou Muraine.

LA Peste, gargil ou muraine des Cheuaux, est vne maladie contagieuse & fort pernicieuse, prouenante d'exces de chaleur

leur de froideur, de trauail, ou trop de foin, ou autre chose engendrâte des humeurs corrompues au corps du Cheual, ou de retenir son vrine trop long temps, de boire quand il à chaud, de repaistre de nourriture grossiere, corrompue, & sale, comme il arriue dans les vallées, apres qu'il s'est fait des orages, & inondations, que l'herbe n'est pas encore purifiée, & d'autres choses semblables. Quelques fois elle vient de maligne influence des astres, lesquelles corrompent les plantes & les fruits de la terre, & aussi quelque fois le bestiail. Quoy qu'il en soit, il est certain que quand le mal commence, il est fort contagieux, & si on n'y prend garde, & qu'on ne se precautionne, de plusieurs Cheuaux qu'on aura, il n'en eschappera pas vn.

Il ny à pas vn des Marêchaux Italiens, ou de nos Anglois que iaye veu iusques à present, qui donne aucun signe de cette maladie, si ce n'est que deux ou trois disent que la mort qui s'en ensuit nous en fournit vn indice, & apres par cet aduertissement, on doit preuenir ce qui peut arriuer, en suite aux autres : mais ils se trompent: car cette maladie se peut connoistre par des signes exterieurs, aussi bien que quelque maladie que ce soit: & de fait le Cheual frappé de ce mal commencera à baisser la teste, & trois iours aprez vous apperceuerez des orillons ou des enflures au bas de la langue, lesquelles couleront tout le long d'vn costé de sa teste, & sont grandes & fort dures. De plus ses levres, sa bouche & le blanc de l'œil seront fort iaunes, & son haleine sera forte & puante extremement.

La maniere de preseruer les Cheuaux de cette maladie selon les Italiens & les François, est premierement d'eloigner le Cheual sain de celuy qui est malade, & faire en sorte qu'il ne respire pas l'air infecté, & apres luy faire tirer du sang de la veine iugulaire, & donner à chaqu'vn deux cuillerées de la poudre diapente, dans vne pinte de bon vin d'espagne. Vous trouuerez dans vn Chapitre cy-apres la composition de cette poudre, & la declaration de ses vertus, si vous ne pouuez auoir la poudre diapente promptement, vous pourez alors prendre vne pinte de vin muscat, & dissoudre dedans deux onces du meilleur theriaque, que vous ferez prendre au Cheual: sans doute ces deux remedes sont excellens & sont de grands preseruatifs contre toutes les maladies contagieuses. Toutesfois celuy que ie trouue deuoir estre preferé à ces deux-cy, & qui est propre non seulement pour la peste des Cheuaux, mais pour la peste ou muraine (appellée d'aucuns mal montagnar) qui arriue à d'autres bestes, est le remede suiuant. Prenez bonne quantité d'vrine vieille, & meslez parmy bonne quantité de crotte de poulle, remuez tout ensemblement iusques à ce que la crotte soit dissoute, puis donnez en vne pinte tiede à boire au Cheual ou autre beste, auec la corne : ce remede est si puissant, que ie puis vous assurer auoir veu plus d'vne centaine de Cheuaux secourus & guerir par ce moyen

CHAPITRE XXVII.

De la Fiévre accidentelle ou symptomatique prouenante de blessure.

SI vn Cheual reçoit vne grande blessure, faite par quelque coup ou piqueure, de laquelle la faculté vitale ressent quelque atteinte, il ne faut pas douter que la douleur, & l'inquietude qu'elle peut causer; fera tomber le Cheual dans vne fiévre chaude, & le mettra en danger de mort. De plus le Cheual estant sujet aux fluxions qui se font sur la gorge, il arriuera souuent enfleure, ou vlcere en cette partie, & de la douleur & inflammation qu'il ressentira il s'en ensuiura vne fiévre ardente, de laquelle vous verrez les apparences, quand le Cheual voudra beaucoup boire, & qu'il ne pourra, & qu'il deuiendra maigre & extenué.

Outre les remedes que nous auons des-ja proposez, on saignera le Cheual au dessous des oreilles, & en la bouche, puis on prendra vn pain blanc que l'on couppera, & fera tremper dans du vin muscat, & on luy fera aualer. Il sera bon aussi de tremper vne fois en trois iours vostre pain dans de l'huile d'oliue, & luy en faire manger.

Quant à sa boisson : elle doit estre faite de bled preparé pour faire de la bierre, auec de l'eau tiede, laquelle s'il ne peut aualer, vous luy ferez prendre auec la corne, c'est ce que nous auons à dire des fiévres tant ordinaires qu'extraordinaires.

CHAPITRE XXVIII.

Des maladies de la Teste.

COMME la teste d'vn Cheual est composée de plusieurs parties, ainsi ces parties sont sujettes à quantité de maladies, principalement les membranes qui couurent le cerueau, lesquelles estant affectées, produisent le mal de teste, la mieraine, manie, estourdissement. Si le cerueau patit, il s'en ensuiura phrenesie, manie, lethargie, epilepsie. Et faut icy remarquer que plusieurs Marechaux experts & sçauants, ont soutenu fortement que les Cheuaux ont fort peu ou point du tout de cerueau, ce qui m'a induit à ouurir les testes de plusieurs Cheuaux, dont quelques vns estoient morts, & les autres mourans, dans lesquelles ie n'ay iamais pû trouuer la ceruelle molle & humide, comme dans les autres animaux; mais seulement vne substance espaisse, solide, ferme, dure, & luisante que i'ay toûjours iugé estre vne membrane: ainsi ie concluois auec les autres que le Cheual n'auoit point de ceruelle. Mais apres auoir conferé auec des personnes de plus grand sçauoir, on m'a fait entendre que le Cheual estant vne beste qui deuoit auoir beaucoup de force, qui estoit faite pour souffrir le trauail continuel du chemin, ou pour porter de pesants fardeaux, la nature pour cette raison dãs sa formation, la pourueuë de membres correspondans à vne si grande vigueur, en luy donnant vn cerueau qui n'estoit pas humide & mol, & sujet à estre incommodé par le moindre exces; mais dur & impénetrable, ne pouuant estre diuisé par aucun mouuement moderé, outre la substance du cerueau qu'on m'a fait voir à l'œil, i'ay consideré les membranes qui l'enueloppent; de sorte qu'en ces deux parties consistent les maladies dont nous auons fait mention cy-deuant. Dans les ventricules du cerueau & dans les conduits, par lesquels sont portez les esprits qui donnent mouuement & sentiment au corps, sont produites les causes des vertiges, des auiues, de l'epilepsie, apoplexie, paralysie, conuulsion, des rhumes & catarrhes. Ce qui soit dit des maladies de la teste en general.

CHAPITRE XXIX.

De la douleur de Teste.

LA douleur de Teste prouient, ou de quelque cause interne, comme de quelque humeur bilieuse respanduë sur les membranes du cerueau : ou de quelque cause externe, comme de quelque grande chaleur ou froideur, de quelque fascheuse odeur. Les signes seront ceux-cy : la teste & les oreilles du Cheual sont penchantes vers le bas, il vrinera goutte à goutte, la veuë sera obscure & nebuleuse, les yeux seront enflez & abbruuez d'humidité.

Pour la guerison selon l'aduis de quelques vns de nos Mareschaux Anglois, il faut tirer du sang au Cheual de la veine de l'oeil, ietter de l'eau chaude dans ses narines, & ne luy donner point à manger ce iour là. Le lendemain matin à ieun donnez luy de l'eau tiede & de l'herbe verde. Le soir donnez luy de l'eau chaude, de l'orge & des petits pois meslez ensemble, & tenez le chaudement iusques à ce qu'il soit gueri: mais ce-cy ne m'agrée pas. Ie trouuerois meilleur de le faire esternuer auec vn parfum, & apres luy tirer du sang du palais, le faire iusner au moins douze heures apres, & en suite verser dans ses narines du vin dans lequel aurōt infusé de l'euforbe & de l'encens : apres cela on pourra luy donner à manger, en luy tenant la teste chaudement.

CHAPITRE XXX.

De la Phrenesie & Manie du Cheual.

LEs anciens Mareschaux font quatre sorte de manies qui arriuent aux Cheuaux, produites d'autant de causes differentes. La premiere est celle qui prouient d'vn sang eschauffé & bilieux, qui tombe seulement sur vne partie de la membrane qui enueloppe le cerueau, laquelle se reconnoistra lors que l'on verra vn Cheual estourdi, ou ébloüy de la veuë, ou qu'on le verra tourner en rond comme fait vn animal qui est tourmenté de vertige, & en cette-cy les parties cõtenãtes & externe du cerueau, sõt seulemẽt affectées. La seconde est quãd ce sang gasté & corrompu, altere le milieu même du cerueau, alors il deuient phrenetique sautant contre tout ce qu'il rencontre. La troisiéme, est quand ce sang remplit les veines de l'estomach, & infecte aussi bien le cœur que le cerueau, & alors il est dit estre maniaque. La quatriéme & derniere, est quand ce sang blesse non seulement le cœur & le cerueau ; mais aussi les membranes & pannicules, & alors il se trouue dans vne furie absoluë que l'on reconnoistra aisement, par ce qu'en cét estat il mord vn chacun qui l'approche, il ronge les murs, la mangeoire & tout ce qui l'enuironne, & enfin il deschire sa propre peau en pieces.

Pour le guerir d'vn si grand mal, vous le ferez saigner de toutes les parties inferieures du corps, affin de faire reuulsion du sang qui monte à la teste, comme des veines de l'espron, des veines de la cuisse, & luy en tirerés grande quantité. En suitte donnez luy ce breuuage. Prenez vne poignée de ruë, de menthe ou baume, & vne poignée d'hellebore noir, faites tout bouillir dans du vin rouge qui soit bon & fort, puis donnez le tiede au Cheual auec la corne. Il y en à qui donnent l'excrement d'vne personne auec du vin trois matinées de suite, & font des frictions par tout son corps deux fois par iour pour le moins, & recommandent de ne pas manquer de l'exercer moderement. D'autres luy percent la peau de la teste auec vn fer chaud pour donner yssue aux mauuaises humeurs : les autres estiment que le remede le plus asseuré de tous, est de luy amputer vn ou tous les deux testicules. Mais pour moy ie n'approuue pas cela. Le remede dont ie me suis tousiours serui, est de luy faire aualler de la fiente dure de poulle, ou bien de luy donner de l'eau ou aura trempé de la racine de virga pastoris, c'est à dire verge de pasteur. Pour son regime, que l'escurie soit hors du bruit, qu'elle ne soit pas fermée, que son manger soit du bled tel que l'on le prepare pour faire la bierre auec de l'eau tiede, mais fort peu à la fois: Car la diete la plus tenuë & la plus exquise est la meilleure.

CHAPITRE XXXI.

De la Lethargie des Cheuaux.

L'A lethargie est vne maladie qui iette le Cheual dans vn sommeil continuel le priuant de memoire, d'appetit & de toute vigeur & allegresse. Elle est familiere aux Cheuaux blancs, & bruns : car elle procede seulement d'vn phlegme froid & grossier, lequel humectant & remplissant le cerueau, cause vne pesanteur de teste auec le sommeil. Il ne faut point d'autre signe pour la reconnoistre que le grand assoupissement.

La guerison consiste à le faire veiller malgré luy, en luy faisant du bruit, luy fesant peur. Et apres le saigner de la veine iugulaire, & de la veine du palais, luy donner à boire de l'eau tiede dans laquelle vous aurez fait bouillir du sel & du vinaigre. Vous luy parfumerez aussi la teste, le ferez esternuer, & frotterez le palais de miel & de moustarde meslez ensemble. Il ne sera pas hors de propos de mettre dans l'eau qu'il boira de la graine de persil & de fenouil, car elles excitent à vriner. Vous estuuerez aussi les pieds, & remplirez leur cauité de son & sel bouillis ensemble dans le vinaigre, & l'appliquerez aussi chaud que pourez. L'escurie doit estre remplie de lumiere & de bruit.

CHAPITRE XXX.

De la Catalepsie des Cheuaux.

LEs Cheuaux qui ont ce mal sont dits estre frappez des astres, ils sont priuez de sentiment & mouuement, ne pouuans remuer aucun de leurs membres, mais ils demeurent dans la mesme posture qu'ils estoient lors qu'ils ont esté attaquez du mal. Quelques vns estiment que cette maladie est faite de bile & de pituite meslez ensemble auec abondance; ou de sang melancholique qui ayant vne qualité froide & seche, opprime la partie posterieure du cerueau, & par sa malignité fixe & arreste les esprits qui courent dans les nerfs. Les anciens Mareschaux disēt que ce mal vient d'auoir enduré vne grande froideur, ou chaleur, ou des cruditez qui ont été entrainées par les veines, ou d'vne grande faim causée de ieusne. Les marques sont la priuation du mouuement dont on a desia parlé.

Pour ce qui est de la guerison, elle est diuersifiée selon la cause d'où le mal prouient. Car la premiere chose qu'il faut obseruer est de sçauoir si le mal vient de froid ou de chaud, s'il vient de froideur, vous le connestrez par la compression & pesanteur de la teste, lesquels marchent tousiours de compagnie auec ce mal. S'il vient de chaleur, vous le connestrez par l'haleine chaude & par la respiration. Que s'il vient de froid vous luy donnerez vne once de laserpitium meslée auec de l'huile d'oliue & vin muscat: s'il vient de chaleur vous luy donnerez vne once de laserpitium meslée auec de l'eau & du miel tiede : mais s'il procede de crudité ou de mauuaise digestion, alors vous ferez ieûner le Cheual : & s'il procede de jûne, vous le guerirez en luy donnant frequemment de bonne nourriture, comme de bon pain & d'auoine seche : mais peu à la fois affin qu'il puisse manger auec bon appetit.

Les Mareschaux François comme, Monsieur Horace & les autres appellent cette maladie surprise. Ils tiennent qu'elle prouient seulement de cause froide en suite de quelque échauffaisons.

Pour la guerison, ils ont accoustumé de tirer du sang au Cheual de la veine pectorale, & apres le faire suer soit par exercice, soit à force de le couurir. Mais les couuertures seront meilleure, par ce que le Cheual n'est pas capable de trauailler. Quelquefois ils l'enseuelissent dans du fumier iusques à la teste, & iusques à ce que les membres soient tellement excitez par la chaleur, que le Cheual commence à se debatre pour en sortir, toutes lesquelles cures ne sont pas à mespriser. Neantmoins selon mon opinion celle-cy est la meilleure.

Premierement il faut saigner le Cheual au col & à la poitrine, & frotter tout son corps d'huile de petroles, & apres luy donner ce breuuage.

Prenez de la maluoisie trois pintes, meslez les auec vnquarteron de sucre, canelle, & de cloux de girofle & qu'il le boiue tiede. Apres prenez de la litiere vieille, pourie, & moitte, ou à son defaut du foin moitte, & enuellopez-le de bonnes couuertures les vnes sur les autres, les lians de couroyes, ou de cordes: & renouuelez vne fois en trois iours, iusques à ce qu'il soit guery. Que son escurie soit chaude, son exercice moderé. S'il deuient constipé, il le faut peigner auec vn peigne de fer, & par apres luy donner vn clystere, ou vn suppositoire selon que ses forces pouront permettre. Cette maladie arriue quelque fois au Cheual tout d'vn coup, il demeure immobile comme s'il eust esté frappé du tonnerre, & alors elle est incurable. Elle arriue encore d'vne autre maniere, quand vne musaraigne à couru sur vn Cheual ou la piqué quand il dormoit. Cette musaraigne ou muserte quisse nomme en latin mus araneus. est vne certaine souris de campagne, de laquelle la teste est longue exrraordinairement comme la teste d'vn pourceau, & ses pieds sont plus cours d'vn costé que d'vn autre. S'il arriue que cette souris sautte sur quelque partie du Cheual, incontinent il demeure estropié du membre qu'elle à touché, & il ne s'en peut pas seruir; que si elle à couru sur son corps, il deuient paralytique des reins ou des parties de derriere. Ces accidens qui paroissent inopinement trompent le vulguaire des Mareschaux, & leur font croire qu'il à esté frappé du tonnerre.

Pour tout remede il faut chercher vne ronce, & promener dessous le Cheual qui est ainsi tourmenté. Pour moy iay souuent oüy parler de cette maladie & de sa cure: mais ie n'ay iamais fait cette experience qu'vne fois seulement en vn poulain, lequel estant deuenu boiteux subitement, à esté aussi par ce moyen promptement secouru.

CHAPITRE

CHAPITRE XXXIII.

Du vertige ou éblouïssement.

C'Est vne maladie du cerueau prouenante d'vn sang grossier eschauffé & corrompu, ou d'autres humeurs qui accablent cette partie desquelles procede vn esprit vaporeux excité par vne chaleur debile, lequel trouble & agite toute la disposition de la teste. De toutes les maladies celle-cy est la plus commune & cependant fort dangereuse & mortelle. Elle vient souuent d'excez de manger, de trauail, ou de la corruption du sang.

Les signes qui le font connoistre sont l'obscurité de la veuë, les yeux enflez & pleins d'eau, la bouche humide, éblouïssement, tournoyement du Cheual, frappant sa teste contre les murs, ou bien l'enfonçant dans sa littiere.

La cure se fait diuersement. Car chaque Mareschal à vn remede particulier pour ce mal.

Les remedes que ie mettray en auant sont sans doute les meilleurs. Les anciens Mareschaux tant Italiens que François ont accoustumé de tirer du sang des veines des temples, & apres auec vn cousteau faire vne incision de la longueur du doigt tout à trauers le front, & leuant la peau deux ou trois doigts à l'enuiron, remplir la cauité de plumaceaux trempez dans la terebentine & la graisse de porc fonduë ensemble : mais quelques-vns de nos Mareschaux ayant trouué que cette cure n'estoit pas asseurée, remplissent la cauité de la racine de mauues ou patience : d'autres prennent du seneçon & de l'eau de vie, les meslent ensemble & les mettent dans ses oreilles : d'autres ont de coustume de mettre de l'eau & du sel meslez ensemble assez espais, le mettent aussi dans les oreilles, lesquelles ils cousent, afin quelles ne puissent reietter ce remede. Les autres prennent de l'ail, des fueilles de rue, & du sel de laurier, & les mettent en poudre grossiere qu'ils meslent auec du vinaigre, & mettent tout dans les oreilles du Cheual., puis apres ils moüillent de la laine ou de la filasse & en bouchent les oreilles, afin que ce remede demeure ainsi vingt-quatre heures. Que s'il quitte sa nourriture lauez sa langue de vinaigre & vous luy ferez venir l'appetit. D'autres se seruent de suffumigations pour la teste du Cheual, le font esternuer, le saignent de la veine iugulaire, & luy donnent vne potion cordiale. De ces sortes de breuuage vous en trouuerez au chapitre cy apres, auec leurs vsages. Il y à quelques Mareschaux qui prennent vne once & demie d'huile d'amandes ameres, deux gros de fiel de bœuf, & pour vn sol d'ellebore, & cinq gros de castoreum, vinaigre, & verius, faut infuser le tout ensemblement, iusques à ce que le vinaigre soit consumé, puis estant passé les mettent dans l'oreille du Cheual. Tous ces remedes ont esté diuerses fois approuuez & trouuez singulierement bons: quant à moy ie les ay trouuez d'vne grande vertu. Mais celuy que i'ay trouué fort excellent en tout temps, si le mal n'est inueteré (c'est à dire auant que le Cheual deuiẽne fort foible) est de prendre seulement du verjus & du sel de laurier, & les meslant fort bien ensemble, les fourrer dans les oreilles du Cheual: mais si le mal est inueteré & le Cheual en danger de mourir, alors vous prendrez de l'assa fœtida & l'ayant dissout dans du vinaigre, & chauffé sur vn rechaut, auec des pelottons de filasse vous les fourrerez dans les oreilles du Cheual, & liez les vingt quatre heures durant. Apres que ce temps sera expiré, vous luy donnerez vne potion cordiale. Quelques Mareschaux ont de coustume d'infuser de l'ail & de l'eau de vie ensemble, & fourer cela dans ses oreilles. Pour moy i'estime ce remede trop fort, si ce n'est que le Cheual soit trop luxurieux & charge de graisse & de chair: si cela estoit sans doute il pourroit bien faire.

CHAPITRE XXXIV.

Du mal Caduc.

L'Epilepsie que les Italiens appellent mal Caduco, n'est autre chose sinon ce qu'aux hommes on appelle haut mal, & aux bestes mal caduc; car il les priue pour vn temps de l'vsage de tous les sens. C'est vne maladie qui ne se void guere en nos Cheuaux Anglois: mais fort souuent aux Cheuaux Italiens, Espagnols & François: maintenant on le rencontre assez souuent; puisque nos meilleures Escuries Angloises sont toûjours fournies de quelques Cheuaux de ce pays là, il n'est pas hors de propos d'escrire quelques choses touchant ce mal, il vient ordinairement d'vne pituite froide & espaisse amassée dans la partie anterieure de la teste, laquelle estant resoute en vapeurs se respand & se disperse par tout le corps du cerueau, empesche la libre communication des esprits par les nerfs, & irritant leur principe fait qu'il se reserre en soy mesme pour chasser & esloigner de luy ce qui est nuisible & en mesme temps fait vne retraction vniuerselle de tous les nerfs qui se distribuent aux parties, & ainsi cause cette cheute subite, il y en à qui croyent que cette maladie arriue selon le cours de la Lune pendant lequel quelques animaux meurent pour vn temps.

Les signes sont que le Cheual tombe subitement tant par la resolution de ces membres, que par la distention de ses nerfs tout son corps tremble & frissonne, il escume par la bouche, & lors qu'il vous semble mort, il se releue promptement, & commence à manger. Que si vous desirez sçauoir si ce mal doit retourner souuent ou rarement vous mettrez les mains sur le museau entre les deux narines, si vous le trouuez chaud les accez seront rares s'il est froid ils seront frequents.

Pour la guerison faut tirer premierement du sang de la veine iugulaire, en grande quantité, & quatre ou cinq iours apres vous luy en tirerez des veines des temples, & de la veine des yeux, & apres oindrez son corps de quelques liniment propre à fortifier les nerfs. Puis frotterez sa teste & ses oreilles d'huile de laurier, de poix liquide & storax meslez ensemble : ensuite vous luy ferez vn bonnet de caneuars doublé, entre la doubleure il y aura de la laine, pour tenir la teste chaude : & enfin vous luy donnerez vne purgation de celles que vous trouuerez dans vn chapitre cy-apres en assez bon nombre. Vous le ferez aussi esternuer.

Si apres tous ces remedes la maladie continuë, vous percerez auec vn fer chaud la peau de son front en plusieurs endroits, & loindrez de beurre frais : car par ce moyen vous ferez sortir les grosses humeurs qui oppriment le cerueau, & prendrez garde que son escurie soit tenue bien chaude, & que son regime de viure soit leger & la diete tenuë pendant tout le temps qu'il sera dans les remedes, à quelque prix que ce soit,

CHAPITRE XXXV.

Du Cochemare.

CE mal que nous appellons Cochemare est vne infirmité qui afflige le Cheual seulement la nuict, empeschant sa respiration de telle sorte qu'à cause de la grande difficulté qu'il a, & de l'effort qu'il fait pour respirer, il tombe dans vne sueur vniuerselle, & dans vne grande foiblesse; ce mal prouient selon l'opinion des anciens Mareschaux de grandes cruditez ou indigestions de l'estomach desquelles s'éleuent des vapeurs grossieres qui remplissent la teste, & accablent non seulement le cerueau : mais aussi toutes les facultez sensitiues auec leurs organes Pour moy ie croirois plustost que ce seroit vne indisposition de l'estomach, & des visceres destinez à la nourriture, lesquels estans remplis de quantité d'alimens & de graisse, empeschent pendant la fraicheur de la nuict tellement les facultez, & les esprits de faire leurs fonctions naturelles, que l'animal se sentant comme suffoqué, se debat & auec vne grande contention s'efforçant de respirer, il luy sort vne sueur par le corps, & luy arriue enfin vne grande foiblesse. Ce que i'ay reconnu par experience assez souuent, & ay remarqué que ce mal arriue principalement aux Cheuaux qui sont trop gras, & qui sont nouuellement retirez de l'herbe.

Les signes pour connoistre ce mal, sont que le matin vous trouuerez le Cheual tout en eau, & son corps pantelant & haletant : il se pourra faire qu'il n'y aura que les flancs qui serôt en sueur, ou le col, & le bas des oreilles, si vous l'allez voir de grand matin: l'vn ou l'autre est signe de cette maladie; principalement si le soir quand vous mettez la littiere, ou de la paille sous luy, vous trouuez qu'il est sec par tout le corps, & n'a aucun signe exterieur de maladie interne.

Quelques-vns m'obiecteront que cette infirmité n'est pas le Cochemare, mais vne autre infirmité engendrée par trop d'herbes froides, & mauuaises nourritures, contractée pendant l'Hyuer, & que par apres le Cheual estant renfermé dans vne

Escurie bien chaude & estant bien couuert, la nature fortifiée de ces aydes, pousse au dehors les superfluitez & cruditez qui sont dans les veines & par tout le corps. Mais ie repons que si on nie que cette indisposition soit le Cochemare, il faut necessairement dire qu'il ny a point de maladie appellée de ce nom, & que c'est vn nom en l'air, sans qu'il signifie aucune chose, ce qui ne ce peut pas dire puisque c'est vne maladie fort frequente, & parce qu'elle à tous les symptomes que nous auons dit, & qu'il ny à pas d'apparence que ce soit vn mal sans nom, ie croy que celuy de Cochemare luy conuient parfaitement.

La guerison est d'exercer vôtre Cheual moderement tous les matins & tous les soirs tant deuant qu'apres l'auoir abbreuué, comme par exemple il faudroit le promener vne demie lieuë de chemin pour le faire boire, puis vous le ferez courir au petit galop, & apres estre retourné à la maison le ferez frotter & luy donner de l'auoine & de la graine de chanvre vne poignée meslées ensemble. Vous deuez prendre garde que dans cet exercice vous ne le fassiez suer. Ce remede ne guerira pas seulement cette incommodité; mais aussi toute douleur nouuellement contractée de froidure.

CHAPITRE XXXVI.

De l'Apoplexie ou Paralysie.

LES apoplexies qui arriuent aux Cheuaux sont de deux sortes: les vnes sont generales, & les autres sont particulieres. La paralysie generale est quand le Cheual est priué de sentiment & mouuement en toutes les parties de son corps, & il arriue que rarement ou iamais cette sorte de maladie soit reconnuë de nos Mareschaux; à cause que la mort qui suit si promptement ce mal ne leur donne pas le temps de faire aucune obseruation ny reflexion sur la nature de ce mal. Et veritablement pour ce qui est de la paralysie vniuerselle, elle est sans remede, & par consequent il n'est pas besoin de descrire icy les signes qui la feroient reconnoistre, ny aussi les remedes qu'on pourroit faire contre la violence de ce mal.

La paralysie particuliere est quand vn Cheual est priué de sentiment & mouuement en quelque partie de son corps & d'ordinaire il ny à que le col qui patist, comme ie l'ay esprouué aussi bien que plusieurs autres fort souuent. Le mal procede de mauuaise nourriture capable de produire des humeurs grossieres, froides & visqueuses, lesquelles se ioignans auec les cruditez qui reste de la mauuaise digestion chargent outre mesure le cerueau. Il vient aussi quelques fois à cause d'vn coup ou d'vne blesseure receuë en cet endroit.

Les signes pour connoistre ce mal est la contraction du corps du Cheual. S'il marche en clochant & non pas droitement, s'il tient le col roide sans mouuement, sans iamais quitter ce qu'on luy donne à manger, mais plustost le mangeant auidement.

Pour la guerison, il faut le saigner de la veine iugulaire & de la veine des temples, du costé opposé à la partie qui souffre contorsion. Puis il faut oindre son col auec de l'huile de petroles, & couurir tout son col de cordons de foin moüillé depuis la poitrine iusques aux oreilles; mais il faut auparauant redresser son col auec des morceaux de bois, qui doiuent estre fort polis & larges faits expres pour ce dessein. Puis durant quatre matinées de suitte, vous luy donnerez vne pinte de vin muscat, auec deux cueillerez de cette poudre; prenez deux onces d'opoponax, de storax, de la racine de gentiane, & de la manne, de chacun trois onces, de la myrrhe vn scrupule, du poiure long deux scrupules, reduisez tout en poudre tres subtile.

Il y à des Mareschaux qui tordent le col du Cheual du costé contraire auec vn fer chaud, depuis le col iusques à l'espaule, & sur la temple & de ce costé là font vne ligne longue, & sur l'autre vne petite estoile en cette maniere * & depuis les reins iusques au milieu du dos ils font de petites lignes en cette maniere <-- <-- <--
Pour moy qui sçay fort bien que ce mal procede du cerueau & des nerfs ie ne puis pas conceuoir quel secours & quelle vtilité peut venir de bruller ainsi la peau du Cheual, car ce sont les nerfs & non pas la peau qui sont affectez & qui sont ainsi tendus. C'est pourquoy ie conseillerois à chaque Mareschal de s'abstenir de faire ce tourment à cét animal, s'il ne voit euidemment que la peau mesme est aussi retirée, car en ce cas la cure n'est pas hors de propos.

CHAPITRE XXXVII.

De la conuulsion generale des nerfs

LEs conuulsions generales sont des violentes contractions des nerfs & des muscles qui arriuent souuent à toutes les parties du corps en vn méme temps Il arriue aussi quelques fois que ce mal ne tõbe que sur vne partie, les generales prouiennent de ce que le principe des nerfs est affecté & irrité par quelque humeur ou vapeur acre ou maligne, ou lors que les nerfs sont piquez ou blessez vers leur origine, si elles sont particulieres à vne partie alors elles prouiennent de quelque cause qui à offensé le nerf qui se distribuë à cette partie, & sont causées toutes deux tant de repletion que d'inanition comme de perte de sang. Pour ce qui concerne la guerison de la conuulsion generale prouenante de blessure, vous lirez vn chapitre du liure de Chirurgie qui en traitte cy-apres, que si le nerf est couppé entierement la conuulsion cesse incontinent.

Pour ce qui est de la particuliere, ou il ny à qu'vne partie affligée, elle se peut connoistre par ces signes, la partie demeure roide & tenduë en sorte qu'on ne la peut fléchir ou courber. Les nerfs seront durs comme des bastons, & si le Cheual est couché par terre il ne pourra pas se releuer durant la contraction, il halletera durant tout l'accez, lequel passe en vn moment, apres quoy il marchera.

Les remedes sont d'eschauffer la partie auec l'huile de semence de lin, la moëlle de pieds de mouton, ou de pieds de bœuf, & pendant qu'on le frottera, il faut tenir en haut le pied qui est à l'opposite, afin qu'il puisse s'appuyer tout à fait sur l'autre qui est malade.

Il y à aussi vne autre conuulsion des nerfs qui s'estend iusques au col & aux reins du dos du Cheual. & ainsi presque sur le corps du Cheual. Elle est excitée toûjours ou par vne froidure extreme, comme quand le Cheual sort d'vne Escurie bien chaude, ou il estoit bien couuert, & passe dans vn autre air où il se trouue exposé à la rigueur d'vn grand froid ou par vne perte de sang, manquement de nourriture, par vn mouuement & trauail excessif ou par vne trop grande éuacuation faite par vn medicament purgatif, toutes lesquelles choses priuent les nerfs de l'humeur qui les rendoit souples & obeïssans aux mouuemens volontaires, & ainsi estans desechez se retirent vers leur principe comme on voit arriuer aux cordes de luth lors qu'elles sont desechées. Les signes de cette conuulsion sont quand le col & la teste seront torduës, les oreilles droites, & les yeux enfoncez, la bouche serrée en sorte qu'il ne puisse manger, & le dos éleué comme celuy d'vn chameau.

Pour la guerison, il faut faire suer le Cheual auec des couertures de l'aine, depuis la teste iusques à la queuë, dont quelques vnes seront estenduës selon toute leurs longueurs, & les autres seront mises en double & liées auec des sangles : que si à force de couuertures vous ne le pouuez faire suer; alors vous enuelopperez tout son corps de littiere mouillée & chaude; ou bien vous l'enfoncerez iusques à la teste dans du fumier.

Apres qu'il aura sué vne heure ou deux, & qu'il sera vn peu refroidi, vous frotterez tout son corps de cét onguent, tenant vne barre, ou pelle de fer rougie au dessus de son corps pour le faire penetrer.

Prenez de laxunge de porc vne liure, de la therebentine vn quarteron, du poiure reduit en poudre vne demie drachme, de cire neuue demie liure, de l'huile d'oliue vieille vne liure. Faites bouillir tout cela pour vostre vsage, l'ayant chauffé auant que vous en seruir.

Il y à d'autres Mareschaux qui se seruent de cét onguent.

Prenez de la cire neuue vne liure, de la therebentine quatre onces, autant d'huile de l'aurier, opoponax deux onces, de la graisse de cerf, & de l'huile de storax, de chacune trois onces : meslez tout cela ensemble, & seruez vous en chaudement.

Il y en à d'autres qui apres l'auoir fait suer, se seruent seulement d'huile de cypres, & de l'huile de laurier meslées ensemble, & oignent ainsi tout le corps.

Apres que vous l'aurez frotté de ce liniment. Vous prendrez vingt grains de poiure long reduit en poudre subtile, de cedre deux onces, de nitre vne once, de laserpitium la grosseur d'vne febue, meslez tout cela ensemble auec six pintes de vin blanc, & donnez luy en vne pinte chaque matin durant quatre iours. Pour sa nourriture faut luy donner ce breuuage, fait auec de l'orge, preparé

preparé pour faire de la bierre (comme on à coustume de faire en Angleterre) & de l'eau tiede ,on luy donnera du foin delié & fin, son escurie sera entretenuë bien chaude, & l'exercice qu'on luy fera faire vne fois le iour a midy estant couuert, doit estre moderé.

CHAPITRE XXXVIII.

De la Froidure de la Teste, ou du Rheume.

LA teste des Cheuaux se morfond en plusieurs occasions selon le temperament & la constitution du corps du Cheual, de telle sorte que le meilleur palefrenier qui soit, ne poura auec tout le soin qu'il y apportera, le garantir de ce mal.

Ce mal & le peril qui le suit, est grand ou petit, selon la grandeur, ou petitesse de cette froidure, & selon qu'elle est reçente ou inueterée, aussi selon la quantité d'humeurs épaisses & subtiles, qui abondent au corps du Cheual. Car vous sçaurez que si le Cheual à contracté depuis peu ce froid, & qu'il n'y à pas long temps qu'il dure, il aura quantité de nœuds au bas de la langue, comme des boulles de cire, sa teste sera pesante, & il coulera de ses naseaux vne eau claire. Que si on trouue qu'il y ayt enflure ou inflammation, comme vn phlegmon à la base de la langue, c'est vne esquinancie, que s'il sort de ces naseaux vne matiere puante, épaisse, & pourie c'est la morue, dont nous parlerons cy-apres en des chapitres particuliers.

Les signes du rheume sont des-ja declarez.

La cure se fait par des diuers moyens. Quelques vns guerissent ce mal seulement, en purgeant la teste auec des pilules faites de beurre & d'ail. La maniere de les faire, se trouue au chapitre des purgations. Les autres le guerissent en purgeant la teste auec des suffumigations & le faisant esternuer. Cela estant fait vous luy donnerez à boire de l'eau dans laquelle aura trempe du saint foin, de la farine blanche, & de la semence d'anis, & demie heure apres le ferez trotter. D'autres luy donnent de la poudre à esternuer & puis en suitte cette potion.

Prenez vne pinte de maluoisie, le blanc & le iaune de quartes œufs, vn ail pilé, du poiure, de la canelle, & de la noix muscade de chacune parties égale reduites en poudre subtile, & vn bon morceau de beurre frais : meslez les ensemble, & donnez-le tiéde à boire auec la corne trois jours de suite, & le faite iusner deux heures apres pour le moins. D'autres ont de coustume de saigner le Cheual des veines hemorrhoidales qui sont dessous la queuë, de frotter sa bouche auec vn bouquet de sauge attaché au bout d'vn baston, & de mesler auec son auoine, les sommitéz & les plus tendre branches de ronces : mais ie croy que ce remede est plus propre aux Cheuaux, qui ont douleur de teste, qu à ceux qui ont la teste chargée d humeurs Quoy que ces remedes ne soient pas à mespriser, si est ce que pour moy iay trouué tousiours excellent, pour ces legeres morfondures, vn exercice moderé, tant deuant qu'apres l'auoir abbreuué de la maniere que nous auons dit, au chapitre du cochemare, sans autre suffumigation ny bruuage, si ce n'est qu'on remarquast vn plus grand rheume qu'à l'ordinaire. & que pour l'auoir negligé, il seroit prest à se faire vlcere au bas de la langue. En tel cas ie donnerois au Cheual en vne fois, vne pinte de vin d'Espagne, & chopine d'huile doliue tiede, battuë auec bonne quantité de sucre candi à ieun, puis ie le ferois exercer moderement, sans le faire suer. De ces remedes l'effet tel qu'on le souhaitoit ne m'a iamais manqué, sans m'empescher pour cela, de faire aucun voyage que ieusse entrepris. Que si vous estes en quelque lieu ou vous ne puissiez trouuer dequoy faire ce remede commodement, & que cependant vous soiez contraint de toûjours auancer chemin. Alors prenez vne cuillerée de poix liquide, enueloppez-là d'vn linge delié, puis attachez le au mors de vôtre bride : ainsi vous pourez faire marcher vôtre Cheual, & son mal se dissipera entierement.

CHAPITRE XXXIX.

Du Marasme, ou Amaigrissement du Cheual.

NOvs appellons cette infirmité marasme quand la peau du Cheual est si attachée a ses costés & a son dos, qu'auec la main vous ne puissiez leuer n'y detacher la peau des os. Ce mal prouient quelquefois de mauuais pensement & de defaut de nouriture, quelquefois d'excez de trauail, & arriue principalement si le Cheual estant trop échauffé on le laisse exposé a l'air pluuieux, & sans l'essuyer. Il vient aussi du defaut & de la corruption du sang lequel ne pouuant pas reparer la perte de substance qui se fait iournellement dans les corps, fait que la peau se vuide & se perce à l'endroit des os. Les signes de ce mal sont, outre l'ouuerture de la peau, la maigreur de tout le corps, le ventre enfoncé, & le l'esleuement de l'espine du dos : enfin ce mal deseche les entrailles, consumme le corps, & fait que les excremens sont extremement puants: & si par les remedes il n'y est pourueu, il s'ensuiura bien-tost vne demangaison qui est vne espece de Lepre.

La cure est diuersement proposée selon les differentes opinions des gens du mestier. Les plus anciens auoient de coustume de le faigner de la veine de l'espron des deux costez du ventre vers les flancs. Cela estant fait ils luy donnoient ce breuage.

Prenez vne quarte de Vin blanc ou de bonne Bierre, & y adioutez trois onces d'huile d'Oliue, vne once de cumin, deux onces d'anis, deux onces de reguel. Te, le tout estant reduit en poudre subtile, vous luy donnerez tiede auec la corne

Quand il aura beu, faudra le faire frotter depuis l'os de la hanche iusqu'à la teste, vne heure durant ou plus. Apres mettez le cheual dans vne Escurie bien chaude auec beaucoup de litiere & couurez son corps d'vne couuerture épaisse trempée dans de l'eau & apres pressée, & par dessus d'vne couuerture seche lesquelles vous sanglerez bien fort, & par dessous la sangle vous mettrez quelque poignées de paille : car la couuerture moite le mettra dans vne grande chaleur, Si au defaut de la couuerture mouillée, vous mettez du foin mouillé il fera le mesme effet, & l'aschera sa peau qui estoit trop seche & trop tenduë. Il faudra continuer de faire cela huict iours durant, pendant lequel temps il ne boira point d'eau froide.

Il y en a d'autres lesquels auãt de mettre la couuerture moite, frottent le corps du Cheual de vin & d'huile d'Oliue, & assurément c'est vn bon remede. Il y en a qui tirent du sang de la veine iugulaire pour guerir ce mal, & apres lauent ses costez d'eau tiede dans laquelle ont infusé des feuilles de Laurier, & puis l'oignent d'huile de ruë ou de camomille, tenant le fer rouge au dessus pour faire penetrer l'huile dans la peau. Apres donnez luy ce breuuage:

Prenez Carottes, ruë, menthe sauuage, de chacune vne once & demie, d'absinthe deux onces, sechez les & les mettez en poudre; puis donnez en deux cuillerées dans vne pinte de maluoisie.

Il y a d'autre mareschaux qui prennent du saint foin, curcuma, semence d'anis, feuille de laurier, reglisse & cumin de chacun quantité egale qui les sechent & mettent en poudre : puis en donnent au Cheual deux cuillerées auec vne quantité de Biere simple ou purgatiue, il faut se seruir de ce remede trois matins de suitte, & non seulement il aidera à guerir le mal, mais aussi il sera bon pour en preseruer le Cheual Ce breuuage est bon aussi pour le rheume.

Quoy que ces remedes soient fort bons i'ay n'eantmoins reconnu par experience que ceux-cy estoient les meilleurs de tous. Il faut premierement tirer du sang de la veine iugulaire, puis donnez luy à boire la potion suiuante.

Prenez deux poignées de grande Chelydoine, si c'est en esté on prend les feuilles & les tiges, mais si c'est en hyuer prenez feuilles tiges & racine, couppez les menus, prenez aussi vne poignée d'absinthe, autant de ruë, hachée le tout & le mettez en trois quartes de bierre faites les boüillir iusques a ce qu'ils se reduisent à vne quarte Alors ostez les du feu, passez le en le pressant iusques à ce que vous en tiriez tout le suc, dans lequel vous dissoudrez trois once de bonne theriaque, & donnez le à boire tiede au Cheual.

En suitte faudra frotter le corps du Cheual d'huile & de bierre, ou de beure & de bierre meslez ensemble, à contre poil, vne fois le iour, & luy donner, farine de bled preparée pour la bierre, auec de l'eau tiede pour manger & au lieu d'auoine qu'on luy donne de l'orge trempé iusques à ce qu'il commence à creuer, pourueu que l'orge ne s'aigrisse pas.

CHAPITRE XL.

Des Glaunders, qui est vne autre espece de Catarrhe.

IE ne suis pas de mesme sentiment que nos anciens qui ont traicté des maladies des Cheuaux, touchant cette maladie que les Anglois appellent glanders: quelques vns d'entr'eux estimans que ce mal est vne inflammation des glandes qui sont situées au bas de la langue, des deux costez de la gorge pres lendroit de la deglutition : leur raison est par ce que les Italiens les appellent glandule & de là ils tirent le mot *glaunders*, adioutant encore qu'vn Cheual qui est tourmenté de ce mal à des glandes à la gorge qui sont fort aisées à sentir,& à vne grande difficulté d'aualer. Les autres disent que c'est vne grande enfleure à la maschoire auec dureté, laquelle suruenant l'inflammation se pourrit. Mais i'estime que ces deux opinions sont erronnées: car combien que nos Anciens mareschaux selon la coustume de nostre nation qui se plaist à imiter celle des estrangers, tirent ce mot *glaunders* du mot Italien glandule neantmoins cette inflammation au dessous de la langue est cette maladie qu'on appelle esquinancie, laquelle maladie ne se voit point aux Cheuaux, si ce n'est qu'on appelle les auiues de ce nom; qui est vne explication plus propre pour ce mot.

Pour ce qui est donc de glaunders, vous sçaurez que c'est vne apostume qui flue & coule, produit par le froid, ou par la famine, ou par vne longue soif ou pour auoir pris des alimens corrompus & moisis, ou pour auoir esté tenu en des lieux mal sains, ou pour s'estre frotté aux Cheuaux infectez. En vn mot c'est vn amas d'humeurs, corrompues qui coulent par le nez. on peut l'appeller vn flux, catarrhe ou rheume qui sort quelquefois d'vne seule, quelquefois des deux narrines. La cause est la largeur du passage, en sorte que le froid entrant librement au cerueau, le resserre & le presse tellement, qu'il fait descouler l'humeur qui y est contenüe. laquelle tombant sur les parties vitales & destinées à la respiration suffoque en fin le Cheual, ou par quantité accab le les parties principales, ou bien se congelant peu a peu là dedans esteint la chaleur naturelle, ce catarrhe donc qui descent du cerueau refroidit de trois sores, la premiere vient d'vn refroidissement qui comprimãt le cerueau fait tõber des humeurs crues, & qui arriue souuent pour auoir osté, la selle de dessus le dos du Cheual trop tost & lorsqu'il étoit encore tout échauffé: ou bien de ce qu'on à fait boire le Cheual auant qu'il fust refroidy interieurement, ou bien auant qu'on l'eust seché, ce catarrhe qui est d'vne humeur pituiteuse & qui n'est pas puãte est fort aisé à guerir: car ce n'est pas qu ils y ayt vsure au dedans, mais seulement abondance d humeur la substance estant blanche & épaisse. La seconde est produite d'vne plus grande froideur qui rend les humeurs subtiles & pituiteuse de la couleur de moelle soit sorti par le nez. Le troisiéme est fait d'vn humeur espaissi par la geur du temps, & par consequent plus difficile à guerir, si la couleur en est iaune comme celle d'vne febue, alors le mal est sans esperance de guerison, & se rue sur la gorge, que si la couleur en est brune, ou iaune tirant sur le noir, alors le catarrhe sera accompagné de fiéure. A ces trois sortes de distillatiõs on adioute ordinairement vne quatriéme espece, qui est lors que la matiere qui sort par le nez est noire, subtile, & rougeastre marquetée de sang, & alors c'est vne maladie reputée le plus souuent incurable. Il est donc necessaire à quiconque entreprendra cette guerison, de bien considerer la matiere qui sortira du nez du Cheual: car si l'humeur est clair & transparent en sorte qu'on puisse voir au trauers alors le mal n'est pas perilleux & de grande consequence: s'il est blanc il est pire, mais pourtant il se guerit auec plus de facilité, si l'humeur qui sort est iaune il faut separer le Cheual malade d'auec les sains; car le mal est cõtagieux & neantmoins peut receuoir guerison, si ce iaune est meslé de rouge il ne se peut guerir qu'auec beaucoup de difficulté il en arriuera de mesme si la matiere est de couleur semblable à celle du saffran. I faut aussi considerer si la matiere est puante, ou si elle est sans odeur, le premier est vne marque d'vlcere; le second est vn signe de mort: faut prendre garde aussi s'il tousse ayant la poictrine reserrée; car cela marque semblablement qu'il y a vn vlcere au dedans, & que la grandeur du mal surpasse la vertu des remedes.

Pour ce qui est de la guerison des trois premiere especes de catarrhe. Vous sçaurez que la premiere se peut guerir aisement par exercice moderé, & tenant le Cheual chaudement, si le catarrhe est de la seconde sorte, vous luy donnerez de l'orge preparée pour faire la Biere, auec de l'eau tiede, & ferez vne suffumigation pour sa teste, prouoquerez l'esternuëment, & mettrez de la semence d'anis pilé parmy le breuuage fait auec l'orge preparée pour faire la Biere; d'autres prenent vne pinte de vin blanc, vne poignée de suië de cheminée, vne pinte de laict, & deux testes d'ail pilées & meslées ensemble, & luy donnent a boire.

D'autres prennent vne quarte d'vrine, vne poignée de sel de laurier, & bonne quantité de sucre candi, & y adioutent apres de la reglisse & de la semence d'anis reduite en poudre subtile, & luy dõnent tiede à boire. D'autres prennent du lard ou de la graisse de porc, & la font bouillir dans de l'eau, & aprés escument la graisse, de l'eau, & la meslent auec huile d'oliue, vne bonne quantité d'vrine, & autant de vin blanc, & luy donnent vne quarte de ce bruuage à boire. Les autres prennent vne quarte de bierre, du pain chappelé vne once & demie, deux iaunes d'œufs, du gingembre, clou de girofle, canelle, noix muscade, cardamome, Spica nardi, ou lauende, galanga & miel de chacun égales parties. Le tout estant meslé ensemblement, ils luy donnent à boire.

Si la distillation est de la troisiéme espece qui est la pire de toutes, vous prendrez demie liure de sang de porc & le mettrez sur le feu y adioutant vne liure de ius de poirée, auec trois onces d'euphorbe: gardez cét onguent dont vous oindrez deux longues plumes, ou deux petites baguettes enuelopées de linges à l'entour, estans ainsi ointes introduisez les dans ces nazeaux, & apres les auoir frottéz haut & bas, attachez les à la bride en sorte qu'elle touche le nez, & le faites promener hors de l'escurie. Faites cela trois iours durant, & il guerira du: moins le mal des yeux cessera.

Il y en a qui ont de coustume de prendre vne quarte de bierre & pour vn sol ou deux liards de poiure, vn peu de soulphre, & pour vn sol de galanga, pour deux sols d'espinars d'espagne, pour deux sols de saffran broyé, auec deux onces de beurre, puis iettent le cheual à terre & tenant sa teste en haut, luy font inection dans le nez estant encore tiede: apres ils luy tiennent les nazeauxferméz iusquesà ce qu'il tourne les yeux & qu'il suë: cela estant fait ils luy donnent à boire de la bierre, dans laquelle aura bouilly des feuilles de l'aurier: puis estant leué ils le tiennent chaudement & le nourrissent de graines chaudes, auec du sel & de l'orge preparée a faire la bierre: mais le meilleur est, si le temps est beau & chaud, de le laisser courir sur l'herbe.

Les autres ont de coustume de dissoudre dans du vinaigre trois dragmes de moustarde, & autant deau forte, & luy en mettant dans le nez vne drachme auant que l'abreuuer. d'autres prennent de la myrrhe, de l'iris illyrique, de la graine d'ache, de guimauues, d'aristoloche de chacun trois onces, sel nitre, soulphre, de chacun cinq onces, du l'aurier deux onces, du saffran vne once, ils reduisent le tout en poudre & quand ils veulent luy donner, d'vne partie ils en font des pilules auec de la paste & du vin, qu'ils luy font prendre & l'autre partie luy donnent par le nez estant meslée auec de la forte bierre. Faut faire celà l'espace de trois iours pour le moins.

Les autres prennent vne pinte de maluoisie, autant de bonne bierre quatre cuillereés deau de vie & meslent ensemble vn peu d'anis verd de la reglise, de la racine d'enula campana, du poiure long, de l'ail, trois ou quatre œufs frais & vn peu de bierre & donnent cela tiede a boire, & apres le promenant dehors & au retour le tiennent chaudement, il faut faire cela de deux iours l'vn, durant vne sepmaine.

Les autres prennent de l'vrine vieillle de quatre ou cinq iours & dix teste d'ail & les ayant meslez ensemble le donnent a boire au Cheual. D'autre ont de coustume de prendre de la graisse de porc bien clarifié la grosseur d'vne noix & autant d'huile de l'aurier & le donner a boire au Cheual, auec de l'eau claire tiede

Les autres ont de coustume de prendre de la racine d'enula campana, de l'anis & de la reglisse de chacun pour vn sols quils font bouillir en trois pinte de bierre appellé ale, ou autre, iusques a la consomption d'vne pinte & en suite y adjouste vn demy septier d'huile d'oliue, luy en donnent à boire tiede, & apres auec vne plume souflent de leuphorbe dans son nez, & trois iours apres prenant quatre cuillerés de moustarde vne pinte & demie de vinaigre, trois onces de beurre qui font bouillir ensemble, & apres adioutant vne demie once de poiure, & le donant tiede à boire au cheual. Ils se seruent de ce remede quinze iours durant.

Il y en a qui prennent vne poignée d'ail pylé & le font bouillir dans vne quarte de laict iusques à ce qu'vne pinte en soit consumée, puis y aioutent deux onces de beure frais, & vne pinte de forte bierre. Estant tout bien meslé & remué ensemble, ils le donnent tiede au Cheual a ieun. Ils continuent ce remede neuf iours durant le promenant de costé & d'autre vn peu aprés l'auoir pris.

Ainsi ie vous ay propose & enseigné les diuerses opinions & la pratique de tous les meilleurs Mareschaux, tant de ce Royaume, que d'autre pais, laquelle est sans doute excellente, & esprouuée.

I'ay toujours trouué dans ma propre pratique, si le mal estoit la premiere ou seconde espece, qu'il estoit bon de donner au Cheual a boire tous les matins a ieun quinze iours durant, vne pinte de bonne bierre, & cinq cuillereés d'huile d'auoine. Vous lirez la façon de tirer cette huile dans vn chapitre cy-aprez.

Que si le mal est de la troisiéme espece laquelle est la plus dangereuse & comme desesperée, vous prendrez vne pinte de l'infusion descorce de chesne dont se seruent les tanneurs, & du laict tout recent

recent, aussi vne pinte, auec chopine d'huile d'oliue, & vne teste d'ail pilée, & vn peu de curcuma ou terra merita, meslez les ensemble fort bien & donnez le à boire au Cheual, faire cela trois fois pendant quinze iours, & il guerira s'il y a lieu d'esperer la guerison.

CHAPITRE XL

Des Orillons, ou de la maladie Humide.

CEtte maladie que nous appellons les orillons ou comme plusieurs Mareschaux l'appellent la maladie humide est cette quatriéme sorte de catarrhe, ou fluxiõ, d'vn humeur pourry qui descend du cerueau, de laquelle nous auons parlé au chapitre precedent, & auons montré d'ou elle prouient, & aussi les signes pour les connoistre, a sçauoir que la matiere corrompue qui sort de ses nazeaux est noirastre, subtile, & tirant sur le rouge auec quelques petites goutte de sang. Quelques Mareschaux estiment que cette maladie est vne consomption du foye: & ie ne suis pas éloigné de leur opinion, car i'ay trouué le foye tout vsé dans les Cheuaux que i'ay ouuerts apres estre morts de cette maladie, & cette consomptiõ vient de froid, qui degenere en rhume, & puis en catarrhe ferin: & en fin en ces orillons ou maladie humide.

Le remede selon l'opinion des plus anciens Maréchaux est de prendre de l'eau claire & de l'hydromel vne quarte, puis y mesler trois once d'huile d'oliue, & le verser dans ses nazeaux tous les matins l'espace de trois iours, ou pour le moins de deux iours l'vn, comme aussi vne quarte de vin meslée auec l'onguent appellé tetrapharmacum qui se trouue chez tous les Apoticaires.

D'autres ont accoustumé de faire ieusner le Cheual toute vne nuit & prendre trois demy septiers de laict, trois testes d'ail pillées, & les faire bouillir iusques à la reduction de la moitié, puis en donner au cheual vne partie par la bouche, vne autre par les nazeaux, & apres le faire galopper vn quart de mille, puis le laisser reposer, & faire cela deux ou trois fois de suite. Ils le tiennent chaudement dans l'estable, & ne luy donnent point d'eau que la Lune ne soit bien haute. Apres ils luy donnent de l'orge preparée pour faire la bierre, & font ce remede durant trois iours pour le moins.

Les autres ordonnent de prendre vne demie mesure d'auoine & la faire bouillir dans l'eau de riuiere iusques a la consomption de la moitié, & en remplir vn sachet; puis l'appliquer sur le dos a l'opposite du nombril, & l'y laisser trente heures, & faire cela trois ou quatre fois pour le moins.

Les autres prennent de L'absynthe, peucedanum & de la centaurée de chacun quantité égale, qu'ils font bouillir dans du vin, puis ils le coulent, & en versent souuent dans les nazeaux; principalement dans celuy qui coule le plus.

D'autres prennent marcube, reglisse, & semence d'anis battus en poudre, & apres auec du beurre frais en font des pilules, & les donnēt au Cheual a ieun. Il y en a qui prennēt la fleur de farine de bled, anis, & reguelisse, cinq ou six cloux de girofle, de l'ail: ils pilent le tout dans vn mortier, & le meslent ensemblement pour en faire vne paste dont ils forment des pilules grosses comme des noix. On fait sortir la langue du Cheual, & on iette les boulles dans sa bouche du Cheual, trois ou quatre à la fois, & apres deux œufs entiers auec la coquille.

Le meilleur remede & le plus approuué, est de prendre autant décorce moyenne & verde de sureau, croissant au bord de l'eau, qu'il en faudra pour remplir vn bon vaisseau, mettant autant d'eau de riuiere que le vaisseau peut contenir, & le laissant bouillir iusques a ce que la moitié en soit consumée, remplissant apres le vaisseau deau, & continuant ainsi trois fois de suitte, & a la derniere fois quand la moitié est consumée on l'oste du feu, & on le presse extremement a trauers vn linge: puis on adioute a cette decoction le tiers d'huile dauoine, ou au defaut, d'huile doliue, ou de graisse de porc, ou du beurre frais. On prend vne quarte de cette decoction estant encore chaude, & on la donne a boire au Cheual auec la corne pleine, & autant par les nazeaux, principalement celuy qui iette la matiere. Il faut que le Cheual soit a ieun quand il prendra ce remede, lequel guerit non seulement ce mal, mais tout autre prouenant de froid.

Il sera bon aussi d'estriller son corps, & d'user de frictions, & pour sa teste de quelque lexiues salutaires, touchant lesquelles l'exiues voyez vn Chapitre cy apres.

Pour la nourriture, elle doit estre de l'orge trempée auec du foin doux, & sa boisson de l'eau tiede, ou de l'orge preparée pour faire de la bierre; Mais si c'est en esté il vaudra mieux qu'il mange du verd.

CHAPITRE XXXXII.

De la Toux.

LA toux est vn mouuement ou forte contention de la poitrine & du poulmõ, par laquelle la faculté expultrice tâche de pousser au dehors, par le moyen d'vn soufle vehemẽt, ce qui incommode les organes de la respiration : de mesme que l'esternüment est vn mouuement du cerueau, lequel en poussant tout a coup quelques vapeurs par les narines au dehors, tâche de chasser ce qui luy est nuisible.

La toux est excitée ou par des causes externes, comme quand vn Cheual mange ou boit trop auidement, en sorte que quelque partie de sa nourriture ayt passé par le conduit qui n'est destiné que pour seruir a la respiration, ou quand il aura l'eché ou auallé vne plume ; ou quand il aura mangé de la paille remplie de poussiere, ou des espics barbus lesquels picottent la gorge, & le font tousser.

Celle qui est produite par des causes internes est humide, ou seche, desquelles nous parlerons cy apres.

La toux excitée par des causes externes, peut proceder de la corruption de l'air. Cela estant ainsi : Vous ferez bouillir des figues & des raisins de corinthe ensemble, & apres auoir coulé cette eau vous adiousterez a vne quarte, quatre cuillerées de diapente, & ce remede le soulagera.

Elle peut aussi prouenir de poussiere, & alors il faut lauer les nazeaux, & la gorge auec de l'eau & l'huile meslez ensemble. Elle peut venir d'auoir mangé des choses aigres, ou acides, & alors il luy faut faire aualer des pilules de beurre, qui addouciront & ramolliront. Elle peut auoir esté suscitée par quelque petit froid ; alors vous prendrez les blancs, & les iaunes de deux œufs ; trois onces d'huile d'oliue, deux onces de pure farine de febues, vne once de fenugrec, meslez les auec vne pinte de vieille maluoisie. & donnez le à boire au Cheual trois iours de suitte : ou bien prenez poix liquide & beurre frais. Faites en des pilules, que vous donnerez au Cheual quatre fois la semaine ; c'est à dire le premier, troisiéme, cinquiéme & septiéme jour.

Il y en à d'autres, qui ont de coustume de prendre vn seau d'eau claire, & y messer de la farine d'orge pour l'abierre, auec deux poignées de fueilles de buis hachées menues, & vn peu de seneçon ; ils messent tout ensemble, & luy en donnent vne pinte soir & matin, vne sepmaine entiere.

Les autres font bouillir dans vn seau d'eau vne liure de fenugrec, & apres l'auoir coulé, le donnent à boire ; ils sechent apres le fenugrec, & le donnent à manger au Cheual auec son auoine.

Quelques vns, pour toute sorte de toux. Prennent vn quarteron de raisins blancs de corynthe, & autant de miel clarifié, deux onces de mariolaine douce, auec de la graisse qui ne soit ny vieille, ny nouuelle, vne teste d'ail. Faut faire fondre ce qui est à fondre, & piler ce qui est à piler, & en donner vne pinte, ou vn peu plus, trois matinées de suitte. Les autres prennent les intestins d'vn poulet, trempez dans du miel chaud. Et veritablement il faut confesser que tous ces remedes sont bien approuuez, & trouuez fort bons.

Quelques Mareschaux passent vne baguette de saule dans la bouche du Cheual, l'ayant au parauant garnie de linge, & l'ayant oingte de miel. Pour moy ie n'approuue pas cette façon de faire ; car elle tourmente le Cheual plus qu'il ne faut, & ne peut seruir que pour la toux seulement, qui vient d'auoir aualle vne plume, ou pour détacher vne semblable matiere, qui seroit adherente à la bouche du Cheual.

CHAPITRE XLIII.

De la Toux humide, produite de cause interne.

TOVTES les toux, qui prennent leur origine du froid, & d'vn rheume qui à duré long temps, ne sont pas seulement dangereuses ; mais aussi quelquefois mortelles. Vous sçaurez qu'elles sont de deux especes : l'vne est humide, & l'autre seche : l'humide prouient de causes froides, apres vne grande chaleur, qui d'abord fond les humeurs, puis le froid suruenant, elles s'espaississent, & ainsi bouchent les canaux des poulmons, & y font des obstructions. Les signes, pour connoistre si le Cheual est trauaillé de cette toux humide, sont ceux cy. Apres auoir toussé, il iettera par les nazeaux, ou de l'eau, ou quelque matiere, & maschera auec les dents la matiere épaisse qu'il iette hors de sa bouche, comme vous apperceurez aisément, si vous le considerez attentiuement. Il toussera aussi souuent sans intermission. Lors qu'il toussera, il ne baissera guere sa teste, & ne quittera pas son manger. Quand il boira, vous verrez quelques eaux distiller de ses nazeaux.

Les remedes sont. Premierement de le tenir autant chaud, que le mal prouient de cause froide. Vous luy donnerez des bruuages chauds, comme du vin d'espagne, de la bierre forte, du poiure, cloux de girofle, canelle, gingembre, theriaque, poiure long, & la graisse de porc, huile d'oliue, ou beurre frais : car toutes les maladies prouenantes de cause froide, sont gueries par des remedes qui ouurent & qui échauffent, & les chaudes auec des remedes detersifs & rafraichissans.

Il y en qui prennent du benioin en bonne quantité, & le iaune d'vn œuf, lesquels ils meslent bien ensemble, & estans mis dans la coque le l'œuf, le versent dans la bouche du Cheual, puis ils montent dessus, pour l'exercer vn peu, en le promenant vn bon quart d'heure. Et font cela trois ou quatre matinées de suite.

Il y en à d'autres qui le tiennent chaudement, & luy donnent ce bruuage. Prenez de l'orge suffisante quantité, & faites la bouillir dans deux seaux d'eau de riuiere : iusques à ce que l'orge creue, auec de la regueliсе concassée, anis & raisins, de chacun vne liure. Puis coulez le tout, & y aioutez vne pinte de miel, & vn quarteron de sucre candy, & tenez le couuert dans vn pot pour en donner au Cheual pendant quatre matinées ; & ne iettez pas l'orge, ny le reste de ce que vous aurez passé : mais chauffez le tous les matins & mettez le dans vn sac pour parfumer le Cheual, & s'il en mange, il ne s'en trouuerra que mieux. Apres cela vous luy ferez prendre vn peu d'exercice.

Pour ce qui est de la diete. Il ne faut pas qu'il boiue froid, iusques à ce que sa toux diminuë, & à proportion qu'elle diminuera, à proportion aussi l'eau doit estre moindre chaude.

Quoy que tous ces remedes soient fort bons & fort approuuez:

neantmoins voicy ce que ie pratique en semblables rencontres. Si ie m'appercois que la toux viennet de repletion, & obstruction du cerueau, ce que ie reconnois par la pesanteur de teste, & le bruit qu'il fait en soufflant par les narrines. Ie luy donne quatre pilules de beurre, & d'ail, quatre matinées de suite à ieun, & puis durant vne heure, ie le fais monter, & marcher. Que si ie trouuois que le mal fust dans la poictrine, ou au coffre, alors ie luy donnerois deux fois en quatre iours vne pinte de vin d'espagne, vne chopine d'huile d'oliue, & deux onces de sucre candi bien meslez ensemble, estant tiede. Et demie heure apres, ie le ferois promener, & establer chaudement, ne luy permettant point de boire de l'eau froide, iusques à ce que la toux diminuë, ou le quitte entierement.

CHAPITRE XLIV.

De la Toux seche.

CEtte maladie que nous appellons toux seche, est produite d'vne humeur gluãte & épaisse, qui s'attache aux poulmons, & bouche les canaux qui seruent à la respiration, & fait que le Cheual ne peut respirer qu'auec grande peine. Elle vient d'vn rheume qui à esté mal traités d'vne fluxion d'humeurs chaudes & acre, qui tombent de la teste dans la poictrine, qui l'iritent pour les chasser au dehors.

Les marques particulieres pour le connoistre, sont que la toux sera fort violente, lors qu'il mangera des choses qui eschauffent, comme du pain d'espice, de la paille, du foin sec, & choses semblables. Qu'elle diminura aussi lors qu'il mangera des choses froides, & humides comme herbe verde, fourrage, graine, & autres. Qu'il tousse rarement: mais auec violences, & long temps; auec son creux & humide Qu'il baisse aussi la teste vers la terre, & quitte sa nourriture lors qu'il tousse, & ne iette iamais aucune chose, soit par les nazeaux, soit par la bouche.

Cette toux est fort dangereuse, & si elle n'est secouruë de bonne heure, elle est incurable; car elle augmentera iusques à le faire poussif tout à fait, & à luy entrecoupper la respiration. Les anciens estiment que ce mal estant produit par des humeurs échauffées, il est à propos de mesler tousiours quelques simples, qui ayent vne qualité raffraichisante, dans les remedes qu'on luy preparera. Ains on fera vne suffumigation pour la teste, auec vne decoction de camomille, melilot, reguelisse sechée, roses rouges, & concombre dans de l'eau; dont on luy fera receuoir la fumée par la bouche, & par les narines.

Il y en à d'autres, qui prennent vn pot de terre bien clos & couuert, & versent dedans trois pintes de fort vinaigre, & quatre coques d'œufs non cassées, auec quatre teste d'ail pelées, pilées & concassées, & mettent le pot dans du fient de Cheual, l'y laissant vingt quatre heures. Apres ils le retirent, ils l'ouurent, & tirent les œufs dehors qui seront doux comme de la soye, & les laissent à part, iusques à ce qu'ils ayent passé le vinaigre & l'ail au trauers d'vn linge: puis meslent auec cette liqueur, vn quarteron de miel, demy quarteron de sucre candi, deux onces de reguelisse, & deux onces d'anis: le tout reduit en poudre subtile. Le Cheual ayant iusné pendant toute la nuit, le matin vers les sept heures, ouurez luy la bouche auec le baston des Mareschaux, & auec vne corde. Puis iettez luy dans le gosier, vn des œufs, & immediatement apres versez dedans vne corne pleine de vostre bruuage tiede: ensuitte iettez y vn autre œuf, & versez y vne autre corne pleine. faites le semblable iusques à ce qu'il aura aualle tous les œufs, ou trois pour le moins. Apres bridez le, & le couurez mieux qu'il n'estoit auparauant, mettez le dans l'estable, l'attachant sans luy rien donner à manger deux heures apres. Puis débridez le, & luy donnez de l'auoine, du foin, & du verd à manger: mais ne luy donnez pas du foin que vous ne l'arrousiez d'eau auparauant: car il ny à rien de si contraire à vne toux seche, que du foin sec, ou de la paille seche. Il ne luy faut pas donner de l'eau froide pendāt neuf iours. Que si par hazard vous laissez passer le premier iour sans luy donner vn œuf, le iour suiuant au matin, vous ne manquerez pas de le luy donner auec le reste. Si vous trouuez que tous ces remedes ne fassent pas cesser la toux, vous luy purgerez la teste auec les pilules, dont vous lirez la composition au chapitre des purgations. Apres qu'il aura pris ces pilules, vous le ferez iusner trois heures, estant dans l'escurie bien couuert, & sur la litiere. Vous luy donnerez de l'orge preparée pour la bierre chaudement, & le ferez frotter vne fois le iour moderement.

Il y en à qui prennent pour cétte toux seche, le pissantlis, l'espurge, & la guimauue, chaqu'vne en pareille quantité, & lesfont bouillir en vne quarte de vin blanc, ou en vne quarte d'eau de riuiere iusques à ce que quelque partie soit consumée, & le donnent à boire au Cheual. On feroit fort bien, si au lieu des herbes bouillies, on donnoit le ius des herbes dans du vin.

Il y en à d'autres, qui prennent bonne quantité de raisins blancs de corinthe, & autant de miel, deux onces de mariolaine, vne once de pouliot, auec cinq liure de graisse. & neuf testes d'ail. Pilez ce qui est à piler, & faites fondre le reste. Donnez cela pendant quatre ou cinq iours en forme de pilules, trempées dans du miel.

Les autres ont de coustume de prendre de la myrrhe, opoponax, iris illyrique, & galbanum, de chacun deux onces, de storax rouge trois onces, de la terebenthine quatre onces, de iusquiame & d'opium, de chacnn demie onces. Faut reduire tout en poudre subtile, & en donner trois ou quatre cuillerées, auec vne pinte de vin vieil, ou vne quarte de bierre.

Les autres prennent quarante grains de poiure, trois ou quatre raues, quatre teste d'ail, & six onces de beurre frais, ils pillent bien le tout ensemblement, & en donnent tous les iours vne pilule au Cheual, vne sepmaine durant, le faisant ieusner deux heures apres qu'il l'aura pris. Et certainement c'est vn remede excellent, & qui est esprouué pour la toux, ou rheume quelque inueteré qu'il soit.

Quelques vns prennent de l'huile de l'aurier, & du beurre frais, de chacun de mie liure, d'ail vne liure, battez les ensemble sans les peler, estans bien pilez auec vn pilon de bois, aioutez y l'huile & le beurre, & l'ayant mis en bol, auec vn peu de fleur de farine de froment, donnez en au Cheual tous les matins, trois ou quatre morceaux de la grosseur d'vne noix, dnrant vne sepmaine, ne luy donnant rien à manger de trois heures apres, & ne luy donnant rien à boire iusques à la nuit, & faut que sa boison soit tousiours chaude, & que son manger soit du verd, si faire se peut, ou bien du foin arrousé d'eau, & apres luy donner de l'auoine meslée auec du fenugrec Que si apres quinze iours passés, la toux ne diminue point, on reitterera le mesme remede vne sepmaine durant, luy faisant vser de la mesme diete. Quant à moy ie puis dire en verité que ie n'ay iamais remarqué que ce remede eust manqué en quelque

Cheual

Cheual que ce soit : neantmoins, ie serois d'auis que chaque Mareschal ne se meslât pas de donner auec precipitatiõ ces remedes internes, si on n'est pas asseuré que la morfondure, ou rheume aura esté de longue durée, & que la toux soit dangereuse.

CHAPITRE XLV.

Du Poulmon flestry, corrompu, & pourry.

LA toux vient souuent de corruptiõ, & pourriture du poulmõ engendrée, de trop de froid, de trop courir, de trop sauter, ou pour auoir beu auec trop grande auidité, ayant esté fort alteré: parce que les poulmons estans échaufez, se remplisent d'vne plus grande abondance de sang, & se gonflent d'auantage, dans lequel estat ils ressentent quelque refroidissement tout à coup : ce sang se renferme dans les poulmons, & estant incrassé s'areste, & bouche les pores, & les petits conduits: ce qui produit ensuite inflammation, abcés, & corruption de la partie.

Les signes pour connoistre cette maladie, sont ceux cy. Les flancs du Cheual batteront quand il toussera, & la maladie sera plus dangereuse & inueterée, à proportion que le battement sera lent & tardif. Il aura aussi vne haleine courte & frequente Il grondera beaucoup, & aura crainte de tousser. Il tournera souuent sa teste vers la partie offensée. Pour conclure il ne toussera iamais sans tirer quelque chose qu'il maschera apres.

Pour remede, on luy donne deux ou trois onces de graisse de porc, & deux ou trois cuillerées de diapente, meslez & agitez auec vne quarte d'eau dorge ou auront bouilli des raisins de corinthe. Autrement. On prend vne liure de regueliffe, laquelle estant ratissée & fenduë par morceaux, on fait tremper dedans vne quarte d'eau pẽdant vingtquatre heures: puis on la coule, & on y fait bouillir trois ou quatre onces de raisins de corinthe, & on donne cela à boire au Cheual. Ne luy donnant à manger que trois ou quatre heures apres.

Les autres prennent du fenugrec, & graine de lin, de chacun vne demie liure, de la gomme tragacanth, du mastic, de la myrrhe, sucre, fleur de vesce, de chacun vne once. Reduisez tout en poudre subtile, & infusez le vne nuit entiere, dans vne bonne quantité d'eau chaude, le lendemain donnez luy vne quarte de cecy tiede, y aioutant deux onces d'huile rosat. Il faut faire cela plusieurs fois de suite. Si la maladie n'est inueterée, elle guerira, & quelque inueterée qu'elle soit, elle receura sans doute soulagement: Mais à quelque prix que ce soit, il ne faut pas qu'il boiue de l'eau froide, & pour sa nourriture qu'il mange de l'herbe verde, & de la meilleure.

Autrement prenez vne pinte de maluoisie, trois cuillerées de miel meslez ensemble. On prend aussi de la myrrhe, saffran, cassia lignea, canelle, de chacune pareille quantité. On les puluerise subtilement, & on en donne deux cuillerées dans du vin à boire. Faites cela pour le moins quinze iours durant, & il est certain que ce remede soulagera les poulmons flestris & corrompus. Mais nous parlerons plus amplement au chapitre suiuant des poulmons pourris.

CHAPITRE XLVI.

Des Poulmons pourris.

CETTE maladie des poulmons pourris vous sera connuë par les signes suiuans. Il toussera souuent & violemment, & il iettera tousiours en toussãt des petits morceaux rouges par la bouche. Il deuiendra extrémement maigre, & mangera auec plus d'appetit que quand il estoit sain, & quand il toussera, ce sera auec plus de facilité, que si les poulmõs estoient seulemẽt vlcerez. Le remede selõ la pratique de nos Mareschaux Anglois, est de donner au Cheual plusieurs matinées de suite, vne pinte de vinaigre chaud, ou bien autant d'vrine d'homme, auec la moitié d'autant de sein de porc, meslez ensemble: Mais les plus anciens Mareschaux prennent vne bonne quantité de ius de pourpier, meslé auec huile rosat, y aioûtant en peu de tragacanth, détrempé auparauant dans le laict de cheure, ou au defaut dãs vne emulsion d'orge, ou d'auoine, & luy en donnent vne pinte tous les matins, vne semaine durant. Ce remede est seulement pour meurir & rompre l'aposteme, ce que vous reconnoistrez, parce que quand il est rompu, son haleine sera extrémement puante, & alors vne autre semaine apres vous luy donnerez ce bruuage.

Prenez de la racine de costus deux onces, de cassia ou canelle trois onces, reduites en poudre subtile, auec quelque peu de raisins: meslez le tout dans vne pinte de maluoisie & luy faites boire.

Autrement, prenez de lencens, & de l'aristoloche, de chacune deux onces, puluerisez les subtilement, & en donnez au Cheual trois ou quatre cuillerées, auec vne pinte de maluoisie. Il y en a qui prennent du souphre qui n'a pas passé par le feu deux onces, daristoloche vne once, & demie. Estans puluerisez, ils en donnent au Cheual, auec vne pinte de maluoisie.

CHAPITRE XLVII.

De la courte Haleine, ou de la Pousse du Cheual.

CEtte maladie peut arriuer en deux diuerses manieres: ou naturellement, ou accidentellement: naturellement, comme quand les canaux qui seruent à la respiration sont estroits, quand ils ne se peuuent dilater, quand ils sont bouchez par trop de graisse, ou par obstruction de la trachée artere, alors les poulmons ont de la peine, & trauaillent beaucoup. Accidentellement; comme d'auoir couru trop viste apres auoir beu, & auoir l'estomach plein: car par ce moyen les humeurs ne descendent pas seulement dans l'estomach; mais aussi sur la gorge, & sur le poulmon, & y bouchent les passages de la respiration.

Les signes de cette indisposition, sont pandiculation continuelle, en éleuant son corps sans touffer, l'haleine sort fort chaude par les narines, quand il respire il tire son nez en dedans, auec vn desir de sortir la teste dehors, estendant le col.

Le remede, selon l'opinion de nos meilleurs Mareschaux, est de luy donner dans son auoine les peleures des raisins noueaux, car ils purgent & engraissent, & il luy en faut donner en bonne quantité. Le sang chaud d'vn cochon de laict est aussi fort excellent.

D'autres prennent capillus veneris, iris, reguelisse, fenugrec, raisins, de chacun vne drachme & demie, poiure, amande, borrache, graine d'ortie, aristoloche, & coloquinte, de chacun deux gros, agaric deux gros & demy, miel deux liures, ils meslent tout dans de l'eau ou la reguelisse aura boüilly, & luy en donnent vne pinte tous les matins quatre iours de suite.

Les autres prennent de la pulmonaire qu'ils mettent en poudre, & en donnent deux cuillerées auec vne pinte d'eau de riuiere, ou bien de la poudre de gentiane en la mesme maniere, par diuers matins. D'autres prennent de la noix muscade, cloux de girofle, galanga, graine de paradis, de chacun trois drachmes, semence de carui & fenugrec, vn peu plus d'vn gros, autant de saffran, de reguelisse demie once. Reduisez tout en poudre deliée. Mettez trois ou quatre cuillerées de cette poudre dans vne pinte de vin blanc, auec les iaunes de quatre œufs, & les donnez à boire au Cheual. Puis attachez luy la teste haute au rattelier vne heure apres. Cela estant fait, montez le, faites le promener doucement, & faites le ieusner quatre ou cinq heures durant. Le iour suiuant donnez luy à manger du verd, & il se portera bien.

Il y en a d'autres qui ont de coustume de tirer du sang de la veine du col, & apres luy donnent ce bruuage. Prenez du vin & de l'huile, de chacun vne pinte, de l'encens vne demie once, du ius de marrube vne chopine, meslez les bien ensemble, & luy en donnez à boire.

Il y en a qui prennent deux liures de miel, du sein de porc, & beurre fondus ensemble & le donnent à boire tiede. Les œufs ramollis dans le vinaigre, comme il a esté dit au chapitre de la toux seche, sont fort excellens, pour la courte haleine, pourueu que les donniez, en augmentant de iour en iour le nombre: cõme par exemple, le premier iour vn, le second trois, le troisiéme cinq, il est bõ encore de verser vn peu d'huile & de vinaigre dans ses nazeaux.

Quelques vns prennent vne couleuure masle, & luy coupent la teste & la queuë, & apres luy tirent les boyaux & entrailles, puis font boüillir ce qui reste dans de l'eau, iusques à ce que la chair se separe des os. Ils donnent apres de trois en trois iours vne pinte de cette decoction, iusques à ce qu'ils ayent ainsi employé trois couleuures, ce remede est excellent aussi pour la toux seche.

Le dernier & le meilleur remede de tous pour la courte haleine (car ie n'ayme pas beaucoup de remedes en cette maladie) est de prendre seulement de la semence d'anis, de la regualisse, & du sucre candi, le tout estant mis en poudre subtile, en prendre quatre cuillerées, & les mesler bien ensemble auec vne pinte de vin blanc, & vne chopine d'huile d'oliue, dont on se seruira vn iour apres auoir trauaillé le Cheual, & vn iour deuant que le trauailler.

CHAPITRE XLVIII.

De la Respiration entrecouppée, ou Asthme.

DEPVIS que ie commence à connoistre les Cheuaux, ou l'art de les traitter, i'ay tousiours douté de cette maladie de la respiration entrecouppée, & ay soustenu pendant plusieurs années, comme ie fais encore à present, que la verité est qu'il ny à point de telle maladie. Mais i'ay seulement d'écouuert par experience iournaliere, que pour auoir fait courre trop viste vn Cheual bien gras, ou quelque autre, incontinent apres auoir beu, ou pour auoir demeuré long temps dans l'escurie sans prendre exercice, & auoir vsé de nouriture salle, propre à engendrer des humeurs grossieres, & épaisses, lesquelles s'amassent quelquefois en si grande abondance dans le corps du Cheual, qu'elles offusquent le poulmon, & bouchans les tuyaux de la trachée artere, empeschent la respiration, l'haleine estant ainsi retenuë, & rien ne pouuant expirer par haut, les intestins se remplissent & se gonflent, & le corps s'affoiblit, & perd sa vigueur, la chaleur naturelle demeurant suffoquée & languissante, manque d'esuentement. Que si nous voulons appeller cette maladie vne respiration couppée, ie seray veritablement contraint d'auoüer, que i'ay veu plusieurs Cheuaux attaquez de cette maladie.

Les signes sont vn frequent, & violent battement des flancs; le Cheual tirant principalement son ventre en haut, ouurant & haussant les nazeaux. De plus cette maladie est accompagnée d'vne toux seche & creuse.

Il n'est pas facile de trouuer des remedes qui guerissent vn si grãd mal (car celuy-cy est vn des plus grands maux du poulmon, dont on a parlé iusques icy) mais les remedes preseruatifs qui soulagent le Cheual, & l'entretiennent dans le seruice iournalier, sont en grand nombre; & principalement selon le sentiment des anciens Mareschaux, de purger le Cheual en luy donnant ce bruuage.

Prenez des feüilles des capillaires, de la borrache de chacune vne poignée, de la racine d'iris, escorce moyenne de fresne, de la regueliſſe de chacune demie once, cardamome, poiure, amãdes ameres, de chacun deux onces; faites les boüillir dãs vne suffisante quantité d'eau: dans cette decoction faites infuser demie once d'agaric, deux onces de coloquinthe, auec deux liures de miel que vous y adiouterez apres l'auoir passée. Vous luy en donnerez vne pinte & demie à la fois pour le moins, vne semaine durant. Que si le remede semble trop épais, vous y mettrez encore vn peu d'eau, dans laquelle vous aurez fait boüillir de la reguelisse.

Il y a quelques Mareschaux, lesquels outre cette medecine par le moyen du fer chaud, empeschent le battement des flancs, scarifient & fendent les nazeaux promptement, affin que le Cheual puisse tirer son haleine auec plus de liberté: mais n'affectez pas ces remedes.

La meilleure nourriture pour vn cheual qui est en cét estat, est le verd en esté, & le foin arrousé en hyuer. Il y en a d'autres qui croyent que c'est vn remede asseuré en ce rencontre de donner au Cheual trois ou quatre iours durant du froment boüilly, & de fois à autre vne quarte de vin nouueau & doux, ou d'autre bon vin meslé auec la decoction de reguelisse.

Quelques vns pour ce mal prennent les intestins d'vn porc espi, ou herisson, & les suspendent dans vn four, iusques à ce qu'ils soient sechez, en sorte qu'on les puisse pulueriser, & en donnent au Cheual trois ou 4. cuillerées, auec vne pinte de vin, ou de forte biere: puis ils meslent le reste auec la semence d'anis & de la reguelisse en poudre, & du beurre frais, & en forment vn bol, qu'ils donnent par morceaux, ou en forme de pilules, ils en dõnent au Cheual trois ou quatre apres auoir beu, & le laissent ieusner deux heures apres. Ne luy donnez iamais aucune auoine que vous ne l'ayez bien lauée dans de la biere ou *ale*, qui est vne espece de biere ainsi appellée. Puis prenez du cumin, semence d'anis, de la reguelisse, de la centaurée, de chacun quantité egale, reduisez tout en poudre subtile, estãt meslez ensemble, prenez-en deux cuillerées pour saupoudrer l'auoine moite. On doit donner ce remede pendant quinze iours pour le moins.

D'autres ont de coustume de prendre de la muscade, cloux de girofle trois drachmes, de galanga & cardamome trois drachmes, de graine de laurier & de cumin de chacun 3. drachmes, reduisez tout en poudre subtile, & mettez le dans du vin blanc auec vn peu de saffran, mettez en suite autant de iaunes d'œufs qu'il en faut pour égaler la quantité de tous les autres : puis meslez le tout auec de l'eau ou aura boüilly de la regueliсse, faisant cela si liquide que le Cheual le puisse boire. Quand il aura beu trois chopines de cette liqueur, attachez sa teste au ratelier, & qu'il demeure ainsi vne bonne heure, afin que la boisson puisse deualer plus aisément dans les boyaux: en suitte promenez le dehors doucement, afin que le remede fasse son operation, & ne luy donnez point d'eau durant vingt quatre heures. Le lendemain matin donnez luy de l'herbe à manger, & des branches de saule pour le raffraichir, & pour effacer l'impression de la chaleur que le bruuage pouroit auoir fait dans le corps

Il y en a d'autres qui prennent les racines de serpentaire denula campana broyées, de l'ellebore bastard, feüilles de capillaires, sommitez d'orties, chardon benit, chanure aquatique, pouliot, pulmonaire, angelique, de chacun vne poignée, ils les pilent & les font tremper durant vne nuit dans deux ou trois brots d'eau, puis les font boüillir le matin, & le donnent à boire au Cheual autant tiede qu'il pourra ou voudra. Apres ce bruuage on luy donne bonne quantité de froment boüilly. Faut obseruer ce regime vne semaine durant ou d'auantage, & si la saison est propre qu'on le mette à l'herbe: ce remede à grand vogue, & on croit qu'il soulage infailliblemẽt quand tous les autres remedes n'auroient pas reussi. Pour moy ie conseille à chacun de s'en seruir, & d'en iuger par la pratique.

Il y en a qui donnent au Cheual durant neuf ou dix iours de l'eau dans laquelle la reguelisse aura boüilly, meslée auec du vin, & l'estiment vn remede fort souuerain. D'autres donnent du laict tout venant de la vache : mais ie n'ay pas bonne opinion n'y esperance de ce remede, le laict estant humide & phlegmatique, & le phlegme estant la seule substance où reside ce mal.

Les autres ont accoustumé de faire iusner le Cheual vingt quatre heures durant, puis prennent vne quarte de biere, qui se nomme *Alle*. Deux drachmes de fenugrec, vne drachme de laurier, de lescorce verde de suzeau, du sucre candi, du cresson d'eau, menthe rouge, fenouil rouge, feuilles de primeuere, feuilles d'aubespine, ou rosier sauuage De chacun demie once, les blancs de six œufs, ils pilent le tout au mortier grossierement. & le font bouillir dans de *l'ale*, & luy donnent à boire, ils le font iusner apres, puis luy donnent du fourage, & assez à manger; mais fort peu à boire: les autres ont de coustume de luy donner du foin mouillé, & de le trauailler peu. Alors on prend vingt œufs, lesquels on fait tremper dans du vinaigre l'espace de vingt heures: puis on en donne deux au Cheual chaque matinée, apres lesquelles on luy donne vne pinte de laict de vache. Il y en à qui font dissoudre quinze œufs dans le uinaigre, & en donnent au Cheual, le premier iour trois, le second iour cinq, & le troisiéme iour sept, & disent qu'il en reçoit vn grand secours. Autrement. Prenez vne once dencens, deux onces de souphre; meslez les auec vne pinte de vin, & vne liure de miel. D'auttes prennent du sel nitre bruslé auec la poudre de poix, & le donnent auec égale quantité, d'eau de vie & de miel. D'autres encore donnent seulement du sel nitre, meslé parmy son manger, auec cette condition, qu'il faut tousiours tenir le Cheual chaudement pendant l'vsage des remedes, & sans le trauailler.

CHAPITRE XLIX.

De la maladie Seche. ou Phtisie.

CE mal appellé maladie seche ou bien par les anciens consomption generale, n'est autre chose qu'vn vlcere du poulmon, procedant d'vn humeur mordicante, rongeante corrosiue, laquelle descendāt de la teste mine, & blesse les poulmons. Quelques ignorans Mareschaux, l'appellent les orillons: mais ils se trompent; d'autant que les orillons vlcerez, iettent tousiours quelques matiere par les nazeaux, & la phtisie, n'en iette iamais aucune.

Les signes pour connoistre cette maladie, se remarquent par l'amaigrissement du corps, & diminution de la force, & vigueur, le vētre se retire, & deuiēt efflanqué, los du dos se relasche de maniere qu'il paroist comme caché, le cuir s'estend, & se retire en telle sorte, que

que si vous le frappez auec la main, il resonnera comme vn tambour, le poil luy tombera, il quittera toute nouriture, ou ce qu'il mangera, ne sera pas bien digeré & ne luy profitera pas, ny ne remplira les creux, & cauitez qui paroissent sur son dos, il taschera de tousser; mais il ne pourra, si ce n'est foiblement, comme s'il auoit aualle des petits os. Et veritablement, suiuant l'opinion de quelques autres, iay trouué dans la practique, que ce mal est incurrable: mais qu'vn Cheual puisse estre long temps conserué, pour rendre seruice, ie l'ay experimenté par ce traitement. Premierement en purgeant sa teste, auec parfums & pilules, lesquelles sont bonnes pour les rheumes & fluxions, que vous trouuerez d'escrites au chapitre des purgations, & en suitte luy donnant de fois à autres, du sang d'vn cochon de laict chaud. Il y en a qui au lieu de sang, donnent le ius de porreaux, meslé auec de l'huile & du vin, ou bien du vin & de l'encens; ou bien de l'huile, & le ius de ruë meslé ensemble: mais selon mon opinion, le meilleur remede est de le purger, auec des remedes doux, benins & confortatifs, puis le laisser courir à l'herbe, tãt l'hyuer que l'esté. Que s'il n'en reçoit aucune vtilité, il mourra, ne pouuant pas durer long temps en cet estat.

CHAPITRE L.

De la Consomption de la Chair, ou Marasme.

CETTE consomption, que nous appellons de la chair, au lieu que l'autre est seulement du poulmon, n'est autre chose qu'vne perte, ou dissipation contre l'ordre de nature, laquelle prouient de diuerses causes, comme d'exces, mauuaise nouriture & regime de viure, ou bien de ce qu'il a demeuré dans vne escurie puante, sale & humide: mais principalement d'vn trauail desreglé, de s'estre morfondu, incontinent apres auoir esté eschauffé, & autres choses semblables.

Les signes, sont ceux-cy. Premierement vne maigreur sans cause, la peau dure & seche, qui s'attache aux costes, manque d'appetit, vne maigreur generale, tant des fesses que des espaules.

Le remede selon les anciens, est de prendre vne teste de mouton entiere sans oster la peau, laquelle on fera boüillir dans vn pot & demy de biere, ou d'eau de riuiere, iusques à ce que la peau se separe des os. Puis passer le tout à trauers vn linge, y aioûtant vne demie liure de sucre, de canelle vne once, de la conserue de roses, de berberis, de cerises, de chacun vne once, les ayant meslés ensemble, en donner tous les matins au Cheua vne quarte de ce breuuage tiede, iusques à ce qu'on aura employé deux testes de mouton, pour cet effet & toutes les fois qu'il aura beu, qu'on le promene doucement selon que ses forces, & le temps le permettront, c'est à dire s'il fait beau dehors. Si l'air est froid & venteux, il le faudra tenir dans l'escurie bien fermée, ne luy permettant pas de manger, ny boire que deux heures apres son remede, & pendant quinze iours, il faut l'empescher de boire froid. La nourriture, ou le fourage qu'il mangera le mieux sera le meilleur, quelque qu'elle puisse estre, il faudra luy en donner peu à peu, & non pas en grande quantité à la fois; parce que l'abondance de nourriture oste l'appetit, & empesche que les alimens ne tournent à profit

CHAPITRE LI.

Qui enseigne la maniere d'engraisser vn Cheual Maigre.

OVTRE cette generale consomption de la chair du Cheual, qui est vn accident d'vne maladie, il en a vne autre qui vient de l'alteration, & changement des esprits du Cheual, qui estans subtils, gays & libres, changeant de climat, changent aussi de nature, comme par exemple, si le Cheual qui à esté nourry dans vn pays chaud, est transporté dans vn pays froid, ou qu'ayant esté nourry dans vne bonne terre, on le mene dans vne terre sterile & seche, en ce cas le Cheual deuiendra maigre sans aucune apparence de maladie, douleur, ou langueur.

Il y a plusieurs remedes pour le r'establir dans vn meilleur estat: sur tout les Anciens auoient de coustume quand vn Cheual s'amaigrissoit sans maladie, blessure, ou aucune intemperie connuë, de prendre le quart d'vn picotin de febues, & les faire bouillir dans deux brots d'eau, iusques à ce qu'ils s'enflent ou creuent : puis les mesler auec autant de son de froment, & ainsi de le faire prendre au Cheual en forme de *mashe* (qui est en Angleterre de la farine d'orge qu'on prepare pour faire de la bierre, meslée auec de l'eau tiede) au lieu de fourrage : car cela les engraisse subitement.

Les autres principalement les Italiens prennent des choux, & les ayant fait cuire, les meslent auec du son de froment & du sel, & les donnent au lieu d'auoine. Il y en a d'autres qui prennent la decoction grasse de trois tortuës bien cuites) leurs testes, queuës, os & pieds estans reiettez (& la donnant au Cheual, pretendent l'engraisser promptement. Il est bon aussi de mesler la chair de la tortuë ainsi cuite auec l'auoine du Cheual.

Il y en à qui engraissent leurs cheuaux, leur donnant seulement du froment sec auec vn peu de vin & d'eau, & dans l'auoine qu'on luy donne ordinairement quelque peu de son de froment, & sont fort soigneux que le cheual soit estrillé & accommodé proprement, auec bonne littiere : car sans ce bon traictement, il ny à aucune nourriture qui le puisse r'establir & qui luy puisse faire du bien. Et luy donnent à manger en petite quantité, & qu'il n'y ayt point d'excez.

Quelques vns pour engraisser vn Cheual maigre prennent de la sauge, de la sabine, branche de laurier, noix, graisse d'ours, qu'ils font bouillir & meslent auec vne quarte de vin blanc. Il y en à qui donnent des laueures d'escuelle chaudes & du son nouueau auec vingt œufs durs les cocques estant ostées, puis ils le broyent & y meslent vne petite quantité de sel, le tout estant meslé ensembles ils en donnent vne bonne quantité au Cheual, le matin, à midy, & le soir, au lieu d'auoine : donnez luy aussi vne fois le iour, à midy, vne quarte ou trois pinte de bierre ou *ele* forte, ou bien trois chopines : quand le Cheual sera remply de cela, donnez luy de l'auoine seche, s'il est saoul de cela donnez luy du pain ; s'il quitte le pain donnez luy de l'orge moulué, ou autre graine qu'il voudra manger auec appetit, prenant garde de tenir le Cheual tousiours fort chaudement, auec cette façon de viure le plus maigre Cheual deuiendra fort gras en quatorze iours.

Il y a des Mareschaux qui pour engraisser vn Cheual prennent vne quarte de vin & demie once de souphre exactement puluerisé auec le poids d'vn escu de myrrhe puluerizée : le tout estant meslé on le donne à boire au Cheual pendant plusieurs matins. Les autres prennent du gramen, du trefle demy verd & demy sec, & le donnent au Cheual au lieu de foin peu à la fois, & ainsi il engraisse en peu de temps mais il produira beaucoub de sang crud.

Autrement on prend pour deux sols de poivre & autant de saffran anis & curcuma, ou terra merita, pour vn sol de poivre long, pour deux sols de theriaque, pour vn sol de regueliffe, vne bonne quantité de pouliot & d'archangelica: donnez les au Cheual auec des iaunes d'œufs dans du laict à boire.

Autrement on prend du froment mondé & boüilly auec du sel & du lard seché au Soleil, & on en donne deux fois le iour au Cheual, auant que l'abbreuuer.

Autrement on luy donne vne pinte de bon vin auec vn œuf crud, & vne quantité de myrrhe & de souphre puluerisez.

D'autres prennent de la bierre forte ou *ale*, myrrhe, huile d'oliue, & vingt grains de poiure blanc, au lieu de bierre, vous pouuez prendre la decoction de sauge & de rue & vous ferez bien tost deuenir le Cheual gras.

Il y en à qui prennent des febues cuites & saulpoudrées de sel adioutant à l'eau quatre fois autant de fleur de farine pour l'engraisser promptement. Le vin meslé auec le sang d'vn cochon de laict, donnez tiedes; ou bien le vin donné auec le ius de matricaire; ou bien vne once de souphre & pour vn sol de myrrhe bien puluerisé auec vn œuf frais releueront & mettront en bon estat vn Cheual languissant, l'orge sec, ou bouilly iusques à ce qu'il creue, engraisse vn cheual.

Mais la meilleure façon d'engraisser vn Cheual (qui n'est pas pourtant pour produire vne graisse de durée) est premierement de donner au Cheual trois matinée de suite vne pinte de vin doux, & deux cuillerées de diapente agitez ensemble: car ce breuage ostera toute sorte d'infection des parties interieures. Puis apres il le faut bien nourrir d'auenage quatre fois le iour; c'est à dire apres l'eau le matin, apres l'eau à midy, apres l'eau le soir, & apres l'eau à neuf-heures de nuict. Or l'auenage ne doit estre tousiours de la mesme sorte; mais doit estre changée à chaque fois, ou à chaque repas: comme si vous luy auez donné de l'auoine le matin, à midy faut luy donner du pain, le soir des febues ou des poix meslez auec du son de froment, & la nuit de l'orge bouillie; & ainsi de suitte. Faut tousiours obseruer lequel il mangera le mieux, & luy en donner vne plus grande quantité. sans doute par le moyen de ce traictement il deuiendra en peu de temps gras, sain, exempt de toute infirmité, & plein de vigueur.

CHAPITRE LII.

De la Douleur, ou mal de Poictrine.

QVOY que la plus part de nos Mareschaux, ne soient pas curieux de s'informer de cette maladie, à cause qu'elle n'est pas si commune que les autres ; ie trouue neantmoins auec plusieurs autres, que c'est un mal capable de le mettre en danger de sa vie. Les Italiens l'appellent *Grauezza di petto*. Il procede des superfluitez du sang, & d'autres humeurs grossieres, lesquelles estans fonduës par la chaleur, retombent sur la poitrine, & y causent vne si grande douleur & oppression, que le Cheual ne peut marcher qu'auec peine.

Les signes sont vn pas rude, vacillant, & foible des pieds de deuant, il baisse la teste vers terre, auec peine & difficulté, ou point du tout ; soit pour boire, soit pour manger, il gemira & se plaindra beaucoup, quand il voudra faire l'vn ou l'autre,

Le remede est, de luy oindre la poictrine, & les greues de deuant auec l'huile de petreles. Que si cela ne luy apporte du soulagement en trois ou quatre iours, il le faut saigner des deux veines de la poictrine au lieu ordinaire, & apres y fourrer vne tente, de poil, liege, corne, ou cuiure, dont vous verrez vn chapitre particulier cy-apres, qui enseigne la maniere de les faire, au liure de la chirurgie.

Il y en à qui pour ce mal donnent premierement vne potion interne ou breuuage, à sçauoir vne pinte de vin doux, & deux cuillerées de diapente, & en suitte estuuent la poictrine & les pieds auec du vin & de l'huile meslez ensemble, & promettent d'oster la d'ouleur du Cheual, en dix ou douze iours.

CHAPITRE LIII.

De l'Anticor, ou de la maladie du Cœur.

LA maladie du cœur laquelle est appellée des Anciens mareschaux anticor, qui signifie contraire au cœur, est vne maladie dangereuse & mortelle; prouenante de trop grande abondance de sang, engendré d'vn entretien trop soigné & trop bon du Cheual, & du defaut d'exercice & de trauail, comme sont traitez la plusspart des Cheuaux Hongres & Guilledins de prix, qui sont trop bien nourris, lesquels ayans passé tout l'esté à l'herbe, n'ont fait autre chose qu'accumuler vne abondance d'humeurs. Ce mal vient encore de la trop grande tendresse, de ceux qui les possedent qui ne les mettent pas au trauail, & qui ce faisant, leur procurent la mort, comme iay remarqué tous les iours, dans l'experience que i'en ay fait : car la plenitude du sang mauuais & corrompu, se precipite sur les parties du dedans, & ainsi suffoque le cœur.

Les signes, sont ceux-cy. Le Cheual aura souuent vne petite enfleure au bas de la poictrine, laquelle grossira & s'estendra iusques au col, & sans doute elle fait mourir le Cheual : il aura aussi la teste penchante vers le costé, ou vers la mangoire, abandonnant sa nouriture, & faisant quelques gemissemens Les ignorans prennent cette maladie pour la iaunisse, ou pour les estourdissemens & vertiges : mais il faut que vous sçachiez la difference, que nous auons remarqué entre ces maladies : premierement vous n'apperceurez pas aucune couleur iaune respanduë, ny sur le dedans de ses leures, ny sur le blanc de ses yeux : c'est pourquoy, ce ne peut pas estre la iaunisse, Il ny aura pas aussi aucune grande enfleure à l'entour des yeux, ny tournoyement de teste, iusques au dernier periode de sa vie; & partant ce ne peut pas estre vn estourdissement ou vertige.

Les remedes sont de deux sortes : les vns seruent à le preseruer, & le deffendre du mal qui pouroit arriuer : les autres pour le guerir quand il est arriué & qu'il paroist. Pour ce qui est de la precaution:

vous remarquerez que si le Cheual est oisif, soit qu'il soit à l'herbe, soit qu'il demeure dans l'escurie, il deuient fort gras, laquelle graisse est tousiours accompagnée de pourriture : alors ne manquez pas de luy faire tirer du sang de la veine du col, auant que le remettre à l'herbe, ou dans l'escurie : pareillement vous luy tirerez du sang deux ou trois mois apres, quand vous verrez qu'il est remply : à chaque fois que vous luy tirerez du sang, vous ferez vne telle éuacuation que la qualité du sang le requerera : car si le sang est noir & épais, qui est signe d'inflãmation & de corruption, vous en tirerez dauantage : s'il est pur, rouge & subtil, qui est signé de vigueur & de santé, uous n'en tirerez que fort peu, ou point du tout.

Il y en a d'autres qui ont ce coustume par precaution de donner au Cheual vne purgation auec la maluoisie, huile, & sucre candi. Vous trouuerez la maniere de la faire & de vous en seruir au Chapitre des purgations. Celle cy doit estre donnée auant que donner à manger au Cheual, & aussi tost qu'on verra toute sa peau enflée de graisse.

Pour ce qui est de la cure. Quand cette maladie paroist, faut luy tirer du sang des deux veines plattes, ou si le sçauoir des Mareschaux ne s'estend pas iusques la, faites luy en tirer de la veine iugulaire, & qu'on en tire grande quantité : puis vous luy donnerez ce breuuage.

Prenez vne quarte de maluoisie, & mettez y vn demy quarteron de sucre, & deux onces de canelle battue, donnez le tiede à boire au Cheual : en suitte tenez le fort chaudement dans l'escurie, le garnissant tout à l'entour de torchons de paille douce ; principalement à l'entour de l'estomach, de peur que le vent ne luy fasse du mal. Que sa boisson ordinaire soit chaude, meslée auec de la farine d'orge Pour sa nourriture, on doit choisir ce qu'il mangera auec plus d'appetit.

Que si vous apperceuez qu'il paroisse quelque enfleure, soit molle, soit dure, alors outre le sang que vous luy ferez tirer, vous luy ferez donner quelque coups de l'ancette, affin que ce qui est pourry en puisse sortir, & apres oignez la de graisse de porc chaudement, car cela eschaufera & fera venir à maturité, ou fera abboutir l'enfleure, principalement si la matiere est subtile & fort chaude.

Il y a d'autres Mareschaux qui pour ce mal, tirent du sang

en la maniere susdite. Et apres luy donnent vne quarte de maluoisie meslée auec la poudre appellée diapente. Que si l'enfleure croist, ils y appliquent du foin bouilly dans de l'vrine vieille, & obseruent le mesme regime ainsi qu'il a esté dit cy deuant.

Les autres ont de coustume apres la saignée de ne rien donner à boire au Cheual, que dix ou douze cuillerées de l'eau du docteur Stephens, c'est à dire Estienne, laquelle est connuë de chaque Apoticaire en Angleterre. Ie ne laisseray pas pourtant d'en rapporter icy la description en faueur des François, qui n'en ont pas la connoissance.

Prenez du tres-bon vin de gascogne tel qu'est celuy de graues, quatre liures de gingembre, galãga, canelle, noix myristique, cloux de girofle, grains de paradis, semence d'anis, de fenouil, de carui, le tout estant subtilement pulucrisé, de chacun vne drachme. Feuilles de roses rouges, de menthe, de sauge, helxine (ou parietaire, car c'est ainsi que Mathiole, Tragus, Dodonée & autres simplistes la nomment.) camomille, lauende, serpolet, thym. De chacune vne poignée: coupez tout menu, & faites le infuser pendant douze heures dans le vin cy-dessus mentionné, en remuant souuent le vaisseau, & apres faites destiller le tout par l'alembic. Pour le reste de la cure, il faut proceder en toutes choses comme il a esté desja specifié. Et ie puis dire en verité que iay veu d'admirables effets de cette pratique.

CHAPITRE LIV.

Des Cheuaux lassez, ou harassez.

PVIS que nous sommes venus si auant aux infirmitez des parties internes du corps du Cheual, il n'est pas hors de propos de dire quelque chose de la lassitude des Cheuaux, & de ses remede; parce que quand vn Cheual est veritablement lassé (comme d'auoir trauaillé extraordinairement) il ne faut pas douter que toutes les parties vitales ne soient languissantes, & affoiblies, à cause de la dissipation & de l'inflammation des esprits.

Pour

Pour vous dire clairement ce que c'est que lassitude : vous deuez sçauoir que ce n'est pas seulement vne intemperie chaude & seche des muscles, contractée par vn mouuement & exercice immoderé; mais aussi, que c'est vne dissipation & effusion des esprits au dehors qui au lieu d'estre recueillis aupres du cœur pour le resioüir, & le conforter, se respandent au dehors aux parties externes, & laissent la partie principale du corps dépourueuë de leur secours & soutien. Et comme cette foiblesse est generale & communiquée à tout le corps, elle ne permet pas aussi qu'il puisse souffrir d'auantage le trauail, iusques à ce que ces puissãces vitales auec les esprits & la chaleur soient reparées & ramenées vers leurs principes, pour soulager & recreer principalement le cœur languissant, par la perte des esprits & le defaut de raffraichissement.

Quant a ce qui est de la lassitude des Cheuaux, quoy qu'elle ne procede d'autre cause que de celle que nous auons alleguée; neantmoins parce que selon la façon de parler ordinaire, on dit qu'vn Cheual est lasé qui refuse le trauail. Vous sçaurez que cette auersion qu'il a pour le trauail, peut venir de quatre causes. Premierement de quelque maladie interne : secondement de quelque blessure reçeuë en quelque partie du corps, soit interne ou externe. En troisiéme lieu de manque de courage, d'estre retif, hebeté, pesant, assoupi, & en quatriéme lieu d'excez de trauail qui est la veritable lassitude. Pour ce qui est de la premiere sorte de lassitude, qui vient de maladie interne, vous considererez les signes generaux de toutes les maladies, & si vous trouuez que quelques-vns de ces signes soient éuidens, vous conclurez que c'est le mal qui a de coustume d'estre accompagné de ces signes. En ostant la cause, vous deuez estre asseuré d'oster l'effet, qui est la lassitude.

Pour la seconde qui prouient de quelque blesseure, comme coupeure, ou fouleure des nerfs, ligamens, ou muscles, ou de ce que les iointures sont relaschées, ou comprimées, ou bien de ce qu'il a reçeu quelque piqueure quand on l'a ferré, ou qu'il a rencontré quelque cloud de ruë, espine, chicots au talon, ou à la solle du pied; Puis que la premiere cause est manifeste & paroist à l'œil par la solution de continuité qui est faite à la peau, & l'autre par la retraction ou feinte de la iambe, ou du pied. Vous ferez prendre garde à vostre Cheual, & découurirez par quelqu'vne de ces voyes, quelle sorte de peine, & en quelle partie le Cheual ressent de la douleur : cela estant fait, vous chercherez dans la troisiéme partie de ce Liure qui traite de la Chirurgie, les moyens qui y sont décrits pour le guerir, dont vous vous seruirez auec satisfaction.

Pour la troisiéme, qui est d'estre hebeté, retif, craintif, vous la reconnoistrez par ces signes ; à sçauoir s'il n'a point quelque marque apparente de maladie interne, ou de blesseure au dehors, s'il ne suë pas beaucoup, & s'il ne paroist pas vn grand changement à la teste du Cheual, & qu'il refuse cependant vn trauail mediocre ; on peut dire alors que cette lassitude vient d'vn courage émoussé. Que si apres vn trauail ordinaire & qui n'est pas excessif, le Cheual s'arreste, & qu'apres que le Caualier est décendu il trotte & s'enfuit, comme s'il n'estoit pas fatigué, c'est vne marque de paresse & de lascheté. Que si le Cheual aprez auoir marché vn, deux, ou trois milles, estant traitté auec moderation, n'estant point poussé pour éprouuer sa force, & n'estant presque pas échauffé dans sa plus grãde vigueur, il refuse le trauail cõme s'il estoit lasé, c'est vne marque qu'il est retif, & qu'il a de mauuaises qualitez.

Le remede à ce defaut & à cette fausse lassitude, qui prouient de paresse & caprice du Cheual, est de prendre du verre & le puluериser subtilement, puis leuer la peau des deux costez de la veine de l'éperon auec les deux doigts ; puis auec vn poinçon faire diuers petits trous, dans lesquels faut mettre la poudre du verre, en les frottant rudement, puis faut le monter, & estre asseuré pourueu qu'il ayt vn peu de vie, que quand vous ne feriez que toucher legerement de vostre talon, qu'il marchera & ne s'arrestera point ; au contraire il est à craindre qu'il ne marche trop viste : mais quand vous décendrez de Cheual, & que vostre voyage sera acheué, d'autant que cette poudre de verre est corrosiue, & qu'elle gasteroit les costez, il ne faut pas manquer d'oindre les deux parties blessées auec de la terebenthine, & de la poudre de iets ou de gagates meslées ensemble : car cét onguent tirera le venin dehors, & guerira la playe des costez.

Il y en a qui ont de coustume quand vn cheual est craintif, & retif, de pousser vn tison allumé, ou fer chaud dans les fesses du Cheual, ou bien de la paille allumée à l'entour des oreilles. Et faut auoüer que tous ces remedes sont excellens.

Mais pour la veritable lassitude qui vient de trauail, ce qu'on pourra reconnoistre par le long trauail qu'il a fait, par la sueur, &

par le courage qu'à le Cheual. Le remede est, selon l'opinion de quelques Mareschaux, de verser de l'huile & du vinaigre dans ses nazeaux, & luy donner à boire la decoction de teste de mouton, mentionnée au chapitre 50. de ce Liure de la consomption de la chair, & d'étuuer ses pieds d'vn bain confortatif, duquel vous pourrez lire la description au chapitre des Bains, où vous en trouuerez à choisir: ou bien chargez luy les pieds de ce remede. Prenez du bol armene, de la farine de froment, de chacun vne liure, poix resine reduite en poudre subtile, & vne quarte de fort vinaigre, meslez les bien ensemble, & en couurez ses pieds. Si c'est en esté enuoyez-le à l'herbe, & il se delassera.

D'autres prennent vne tranche de bœuf frais, l'ayant trempé dans du vinaigre ils en enuelopent le mors, & l'ayant lié auec du fil, montent le Cheual, lequel difficilement se lassera: Mais apres qu'on a acheué son voyage, il faut laisser reposer le Cheual, le tenir chaudement, & le bien nourrir; à sçauoir auec de la farine d'orge & de l'eau tiede, & quantité de fourrage: autrement il demeurera dans vn mauuais estat toute sa vie.

Que si vostre Cheual se lasse, & que vos affaires doiuent estre preferées à la conseruation de vostre Cheual, alors vous serez contraint en ce rencontre de chercher des moyens extraordinaires pour forcer la nature. Et ainsi vous prendrez au defaut du verre, trois ou quatre petites pierres, & les mettrez dans l'vne de ses oreilles, puis vous boucherez l'oreille en sorte que les pierres ne puissent sortir: alors le son des pierres fera marcher vostre Cheual, quoy qu'il soit tout à fait lassé. Que si cela manque vous ferez vn trou dans l'oreille auec vn cousteau, & pousserez vn baston dedans plein d'aspretez. Quand le Cheual s'arrestera remuez le baston, & si le Cheual à vn peu de vie il marchera. Il y a plusieurs autres manieres de tourmenter le Cheual, qu'il n'est pas necessaire de décrire en ce lieu.

Ie me contenteray seulement de dire mon aduis sur ce suiet; en conseillant de prendre de l'vrine vieille vne quarte, du salpetre trois onces, faites les bien boüillir ensemble, & en baignez les quatre pieds du Cheual, sans doute vous ferez reprendre aux nerfs leur agilité, & leur force par ce moyen. Pour le reste il faut le tenir chaudement, & luy donner de bonne nourriture.

Et quoy que plusieurs de nos Mareschaux Septentrionaux, tiennent que la paste d'auoine guarantira le Cheual de lassitude ; neantmoins ie ne l'ay pas trouué ainsi : car ie n'ay iamais veu de Cheual qui ayt pû manger cette paste, laquelle s'arreste & s'attache fortement à la bouche du Cheual. C'est pourquoy ie tiens que les remedes qui ont esté proposez sont suffisans.

CHAPITRE LV.

Des maladies d'Estomach, & premierement du defaut d'Appetit.

LE defaut d'appetit se prend en deux façons ; l'vne est quand le Cheual abandonne son aliment, lors que sa bouche à cause de l'inflammation de l'estomach est remplie de bourgeons, pustules, vessies, ou vlceres : ou bien quand il a lampas, dent de loup, surdents, & autres semblables. Pour toutes lesquelles incommoditez vous trouuerez des remedes prompts en la seconde partie de ce Liure, où il est traité de la Chirurgie.

L'autre est vn dégoust prouenant de l'intemperie chaude de son estomach, ou bien d'vn trauail excessif : comme vous pourez sçauoir par l'experience que vous en aurez. Quand le Cheual est establé trop chaud, & qu'il est promptement nourry, il est encor bien difficile qu'il ne se dégouste, & ne reiette les alimens. Delà vient que i'ay toûjours hay de donner la nourriture à midy aux Cheuaux en voyageant : d'autant que les voyages requerans diligence & promptitude, le Cheual n'a pas assez de temps pour se mettre dans cette fraischeur naturelle, qui est requise auant que luy donner des alimens. Delà arriuent plusieurs maladies & inconueniens : car l'aliment donné au Cheual incontinent apres auoir trauaillé, est la mere de toutes sortes d'infirmitez. Ce mal procede encor de l'intemperie froide du ventricule, causée par quelque defaut naturel.

S'il vient seulement de chaleur, ce que vous reconnoistrez à vn prompt dégoust, ou à la grande chaleur de son haleine, & de sa bouche. Pour rafraischir son estomach, vous lauerez sa langue auec du vinaigre, ou luy donnerez à boire de l'eau fraische meslée auec de l'huile & du vinaigre. D'autres ont de coustume de donner le breuuage suiuant. Prenez du laict & du vin de chacun vne pinte, & y meslez parmy trois onces de miel rosat. Donnez luy à boire auec la corne, ayant auparauant laué sa bouche auec du vinaigre & du sel.

Que si le dégoust vient de la froideur de son estomach, ce qui se reconnoist par le poil herisse & redressé; alors selon l'aduis des anciens Mareschaux, vous luy donnerez de l'huile & du vin meslez ensemble par diuerses matinées. Mais d'autres plus recens donnent du vin, de l'huile, ruë, & sauge boüillis ensemble vne quarte à la fois: quelques-vns y adioûtent du poiure blanc, & de la myrrhe. Il y en a qui donnent au Cheual des oignons hachez & pilez auec la graine de roquette boüillis dans du vin D'autres ont de coustume de mesler le vin auec le sang d'vne truye: Mais pour conclure, ie vous diray qu'il n'y a rien de meilleur que les feüilles de bled verd, principalement données en bonne quantité en la saison: D'autres au lieu desdites feüilles donnent au Cheual du vin doux, auec de la graine de nielle meslées ensemble: ou bien du vin doux & de l'ail bien pilé & meslé ensemble, aprez auoir infusé & esté agité long-temps l'vn auec l'autre.

CHAPITRE LVI.

Du Vomissement de la Boisson du Cheual.

LEs anciens Mareschaux, principalement les Italiens, asseurent constamment qu'vn Cheual peut auoir vne paralysie de son estomach, prouenante de froid, laquelle le rend incapable de retenir sa boisson, & fait qu'il l'a reiettera frequemment.

Pour moy ie n'ay point veu vn tel effet prouenir d'vne telle cause; mais bien du froid de la teste, lors que le rheume s'attachant aux glandules de la langue, reserre & retressit le passage de l'estomach: car en ce cas là i'ay veu le Cheual rendre par les nazeaux ce qu'il beuuoit, & quelque fois s'efforcer de boire: mais il ne pouuoit.

Le signe de cette indisposition, de quelque cause elle puisse venir, est le reiettement de l'eau.

Pour la guerison, il faut luy donner des potions cordiales & chaudes; comme de la maluoisie, canelle, anis, cloud de girofle, bien agitez ensemblement, & oindre sa poitrine, & le dessous des épaules auec l'huile de cypres, huile de spica, huile de poiure, & purger sa teste auec des suffumigations, ou auec des pilules qui le feront éternuer, desquelles vous verrez diuerses descriptions dans vn chapitre cy aprez : car telles suffumigations auec lesdites huiles, dissiperont promptement ces tumeurs.

CHAPITRE LVII.

De l'excez de trop manger de Fourage & Auenage.

IL n'y a point de maladie qui vienne plus facilement, & qui soit plus dangereuse pour la vie du Cheual, que celle qui vient de trop manger d'auenage : Cét excez arriue d'auoir tenu le Cheual trop long-temps sans manger, apres vn long trauail, à cause de la grande inanition où il se trouue : car alors si on donne au Cheual dans sa plus grande faim abondance d'alimens, son estomach n'aura pas le pouuoir de les digerer, & apres le Cheual est reduit à vne estrange extremité.

Les marques sont vne grande debilité & foiblesse dans les membres du Cheual, en sorte que difficilement il se peut tenir debout: au contraire il se couche souuent, & estant couché se veautre & se tourmente, comme s'il auoit des vers.

La guerison, selon la pratique ordinaire de nos Mareschaux, est de prendre pour deux liards de sauon noir, & vne quarte de laict tout fraischement tiré, & autant de beurre frais que de sauon, apres les auoir fait fondre sur vn réchaut, les donner à boire au Cheual, Ce remede nettoyera l'estomach du Cheual, & r'appellera ses forces perduës.

Anciennement on auoit de coustume, premierement de saigner

le Cheual de la veine iugulaire (parce que tout excez produit intemperie dans le sang.) apres de faire promener le Cheual vne heure durant ou plus, & s'il ne peut pisser faire sortir sa verge, & la lauer dans du vin blanc tiede, & fouffer dans la verge vne gousse d'ail, ou vne bougie frottée d'vn peu d'huile de camomille.

S'il ne peut fienter ou vuider ses excremens, ils auoient accoustumé de gratter le fondement auec la main, & aprez luy donner vn clystere, duquel vous lirez la description cy aprez. Apres l'auoir pris ils le promenoient, iusques à ce qu'il eust vuidé son ventre: puis ils le remettoient dans l'estable, & le tenoient en appetit trois ou quatre iours durant, en prenant tousiours garde de faire arrouser d'eau le foin qu'on luy donne, & que sa boisson soit d'eau tiede, & de son meslez ensemble. Quand il a beu on luy laisse manger le son s'il veut; & le font abstenir de toute autre auenage, durant tout au moins dix iours.

Il y en a d'autres, qui en ce cas prennent vne quarte de biere, ou *ale*, & pour deux sols d'huile d'oliue, & autant d'eau de serpentaire, & pour vn sol de theriaque, & font chauffer tout cela sur la braise, puis y mettent vne once de canelle, d'anis, & de cloux de girofle, le tout battu ensemble, & reduit en poudre, & ainsi le donnent tiede à boire au Cheual.

Tous ces remedes sont fort bons: neantmoins selon mō aduis, & celuy de plusieurs autres qui le confirmēt, il n'y a rien de meilleur pour cette maladie que l'exercice moderé, de le faire ieusner beaucoup, luy faire prendre vne fois en quatre ou cinq iours, vne pinte de vin doux, auec deux cueillerées de la poudre de diapente.

CHAPITRE LVIII.

De la Fourbeure, ou Courbature.

CEtte maladie est la plus mauuaise, la plus dangereuse, & la plus frequente de toutes celles qui arriuent aux Cheuaux, pour auoir fait quelque excez, lesquels le plus souuent on ne fait que trauailler. Elle prouient, selon l'opinion de quelques-vns, de manger trop d'auoine incontinent apres le trauail, le Cheual estant encore halletant & tout échauffé (comme nous voyons faire tous les iours par des Caualiers qui n'ont pas d'experience) ce qui fait que le Cheual ne digerant point ce qu'il mange, engendre des humeurs grossieres & vitieuses, lesquelles se meslans dans les veines, se répandent sur les parties du corps, lequel ils oppriment, & duquel ils troublent toute l'œconomie, luy ostant sa force & vigueur; en sorte qu'il ne peut ny marcher, ny flechir les iointures, ny se releuer estant couché. Et deplus empesche les fonctions des parties organiques & instrumentales; comme celle d'vriner, & de vuider ses excremens, & fait qu'elles ne font leur deuoir qu'auec grande difficulté.

I'aime mieux me tenir à l'opinion de quelques-vns, qui estiment que ce mal prouient de ce que le Cheual aura beaucoup beu pendant son trauail, & estant fort échauffé; d'autant que la graisse & les humeurs qui auoient esté fonduës par l'exercice violent, venans à se refroidir & à se congeler, ou figer, ils suffoquent la chaleur & les esprits des parties, & bouchent leurs conduits; de sorte que si on ne fait vne éuacuation promptement, il y a plus de sujet d'esperer la mort que la vie.

Cependant il y en a qui estiment que cette fourbure ou courbature, n'est rien autre chose que la décente des humeurs sur les iambes, & sur les pieds affoiblis par le trauail; parce, disent-ils, que ce mal vient d'vne colliquation d'humeurs qui se iettent sur les parties basses: mais ils se trompent, parce que ce mal n'est pas proprement comme ils disent vne décente d'humeurs, laquelle n'en est qu'vne suitte & vne dépendance: mais plûtost vne affection du cœur & des esprits qui sont engourdis, & qui n'ont pas toute la liberté d'agir, ayant esté refroidis tout à coup, apres auoir esté échauffez, & ayant passé d'vne extremité à l'autre soudainement. Quand à ce qu'ils alleguent que le mot Anglois *foundring*, est tiré du mot François *fondu*, ie croy que c'est plûtost l'ignorance de nos anciens Marefchaux, qui ne sçauoient comment nommer ce mal, qu'aucune raison qu'ils ayent eu de l'appeller ainsi, qui en ayt esté la cause.

Pour moy i'ay dans la pensée que cette maladie, que nous appellons *fourbu du corps*, ne procede pas seulement des causes mentionnées cy dessus: mais aussi le plus souuent de lauer subitement en hyuer les Cheuaux qui sont extrémement gras, apres auoir trauaillé

uaillé & s'estre échauffez : ce qui se fait lors que la vapeur froide de l'eau s'insinuant dans les pores ouuerts par la chaleur, non seulement étonne & blesse les parties internes & vitales : mais aussi reserre & ride la peau, & fait que le sang ne coule pas librement dans les veines, s'épaississant & empeschant son mouuement.

On reconnoist cette maladie lors que le cheual panche sa teste, à le poil redressé & herissé, tousse, recule, tremble apres auoir beu, est dégousté, qu'il amaigrit, tient ses iambes roides en marchant, ne se peut releuer qu'auec grande peine, quand il est couché : Et pour dire en vn mot le signe principal, est d'auoir le ventre attaché à son dos, & son dos éleué comme celuy d'vn Chameau.

Les remedes contre ce mal, sont de luy donner auant toutes choses vn lauement. Apres que son ventre aura esté vuidé, prenez vne quarte de maluoisie, du sucre demy quarteron, demie once de canelle, & autant de regueliffe & anis, du miel deux cueillerées ; lesquelles choses estant infusées dans la maluoisie, mettez les sur le feu, ensorte que le miel se puisse fondre : coulez le tout, & le donnez à boire tiede au Cheual ; cela estant fait, promenez le dans l'écurie chaudement, ou en quelque autre lieu, où il ne ressente aucun froid, pendent vne heure de temps. Puis tenez le bridé, & qu'il ne mange point deux heures apres. Prenez seulement garde qu'il soit bien couuert, & qu'il ayt bonne litiere : quand vous luy donnerez du foin qu'il soit arrousé d'eau, que son auoine soit bien criblée & bien nettoyée, & qu'on luy en donne peu à la fois, Que sa boisson soit de farine d'orge meslée auec de l'eau chaude, & qu'on luy donne tiede. Quand vous apperceurez que ses forces seront vn peu rétablies, vous luy ferez tirer du sang de la veine iugulaire : vne fois le iour vous le parfumerez d'encens pour le faire éternuer. Ne manquez pas de l'exercer dehors quand il fera beau temps, & dans la maison quand le temps est fâcheux.

Il y en a qui ont accoustumé pour cette maladie, de prendre pour vn sol d'ail, pour deux sols de poiure, pour autant de gingembre, & pour autant de grains de Paradis. Le tout estant puluerisé, ils mettent tout cela dans vn pot de biere forte, & en donnent à boire au Cheual vne quarte à la fois, luy faisant obseruer l'ordre & la diete, comme il a esté dit cy-dessus. Quand il a repris ses forces, on le saigne de la veine iugulaire, ou de la veine de l'éperon,

N

ou des deux. Enfin toutes sortes de breuuages pour conforter, auec vne diete de mesme nature, sont tres propres pour cette infirmité.

CHAPITRE LIX.

De la trop grande faim & auidité du Cheual.

CEtte maladie est plus frequente que connuë des Mareschaux, & la pluspart de nos Escuyers tiennent pour vn bon signe, quand ils voyent les Cheuaux manger auec auidité, quoy que cét empressement pour manger, marque plustost vn déreglement dans l'œconomie des parties internes; cette maladie n'estant qu'vne insatiable auidité de manger contraire à la nature & a l'ancienne coustume de la beste. Ce mal suit ordinairement vn grand & extreme manquement de nourriture, & vne grande inanition, pour laquelle les meilleurs Cheuaux deuiennent emaciez & tous contrefaits.

Quelques-vns estiment que ce mal vient d'vn grand froid que le Cheual à ressenty en passant par des lieux steriles, froids, remplis de neiges & de glaces, le froid externe saisissant l'estomach & renuersant l'ordre & les regles naturelles.

Les signes de ce mal sont lors que l'on remarque vn notable changement dans la façon de manger du Cheual, & lors qu'il ne garde plus aucune moderation pour la mangeaille, grippant tout ce qu'il peut auoir, & faisant comme s'il vouloit deuorer sa mangeoire.

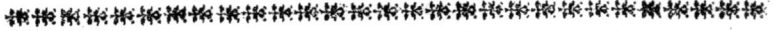

Les remedes conuenables selon l'aduis de quelques-vns, sont de conforter son estomach, luy donnant de grandes tranches de pain blanc rosties au feu, & trempées dans du vin muscat, ou bien du pain qui ne soit pas rosty, trempé dans du vin. Puis de luy faire boire la fleur de farine de froment & du vin meslez & agitez ensemble. Il y en à qui font pestrir du pain auec du vin, & luy en donnent à manger des galettes. D'autres luy font du pain auec des pommes de pin & du vin pestris ensemble, ou bien luy donnent, de la terre commune & du vin meslez ensemble. Mais pour moy ie ne trouue rien de meilleur que de nourrir le Cheual plusieurs fois le iour moderement auec du pain fait de farine d'auoine bien seche criblée & sassée.

CHAPITRE LX.

Des maladies du foye en general, & premierement de son inflammation.

IL ne faut pas douter que le foye du Cheual, ne soit suiet à autant de maladies que le foye de l'homme, ou d'aucune autre creature. Mais il arriue que par l'ignorance du vulgaire des Mareschaux elles ne sont point distinguées, mais plustost sont toutes confonduës, & quasi reduites à vne mesme espece; de la vient que la cause du mal n'estant pas reconnuë, on luy donne des breuuages qui sont beaucoup plus nuisibles que profitables: cela paroist euidemment dans les diuerses intemperies, chaude, froide, humide ou seche, dont le foye est souuent attaqué, & par les humeurs superfluës & mauuaises, comme bile, phlegme dont il est accablé, la chaleur immoderée produisant vn amas de bile, & la froideur faisant vne abondance de pituite & d'humeurs cruës: De la vient qu'outre les maladies similaires ausquelles il peut estre suiet, il y à plusieurs autres maladies organiques, & communes qui l'enuironnent de tous costez comme inflammation, aposteme, vlcere, obstructions, scirrhes, pourriture & consomption de toute sa substance.

Les signes par lesquels on peut distinguer si la maladie vient de cause froide, sont l'embonpoint du corps, auoir bon appetit, point de puanteur dans les excremens, n'estre pas resserré ny trop lache du ventre, & n'auoir point de soif.

Pour parler des maladies du foye, & premierement de l'inflammation, vous deuez sçauoir, qu'elle se fait d'vne abondance de sang trop chaud, subtil & boüillant, qui par son acrimonie, ou par la violence de quelque cause externe rompt les petites veines & forçant à trauers, se respand dans sa substance, lequel estant hors de ses vaisseaux se pourrit & s'échauffe extraordinairement, corrompant autant de la substance du foye qu'il en touche: d'ou vient que pour la plusspart la partie caue du foye est consommée auparauant que la partie gibbe s'en ressente. Quelquefois l'inflammation vient à suppuration par le moyen de la chaleur naturelle qui conuertit ce sang extrauasé en pus, & alors cela s'appelle aposteme, ou absces, lequel estant ouuert, soit de soy-mesme, ou par artifice, s'appelle vlcere sale & sordide.

Maintenant voyons les signes de l'inflammation. Quand elle est dans les parties caues du foye qui est la moins pernicieuse, il y à grand degoust, soif, flux de ventre, & perpetuelle difficulté de coucher sur le costé gauche. Que si l'inflammation est dans la partie gibbe, alors les signes seront difficulté de respirer, courte-haleine, toux seche, grande douleur quand vous touchez la trachée artere, & difficulté de se coucher sur le costé droit.

Les signes d'aposteme sont grande chaleur en la partie, grande & longue respiration, il regardera perpetuellement son costé.

Les signes d'vlcere sont vn frissonnement continuel, herissonnement de poil, grande foiblesse & defaillance, parce que la matiere purulente, enuoyant quelques mauuaises vapeurs au cœur, l'afflige, infecte la pureté de ses esprits, & cause la mort.

Pour guerir ces inflammations, quelques-vns prennent vne quarte de bierre, vne once de myrrhe & autant d'encens, les ayans bien agitez & meslez ensemble, ils les donnent à boire au Cheual par diuers matins.

D'autres prennent trois onces de graine d'ache autant d'hyssope & autant d'abrotanum ou auronne, & les font boüillir dans de l'huile & du vin meslez ensemble, puis les font boire au Cheual. Faut tenir le Cheual chaudement, & empescher qu'il ne boiue point d'eau froide, ny qu'il mange du foin sec & sablonneux.

CHAPITRE LXI.

Des obstructions & Scirrhes du Foye.

LES obstructions du foye du Cheual viennent ordinairement d'auoir trauaillé le ventre plein; ce qui fait que la nourriture n'est pas digerée parfaitement, & ainsi engendre des humeurs grossieres & épaisses, lesquelles par la violence du trauail sont poussées dans les veines les plus deliées & les plus petites du foye, où elles forment des obstructions; Ces obstructions à succession de temps, principalement si elles sont causées par des humeurs bilieuses, produisent dans la substance du foye des petites tumeurs dures, lesquelles font que le Cheual se couche perpetuellement, sur le costé droit, & iamais sur le costé gauche: parce que s'il se couchoit sur le costé gauche, le poids de ces tumeurs opprimeroit l'estomach, & endommageroit pareillement toutes les parties vitales.

Les signes de ces obstructions sont pesanteur de teste, tension de la partie, & vne tumeur d'vn sentiment obtus, paresse du Cheual quand il commence son trauail, il regarde perpetuellement vers les fausses costes, ou gist la cause de son plus grand tourment & de sa plus grande peine.

Le remede est de faire boüillir tousiours dans l'eau qu'il boit, de l'aigremoine, fumeterre, camomille, absynthe, regalisse, anis, ache, persil, spica nardi, gentiane, sucre, endiue, & lupins, toutes lesquelles choses ont la vertu & puissance de fortifier le foye. Et d'autant que la plusspart de nos Mareschaux Anglois sont gens simples, dont la capacité ne peut pas faire le moindre discernement: & que d'ailleurs cét ouurage-cy a esté construit & dresfé pour les plus rudes, & les moins intelligens; vous sçaurez que comme il y à des marques generales pour connoistre quand le foye du Cheual est tourmenté de quelque douleur, de quelque nature ou condition qu'elle soit: ainsi de mesme il y à des remedes generaux pour guerir toute sorte de douleur, sans distinguer, ny connoistre leur nature.

Vous reconnoistrez donc si le Cheual à quelque mal dans le foye, par ces signes. Premierement par le dégoust, secondement par l'amaigrissement des chairs, par la secheresse de la bouche, & aspreté de la langue, auec grande enfleure, par le refus qu'il fait de coucher sur le costé malade; & enfin par vn regard continuel en arriere.

Les remedes generaux pour les maladies du foye, selon le sentiment des anciens Mareschaux, sont de donner au Cheual de l'aloës dissout dans du vin: car il purge & fortifie le foye. D'autres luy donnent de l'iris infusé & meslé auec du vin & de l'eau: ou au lieu de flambe, luy donnent de la calaminthe: Les autres donnent de la sarriette auec huile & vinaigre meslez ensemble: D'autres luy donnent de l'hepatique & de l'aigremoine, auec vin & huile: Les autres se seruent de frictions, & font tremper son auenage dans de l'eau tiede, y meslant parmy vn peu de nitre: prenans garde de le tenir chaudement, & de luy fournir de la bonne littiere: Mais ce qu'on loüe par dessus toutes choses, est le foye d'vn loup reduit en poudre, estant meslé & donné auec du vin, de l'eau, & de l'huile, ou autre chose.

Enfin, si le sçauoir du Mareschal s'étend iusques à pouuoir distinguer la nature de chaque infirmité du foye; ie voudrois encore qu'il sceut, que pour les inflammations, (lesquelles sont le commencement de toutes les maladies) on doit se seruir de simples, qui ayent la vertu de ramollir & resoudre les humeurs; comme sont la graine de lin, de fenugrec, ramomille, graine d'anis, melilot, & semblables, ausquels simples ramollissans, faut ajoûter quelques adstringents; comme sont feüilles de roses rouges, de ronce, d'absynthe, plantain, myrrhe, mastic, storax, & semblables.

Pour ce qui est des apostemes, il faut les faire venir à maturité, & les faire vuider. Les vlceres doiuent estre nettoyez & purgez par bas, soit par les vrines, soit par les selles; & partant l'vsage de l'vn & de l'autre, dont vous trouuerez quantité de descriptions dans les chapitres suiuans, est fort necessaire.

CHAPITRE LXII.

De la consomption du Foye.

I'Ay desia dit quelque chose de cette consomption du foye, au chapitre 41. Mais parce que parmy nos meilleurs Mareschaux, elle est prise diuersement, ie vous feray voir leurs diuerses opinions.

Premierement, les vns tiennent qu'elle vient d'vn prompt refroidissement, apres auoir esté échauffé, ou pour auoir beu ensuite, ou pour estre demeuré coy & en repos : Les autres croyent qu'elle peut prouenir de quelque humeur que ce soit ; mais principalement d'vne matiere bilieuse, répanduë par toute la substance du foye, laquelle pourrissant par degrez & peu à peu, enfin corrompt & consomme toute la substance du foye ; & cette matiere, disent-ils, est produite d'vne nourriture corrompuë, & de boissons douces. Il y en a encor d'autres, qui estiment qu'elle prouient d'vne grande chaleur, causée par le trauail, laquelle s'insinuant dans la masse du sang, y introduit apres la pourriture, puis vlcere toute la substance du foye, parce que le foye est spongieux à peu prés comme les poulmons ; c'est pourquoy il n'y a gueres d'esperance de trouuer des remedes qui puissent guerir cette maladie : neantmoins elle ne fait pas mourir le Cheual en peu de temps ; mais le consume peu à peu, & lentement : car le foye estant corrompu ne peut plus faire ses fonctions, & distribuer au corps la nourriture qui luy est necessaire ; & ainsi il diminuë & se consume.

Les marques de cette maladie, sont vn dégoust des alimens, vne extension selon la longueur du corps du Cheual, quand il est debout. Il se couchera rarement ou iamais, son haleine sera puante extraordinairement. Il iettera tousiours quelque vilaine matiere, soit par vn des nazeaux, soit par les deux, selon qu'vn costé du foye, ou tous les deux sont corrompus. Du costé qu'il vuide, il aura sous la machoire inferieure vne petite bosse, ou tumeur grosse comme vne noisette.

Le remede preseruatif & palliatif de ce mal (car de guerison il n'en faut pas attendre) est, selon l'opinion de quelques-vns, de prendre vne chopine de maluoisie, & autant de sang de pourceau, & du laict, & le donner tiede au Cheual à boire. D'autres ont de coustume de ne rien donner à manger au Cheual, pendant trois iours, que de la biere nouuelle & chaude; & de l'auoine cuite au four, & prendre garde que le Cheual ayt esté tenu à ieun la nuit auant que de luy donner medecine. Les autres asseurent que si dans ledit moust de biere on met tous les matins deux ou trois cueillerées de poudre faite auec des feüilles d'aigremoine, de roses rouges, sucre rosat, diarrhodon, abbatis, diatriasantali, reguelisse, & du foye d'vn loup, que c'est le plus excelent remede. D'autres tiennent que cette poudre donnée auec le laict de chevre est fort bonne. Il y en a qui disent que la mesme poudre donnée auec le ius de marone ou matricaire, est aussi fort bonne. Il y en a encor d'autres (& pour moy ie croy que ce remede est autant bon que quelque remede que ce soit) lesquels prennent vne once de souphre vif, & pour vn sol de myrrhe, le tout finement pulue-risé, & ayans meslé cela auec vn œuf frais, le donnent à boire au Cheual, auec vne chopine de maluoisie. Faut en vser diuerse fois, & tenir le Cheual chaudement: cependant il le faut separer des autres Cheuaux, car ce mal est contagieux.

CHAPITRE LXIII.

Des maladies de la Vessie du Fiel.

LA vessie du fiel est suiette à diuerses maladies, aussi bien que le foye, comme sont les obstructions; d'où viennent la reple-tion & l'inanition de ladite vessie, & la pierre engendrée dans sa cauité.

Les obstructions de cette partie arriuent en deux diuerses ma-nieres. Premierement quand le canal par lequel la bile deuroit passer du foye au cystis fellis, comme dans son propre receptacle, est bouché, & ainsi la vessie du fiel demeure vuide car vous deuez, sçauoir, que le cystis fellis est vne vessie longue, mince, petite, & verte, située au dessous du foye, qui reçoit toute l'humidité bilieu-se, laquelle non seulement offenseroit le foye, mais aussi tout le corps;

corps : Que si le passage de ce canal tant necessaire est bouché, il est difficile que plusieurs infirmitez ne s'en ensuiuent ; comme vomissement, flux de ventre d'vne matiere ordinaire, ou rougeâtre.

Secondement, quand le conduit par lequel la bile doit sortir de la vessicule du fiel vers le bas, pour entrer dans les boyaux, & se mesler auec les excremens, est bouché ; & ainsi la bile reflue vers la vessicule du fiel, & regorge dans le foye & dans les veines : d'où prouiennent ensuite vn abbatement de courage & de force, étouffement, chaleur, soif, disposition à la rage, & fureur : Et veritablement il ne peut arriuer de plus dangereuse maladie à quelque beste que ce soit, que le débordement de bile.

Les marques de ces deux sortes d'obstructions, sont la iaunisse de la peau, & le ventre tousiours reserré.

Pour la guerison, les anciens Mareschaux recommandent de donner au Cheual du laict & force saffran : ou bien au lieu de laict de donner de la biere, du saffran, & de l'anis meslez ensemble: Mais il y en a d'autres, du costé desquels ie me range, qui tiennent que les racines de la grãde chelydoine, auec les feüilles de la mesme herbe, hachées, concassées, & cuites dans la bierre ; ou faute de chelydoine, la ruë ; puis donner cette decoction tiede à boire au Cheual, est vn tres souuerain remede.

Quant à la pierre qui s'engendre dans la vessicule du fiel, & qui est d'vne couleur noirastre, elle se fait à cause de l'obstruction des conduits de ladite vessie, par laquelle la bile estant trop retenuë, se deseche, puis se conuertit en grauelle, & apres en pierre solide & dure. De laquelle tant les signes que les remedes, sont les derniers de ceux qui ont esté mentionnez en ce chapitre.

CHAPITRE LXIV.

De toutes les maladies de la Ratte.

LA ratte est d'vne forme longue, étroite & platte, d'vne substance spongieuse, le receptacle de la melancolie & de la lie du sang. Elle est autant suiette aux maladies qu'aucune partie du dedans du corps ; comme aux inflammations, obstructions & tumeurs : à cause de sa substance spongieuse & laxe, elle est propre à receuoir toute sorte d'impuretez, & de les répandre & distribuer apres par tout le corps : elle est au costé gauche au dessous des fausses costes, c'est l'endroit où on apperçoit vne enfleure, quand elle est remplie & abbreuuée d'humeurs ; en cét estat elle fait peine à la respiration, pressant le diaphragme, principalement lors que l'estomach est remply de nourriture, laquelle il appete plus qu'il n'en peut digerer. Ce mal est accompagné d'vne defaillance de cœur, & ensuite d'vne tumeur dure, ou scirrhe de la ratte.

Ces maladies arriuent plus souuent aux Cheuaux en esté, & viennent de manger auidement, & auec excez du verd.

Les signes de telles maladies, sont pesanteur du corps, paresse, douleur au costé gauche, auec vne tumeur dure, courte haleine, gemissemens, soupirs, auec vn trop grand appetit & empressement pour manger.

Le meilleur remede, selon l'opinion de nos meilleurs Mareschaux, est de faire suer le Cheual, ou par trauail, ou en le changeant de couuertures, & puis luy faire prendre vne quarte de vin blanc, dans lequel auront boüilly les feüilles de tamarisc, & bonne quantité de graine de cumin puluerisée, & luy en donner tiede à boire apres le repas.

D'autres ont accoustumé apres que le Cheual a sué de ietter dans son nazeau gauche tous les iours le ius de mirobolans, meslé auec du vin & de l'eau, iusques à la quantité d'vne pinte. Il y en a qui prennent de la graine de cumin, & du miel de chacun six onces, du laserpitium la grosseur d'vne febue, du vinaigre vne pinte : faut mesler tout cela en trois quartes d'eau, & laisser infuser cela toute la nuit, & le lendemain matin en donner vn quarte au Cheual, l'ayant fait ieusner la nuit precedente. D'autres font vne boisson pour le Cheual, auec de l'ail, du nitre, marrube & absynthe, boüillis dans du vin piquant, & recommandent de baigner tout le costé gauche du Cheual, auec eau tiede, & de le frotter rudement. Il y en a encor qui ont de coustume de cauteriser ou scarifier le costé gauche du Cheual, auec vn fer chaud : mais cela est cruel, & est fait sans aucun iugement, & sans aucune raison de pratique.

CHAPITRE LXV.

De la Iaunisse.

CEtte maladie, qu'on appelle communément la iaunisse, prouient, comme i'ay desia dit, du débordement de la bile, qui se fait, ou à cause que le foye en engendre beaucoup, ou à cause de l'obstruction de la vessie du fiel, ou plûtost de ses conduits. Il faut sçauoir qu'il y a deux sortes de cette iaunisse: La premiere est vn débordement de bile, qui vient du defaut de la vessie du fiel, & s'appelle ordinairement iaunisse; parce que les parties exterieures du corps, comme les yeux, la peau, la bouche, le dedans des leures, sont secs & teints de couleur iaunes: L'autre est vn debordement d'humeur melancolique, qui vient de la ratte, & s'appelle iaunisse noire; parce que toutes les parties externes sont noires. Ces deux sortes d'ictere prennent leur origine & commencement des maladies du foye. L'ictere iaune se fait, quand par l'inflammation du foye le sang est conuerti en bile, laquelle par ce moyen se répand par tout le corps. L'ictere noir se fait lors que quelque obstruction se rencontre dans la veine splenique, qui s'insere dans la ratte, & qui est vn rameau de la veine porte qui sort du foye, & ainsi empesche la ratte de dépurer le sang, & de receuoir sa lie: ou bien il se fait quand la ratte est surchargée de telle quantité de sang feculent, qu'il regorge dans les veines: Or quoy que cette distinction d'ictere iaune & d'ictere noir, paroistra étrange au commun des Mareschaux; neantmoins il est tres certain que le Cheual mourant d'ictere, meurt du noir: car quand il deuient mortel, le iaune est surmonté par le noir, ce qui se fait par adustion des humeurs. Mais pendant tout le temps que la matiere est iaune, le Cheual est en estat de pouuoir recouurer la santé. De plus, ces deux especes de iaunisse se suiuent l'vne l'autre, & bien souuent la moindre & la moins fascheuse n'a pas plûtost paru, que la grande & celle qui est mortelle s'empare de la place de l'autre, & excite plusieurs accidens fâcheux dans le corps du Cheual. Celle cy est la plus commune & la plus frequente dans la pratique, & fort mortelle, si elle n'est preuenuë de bonne heure.

Les signes de la iaunisse, sont les yeux iaunes, les nazeaux, le dedans des levres, la peau, la verge, & l'vrine de mesme. Il süera vers les oreilles, & à l'endroit des flancs, il sanglotera quand il se couchera, il ne sera pas seulement foible : mais deplus il quittera entierement sa nourriture.

Il y a vne infinité de remedes, qu'on employe auiourd'huy pour ce mal, dont plusieurs sont dangereux, nuisibles & mortels; chaque Mareschal faisant de son caprice & de son inuention vn remede pour cette maladie; Et Dieu sçait quel remede, combien il a peu de vertu, & qu'il est donné contre raison, & à contre temps. Pour moy ie ne vous rapporteray icy que les meilleurs remedes. Premierement, les anciens Mareschaux, tant Italiens que François, auoient accoustumé de prendre de l'huile & du cumin, de chacun parties égales, & apres les auoir pilez ensemble, de les mesler auec vin, miel & eau, & le faire prendre au Cheual, & apres luy tirer du sang des pasturons.

Mais les Mareschaux recens ont de coustume, premierement de saigner le Cheual & tirer du sang, iusques à ce qu'il paroisse pur: puis de luy donner ce breuuage.

Prenez du vin blanc, ou de la bierre vne quarte, & y meslez du saffran, cucurma (qui est ce qu'on appelle autrement terra merita, & est vne racine du cyperus indicus, semblable au gingembre) de chacun vne demie once, le suc tiré d'vne poignée de grande chelydoine, estant tiede, donnez-le à boire au Cheual. Apres tenez le chaudement pendant trois ou quatre iours, luy donnant de l'eau tiede auec du son.

Il y en a d'autres qui ont de coustume, apres que le Cheual a esté saigné de la veine iugulaire: premierement de l'estriller, puis luy donner vn suppositoire fait de miel, cuit auec du sel & de la marjolaine en poudre; puis luy donner à boire vne quarte de vin, ou de bierre. Quelques-vns apres la saignée veulent qu'on luy donne seulement de l'eau froide & du nitre. Il y en a qui apres la saignée, bouchent seulement les oreilles du Cheual auec de la grande chelydoine, puis les lient bien, & le laissent reposer douze heures apres. Les autres apres la saignée veulent qu'on luy donne vn lauement; puis qu'on prenne du saffran & curcuma, les meslant auec vne quarte de laict, pour luy en donner à boire tiede. D'autres saignent le

Cheual de la troisiéme rugosité de sa bouche dans le palais, auec vn cousteau bien pointu, & apres qu'il a bien saigné, ils prennent pour deux liards de saffran Anglois, pour vn sol de curcuma, & vn œuf frais auec sa coque: Le tout estant bien pilé, ils le meslent auec vne quarte de bierre, & le tiennent chaudement. Il y en a encor qui apres la saignée prennent du curcuma & du saffran pareille quantité, deux ou trois cloux de girofle, six cueillerées de vinaigre ou de verius, & en versent dans chaque oreille du Cheual trois cueillerées, puis bouchent ses oreilles de laine noire, & les lient & entortillent neuf ou huict iours apres.

Autrement il y en a qui prennent des grains de poivre long, curcuma & reguelisse, & mettent tout en poudre bien deliée, puis le meslent auec vne quarte de forte bierre, & le donnent à boire au Cheual. Les autres apres l'auoir estrillé & saigné, commandent de prendre le suc des feüilles de lierre, & le mesler auec du vin, puis luy en syringuer dans les nazeaux, & luy faire boire seulement de l'eau meslée auec du nitre, & que sa nourriture soit de l'herbe, ou bien du foin nouueau arrousé d'eau: Ainsi i'ose vous asseurer, que i'ay mis icy au iour tous les meilleurs remedes qu'on employe auiourd'huy pour la guerison de ce mal. Que si aucun d'eux ne reüssit, il ne faut point esperer de guerison.

Mais afin que ie vous instruise plus particulierement, touchant cette maladie de la iaunisse: Il faut obseruer que si le Maistre ou le palefrenier n'est fort expert & soigneux, ce mal s'insinuë sans que l'on s'en apperçoiue; & il arriuera, comme i'ay souuent veu, qu'estant au milieu de vostre voyage, éloigné de tout bourg & village, qui vous puissent secourir, vostre Cheual tombera sous vous; que si en cét estat vous enuoyez quelque part chercher quelque secours, le Cheual sans doute mourra pendant ce temps là. En ce cas là donc il n'y a pas d'autre moyen de le soulager, que de prendre vn cousteau bien pointu, vn poignard, ou vne épée en cas de necessité, & le plûtost que vous pourrez, apres luy auoir ouuert la bouche, luy tirer du sang, enuiron à l'endroit de la troisiéme rugosité du palais au dedans de sa bouche, & ainsi le laisser manger & aualer son sang pendant vne bonne espace de temps, puis le faire releuer; vous asseurant qu'apres cela il marchera auec autant de vigueur que iamais. Mais quand vous serez arriué en vn lieu de repos, faites-le saigner hardiment, & luy faites faire des breuuages, tels que ceux qui sont décrits cy-deuant : autrement il tombera dans vn autre accez, qui sera pire que le premier.

Pour ce qui est de l'ictere noir, lequel est appellé d'aucuns iaunisse seche ; quoy que ie le tienne incurable, si est-ce qu'il y a des Mareschaux qui sont d'vn sentiment contraire, & ordonnent ces remedes pour le guerir. Premierement, il faut donner au Cheual vn lauement fait auec de l'huile, de l'eau & du nitre, apres qu'on aura frotté son fondement. Puis faut ietter de la decoction de mauues dans les nazeaux, & que son manger soit du verd, ou bien du foin arrousé d'eau, auec vn peu de nitre, & que son auenage soit de l'auoine sechée. Il faut le laisser reposer, le frotter souuent. Il y en a d'autres, lesquels pour cette maladie veulent qu'on donne seulement à boire au Cheual la decoction de choux sauuages, cuits auec du vin. Pour ce qui est de l'effet de ces remedes, ie m'en rapporte à l'experience.

CHAPITRE LXVI.

De l'Hydropisie, ou mauuaise habitude du corps dite Cachexie.

NOvs auons parlé cy deuant de la consomption de la chair, laquelle prouient d'excez, gloutonnie, de trop de trauail, mauuais logement, froideur, chaleur & semblables causes : maintenant il faut que vous sçachiez qu'il y à vne autre secheresse ou consomption de la chair, laquelle n'a point de fondement apparent, & est appellée des Mareschaux hydropisie ou mauuaise habitude du corps laquelle se remarque quand le Cheual par le degoust qu'il à, perd sa couleur naturelle, comme par exemple quand la couleur baye se tourne en fauue, la noire en bazanée, l'obscure & la blanche en cendrée, & lors que le Cheual perd sa viuacité & sa force.

Ce mal ne vient pas du defaut de nourriture, mais par le manquement de bons alimens, de sorte que le sang est corrompu du meslange du phlegme, de la bile, ou d'humeur melancholique :

ce qui procede (selon l'opinion des meilleurs Mareschaux, ou de la ratte, ou de la debilité de l'estomach, ou du foye qui fait vne mauuaise digestion.

Les autres croyent qu'il vient de salle nourriture, ou de grande oisiueté. Quant à moy qui ay acquis autant d'experience au suiet de cette maladie qu'aucune personne que ce soit, encore qu'il ne me soit pas seant de controller les sentimens des personnes qui sont dans l'approbation : neantmoins i'ose asseurer que ie n'ay iamais veu cette maladie de mauuaise habitude, ou de mauuaise couleur du corps, prendre son origine d'ailleurs que d'auoir trop couru auec dereglement & sans mesure, ou d'auoir souffert la faim, ou d'auoir esté mal nourry & entretenu.

Il y à fort peu de difference entre cette maladie & l'hydropisie : car l'hydropisie estant diuisée en trois especes, celle cy est la premiere espece, estant vne enfleure de tout le corps; mais principalement des pieds par l'abondance d'eaux amassées entre cuir & chair. L'autre est vne enfleure au bas ventre comme si le Cheual estoit gros d'vn poulain, laquelle est causée par vn amas d'eaux contenuë dans la capacité du bas ventre. La troisiéme est vne enfleure au mesme endroit causée de semblables humeurs croupissantes entre le gros boyau & l'eschine.

Les marques de cette maladie sont la courte haleine, l'enfleure du corps ou des pieds, changement de la couleur naturelle, perte d'appetit, soif perpetuelle : le dos, les flancs, & les fesses sont deseichez & retirez, iusques aux os. Les veines sont cachées en telle sorte que vous ne pouuez les apperceuoir, & par tout ou vous pressez le doigt vous y laissez la marque emprainte & la chair enfoncée ne se releuera que long temps apres. Quand il se couche il estend les membres, & ne les rassemble pas, le poil luy tombe si peu que vous le frottiez.

Il y à des Mareschaux qui ne font que deux sortes d'hydropisie, à sçauoir l'humide ou la venteuse, lesquelles estans bien examinées, vous trouuerez qu'elles sont les mesmes que celles que nous auons auparauant descrites : & par consequent elles se reconnoissent par les mesmes signes, & se guerissent par les mesmes remedes, lesquels selon les anciens sont ; premierement de couurir le Cheual bien chaudement, & de le faire suer, soit par le moyen de l'exercice qu'on luy fera faire, soit à force de couuertures. En suitce qu'on luy frotte tout le corps à contrepoil ; Que ses alimens soient pour la pluspart des choux, de l'ache, des fueilles, d'orme, ou autres choses qui peuuent tenir le ventre libre, ou qui peuuent faire vriner: par faute de ces alimens qu'il mange de l'herbe ou du foin arrousé d'eau. Quelque-fois vous luy pourrez donner vne sorte de legumes appellez poix chiches, trempez vingt-quatre heures dans l'eau, & égouttez.

Les autres veulent seulement que le Cheual boiue du vin, dans lequel aura trempé & aura esté meslé du persil : ou bien de la racine de panais, trempée & meslée auec du vin.

Il y en a qui conseillent de faire des scarifications auec vne lancette, quatre doigts au dessous du nombril, afin que le vent & l'eau puisse sortir à loisir. Mais ie sçay par experience, que ce remede n'est pas fort vtile, & qu'il ne peut faire autre chose que de gaster ou faire mourir le Cheual : car estant vne beste qui n'a pas la connoissance de ce qui se fait pour son bien, ne se laissera iamais penser que par violence, laquelle fera décendre les boyaux, en sorte qu'il n'y aura iamais moyen d'y remedier.

Pour ce qui est de l'hydropisie de l'abdomen, ou du bas ventre, quoy que ie vous en aye desia declaré les signes & les remedes ; neantmoins ie vous diray qu'elle est difficilement reconnuë, & plus difficilement guerie : Mais pour ce qui est d'vne autre sorte d'hydropisie qui tombe sur les pieds, qui les enfle, & qui change la couleur du poil. Celle là est fort ordinaire.

Le meilleur remede que i'ay iamais trouué dans la pratique iournaliere, est de prendre vne cruchée de bonne bierre, & l'écumer sur le feu ; puis de prendre vne poignée de feüilles d'absynthe sans les tiges, ou bastons, & autant de ruë, qu'il faut mettre dans la bierre & les faire boüillir, iusques à ce que tout soit reduit à vne quarte ; alors retirez-le du feu, & le pressez bien fort : Apres que vous l'aurez coulé, faites dissoudre dedans trois onces du meilleur theriaque, y ajoûtant vne once & demie de poivre long, & des grains de paradis reduits en poudre deliée ; remuez & agitez le tout ensemblement, iusques à ce qu'il soit tiede, & ainsi on le donnera à boire au Cheual. Le iour suiuant faites luy tirer du sang de la veine iugulaire, oignez ses pieds d'huile de troesne, & mettez-le à l'herbe qui soit bonne, & n'ayez pas peur qu'il ne guerisse.

CHAPITRE

CHAPITRE LXVII.

Des maladies des Boyaux du Cheual , & premierement de la Colique.

LEs boyaux du Cheual ſont ſuiets à pluſieurs infirmitez , & particulierement à la colique venteuſe, douleur & contorſions , conſtipation, flux de ſang , & à diuerſes ſortes de vers.

La colique eſt vne douleur, laquelle emprunte ſon nom de la partie affligée, qui eſt le boyau colon, lequel eſtant large & ſpacieux , & ayant pluſieurs endroits vuides, eſt propre à receuoir pluſieurs matieres vitieuſes & échauffées, qui produiſent enſuitte diuerſes infirmitez, & principalement des vents; leſquels ne trouuans point de paſſage ouuert, font enfler le ventre, gonflent les boyaux, preſſent & offenſent l'eſtomach, & autres parties internes.

Cette maladie ne paroiſt pas tant dans l'écurie , que dehors en trauaillant. Les ſignes ſont ceux-cy. Le Cheual voudra ſouuent piſſer, mais il ne pourra; il frappera ſon ventre auec les pieds de derriere, il heurtera ſouuent, & frappera des pieds, il abandonnera la nourriture, & vous verrez ſon ventre paroiſtre plus plein qu'à l'ordinaire à l'endroit des flancs, il voudra ſe coucher & ſe veautrer.

Le remede, ſelon les Anciens, eſt de luy donner vn lauement fait auec la decoction de concombre ſauuage; ou bien de fiente de poule, nitre, & de fort vinaigre: vous en verrez la deſcription au chapitre des Clyſteres , apres le clyſtere il le faut trauailler & exercer.

Les autres donnent à boire au Cheual de l'vrine d'enfant; ou bien vn clyſtere de ſauon & d'eau ſalée. D'autres donnent cinq drachmes de myrrhe, diſſoutes en du bon vin, & peu apres le font galopper. Il y en a qui luy donnent de l'ache & du perſil, meſlé auec ſon fourage, & le trauaillent iuſques à le faire ſuer.

Pour moy, i'eſtime qu'il vaut mieux luy faire prendre dans vne quarte de maluoiſie, des cloux de girofle, du poivre, de la canelle reduits en poudre ; de chacun demie once, auec vn demy quarteron de sucre, & luy donner tiede, puis le faire courir vne heure apres : Mais auant que le monter, il faut oindre ses flancs d'huile de laurier, ou bien d'huile de spica ; & s'il ne rend ses excremens durant le temps que vous le piquez, alors vous le rastelerez, & si besoin est vous l'exciterez à les vuider, fourrant dans son fondement vn oignon pilé & découpé de trauers, afin que l'irritation excitée par ce ius, le puisse prouoquer à vuider ses ordures. Vous Vous ferez en sorte qu'il ne boiue en aucune façon de l'eau froide, quatre ou cinq iours durant, & qu'il ne mange point de verd : mais qu'on luy donne à manger sec, dans vne écurie bien chaude.

CHAPITRE LXVIII.

Du mal ou du rongement de Ventre.

OVTRE la colique, il y a aussi vne autre tres grande douleur de ventre, que les Mareschaux appellent mal ou rongement de ventre ; lequel prouient d'auoir mangé des legumes verds, estans encore sur la terre, ou bien des poix cruds, & qui ne sont pas secs, des febues, de l'auoine cruë ; ou bien lors que des humeurs acres & mordicantes causent vne inflammation dans les parties du ventre, ou qu'vne abondance de matiere épaisse est coulée entre le gros boyau & les membranes.

Les signes sont, se veautrer, frequens hennissemens, se frapper le ventre souuent, rongeant la mangeoire.

Les remedes sont, selon quelques Mareschaux : d'oindre la main auec de l'huile d'oliue, ou beurre, ou graisse, & apres l'introduire dans le fondement du Cheual, & de tirer dehors ce que vous rencontrerez, autant adroitement que vous pourrez, ce qui s'appelle rasteler. Ensuitte qu'on luy donne vn lauement, fait d'eau & de sel, meslez ensemble. Puis qu'on luy fasse prendre la poudre de centaurée & d'absynthe, meslée & agitée dans vne quarte de maluoisie. Il y en a d'autres qui ont de coustume de donner au Cheual seulement vn suppositoire de sauon de Nevvcastel : Et à mon aduis c'est le meilleur & le plus expedient.

CHAPITRE LXIX.

Du Ventre constipé.

LA constipation est quand le Cheual ne fait point d'excremens : c'est vn mal ordinaire aux coureurs, lesquels vsent d'vn regime de viure chaud & sec. Les grands maistres de l'Art disent qu'il vient de plusieurs causes ; comme de trop de nourriture, de trop d'auoine, d'oisiueté, de flatuositez, d'humeurs grossieres & froides, qui font des obstructions & empeschemens dans les boyaux : Mais ie soûtiens (& ie m'imagine que ceux qui sçauent bien penser & traitter les Cheuaux qui seruent à la chasse, & à courir, seront de mon aduis) que cette incommodité vient plûtost de trop ieusner : car ce faisant les boyaux manquans d'estre remplis de nourriture fraische & nouuelle, recuisent & desechent par leur chaleur les excremens qu'ils contiennent ; estant vne chose certaine que rien ne peut se vuider qu'il n'ait esté remply auparauant : ou bien elle peut prouenir d'auoir trop vsé de nourriture chaude & seche ; laquelle absorbant le phlegme & dissipant l'humidité du corps, n'en laisse pas assez pour seruir à la digestion, & à ramollir les excremens. Quoy qu'il en soit, c'est vne infirmité dangereuse, qui est le commencement de plusieurs autres.

Le signe de ce mal est assez éuident : qui est la suppression des excremens, ou paresse du ventre ; laquelle éuacuation est commune à tous les animaux.

Les remedes, selon l'opinion des Anciens Practiciens, sont de prendre vne quarte de décoction de mauues, dans laquelle les mauues auront boüilly long-temps, & y ajoûter vne chopine d'huile, ou demie liure de beurre frais, & vne once de benedicte laxatiue, pour faire vn clystere, & attacher sa queuë à son fondement, puis le faire trotter vn peu, afin que le remede fasse mieux son operation : puis détacher sa queuë, afin qu'il lasche tout ce qui est retenu dans son ventre ; ensuite le mener à l'écurie, & apres qu'il aura vn peu reposé, luy donner vn peu de miel clarifié à boire. Apres cela faut le couurir & le tenir chaudement, & luy donner à boire de l'eau & de la farine d'orge qui soit douce. Il y en a d'autres qui prennent onze feüilles de laurier, & les pilent dans vn mortier, les meslant auec vne quarte de forte bierre, & le donnent à boire au Cheual. D'autres ont de coustume de prendre vne once de souphre subtilement puluerisé, auec de lespurge, & les meslans ensemble dans de l'eau tiede, & de la farine d'orge preparée à faire la bierre, le font boire au Cheual.

Quant à moy, ie vous conseille si la maladie n'est extrémement violente, de rasteler le fondement du Cheual; & alors le galoper auec sa couuerture, iusques à ce qu'il suë : puis luy donner vne poignée ou deux de seigle mondé, & vn peu de souphre meslé ensemble : car le souphre estant donné auec le fourrage purgera toûjours.

Que si la maladie est violente & enracinée : prenez vn quarteron de sauon blanc, & vne poignée d'espurge, broyez les bien ensemble, & les meslez dans vne quarte de bierre tiede, pour le faire boire au Cheual. Puis qu'il demeure sans manger, & qu'on luy fasse prendre exercice durant plus d'vne demie heure : prenez garde qu'il soit tenu bien chaudement, & que son breuuage ordinaire soit de farine d'orge preparée pour la bierre, meslée auec de l'eau bien chaude. Il y a vne infinité d'autres moyens pour purger, lesquels vous trouuerez au chapitre des Purgations, Suppositoires, & Clysteres.

CHAPITRE LXX.

Du Flux de Ventre.

LE flux de ventre est vne maladie dangereuse au Cheual, qui le fait tomber promptement dans vne défaillance & foiblesse grande. Elle prouient d'abondance d'humeurs bilieuses, qui décendent du foye ou de la vessicule du fiel dans les intestins : quelquefois de boire trop d'eau froide incontinent apres auoir mangé son auoine : quelque-fois d'auoir trauaillé trop tost apres auoir mangé,

& auant que la digestion fust faite : quelque-fois d'auoir galoppé trop viste reuenant de l'abbreuoir : quelque-fois d'auoir auallé vne plume : quelque-fois d'auoir mangé la fiente d'vne poule.

Il n'y a point de maladie qui prenne si subitement, & auec tant de violence que celle-cy ; neantmoins puis qu'en cette maladie la nature mesme semble estre le medecin du Cheual, ie ne conseillerois pas à personne d'arrester trop viste cette éuacuation.

Que si vous voyez par la durée que la nature perde ses forces, & le Cheual son enbonpoint, alors il faut auoir recours aux remedes. La pratique des Anciens, est de prendre de la fleur de farine de febues & du bol armene, de chacun vn quarteron meslez ensemble dans vne quarte de vin rouge, & le donner à boire tiede au Cheual, le tenir bien chaudement & en grand repos. L'eau aussi qu'il boira doit estre chaude, dans laquelle la farine de febues sera meslée. Et faut qu'il ne boiue en aucune façon, qu'vne fois en vingt-quatre heures ; encor faut-il que ce soit en petite quantité, & non pas tant qu'il desire.

Il y en a d'autres qui prennent vne pinte de vin rouge, dans laquelle ils meslent vne noix muscade, demie once de canelle, & autant d'escorce de grenade, le tout reduit en poudre ; puis le donnent à boire tiede au Cheual, & ne luy donnent autre chose à boire, sinon vne fois en vingt-quatre heures vn demy trait d'eau chaude, dans laquelle sera meslée de la farine de febues. D'autres prennent pour deux liards d'alun reduit en poudre subtile, & du bol armene aussi puluerisé, qu'ils meslent dans vne quarte de bon laict, iusques à ce que le laict soit grommeleux ; alors ils le donnent à boire au Cheual, obseruant la diette cy-deuant mentionnée.

Que si cette maladie arriue au poulain qui tette, comme il arriue souuent, & moy mesme i'en ay veu plusieurs perir faute d'experience, vous luy donnerez alors vne pinte de fort verjus ; c'est vn remede qui apporte vn soulagement present : car le laict dont seulement se nourrit le poulain, sortant liquide comme il a esté pris, le verjus le fera cailler & coaguler : par ce moyen ce qu'il vuidera sera plus grossier & plus épois.

CHAPITRE LXXI.

Du Flux de sang aux Cheuaux.

IL ne faut pas douter qu'vn flux de sang ne puisse arriuer à vn Cheual : Ie l'ay veu moy mesme, & les Anciens l'ont reconnu par experience, lesquels en font diuerses especes : car quelque-fois les Cheuaux gras font des glaires marquetées & arrosées d'vn peu de sang. Quelque-fois l'excrement qu'il vuide est vn sang aqueux, semblable à de l'eau ou à des laueures de chair : quelque-fois c'est vn sang meslé auec vne humeur melancolique : quelque-fois c'est du sang tres pur. La premiere & les dernieres especes peuuent venir d'vne mesme source ; à sçauoir des vlceres qui sont dans les boyaux, & ainsi peuuent estre gueries par semblables remedes : mais il est necessaire de sçauoir auparauant si l'vlcere est dans les boyaux gresles, ou dans les gros boyaux. Pour ce faire il faut obseruer si la matiere est meslée exactement auec le sang ; car alors c'est vne marque qu'il est dans les boyaux gresles : Que s'ils ne sont pas meslangez exactement, mais que le sang sorte apres la matiere, c'est vn signe que l'vlcere est dans les gros boyaux.

Ce flux de sang vient ordinairement de quelques humeurs acres & mordicantes, engendrées de mauuaise nourriture & cruë, ou de trauail immoderé. Ces humeurs estans chassées dans les parties destinées naturellement pour les receuoir, passant par plusieurs détours & anfractuositez étroites, s'attachent aux boyaux ; & par leur chaleur & acrimonie les écorchent, vlcerent, & font grande douleur. Quelque-fois ce flux de sang peut venir d'extréme froid, chaleur, humidité, ou bien d'auoir pris vne purgation violente, comme par exemple, si la scammonée ou l'antimoine ont esté donnez en trop grande quantité : ou bien il peut venir de la debilité du foye, ou des autres parties qui seruent à la coction & à la dépuration du sang, à laquelle cause se doit rapporter la seconde espece de flux de sang, cy-dessus mentionnée ; en laquelle la matiere qui se vuide est semblable à des laueures de chair, qui est appellée par les Medecins flux hepatique, lequel ils disent prouenir de l'atonie du foye.

Les ſignes de cette maladie ſont aſſez éuidens ; comme de vuider du ſang auec les excremens.

Les remedes plus conuenables, ſelon l'opinion des Anciens Mareſchaux, ſont de prendre vne once de ſaffran, deux onces de myrrhe, trois onces d'auronne, vne once & demie de perſil, de l'hyſſope deux onces, de caſſia lignea vne once, que tout ſoit reduit en poudre ſubtile, & meſlé auec de la craye & du fort vinaigre, pour en faire vne paſte, de laquelle on formera des trochiſques, que l'on ſechera à l'ombre ; & eſtant deſechez on les diſſoudra dans trois chopines de decoction d'orge mondé, ou dans de l'eau d'orge, puis le faut donner à boire au Cheual : car ce remede ne guerit pas ſeulement le flux de ſang ; mais auſſi eſtant donné auec vne pinte d'eau tiede, guerit toute ſorte de douleur, ſoit dans le ventre, ſoit dans la veſſie, prouenant de ſuppreſſion d'vrine.

Quant à moy, ie me ſuis ſerui ſeulement pour le flux de ſang de ce remede ſeulement. Prenez de l'herbe, dite bourſe de paſteur demie poignée, & autant de l'écorce dont ſe ſeruent les tanneurs, ſeparée de la partie plus graſſe, & qu'elle ſoit ſeche ; faites tout boüillir dans trois pintes de vin rouge, iuſques à la conſomption de la troiſiéme partie, & vn peu plus. Coulez-le tout en le preſſant bien fort, puis donnez-le à boire tiede au Cheual : ſi vous y voulez adiouſter vn peu de canelle, vous ne ferez pas mal.

CHAPITRE LXXII.

De la relaxation du boyau rectum du Cheual.

IL arriue quelque fois que le fondement tombe au Cheual, ſoit à cauſe de la maladie dont nous venons de parler ; à ſçauoir d'épreintes & flux de ſang ; ſoit à cauſe de la reſolution du muſcle ſphincter de l'anus.

La relaxation ou cheute du fondement peut venir du grand effort que le Cheual a fait pour vuider ſes excremens, lors que le Cheual à le ventre reſſerré ; ou bien d'vne trop grande humidité, comme il arriue ordinairement aux petits enfans : car il n'y a point de créature qui ayt le corps plus humide que le Cheual.

Les signes sont manifestes, la cheute & sortie au dehors du fondement, qui fait quelque horreur à ceux qui le regardent.

Les remedes sont ceux cy. Premierement faut regarder s'il y a inflammation au fondement ; c'est à dire s'il est beaucoup enflé ou non. S'il n'est pas enflammé vous l'oindrez d'huile rosat chauffé sur vn rechaut ; ou au défaut de cette huile vous le lauerez dans du vin rouge. Que s'il est enflammé, vous l'étuuerez auec vne esponge trempée dans la decoction de mauues, camomille, graine de lin, de fenugrec ; & aussi vous l'oindrez bien auec huile de camomille & d'aneth meslez ensemble, pour oster & diminuer l'enfleure : alors il faut le repousser doucement dedans auec la main, & auec des linges chauds ; cela estant fait, étuuez la queuë & le fondement ou anus du Cheual tout à l'entour, auec du vin rouge, dans lequel aura boüilly de l'acacia, des noix de galles, de la peleure de coings, & des brins d'acorum. Apres iettez dessus du bol, cucurma, ou encens, sang de dragon, myrrhe, acacia, & autres semblables reduits en poudre. Puis prenez escorce de grenades seche reduite en poudre ; meslez en auec du vin, ou auec de l'eau tiede, & luy faites prendre. Tenez le Cheual bien chaudement, & faites qu'il ne soit ny trop lasche ny trop reserré du ventre ; mais qu'il garde la mediocrité : car l'extremité de l'vn ou de l'autre est trop nuisible.

CHAPITRE LXXIII.

Des trenchées & des vers qui s'engendrent dans le corps du Cheual.

LEs Anciens disent que les vers qui s'engendrent dans le corps du Cheual sont de trois sortes. Il y en a qui sont petits & courts, auec des testes rouges, & de longues queuës qui sont blanches, que les Anglois appellent *bots* : Les autres sont gros & courts de la longueur du doigt d'vne personne, qu'ils appellent *tronchots*, & d'autres qui ont six fois autant de longueur, qu'ils appellent

simplement

ſimplement vers.

Pour moy, i'eſtime que la premiere eſpece de vers ne s'engendre pas dans les boyaux, mais ſeulement dans le ventricule; & ie puis dire que ie ne l'ay iamais diſſequé, ſans y trouuer vne quantité de cette ſorte de vers, qu'on appelle *bots*, & pas vn des autres ſortes: d'où ie conclus, que cette maniere de vers s'engendre touſiours dans l'eſtomach du Cheual, & les deux autres eſpeces de vers ſe produiſent dans les inteſtins: Il eſt vray que toutes ces trois differences viennent d'vne meſme cauſe, qui eſt vne matiere cruë, groſſiere & phlegmatique, propre à ſe corrompre, & ſuſceptible de pourriture, qui eſt produite d'vne ſale & mauuaiſe nourriture. Comme donc ils ont vne meſme origine, auſſi ils ont les meſmes ſignes, & requerent meſmes remedes.

Voicy les ſignes Le Cheual quittera ſon manger, & ne ſe tiendra pas debout mais ſe veautrera & ſe culbutera, il frappera ſon ventre auec ſes pieds; quelque-fois il ſouffrira tant de peine qu'il heurtera ſa teſte contre terre. Certainement la violence que font ces vers au Cheual eſt eſtrange: car i'en ay veu qui auoient l'eſtomach tout rouge de ces vers; de ſorte que ce qu'ils mangeoient ne ſéiournoit pas dans leur eſtomach mais auſſi toſt qu'il eſtoit aualé il décendoit dans le ventre, faiſant enfler le ventre gros comme vn tonneau, ainſi ils mouroient auec vn grand tourment.

La maniere de guerir ce mal, ſelon les Anciens, eſt de prendre vne quarte de laict doux, auec vn quarteron de miel, & le luy donner à boire tiede, puis apres le promener durant vne heure; & le laiſſer repoſer le reſte du iour, luy donnant le moins à manger & à boire qu'on pourra, ne luy permettant en aucune façon de ſe coucher. Apres que le Cheual aura ainſi ieuſné. Prenez vne poignée de ruë, & autant de ſabine, pilez les & les meſlez auec vn peu de ſouphre, & vn peu de ſuye de cheminée puluerisée. Faites tout infuſer dans vne quarte de bierre l'eſpace d'vne heure ou deux, apres coulez-le par vn linge fin en le preſſant, & le donnez tiede à boire au Cheual: puis bridez-le, & le promenez dehors vne heure durant; puis remettez-le dans l'eſtable, & le laiſſez bridé deux ou trois heures de temps: enſuite donnez luy vn peu de foin.

Les autres ont de couſtume de donner ſeulement au Cheual trauaillé de ce mal, les inteſtins encor tous chauds, d'vne poulle ou poullet nouuellement égorgé, & les introduire dans la gorge du

Cheual, ce qui asseurément est bon, si on y mesle vn peu de sel, & doit estre reïteré trois matinées de suite à ieun, tenant le Cheual sans boire trois ou quatre heures apres. D'autres prennent trois onces de racines de capres pilées, auec la moitié d'autant de vinaigre, & l'introduisent dans la bouche du Cheual : ou bien on prend vne pinte de laict auec vne cueillerée de sauon qu'on mesle ensemble, & qu'on donne à boire au Cheual. Ou bien on prend du souphre & du laict, lesquels estans meslez ensemble on luy donne à boire : tous ces remedes sont fort souuerains. Il y en a qui mettent à l'entour du mors du Cheual de l'excrement d'vne personne, fait tout recemment, & apres le montent.

Les autres prennent de la gentiane, de l'aloës, & de la sabine de chacune demie once, & les meslent ensemblement, auec du miel & de la bonne bierre. Autrement on prend seulement vne quarte de bierre nouuelle refroidie, & on le donne au Cheual. Il y en a qui prennent de la sabine & de l'auronne, ou bien de l'absynthe, & les branches de genest hachées menu, meslées auec du sel marin & le donnent au Cheual. D'autres iettent de la braise dans de l'eau, laquelle ils coulent incontinent apres, & la donnent à boire. Il y en a qui font des petites boules de miel, & de la poudre fine de craye, & les mettans dans de la bierre les font aualer au Cheual. D'autres ont de coustume, principalement pour les vers longs, de prendre pour deux liards de fenugrec, d'anis vn quarteron, pour deux liards de bayes de laurier, autant de reguelisse, & autant de diacurcuma, & vn peu de souphre, & mettre tout en poudre, puis le mesler dans vne quarte de bierre, & le donner tiede à boire au cheual à ieun : puis le monter pendant vne heure seulement. Et apres le remettre dans l'estable chaudement pendant vingt quatre heures.

Les autres ont de coustume, principalement pour les vers appellez des Anglois *tronchets*, de prendre deux cueillerées d'absynthe en poudre, passée par le tamis, & la mesler dans vne pinte de maluoisie, & apres l'auoir agitée vn peu, la laisser infuser pendant vne nuit ; puis la donner au Cheual le matin à ieun, & le tenir sans boire ny manger quatre heures apres. D'autres donnent au Cheual à boire deux cueillerées de poudre à vers, & autant de souphre, ou de poudre de sabine, auec vne quarte de maluoisie, de bierre ou de *ale*. D'autres prennent du sauon noir gros comme vne noix,

& autant de souphre puluerisé, vne teste ou deux d'ail pilées & concassées, apres auoir meslé tout dans vne quarte de bierre, ils le donnent à boire tiede au Cheual. On peut donner ce remede à vne caualle pleine, si elle est tourmentée de la premiere sorte de vers, ou autres, pourueu qu'on n'y mette pas le sauon noir : car c'est vn remede violent, & qui peut tuer le poulain dans le ventre de la caualle. Pour moy ie ne donne iamais vn remede interne à vne caualle pleine; que si ie trouue qu'elle est tourmentée des vers, comme il est aisé de reconnoistre par la puanteur de son haleine, par la salleté de la bouche, par la grosseur des veines verminales au dessous des léures; Alors aussi tost ie ne fais rien autre chose que de la faire saigner au palais, & luy faire aualer son sang : car ie sçay bien que ce remede tuera les vers, & appaise plusieurs maladies internes. Mais laissant à part les caualles pleines, retournons aux Cheuaux.

Il y en a qui prennent vne poignée de fiente de pouile nouuellement faite, & la meslent dans vne quarte de vieille bierre, y ajoûtant vne poignée de sel marin, & deux œufs, le tout estãt remué ensemblement, ils le donnent au Cheual : ou bien ils luy donnent à manger du roseau verd, ou des feüilles de saules verdes. Il y en a encor qui prennent pour deux liards de saffran & autant d'alun, & les meslent auec vne pinte de laict, & le donnent à boire au Cheual. D'autres disent que le meilleur remede de tous est de prendre les intestins d'vne ieune poulle ou pigeon, & les rouler à l'entour d'vn petit morceau de sauon noir, & vn peu de sel marin, & le faire aualer au Cheual. D'autres ont de coustume, principalement pour la seconde sorte de vers, de faire prendre au Cheual la fiente d'vne poule, de la sauge, de la menthe, de la ruë dans de la bierre, & le saignent des nazeaux.

Enfin, si vous ne voyez le Cheual trop tourmenté : vous n'aurez pas besoin de luy donner autre chose, sinon de la poix resine, & du souphre meslez parmy son auenage, & d'auoir soin de ne luy donner qu'à ieun, & long-temps auparauant que le Cheual boiue.

CHAPITRE LXXIV.

Du mal des Reins du Cheual.

IL n'y a point de doute, que les mesmes maladies qui appartiennent au foye & à la ratte, n'arriuent aussi aux reins du Cheual; comme sont l'inflammation, les obstructions, apostemes & vlceres. En effet, ouurant des Cheuaux, i'ay trouué le rein tout vsé, ce que i'ay attribué à quelque matiere qui a causé inflammation. I'y ay trouué aussi beaucoup de grauelle, qui estoit la cause des obstructions. I'ay encor trouué les reins noirs comme de l'ancre; ce qui ne pouuoit arriuer sans vn abscez, suiuy d'vne vlcere. Mais d'autant que le Cheual est vne beste, laquelle ne peut pas dire les diuerses sortes de douleur qu'elle ressent, & que nous ne sommes pas assez soigneux pour obseruer tous les symptomes qui luy peuuent arriuer: nous sommes contraints de comprendre toutes ces differences sous vn mesme nom; à sçauoir de douleur de reins, contractée, ou pour auoir porté vn trop pesant fardeau, ou pour s'estre efforcé en tirant.

Les signes sont, que le Cheual glissera en marchant, & traisnera les iambes de derriere, l'vrine sera noirastre & époisse, les testicules seront retirez vers le haut en dedans, S'il est chastré, vous verrez l'vretre estre retirée en arriere; & l'artere de la cuisse appellée renale, battera perpetuellement & extraordinairement.

Le remede, selon l'aduis des Anciens, est de fomenter son dos & ses lombes auec du vin, de l'huile, & du nitre chauffez ensemble; & apres qu'il aura esté ainsi étuué, le bien couurir & le tenir chaudement, demeurant debout dans la litiere iusques au ventre: puis apres de luy donner à boire de l'eau, dans laquelle aura boüilly de l'aneth, du fenoüil, anis, ache, persil, spicanardi, myrthe, & cassia lignea, ou autãt que pourez auoir cõmodement desdits simples. Le lendemain matin dõnez luy à boire vne quarte de laict de brebis, ou à son defaut la moitié d'autant d'huile d'oliue, & de graisse de cerf fonduë dedans. Ou bien si vous pouuez auoir de la racine d'aſphodele, vous luy en donnerez boüillie auec du vin, & que ſon fourrage ſoit de l'auoine ſeche. Faites luy obſeruer cette diette enuiron dix iours, & il guerira.

CHAPITRE LXXV.

Des maladies de la Veſſie.

SVIVANT le ſentiment des Anciens, la veſſie du Cheual eſt ſuiette à trois dangereuſes maladies; la ſtrangurie, la dyſurie, & iſchurie: La premiere eſt, lors que le Cheual eſt prouoqué à piſſer ſouuent, & ne vuide rien que goutte à goutte. Elle prouient ſans doute, ou de la chaleur & mordacité de l'vrine, cauſée ou de trop de trauail, ou de nourriture acre & chaude; ou bien d'vlceration dans la veſſie, ou d'apoſteme au foye ou dans les reins; lequel apoſteme ou abſcez eſtant rompu, la matiere décend dans la veſſie, & par ſon acrimonie prouoque inceſſamment à piſſer.

Les ſignes ſont, comme i'ay deſia dit, vn deſir perpetuel d'vriner, & neantmoins ne vuide rien que quelques gouttes; & ce auec autant de douleur qu'on le verra remuer & branſler la queuë, ou battre d'icelle lors qu'il piſſe.

La cure ſe fait en étuuant les lombes du Cheual auec de l'eau chaude. Puis prenant de la mie de pain auec des bayes de laurier, & les peſtriſſant auec du beurre de May, & en formant des pilules qu'on luy fera aualler trois iours de ſuitte.

Ie trouue plus à propos, ce que quelques-vns ont accouſtumé de faire, qui eſt de prendre vne quarte de laict tout recent, & vn quarteron de ſucre, & apres les auoir bien meſlez enſemble, les donner à boire au Cheual ſix matinées de ſuitte: prenant garde de ne pas donner au Cheual de nourriture qui ſoit acre; comme foin bruſlé, ſon, & autres ſemblables.

CHAPITRE LXXVI.

De la Dysurie.

LA dysurie, est lors que le Cheual ne peut pisser qu'auec vne grande peine & douleur. Elle prouient quelque-fois de la foiblesse de la vessie, & de l'intemperie froide d'icelle. Quelque fois elle vient de l'abondance des humeurs grossieres & pituiteuses, qui bouchent le col de la vessie.

On reconnoist ce mal à ces marques. Le Cheual s'étend comme s'il vouloit pisser, & poussera sa verge vn peu en dehors; à raison de la douleur il battera la queuë entre les cuisses contre le ventre, & ayant demeuré en cét estat vne bonne espace de temps; enfin il pissera copieusement.

Pour remedier à ce mal, selon le sentiment de quelques-vns, il faut prendre le suc de porreaux, du vin doux, & de l'huile meslez ensemble, & en faire iniection dans le nazeau droit, & apres le promener vn peu deçà & delà: ou bien faut faire boüillir de la semence d'ache, ou de la racine de fenoüil sauuage dans du vin, D'autres ont de coustume de mettre apres cela des oignons pelez, & vn peu pilez dans son fondement, puis l'échauffer en le faisant courir, le tenant à la main, ou en le faisant monter: ou bien de prendre de la racleure de l'ongle interne puluerisé & meslé auec du vin, & le verser dans son nazeau droit, & apres le monter. Il y en a d'autres qui menent le Cheual dans vne bergerie où il y a quantité de brebis, & faisant flairer tant la fiente que l'vrine des brebis au Cheual; ils le prouoquent ainsi à pisser incontinent. Les autres donnent à boire au Cheual l'excrement d'vn chien blanc seché & meslé auec du *sel armoniac*, du sel commun & du vin: ou bien l'excrement de pourceau seulement auec du vin: ou bien de la residence ou sediment de l'vrine de Cheual auec du vin.

CHAPITRE LXXVII.

De la suppression d'vrine.

L'Ischurie est lors que le Cheual ne peut pisser quand il à enuie, laquelle peut estre nommée suppression d'vrine, elle prouient selon l'opinion des anciens quelquefois de la foiblesse de la vessie ou lors que le conduit de l'vrine est bouché par des humeurs grossieres, ou de quelque matiere & pus descendant du foye, ou de quelque inflammation ou tumeur calleuse, engendrée à l'orifice du conduit; ou parce que les nerfs de la vessie sont stupefiez, en sorte que la vessie est destituée de sentiment : ou bien ce mal peut encore venir de tenir le Cheual trop long-temps au trauail, ne luy donnant pas le loisir de pisser : mais le plus souuent il vient de l'obstruction des reins, dans lesquels s'engendre vn sable ou grauier rouge, lequel se meslant auec quelques flegmes ou d'autres humeurs grossieres & tartareuses se coagule en vne forme de pierre dure, laquelle bouche le passage des vreteres.

Il ny à point d'autre signe que celuy-cy : à sçauoir que le Cheual s'efforce pour pisser; mais il ne peut.

Pour le secourir en ce mal, il faut tirer dehors le membre du Cheual & l'estuuer de vin blanc, & le bien nettoyer de peur qu'il ne se bouche d'ordures. Puis introduire dans la verge vne bougie trempée dans de l'huile de camomille, où on aura broyé vn peu d'ail : Que si cela ne le fait vriner, prenez deux poignées de persil, vne poignée de coriandre. Faites-les infuser dans du vin blanc, l'ayant coulé, faites y dissoudre vne once de sauon coupé par morceaux, & le donnez tiede à boire au Cheual, le tenant autant chaud que vous pourrez, & prenant garde qu'il ne boiue de l'eau froide pendant cinq ou six iours; mais quand vous le voudrez prouoquer à vriner faites le tenir sur de la paille, où dans vne bergerie, ou sur l'herbe, il y en à d'autres qui sont presentement en grande reputation & estime pour le traitement des maladies des Cheuaux, lesquels ont de coustume de donner au Cheual du vin blanc dans le.

quel sont dissouts du sauon & du beurre, lesquels estans meslez ensemble ils luy font boire chaudement. Les autres fomentent le ventre du Cheual auec de l'eau chaude, & quand il est seché ils l'oignent auec de l'huile d'oliue, graisse de Cheual & de la poix liquide meslez ensemble, chaudement, approchant vn fer chaud du ventre pour faire mieux penetrer l'onguent: mais ie tiens ce remede plus propre pour la strangurie ou autre mal de ventre que pour la pierre: neantmoins il est approuué pour toutes ces sortes de maladies. Il y en à qui prennent vne pinte de vin ou d'*Ale*, dans laquelle ils meslent vn peu d'ail, auec dix blancs d'œufs, & le font boire au Cheual: ou bien ils luy font prendre le suc de choux rouge meslé auec du vin blanc: ou bien la racine de smyrnium ou imperatoire concassée, laquelle ils font infuser dans du vin dont ils lauent sa verge estant meslé auec du vinaigre. Autrement il y en à qui prennent de l'absinthe, ou de l'auronne, ou galenga, ou des mauues & de la pimpinelle, desquels simples ils font infuser plusieurs ou seulement quelques-vns dans de la bierre & l'ayant coulée la donnent à boire au Cheual. Autrement ils prennent vne pinte de vin blanc, de la graine de bardane subtilement puluerisée, deux onces de semence de persil, demie poignée d'hyssope; demie once de sauon noir: le tout estant meslé ensemble & chauffé ils le donnent à boire au Cheual. Ou bien. Prenez des porreaux sauuages coupez & bien pilez, lesquels vous meslerez auec du sauon, du laict, & du beurre; puis vous les ferez prendre au Cheual. Il y en à qui prennent vne noix de muscade, & vne poignée de graine de persil bien puluerisez, lesquels ils meslent auec autant de beurre, & vne quarte de vieille & forte bierre, & le donnent tiede à boire au Cheual Autrement. Prenez de la graine d'ache, de persil, de saxifrage, des racines de filipendula, des noyaux de cerises, de la graine de milium solis ou gremil, de la semence de genest de chacune parties égales, reduisez le tout en poudre subtile & le faites prendre tiede au Cheual dans vne pinte ou vne quarte de vin blanc. Quoy que les remedes cy-deuant mentionnez soient dans la pratique ordinaire, & trouuez excellents; quant à moy ie n'en trouue point de meilleur que celuy cy. Prenez vne quarte de forte bierre, laquelle vous mettrez dans vn pot qui tienne vne quarte, dans lequel apres vous ietterez des raues lauées, coupées par rouelles, & pilees autant que le pot en pourra contenir: puis tenez le pot bien clos, en sorte que l'air l'air n'y puisse entrer : laissez le ainsi pendant vingt quatre heures, puis coulez l'infusion en la pressant, & la versez dans vn vaisseau bien net, & la donnez à boire au Cheual le matin à ieun : apres montez-le & le promenez vn peu deçà & delà : puis mettez-le dans l'escurie chaudement. Cela estant fait obseruez si vous le verrez pisser. Il faut faire cecy diuerses matinées de suitte.

CHAPITRE LXXVIII.

Du Cheual qui pisse le sang.

IL n'y à rien de plus certain que le Cheual pisse quelquefois du sang & mesme bien souuent.

La cause selon l'opinion des anciens qui ont traité cette matiere, est ou vn excez de trauail ; ou vn fardeau trop pesant ; principalement lors que le Cheual est gras, car au suiet de l'vn ou de l'autre de ces excez, il se peut faire qu'vne veine se rõpe dans le corps du Cheual ; & alors on voit couler le sang tout pur au lieu d'vrine. Que si le sang est meslé auec l'vrine, ils pretendent que le vice est dans les reins, & les font saigner : pour moy i'ay remarqué qu'il n'y à rien qui excite & produise plus cette maladie que de retirer le Cheual de l'herbe dans le milieu de l'Hyuer (comme vers le temps de Noël) puis incontinent apres sans luy donner le repos seulement d'vne iournée dans l'escurie, de luy faire faire vn voyage ou de le mettre à la fatigue. I'ay veu des Cheuaux pisser le sang auec douleur, pour le mesme suiet, apres auoir fait vn voyage de deux ou trois iournées.

Il n'est pas besoin de rechercher d'autres signes pour reconnoistre ce mal.

Les anciens pour guerir ce mal conseillent de tirer du sang du palais du Cheual, pour faire reuulsion. Puis de prendre vne demie once de gomme tragacanth dissoute dans du vin, quatre scrupules de semence de pauot, autant de storax, douze noyaux de pommes de pin : toutes ces choses doiuent estre pilées & meslées ensemble exactement ; puis données au Cheual la grosseur d'vne noix infusé dans vne quarte de vin doux, tous les matins pendant sept iours, les autres plus recens saignent le Cheual au col, & font cuire ce sang auec du froment, de l'escorce de grenade seche reduite en poudre, puis coulent la decoction, & luy en donnent à boire trois ou quatre matinées de suitte, & veulent qu'il repose apres sans trauailler en facon quelconque: ou bien donnez luy des febues écossées, auec des gousses de gland puluerisées subtilement, & meslées ensemble.

Il y en a qui luy font preparer vn breuuage fait auec les racine, dasphodele meslées auec la fleur de froment, & sumach boüillis dans du vin pendant vn long espace de temps, puis le donnent au Cheual auec du vin doux, ou bien ils luy font boire du laict de cheure auec de l'huile d'oliue, y meslant vn peu de froumentée ou cremeur de froment coulée. Ou bien ils luy donnent des febues cuites auec la graisse du cerf & du vin. Ces deux remedes ont vne mesme vertu & bonté. Autrement on prend la poudre de reguelisse & d'anis auec du miel & on fait des bols que l'on iette dans le gosier du Cheual au nombre de deux ou trois, ou bien on prend de la reguelisse, de l'anis, & de l'ail pilez ensemble auec de l'huile d'oliue & du miel, lesquels on donne à boire au cheual dans vne quarte de laict tout recent. Ce remede est fort excellent, il est bon encore comme le remede precedent pour les rheumes & fluxions.

CHAPITRE LXXIX.

Du Priapisme.

LEs Anciens & principalement les Italiens, qui ont escrit des maladies des Cheuaux, dont le pays chaud produit des bestes d'vne nature plus chaude & plus robuste que le nostre, estiment que le priapisme est vne érection continuelle auec vne enfleure naturelle de la verge, prouenante de quelques flatuosités remplissantes les arteres, & les nerfs cauerneux du membre du Cheual : mais nos Mareschaux qui n'ont pas fait cette grande experience ; parce que nos Cheuaux sont d'vn temperament plus froid ; disent que c'est seulement vne enfleure de l'vrethre, & des parties du ventre qui l'enuironnent, auec tumeur du testicule, prouenant aussi d'vne semence corrompuë qui sort de la verge , laquelle s'arrestant dans l'vrethre se pourrit. L'experience nous fait voir que cette derniere opinion est veritable : Et vous remarquerez que les Cheuaux hongres ou guilledins, aussi bien que les entiers y sont suiets, parce qu'ils manquent de chaleur naturelle pour faire sortir leur semence dehors.

Il n'y a point d'autres signes que l'enfleure de l'vrethre , & du testicule.

Le meilleur remede est de lauer le membre de vinaigre chaud & dehors & dedans l'vrethre : cela estant fait, montez vostre Cheual deux fois le iour, le matin & le soir, & le faites entrer dans de l'eau courante iusques au ventre, le remuant çà & là pour appaiser cette chaleur, iusques à ce que l'enfleure soit passée. On ne fera pas mal de le faire nager de fois à autres. Les autres ont de coustume de baigner ses testicules, & sa verge auec le ius de ionbarde.

Ce priapisme arrestera quelque-fois l'vrine du Cheual; en sorte qu'il ne pourra pisser : alors vous prendrez de la bierre nouuelle, & vn peu de sauon noir, que vous meslerez ensemble, & le donnerez à boire au Cheual. Il y en a qui lauent l'vrethre du Cheual & ses testicules, auec beurre & vinaigre chaud. Les autres lauent ses testicules & le membre auec du suc de ciguë : ou bien ils prennent de la fleur de febues, vinaigre, bol armene, apres auoir meslé tout ensemble, ils l'appliquent en forme d'emplastre sur l'vrethre, & sur les testicules. D'autres font vn emplastre auec de la lie de vin , de la ionbarbe & du son meslez ensemble , & l'appliquent sur l'vrethre & sur les testicules. Que si la premiere recepte sert, ie ne vous conseille pas de chercher d'autres remedes.

CHAPITRE LXXX.

De la ſuppuration de la Chair.

LA ſuppuration de la verge ne ſe rencontre pas ſouuent, ſi ce n'eſt entre les Cheuaux qui viennent d'vne race chaude. Et les genets d'Eſpagne, les barbes & autres ſemblables, dans le temps qu'ils ſont en chaleur, ou qu'ils couurent, quand le Cheual & la Caualle ſons trop échauffez, & dans vne trop grande ardeur ; alors il ſort du membre du Cheual quantité de pus.

Les ſignes ſont, l'excretion de cette matiere, vne enfleure à la racine de la verge, le Cheual ne peut en aucune façon retirer ſa verge ny la recouurir.

Le remede eſt de prendre vne pinte de vin blanc, dans laquelle on fera boüillir vn quarteron d'alun de roche, & auec vne ample ſyringue, faire iniection quatre ou cinq fois de ſuite ; faut prendre garde que la ſyringue pouſſe bien auant, afin que cette liqueur puiſſe lauer & nettoyer la matiere ſanguinolente, & faire cecy cinq ou ſix fois tous les iours, iuſques à ce que le Cheual ſoit guery.

CHAPITRE LXXXI.

De la Gonorrhée.

LA gonorrhée ou flux de ſemence aux Cheuaux, n'eſt autre choſe que ce que nous appellons aux hommes chaude-piſſe. Elle prouient, ſelon le dire des Anciens, de l'abondance ou humidité de la ſemence, ou de la debilité des teſticules & vaiſſeaux ſpermatiques, qui ne peuuent retenir la ſemence iuſques à ce qu'elle ſoit digerée & épaiſſie.

Quant à moy, ie croy certainement que cette incommodité arriue le plus ſouuent, & principalement à nos Cheuaux Anglois, pour s'estre blessez, ou auoir esté comprimez en sautant, ou en enseignant le Cheual de flechir, & le trauaillant au delà de ses forces.

Les signes sont seulement le flux de semence, qui sera blanche, claire & aqueuse.

Les remedes confirmez par les experiences anciennes, sont; premierement de mettre le Cheual dans l'eau froide iusques au ventre, en sorte que les testicules baignent dans l'eau; cela estant fait, étuuez le fondement auec de l'huile & de l'eau meslez ensemble: apres couurez-le chaudement, & luy donnez à boire tous les iours du vin rouge, dans lequel on aura dissout de la fiente de pourceau, iusques à ce que le flux de semence s'arreste. Mais on a reconnu depuis par experience que cette recepte estoit la meilleure de toutes.

Prenez vne quarte de vin rouge, dans laquelle vous mettrez vn peu d'acacia, du suc de plantain, auec vn peu de mastic: puis donnez luy à boire, & étuuez son dos auec du vin rouge, & de l'huile rosat meslez ensemble.

Il y a des Mareschaux qui prennent de la terebenthine de Venise lauée, laquelle ils meslent auec la moitié d'autant de sucre, & en forment des boules rondes, grosses comme des noix, desquelles ils en donnent cinq au Cheual tous les matins, iusques à ce que le flux s'arreste.

CHAPITRE LXXXII.

De la descente de la Verge.

LA décente de la verge, est lors que le Cheual n'a pas la force de retirer sa verge en dedans mais la laisse pendante entre les iambes d'vne maniere indecente. Les plus experts Mareschaux disent, que cette infirmité vient de la foiblesse de cette partie; à cause de la resolution des muscles & des nerfs qui y sont distribuez, causée de quelque fouleure, ou de quelque grand coup reçeu sur le dos, ou bien d'vne trop grande lassitude.

Il n'y a point de signe que la pente apparente de la verge en bas.

Le remede est, selon l'opinion de quelques-vns, de lauer le mẽbre du Cheual dans l'eau salée de la mer; ou au defaut dans de l'eau & du sel. Que si cela ne fait rien, il faut picquer exterieurement la peau de la verge auec la pointe d'vne aiguille; mais autant superficiellement que faire se peut; puis lauer ces piqueures auec du fort vinaigre: ce qui fera non seulement retirer vers le haut son menbre; mais de plus si le fondement venoit à se relascher & à décendre, ce remede le feroit remettre en son lieu, & le feroit retirer.

Il y en a qui introduisent dans le conduit de la verge du miel & du sel boüillis ensemble & rendus liquides: ou bien vne mouche viuante, vn grain d'encens, ou vne gousse d'ail nettoyée, pilée & broyée, & étuuent son dos auec l'huile, le vin & le nitre chauffez & meslez ensemble: Mais le meilleur remede, selon nostre pratique Angloise, est premierement de lauer toute la verge auec du vin chauffé. Puis de l'oindre d'huile rosat & de miel meslez ensemble, & ainsi le remettre au dedans; & auec vn petit matelas ou oreiller de caneuas l'empescher de décendre, & l'accommoder en cette maniere vne fois en vingt-quatre heures, iusques à ce qu'il soit déliuré de cette incommodité. Que son dos soit tenu aussi chaudement qu'on pourra, tant auec des couuertures, qu'auec vn emplastre fait auec œufs de bol armene, sang de dragon, terebenthine & vinaigre: ou bien faut appliquer sur son dos vn sachet moüillé, ou du foin moüillé, & vne couuerture seche par dessus; & cela tiendra son dos bien chaudement.

CHAPITRE LXXXIII.

Des maladies des Cauales, & premierement de la sterilité.

LA seule maladie qni arriue à la matrice des Cauales, (autant que nos Mareschaux l'ont pû reconnoistre par experience) est la sterilité, laquelle peut prouenir de diuerses causes, comme de l'intemperie de cette partie, estant ou trop chaude, ou trop froide & humide, ou trop seche, on trop courte, ou trop étroite, ou ayant quelque distorsion en son col, ou quelque obstruction : ou parce que la Cauale est trop grasse, ou trop maigre, ou pour diuerses autres causes semblables.

Le remede, selon la pratique des Anciens, est de prendre vne poignée de porreaux, & les piler dans vn mortier, auec quatre ou cinq cueillerées de vin, puis y ajoûter douze mouches cantharides, & mesler le tout ensemble auec suffisante quantité d'eau, pour en donner à la Cauale deux iours de suite, & faire iniection dans la matrice auec vne syringue faite exprés ; & à la fin des trois iours consecutifs, il faut la presenter au Cheual qui la doit couurir. Apres qu'elle aura esté couuerte, il faut lauer sa nature d'eau froide par deux fois. Il y en a d'autres qui prennent du nitre, de la fiente de moineau ou passereau, auec de la terebenthine de chacun quantité égale, & apres auoir bien meslé le tout ensemble, en font vn pessaire qu'ils introduisent dans la nature de la Cauale ; ce qui luy fera desirer le Cheual & aidera la conception. Il y en a qui disent qu'il seroit bon de mettre vne ortie dans la bouche du Cheual qui la doit couurir ; en toutes ces choses faut recourir à l'experience qui vous rendra sçauants & asseurez en cette matiere.

CHAPITRE LXXXIV.

De la consomption pestiferée des Cauallcs.

IL y a vne consomption pestilentielle qui arriue aux Cauales, lors qu'elles ont vn poulain, procedante de phlegme froid, produit de nourriture cruë & humide pendant l'hyuer, lequel décendant des reins accable la matrice, & fait que la Cauale se consume & amaigrit ; en sorte que si elle n'est secouruë, elle manquera de force pour faire son poulain.

Les signes sont vne maigreur subite, auec vne langueur, vn dégoust tres grand de toutes sortes de nourriture, & vn desir continuel d'estre couché.

Le remede est de verser dans ses nazeaux trois pintes de saumeure de poisson, appellé en Latin *garum*, pendant trois ou quatre matinées de suite. Que si le mal est fort grand, alors il en faut prendre cinq pintes : car par ce moyen il vuidera tout ce phlegme par les nazeaux.

CHAPITRE LXXXV.

De la rage ou furie d'amour des Caualles.

QVelques Mareschaux Anglois, disent que les Cauales estans entretenuës auec trop de soin, & auec trop de bonne nourriture, il arriue au Printemps lors que leur sang commence à s'échauffer, si par hazard lors qu'on les abbreuue elles apperçoiuent leur ombre dans l'eau, qu'aussi tost elles deuiennent amoureuses d'elle ; & de cét amour extréme elles passent à vne rage & furie si grande, qu'elles oublient le manger & le boire, & ne cessent iamais de courir aux pasturages & aux lieux d'alentour, regardans & bayans de costé & d'autre d'vne maniere estrange, regardans souuent deuant & derriere.

Le remede de cette folie, est de mener derechef la Cauale à la riuiere, afin qu'elle se puisse mirer dedans comme auparauant ; & cette seconde veuë éteindra tout à fait la memoire de la premiere, & luy ostera aussi sa folie.

CHAPITRE LXXXVI.

Des Caualles qui auortent, ou iettent leur poulain mort.

IL y a plusieurs causes pour lesquelles les Cauales mettent au iour leur poulain auant le temps, ou estant mort ; comme d'auoir fait quelque effort, d'auoir reçeu quelque blesseure, d'auoir couru sans moderation & retenuë, de ruer, d'auoir esté mal entretenuës pēdant l'hyuer, d'auoir trop de graisse, & semblables causes.

Vous sçaurez que cét auortement est tres dangereux & nuisible à la vie de la Cauale : car la bonne coustume de la nature estant

violée.

violée; à ſçauoir la conſeruation de la ſanté, ne peut s'empeſcher de donner lieu à ſon contraire; à ſçauoir à la mort & à la mortalité. D'ailleurs le corps & les pores eſtans ouuerts à l'air auant qu'il ſe puiſſe guarantir du froid, ne ſe peut empeſcher d'eſtre ſuffoqué par des vapeurs mal ſaines. Si donc vous auez vne Cauale qui auorte & deuienne malade en meſme temps, vous l'eſtablerez chaudement, & luy donnerez deux cueillerées de la poudre diapente, meſlée dans vne pinte de vin d'Eſpagne, & la nourrirez enſuite de foin doux & d'orge preparé pour faire la bierre qui ſoit chaude, pendant vne ſemaine pour le moins

CHAPITRE LXXXVII.

De la difficulté que quelques Caualles ont à faire leur poulain.

S'IL arriue que naturellement ou par quelque accident les paſſages & conduits de la matrice ſoient ſi étroits & reſerrez, que la Cauale ne puiſſe mettre au iour ſon poulain; & qu'ainſi elle ſoit en danger de ſa vie: Alors il ſera bon de luy tenir les nazeaux fermez auec la main, ſans toutesfois les trop ſerrer, afin de retenir doucement l'haleine, & que par ce moyen elle pouſſe dehors ſon poulain plus promptement, & auec plus de facilité. Ce qui ne ſera pas bien difficile à faire; parce que la Cauale fait toûjours ſon poulain debout eſtant ſur ſes pieds, & non pas couchée. Que ſi apres le poulain, les ſecondines (qui ſont les membbranes qui enuelopent le poulain dans la matrice) ne ſortent pas: Vous prendrez deux poignées de fenoüil, & les ferez boüillir dans l'eau commune: puis vous prendrez chopine de cette decoction, & autant de vin vieil, y adiouſtant la quatriéme partie d'huile, & meſlerez enſemble le tout ſur le feu: puis eſtant tiede vous l'iniecterez ou verſerez dans les nazeaux de la Cauale, leſquels vous tiendrez ſerrez auec la main, afin de retenir la liqueur dedans vn peu de temps: par ce moyen elle vuidera ſans doute immediatement apres les ſecondines.

CHAPITRE LXXXVIII.

De la maniere de faire auorter la Caualle.

SI vous voulez que la Cauale vuide son poulain; soit à cause que vous ne pouuez pas estre frustré de son seruice; soit pour ce que le poulain n'a pas esté engendré d'vn assez bon Cheual. Vous prendrez vn pot de laict tout recent, auec deux poignées de sabine hachée & pilée que vous meslerez ensemble, & les ferez boüillir iusques à la consomption de la moitié: puis vous coulerez le tout en le pressant bien fort, & le donnerez à boire tiede à la Cauale; immediatement apres faites la bien galopper, puis renfermez là: faites cecy deux matinées, auant la troisiéme elle iettera dehors son poulain. Il y en a d'autres qui tuent le poulain auec la main dans le ventre de la Cauale; mais cela est dangereux, & l'autre maniere est plus seure. Ce que nous auons dit, doit suffire touchant les infirmitez particulieres des Cauales: maintenant reprenons nostre discours touchant celles qui sont generales & communes, tant aux Cauales qu'aux Cheuaux.

CHAPITRE LXXXIX.

Des Cheuaux qui ont auallé des sang-suës en beuuant.

SI vn Cheual en abbreuuant a auallé des sang-suës, elles s'attacheront à son estomach, & suceront son sang; & enfin le feront mourir.

Quand telle chose sera arriuée, on la reconnoistra à ces signes; la teste du Cheual sera penchante vers la terre, il vuidera quantité de vilaine eau par la bouche, quelque-fois il en sortira du sang.

Le remede est de luy donner promptement à avaler vne pinte d'huile d'oliue: cela les fera mourir & sortir hors du corps.

CHAPITRE XC.

Du Cheual qui a auallé de la fiente de poulle, ou autre chose veneneuse.

S'Il est arriué que le Cheual ayt auallé de la fiente de poulle en mangeant son foin, cela luy blessera les boyaux, & luy fera vuider de fort vilaine matiere par le fondement.

Le remede est de prendre vne pinte de vin, vne chopine de miel, & deux cueillerées de graine d'ache pilée, apres les auoir meslées ensemble, les faire aualer au Cheual; puis le proméner, afin qu'il puisse vuider ce qu'il à daus le ventre.

Que si par accident le Cheual a auallé quelque autre chose veneneuse, ce que vous reconnoistrez par l'enfleure de son ventre, & le tremblement de tous ses membres; alors il faudra le faire suer, ou à force de couuerture, ou à force d'exercice, puis le faire saigner au palais, & prendre garde que ce qu'il aualera soit aussi chaud que son sang: ou bien donnez luy du vin fort & vigoureux meslé auec du sel. Ou bien donnez luy ce breuuage. Prenez racines, feüilles & fruits de couleurée, lesquels vous bruslerez & reduirez en cendre. Donnez en à boire au Cheual vne bonne cueillerée, auec vne pinte de vin doux.

Quant à moy, i'ay toujours accoustumé de prendre vne pinte d'huile d'oliue, deux cueillerées de sucre candi puluerisé, & autant de la poudre de diapente, lesquels estans meslez ensemble, ie le fais aualer au Cheual: au defaut de diapente faut prendre de la racleure d'yuoire, ou de corne de cerf reduits en poudre.

CHAPITRE XCI.

Des medicamens purgatifs en general, & premierement des Suppositoires.

LA purgation n'est rien autre chose qu'vne éuacuation des humeurs inutiles & superfluës, lesquelles nuisent au corps par leurs mauuaises qualitez, en produisant souuent des intemperies de toutes sortes, ou surchargeant & accablant diuers organes du corps : ces humeurs sont engendrées par vne mauuaise nourriture, lesquelles ensuite, ny la nature, ny la chaleur naturelle, ny le bon regime de viure ne peuuent corriger ou rectifier ; c'est pourquoy il est absolument necessaire de les chasser hors du corps, n'estans propres qu'à troubler ou renuerser toute la belle œconomie qui le fait subsister. Ie commenceray par les Suppositoires, qui sont les plus doux remedes pour faire décharger le ventre, & vuider les grossiers excremens contenus dans les boyaux.

Vous sçaurez donc qu'vn Cheual estant remply de mauuaises humeurs, & ayant besoin d'estre purgé, il est à propos de commencer à décharger son ventre par vn suppositoire : car il est à croire qu'vn clystere ne feroit d'abord aucun effet, trouuant le gros boyau remply & bouché d'excremens chauds, secs & durs : si bien que i'estime que le suppositoire est vne preparation requise, & qui doit marcher deuant le clystere, seruant à nettoyer & vuider le gros boyau appellé rectum, qui se termine au fondement.

Le plus doux suppositoire qui sert à purger le phlegme de la meilleure maniere, est de prendre vne piece quarrée de sauon, ou de sauon blanc de Nevvcastel, & en couper la longueur de six doigts, & l'arrondissant en sorte qu'il n'ayt que trois doigts d'épaisseur vers le milieu, & qu'il soit vn peu plus delié & menu vers les deux bouts, puis frottez-le d'huile d'oliue, & auec la main introduisez-le plus de la longueur d'vn pan dans le fondement, & immediatement apres approchez sa queuë dudit fondement, lequel vous serrerez & comprimerez bien plus d'vne demie heure durant, pendant lequel temps la plus grande partie du suppositoire sera fondue & consumée. Alors retirez vostre main afin qu'il puisse vuider le suppositoire quand bon luy semblera. Pour faire vn suppositoire qui approche de pres de celuy-cy.

Prenez de la sabine hachée menu, staphisagre & du sel, faites les boüillir dans du miel iusques à ce qu'il soit épaissi : alors prenez le, & en faites des rouleaux, de la maniere que nous auons dit auec le sauon dur, puis poussez en vn dans le fondement.

Pour faire vn autre suppositoire qui purge l'humeur melancolique, faut prendre vn oignon acre, le peler, & le découper en croix auec le cousteau, & ainsi l'introduire dans le fondement du Cheual.

Outre ces suppositoires on en fait vne autre, en prenant vne pinte de miel, & le faisant boüillir sur le feu, iusques à ce qu'il soit épaissi & reduit en consistence d'emplastre : puis le versant sur vne table, le paistrir comme on fait de la paste. Quand il commencera de s'endurcir, ou deuenir ferme, (comme il fera lors qu'il commencera à se refroidir) alors faites en des rouleaux & suppositoires, comme nous auons dit, & employez les de la mesme maniere; ce suppositoire est bon pour repurger le gros boyau de quelque humeur que ce soit, en fortifiant.

Il faut aussi remarquer, que comme ces suppositoires sont des preparatifs qui marchent auant les lauemens, aussi dans les maladies du Cheual qui ne sont pas dangereuses, on les employe tous seuls, sans recourir aux autres remedes : car si à chaque occasion & pour la moindre secheresse, dureté, ou constipation du ventre, on employoit vn clystere, ce seroit faire tomber le Cheual dans vne maladie, & dans vn flux plus grand que n'est l'adstriction & reserrement du ventre qui luy seroit opposé : C'est pourquoy ie conseillerois toute personne curieuse de conseruer son Cheual (afin que le corps du Cheual ne soit pas trauaillé de trop de medicamens) si son ventre est reserré, & qu'il y ayt de la chaleur au dedans, d'vser premierement de suppositoire. Que s'il opere bien & qu'il tienne le ventre libre, il ne faudra rien faire d'auantage : mais s'il ne fait rien, & la matiere qui peche croisse & s'augmente toûjours ; alors il est bon de se seruir de l'aide du clystere : que si le mal ne cesse pas pour cela, il faut recourir à la purgation.

Cependant apprenez en passant cette regle generale, que vous n'oublierez iamais de pratiquer ; à sçauoir de ne donner iamais ny suppositoire, ny clystere, qu'auparauant vous ne fassiez racler vostre Cheual ; ce qui se fait en cette maniere. Premierement il faut oindre la main toute entiere & le bras, d'huile, de beurre, de sain doux, ou de quelque autre graisse : ainsi on l'introduira dans le fondement du Cheual, & on en tirera par ce moyen toute la fiente, le phlegme, & ordure qui se rencontreront dans le gros boyau ; cela estant fait, donnez le suppositoire, ou le clystere. Et obseruez que pendant qu'on medicamente le Cheual, qu'il soit tenu bien chaudement.

CHAPITRE XCII.

Des Clysteres, & de leur vsage.

LES qualitez & proprietez des clysteres sont differentes ; c'est pourquoy il est necessaire de connoistre à quelle fin on s'en doit seruir, & de quels simples & drogues ils doiuent estre composez : car chaque clystere doit estre approprié à la nature de la maladie pour laquelle il est employé.

Ces clysteres ne seruans pas à vne mesme fin, il y en a pour appaiser la douleur, & pour addoucir l'acreté des humeurs : Il y en a d'autres qui sont adstringents, les autres sont laxatifs, les autres sont purgatifs, & les autres destinez à cicatrizer les vlceres. Ces clysteres nettoyent les boyaux, raffraischissent les parties internes, & disposent le corps à receuoir vne purgation plus forte : C'est pourquoy lors que le Cheual à cause des humeurs grossieres, de la corruption du sang, ou abondance de phlegme, de bile, ou d'humeur melancolique est tombé dans vne cachexie, ou mauuaise habitude du corps, il faut necessairement le purger ; & principalement lors que le mal est dans les boyaux, ou dans le ventre. Alors il faut faire comme i'ay desia dit. Ayant fait l'essay d'vn suppositoire, il faut luy donner vn clystere, de peur que la purgation precipitée & donnée sans auoir procuré auparauant la liberté des passages & des conduits, ne fasse que remuer vne multitude de mauuaises humeurs ; lesquelles ne trouuans pas d'issuë vers le bas (les boyaux estans remplis de vents, & de matieres fecales) remontent vers les parties d'enhaut ; & ainsi mettent le Cheual en vn plus grand danger.

Maintenant, pour ce qui est de la composition des clysteres, vous sçaurez qu'ils sont composez de quatre choses ; à sçauoir de la decoction, des drogues : d'huile ou semblable matiere onctueuse; comme beurre & graisse : & en quatriéme lieu de diuers sels, pour exciter la faculté expultrice languissante. La decoction est le bouïllon de quelques herbes & simples bouïllis ensemble dans de l'eau, iusques à la consomption de la troisiéme partie : que si vous ne pouuez pas preparer de telles decoctions par le defaut des choses necessaires ; vous pourrez si vous voulez vser d'vn bouïllon fait auec du bœuf gras, ou d'vne teste de mouton, ou laict, ou petit laict, ou autres semblables liqueurs, meslees quelque-fois auec du laict, ou auec du sucre, selon la nature de la maladie. Le clystere estant ou anodin ; c'est à dire appaisant la douleur, ou glutinatif ; c'est à dire collant & reioignant les parties diuisées, ou detersif ; c'est à dire nettoyant les ordures. De la decoction estant coulée, vous ne deuez iamais prendre plus de trois pintes au plus, & bien souuent qu'vne quarte, dans laquelle vous dissoudrez les drogues & compositions necessaires, n'excedant pas tout au plus trois ou quatre onces pour chaque dose, selon que ces drogues sont plus ou moins violentes : vous n'vserez iamais plus d'vn demy sestier d'huile, & de sel plus de trois ou quatre drachmes. Le clystere doit estre donné tiede, soit auec vne longue corne, ou large canon fait expres, & attaché à la plus grande vessie qu'on pourra trouuer : le canon est le meilleur expedient de tous, & fait moins de peine à donner le clystere. Auant que le donner, vous deuez faire situer le derriere du Cheual plus haut que le deuant ; puis vous fourrerez le canon bien auant dans son fondement iusques au bout, & presserez fortement la vessie remplie du lauement, pour le faire entrer dans son corps. Il sera plus à propos de donner le lauement au Cheual, ayant le ventre vuide, qu'estant plein, soit le matin, soit l'apres disnée. Il suffit que le Cheual retienne le clystere trois quarts d'heures apres l'auoir pris ; de quelque qualité que soit le lauement.

Il faut remarquer qu'aussi tost que le clystere est donné au Cheual, on doit retirer le canon aussi doucement qu'il se peut, & en mesme temps serrer sa queuë contre son fondement, le tenant bien clos auec la main, sans bransler ny remuer, iusques à ce que le remede ayt fait toute son operation.

Il faut parler à present de la composition & qualité particuliere des clysteres, & declarer à quoy ils sont vtiles. La premiere maniere de faire vn clystere, est de prendre de la pulpe de coloquinthe demie once, du dracontium ou serpentaire six drachmes, de centaurée & d'absynthe de chacune demie poignée, du castoreum deux drachmes, d'huile d'oliue vne chopine : ainsi donnez-le tiede, comme il a esté declaré cy-deuant. Ce clystere est excellent en temps de peste, ou pour quelque fiéure de quelque nature qu'elle soit.

La seconde maniere est celle-cy. Prenez de la decoction de mauues, dans laquelle vous mettrez du beurre frais ou de l'huile d'oliue, & ainsi donnez-le tiede. Celuy-cy est le plus doux de tous les clysteres : Et comme le premier est abstersif, aussi celuy-cy est lenitif, addoucissant, & grandement anodin. Il est fort bon pour vn Cheual attaqué de conuulsions, ou de contractions, & generalement pour toute adstriction de ventre, prouenante d'excez ; comme d'auoine, de courbature, & semblables.

La troisiéme maniere est de prendre de l'eau salée, ou saumure nette vne quarte, dans laquelle on dissoudra bonne quantité de sauon, puis le donnez tiede ; ce clystere est bon pour la colique, & quelques maladies des boyaux & du ventre.

De ces trois sortes de clysteres vous en pourrez composer plusieurs autres : mais selon mon sentiment, si vous ne vous seruez pas d'autres que de ces trois icy, ils seront suffisans.

CHAPITRE CXIII.

Des purgations, & de leurs vsages.

LA purgation des Cheuaux se fait en deux façons, par pilules ou par potions. Les pilules sont vne substance solide & seche, reduite en masse, dont on forme des boulettes rondes, lesquelles on iette dans le gosier du Cheual. La potion est quand vous donnez au Cheual vne substance liquide, & purgatiue à boire ; soit

ſoit que ce ſoit des poudres purgatiues meſlées dans du vin, ou de la bierre, ou quelque autre liqueur. Les pilules ſont bonnes pour purger la teſte & le cerueau, tirant des phlegmes & autres humeurs groſſieres, auec les excremens. Les potions ſont propres à nettoyer & vuider l'eſtomach, les boyaux, le meſentere, & les autres parties internes. Le principal eſt de ſçauoir bien choiſir les ſimples & drogues, dont les pilules ou potions ſeront composées, & de les ſçauoir bien employer ou appliquer conuenablement.

Premierement il eſt neceſſaire auant de purger le Cheual, de ſçauoir de quelles mauuaiſes humeurs il eſt chargé; comme ſont la bile, phlegme, ou humeur melancolique, & en quel endroit du corps ces humeurs ſont amaſsées & abondent le plus: puis ſçauoir quels ſimples ſont les meilleurs pour purger ces humeurs, quelles ſont leurs qualitez, proprietez & temperamens: car il y en a qui ſont fort violens, & approchent de la nature du venin; comme ſont la ſcammonée, la coloquinte & l'ellebore. Les autres ſont fort doux; comme la manne, la caſſe, le petit laict, les pruneaux & ſemblables. Quelques-vns ne ſont ny trop violens ny trop doux, mais mediocres & moderez; comme la rheubarbe, l'agaric, le ſenné & l'aloës.

Les Anciens auoient de couſtume de purger leurs Cheuaux auec la pulpe de coloquinte; quelque-fois auec la racine de concombre ſauuage, & quelque-fois auec la decoction d'vn petit chien, meſlee auec du nitre & ſemblables: mais aujourd huy ces ſortes de purgations ne ſont pas en vſage; C'eſt pourquoy ie prie celuy qui voudroit en auoir l'experience, & qui voudroit connoiſtre l'operation de chaque ſimple en particulier (ce qui ſeroit vne ambition bien loüable) de faire l'eſſay des remedes violens & forts ſur des Cheuaux mal faits, dont la perte ne ſeroit pas de grande conſequence; & ainſi ſuiuant la connoiſſance qu'on pourroit auoir de leur vertu & operation, on pourroit paſſer plus auant, & s'en ſeruir pour les Cheuaux mieux conditionnez.

Mais pour reprendre mon diſcours. Le Mareſchal qui veut purger vn Cheual, doit conſiderer la nature du mal, la force du Cheual, & ioindre auec la nature, la force, & la quantité du remede; il doit auſſi conſiderer le climat où le Cheual a eſté nourry, la ſaiſon de l'année, & le iour: car comme les maladies & les humeurs qui les produiſent, ſont de diuerſe nature; auſſi doiuent elles eſtre combatuës & éuacuées par diuers remedes, composez de façons differentes, selon l'experience que la pratique continuelle nous en fournit. Où vous deuez remarquer qu'il ne faut pas purger si fortement & si vigoureusement les Cheuaux foibles, delicats & tendres, que les forts, opiniastres & refrognez ; C'est pourquoy en telles rencontres, il faut prendre garde à la qualité & quantité de chaque simple. Il faut aussi considerer si le climat est chaud ou froid, & le temps de la maladie : car il y a des maladies qui doiuent estre purgées au commencement ; comme sont fiéures, peste, iaunisse, étourdissement, & toute maladie interne & violente. Il y en a d'autres aussi qui ne demandent pas la purgation, iusques à ce que la matiere soit cuite entierement ; comme les rheumes, la gourme, & les apostemes.

Or quoy que le mal soit causé par des humeurs froides : neantmoins vous ne donnerez pas des simples si chauds en esté qu'en hyuer ; ny des choses si froides en hyuer qu'en esté : par là vous voyez qu'on doit auoir égard à la saison de l'année. Pour ce qui est du iour, vous deuez sçauoir que ce iour là est le meilleur & le plus propre qui est le plus temperé ; puis que l'excez de chaleur fait faillir le cœur au Cheual ; & le trop grand froid empesche le remede de faire son operation. Il faut auoir encor vn peu d'égard au vent & au temps : car vn iour de pluye auec vn vent de midy ou sud, est à preferer au vent de bize ou du nord, & à vn iour sec. L'heure commode pour prendre vne potion est tousiours le matin apres qu'il aura ieusné toute la nuict. Aussi tost que le Cheual aura aualé quelques pilules ou potion, qu'on le promene doucement deçà & delà vne heure durant pour le moins ; puis renfermez le dans l'estable, & faites qu'il demeure bridé deux heures apres, qu'il ayt bonne litiere, qu'il soit bien couuert, & l'écurie bien fermée. Quand vous apperceurez qu'il commence à estre malade, comme il arriue ordinairement aux Cheuaux, alors vous luy permettrez de se coucher ; & aussi tost que son mal sera passé, vous luy presenterez de la farine d'orge preparée pour faire la bierre, meslée auec de l'eau tiede, & ne luy donnerez aucune nourriture, iusques à ce que la purgation ayt fait son effet.

Pour venir aux remedes & receptes particulieres, vous sçaurez que quoy que les Anciens n'ayent fait que deux sortes de purgations, les pilules & les potions ; si est ce que ie les diuise en trois genres ; à sçauoir escurage, pilules, & potions. Les escurans sont des remedes salutaires & benins, lesquels ne faisans pas grande euacuation d'humeurs, nettoyent seulement le corps, & le preseruent des maux qui augmenteroient sans leur secours, estans aussi necessaire dans la santé que dans la maladie, & peuuent estre proprement nommez preparatifs du corps pour receuoir de plus forts remedes. Pour parler donc premierement du plus doux & du plus naturel escurage, c'est l'herbe verde seulement donnée quinze iours durant : car apres les quinze iours elle engraisse plûtost qu'elle n'escure. Apres l'herbe vient le fourrage, qui sont les tiges du bled verd ; comme froment, segle, orge, & semblables, estans données sept iours durant & non pas d'auantage. Apres viennent les chardons verds estans coupez. Le dernier est ce que les Anglois appellent *mashe*, qui se fait en cette maniere.

Prenez de la farine d'orge, telle qu'on prepare pour faire de la bierre ; c'est à dire d'orge qui aura germé à terre, vn picotin, mettez là dans vn seau : puis prenez vn brot & demy d'eau boüillante, & la iettez sur cette farine, & auec vn baston remuez là vne demie heure durant pour le moins ; que si goustant l'eau vous la trouuez douce comme miel, alors donnez-là tiede à boire au Cheual.

Tous ces escurages ne font que nettoyer les boyaux & raffraischir le corps, recreant les esprits & fortifiant. Qu'on vse de ce *mashe* apres le trauail, ou bien au lieu de boisson pendant le temps de quelque grande maladie.

Les escurans de nature, tant soit peu plus forte ; sont premierement quand vous voulez donner à vostre Cheual quelque auenage, il faut mesler parmy demy picottin d'auoine, vne poignée ou deux de cheneuy bien nettoyé : ou bien de prendre vne bonne quantité de feüilles de buis, que vous mettrez dans vn plat d'estain, & ensuitte le mettrez deuant le feu, afin qu'elles sechent à loisir, iusques à ce qu'elles soient si dures qu'on les puisse reduire en poudre. Alors prenez de cette poudre, & de celle de souphre égales parties, meslez les ensemble, puis iettez parmy vn demy picottin d'auoine, vne poignée de cette poudre, & donnez cela à manger au Cheual. On doit se seruir de ces deux escurages apres le trauail, principalement quand le Cheual aura beaucoup sué. Ces deux escurages ne trauaillent sur aucune matiere que sur celle que la nature veut chasser ; ils purgent l'estomach, la teste &

les boyaux. Ils tuent toute sorte de vers, & desechent le phlegme. On doit mesler parmy les purgatifs les plus violens, vne chopine d'huile d'oliue, & autant de laict tout fraischement tiré, & apres estre meslez ensemble, les donner tiede à prendre au Cheual : ou bien prenez vne pinte de vin muscat & chopine d'huile, & vne pinte de vin d'Espagne ; & les ayant meslé ensemble, donnez les à boire tiede à vostre Cheual. Ces escurages nettoyent la teste, le corps, & les boyaux de tout phlegme & graisse fonduë, que le trauail aura resout. Ils sont fort bons pour toutes sortes de rheumes, ou obstructions de la trachée artere. Pour ce qui est des pilules, vous sçaurez que les premieres & les plus simples sont celle-cy. Prenez vingt oignons, de l'ail pilé & concassé, & vn quarteron de beurre frais, & ainsi faut en former des pilules grosses comme deux noix. Puis retirant la langue du Cheual les pousser dans le gosier l'vne apres l'autre : ou bien prenez vn quarteron de beurre, & autant de santal rouge, pilez les bien ensemble dans vn mortier, & formez en quatre ou cinq balles que vous luy ferez aualer. Pour faire des pilules plus fortes, il faut prendre vne poignée de feüilles de rosmarin, les hacher menu, & les mesler auec vn quarteron de beurre frais, puis en former des boules rondes qu'on donnera au Cheual : ou bien prenez des morceaux ronds de melon crud, & les poussez dans le gosier du Cheual. Ou bien prenez cinq figues verdes, & les poussez dans le gosier du Cheual. Les plus fortes pilules sont celle-cy. Prenez du lard trempé durant deux heures dans de l'eau, deux liures ; puis prenez vn quarteron du gras d'iceluy, le plus net & le plus blanc, & le pilez dans vn mortier ; y adioûtant de la reguelisse, de la semence d'anis, du fenugrec reduits en poudre, de chacun vne once & demie, de l'aloës aussi puluerisé vne once, de l'agaric demie once, pestrissez tout cela en maniere de paste, & formez en quatre ou cinq balles, & les donnez au Cheual. Ces dernieres pilules sont singulierement bonnes pour la toux seche. Et toutes les autres pilules cy-deuant décrites, sont bonnes pour toutes maladies de la teste, prouenantes de phlegme, humeur melancolique, ou d'autre cause froide & humide.

Les purgations qui sont plus fortes pour nettoyer le corps, sont celles qui suiuent.

Prenez deux onces de myrrhe, mettez les dans vne pinte de vin, meslez & agitez parmy vn œuf crud ; ensuite adioûtez deux drachmes de souphre, & demie once de myrrhe, mise en poudre, & le donnez tiede au Cheual. Ce breuuage chassera toute maladie interne venant de melancholie. Deux cueillerées de la poudre diapente, meslées auec du sain doux & données au Cheual, sont bonnes pour toute maladie venant de phlegme.

Prenez du sauon noir la grosseur d'vne noix, vne quarte de laict recent, vn demy septier d'huile d'oliue, meslez tout ensemble, & le donnez tiede au Cheual; cela est bon pour toute maladie causée d'humeur froide.

Prenez les intestins d'vne tenche ou barbeau couppez par petits morceaux, & les donnez au Cheual dans vne quarte de vin blanc; cela purgera les humeurs qui causent dureté ou douleur de ventre au Cheual. Le segle boüilly, en sorte qu'il ne soit pas creué, puis seché & donné au Cheual au lieu d'auenage, tuë & fait vuider toute sorte de vers.

Prenez de la racine de raues vne once, de la racine de panax, & de la scammonée de chacune demie once: pilez tout cela ensemble, & le faites boüillir dans vne quarte de miel. Puis donnez en à boire au Cheual deux cueillerées, dans vne quarte de bierre tiede. Cela purgera les humeurs grossieres qui causent le haut mal, & autres infirmitez du cerueau.

Prenez des racines d'enula campana, faites les boüillir iusques à ce que vous les puissiez broyer, & en faites vne forme de boüillie: puis adioûtez y vne chopine d'huile d'oliue. Faites le boire tiede au Cheual. Cela est propre pour cette espece de catarrhe, que les Anglois appellent *glaunders*, expliquée cy-deuant au chapitre 40. de ce Liure.

Prenez du sauon doux vn quarteron, faites-en trois boulettes, & les donnez au Cheual. Cela purgera toutes sortes de mauuaises humeurs, violemment & abondamment.

CHAPITRE XCIV.

Des sternutatoires, suffumigations, & de leur vsage.

IL y a aussi vne autre maniere de purger les Cheuaux, & particulierement la teste : cela se fait par l'éternuëment, ou vn violent ronflement du nez, en iettant ou vuidant vne matiere salée & épaisse, laquelle autrement opprimeroit & blesseroit le cerueau. On excite cét éternuement quelque-fois par des suffumigations ou vapeurs ; quelque-fois auec des poudres, & par fois auec des huiles, l'acrimonie desquelles chatoüillant & irritant les membranes, & les parties des nazeaux les plus sensibles ; ou mesme par leur chaleur fondans les humeurs contenuës dans le cerueau, prouoquent à éternuer & à ronfler. Certes il n'y a point de purgation plus salutaire : car comme elle décharge le cerueau des humeurs grossieres & superflues, aussi elle le conforte & le réjoüit.

Les remedes qui excitent l'éternuement, qu'on appelle sternutatoires, sont ceux-cy. Syringuez dans les nazeaux du Cheual, ou de l'vrine vieille, ou l'vrine d'vn bœuf qui a esté long-temps en repos ; cela fera éternuer le Cheual, & est fort bon pour la fiéure quotidienne.

Prenez de la gomme tragacanth, de l'encens, des roses de damas meslez ensemble & reduits en poudre, laquelle vous souflerez auec vne plume dans les nazeaux du Cheual. Et cela est bon contre la fiéure, tant en esté qu'en hyuer.

Prenez du vinaigre chaud, & le syringuez dans les nazeaux, cela est bon contre la fiéure qui vient de crudité, ou d'indigestion.

Prenez des tiges d'ail couppées par morceaux vne poignée, vne bonne quantité d'encens, mettez-les sur vn rechaut plein de feu ; puis tenez le rechaut sous les nazeaux du Cheual, en sorte que la fumée puisse monter à la teste. Cela est fort excellent contre le mal de teste.

Autrement. Prenez des plumes & du souphre bruslez sur vn rechaut plein de feu, sous les nazeaux du Cheual ; ou bien souflez dans ses nazeaux du poivre & du pyrethre reduits en poudre. L'vn ou l'autre de ces deux est vn bon remede contre la lethargie, ou assoupissement.

Prenez de la matricaire en poudre & la souflez pareillement dans les nazeaux du cheual : c'est vn bon remede contre le haut mal.

Prenez deux plumes d'oye, oignez les d'huile de laurier & les poussez de ça & dela dans les nazeaux du cheual, ou bien Prenez sauge pouliot, & du froment faites tout boüillir ensemble: mettez les dans vn sachet aussi chaud que faire se peut, lequel il faut attacher à la teste du Cheual & le tenir si clos & fermé que toute la fumée & odeur puisse monter à la teste par les nazeaux; ou bien prenez vn torchon, oignez le d'huile de l'aurier ou de sauon, & luy en frottez les nazeaux haut & bas, & aussi haut que vous pourrez. Tous ces remedes sont excellens contre le rheume catarrhe, plenitude & obstructions du cerueau. Prenez orpiment & souphre, brulez les sur des charbons, & les tenez sous les nazeaux du Cheual, ou prenez huile de l'aurier, euphorbe, elebore blanc; meslez le tout ensemble & en oignez deux plumes, lesquelles vous pousserez dans les nazeaux du Cheual. Ces deux sont fort bons contre cette sorte de catarrhe appellé *glander*. Prenez des tiges de brioine ou couleurée deux poignées & les concassez & brisez entre deux pierres. Puis estans ainsi pressez, mettez les dans vn sachet de linge, lequel vous attacherez à la teste du Cheual en sorte que l'odeur puisse monter à la teste, sans qu'il puisse manger en se baissant de l'herbe. Cela est excellent contre le catarrhe ferin, ou contre quelque toux que ce soit.

Prenez du rosmarin, du nard, sauge seche subtilement puluerisez de chacun egales parties. Souffiez cette poudre dans les nazeaux du Cheual; ou bien, Prenez de la poudre de poivre blanc, ou de sel nitre, ou d'iris illyrique, ou d'ellebore noir; soufflez la auec vne plume dans les nazeaux : ou bien, prenez du linge trempé dans la lie d'huile, mettez le sur le feu, & le retirant subitement presentez le aux nazeaux du Cheual, en sorte que la fumée y monte; ou bien, syringuez dans ses nazeaux de l'aristoloche meslée auec du vin : ou du sel nitre meslé dans de l'eau, ou du sel & alum de roche meslé auec du vin, ou bien, prenez du lierre terrestre deseché & reduit en poudre subtile, & le poussez dans les nazeaux, ou prenez du laurier concassé & coupé menu, puis brusle-le sur le feu sous les nazeaux, ou bien vn charbon que vous mettrez dans vne botte de foin moüillée, & ferez receuoir la fumée par les nazeaux du Cheual. Tous ces remedes sont bons contre les maladies de la teste, principalement estourdissement, rheumes, gourmes & autres semblables.

CHAPITRE XCV.

Des frictions, bains, & de leurs diuerses vsages.

Les frictions, ou bains, sont certains frottemens, onctions, & estuuemens du corps du Cheual, faits principalement à contre-poil (afin que le remede puisse mieux penetrer) auec des onguents excellens dont les vertus sont d'ouurir les pores du cuir, de resueiller les esprits, & repandre vne chaleur vitale sur tout le corps. Quant aux frictions voicy les meilleures, selon l'opinion des anciens & de ceux de nostre temps.

Prenez des roses de damas vne liure, de la vieille huile vne pinte, du fort vinaigre vne pinte & demie, des fueilles de mente & de ruë puluerisées de chacune vne once & demie, auec vne noix vieille & seche, pilez le tout & le meslez ensemble: puis estant passé faites le tiedir: si c'est en esté, & si le Soleil est bien chaud faites sortir vostre Cheual: s'il ne fait pas Soleil, tenez le dans l'Escurie, & approchant vne barre de fer eschauffée des deux costez du Cheual, frottez le auec l'onguent à contre poil iusques à ce que le Cheual commence à suer: alors couurez le bien & le tenez chaudement, & qu'il se repose. Cette friction est bonne contre toute fievre d'hyuer, & contre toute maladie interne qui vient de froid. Prenez elebore noir deux ou trois poignées, faites le boüillir dans vne suffisante quantité de vinaigre, & estant chaud frottez toute la teste du Cheual vne fois ou deux par iour: cela est excellent contre la phrenesie, manie ou contre la secheresse & demangeaison de la peau.

Prenez huile de laurier, ou onguent dialthea, oignez en tout le corps du Cheual, tenant aupres vn rechaut plein de charbons ardens

dens afin que l'onguent puisse mieux se fondre, & penetrer, ou bien faites luy vn bain d'eau de riuiere, où auront boüilly des fueilles de ruë, d'absynthe, de sauge, de genieure, de laurier, d'hyssope, & en estuuez & baignez tout son corps, l'vn ou l'autre est excellent contre le catarrhe ferin, ou maladie du foye, des poulmons, & de la ratte.

Prenez du vin & de l'huile meslez ensemble, & en frottez le corps du Cheual. Cela est fort bon contre toute maladie interne & principalement du foye. Baigner le Cheual dans de l'eau salée est fort salutaire, tant pour la peau du Cheual, que pour toute maladie de son estomach. Enfin prenez des mauues, de la sauge de chacune deux ou trois poignées, & vn pain fait du mar des roses, faites les boüillir ensemble dans de l'eau, iusques à ce que l'eau soit toute consumée: puis ajoûtez y bonne quantité de beurre, ou d'huile d'oliue: le tout estant meslé ensemble estuuez en les quatre pieds du Cheual, & toutes les parties de son corps aussi. Il n'y à rien de meilleur pour vn Cheual qui est harassé & lassé de trauail. Tirer du sang & auec ce sang meslé parmy de l'huile & du vinaigre oindre le corps cela soulage toutes sortes d'infirmitez.

CHAPITRE XCVI.

Breuuages ou medecines generales pour toutes les maladies internes ou excez des Cheuaux.

IL ny à point de remede plus souuerain pour toute maladie qui s'engendre dans le corps des Cheuaux, que de prendre deux cueillerées de la poudre appellée diapente & la mesler dans vne pinte de vin d'Espagne, ou de vin muscat, & ainsi le faire boire au Cheual le matin a jeun, il faut faire cela trois matinées de suitte, principalement quand le Cheual commence à se flestrir & diminuer.

Ce qui approche le plus prés de ce remede est, de prendre deux poignées de grande chelidoine tant des fueilles que de la racine, hachez les & les concassez; puis prenez autant de fueilles de rue, de sauge rouge, & de menthe, d'aloes demie once, faites les boüillir dans vn pot de bierre iusques à ce que la moitié en soit consumée & le faites boire tiede au Cheual, autrement prenez du diapente quatre onces, meslez les auec quatre onces de miel clarifié, & le gardez dans vn vaisseau de verre bien fermé. Donnez en à boire au Cheual vne demie once auec vne pinte de vin doux, c'est vn breuuage excellent.

Prenez de la regualisse vne once, d'anis & de cumin de chacun demie once, autant de la racine d'enula campania, de diacurcuma, de laurier de chacun deux drachmes, poiure long & fenugrec de chacun aussi deux drachmes, pilez le tout menu & le sassez: puis prenez cinq cueillerées de cette poudre & la meslez dans vne quarte de bierre chaude auec vn peu de beurre ou d'huile. C'est vn souuerain remede pour toute maladie prouenante de cause froide.

Prenez vne quarte de bonne bierre ou de vin auec vn œuf batu & agité, ajoûtez y douze scrupules de souphre vif, & quatre scrupules de myrrhe puluerisée, & le donnez à boire au Cheual. C'est vn bon breuuage. La poudre de souphre meslée auec du vin doux est bonne aussi. La racine de scille, la racine de peuplier meslée auec sel commun donnée auec de l'eau, conserue le Cheual longtemps en santé.

Prenez cinq liures de fenugrec & les broyez, faites les boüillir dans de l'eau, iusques à ce qu'elle deuienne épaisse aioustez y vne liure de beurre frais, vne once d'huile de lin, & autant d'huile de noix meslez les bien ensemble & en donnez à boire au Cheual pendant trois ou quatre iours bonne quantité à la fois. La chelidoine seule, ou la rue seule boüillie dans de la bierre auec la grosseur d'vne noix de souphre est vn excellent remede pour tout excez ou maladie chronique. L'ail & la ionbarde pilez ensemble dans vn mortier, puis bouillis dans vne quarte ou pinte de bierre, ou *ale* auec du sucre candi, & suffisante quantité d'huile, est vn breuuage excellent pour toute maladie interne, qui procede de cause chaude, comme est la phrenesie; l'anticorre, & semblable. Et voila pour ce qui est des breuuages en general, & de leurs vsages.

CHAPITRE XCVII.

De la maniere de faire la poudre appellée diapente.

PAr le mot de diapente il faut entendre vne composition faite de cinq choses. En voicy la recepte. Prenez de la gentiane, de l'aristoloche, bayes de laurier, de myrthe, & de la racleure d'yuoire, de chacun égale quantité, reduisez le tout en poudre subtile, laquelle vous passerez par le tamis.

Cette poudre est bonne pour seruir d'vn excellent preseruatif, ou d'vn souuerain remede contre toute maladie interne: c'est pourquoy ie recommande à tous ceux qui ont des Cheuaux de faire prouision de cette poudre & d'en auoir tousiours de preparée chez eux pour s'en seruir au besoin.

CHAPITRE XCVIII.

Recepte fameuse qui sert d'vne medecine excellente, & d'vn onguent singulier pour plusieurs incommoditez.

PRenez, euphorbe vne demie once, castoreum vne once, du bdelium deux onces & demie, du poiure vn quarteron, graisse de renard demie once, opoponax vne once, la serpitium six drachmes, ammoniac deux onces, autant de fiente de pigeon, galbanum demie once, sel nitre cinq onces, eleume de nitre six drachmes, ladanum vn quarteron, pyrethre & bayes de laurier de chacun six drachmes, cardamome deux onces, semence de rue deux onces, semence d'agnus castus vne once, de persil demie once, de la racine seche d'iris, ou des fleurs de lys cinq onces, hyssope & carpobalsamum vn quarteron, huile de fleurs de lys six onces, huile de laurier autant, huile de spica nardi trois quarterons, huile de cypres trois quarterons & demy, huile d'oliue fort vieille vne liure & demie, de la poix six onces, terebenthine vn quarteron, faites fondre chacune de ces choses, qui se pourra fondre, à part, puis meslez les ensemble, y aioûtant les autres ingrediens reduits en poudre subtile, faites les bouillir en suite vn peu sur le feu, puis coulez les & versez ce qui sera coulé dans vn vaisseau net. Quand vous en ferez prendre au Cheual quelque partie, vous luy donnerez dans du vin, ou auec quatre ou cinq cuillerées de vin muscat, ou de vin d'Espagne. Que s'il deuient dur pour auoir esté longtemps gardé, il le faudra rendre plus mol auec huile de cypres. Cette composition peut seruir de medecine & d'onguent. Si vous en mettez dans les nazeaux du Cheual elle tirera dehors toutes les humeurs nuisibles; & deschargeant sa teste elle le garentira de toutes maladies. Si vous vous en seruez en forme de liniment sur le corps elle guerira toute sorte de conuulsions, rheumes, secheresses ou flestrisseures du corps. Si vous en frottez les membres, elle ostera la lassitude & confortera les nerfs. Si vous en donnez à boire au Cheual auec du vin, elle guerira toute sorte de maladie interne.

CHAPITRE XCIX.

De la maniere de faire l'huile d'auoine.

PRenez deux brots de laict, mettez le sur le feu, quand il sera chaud iettez dedans vn quarteron d'alun bruslé qui le fera cailler. Separez ce qui sera caillé, & le iettez: puis coulez le petit laict par vn gros linge dans vn vase bien net: cela estant fait vous prendrez vn quart de picotin d'auoine nettoyée & criblée, laquelle n'aura iamais esté sechée; iettez la dans le laict clair que vous mettrez sur le feu iusques à ce que l'auoine creue & se ramollisse, alors retirez le du feu, & passez le à trauers vn couloir ou tamis, en sorte que le petit laict puisse passer sans expression, d'autant que vous deuez tenir l'auoine autant mouillée, & moite que vous pourrez. Apres quoy vous mettrez l'auoine dans vne poile sur le feu la remuant continuellement, iusques à ce que voyez la vapeur ou fumée ne monter plus, mais tournoyer à l'entour de la poëlle; alors retirez la vistement du feu, & la mettez dans vn sachet de toile entre les presses, lesquelles vous serrerez fortement. Prenez garde à ce qui en sortira, qui sera l'huile que vous garderez dans vne phiole de verre. Il y à d'autres manieres plus artificielles & plus curieuses pour faire distiller cette huile; mais celle cy est la plus aysée & la plus commode. Cette huile d'auoine, de tous les remedes tirez des simples est le plus excellent & le plus souuerain pour le corps du Cheual, estant tiré de la nourriture qui est la plus naturelle & la plus saine qu'on donne aux Cheuaux. Cette huille en la quantité de trois ou quatre cueillerées meslées dans vne pinte de vin doux, ou dans vne quarte de forte bierre, auec vne partie de laict clair, & iniectée dans les nazeaux du Cheual, guerit ce que l'on appelle en Angleterre *glaunders* (qui est comme nous auons desia remarqué vne espece de catarrhe qui arriue au Cheual) plus que ne fait aucun autre remede. Cette huile donnée en la mesme maniere vaut mieux que toutes les autres purgations: car elle purge toutes les vilaines & malignes humeurs qui produisent & entretiennent le farcin le plus incurable qui soit. Quant à moy tant que ie pourray trouuer de cette huile ie ne me seruiray iamais d'autre pour faire quelque onction, que de celle-là, ayant trouué par experience que c'est le plus grand remede qui soit tiré des simples tels qu'ils soient.

CHAPITRE C.

Quelques briefues remarques à faire en tout temps, & en lieu, lors que le Cheual se porte bien.

CEs remarques sont recueillies des regles & des principes les plus asseurez & les plus infaillibles, des meilleurs, & des plus experimentez caualiers, non seulement du Royaume d'Angleterre, mais de toute autre nation dans la Chrestienté.

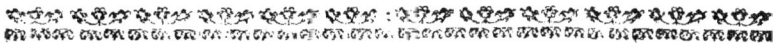

Premierement pour la nourriture generale des Cheuaux lors qu'ils se portent bien, vous choisirez de la paille, du foin, de l'auoine, du froment, des febues, des poix, de la garence, ou autre nourriture qui ne s'enfle point dans le ventre du Cheual.

Camerarius est d'aduis qu'il faut donner au Cheual premierement l'auenage, puis le foin, & l'eau en dernier lieu : mais la coustume en Angleterre est de donner premierement le foin, puis l'eau & enfin l'auoine.

Dans les voyages il faut donner de bonne heure au Cheual de la nourriture pour toute la nuict, afin que le Cheual puisse se reposer au plustost.

La quantité d'auoine qu'il faut donner au Cheual en vne fois est six fois autant que vous en pourez tenir dans le creux de vos deux mains.

Le pain de febues nettes, ou de pois qui se fait pour les Cheuaux, nourrit extremement.

Faut prendre garde que la nourriture du Cheual & sa boisson soit extremement douce & nette : neantmoins il ne faut pas qu'il boiue de l'eau qui decoule des rochers.

Frotter la bouche du Cheual auec vin & sel, luy fera boire & manger auec meilleur appetit.

Il ne faut pas que le Cheual mange & boiue quand il est échauffé, ny immediatement apres auoir trauaillé.

Ne trauaillez pas vôtre Cheual trop tard, afin que vous le puissiez voir vous mesme accommoder, le tenir sechement, & luy donner de la bonne nourriture, auant que vous alliez reposer,

N'ostez iamais promptement la selle de dessus le dos du Cheual.

Ne prestez point vostre Cheual, de peur que ne soyez contraint d'aller à pied.

Que vostre Cheual soit tousiours attaché auec deux resnes, que la lumiere de vostre estable soit tousiours vers le sud ou midy & le nord ou septentrion : mais de telle sorte que les fenestres du costé du nord se puisse fermer quand on voudra en hyuer, & ouurir en esté pour donner de l'air.

Montez vostre Cheual, & le faites courir vn peu dans les rues ou dans vn chemin pierreux, afin qu'il s'y accoustume, & qu'il endurcisse ses ongles.

Ayez tousiours pres de vôtre escurie vne plaine remplie de verdure, afin que le Cheual estant deslié s'y puisse veautrer & coucher à plaisir.

Que la littiere de vostre Cheual soit de douce paille iusques aux genoüils. La paille de segle est la meilleure : car quoy que la paille d'orge soit la plus douce, toutesfois elle n'est pas saine pour le Cheual qui desire la manger. La paille de froment quoy qu'elle ne soit pas mal saine à manger, neantmoins elle est difficile pour coucher dessus. La paille d'auoine est la meilleure & la plus excellente. Car elle est bonne à manger & à coucher dessus.

Estrillez vostre Cheual & le pensez deux fois le iour, auant qu'il aille à l'abbreuuoir : quand il est estrillé frottez le auec la main & auec vne decrotoire. Sa teste doit estre frottée auec vn torchon moüillé, & ses genitoires auec vn drap sec, son crin de deuant, du col, & de sa queuë deuroit souuent estre moüillé auec vn grand peigne : aux endroits ou le poil est plus delié, il le faut traiter plus doucement.

Que le plancher de vostre estable soit egal & vny, afin que vôtre Cheual se tienne à son aise & qu'il ne boitte pas ayant le derriere contraint.

Qu'il ny ayt aucun mur fait de bouë ou de fange aupres de vôtre Cheual : car naturellement il se portera à en manher & il ny à rien qui luy soit si preiudiciable.

Donnez à vôtre Cheual quantité de paille de froment hachée menu & meslée auec son auenage, ou autrement.

Que les bottes de foin soient fort petites & bien liées, car ainsi vostre Cheual mangera auec bon appetit & en fera moindre despense.

Arrouser vostre foin d'eau est fort salutaire, comme c'est vne chose fort vtile de saupoudrer l'auenage de fenugrec. Le premier est bon pour les vents : le second pour les vers.

Exercez vostre Cheual tous les iours car cela luy excite l'appetit.

Purgez vôtre Cheual vne fois l'année auec l'herbe, ou auec les bottes de bled verd qu'on appelle fourage, pendant quinze iours : neantmoins auant que le purger de la sorte, faites le saigner, & durant le temps qu'il se purgera, qu'on ne luy donne point d'auenage.

Vn Cheual apres auoir trauaillé, à tousiours plus de sang qu'aucune beste que ce soit.

L'herbe verde ou fourage purifie le sang, augmente les forces, guerit les maladies, purge l'humeur melancholique, ayde l'accroissement du Cheual, & rend la peau douce & polie. Prenez garde pendant que le Cheual est à l'herbe qu'il ne prenne du froid en aucune façon.

Les gens du costé du septentrion ont de coustume d'abbreuuer leurs Cheuaux deux heures auant le trauail, puis de leur donner de l'auoine en petite quantité, & en suitte les brider vn quart d'heure auant les monter. Quand ils voyagent de nuit, ils les abbreuuent sur le chemin vne lieuë auant qu'arriuer à l'hostellerie. Puis ils marchent tout doucement : estans arriuez ils ne les promenent point, ny ne les desanglent pas; ils ne les couurent, ny ne les garnissent de paille, ils se contentent seulement de les bien frotter & nettoyer, & les laisser bridez demie heure, puis ils mettent dessous quantité de litiere, ils leur donnent du foin & apres de l'auoine, auant que s'aller coucher ils l'abreuuent derechef: mais ils les font boire fort peu : & enfin se vont coucher apres auoir veu les Cheuaux bien accommodez, bien frottez, bien alittez, & suffisamment nourris.

Il y en à d'autres qui les font promener apres le trauail; puis ils les frottent bien, luy donnent de la litiere, & le debrident : ces deux manieres de traitter les Cheuaux sont bonnes, pourueu qu'on ne les promenent pas trop, & que leur escurie ne soit pas trop froide. Sur tout ne garnissez point de paille vostre Cheual par derriere : mais bien entre les iambes de deuant & vers l'endroit de la premiere sangle: car la garniture de derriere est dangereuse, de peur que le Cheual sortant la verge pour pisser, il n'attire dans l'urethre quelque brin de paille qui bouche le conduit & l'empesche d'vriner.

La coustume des gens du nord s'accorde fort bien auec la maxime des François, qui dit ne faites point vser d'autre promenade à vostre Cheual, que de celle que vous luy ferez faire estant sur son dos, le faisant marcher doucement jusques à l'hostellerie, & ainsi laissez le refroidir, apres mettez sous luy de la paille, frottez ses iambes; son ventre & toutes les parties de son corps iusques à ce qu'il soit sec & bien essuyé : ensuite desbridez le, frottez bien sa teste, & luy donnez du foin, n'ostez point les sangles iusques à la nuit & lors que les fenestres de l'escurie seront fermées. Ne permettez pas que le Cheual boiue beaucoup à la fois, afin d'esuiter par ce moyen vn trop soudain refroidissement de l'estomach, ou de ietter le Cheual dans vne fievre tierce. La nuict venuë frottez le bien, & l'estrillez comme il faut & luy donnez de la nourriture selon les forces de son estomach.

Il y à des habiles gens de cheual qui le font marcher tout doucement

ment iusques à ce que les nerfs soient échauffez, & ne l'abbreuuent iamais pendant le trauail, qu'il n'ayt pissé auparauant. Ils s'abstiennent de le trauailler trop iusques à ce qu'il ayt beu, de peur qu'il ne boiue dans sa grande chaleur: ils tiennent que l'eau qui ne court pas est la meilleure, apres qu'ils l'ont abbreuué, ils le font marcher vn mille iusques à ce que l'eau soit échauffée dans son ventre, & ils ne l'abbreuuent pas auant d'arriuer à l'hostellerie ny qu'vne heure apres qu'ils l'ont débridé. Alors ils le couurent bien, ils luy donnent de l'auoine, & prennent garde que leur Cheual ne soit exposé au vent, & qu'il soit bien frotté, nettoyé & essuyé. Toutes ces regles & maximes sont fort bonnes, neantmoins ie conseillerois à tout voyageur de sçauoir quelle maniere de viure on a fait tenir à son Cheual, & ainsi de suiure celle-là, à laquelle il aura esté accoustumé, si-ce n'est qu'elle soit contre la raison.

Si vous arriuez tard à l'hostellerie & que vous ayez fait longue traite, que vous soyez venu viste, que vôtre Cheual ne vueille pas manger s'il n'a beu auparauant, & qu'il y ait danger de le faire boire estant trop échauffé, alors vous luy donnerez à boire du laict dans l'obscurité, de peur que la blancheur du laict ne le rebutte. Cette boisson outre qu'elle est cordiale, elle est aussi agreable. Si vous ne pouuez trouuer assez de laict aioustez y de l'eau tiede, car on ne doit pas donner au Cheual vn breuuage plus chaud.

Si vostre Cheual soit par trauail, soit par excez est abbatu, deuenu maigre & foible, vous luy donnerez à boire du laict de Caualle plusieurs iours de suitte. Par ce moyen il reprendra force & vigueur.

Il n'est pas bon de lauer vostre Cheual s'il à chaud, ou s'il est trop gras: autrement vous pouuez lauer au dessus des genoüils les iambes, en sorte que vous ne moüilliez point son ventre en aucune façon. Apres que vous l'aurez ainsi laué il faut le promener d'vn bon pas: puis laissez le reposer dans l'estable, & l'estrillez. L'eau la plus pure & la plus nette est la plus saine pour le lauer, & faut qu'elle ne soit pas extrement froide.

Les heures les plus commodes pour abbreuuer vostre Cheual quand il est en repos, sont entre sept & huict heures du matin, & à quatre ou cinq heures du soir.

Quand vous voyagez descendez de Cheual lors que vous auez vne montagne ou des lieux hauts à passer, afin de vous raffraichir aussi bien que vostre Cheual.

On doit faire boire quatre fois le iour vn Cheual qui est gros & échauffé, pourtant il ne faut pas luy laisser boire de l'eau autant qu'il voudroit en vne seule fois Il ne faut pas que sa litiere soit trop chaude le matin ny trop garnie de paille. Il faut luy donner moins d'auoine quand il mangera de bon foin, que lors qu'il mangera de la paille. Donnez luy peu à manger à la fois pour empescher la gourmandise, & faites qu'il demeure deux heures chaque iour sans manger.

Il est grandement profitable au Cheual d'estre frotté beaucoup, & rudement: car cela luy conserue la vigueur du corps & des iambes, & le Cheual prend grand plaisir d'estre frotté & peigné, & cela luy vaut mieux que beaucoup d'aliment.

L'orge donnée pour nourriture (selon l'opinion des anciens Italiens, engendre vn bon sang, augmente le courage & les forces, & entretient la santé, mais nous trouuons en Angleterre que l'auoine est meilleure. Il ne faut pas monter le Cheual aux iours caniculaires pour l'abbreuuer souuent, de peur de diminuer sa chaleur naturelle.

L'œil du maistre pour voir penser le Cheual, le frotter auec la main, voir la nourriture qu'on luy donne, si l'escurie est tenuë bien nette & bien temperée conserue & entretient le Cheual en vn bon estat.

Nettoyez souuent le dessous ou la sole des pieds de vostre Cheual & la remplissez de fiente de bœuf, & frottez les ongles de graisse nouuelle, poids liquide, & terebenthine.

Trop de repos engendre plusieurs maladies.

Quand vous irez à Cheual regardez souuent à la selle & aux fers, si vous voulez ne pas receuoir aucun retardement en vostre voyage.

CHAPITRE CI.

Contenant certaines maximes particulieres qui concernent les Poulains les & Cheuaux

LEs poulains dont les iambes sont longues seront de haute taille : car de toutes les bestes, les iambes des Cheuaux croissent le moins en longueur, & par leur grandeur vous deuinerez qu'elle sera la force & la vigueur de leurs corps.

Que les poulains masles ne soient pas mis dans l'escurie qu'ils n'ayent passé trois ans.

Le Cheual grec que nous appellons Cheual de turquie est fort excellent, il est viste, hardy, il porte bien sa teste, il est haut & robuste, il y en à plusieurs qui sont blancs, d'autres bays, alzans & d'autres noirs.

Le Cheual d'arabie est le plus viste & le plus beau.

Le Cheual d'Afrique que nous appellons barbe est de bon courage, viste, & agile, c'est pourquoy celuy cy & le Cheual de Turquie doiuent estre traitez doucement, & ne doiuent pas estre tant battus, ny traitez rudement.

Le Cheual de Frizland est cholere mais le pire de tous, le Cheual Flamand est meilleur que celuy de Frizland, le Cheual d'Espagne appellé genet, est bon viste & leger, le coureur de Naples est fort bon à toutes sortes d'vsages & fort beau.

Le Cheual d'Angleterre est le meilleur pour porter de grands fardeaux & faire des longs voyages.

Essayez tousiours de gaigner vôtre Cheual par flatterie & douceur, & ne le mettez iamais en furie s'il à du cœur & vn grand courage. Il faut seulement exciter & animer à force de coups le Cheual insensible & pesant.

La premiere fois que mettrez vn mors dans la bouche du Cheual frottez le de miel auec de la poudre de reguelisse, ou bien auec du miel & du sel ; & ne mettez iamais le mors dans la bouche du Cheual que vous ne l'ayez laué auparauant.

Ne prenez iamais le dos du Cheual que vous n'ayez les resnes à la main, & quand vous descendez quelque montagne ne poussez point vostre Cheual & luy tenez la bride.

Si vôtre Cheual à le dos long, qu'il aye vne selle large,

S'il à le dos bas, que la selle soit éleuée; & si le dos est court, que les coussins de la selle soient plus vnis ensemble.

Si vôtre Cheual est tardif & pesant, il faut le piquer fortement, & apres frotter les flancs auec du sel.

CHAPITRE CII.

Contenant certaines remarques generales touchant les Caualles

VNe Cauale croist en longueur & en hauteur iusques à l'âge de cinq ans, & vn Cheual iusques à six ans.

Quand la Caualle à passé deux ans on la peut faire couurir, mais le meilleur est de ne la point faire couurir qu'apres quatre ans.

Les Caualles communes peuuent faire des poulains tous les ans: mais les meilleures n'en doiuent faire que de deux ans en deux ans, principalement si on veut qu'elles fassent des masles,

Ne trauillez point en aucune façon vostre Caualle apres qu'elle aura esté couuerte.

Pour auoir des masles il faut les faire couurir auant la pleine lune & pour auoir des femelles il faut que ce soit apres la pleine lune.

Afin que la Caualle endure le Cheual, laissez-la trois ou quatre iours aupres du Cheual afin qu'elle le desire & qu'elle s'accoustume auec luy, auant que de la faire couurir, apres menez les dehors & que le Cheual la couure, tenez vn seau d'eau tout prest pour le ietter sur le dos de la Caualle quand le Cheual descendra: puis separez les si loin l'vn de l'autre qu'ils ne se puissent entendre. Faites cecy trois matins & trois soirs, & apres empeschez que la Caualle ne s'approche du Cheual, de peur que le desirant elle ne vuide ce qu'elle aura conceu.

Pour sçauoir si la Caualle est pleine vers Noël, versez vn peu d'eau dans son oreille, Si elle secouë seulement la teste elle est pleine Mais si auec la teste elle secouë aussi le corps, elle n'est pas pleine.

Quand vous seurerez le poulain, separez-le de la Caualle quatre iours deuant la pleine lune, & apres qu'il sera demeuré en cet estat durant vingt-quatre heures, faites-le tetter encore iusques à ce qu'il soit rassasié : apres cela separez-le tout à fait, le lendemain matin donnez à chacun vn brin de sabine & apres nourrissez-le plustost estant dehors que dans l'Escurie, iusques à l'âge de trois ans, principalement en esté.

Le Cheual pour trotter doit estre Neapolitain, de l'Isle de Corse, Arabe, Turc, ou Barbe, pour les ambles, il faut choisir celuy d'Espagne ou le Hobbis d'Irlande.

Mettez vos Caualles auec les Cheuaux pour les accoupler depuis la my-Mars iusques à la my May, ou à la my-Iuin à la nouuelle Lune.

Il est bon de mettre la Caualle & l'estalon ensemble dans vn grand lieu vuide & vaste, le matin separez le Cheual & le nourrissez bien : mais donnez peu à manger à la Caualle ; & principalement donnez luy peu d'eau.

N'eschauffez point en aucune maniere les caualles pleines à la fin des six mois : car elles pourroient aysement auorter.

L'œil du costé du m..r tant aux Cheuaux qu'aux Caualles ne voit iamais bien, principalement quand il à neigé sur la terre.

La Caualle est pleine onze mois & dix iours.

Que vos Caualles soient de stature mediocre, large, ample & de bonne figure, & l'estalon de semblable taille ; mais vn peu plus haut, temperez leur nature en cette maniere ; accouplez auec vn Cheual chaud vne Caualle froide, & auec vne Caualle chaude vn Cheual froid. Que la terre ou vous tenez vôtre haras pour engendrer des Cheuaux soit seche, montagneuse, & arrousée de quantité de ruisseaux.

CHAPITRE CIII.

Contenant certaines choses à obseruer lors qu'on veut acheter vn Cheual.

PRemierement, obseruez la couleur, la forme & la figure du Cheual, qu'il ayt vne belle teste, bien proportionnée, auec vn œil à fleur de teste, des épaulles bien éleuées, vne poitrine large & ample, bonne charnure, les iambes larges & plattes, les pasturons courts, & les pieds petits: car les pasturons longs signifient foiblesse, & les pieds larges sont signes qu'il est pesant & lent. Tastez s'il à des glandes entre les machoires, voyez s'il à la gourme, spinule, creuasses, prenez garde s'il n'est pas poussif, s'il à courte-haleine: presentez luy la main deuant les yeux pour sçauoir s'il à bonne veuë: apprenez son aage par sa bouche. S'il à passé huict ans regardez le long de sa queuë: car s'il y à des nœuds vers l'extremité, ses meilleurs iours sont passez: que si elle est vnie & non raboteuse, il n'est pas trop vieux. Faites le tourner en rond le tenant par le bout de son licol pour voir s'il est boiteux car en ce faisant il épargnera le pied qui est offensé & feindra de s'appuyer dessus, s'il tourne le blanc de ses yeux en haut & applique l'oreille à son col, c'est signe d'vn pesant & refroigné rosse qui est doué de mauuaise qualitez, si quand vous l'agitez dans l'escurie, il se retourne pour vous regarder, c'est signe de cœur, & c'est vne marque de grande facilité pour apprendre s'il branle la queuë quand on le tire dehors; mais s'il ne la remuë que lentemẽt cela témoigne qu'il à vn pas imparfait.

Faites-le tourner le plus court que vous pourez pour sçauoir s'il à les reins bons & obeïssans la stature mediocre est la meilleure. Le petit & le plus serré est fort.

Le Cheual qui est de nature gentile, viste, legere, agile, douce a bonne couleur, pieds forts, bons membres, prompt à manger, est toûjours le meilleur pour le seruice & on peut dire de luy que c'est de l'argent comptant au marché, prenez garde si le poil à l'endroit de l'esperon est blanc, car c'est vn signe de tardiueté, & qu'il a esté talonné, Le Cheual qui frappe du pied contre terre quand il est arresté est vray semblablement bon & resiste au trauail. Il y à plusieurs autres marques qui viendront dans la memoire par l'obseruation de ces signes.

CHAPITRE CIV.

Remarques generales touchant les drogues & simples cy-deuant mentionnez

TOute sorte de moëlles ou poix de quelque espece qu'elles soient doiuent estre gardées à part dans quelque lieu frais & sec, & preseruées de toute saleté & vilenie, de vent, du feu: ainsi ces choses dureront vne année entiere.

Vous ne garderez point ny syrops, ny electuaires doux, ny pilules, ny poudres; ny conserue de fleurs, ny onguents, suifs, emplastres plus d'vn an, seulement les electuaires amers, ou les conserues de fruits ou de racines dureront deux ans entiers.

Il y à des huiles qui dureront long-temps; d'autres doiuent estre faites nouuellement. Les huiles tirées des bois ou des metaux, dureront long-temps.

Recueillez les racines en Automne, ostez en les vers, nettoyez les & les faites secher

Faites secher les petites racines à l'ombre au vent, & les grandes racines au vent & au Soleil, ou aupres du feu: mettez les en vn endroit sec vers le midy. Elles se garderont long-temps, pourueu que le Soleil, ny l'humidité ne leur nuise pas.

Recueillez toute sorte d'herbes quand elles fleurissent, & sechez les à l'ombre, si ce n'est qu'elles soient trop humides & propres à pourrir, elles dureront vn an entier pour la pluspart.

Recueillez les graines & les fruits lors qu'ils sont meurs tout à fait ils ne durent aussi qu'vn an.

Recueillez l'escorce ou la peleure de quelque simple quand l'herbe est meure, faites la secher & elle durera plusieurs années.

Fin du premier Liure.

LE NOVVEAV
ET SÇAVANT
MARESCHAL

LIVRE SECOND.

DES MALADIES EXTERNES des Cheuaux, qui ne se peuuent guerir que par le secours de la Chirurgie, ou operation de la main.

Composé par GERVAIS MARKHAM, *Gentilhomme Anglois.*

DES MALADIES EXTERNES DES CHEVAUX, QVI NE SE PEVVENT guerir que par le secours de la Chirurgie, ou operation de la main.

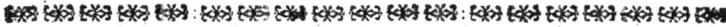

CHAPITRE PREMIER.

Quelle proportion de grandeur est requise dans chaque partie d'vn Cheual bien formé.

PVISQVE tout l'art de Chirurgie, ou la maniere de guerir les maladies des Cheuaux par operation de la main, laquelle est seulement mise en vsage dans les maladies exterieures, consiste en incisions, cauterizations, corrosions, amputation de membres, aussi bien qu'en corroboration, incarnation, detersion, conglutination, reünion & reduction des membres dans leur veritable situation, forme & figure, & que toutes ensemble jointes ne tendent qu'à faire vn corps bien formé, Ie croy qu'il est à propos que ie commence par la declaration de la veritable proportion & mesure qui est requise en chaque partie du Cheual, afin que par ce moyen estant instruit comme il faut, & connoissant de quelle maniere tous les membres doiuent estre placez, & quelle proportion ou quantité ils doiuent auoir entr'eux, il n'arriue que par ignorance on détruise & viole cette belle correspondance & figure des parties, comme i'ay veu souuent arriuer par la faute des Mareschaux ignorans, lors que contre les regles & maximes de l'art, ils ont coupé des tendons & des nerfs qui seruent aux mouuements du Cheual.

Pour commencer donc, vous sçaurez (selon le dire des anciens Mareschaux) qu'il y a dans la bouche du Cheual douze barres, ou douze degrez posez l'vn sur l'autre, lesquels quand la bouche du Cheual est ouuerte & éleuée en haut, paroissent estre situez comme les degrez d'vne montée, sa langue doit estre longue d'vn demy pied, sa levre superieure doit estre de la longueur de six trauers de doigts, & sa levre inferieure de cinq: Chacune des machoires doit estre longue de dix doigts: Sa teste depuis l'œil en enbas de douze doigts: Ses oreilles doiuent estre longues de cinq doigts: Le tour ou circuit de l'œil doit auoir quatre doigts: Son col depuis la nucque iusques à l'entre-deux des espaules à sept paulmes, depuis le haut des espaules iusques aux lombes douze paulmes, & depuis les lombes iusques à la queuë six paulmes: La longueur de l'espaule doit estre de douze doigts, & la longueur de sa jambe six doigts, la longueur du jarret de derriere doit estre de douze poulces, & l'endroit ou se fait la flexion de cinq poulces: La longueur de tout le corps depuis la teste iusques à la queuë doit estre de cent poulces: Or comme il y a des Cheuaux plus grands & plus petits, aussi cette mesure varie, & ie ne m'arreste pas à cette dimension digitale des anciens, parce qu'ayant mesuré plusieurs Cheuaux, ie n'ay iamais pû trouuer aucune certitude dans ces proportions. Ie vous diray seulement que voicy la

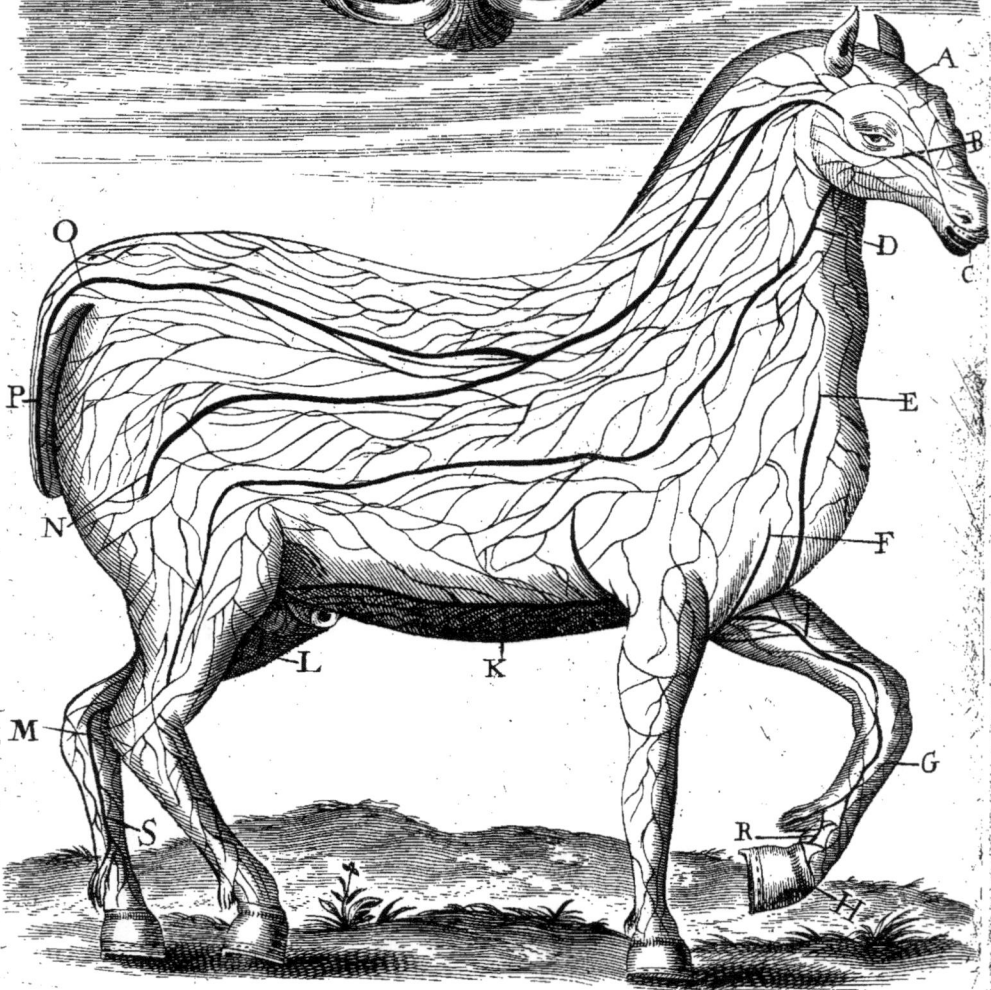

Figure des veines du corps du
Cheual. Page 5. 2 partie.
A
B
C
D
E
F
G
H
R
K
L
M
S
N
O
P

plus seure & la plus certaine regle que i'aye pû trouuer. Voyez la distance de la nucque iusques au sommet des espaules, il y aura deux fois autant depuis le haut des espaules iusques à la queuë, ou son insertion. Voyez la distance depuis l'espaule iusques au ply, il y doit auoir deux fois autant depuis l'espaule iusques à l'ongle. Voyez la distance du haut de la hanche iusques au gosier, il y doit auoir deux fois autant depuis cét endroit iusques à l'insertion de l'ongle de derriere. Voila les plus certaines remarques que l'on peut faire touchant les veritables proportions du Cheual: C'est pourquoy pour vostre satisfaction entiere regardez ce portraict, qui est la veritable anatomie d'vn Cheual parfait, auec les lignes tirées de chaque membre, montrans toutes les maladies exterieures, ou blessures qui peuuent arriuer au corps du Cheual.

CHAPITRE II.

DES VEINES DV CORPS DV CHEVAL, & de leur nombre.

IL est grandement necessaire à vn Mareschal de connoistre les veines principales du Cheual, & sur tout celles lesquelles en cas de besoin ou de maladie on doit ouurir: Et pour commencer vous sçaurez que du foye qui est la source du sang dans les animaux sort vn grand vaisseau ou veine, de laquelle plusieurs autres deriuent. Nous remarquerons premierement au dedans de la bouche, au dessus de la premiere & troisiesme barre ou ligne, qu'il y a deux veines remarquables, que les Mareschaux les plus experts ouurent, lors que le Cheual est trauaillé du mal de teste, du cerueau, ou de l'estomach. Il y en a aussi deux autres qui descendent le long de la partie inferieure de l'œil iusques dans les nazeaux, lesquelles on ouure dans les maladies des yeux. Il y en a deux autres au dessus des yeux qui courent au trauers des tempes, & sont appellées veines des tempes, que l'on ouure pour toute sorte de maladies froides de la teste. Il y a aussi deux grosses veines aux deux costez de la trachée artere, qui s'estendent depuis le haut de la jointure de la maschoire inferieure iusques à la poictrine, qu'on appelle les veines iugulaires: ce sont celles qu'on ouure ordinairement en toute sorte de maladies. Il y a donc deux veines qui s'estendent en haut, depuis les jambes de deuant iusques au haut de la poictrine, que l'on appelle veines pectorales, on les ouure quand le Cheual à la fievre, ou à mal au cœur. Il y en a encore deux autres qui vont depuis les jambes de deuant iusques à la poictrine, ou les veines pectorales; mais ne montent pas si haut que les autres, elles se terminent au ply de la jambe de deuant, & sont appellées les veines du palais, lesquelles on ouure pour la courbature, ou autre douleur des membres.

Il y a encore deux veines qui courent le long de l'espaule en deuant, vers le costé du dedans des jambes de deuant, depuis la jointure qu'on ouure pour spinules malandres ou semblables.

Il y a donc quatre veines qui courent tout du long de l'endroit ou on a accoustumé de mettre les fers aux Cheuaux qu'on meine à l'herbe, & combien qu'elles ne soient que des petites veines, on les ouure pourtant souuent pour la roideur des jointures, ou pour la lassitude. Il y a quatre veines vers la couronne qui est au dessus des ongles, lesquelles on ouure pour les suros, ou pour la courbature des pieds. Apres il y a quatre veines dans les quatre ongles qui courent à l'entour des pieds, lesquelles on ouure quand les pieds sont rongez par quelque humeur mordicante. Il y a encore deux grandes veines qui descendent des testicules du costé interieur des cuisses, iusques à l'endroit de la flexion ou courbeure, lesquelles sont appellées veines renales, qu'on ouure seulement pour les maladies des reins. Il y a apres deux autres veines, lesquelles descendent du haut de la courbeure de derriere tout le long du costé, au dedans des pieds de derriere vers le bas, iusques à l'endroit ou on met les fers aux Cheuaux qu'on met à l'herbe, & sont appellées les veines de l'esparuin.

Il y a deux veines vers les flancs, lesquelles on ouure pour toute sorte de maux & douleurs de reins & des clauicules. Il y a aussi deux veines aux anches de derriere, qui sont nommées les veines des anches, & qu'on ouure pour toute sorte de consomption & amaigrissement. Il y a encore deux veines qui courent tout le long des costez, depuis le ply des pieds de deuant iusques au flanc, & sont appellées les veines de l'esperon, lesquelles on ouure pour la courbature ou picqueure d'esperon. En dernier lieu, il y a vne simple veine dans sa queue, qui s'appelle la veine de la queuë, & s'ouure pour la cheute du poil, ou pour la demangeaison. Ainsi il y a au corps du Cheual trente-sept veines, que l'on doit ouurir dans les occasions & necessitez vrgentes, comme vous pouuez apperceuoir par cette figure.

En cette figure sont representées les principales & les autres veines du Cheual, ou vous sçaurez que la lettre A montre la veine temporale, B la veine de l'œil, C la veine du palais, D la veine du col, E la veine pectorale, F les veines plattes, G les veines de la jambe, H les veines de la couronne au dessus de l'ongle, I les veines de l'ongle, K les veines de l'esperon, L les veines renales, M les veines de l'esparuin, N les veines du flanc, O les veines des anches, P les veines de la queuë, Q les veines qui sont vers l'endroit que l'on met le fer aux cheuaux qui sont à l'herbe. Il y a d'autres petites veines distribuées par tout le corps pour porter la nourriture aux parties, lesquelles sont deriuées des grandes veines, & cependant ne doiuent pas estre choisies pour faire aucune euacuation. Elles peuuent estre ouuertes, & mesmes coupées dans les incisions qu'on est obligé de faire, sans craindre qu'il arriue aucun flux de sang, ou autre danger : pour ce qui est des veines principales, elles ne peuuent pas estre coupées sans danger. Voila ce que nous auons à dire touchant les veines.

CHAPITRE III.

DES NERFS DV CORPS du Cheual.

QVANT aux nerfs du corps du Cheual, vous ſçaurez que du cerueau qui eſt le principe & l'origine de tous les nerfs, ſont deriuez des grands nerfs, leſquels paſſans par les cauitez du col & de l'eſpine du dos, s'eſtendent iuſques à la derniere jointure de la queuë du Cheual. De ces grands nerfs, ſortent deux petites branches, leſquelles paſſans par de certains trous qui ſont au ſommet du crane du Cheual, coulent tout du long de ſa machoire, meſme iuſques à l'extremité des nazeaux.

Puis il y a deux petites branches, leſquelles paſſans au trauers de certains trous qui ſont en la machoire inferieure l'attachent à la ſuperieure, & ainſi ſe traiſnent à coſté des dents molaires, & ſe rencontrent iuſtement deſſous la leure inferieure, puis il y a vingt-huict petits ſcions de nerfs leſquels paſſans par autant de petits trous qui ſont aux ſept vertebres du col, les attachent fortement enſemble.

Il y a en la meſme ſorte de petits filaments, qui paſſent par des petits trous, & attachent toute l'eſchine à la queuë en la partie inferieure, deſquels le nombre eſt incertain & preſque infiny.

Il y a outre cela deux grands nerfs, qui s'eſtendans ſur les deux os de l'omoplate ſont partagez en pluſieurs branches, & s'eſtendent iuſques aux pieds de deuant, meſme iuſques à l'emboiture des ongles, & lient toutes les jointures enſemble.

Il y a apres deux grands nerfs, leſquels paſſans par les deux trous des os Iſchium, ou de l'os plat de la hanche, & eſtans diuiſez en pluſieurs branches, s'eſtendent en bas vers les pieds de derriere, meſme au dedans l'emboiture de l'ongle, &

Figure des nerfs du corps
du cheval. page 8. 2 partie.

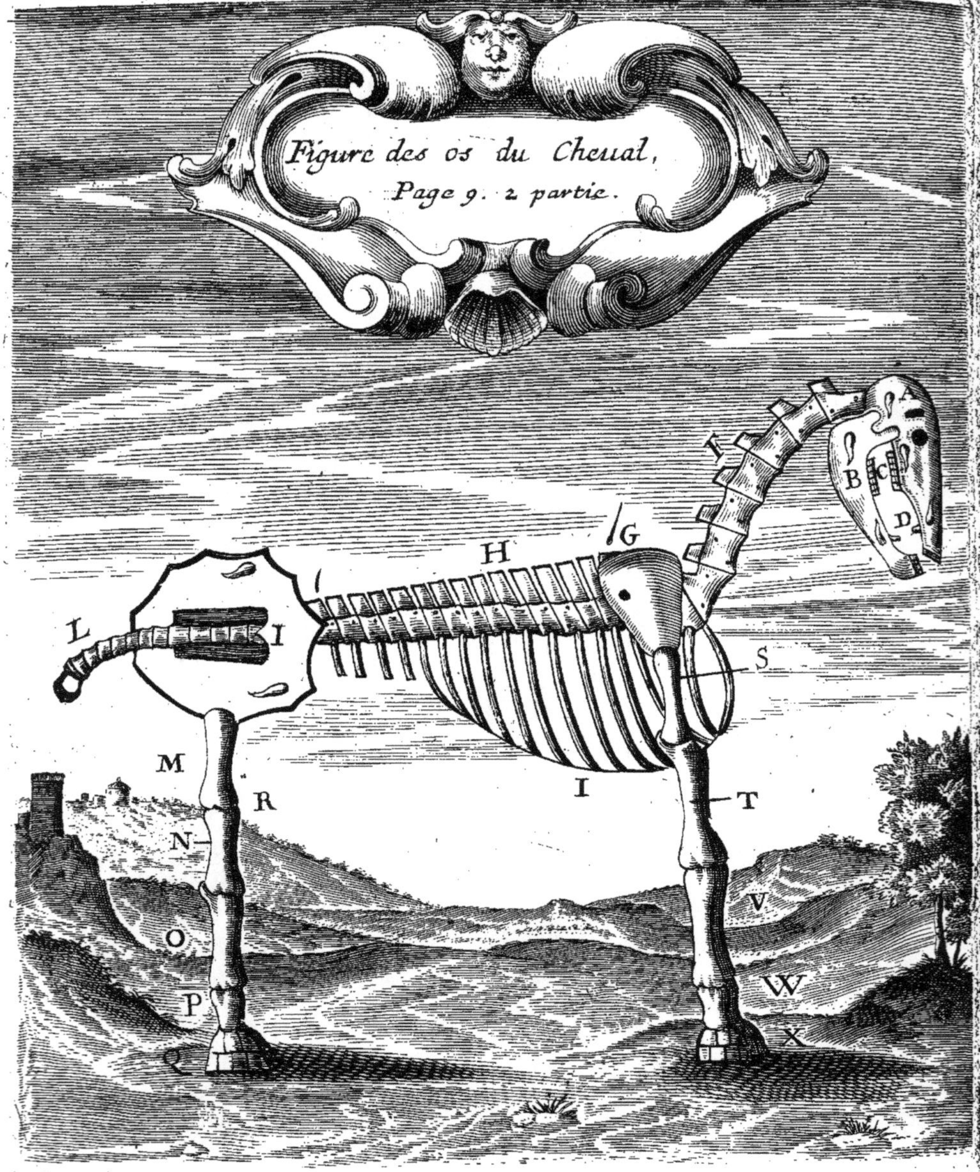
Figure des os du Cheual,
Page 9. 2 partie.
A
B
C
D
F
G
H
I
L
M
N
O
P
Q
R
S
T
V
W
X

gle, & conjoint ces diuerses jointures fortement ensemble.

Vous sçaurez en dernier lieu, que depuis le col du Cheual iusques à l'os de l'omoplate ou l'os de la hanche, s'estend vn grand nerf large de trois doigts, estant seul d'vne telle espaisseur, & ayant vne substance si polie, sans produire aucune branche, lequel non seulement conjoint les espaules, mais aussi couure toute l'espine, il s'appelle vulgairement des Mareschaux en Angleterre, *pax-vvax* : de sorte qu'vn Cheual a en tout trente-huict grands nerfs, desquels vne infinité d'autres sont deriuez, comme vous pouuez apperceuoir clairement en cette figure, laquelle represente la parfaite anatomie, & la distribution de tous les nerfs du corps du Cheual.

CHAPITRE IV.

DV NOMBRE ET SITVATION des os du corps du Cheual.

VOvs deuez sçauoir que chaque Cheual ou Bœuf a en tout son corps 170. os differens, & pas dauantage, à sçauoir, en la partie superieure de la teste deux os; depuis le front iusques aux nazeaux deux os; en la machoire inferieure deux os, des dents de deuant qu'on appelle trenchantes, ou pinces, 12. des dents canines qu'on appelle crocs crochets & eschalions 4. des molaires ou maschelieres 24. depuis la nucque iusqu'aux os de l'omoplate 7. depuis les omoplates iusqu'à l'os de la hanche 8. depuis l'os de la hanche iusqu'au bout de la queuë 7. apres il y a l'os sacrum qui a douze articulations. Apres les deux os pubis, les deux os de la moëlle ainsi appellez, & de là iusques à la premiere articulation au dessus des jambes, deux autres os : de là iusques au genoüil les deux os de la cuisse; delà aux pasturons deux os appellez les os de la jambe, delà à l'ongle il y a seize petits osselets.

Apres il y a le ſternum au deuant de la poictrine du Cheual, auquel ſont attachez 36. coſtes tant grandes que petites, & vers les vertebres du col il y a deux os, & depuis les molaires iuſques aux articles il y a deux os, & auſſi deux os vers les coſtes; depuis la flechiſſeure du jaret à la jambe il y a deux petits os, depuis les paſturons iuſques à l'ongle il y a ſeize petits oſſelets: tous leſquels vous pourrez voir dans leur ſituation en cette figure, qui repreſente les os du Cheual joints enſemble.

CHAPITRE V.

QVAND ET COMMENT VN CHEVAL doit eſtre ſaigné, de la fin & neceſſité de cette ſaignée.

LEs anciens Mareſchaux & ceux du temps preſent, ne ſont pas d'accord touchant la ſaignée du Cheual: Quelques-vns veulent qu'on luy tire du ſang quatre fois l'an, à ſçauoir au Printemps, en Eſté, en Automne, & en Hyuer; d'autres veulent qu'on les ſaigne ſeulement trois fois l'an, à ſçauoir au mois de May quand on les met à l'herbe, au mois de Septembre, afin que ſi le ſang eſt eſchauffé, il puiſſe eſtre euacué & éuenté, & enfin au mois de Decembre, pour vuider le ſang eſpois qui eſt engendré de peu de trauail & de peu de ſoin. Il y en a encore d'autres, qui ne veulent pas que le Cheual ſoit ſaigné plus d'vne fois l'an, à ſçauoir au commencement du mois de May ſeulement, quand on le met à l'herbe, alleguans cette raiſon, que ſi le Cheual n'eſt pas ſaigné au Printemps, le nouueau ſang eſtant meſlé auec le vieil qui eſt corrompu ſera ſuſceptible d'inflammation, & ainſi apportera quelque faſcheuſe maladie au Cheual. Il y en a auſſi qui voudroient que le Cheual fuſt saigné seulement vne fois l'an à la veine iugulaire, à sçauoir au commencement de May : mais ils voudroient le saigner au palais tous les mois pour le moins vne fois, disans que cela purifie la veuë, conforte le cerueau, excite l'appetit & desir de manger; mais pour dire en vn mot, chacune de ces opinions est bonne en cas que le Cheual soit ieune & dans sa vigueur, & que son sang croisse & augmente : s'il est vieux, vous ne deuez pas le saigner si souuent. Or qu'il soit vray que l'on doiue saigner les ieunes Cheuaux si souuent, l'experience le fait voir assez dans les Cheuaux Polonois, lesquels on ne manque pas de saigner vne fois l'année, & neantmoins sont ordinairement tous agiles.

Il y a beaucoup de Mareschaux qui ne veulent pas qu'vn Cheual soit saigné sans necessité pressante, de peur que luy tirant du sang souuent, on ne fasse prendre au corps du Cheual vne mauuaise accoustumance, & qu'on ne le precipite dans des maladies impreueuës; Pour moy ie ne peux pas approuuer cette opinion, parce que i'estime qu'il y a beaucoup plus de prudence de preuenir vn danger auant qu'il arriue, que de l'éloigner quand il est present. Il est bien vray que la frequente saignée produit la foiblesse, dissipe les esprits, & fait que le sang se retire auec les esprits qui restent vers les parties du dedans, & accable le cœur & les entrailles, & rend les membres de l'animal pesants & inhabiles au trauail : mais de dire qu'il y ait de l'excez à saigner le Cheual deux fois l'an, à sçauoir au commencement du mois de May, & à la fin de Decembre, ausquels temps seulement ie voudrois faire saigner le Cheual, & non pas en vn autre, c'est ce que ie ne trouue pas raisonnable.

Pour ce qui est de l'estalon ou du Cheual de haras, les anciens ne veulent pas en aucune maniere qu'on le saigne, d'autant qu'en couurant les Caualles il s'épuise assez, disent-ils, & fait vne aussi grande perte de sang & d'esprits qu'on se puisse imaginer, asseurans qu'il faut cinq onces de sang pour faire vne once de semence, à dire vray ie suis bien de leur opinion, mais lors qu'ils conseillent qu'on ne saigne pas les Guildains aussi, parce qu'ils ont beaucoup perdu de leur chaleur naturelle en perdant leurs testicules, ie ne puis pas leur donner les mains, d'autant que ie trouue par l'experience iournaliere, que les Guildains meurent aussi souuent à cause de l'abondance & corruption du sang comme les Cheuaux entiers, voire mesme plus souuent, d'autant qu'ils n'ont pas les aydes necessaires à purifier le sang de ses impuretez que les autres Cheuaux ont.

Pour saigner les Cheuaux, il faut estre soigneux de considerer le climat dans lequel le Cheual a esté éleué, d'autant que les Cheuaux qui ont esté nourris dans les pays froids, ont toûjours plus de sang que ceux qu'on éleue dans les pays chauds. Puis il faut auoir égard à la saison de l'année, laquelle doit estre le Printemps ou l'Automne pour saigner le Cheual, ces deux temps-là estans temperez, & n'ayans aucun excez de chaleur ou de froidure. Il faut aussi auoir égard à l'heure du iour, qui doit estre le matin à jeun: pourueu que ce ne soit pas au réueil du Cheual; mais vne heure ou deux pour le moins apres. En suite il faut prendre garde à l'estat de la Lune, & que le signe auquel elle se trouue ne domine pas sur la partie du corps qu'on pretend saigner. Il faut encore regarder à l'âge du Cheual; car s'il est jeune & qu'il prenne encore accroissement, la saignée l'empeschera de croistre, & s'il est vieux & decrepite, son sang a plus besoin d'estre reparé que dissipé: Enfin il faut auoir égard aux forces du Cheual & à la coustume qu'il a prise, selon lesquelles il doit estre traité, veu que plusieurs Cheuaux peuuent plus aisément supporter vne euacuation de plusieurs liures de sang, que les autres d'vne liure seulement. Or cecy soit dit touchant la saignée qui est faite librement sans contrainte, & par precaution. Mais si la maladie ou l'infirmité presente du Cheual requiert la saignée; alors vous ne prendrez pas garde ny au climat, ny à la saison de l'année, ny à l'heure du iour, ny au signe de la Lune, ny à l'âge, ny aux forces, ny à la coustume; & laissant toutes ces choses en arriere, vous vous appliquerez seulement à l'éloignement de la maladie.

Les signes qui donneront à connoistre si le Cheual à

besoin d'estre saigné sont ceux-cy. Ses yeux seront rouges, & ses veines s'enfleront plus qu'à l'ordinaire, il aura vne demangeaison à l'entour du crin & de la queuë, & les frottera continuellement. Quelquefois aussi il perdra vne partie de son poil, il pelera quelquefois à l'entour des racines des oreilles, ou à l'endroit du cheuestre de la bride, son vrine sera rouge & de haute couleur. Les matieres seront noires & dures, s'il a aussi quelque inflammation, ou de petites ampoules sur son dos: s'il ne digere pas bien les alimens; c'est signe que le Cheual a besoin d'estre saigné: il en est de mesme s'il a des signes apparens de jaunisse dans le blanc de l'œil, ou au dedans des levres superieures, ou inferieures, lesquels signes d'ordinaire sont les auant-coureurs de quelque grande maladie, & il appartient à l'art d'enseigner les moyens de la preuenir.

Il est necessaire lors que vous voudrez faire saigner vôtre Cheual, si vous n'estes pas pressé de le faire, que vous luy fassiez obseruer vne diete legere & exquise vn iour ou deux auant qu'il soit saigné, afin que son corps soit en repos, & qu'il ne soit pas troublé de la digestion.

Maintenant pour ce qui concerne la maniere de seigner le Cheual, vous le ferez tenir debout sur vn lieu vny & égal autant que faire se peut. Que si vous voulez ouurir la jugulaire, vous prendrez vne petite corde longue auec vn nœud coulant, & la mettant au col du Cheual, aussi prés de l'espaule que vous pourrez, vous la tirerez & serrerez fortement, & la lierez auec vn nœud coulant: aussi-tost les veines paroistront grosses comme le petit doigt d'vne personne, depuis la machoire inferieure iusques au col.

Il faut obseruer que l'endroit ou vous deuez ouurir la veine, est tousiours à trois ou quatre doigts au plus de la machoire inferieure, comme par exemple si vostre Cheual a vn col long & menu auec la peau déliée; alors vous pouuez ouurir la veine à trois doigts ou moins de la maschoire (puisque le plus haut est tousiours le meilleur) mais s'il a le col court & la peau espaisse, & plusieurs plis & replis à l'insertion des machoires, alors il faut ouurir la veine à quatre doigts de la machoire, de peur que ces plis auec l'époisseur de la peau cachent si bien la veine, que la flammette ny puisse atteindre. Lors que vous aurez ainsi fait éleuer la veine, vous ferez tenir vne personne à l'opposite, laquelle vous ferez pousser auec le poing, la veine contre vous, puis vous moüillerez auec vne esponge trempée, ou auec la saliue l'endroit ou vous voulez picquer, & ayant separé le poil vous poserez vostre flammette directement sur la veine, & frappant dessus, la ferez entrer dans la veine. Cela estant fait, vous ferez en sorte que quelqu'vn mette le doigt à la bouche du Cheual, & le chatoüillant au palais le fasse mascher & remuër les maschoires, car cela fera rejallir & sortir mieux le sang.

Il est bien necessaire que vous gardiez le sang que vous tirerez en diuers vaisseaux pour diuerses raisons : premierement afin que vous voyez quand tout le sang corrompu est sorty, & cela se reconnoist lors que le sang qui sort change de couleur, & deuient plus pur, alors il n'en faudra pas tirer dauantage. Secondement vous le pouuez garder pour en fomenter le corps du Cheual, ce qui luy sera fort salutaire : ou bien pour en faire quelque mélange auec de l'huile & du vinaigre & en oindre le corps du Cheual, principalement à l'endroit qui a esté saigné : car les anciens croyent qu'il a vne vertu & puissance naturelle pour fortifier les membres debiles d'vn Cheual, & de desseicher toutes les mauuaises humeurs.

Aussi-tost que vous aurez tiré du sang suffisamment au Cheual vous lascherez la corde, & ainsi le sang s'arrestera. Apres vous passerez doucement la corde, en la traisnant trois ou quatre fois par dessus l'ouuerture, ce qui bouchera le trou, & détournera aussi le cours du sang : cela estant fait remettez vôtre Cheual dans l'estable, & laissez le sans luy rien donner deux ou trois heures apres. Puis vous luy ferez obseruer vn tel regime que vous iugerez à propos : c'est à dire s'il est malade vous le gouuernerez comme estant malade, auec fourage & masches tiedes, c'est à dire farine d'orge preparé pour faire de la bierre. S'il eſt ſain vous le traiterez comme ſain, ou mettez-le à l'herbe, ou tenez le dans l'eſcurie ſuiuant ce qu'il a accouſtumé.

Si vous voulez ſaigner le Cheual à la veine temporale, ou à la veine de l'œil, mettez vne petite corde au milieu du col, & non pas prés de l'eſpaule, prenant garde de ne pas ſerrer la trachée artere, & de l'eſtrangler par ce moyen: ce faiſant les veines des deux coſtez ſeront apparentes.

Si vous voulez ſaigner vôtre Cheual des veines de la poictrine ou veines plattes, appellées de quelques-vns les veines des cuiſſes de deuant; vous mettrez alors la corde derriere les eſpaules prés les coudes du Cheual, & trauerſerez les parties ſuperieures des eſpaules; cela fera paroiſtre ces deux veines-là.

Or vous ſçaurez que les veines deſquelles nous auons parlé, qui ſont à l'entour de la teſte ou de la poictrine, ne doiuent pas eſtre ouuertes auec la flammette (encor que ce ſoit la couſtume des communs Mareſchaux) car c'eſt vne choſe groſſiere, & il y a danger de tranſpercer la veine de part en part: mais elles doiuent s'ouurir auec vne lancette fine & bien pointuë, de la meſme façon qu'vn bon Chirurgien ouure la veine du bras d'vne perſonne.

Pour ſaigner le Cheual au palais, il le faut picquer auec vne lancette, entre la troiſiéme & quatriéme ligne ou barre, & profonderez de la longueur d'vn grain d'orge, & il ſaignera en quantité ſuffiſante. Quant à toutes les autres veines du corps du Cheual, telles quelles ſoient qu'on veut ouurir; vous ſçaurez qu'alors elles doiuent eſtre releuées & non cordées en aucune façon. Or la maniere de releuer les veines, ſe pourra apprendre tout au long dans vn Chapitre particulier vers la fin de ce Liure.

CHAPITRE VI.

DES BLESSVRES EXTERNES, *de leurs differences, auec certaines obseruations qu'il faut faire dans leurs guerisons.*

LEs blessures externes selon mon aduis sont prises icy en deux façons : à sçauoir, ou pour vne mauuaise composition qui se discerne par la figure, le nombre, la quantité, ou situation du membre affligé ; ou bien pour vne diuision d'vnité, laquelle comme elle peut arriuer en diuerses parties, aussi obtient-elle diuers noms. Car si vne telle solution de continuité arriue à l'os, alors elle s'appelle fracture, si elle est dans vne partie charnuë, elle s'appelle vlcere ou playe, si elle se fait dans les veines, elle se nomme rupture, si elle est dans les nerfs, elle est dite conuulsion ou crampe, ou spasme : que si elle est en la peau, elle s'appelle excoriation, de toutes lesquelles choses ie traicteray dans les Chapitres suiuans.

Or dautant que dans la methode generale de Chirurgie, ou de traitter les blessures, il y a certaines obseruations generales à faire, & des regles qu'il faut garder inuiolablement ; auant que passer outre ie vous en donneray vn eschantillon. Premierement, il faut sçauoir que c'est le deuoir d'vn bon & prudent Mareschal de ne cauteriser iamais, soit auec le fer chaud, soit auec l'huile, ny faire incision auec le cousteau, ou il y a des veines, des nerfs, des jointures ; mais qu'il le faut faire ou plus haut, ou plus bas.

Item, qu'il ne faut iamais appliquer sur aucun nerf ny jointure, realgar, arsenic, mercure, sublimé, ny aucun autre corrosif violent.

Item,

Item, qu'il eſt meilleur de faire ouuerture auec le fer chaud, qu'auec le froid ; c'eſt à dire qu'il vaut mieux cauteriſer que faire inciſion.

Item, que le ſang produit toûjours vne matiere blanche & épaiſſe, la bile vne matiere aqueuſe, mais en petite quantité, la pituite ſalée beaucoup de matiere, & l'humeur melancholique beaucoup de galles ſeches.

Item, que quand vous tirez du ſang à vn poulain, ou à vn jeune Cheual, vous ne deuez iamais tirer que le quart de ce qu'on tireroit à vn Cheual qui auroit pris ſon accroiſſement.

Item, que vous ne deuez iamais tirer du ſang ſi ce n'eſt pour détourner la maladie, & conſeruer la ſanté ; ou pour rafraiſchir le ſang ; ou bien pour diminuër ſa trop grande quantité, ou enfin pour éuacuër les mauuaiſes humeurs.

Item, que dans tous les abſcez, ou enfleures qu'on appelle tumeurs, il faut conſiderer les quatre temps de la maladie, c'eſt à dire le commencement, l'accroiſſement, l'eſtat, & le declin ou amendement.

Item, qu'au commencement de telles enfleures ou apoſtemes (ſi vous ne pouuez pas les détourner tout à fait) vous deuez vſer de repercuſſifs, pourueu qu'elles ne ſoient pas prés des parties principales du corps ; car en ce cas il ne faudroit pas s'en ſeruir, de peur de mettre la vie de l'animal en hazard. Que dans l'accroiſſement on doit employer les remollitifs pour les meurir, & lors qu'ils ſont venus à maturité, il faut les ouurir auec la lancette pour donner yſſuë à la matiere. Dans le declin qu'il faut vſer de remedes deterſifs, agglutinatifs, & cicatriſans.

Item, que toute enfleure eſt ou dure, ou molle. Les dures ordinairement ſouffriront eroſion. Les molles dureront long-temps.

Item, ſi preſſant le doigt ſur vne enfleure qui eſt ſur le pied du Cheual, le veſtige ny demeure pas imprimé, mais ſi la partie enfoncée ſe releue, c'eſt vn ſigne que le mal eſt moindre & qu'il eſt gueriſſable: que ſi la marque y reſte, c'eſt vn indice que le mal eſt inueteré, qu'il prouient d'humeurs froides, & qu'il demande beaucoup d'art pour ſa gueriſon.

Item, quand les tumeurs commencent de produire de la matiere, alors elles gueriſſent: que ſi la pourriture eſt grande, prenez garde qu'elle ne gagne le dedans.

Item, que toute cauterization ou bruſlure auec le fer chaud, reſerre les parties relachées, deſſeiche celles qui ſont abbreuuées, reſout les humeurs amaſſées ou endurcies, raſſemble celles qui ſont diſperſées, & ſoulage les vieilles douleurs; car elle meurit, reſout, fait ſuppurer & ſortir de la matiere.

Item, qu'on doit quelquefois bruſler au deſſous de la bleſſure pour diuertir les humeurs; & quelquefois deſſus pour les intercepter & retenir.

Item, qu'il vaut mieux cauteriſer auec le cuiure qu'auec le fer; parce que le fer eſt d'vne nature maligne, & l'acier eſt d'vne vertu indifferente entre-d'eux.

Item, que toute cauteriſation actuelle ſe fait en bruſlant auec vn inſtrument chaud. Et la potentielle conſiſte à bruſler auec des remedes cauſtiques & corroſifs.

Item, ſi vous faites couſtume de souffler des poudres dans les yeux de vôtre Cheual, vous le rendrez aueugle.

Item, qu'il ne faut pas releuer en façon quelconque des veines aux jambes de deuant, ſi ce n'eſt que l'extreme neceſſité vous y oblige: car il n'y a rien qui rende pluſtoſt vn Cheual roide & boiteux.

Il y a pluſieurs autres obſeruations à faire qui ne ſont pas ſi generales que celles-cy, deſquelles i'auray ſujet de parler en vn autre occaſion dans vn chapitre exprés. I'ay creu qu'il falloit les renuoyer en ce lieu-là, pour n'eſtre pas icy ny trop long, ny trop ennuyeux.

CHAPITRE VII.

DES MALADIES DE L'OEIL, *& premierement de l'œil larmoyant, & aqueux.*

LEs yeux du Cheual sont sujets à plusieurs infirmitez, comme aux fluxions, à l'ecchymose, à l'obscurité de veuë, à la suffusion ou taye, au cancer, ou à quelque coup, desquelles les vnes prouiennent de causes internes, comme des humeurs qui tombent sur ces parties debilitées : les autres sont produites de causes externes, comme de froid, de chaud, ou de quelque coup.

Et pour commencer par l'œil l'armoyant, ou affligé de fluxion ; vous sçaurez que selon l'opinion des anciens, ce mal procede souuent des humeurs qui distillent du cerueau, quelquefois aussi d'auoir receu quelque coup.

Les signes sont vn larmoyement perpetuel, les paupieres fermées, quelquefois auec vne petite enflure.

Le remede est selon leur opinion, de prendre du bol armene, de la terre sigillée, & du sang de dragon, de chacun egales parties, puis les reduire en poudre, & y adjoûter autant de blanc d'œuf & de vinaigre qu'il en faut pour les humecter, apres l'estendre en maniere d'emplastre sur vn linge, l'appliquer sur les tempes du Cheual au dessus de l'œil, & faire cela trois iours de suite ; d'autres saignent le Cheual aux veines qui sont au dessous de l'œil, puis lauent l'œil deux ou trois fois le iour auec vin blanc, puis soufflent dans l'œil malade du tartre, du sel gemme, & de l'os de seche, puluerisez de chacun quantité égale. Ou bien prenez le jaune d'vn œuf dur, meslez-le auec la poudre de cumin, & le mettez tiede sur l'œil, & qu'il demeure ainsi vne nuict ou dauantage.

Les autres prennent de la poix-reſine & du maſtic quantité égale qu'ils meſlent enſemble ; puis auec vn petit baſton, au bout duquel eſt attaché vn linge qui ſera trempé dedans, en oignent les veines des tempes des deux côtez au deſſus de l'œil de la hauteur du poing, la largeur d'vn teſton ; puis y tiennent immediatement apres vn peu de bourre de couleur ſemblable au Cheual, la tenant prés de la teſte auec la main, iuſques à ce qu'elle s'attache à ſa teſte : puis tirez luy du ſang des deux veines de la teſte ſi les deux yeux ſont malades, & luy lauez la teſte auec du vin blanc. D'autres ont de couſtume de prendre vne petite quantité de miel auec la ruſche, & le meſler auec du vin blanc, auec quoy ils lauent les yeux du Cheual : Et certainement ſi le mal procede de quelque coup, c'eſt vn remede qui eſt aſſez ſuffiſant : mais s'il vient de rheume ou de cauſe interne, alors vous prendrez du lierre terreſtre que vous pilerez dans vn mortier, & le meſlerez auec de la cire, & ainſi l'appliquerez ſur l'œil en forme d'emplaſtre : ou bien vous ferez boüillir de l'abſynthe dans du vin blanc, & en lauerez les yeux du Cheual. Si auſſi quelquefois on ſeringue de la bierre dans l'œil du Cheual, cela luy eſclaircira la veuë.

CHAPITRE VIII.

DE L'ECCHYMOSE, OV espanchement de sang dans les membranes de l'œil, prouenant de quelque cause que ce soit.

LORS qu'il y aura espanchement de sang sur la conjonctiue de l'œil, soit que cela procede de cause interne ou externe. Faut prendre selon l'aduis des anciens, de l'eau rose, de la maluoisie, & de l'eau de fenoüil, de chacune trois cuillerées, de la tuthie, autant que vous pourrez auec les deux doigts, vne pincée de cloux de girofle, mettez tout en poudre subtile, & meslez tout entierement, & estant tiede ou froid si vous voulez, lauez les parties du dedans de l'œil, auec vne plume trempée dedans deux fois le iour, iusques à ce que l'œil soit guery, ou bien l'auez l'œil auec l'eau d'vn blanc d'œuf battu, ou auec le suc de chélydoine.

Il y en a qui prennent les sommitez de l'aubespine, qu'ils font boüillir dans du vin blanc, & en lauent l'œil. Les autres prennent vne drachme de minium, & autant de miel sortant de la rusche, autant de fleur de farine qu'ils meslent auec de l'eau de riuiere, ou de l'eau claire de quelque ruisseau; puis les font boüillir à feu lent, iusques à ce que tout soit reduit en forme d'onguent, & apres en frottent l'œil du Cheual.

Le meilleur remede que ie trouue pour ce mal est de prendre deux blancs d'œufs, & les bien battre, iusques à ce qu'ils deuiennent comme vne huile, puis y adjoûter deux cuillerées d'eau rose, & trois cuillerées de jus de jonbarde, & mesler tout ensemblement, puis y tremper des plumaceaux de filasse ronds & plats, de la grandeur d'vn œil de bœuf, & les mettre sur l'œil du Cheual, les renouuellant souuent de peur qu'ils ne se sechent, & par le moyen de ce remede, l'œil du Cheual guerira en vn iour ou deux.

CHAPITRE IX.

De l'obscurité de la veuë.

L'Obscvrite' de la veuë ou l'aueuglement peut arriuer au Cheual en deux manieres, ou par quelque grand effort, lors que les nerfs optiques ont souffert quelque grande distension, par la violence du trauail, ou à cause de la pesanteur du fardeau qui excedoit les forces du Cheual; ou à cause de quelque coup & blessure, toutes lesquelles choses peuuent offenser la veuë.

Les signes de cette incommodité sont vn defaut euident de la veuë, vne mauuaise couleur de l'œil.

La guerison se fait en cette sorte. S'il y a priuation de veuë, & que la prunelle paroisse entiere, alors vous prendrez selon l'aduis de quelques Mareschaux, vne bonne quantité de beurre de May, auec autant de rosmarin & vn peu de poix-resine, auec pareille quantité de chelydoine: puis pilez-les tous ensemble, & les fricassez auec le beurre de May, en suite coulez-le, & le gardez dans vne boëtte fermée, comme estant vne chose pretieuse pour le mal des yeux, & en oignez les yeux de vôtre Cheual deux fois le iour pour le moins. Ce remede est bon aussi pour guerir les playes.

Il y en a d'autres qui ont de coustume de saigner le Cheual des veines de l'œil, puis de lauer ses yeux auec de l'eau de roses rouges. Quelques-vns prennent le fiel d'vne brebis noire, lequel ils agitent & coulent, puis ils en lauent l'œil. D'autres brustent le Cheual au dessous de l'œil, afin que les mauuaises humeurs qui l'abbreuuent puissent s'escouler par cêt endroit; en suite ils oignent l'œil auec de la moëlle d'vn gigot de mouton, & de l'eau rose meslée ensemble, ou bien auec le suc de lierre terrestre. D'autres prennent vne taupe qu'ils couurent de bouë & la reduisent en cendre la faisant brusler : puis prennent de cette poudre & la soufflent dans l'œil du Cheual. D'autres prennent vne coque d'vn œuf, laquelle ils remplissent de sel marin, puis ils la bruslent iusqu'à ce qu'elle noircisse : apres ils y adjoûtent de l'alun bruslé gros comme le poulce, & reduisent tout en poudre subtile, ils meslent en suite vne partie de cette poudre auec du beurre frais, & en oignent l'œil auec vne plume, & couurent l'œil auec de la filasse trempée dans les blancs d'œufs. Faut faire cela tous les iours pendant vne sepmaine; & apres vne fois en deux iours. Cecy est excellent pour la taye de l'œil, & aussi pour la perle ou gresle dans l'œil. D'autres ont de coustume de prendre deux tuiles & les frotter ensemble, & souffler la poudre auec vne plume dans l'œil du Cheual, trois ou quatre iours de suite.

CHAPITRE X.

DE LA PERLE, TAYE, SVFFVSION, ou autre tache dans l'œil.

LA perle, la taye, ou la suffusion, ou autre tache non naturelle qui arriue à l'œil du Cheual, prouiennent le plus souuent d'auoir receu quelque coup. Toutefois la perle qui est vne petite tache ronde, espoisse, & blanche comme vne perle, laquelle croist sur la prunelle de l'œil, procede souuent de quelques causes naturelles, & mesme de race comme ie l'ay souuent experimenté.

Les signes se remarquent à la veuë.

Le remede, selon l'opinion des plus anciens, est de prendre six feüilles de lierre terrestre, & vne branche de chelydoine, puis piler tout dans vn mortier, auec vne cuillerée ou deux de laict de femme, puis couler le tout à trauers vn linge, & le garder dans vne phiole bien bouchée: quand on s'en voudra seruir, il faut en distiller autant dans l'œil du Cheual, comme il en faut pour remplir la coquille d'vne noisette: il vaut mieux faire cela le soir, & le reïterer deux ou trois fois. En suite empeschez pendant trois iours que vôtre Cheual ne voye pas la lumiere.

Il y en a d'autres qui oignent les yeux du Cheual auec la moëlle des os de la jambe d'vne chevre ou de cerf, & de l'eau rose meslez ensemble; ou bien lauent ses yeux auec le suc des grains & des feüilles de lierre meslé auec du vin blanc, & soufflent dedans la poudre de cailloux noir, ou de limaçons; mais cette poudre doit estre autant subtile qu'il se pourra, ayant esté pour cét effect passée par le tamis. Il ny a point de meilleur remede pour les mailles & les tayes des yeux.

Il y en a qui prennent le maigre d'vn jambon ou du lard, qu'ils font seicher & reduire en poudre, puis ils en soufflent dans l'œil du Cheual: les autres prennent du gingembre subtilement puluerisé, & le soufflent aussi dans l'œil du Cheual: neantmoins auant que faire cela, s'il y a long-temps que la taye est formée, il ne sera pas mal à propos d'oindre l'œil du Cheual auec de la graisse de chapon.

D'autres ont de coustume de souffler dans les yeux de la poudre de feüilles de sureau sechée, ou bien de la poudre de fiente d'homme seichée, ou la poudre de pierre grise à aiguiser meslée auec huile de miel, pour en oindre l'œil du Cheual. Il y en a encore qui prennent vn jaune d'œuf, auec du sel calciné & puluerisé & en font vne poudre, qu'ils soufflent dans l'œil du Cheual; ou bien de la poudre de seche.

Autrement on prend des feüilles de lierre seiches, ou l'excrement d'vn homme seiché reduite en poudre, & le meslent auec la poudre de coquille d'escreuisse, qu'ils soufflent dans l'œil du Cheual.

On prend

On prend auſſi la tuthie puluériſée, & auec vne plume ou quelque autre tuyau, on la ſouffle iuſtement ſur la perle.

Il y a des Mareſchaux qui prennent bonne quantité de ſel blanc, qu'ils enueloppent d'vn drap moüillé, lequel ils mettent au feu ſur des charbons ardens, puis ils le tirent hors du feu, & le rompans ils trouuent au milieu vne ſubſtance blanche de la groſſeur d'vne febve, ou vn peu plus, laquelle ils mettent en poudre, & la meſlent auec vn peu de vin blanc, & la laiſſent ainſi raſſeoir : ils prennent en ſuite le plus eſpois qui demeure au fonds, & le mettent dans l'œil du Cheual, & lauent l'œil auec l'eau. On fait cela vne fois le iour iuſques à ce que la tache ſoit conſumée. Quelques-vns prennent le jus de ruë, & en mettent dans l'œil du Cheual: ou bien on prend vn œuf, auquel on fait vn trou, par lequel on vuide tout ce qui eſt contenu dedans, & on remplit le dedans de la coquille, de poivre, puis on l'enferme dans vn pot de terre que l'on met dans vn four ardent iuſques à ce qu'il blanchiſſe, puis retirez-le, puluériſez l'œuf, & en ſoufflez dans l'œil du Cheual.

D'autres prennent de la pierre-ponce, du tartre, & du ſel gemme, de chacun égales parties, leſquels eſtans reduits en poudre ſubtile, ils en ſoufflent vn peu dans l'œil continuant ainſi iuſques à ce que l'œil ſoit guery.

D'autres ſoufflent ſeulemẽt la poudre de ſuin de voirre dans l'œil du Cheual (c'eſt à dire la graiſſe qui ſurnage quand la matiere dont on fait le verre eſt fonduë, & qui eſtant refroidie ſe durcit comme vne pierre, comme on peut lire dans Dodonée en la 3. Pemptad. chapitre 30.) diſans qu'elle ſeule a vne vertu ſuffiſante pour diſſiper la perle ou taye en fort peu de temps, ſans vſer d'autre remede. Mais pour moy i'ay trouué que la poudre de cailloux & de ſel blanc calcinez ont plus de force.

CHAPITRE XI.

DE L'ONGLE DANS L'OEIL du Cheual.

L'Ongle ou ptèrygium est vne membrane dure & nerueuse, qui naist entre la paupiere inferieure & l'œil, laquelle couure quelquefois plus de la moitié de l'œil.

Il se fait de grossieres & espoisses humeurs, lesquels descendantes de la teste, se ramassent ensemble & s'endurcissent par le moyen de la chaleur, & arriue ordinairement apres les vlceres & inflammations de l'œil.

Les signes sont les yeux pleurans, auec difficulté d'ouurir la paupiere inferieure, & de plus l'apparence de l'ongle mesme qu'on peut apperceuoir, si auec le poulce on abbaisse la paupiere d'en-bas.

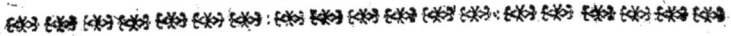

Le remede est, premierement, de prendre vne aiguille enfilée d'vn fil double, & le passer au trauers du bout de l'oreille : ce qu'estant fait poussez aussi l'aiguille enfilée au trauers de la paupiere superieure ; & ainsi tirez-là en haut, & l'attachez à l'oreille ; puis auec le poulce abbaissez la paupiere inferieure, & vous apperceurez l'ongle clairement : alors vous passerez vostre aiguille au trauers du bord de l'ongle, & la tirerez auec le fil, en sorte que la puissiez mettre sur le doigt ; apres attachez le fil au petit doigt pour la tenir ferme ; puis auec vn cousteau bien tranchant couppez de trauers le cartilage interieur, ou ce membrane dure prés de l'œil du Cheual, & ainsi separant la peau & la graisse de l'ongle, retranchez cette membrane cartilagineuse toute entiere, puis ayant couppé vos fils, tirez-les dehors vos paupieres & de l'ongle ; apres lauez l'œil du Cheual auec de la bierre ou du vin blanc, & arrachez tout le poil long d'alentour de l'œil, prenant garde qu'il ne demeure pas du ſang eſcoulé dans l'œil. En cette operation faut ſe garder de ne pas coupper trop de graiſſe à l'entour de l'ongle, ny aucune partie de ce qui paroiſtra noir aux extremitez de l'ongle, car cela feroit venir les yeux du Cheual chaſſieux.

Il y en a qui apres auoir couppé l'ongle, oignent ſix iours apres l'œil du Cheual auec de l'huile d'oliue, de la moëlle de gigot de mouton, & du ſel meſlez enſemble. D'autres prennent du ſuc de lierre terreſtre pilé dans vn mortier, auec le ſuc tiré des grains de lierre, qu'ils meſlent auec de l'eau, ou auec du vin blanc, & ainſi l'appliquent en forme d'emplaſtre ſur l'œil du Cheual, le renouuellant ſoir & matin, ce qui conſumera l'ongle. D'autres apres que l'ongle eſt diſſipé ou conſumé, ont accouſtumé d'appliquer ſur l'œil vn cataplaſme de camomille & de miel pilez enſemble; tous leſquels remedes ſuffiſent maintenant. Il faut remarquer en paſſant que le Cheual qui a vn ongle, pour l'ordinaire eſt ſujet d'en auoir encore vn autre, car ils vont perpetuellement de compagnie.

CHAPITRE XII.

DES YEVX LVNATIQVES.

LEs yeux qu'on appelle lunatiques ſont les plus trompeurs, & les plus incommodes de tous les yeux.

Ce mal prouient d'vne fluxion d'humeurs chaudes ſur l'œil, excitée par vn excez de trauail qui eſt au deſſus de ſa portée du Cheual; ce que i'ay reconnu par experience, en vn Cheual peſant & tardif, auquel les yeux ſont deuenus lunatiques par la faute du Caualier, qui le vouloit contraindre de s'arreſter & de marcher au delà de ſes forces &

de ſon pouuoir. I'ay veu auſſi d'ailleurs des Cheuaux delicats & de bonne trempe, auſquels les yeux ſont deuenus lunatiques, à cauſe que ceux qui les montoient, n'arreſtoient pas l'impetuoſité de leur courage, & les laiſſoient courir à toute bride, & auec violence.

On appelle cette ſorte d'yeux lunatiques, parce qu'en vn certain temps de la Lune, cette fluxion attaque les yeux du Cheual, & ſi on y prend garde, on reconnoiſtra que pendant vn certain temps de la Lune le Cheual verra fort bien, & en vn autre temps il ne verra goute.

On jugera ce mal par ces ſignes. Lors que les yeux du Cheual ſeront mieux, ils paroiſtront jaunaſtres & obſcurs, & quand ils ne ſe porteront pas bien, ils paroiſtront rouges, en feu, & irritez.

Le remede eſt d'appliquer ſur les tempes du Cheual l'emplaſtre de poix-reſine & de maſtich, mentionné au chapitre des yeux larmoyans : puis faire vne inciſion auec vn couſteau bien trenchant de la longueur d'vn poulce au deſſous de chaque œil, quatre doigts ou enuiron au deſſous, & pour le moins vn doigt de largeur, éloignée des veines des yeux, puis de ſouleuer la peau par le moyen d'vne ventouſe de l'eſpoiſſeur d'vn teſton, & y introduire vn cuir taillé en rond de la largeur d'vn demy teſton, auec vne ouuerture au milieu pour y laiſſer vne yſſuë libre, & y regarder vne fois le jour, pour faire que la matiere ne ſoit pas arreſtée, mais qu'elle coule continuellement pendant dix iours, apres cela faut retirer le cuir, & conſolider la playe auec filaſſe trempée dans cét emplaſtre ou onguent.

Prenez de la terebenthine, du miel, de la cire, de chacune quantité égale, mettez tout enſemble boüillir ſur le feu. Lors que vous voudrez l'employer faites le fondre auparauant. N'oſtez pas les emplaſtres qui ont eſté appliquées ſur les tempes, iuſques à ce qu'elles tombent d'elles-meſmes ; apres qu'elles ſeront tombées, vous ferez vne eſtoile auec vn fer chaud au milieu de chaque veine temporale où les emplaſtres ont eſté miſes, & au milieu de cette estoile, on doit faire vne ouuerture auec le bouton de feu en cette maniere.

Mais il y a des Mareschaux, lesquels au lieu de faire des scarifications au dessous de l'œil, & d'y mettre vn morceau de cuir, qui n'est simplement qu'vn ortis, conseillent seulement de prendre vn petit fer chaud esmoussé, & enuiron vn doigt & demy au dessous de la paupiere inferieure, de faire cinq trous de suite selon la rondeur de l'œil du Cheual, & mesmement de penetrer iusques à l'os, puis de les oindre vne fois le iour auec de la graisse nouuelle, ou du beurre frais.

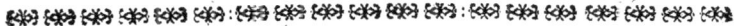

CHAPITRE XIII.

DV CANCER DANS L'OEIL.

LE cancer qui suruient à l'œil procede d'vn sang bruslé & corrompu, qui descend de la teste sur l'œil, ou il s'engendre vn petit ver gros comme la teste d'vne fourmy, & croist dans le grand coin de l'œil prés des nazeaux. Il arriue aussi souuent au cartilage du nez, lequel il ronge quelquefois & de la peut gagner la teste, en ce cas il tuëra infailliblement le Cheual.

Les signes sont ceux-cy. Il paroistra des bourgeons rouges, les vns petits, les autres grands, tant au dedans qu'au dehors de l'œil, sur les paupieres, tout l'œil paroistra rouge, & sera remply de matiere corrompuë.

Le remede que les anciens nous enseignent, est de prendre de l'alun gros comme vne noisette, & autant de couperose verde, & les calciner tous deux sur vne tuile, puis les broyer & les reduire en poudre, y adjoûtant vne cuillerée de miel, & apres les mesler tous ensemble, & auec vn linge qui sera trempé dedans, frotter l'vlcere iusqu'à ce qu'elle saigne; faut faire cela sept iours de suite, & ce remede guerira le cancer.

Il y a des Mareschaux qui pour guerir ce mal saignent premierement le Cheual à la veine jugulaire, du mesme costé du mal, & tirent deux liures de sang.

Puis il faut prendre de l'alun de roche, & de la couperose verde de chacun demie liure, de la couperose blanche demie once, faites-les boüillir dans trois pintes d'eau, iusques à ce que la moitié soit consumée; apres retirez-les du feu, & lauez les yeux vne fois le iour de cette eau estant tiede auec vn linge fin, & le nettoyez bien en sorte qu'il paroisse rouge & vermeil; faites cecy iusques à ce que l'œil soit guery.

CHAPITRE XIV.

POVR VNE BLESSVRE faite sur l'œil du Cheual.

S'Il arriue qu'vn Cheual ait esté blessé à l'œil d'vn coup de houssine, ou de baston, ou de quelque autre chose semblable, ou bien à cause qu'il aura esté mordu d'vn autre Cheual se joüant ensemble, ou bien s'entre-battant. D'abord vous employerez pour remede la poudre de suin de voirre, ou le sel blanc reduit en poudre subtile, apres qu'on aura laué l'œil auec de la bierre. Que si nonobstant l'œil est encore plus malade & que le mal continuë long-temps, alors vous prendrez vn petit pain dont vous osterez la mie, puis vous remplirez le vuide de charbons ardens, que vous laisserez dedans jusques à ce qu'il soit bien bruslé au dedans. Apres prenez cette crouste & la mettez tremper dans du vin blanc, & lors qu'il aura bien trempé & sera bien abbreuué, appliquez-le sur l'œil malade. En suite prenez de l'eau de sauon, & de l'eau commune meslées ensemble, & en lauez les sourcils, & si pour tout cela le mal ne se dissipe pas, alors vous luy tirerez du sang des veines des tempes, que s'il frotte son œil, & qu'il soit enflammé, vous luy tirerez du sang des veines de dessous l'œil, & lauerez ses yeux d'eau de sauon froide.

Que si les yeux paroissent rouges apres auoir receu le coup, alors vous appliquerez l'emplastre de sanguine, ou crayon rouge, & huile d'oliue meslez ensemble. D'autres ont de coustume de prendre du suc de plantain boüilly & meslé auec du vin blanc, & ainsi l'appliquer sur l'œil malade. Il y en a d'autres qui pour ce mal ou autre des yeux, font boüillir des orties auec de la bierre, & la coulent pour en faire injection dans l'œil du Cheual deux ou trois fois, puis de souffler de la poudre tres-subtile de suin de voirre dans l'œil, & de deffendre l'œil du Cheual contre le vent & le froid. Que si vous estes obligé de le monter, en ce cas vous mettrez au deuant de ses yeux vn morceau de drap. Il n'est pas aussi hors de propos de le saigner des veines de l'œil, & ce sera assez de le penser deux fois.

Il y en a encore qui ont de coustume d'oindre l'œil malade trois iours de suite auec de la graisse de poule ou de chapon pour les ramollir : puis de prendre du miel de pierre, & l'ayant chauffé en faire entrer dans l'œil du Cheual auec vne plume. D'autres prennent du jus de plantain ; ou bien du jus de thim meslé auec du miel & en oignent l'œil du Cheual, ou bien de la poudre d'vne pierre grise propre à aiguiser, de laquelle ils en soufflent dans l'œil du Cheual. Ces deux remedes apportent vn soulagement prompt & present. Les autres encore prennent du suc d'ache & de fenoüil, & les ayans meslé auec vn blanc d'œuf en font entrer dans l'œil du Cheual vne fois le iour, iusqu'à ce que l'œil soit guery.

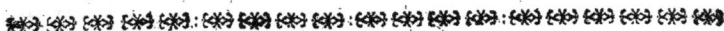

CHAPITRE XV.

POVR LES VERRVES OV Porreaux qui suruiennent aux yeux.

LA verruë dans l'œil est vne excroissance de chair, ou vn nœud charneux, croissant sur l'œil ou sur le bord au dedans des paupieres. Il procede de phlegme espois qui descend sur l'œil, lors que le Cheual est dans vne escurie trop obscure & priuée de lumiere. Ce mal fera perdre l'œil du Cheual, & le diminuëra entierement.

Le remede est de prendre de l'alun de roche, & le brûler sur vne tuile, & apres y mettre autant de couperose blanche qui ne soit pas brûlée, puis les broyer & les reduire en poudre, de laquelle on mettra sur la teste de la verruë, & faire cela vne fois le iour, iusques à ce que la verruë soit consommée.

CHAPITRE XVI.

POVR L'INFLAMMATION des yeux du Cheual.

L'Inflammation peut arriuer aux yeux des Cheuaux pour diuerses causes, comme pour auoir trop demeuré dans l'escurie, auoir vsé de meschante nourriture, & n'auoir point point fait d'exercice, ou à cause de la poussiere qui est tombée dans l'œil; ou à cause d'vn sang acre & mordicant: toutes

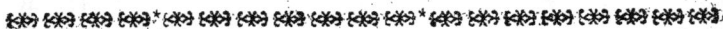

tes lesquelles causes peuuent produire l'inflammation, ou autre mal des yeux.

Les signes sont vne demangeaison ou prurit de l'œil; ce qui se reconnoistra s'il cherche à frotter souuent son œil, il y aura aussi vne petite enfleure, auec difficulté d'ouurir les paupieres.

Le remede est, premierement de luy tirer du sang des veines des tempes, & des veines des yeux, puis de lauer les yeux de laict & de miel meslez ensemble. Les autres apres auoir fait tirer du sang, lauent les yeux auec du laict & du miel meslez ensemble: D'autres les lauent auec de l'aloës hepatique dissout dans du vin blanc. Tous ces remedes sont reconnus excellens pour les maux des yeux.

CHAPITRE XVII.

DE L'APOSTEME DANS L'OREILLE du Cheual.

LEs apostemes dans les oreilles du Cheual procedent de diuerses causes, comme d'auoir receu quelque grand coup sur la teste, ou d'auoir esté trop serré d'vn licol dur, ou à cause des mauuaises humeurs espoissies dans les oreilles par vn trop grand froid.

Les signes se tirent de l'ardeur & de l'enfleure douloureuse de la racine des yeux, & des autres parties voisines. Le remede est de meurir l'aposteme auec cét emplastre.

Prenez de la graine de lin puluerisée, de la fleur de farine de febves de chacun demy litron, du miel vne pinte, du vieux oint vne liure; mettez toutes ces choses dans vn pot de terre sur le feu, & les remuez continuellement auec vne espatule, iusques à ce qu'elles soient exactement incorporées ensemble. Puis estendez de ce cataplasme tout chaud ſur vn linge , ou ſur vn morceau de cuir doux , d'vne auſſi grande eſtenduë que la tumeur , & pas dauantage : puis appliquez-le chaudement ſur la partie , & l'y laiſſez vn iour entier , apres renouuellez-le , iuſques à ce que l'apoſteme creue, ou bien deuienne ſi meur que vous le puiſſiez ouurir au lieu decliue ; en ſorte que la matiere puiſſe s'eſcouler & auoir vne libre iſſuë : en ſuite mettez-y vne tente , auec de la filaſſe par deſſus , qui ſera imbuë de cét onguent. Prenez du miel roſat , ou huile d'oliue, & terebentine de chacun deux onces , & les meſlez enſemble , puis faites vne compreſſe de groſſe toile ou de caneuas pour mettre ſur la playe , en ſorte que la compreſſe eſtant imbuë de l'onguent ſoit tenuë deſſus , y mettant tous les iours vne nouuelle compreſſe , iuſques à ce que l'vlcere ſoit guerie.

Que ſi le Cheual reſſent de la douleur dans les oreilles, ſans grande peine ou inflammation , alors mettez luy dans l'oreille vn peu de laine noire trempée dans de l'huile de camomille & cela le ſoulagera. Que ſi l'abſcez eſt creué auant que vous l'apperceuiez , & que vous voyez la matiere couler des oreilles du Cheual , alors vous prendrez de l'huile roſat , ou de la terebenthine de Veniſe , de chacun quantité égale , meſlez-les bien enſemble , eſtant tiede trempez dedans de la laine noire , pouſſez-là dans l'oreille du Cheual , la renouuellant vne fois le iour , iuſqu'à ce que l'oreille ne coule plus.

CHAPITRE XVIII.

DES BLESSVRES FAITES *sur le col du Cheual, causées communément par le licol.*

CE mal est vne grande enfleure ou inflammation à la nucque du Cheual, iustement entre l'oreille & le crin. Il procede quelquefois d'auoir esté contraint, & de s'estre debatu & demené dans son licol, principalement estant dur & mal mis. Il vient aussi quelquefois d'vn amas de mauuaises humeurs en cette partie, ou bien de quelque coup que quelque Valet, quelque Chartier, ou autre personne qui auoit peu de discretion a donné au Cheual : car cette partie estant la plus foible & la plus tendre qui soit à l'entour de la teste, est aussi la plus sujette a estre blessée & offensée.

Les signes de cette maladie sont vne enfleure apparente entre les oreilles du Cheual, & les deux costez du col, laquelle auec le temps aboutira, & s'ouurira d'elle-mesme. Cependant la pourriture se fait plustost au dedans qu'au dehors ; d'où vient que ce mal est plustost appellé du vulgaire ignorant des Mareschaux la fistule du col que le *pol-keüil* : & veritablement c'est vn vlcere si profond & sinueux, remply tellement de matiere acre comme si c'estoit vne lexiue, qu'elle ne differe que fort peu d'vne fistule, & de tous les abscez exceptez la fistule, c'est le plus malaisé à guerir : c'est pourquoy ie conseille à tout habile Mareschal d'entreprendre la cure de ce mal au plustost, c'est à dire auant que l'abscez s'ouure si faire se peut.

L'entiere guerison, selon l'opinion des anciens Mareschaux, se doit faire en cette maniere. Premierement, si l'abſcez n'eſt pas ouuert, procurez la ſuppuration auec vne emplaſtre de graiſſe de porc le plus chaud que vous pourrez, & faites-luy vn beguin qui couure ſa teſte pour le garentir du froid, lequel doit auoir deux ouuertures pour ſortir les oreilles; & renouuellez l'emplaſtre tous les iours juſques à ce que l'abſcez ſoit ouuert, tenant la partie le plus chaudement que faire ſe pourra. Si vous voyez que l'abſcez ne s'ouure pas ſi-toſt que vous ſouhaiteriez; alors regardez l'endroit qui eſt le plus mol, & le plus propre a eſtre ouuert; puis prenez vn fer chaud de forme ronde, ou bien vn morceau de cuiure (car c'eſt le meilleur) gros comme le petit doigt d'vn homme, & ayant vne pointe à l'extremité en cette maniere.

Enuiron deux doigts au deſſous de la partie molle pouſſez voſtre fer aſſez profondement vers le haut, en ſorte que la pointe de vôtre fer cauteriſant puiſſe ſortir par la partie la plus meure, afin que la matiere puiſſe découler par l'ouuerture d'en-bas, laquelle doit eſtre toûjours entretenuë par le moyen d'vne tente de filaſſe trempée dans de la graiſſe de porc chauffée, que vous tiendrez dedans, & appliquerez par deſſus vn emplaſtre de graiſſe de porc, la renouuellant tous les iours vne fois pendant quatre iours, ce qui ſe fait principalement pour corriger & addoucir l'impreſſion de la chaleur faite par le feu. Apres le quatrieſme iour, prenez demie liure de terebenthine, lauée neuf fois dans de l'eau claire, & apres cela ſeparée de l'eau par le moyen d'vne fente faite au coſté de l'eſcuelle: adjoûtez-y en ſuite deux jaunes d'œufs & vn peu de ſaffran, & les meſlez enſemble: cela eſtant fait reconnoiſſez la profondeur du trou, ſoit auec vne plume ou auec vne ſonde, & faites vne tente auec vn morceau d'eſponge ſeiche qui n'ayt iamais eſté mouillée, ſi longue qu'elle puiſſe atteindre & toucher le fonds, & ſi groſſe qu'elle puiſſe remplir l'ouuerture. Oignez la tente du ſuſdit onguent, & la pouſſez dans la playe, ſoit auec cette plume, ou en la tournoyant peu à peu iuſques à ce que vous l'ayez poussée au fonds, la tenant auec le doigt & le poulce, puis appliquez l'emplastre faite de graisse de porc tiede, la renouuellant tous les iours vne ou deux fois, iusques à ce qu'elle soit guerie. Que si l'enfleure se dissipe, alors vous n'aurez plus besoin de l'emplastre, mais vous vous contenterez seulement d'y mettre vne tente, laquelle vous diminuerez & ferez plus courte, selon que la matiere diminuëra, iusques à ce que l'vlcere soit entierement guery.

Que si cette enflure s'ouure de soy-mesme, & que pour l'auoir negligée trop long-temps elle degenere en fistule, ce que vous reconnoistrez, tant par la sinuosité profonde qui est au dedans, que par vne sanie acre qui en sortira; alors vous prendrez selon l'aduis de quelques autres de la chaux viue & de l'arsenic de chacun quantité égale; reduisez-les en poudre subtile, puis adjoûtez-y du suc d'ail, d'oignon, & d'hieble, de chacun pareille quantité: faites-les boüillir ensemble & les remuez bien, iusques à ce que tout deuienne espois en consistence d'onguent: lauez en suite l'vlcere auec du fort vinaigre, & introduisez vne tente dedans deux fois le iour, qui soit enduite dudit onguent, & par dessus appliquez vne emplastre de graisse de porc pour faire tenir la tente, & continuez ainsi iusques à ce que le Cheual soit guery.

D'autres prennent de l'orpiment, de la chaux viue, du verd de gris de chacun pareille quantité; meslez-les auec le jus de pouliot, de l'ancre, du miel, & du fort vinaigre; faites-les boüillir, & les remuez bien ensemble, iusques à ce que le tout soit deuenu fort espois; alors faites-en de petits rouleaux, & les introduisez dans la profondeur de l'vlcere.

Il faut remarquer que ce dernier emplastre & celuy qui le precede, ont la vertu de reffrener la malignité de l'humeur acre, qui fait degenerer l'vlcere en fistule, laquelle aussi-tost que vous aurez surmonté, ce que vous reconnoistrez par la blancheur & espoisseur de la matiere, alors vous guerirez la playe, ou auec la poudre de sabine; ou la poudre de miel & de chaux cuits ensemble au four; ou bien en l'oignant de poix liquide & d'huile d'oliue, ou bien de graisse de porc recente meslez ensemble.

D'autres pour ce mal ouurent premierement la tumeur auec vn fer chaud ; puis prennent de la sanguine & du sauon noir, & les meslant auec de l'eau iusques à ce qu'elle soit espoisse, en font des tentes dont ils se seruent, iusques à ce que le Cheual soit guery.

D'autres enfin prennent vne quarte d'eau, demie liure d'alum de roche, pour quatre sols de mercure, vn quarteron de verd de gris, & les meslant bien ensemble, lauent l'vlcere du Cheual auec cette eau, iusques à ce qu'elle commence à se desseicher, puis acheuent la guerison auec la poudre susdite.

CHAPITRE XIX.

DV CHEVAL QVI A SES OREILLES pendantes & flottantes.

C'EST vne chose aussi difforme & mal-sceante de porter les oreilles en cette maniere, comme de n'auoir pas l'vsage & la liberté de quelqu'autre membre externe que ce soit. Ce defaut vient d'vne infirmité naturelle, ou de la premiere conformation. Et quoy que plusieurs de nos Mareschaux ayans essayé de le corriger & d'y apporter quelque remede, ont esté frustrez de leur intention : Neantmoins il n'y a rien de si certain que cette infirmité, se peut guerir en cette maniere.

Premierement, prenez les oreilles du Cheual, & les dressez en la maniere que vous desirez qu'elles demeurent, & apres auec deux attelles liez les oreilles auec deux longs cordons à l'endroit ou elles sont redressées, en sorte qu'elles ne se puissent remuër en façon quelconque : alors vous apperceurez entre la teste & la racine de l'oreille quantité de peau ridée & plissée, laquelle vous tirerez en haut auec le doigt & le poulce, puis auec des ciseaux bien affilez vous coupperez toute cette peau prés la teste, & auec vne aiguille enfilée de soye rouge, vous coudrez les levres de la playe ensemble, apres vous appliquerez dessus vn emplastre fait de terebenthine, graisse de cerf, & miel, de chacun pareille quantité, le tout fondu & meslé ensemble, & reduit en forme d'onguent, auec lequel vous guerirez la playe. Cela estant fait vous osterez les éclisses qui soustenoient les oreilles, & vous verrez que les oreilles se tiendront dans lá mesme assiette que vous les aurez mises sans aucun changement. Cette cure est aussi certaine, qu'est la guerison d'vne coupure au doigt.

CHAPITRE XX.

DES AVIVES, OV GLANDES endurcies entre les maschoires & le col.

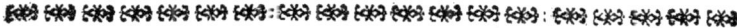

Les auiues sont de grosses glandes, qui croissent depuis la racine de l'oreille du Cheual en bas vers la maschoire entre le gosier & le col. Elles sont en leur estat naturel, longues, estroites, & rondes, & sont des parties qui naturellement se doiuent trouuer dans le corps du Cheual, lesquelles sont les emunctoires du cerueau, mais lors qu'elles sont abbreuuées d'vn mauuais sang, ou d'vne quantité d'humeurs corrompuës, qui se jettent sur ces parties spongieuses, elles commencent à s'enflammer, & deuiennent fort vilaines, font des abscez & des vlceres fort dangereux. Elles sont remplies au dedans de petits noyaux sales qui causent grande douleur au col, & au gosier du Cheual. Ce mal, autant que ie puis découurir sa nature, respond à cette maladie que nous appellons aux hommes squinancie, & n'est pas comme ont creu quelques anciens Mareschaux, la gourme, n'ayant aucune conformité auec cette maladie.

Les signes de ce mal paroissent à la veuë, la respiration est empeschée à cause de l'enflure de ces glandes qui compriment le gosier. Le Cheual se veautre, se couche, se leue souuent, & s'agite estrangement à cause de l'oppression qu'il souffre.

Les remedes que les anciens employent sont ceux-cy: Si vous voyez que les glandes s'enflent, & tendent à apostumer, vous prendrez l'oreille du Cheual, & la coucherez le long du col du Cheual, à l'endroit ou se terminera l'extremité de l'oreille, faites vne ouuerture au trauers la peau du col, de la longueur d'vne amende ou plus : puis auec vn crochet de fil d'archal, tirez toutes les glandes que vous trouuerez enflammées ; ce qu'estant fait remplissez le trou de sel ; trois iours apres vous trouuerez que la partie malade commence à suppurer : alors lauez-là auec l'eau de tan, ou auec le suc de sauge ; puis prenez du miel ou du beurre frais, & de la poix liquide de chacun demie cuillerée : faites-les fondre ensemble, & apres que vous aurez bien laué l'ulcere, mettez dedans la grosseur d'vne febue de cét onguent, & ainsi pensez vôtre Cheual vne fois le iour iusques à ce qu'il soit guery.

Il y a des anciens Mareschaux Anglois qui ont de coustume de guerir cette tumeur en l'ouurant auec vn fer chaud par le milieu en sa longueur, depuis la racine de l'oreille, iusques à l'endroit ou le bout de l'oreille se peut estendre estant couchée, & au dessous de la racine faites derechef deux incisions des deux costez en la maniere d'vne fleche, ou plustost du bout d'vne fleche, ainsi que vous voyez representé,

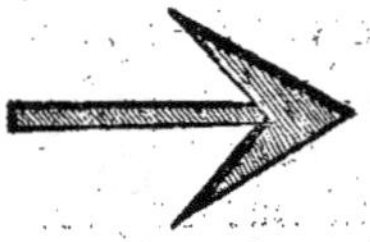

Apres donnez vn coup de lancette au milieu de la premiere ligne, & prenant les glandes auec vne paire de pincettes, il faut les arracher, en sorte que vous puissiez couper & emporter les glandes sans blesser la veine, cela estant fait;

remplissez

remplissez l'ouuerture auec du sel, & la guerissez comme il a esté dit.

La plus grande partie des Mareschaux Italiens se seruent de ce remede. Premierement ils prennent vne esponge, trempée & boüillie dans du fort vinaigre, & l'appliquent sur la partie malade, reïterant cela tous les iours iusques à ce que les glandes soient pourries; apres ils donnent vn coup de lancette au dessous du lieu ou est amassée la matiere, & la font sortir; puis ils remplissent le trou de sel bien broyé: le iour suiuant ils lauent toute l'ordure auec vne esponge moüillée d'eau tiede, & en suite ils oignent l'endroit auec du miel & farine de febves meslez ensemble. Mais il faut prendre garde pendant ce traictement, de ne point toucher les glandes auec le doigt nud, de peur d'enuenimer l'endroit, qui est fort propre pour faire vne fistule.

Il y a des Mareschaux François qui ont de coustume de meurir la tumeur, en y appliquant vn emplastre chaud de porc, ou vn emplastre fait de farine d'orge, meslée auec trois once de raisins bien boüillis dans du vin fort, ou bien ils coupent les glandes: or soit que vous les coupiez, brusliez, ou que vous les pourissiez, ie trouue que la meilleure maniere de toutes est de les faire pourir.

Vous remplirez tousiours l'ouuerture auec sel & orties hachées & meslées ensemble; ou bien mettez-y des tentes trempées dans de l'eau meslée auec de l'huile d'oliue & du sel. D'autres ont de coustume de les brusler auec vn fer chaud au milieu depuis l'oreille iusques à la machoire, faisant vne croix, & puis les ouurir auec la lancette au milieu; en suite d'arracher les glandes, & puis les remplir de sel marin auec les sommitez d'orties hachées & meslées ensemble: ou bien prenez des sommitez d'orties bien hachées & les meslez auec du sel marin & deux cuillerées de fort vinaigre. Coulez le tout, & versez vne cuillerée de cette liqueur dans l'vne des deux oreilles, & bouchez-là auec vn peu de laine noire, & apres la liez. D'autres ont de coustume de les faire meurir, en appliquant sur la tumeur du foin mouïllé, ou de la littiere chaude des Cheuaux, & lors qu'elles sont paruenuës à maturité, ce que vous reconnoiltrez par la mollesse, d'ouurir la peau, & oster les glandes tumefiées, puis de remplir l'ouuerture auec du miel & de la chaux viue reduite en poudre, meslez ensemble & bruslez. Les autres veulent, apres que glandes sont meuries & arrachées, qu'on prenne de l'aigremoine, des feüilles de violiers & du miel, de chacun égale quantité, & qu'on les fasse boüillir ensemble pour en faire vn cataplasme qu'on appliquera sur la tumeur iusques à ce qu'elle soit entierement guerie. D'autres ont accoustumé, apres que les glandes sont ostées, de lauer la playe auec de l'eau de couperose, puis de mettre dans le trou vne tente faite de filasse trempée dans vn blanc d'œuf, puis de le consolider auec cire, terebenthine, & graisse de porc fonduës ensemble.

CHAPITRE XXI.

DE L'INFLAMMATION au gosier.

CETTE inflammation n'est pas, de la maniere que nos anciens Mareschaux en discourent amplement, vne espece de squinancie, mais vne petite inflammation de la gorge, procedant de quelque humeur bilieuse ou sanguine, laquelle découle des rameaux des veines jugulaires sur ces parties, & y produit quelque inflammation, estant excitée par vn grand froid en temps d'hyuer, ou prouenant de s'estre morfondu apres le trauail.

Elle n'est rien autre chose qu'vne grande enfleure, auec dureté entre les maschoires inferieures, à la racine & base de la langue laquelle enuironne le col, estant causée par vne descharge d'humeurs superfluës, qui arriue ordinairement en la jeunesse des Cheuaux.

Cette enfleure si elle n'est preuenuë peut boucher le passage de la respiration, en comprimant la trachée artere, & ainsi estrangler ou estouffer le Cheual.

Les signes de cette maladie, outre la tumeur qui est sensible & palpable, sont les tempes du Cheual enflées, la langue tirée hors de la bouche, la teste & les yeux enflez, le passage du col si bouché qu'il ne pourra ny boire ny manger, & la respiration difficile.

Le remede est, selon les anciens Mareschaux, de faire vn trou à trauers la peau à costé du gosier auec vn petit fer chaud, & lors qu'il a commencé de suppurer, de mesler du beurre, de l'eau des tanneurs, & du sel ensemble, & tous les iours estuuer l'vlcere de cette liqueur iusques à ce qu'elle soit guerie. Il y a aussi de ces mesmes anciens qui auoient de coustume de lauer la bouche du Cheual & sa langue auec de l'eau chaude, & en suite d'oindre la partie auec du fiel de taureau : cela estant fait, ils luy faisoient prendre ce breuuage. Prenez de la vieille huile deux liures, du vin vieil vne quarte, neuf figues, & neuf testes de porreaux bien cuits & broyez ensemble, & apres faites boüillir vn peu cela, & auant que de le couler mettez-y vn peu de nitre d'Alexandrie, & luy en donnez vne quarte tous les matins & tous les soirs.

Vous pourrez aussi si vous voulez, luy tirer du sang du palais, & verser du vin & de l'huile dans ses nazeaux, & aussi luy donner à boire de la decoction de figues & de nitre boüillis ensemble; ou bien d'oindre le gosier par dedans auec du nitre, de l'huile, & du miel; ou bien auec du miel & la fiente de pourceau meslez ensemble.

D'autres Mareschaux ont accoustumé de passer vn seton au dessous du gosier, & de tirer le fil trois ou quatre fois le iour, l'oignant de beurre frais, tenant sa teste chaude.

Les autres qui sont des recens & des plus experimentez, ont cette coustume. Premierement si l'âge du Cheual le permet de le seigner à la veine ceruicale ; & en suitte d'appliquer sur la tumeur ce cataplasme maturatif. Prenez des mauues, de l'ache, du lierre terrestre, de la semence de lin, quãtité égale. Faites tout boüillir dans de la lie de bierre, apres adjoûtez-y vn peu d'huile de laurier, auec vn peu de dialthea, puis retirez-le du feu, & l'appliquez sur la tumeur, ne permettant pas en aucune maniere au Cheual de boire de l'eau froide : apres que la tumeur sera ouuerte, appliquez dessus du son boüilly dans du vin, iusques à ce qu'elle soit guerie.

Les autres incisent les tumeurs entre les maschoires, puis estuuent la tumeur auec du beurre & de la bierre, donnant au Cheual à boire du laict tout recent, de l'ail, & le suc de feüilles de bouleau, & en hyuer de l'escorce de bouleau: ou bien l'oignent de poix liquide & d'huile, iusqu'à ce qu'il soit guery.

Quant à moy, le meilleur remede que i'ay iamais troué pour ce mal est celuy-cy. Aussi-tost que j'apperçois l'enfleure s'esleuer entre les maschoires, ie prends vne bougie allumée & la tiens sous les maschoires bien prés de l'enfleure, ie la brusle si long-temps qu'on puisse voir la peau bruslée de part en part, en sorte qu'on puisse la détacher de la chair, cela estant fait on y applique du foin moüillé, ou bien de la littiere moüillée pour meurir la tumeur & la faire abboutir, puis appliquez dessus vn emplastre de poix dont se seruent les Cordonniers; cela fera sortir le pus, & la guerira. Que si l'enfleure s'ouure au dedans & non pas au dehors, & que le Cheual vuide seulement par les nazeaux; alors vous luy ferez vne suffumigation pour la teste trois ou quatre fois le iour, bruslant au dessous ses nazeaux, ou de l'encens, ou du mastic, ou bien mettant vn charbon ardent parmy du foin moüillé, & ferez monter ainsi la fumée à la teste du Cheual.

CHAPITRE XXII.

DE L'VLCERE CHANCREVX *aux nazeaux.*

CE que nous appellons vlcere chancreux aux nazeaux eſt produit d'vne humeur bouillante & mordicante, qui ronge & conſume la chair iuſques au vif. Que ſi on ne pouruoit à ce mal de bonne heure, il rongera & conſumera tout à fait le cartilage du nez.

La cauſe eſt vn ſang corrompu, ou bien vne faim canine produite par vn grand froid.

Les ſignes ſont ceux-cy. Le Cheual ſaignera ſouuent du nez, & toute la chair du dedans des nazeaux ſera rouge, vilaine, & puante: il ſortira de l'ordure & de la matiere purulente de ſon nez.

Pour remede les anciens conſeillent de prendre de la couperoſe verde, & de l'alum de chacun vne liure, de la couperoſe blanche vn quarteron, faites bouillir cela dans vn pot d'eau de riuiere, iuſques à la conſomption d'vne pinte: alors retirez-le du feu, & y adjoûtez vne chopine de miel; puis faites luy leuer la teſte, comme quand on veut luy faire prendre medecine; & injectez vn peu de cette eau tiede dans ſes nazeaux trois ou quatre fois de ſuitte, auec vne ſiringue d'eſtain; mais à chaque fois que vous le ſiringuerez, donnez-luy le temps de baiſſer la teſte & de ronfler, ou vuider par les nazeaux la vilaine & ſale matiere: car autrement il pourroit arriuer que vous le ſuffoqueriez.

Il ſera bon auſſi apres cela ſans leuer ſa teſte dauantage, de lauer & frotter ſes nazeaux auec vn linge ou drapeau fin lié au bout d'vn baſton, & trempé dans cette eau, &

faire cela vne fois le iour iusques à ce que le Cheual soit guery.

Les autres s'ils voyent que cét vlcere est accompagné d'ardeur & d'inflammation, conseillent de prendre le jus de de pourpier, laictuë, solanum & autrement morelle, alkekenge, de chacun quantité égale, les mesler ensemble, & en lauer la tumeur auec vn linge moüillé dedans ; ou bien siringuer en dedans ses nazeaux, & cela appaisera la douleur.

D'autres prennent de l'hyssope, de la sauge, de la ruë de chacune vne poignée, lesquelles ils font boüillir dans de l'vrine & de l'eau, iusques à la consomption de la troisiéme partie : ils coulent apres le tout & y meslent vn peu de couperose blanche, du miel & de l'eau de vie, & ainsi ils lauent l'vlcere auec cette liqueur, ou en injectent dans les nazeaux. Quand la malignité du cancer est vaincuë, on fait cette decoction pour acheuer la guerison.

Prenez des feüilles de lanceole autrement dit petit plantain, ou quinqueneruia, de betoine, de bellis ou marguerites, de chacune vne poignée ; faites les bien boüillir dans du vin & de l'eau, puis lauez-en la tumeur trois ou quatre fois le iour, iusques à ce qu'elle soit guerie. Il y en a qui prennent du crystal reduit en poudre subtile, & en saupoudrent le cancer. Cela est bon pour le mortifier.

CHAPITRE XXIII.

DV SAIGNEMENT de nez.

PLusieurs Cheuaux, principalement les jeunes, sont fort sujets à saigner du nez; ce que ie m'imagine proceder, ou d'vne trop grande quantité de sang, ou que la veine qui aboutit à cét endroit, est rongée, rompuë, ou ouuerte. Elle s'ouure souuent à cause de l'abondance du sang, ou bien à cause qu'il est trop subtil, lequel a penetré & passé à trauers les veines, la veine peut aussi se rompre par quelque grand effort, ou coupeure, ou par quelque rude coup, & enfin elle peut estre rongée par l'acrimonie du sang, ou bien par d'autres mauuaises humeurs qu'elle contient.

Le remede selon la pratique des anciens, est de prendre le jus des racines d'orties, lequel il faut siringuer dans les nazeaux, & appliquer sur la nucque vne liasse de foin moüillé dans l'eau froide, & quand il s'échauffe, il faut l'oster & y en appliquer de frais.

Il y a des Mareschaux qui prennent vne pinte de vin rouge, dans laquelle ils meslent vne pinte de bol romain subtilement puluerisé, l'ayant fait tiedir, ils en versent le premier iour la moitié dans les nazeaux, faisant en sorte qu'on luy leue la teste afin que le vin ne tombe pas, l'autre iour en suite ils luy donnent l'autre moitié.

Les autres ont de coustume de tirer du sang de la veine pectorale par plusieurs fois du mesme costé que le Cheual saigne. En suite ils prennent vne once d'encens, demie once d'aloës, qu'ils reduisent en poudre subtile, laquelle ils meslent auec des blancs d'œufs, iusques à ce qu'il soit espois comme miel, & auec du poil de lievre en fourent dans les nazeaux, & les remplissant entierement, en sorte que rien n'en puisse sortir : ou bien remplissez ses nazeaux de cendre de fiente de pourceau, & de craye meslez auec du vinaigre.

Quand tous ces remedes ne font rien, (comme il est arriué qu'ils m'ont quelquefois manqué) alors ie prends deux petites cordes, dont ie lie & serre bien fort les jambes de deuant, dix doigts au dessus du pied, & au dessous de la jointure: puis i'applique des linges trempéz dans de l'eau la plus froide qu'on puisse trouuer, sur la nucque, ou bien du foin moüillé : & par ce moyen l'hemorrhagie s'arreste incontinent.

CHAPITRE XXIV.

DES FENTES OV CREVASSES *au palais.*

LEs fentes ou creuasses qui arriuent au palais du Cheual viennent, selon l'opinion de quelques Mareschaux, de manger de gros foin, qui est rude & remply de chardons, ou autres herbes picquantes, ou bien d'auenage qui est remply de grains aspres & picquants, lesquels par vn picquotement continuel des rayes du palais, les font apostumer, enfler, & y produisent vne matiere sale & corrompuë. Que si on n'y prend garde de bonne heure l'vlcere se conuertira en vn chancre salé & vilain.

Le remede est selon la pratique des anciens Mareschaux, de bien lauer & nettoyer les parties offensées auec du sel & du vinaigre meslez ensemble, & puis l'oindre de miel. Il y en a d'autres qui ont de coustume, principalement lors que le palais est beaucoup enflé de picquer la voute de la bouche auec vn fer chaud, afin que l'humeur en puisse couler abondamment, & d'oindre la partie auec oignons

& miel

& miel bouillis ensemble, iusques à ce que le Cheual soit guery.

CHAPITRE XXV.

DES VESSIES ET APHTES, qui viennent en la bouche du Cheual.

LEs vessies aphtes, ou escorcheures à la bouche du Cheual, sont de petites eleuations ou pustules, ayans la pointe noire, lesquelles croissent au dedans des levres du Cheual, prés les dents maschelieres. Elles sont grosses quelquefois comme des noix, & causent vne si grande douleur, quelles luy font tomber sa nourriture de la bouche, ou bien la tenir à la bouche sans la mascher: c'est pourquoy le Cheual ne peut pas profiter ny engraisser en façon quelconque.

Ce mal procede, ou de manger trop d'herbes, ou de mauuais foin piccuant, ou de mauuais auenage.

Les signes en sont assez euidens, & faciles à connoistre.

Le remede est selon le sentiment des anciens: premierement de tirer la langue à costé de la bouche, puis auec vne lancette faire vne incision sur la tumeur de la longueur d'vne datte; puis auec des pincettes oster bien adroitement toutes les glandules qui sont comme des grains de froment: En suite prenez vn jaune d'œuf, & autant de sel pulverisé, pour le rendre espois & en consistence de paste, puis formez-en des petites boulettes ou pilules: mettez-en vne dans chaque trou. Faites cela vne fois le iour iusques à ce qu'il soit guery.

D'autres ont de coustume; apres qu'ils ont fait vne incision auec le bistory ou scalpelle pour en faire sortir la matiere, de lauer la partie malade auec sel & vinaigre, ou bien auec de l'eau d'alun. Les autres ont de coustume de brusler auec vn petit fer chaud l'enfleure, & apres lauer la partie auec de la bierre & du sel, ou auec ail & sel; & cela le guerira.

Pour preuenir cette maladie, il sera bon de tirer souuent la langue du Cheual, & la lauer auec du vin & de la bierre & de l'ail, cela empeschera qu'il ne s'engendre des vessies, ou quelque autre maladie.

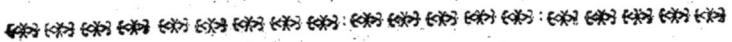

CHAPITRE XXVI.

DV LAMPAS.

LE lampas est vne enfleure ou surcroissance de chair qui surpasse les genciues & les dents incisiues de la maschoire superieure, & ainsi les empeschent de croistre.

Ce mal prouient d'vne abondance de sang qui se jette sur le premier sillon ou barre de la bouche, c'est à dire celle qui est la plus proche des dents de deuant.

Ce mal est fort apparent & aisé à voir, & partant il n'a pas besoin d'autres marques pour le reconnoistre.

Les anciens ont accoustumé de guerir ce mal en cette maniere. Premierement, ils tirent du sang de la partie enflée, en y faisant plusieurs scarifications auec la lancette: puis ils prennent vn fer large & mince par vn bout & tourné en haut, ainsi qu'il est representé par cette figure;

& l'ayant fait rougir au feu ils bruslent toute cette chair superfluë qui surmonte les dents de deuant; puis ils oignent la partie malade auec du beurre frais, iusques à ce que le mal soit guery. Les autres, apres que cette chair a esté bruslée, ont de coustume, de frotter l'endroit malade auec du sel seulement, ou bien le lauer auec sel & vinaigre iusques à ce qu'il soit guery. Autrement il y en a qui prennent vn bistory ou cousteau courbé bien trenchant & tres-chaud, auec lequel ils fendent en deux la partie enflée vis à vis les dents ; que si la partie est seulement vn peu enflée, alors faites vne incision vers le troisiesme sillon & vers les dents mollaires, & ainsi laissez-le saigner beaucoup : apres frottez-le auec vn peu de sel. Que si apres vous trouuez que nonobstant les brusleures, les incisions, & la nourriture rude qu'on luy donne, le mal ne guerisse pas, mais qu'il vienne à suppuration, alors vous prendrez vne petite escuellée de miel, douze grains de poivre, & les broyerez ensemble dans vn mortier, y adjoûtant du vinaigre, & ferez tout bouïllir vn peu ensemblement, vous oindrerez de cela le mal vne fois le iour iusques à ce qu'il soit guery.

CHAPITRE XXVII.

VERRVES OV PETITES PVSTVLES *pleines d'eau rousse.*

CEs eleueures aux Cheuaux sont des bourgeons ou petites verruës qui viennent au milieu du palais en la partie superieure, ils sont mols & douloureux : ils s'engendrent aussi sur la langue & les levres.

Ils procedent d'auoir mangé de l'herbe gelée, ou pour auoir pris dans leur bouche de la poussiere gelée auec l'herbe, quelquefois d'auoir mangé du foin moüillé, sur lequel les rats ou autre vermine auront pissé, & quelquefois d'auoir leché du venin.

Les marques sont les bourgeons & les ampoulles qui paroissent auec vn abandon des alimens, tant à cause de la nourriture, que de l'insipidité des choses qu'il a déja mangées.

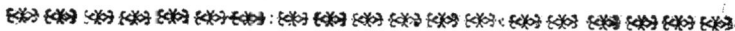

Les remedes selon l'aduis des anciens, sont premierement de luy tirer du sang des deux grandes veines dessous la langue ; puis lauer la partie affligée de vinaigre auec du sel. En suite de donner au Cheual du pain tendre qui ne soit pas chaud à manger ; ce qui fera que le Cheual se portera bien. D'autres ont de coustume de brusler auec vn fer chaud les ampoulles & leur eminence, & puis les lauer de vin & de sel, ou bien d'ail & de sel iusques à ce qu'ils saignent, & ils gueriront bien-tost. Il y a des Mareschaux qui font tirer la langue hors de la bouche, & picquent les veines en sept ou huict endroits, & pareillement aussi sous les levres d'en-haut, & les laissent bien saigner, puis frottent les parties affligées auec beaucoup de sel. Apres le iour suiuant ils lauent les parties de vin blanc tiede, ou bien auec du fort vinaigre, & ne permettent pas que le Cheual boiue froid pendant deux ou trois iours, & apres le Cheual se portera bien.

CHAPITRE XXVIII.

DV CHANCRE DANS LA BOVCHE du Cheual.

LEs anciens disent que le cancer n'est autre chose qu'vne bouche vlcerée, & la langue remplie de vessies, qui font beaucoup de douleur, desquelles sort vne serosité chaude & acre, qui ronge & pourrit la chair sur laquelle elle coule.

Les signes sont les apparences de la tumeur, outre l'abandon de la nourriture, à cause que le Cheual ne la peut aualer, mais il la laisse à demy maschée entre les dents, & quelquefois apres l'auoir maschée il l'a rejette hors sa bouche, son haleine sentira bien fort, principalement lors qu'il est à jeun.

Cette maladie vient le plus souuent d'vne chaleur contre nature de l'estomach, quelquefois aussi d'vne qualité veneneuse de la mauuaise nourriture.

Le remede, selon les enseignements des anciens, est de prendre demie liure d'alun, du miel vn quarteron, des feüilles d'ancholie & de sauge de chacune vne poignée: faire boüillir le tout ensemblement dans trois pintes d'eau de riuiere, iusques à la consomption d'vne pinte, & en lauer toutes les parties offensées, en sorte qu'elles puissent saigner, & faire cela vne fois tous les iours iusques à ce qu'elles soient gueries.

D'autres ont de coustume de renuerser le Cheual, puis auec vn morceau de bois rond ouurir sa bouche, & apres auec vn ferrement courbé enueloppé d'estouppes ou de filasse de racler toute la vilaine crasse, herbe ou nourriture qui demeure entre les dents, & dessous la racine de la langue. Quand vous l'aurez ainsi nettoyé, vous ferez chauffer du vin auec du fort vinaigre, & alors auec le mesme instrument enueloppé d'estouppes nouuelles, & trempé dedans ce vin & vinaigre, vous nettoyerez toutes les parties affligées iusques à ce qu'elles saignent; puis lauez sa langue & ses levres auec le mesme vinaigre, & le faites leuer; sept iours apres nourrissez-le de farine d'orge auec l'eau tiede & de graines chaudes, & ne luy donnez aucunement de foin; ce faisant il sera bien-tost guery.

D'autres prennent le jus de racines d'asphodeles, sept drachmes, autant de suc de cynoglossum, & autant de vinaigre, d'alun vne once: on mesle bien tout cela ensemble, & on en laue le cancer vne fois le iour, iusques à ce qu'il soit guery.

Il y en a qui prennent de la sabine, de la ruë, du sel marin parties égales, & les font boüillir ensemble auec autant de vieux oingt, & en oignent la partie malade iusques à ce que le cancer soit amorty, ce que vous pouuez reconnoistre par la blancheur, puis ils acheuent de le guerir auec eau d'alun. Les autres lauent le chancre iusques à ce qu'il saigne, auec de l'oxycrat chauffé, puis ils prennent quantité d'alun subtilement puluerisé, & le meslent auec du fort vinaigre iuſques à ce qu'il ſoit eſpois & de la conſiſtence d'vn onguent, & apres en oignent les parties malades, & font cela deux ou trois fois le iour, iuſqu'à ce que le chancre ſoit guery.

Pour moy ie n'ay iamais trouué de meilleur remede pour ce mal, que de prendre du gingembre & de l'alun reduits en poudre ſubtile, de chacun quantité égale; puis les meſler enſemble auec du vinaigre fort, iuſques à ce qu'il ſoit eſpois comme vn onguent: ayant bien laué le chancre, ſoit auec de l'eau d'alun ou auec du vinaigre, oignez-le de cét onguent, & en le penſant trois ou quatre fois de la ſorte, il guerira.

CHAPITRE XXIX.

DE LA CHALEVR A LA BOVCHE & aux levres du Cheual.

LA chaleur violente & contre nature, qui monte de l'eſtomach à la bouche du Cheual, n'engendre pas toûjours vn chancre; mais quelquefois échauffaiſon & inflammation de la bouche & des levres, les faiſant ſeulement enfler, & les bruſlant en ſorte que le Cheual ne prend point de plaiſir à manger, mais à cauſe de la douleur qu'il reſſent, il rebutte les alimens.

Le remede eſt, premierement de renuerſer ſa levre d'enhaut, & celle qui eſt la plus enflée, & la ſcarifier legerement pour la faire ſaigner: puis lauer ces parties, toute la bouche & la langue auec du vinaigre & du ſel.

CHAPITRE XXX.

DE LA LANGVE BLESSÉE DV mors ou autrement.

SI la langue du Cheual est blessée, couppée, ou irritée par quelque accident ou infortune, le meilleur remede, comme pretendent les anciens Mareschaux, est de prendre du miel d'Angleterre & du lard sallé, de chacun quantité égale, vn peu de chaux viue, & vn peu de poivre pulverisé & faire tout boüillir sur vn feu lent, remuant tout bien ensemble iusqu'à ce qu'il deuienne espois comme vn onguent; puis lauez la blesseure auec du vin blanc chauffé, apres oignez-là auec ledit onguent deux fois le iour, & ne permettez pas en aucune maniere que le Cheual porte vn mors iusques à ce qu'il soit guery.

D'autres ont de coustume de lauer la blesseure auec de l'eau d'alun tiede; puis de prendre les feüilles de ronces noires, & les hacher menu auec vn peu de lard, mettant apres le tout dans vn petit linge, que l'on formera en rond comme vne balle, lequel en suite on trempera dans du miel, pour en frotter la langue vne fois le iour iusques à ce qu'il soit guery.

CHAPITRE XXXI.

DES BARBILLONS OV MAMMELONS qui croissent sous la langue du Cheual.

IL y a deux barbillons ou mammelons qui se trouuent naturellement sous la langue de chaque Cheual, attachez aux maschoires inferieures : neantmoins s'il arriue quelquefois qu'ils croissent & viennent à vne longueur extraordinaire, ou qu'ils soient par vne abondance d'humeurs, attaquez de quelque inflammation, alors on peut dire que ce sont des tumeurs contre nature. La grande douleur qu'ils excitent empesche le Cheual de manger.

Le remede est, selon l'aduis des anciens & des modernes, de les couper absolument auec des ciseaux bien prés des maschoires, & apres de lauer la playe auec de l'eau & du sel : ou bien auec du sel, du tartre, & du fort vinaigre, l'vn de ces remedes guerira sans doute le Cheual.

CHAPITRE XXXII.

DV MAL DES DENTS, DES dents de loup, & des dents sourdes.

VN Cheual peut auoir mal aux dents pour diuerses raisons, ou à cause d'vne fluxion qui descend de la teste sur les dents & gencives, ce qui est fort ordinaire aux poulains & ieunes Cheuaux, & fort aisé à remarquer par la pourriture & enfleure des gencives, ou bien pour auoir deux dents outre le nombre ordinaire, que l'on nomme les dents de loup dents de loup, qui sont deux petites dents qui croissent aux maschoires superieures, prés les grosses dents appellées molaires, qui font tant de douleur au Cheual, qu'elles l'empeschent de mascher les alimens, & qu'il est contraint de les laisser tomber de sa bouche, ou bien de les retenir à demy maschez.

Derechef le Cheual aura grand mal aux dents, quand les dents superieures sont si longues, qu'elles surpassent celles de la maschoire inferieure; ou bien sont si pointuës & trenchantes qu'elles coupent les levres interieurement, comme si elles estoient trenchées auec vn cousteau.

Enfin vn Cheual peut auoir grande douleur aux dents, quand par la corruption du sang, ou par quelque autre infirmité naturelle, les dents du Cheual sont chancelantes & douloureuses, en sorte qu'à cause de leur foiblesse il ne peut mascher sa nourriture.

Il y a diuers remedes pour cette maladie, premierement vous sçaurez que pour la douleur generale des dents du Cheual, laquelle vient de la fluxion des humeurs, il est jugé à propos par les anciens auant toute chose, de frotter le dehors des gencives auec de la craye fine & du fort vinaigre bien meslez ensemble.

D'autres Mareschaux ont de coustume, apres qu'ils ont ainsi laué les gencives, de les saupoudrer de poudre d'escorce de grenade, & de mettre vne emplastre de poix sur les tempes, meslez auec resine & mastic fondus ensemble, comme il a esté déja declaré.

Maintenant pour ce qui est de la guerison des dents de loup, ou des dents maxillaires, elle est telle selon l'opinion des anciens. Premierement il faut attacher la teste du Cheual à quelque pilier ou cheuron, & ouurir sa bouche si large auec vne corde, qu'on en puisse voir toutes les parties: apres prenez vn instrument de fer qui sera fait comme vn gouge d'vn charpentier, & auec la main gauche, posez le trenchant de vostre instrument au bas de la dent de loup, du costé exterieur de la maschoire, tournant vers le bas la partie caue de vôtre instrument, tenant la main ferme, en sorte que l'instrument ne puisse glisser ny vaciller hors la dent. puis tenant vn marteau de la main droite, frappez vn grand coup sur la teste de l'outil, & par ce moyen vous pourrez détacher la dent & la faire pancher en dedans, puis serrant le milieu dudit instrument sur la maschoire inferieure du Cheual, tordez la dent en dehors auec la partie interieure de l'instrument, & l'arrachez hors son alueole. Faites en de mesme à l'autre dent de loup de l'autre costé; puis remplissez les trous vuides de sel broyé.

D'autres Mareschaux ont de coustume, (& ie trouue par la propre experience que i'en ay faite que c'est la meilleure pratique) apres auoir attaché ou renuersé le Cheual, & luy auoir ouuert la bouche, de prendre seulement vne bonne lime & de luy limer les dents aussi poliment que faire se peut, puis apres de luy lauer la bouche d'eau d'alun.

Que si les dents de la maschoire superieure sont auancées au delà de celles d'en-bas, & qu'ainsi elles blessent & couppent le dedans de la bouche, comme il a esté dit; alors vous prendrez ledit instrument & frapperez dessus auec le marteau, & rongnerez ces dents & les rendrez plus courtes peu à peu & par degrez, courant tout du long depuis les premieres iusques à la derniere en tournant la partie caue de vôtre outil vers les dents: par ce moyen vous ne couperez pas le dedans des jouës, puis apres vous les limerez en les addoucissant le plus que vous pourrez, & lauerez sa bouche auec du sel & du vinaigre.

Enfin si la douleur prouient des dents branlantes, alors le remede est, selon l'aduis des anciens Mareschaux de renuerser le Cheual, & picquer auec vne lancette toutes ses genciues les faisant saigner beaucoup: puis apres de les frotter auec de la sauge & du sel, ce qui les rendra solides & fermes comme elles estoient auparauant.

Il y en a qui tirent du sang de la veine dessous la queuë prés le croupion; puis frottent toutes ses genciues de sauge, & luy donnent dans son auenage les sommitez de ronses noires, ou bien luy lauent la bouche auec miel, sauge & sel meslez & pilez ensemble. Il ne faut pas souffrir en façon quelconque que le Cheual mange rien d'humide : car la nourriture froide, humide, & marescageuse en hyuer, peut estre seule la cause du branlement des dents, & est fort ordinaire au Cheual alezan.

CHAPITRE XXXIII.

DES MALADIES DV COL, & de la partie superieure de l'espaule, du tetane ou mal de col, qui empesche de le pouuoir tourner.

LE tetane ou distension des nerfs, est lors que l'animal ne peut pas remuer son col en façon quelconque; mais le tient roide en telle sorte qu'il ne peut baisser la teste pour manger sans grande peine & douleur.

Cette sorte de conuulsion vient de cause froide, de laquelle nous auons déja parlé suffisamment. Elle prouient quelquefois d'auoir chargé sur les espaules du Cheual vn fardeau trop pesant, ou d'vne trop grande secheresse des nerfs.

Le remede, selon la pratique des anciens Mareschaux, est de percer le col du Cheual auec vn fer chaud bien pointu à trauers de la chair en cinq endroits differends, à trois doigts l'vn de l'autre : mais prenez bien garde de toucher les nerfs: puis passez vn seton dans chaque trou, qui sera fait de crin de Cheual, de filasse ou chanure, & l'y laissez durant quinze iours : oignez le seton auec graisse de porc, & ainsi le mouuement du col sera bien-tost remis en son premier estat. D'autres ont de coustume lors que la conuulsion fait tenir la teste du Cheual droite en deuant, ce qui fait voir que les nerfs des deux costez sont egalement affectez, de prendre vn fer chaud fait en maniere de pincettes, & de faire vne raye au Cheual de chaque costé du col, commençant dés la racine de l'oreille & passant par le milieu d'iceluy, & mesme de trauers par la poitrine penetrant de l'espoisseur d'vne paille, en sorte que les deux costez se rencontrent à la poitrine, puis faites vn trou à trauers la peau du front au dessous du toupet de poil qui y est, & appliquez vne ventouse vers le haut entre la peau & la chair de la largeur de la main; alors mettez dedans ou vne plume d'oye repliée au milieu, & l'oignez de graisse de porc; ou bien vn seton de corne ou de cuir auec vn trou au milieu : toutes lesquelles choses seruiront à entretenir l'ouuerture, afin que la matiere ait issuë, & ainsi tiendrez l'vlcere ouuert dix iours durant : mais durant ce temps-là, le trou doit estre nettoyé tous les iours vne fois, comme semblablement la plume ou le seton en l'oignant de nouueau & le remettant dans le trou. Il faut que le Cheual demeure bridé vne fois le iour durant vne heure ou deux, ou bien qu'vne personne le monte & luy fasse faire trois ou quatre mille de chemin, luy soûtenant la teste & la redressant.

Que si la conuulsion n'afflige pas les deux costez, mais qu'il y ait contorsion d'vn costé du col seulement, alors vous ne ferez pas comme il a esté dit vne ligne des deux costez du col auec le fer chaud; mais seulement d'vn costé, à sçauoir de celuy qui est opposé au costé malade; comme par exemple s'il panche du costé droict, il faut le retirer vers le costé gauche, & se comporter en la guerison comme il a esté dit, & s'il est necessaire vous pouuez mettre des eclisses de bois pour tenir le col droict.

I'ay guery ce mal en estuuant le Cheual auec l'huile de petreole fort chaud, & l'enueloppant apres de foin moüillé, ou littiere pourie, & tenant le Cheual fort chaudement, sans me seruir de brusleure, sans faire incision, & sans faire aucune autre violence.

CHAPITRE XXXIV.

DE LA LOVPE QVI SVRVIENT *au col du Cheual.*

LA loupe est vne glande ou vne bosse qui est sur la peau en la maniere d'vne enfleure ou tumeur, de laquelle la partie du dedans est dure comme vn cartilage, & spongieuse, comme vne peau remplie de plusieurs verruës molles, quelquefois jaunes comme du lard rance, auec des grains blancs qui sont entre-meslez.

Il y a des loupes qui sont grandes, & d'autres petites, & quelques-vnes qui sont douloureuses, & d'autres indolentes. Elles sont engendrées d'humeurs grossieres comme quelques-vns s'imaginent, & de phlegmes visqueux & gluants, qui s'amassent en quelque partie malade & affectée du corps.

D'autres disent qu'elles procedent de froid, ou de boire des eaux qui sont extremement froides, mais ie dy qu'encore qu'elles puissent venir des causes susdites ; neantmoins le plus frequemment elles prouiennent de ce que le Cheual a receu quelque contusion, ou qu'il a esté pincé, mordu, deschiré, ou esgratigné, par quelque sangle, licol, collier ou autre chose.

Voicy les remedes dont il faut se seruir. Prenez des feüilles de mauues, de sauge, & d'orties rouges, de chacunes vne poignée : faites-les boüillir dans de l'eau de riuiere, & y adjoûtez vn peu de miel & de beurre : quand les herbes seront cuites broyez-les & y meslez de l'huile de laurier, & de la graisse de porc de chacun deux onces, mettez tout sur le feu & le remuez : puis estendez-le sur vn morceau de cuir aussi grand que la loupe, & l'appliquez autant chaud que le Cheual le pourra endurer, le renouuellant chaque iour durant huict iours. Si vous apperceuez qu'elle s'eleue en pointe, alors donnez vn coup de lancette dans le milieu de la loupe en tirant en bas, si auant que la bouë qui est au fonds en puisse sortir; cela estant fait acheuez la guerison auec cét onguent.

Prenez de la terebenthine vn quarteron, lauez-là neuf fois dans de l'eau claire, puis adjoûtez-y vn jaune d'œuf, vn peu de saffran d'Angleterre en poudre. Faites vne tente ou rouleau de filasse & le trempez dans ledit onguent, & l'appliquez sur la playe, le renouuellant tous les iours vne fois, iusques à ce que la loupe soit guerie.

D'autres ont accoustumé en ce rencontre de brusler & consumer auec le fer chaud toute la chair superfluë, & apres de guerir l'vlcere auec l'onguent cy-dessus mentionné, ou bien auec de la poudre de miel & de chaux meslez ensemble. Et cette maniere de guerir est bien la plus prompte.

CHAPITRE XXXV.

DE L'ENFLEVRE QVI VIENT *au col apres la saignée.*

L'Enfleure qui suruient au col du Cheual apres la saignée, peut prouenir de diuerses causes, comme de percer la veine d'outre en outre, de sorte qu'vne partie du sang estant respandu entre la chair & la veine vient à suppuration & ronge la veine, ou bien d'auoir ouuert la veine auec vne flammette enroüillée, ou à cause de quelque vent froid qui s'insinuë dans la veine promptement: ou enfin pour auoir souffert au Cheual de baisser la teste trop tost, & de manger de l'herbe, pour ce sujet les humeurs se jettans sur cette partie engendrent vn grand abscez.

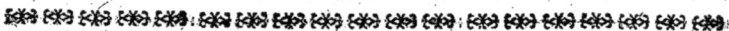

Le remede est, selon l'aduis de quelques Mareschaux, de prendre de la cigue & la faire bouïllir, puis la mesler auec de la fiente de brebis & du vinaigre, & en faire vn emplastre pour l'appliquer sur l'enfleure, le renouuellant tous les iours iusques à ce qu'elle soit guerie.

Les autres ont de coustume d'oindre cét endroit auec huile de camomille; puis y appliquer vn peu de foin trempé dans de l'eau froide, & l'enuelopper d'vn drap, le renouuellant tous les iours vne sepmaine durant pour voir s'il s'eleue en pointe; ou bien s'il disparoist. S'il vient à se terminer en pointe & tendre à suppuration, vous pourrez faire incision auec la lancette, & donner issuë à la bouë, puis y introduire vne tente de filasse imbuë de terebenthine, & graisse de porc fonduës ensemble, le pensant ainsi vne fois le iour iusques à ce qu'il soit guery.

CHAPITRE XXXVI.

DE LA MANIERE D'ARRESTER le sang.

S'Il arriue qu'vn Cheual, ou à cause d'vne blesseure, ou de quelque autre accident, ou par l'ignorance de quelque Mareschal peu experimenté qui l'aura saigné, perde son sang, sans qu'il y ayt apparence de le pouuoir arrester par les moyens ordinaires, alors vous appliquerez sur la blesseure, selon l'aduis des anciens Mareschaux, vn peu de fient de Cheual nouuellement fait, destrempé auec de la craye & du vinaigre, & n'osterez pas ce remede de dessus la partie de trois iours apres; ou bien vous appliquerez dessus de la soye bruslée, du feutre, ou du drap bruslez, chacun desquels arrestera le sang. D'autres ont de coustume de verser dans la playe le jus de coriandre, ou bien de donner à mascher au Cheual des feuilles de peruenche. D'autres prennent des orties broyées & les appliquent sur la playe, ou bien ils prennent de la tenaisie sauuage pilée, ou bien de la fiente de porc : comme d'autres prennent de la sauge pilée & l'appliquent sur la playe; ou bien ils prennent de la suye qui est à l'entour de la forge d'vn forgeron ; ou bien vne motte de terre, ou de l'hyssope broyée, ou les sommitez tendres de l'aubespine, ou cynorrhodon : ou bien ils prennent deux onces de sang de Cheual, & le font bouillir iusques à ce qu'il se puisse reduire en poudre ; puis ils mettent cette poudre dans la playe : mais quand tous ces remedes manquent, comme i'ay veu en plusieurs rencontres, alors pour tout refuge vous prendrez du poil de lievre ou de lapin, & boucherez tres-bien la playe, le tenant dessus fortement auec la main, iusques à ce que le sang s'arreste, & si la blesseure est douloureuse, aussi-tost que le sang sera arresté, estendez vn emplastre fait de bol armene & de vinaigre meslez ensemble par dessus.

CHAPITRE XXXVII.

DES ENCOLEVRES RENVERSEES.

L'Encoleure renuersée du Cheual, se fait lors que la partie superieure du col se courbe vers vn costé ou vers vn autre, & ne se tient pas droict & dressé comme il deuroit.

Ce mal prouient ordinairement de mauuaise nourriture, & principalement lors qu'vn Cheual qui estoit gras, tombe tout d'vn coup dans vne maigreur, à cause de quelque maladie interne.

Le remede selon les anciens Mareschaux, est de faire vne

vne raye auec vn fer chaud le long de la criniere du costé opposite, laquelle raye doit estre en profondeur de la largeur d'vne paille.

Ce fer doit auoir la grosseur d'vn demy doigt, & commencer & finir cette raye vn peu au delà ou commence & finit ce renuersement de crin; en sorte que la premiere raye puisse estre menée tout le long du crin bien prés de sa racine, portant la main droite vers bas sur le col, & puis tirer vne autre raye correspondante plus bas, & autant éloignée de la premiere que la cheute du crin est large enuironnant tout l'endroit de la cheute; mais il faut toûjours que ce soit de la partie opposite, & entre ces deux rayes iustement au milieu faut tirer vne troisiesme raye : puis auec vn bouton de fer large enuiron comme le doigt, faire par la brusleure à chaque bout vn trou, & aussi dans les interstices, ou entre les deux rayes faire diuers trous, esloignez de trois doigts les vns des autres, comme on peut voir aisément par cette figure.

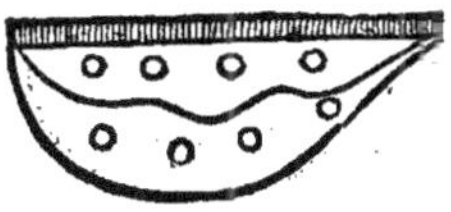

Cela estant fait pour esteindre le feu, faut oindre les parties bruslées de beurre frais tous les iours vne fois durant vne sepmaine: en suite prenez des mauues & de la sauge de chacunes vne poignée, faites-les boüillir dans de l'eau de riuiere, & lauez-en la brusleure iusques à ce que la chair soit vermeille, puis dessseichez-là auec de la poudre de miel & de chaux.

Il y a des Mareschaux qui ont de coustume pour cette maladie d'abbattre le Cheual sur quelque fumier mol, ou autre endroit commode & doux, & auec vn long cousteau de couper la chair du penchant de la criniere ou de la partie inferieure mesme, depuis vn bout iusques à l'autre posterieur six doigts de largeur, & deux doigts d'espoisseur, ou vn peu au milieu ou il est le plus espois, puis tenir la criniere auec les doigts pour rogner la partie la plus espoisse, iusques à ce qu'elle vienne toute à vne esgale espoisseur. Puis tenant toûjours le Cheual en sujettion & lié, ils couurent toute la partie de quelques poignées defiente de pourceau preparée pour cét effet, & la tiennent sur la partie affligée vne heure durant, iusques à ce que le sang soit arresté: apres ils laissent leuer le Cheual & le meinent à l'escurie, l'attachant de telle maniere qu'il ne se puisse coucher, ny frotter son col. Le lendemain ils prennent bonne quantité d'alun bruslé & pulueriſé, & en respandent sur toute la partie malade, & le laissent ainsi demeurer deux iours sans le remuër, de peur que la playe ne saigne derechef: puis au bout des deux iours ils estuuent la partie auec vn linge fin trempé dans de l'vrine chauffée, puis essuyant la partie malade ils respandent encore dessus de l'alun bruslé en plus grande quantité, & apres oignent tous les bords de l'vlcere auec *vnguentum album cumphoratum*, de la largeur de plus d'vn doigt. Ils l'accommodent ainsi tous les iours du costé que la criniere auoit tombé: puis pour le costé opposé, ils tirent son crin de ce costé-là, & le tordent ou tournent en plusieurs ronds: apres cela ils attachent à ces cordons de crin vn baston auec des lanieres de cuir, ce baston doit estre long d'vn pied & demy, au milieu duquel ils attachent vn morceau de plomb troüé, de telle pesanteur qu'il sera necessaire pour tenir le crin égal & en sa place; puis apres du costé de la criniere que le poids pend, ils tirent auec vn fer chaud du haut du crin en bas iusques à la pointe de l'espaule, faisans diuerses lignes distantes l'vne de l'autre d'vn doigt & demy: puis ils appliquent sur l'endroit bruslé vn emplastre fait de poix liquide & de resine, & laissent le poids ainsi suspendu iusques à ce que tout soit guery. Il n'y a pas de doute que par ce moyen le crin se tiendra esleué, droict, & ferme.

CHAPITRE XXXVIII.

DE LA DEMANGEAISON OV GALLE dans le crin du Cheual.

LA galle ou demangeaison au crin du Cheual qui luy fait tomber le poil, prouient ou d'vn sang pourry, de mauuais traictement, ou d'vn flux de ventre, ou bien de s'estre frotté contre quelque chose, ou vn autre Cheual galleux s'estoit frotté, ou bien d'vne vilaine poussiere qui a demeuré dans le crin, par faute d'auoir esté soigneusement pensé.

Les signes sont les frottemens, grattemens, & demangeaisons euidentes à l'entour du crin & du col, les bourgeons qui rongent la chair & la peau, outre la cheute du poil.

Le remede est, selon l'opinion de quelques-vns de nos anciens Mareschaux, est premierement de saigner le Cheual à la veine ceruicale, & couper tout le crin qui couure les galles ou gratelles, puis auec vn fer chaud gros comme le doigt, border toute la partie affectée depuis vn bout iusques à l'autre; puis oindre la partie bruslée auec sauon noir, & quelquefois la lauer auec la lie de vin forte, & de la chaux meslées ensemble.

D'autres Mareschaux pour cette galle, prennent seulement de la graisse nouuelle vne liure, du mercure demie once, de soulphre vne once, d'huile commune vne chopine; puis ils meslent le tout ensemble, & le remuent continuellement dans vn pot auec vne espatule, iusques à ce que le mercure soit tellement meslé auec le reste qu'il n'en paroisse aucune chose: apres cela ils prennent vn cousteau emoussé, ou vn vieil peigne de Cheual, auec lesquels ils raclent toutes les parties affectées du prurit, iusques à ce que le sang en sorte; puis ils les frottent de cét onguent au soleil si faire se peut, afin que l'onguent puisse penetrer : ou bien tenez vne pelle rouge au deuant, afin que l'onguent puisse fondre dans la chair. Que si apres l'auoir ainsi frotté trois iours durant, vne fois le iour, neantmoins il se gratte & se frotte encore; alors vous remarquerez l'endroit ou il se frotte, & vous penserez derechef cét endroit-là, & sans doute il guerira.

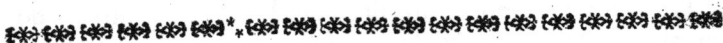

CHAPITRE XXXIX.

DE LA CHEVTE DV CRIN.

LE crin tombe le plus souuent à cause de certains petits vers qui mangent & rongent le poil, & détachent leurs racines.

Le remede est d'oindre la criniere, & la huppe de sauon noir, & puis faire vne lexiue forte auec de l'eau de riuiere & des cendres de fresne, ou bien auec de l'vrine & les mesmes cendres, desquelles on lauera tout le crin, & cela seruira.

CHAPITRE XL.

DE LA DOVLEVR DV GARROT ou du dos du Cheual.

IL y a plusieurs maladies qui arriuent, tant au garrot qu'au dos du Cheual, mesme aussi des tumeurs.

Les vnes procedent de causes internes comme de la corruption des humeurs, les autres de causes externes comme est l'escorcheure, pincement, contusion, meurtrisseure & fouleure faites par quelque meschante selle, ou pour auoir mis quelque pesant fardeau sur le dos du Cheual, ou par quelque autre semblable cause.

De ces incommoditez les vnes sont grandes, les autres sont petites; les petites sont comme les ampoulles superficielles, les enfleures, les escorcheures, les contusions, & celles-là guerissent facilement: mais les grandes sont celles qui penetrent iusques aux os, & celles-cy sont fort dangereuses, principalement si elles approchent de l'espine du dos.

Or pour parler des moindres escorcheures; quand vous verrez quelque enfleure s'esleuer, soit à l'entour du sommet des espaules, ou autre partie du dos; le remede est selon l'opinion des anciens Mareschaux, si l'endroit est beaucoup enflé & pourry, premierement de le percer auec vn fer chaud, en plusieurs endroits du col, & apres de mettre des tentes de linge trempées dans de l'huile d'oliue chaude, & apres le desseicher & guerir auec la poudre de miel & de chaux meslez ensemble.

D'autres ont de coustume de prendre du beurre & du sel, & les fricasser ensemble iusques à ce qu'ils noircissent, puis les verser chauds sur l'enfleure, & apres de prendre quelque portion de fient de Cheual tout chaud & de l'appliquer sur le dos du Cheual iusques à ce qu'il soit guery, le pensant vne fois le iour.

Les plus experts entre les anciens Mareschaux ont accoustumé, aussi-tost qu'ils apperçoiuent quelque enfleure s'éleuer d'y appliquer du fient de Cheual chaud, pour voir si cela l'appaisera ou diminuëra. Que s'il ne le fait pas, ils la picquent à l'entour auec vn cousteau ou vne lancette; non pas trop profondement, mais en sorte qu'ils percent la peau, & en fassent sortir le sang : apres cela ils prennent de l'ache ou des mauues deux ou trois poignées, & les font boüillir dans de l'eau de riuiere, iusques à ce qu'elles deuiennent molles comme de la boulie, puis coulent l'eau doucement, & broyent les herbes dans vn plat d'estain, y adjoûtant vn peu de graisse de porc, ou d'huile d'oliue, ou suif de mouton, ou autre graisse nouuelle, ils font tout boüillir en remuant le tout ensemblement, & ne les laissant pas trop durcir, mais faisant en sorte quelles soient douces & molles, puis estant estenduës sur vn linge appliquez-les tiedes sur l'enfleure, les renouuellant tous les iours iusques à ce que l'enfleure soit passée, car ce remede-là resoudra & la fera venir à suppuration; ce qui n'arriue pas facilement en ces petites enfleures, à moins que quelque cartilage, ou quelque os soit pourry.

D'autres anciens Mareschaux ont de coustume quand ils voyent venir quelque tumeur au dos du Cheual, premierement de razer l'endroit auec vn razoir, puis d'y appliquer ce cataplasme. Prenez vn peu de fleur de froment, & vn blanc d'œuf battus ensemble, estendez-les sur vn linge, lequel estant mis sur l'enfleure trois ou quatre iours durant sans interruption la fera esleuer en pointe. Quand vous viendrez à l'oster de dessus la partie leuez-le doucement, & quand vous verrez la matiere ramassée en vn lieu, alors ouurez-le de bas en haut auec vn fer aigu & vn peu chaud, afin que la bouë puisse sortir, & oignez la partie malade tous les iours auec beurre frais & graisse de porc, iusques à ce qu'elle soit guerie.

D'autres modernes ont de coustume quand ils voyent

quelque enfleure, d'y appliquer ſeulement du foin moüillé; car cela reſout & la fait aboutir, & apres que la tumeur ſera ouuerte, vous appliquerez deſſus vn cataplaſme de lie de de vin, le renouuellant à meſure qu'il ſeichera; que ſi la lie de vin eſt trop claire, vous la pourrez eſpoiſſir auec de la fleur de farine de froment. Que ſi ce remede ne vous plaiſt pas. Prenez de la leueure de bierre, ou fleur de bierre eſpoiſſe, & faites-en vn cataplaſme grand comme la tumeur, & le renouuellez vne fois le iour, iuſques à ce que l'enfleure ſoit diminuée. Que ſi vous voyez quelque matiere ramaſſée en vn lieu, alors vous ferez ouuerture auec la lancette dans la partie la plus decliue, & ferez ſortir le pus; puis apres vous lauerez la playe auec vrine, ale ou bierre chauffée, en ſorte qu'elles ſoient boüillantes: puis eſſuyez toute l'humidité auec vn linge, ou auec vne eſponge; apres ſaupoudrez toute la partie malade de poudre d'alun bruſlé, & ainſi penſez le Cheual vne fois le iour, iuſques à ce que la chair ſoit creuë auſſi haute que vous le pretendez; apres quoy vous ne penſerez pas la playe ou l'vlcere qu'vne fois en quatre iours. Que ſi vous voyez que l'vlcere ſe cicatriſe lentement, alors vous pourrez apres qu'il aura eſté laué comme dit eſt, oindre le bord de l'vlcere tout à l'entour auec de l'onguent blanc, car cela fera venir la peau viſtement.

Que ſi vous apperceuez qu'en le penſant de la ſorte rarement, quelque chair baueuſe ſurcroiſſe, alors vous prendrez vne drachme de mercure, & le meſlerez auec vne once d'vnguentum album, & en oindrez la partie offenſée vne fois en deux iours, cela corrigera la chair baueuſe, & la fera cicatrizer bien-toſt.

D'autres ont de couſtume pour abbaiſſer ces enfleures, de faire cuire des mauues dans la lie de bierre, & les appliquer chaudement deſſus; que ſi l'enfleure ſe creue, lauez là auec de l'vrine, & verſez du beurre fondu & chaud par deſſus.

Les autres razent le poil, & y appliquent chaudement vne poignée de porreaux cuits auec de la graiſſe de ſanglier, ou bien ils prennent vne motte de terre rouge bruſlée, & l'appliquent auſſi chaud que le Cheual la peut ſouffrir.

D'autres prennent des orties broyées & meſlées auec de l'vrine chaude, & ainſi l'appliquent chaudement, & puis mettent la ſelle par deſſus. Que ſi apres trois ou quatre iours de penſement l'enfleure creue, alors prenez garde s'il ny a point quelque chair pourrie au dedans; que s'il y en a, retranchez-là ou la conſumez; puis prenez vne liure de graiſſe nouuelle, & vne liure d'huile d'oliue, trois onces de cire blanche, vne once de terebenthine, & trois drachmes de verd de gris, fondez tout cela enſemble, & en faites vne tente pour mettre dedans iuſques à ce qu'elle ſoit guerie; car cela fera conſumer les mauuaiſes chairs, & produira de bonnes chairs.

D'autres prennent des choux verds & les font boüillir auec de la graiſſe de porc, puis ils l'appliquent en forme d'emplaſtre ſur le mal, ce qui le ſoulage & le diminuë, principalement ſi vous montez vôtre Cheual, & le faites courir vn peu.

Que ſi l'enfleure n'eſt pas conſiderable, mais que la peau ſoit ſeulement eſcorchée, alors vous lauerez l'endroit auec ſel & eau, ou bien de vin chaud; puis vous verſerez par deſſus de la poudre de miel & de chaux, ou bien de la poudre de myrrhe, ou la poudre de ſoye bruſlée, ou bien de feutre, ou de drap, ou de quelques vieux haillons. Autrement prenez vne cuillerée de creſme auec autant de ſuie de cheminée, & meſlant tout enſemble en ferez vne forme d'onguent, que vous appliquerez ſur la tumeur, ce qui ſans doute fera venir la peau incontinent.

CHAPITRE

CHAPITRE XLI.

DE LA GALLE OV ESCORCHEVRE du dos ou garrot, prouenantes de grande tumeur ou inflammation.

SI l'enfleure, la meurtriſſeure, la galle, ou la bleſſeure, ſoit à la ſommité des eſpaules, ſoit en vne autre partie du dos du Cheual ſont extraordinairement grandes, & ſont accompagnées d'vne grande inflammation, en ſorte qu'il ny a point d'apparence de les guerir ſans qu'elles viennent à vne grande ſuppuration; alors le remede, ſelon l'opinion des anciens, eſt de prendre de la leueure de bierre, auec autant de ſuie de cheminée, & rendre cela ſi eſpois, qu'il ſemble à voir que ce ſoit de la poix liquide; puis en faire vn emplaſtre qu'on appliquera ſur la partie bleſſée, le renouuellant deux fois le iour, & il tirera la bouë & guerira le mal.

D'autres ont de couſtume de prendre vne poignée de ſel marin, vne poignée de farine d'auoine, auec quantité de vieille vrine, puis les meſler enſemble & les deſtremper ainſi que de la boulie, & apres faire des boules pour les jetter au feu, & les faire rougir, en ſuite les tirer du feu, les pulueriſer, & apres ſaupoudrer la partie de ladite poudre, auſſi ſouuent que vous la verrez découuerte, & cela la guerira.

D'autres Mareſchaux ont de couſtume voyãs augmẽter l'enfleure, premieremẽt de tirer à l'étour l'ẽflure auec vn fer chaud, & puis croiſer auec le meſme fer en cette maniere icy repreſentée; puis prendre vn fer chaud & rond ayãt vne pointe aiguë, & le pouſſer dans l'enfleure des deux coſtez vers le haut, & vers la ſommité du dos, afin que la bouë puiſſe ſortir en bas par les deux trous: cela eſtant fait mettez vne tente dans chaque trou, la premiere fois

auec vne tente enduite de graiſſe de porc pour eſteindre le feu, & oignez-en auſſi tous les lieux bruſlez, continuant ainſi iuſques à ce que la groſſe matiere ſoit tombée, puis mettez-y encore vne fois vne tente ointe de terebenthine lauée & meſlée auec des jaunes d'œufs & du ſaffran, renouuellant la tente tous les iours iuſques à ce que le mal ſoit guery.

Que ſi apres tout cela l'enfleure ne ceſſe pas, alors c'eſt ſigne d'vn abſcez interne, auquel cas il ſera bon de donner vn coup de lancette pour faire ſortir la matiere. Puis prenez du miel vne chopine, du verd de gris deux onces, leſquelles eſtans reduites en poudre meſlez-les auec le miel, puis faites boüillir le tout iuſques à ce qu'il deuienne rouge, lors eſtant tiede faites vne tente ou vn emplaſtre ſelon que la playe le requerrera, renouuellant cela vne fois tous les iours iuſques à ce que le mal ſoit guery.

Mais l'vlcere peut eſtre ſi mauuais, que faute d'y prendre garde de bonne heure, s'il eſt ſur la ſommité du dos, il percera vers le bas entre les eſpaules, & meſme iuſques dans le corps; ce qui eſt tres-dangereux & mortel: partant toutes & quantesfois que vous craindrez qu'il ne ſe faſſe vne telle cauité, vous mettrez vne tente dans le trou, auec l'emplaſtre dont a eſté fait mention, & introduirez apres vn morceau d'eſponge ſeiche, tant pour tenir le trou ouuert, que pour abſorber la matiere, ce qui doit eſtre renouuellé vne fois le iour, iuſques à ce que l'vlcere ſoit guery.

Les autres Mareſchaux plus modernes ont accouſtumé de prendre du beurre, du vinaigre, & du ſel marin, & les ayans fait fondre enſemble, l'appliquent tiede ſur l'vlcere, iuſques à ce qu'il ſoit guery, puis le ſaupoudrent de ſuie de cheminée, ou de la poudre de brique. Que s'il y a grande pourriture, alors prenez vn pot de verjus, pour deux ſols de couperoſe verte, & les faites boüillir iuſques à la reduction d'vne pinte & demie; puis en lauez & ſiringuez la cauité, & rempliſſez le trou auec la ſanguine, & laiſſez-le ainſi trois iours ſans y toucher: puis derechef lauez-le auec la meſme eau, & rempliſſez le trou encore vne fois auec de la ſanguine, & ainſi de deux iours l'vn lauez-le auec la meſme eau, & mettez par deſſus la ſanguine, & il guerira le dos quelque malade qu'il ſoit.

Tous les remedes cy-deuant mentionnez ſont ſuffiſants pour la gueriſon des plus faſcheuſes galles & eſcorcheures; cependant à cauſe que diuers Mareſchaux ont differentes opinions, & s'imaginent que les remedes qu'ils ſçauent ſont les meilleurs, & doiuent eſtre les plus approuuez. Et d'autant que vous ne deuez pas ignorer les remedes dont l'experience eſt bien eſtablie & fondée, ie vous feray icy vn dénombrement de quelques autres remedes qui aſſeurément ſont bons en leur eſpece, & deſquels vous pouuez vous ſeruir ſelon que l'occaſion s'en preſentera.

Vous ſçaurez donc en premier lieu, que la poudre de feüilles de ronce, ſeiche & conſolide toutes les eſcorcheures du dos. La poudre de miel & de chaux non eſteinte cicatriſera les eſcorcheures & guerira la peau galleuſe. La poudre de concombre ſeiché au four guerira toute ſorte de galle, pourueu que l'vlcere ſoit auparauant laué de vinaigre. Les oignons boüillis dans de l'eau & appliquez chauds ſur le dos enflé du Cheual diminuëra l'enfleure. Vn jaune d'œuf auec ſel & vinaigre battus enſemble la guerira quand elle ſera percée, pourueu que vous lauiez la playe auec de la bierre ou ale, dans laquelle aura boüilly du roſmarin, & de la graiſſe attachée à vne marmite de cuiure. La poudre d'eſcreuiſſes, ou de coquilles d'huitres ſeichera & guerira vn dos galleux, & luy fera renaiſtre la peau.

Enfin pour n'auoir pas lieu de recourir à d'autres remedes pour le meſme mal. Prenez du foin faites-le boüillir dans de l'vrine forte, & l'appliquez ſur l'endroit enflé, il le diminuëra, ou l'éleuera en pointe, apres vous donnerez vn coup de lancette & laiſſerez ſortir la matiere; en ſuite vous remplirez l'ouuerture auec de la poix reſine, de la cire & de la graiſſe nouuelle fonduës enſemble. Que ſi vous trouuez quelque chair morte & ſuperfluë qui croiſſe au dedans, faites-là conſumer auec du verd de gris puluériſé & reſpandu dessus, ou bien auec le precipité de mercure mis sur la chair qui surmonte. Apres que cette chair sera consumée, vous pourrez desseicher l'vlcere auec la poudre de resine sans autre chose.

CHAPITRE XLII.

DV CANCER A LA SOMMITE' du dos du Cheual.

SI apres qu'vn Cheual a esté pressé & foulé extremement à la sommité du dos on le laisse marcher, & qu'il arriue que la tumeur s'ouure en la partie superieure par la violence, & que neantmoins la matiere la plus grossiere qui reste descende vers le bas, & pourrisse les parties qu'elle touche, il ne se pourra pas faire qu'il ne s'engendre vn vlcere sale & facheux, ou vn abscez qui degenerera en vne fistule dangereuse, ce que vous reconnoistrez par ces signes.

Premierement, la matiere qui sortira de l'vlcere sera mordicante, chaude, & aqueuse, & comme vne forte lexiue, laquelle rongera le poil par tout ou elle passera, en descendant en bas, à l'entour de l'vlcere il y aura vne maniere de chair spongieuse, baueuse & morte, qui empeschera le passage de la matiere la plus grossiere.

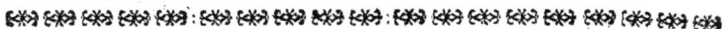

Le remede pour ce cancer, ou vlcere chancreux, selon l'aduis des anciens Mareschaux, est de prendre vn rasoir, & de couper les bords de l'vlcere en sorte qu'on en puisse voir le fonds, puis de couper toute la chair morte iusques à ce que la viue paroisse: apres prenez vne quarte de vieille vrine, & y mettez vne poignée de sel, faites-là boüillir sur le feu ; ayant nettoyé l'vlcere auec vn linge ou auec du foin, lauez-là bien auec cette liqueur. En suite prenez les jaunes de quatre œufs, pour vn sol de verd de gris, & vne cuillerée de fleur de farine & en faites vn cataplasme pour l'appliquer sur l'vlcere, le pensant de cette maniere vne fois le iour iusques à ce qu'il soit guery.

Il y a des modernes qui ont de coustume de prendre vne pinte de la plus forte bierre, & mettent dedans vn quarteron d'alun, & demie poignée de sauge. Ils font boüillir le tout iusques à la diminution de la moitié, puis ils retirent les feüilles de sauge, & auec ce qui reste ils pensent le Cheual vne fois le iour, & par ce moyen tout abscez sale & plein de pourriture peut receuoir guerison.

CHAPITRE XLIII.

DES TVBERCVLES CALLEVX & de la tension de la peau qui viennent au dessous de la selle.

L'Excroissance calleuse qui vient sur la peau du Cheual dessous la selle, est vne certaine peau morte comme vn morceau de cuir, laquelle croist & s'attache fortement à la chair.

Elle prouient d'vne ancienne contusion, laquelle ne suppurant point la peau s'amortit, s'endurcit, & s'attache fortement à la chair. Le remede est de prendre vn instrument crochu, ou fait exprés; ou bien vn long clou plié & courbé, auec lequel on accrochera ce cal vers la pointe & on l'esleuera vn peu de la peau; puis auec vn cousteau bien trenchant on coupera toute la peau morte & endurcie; apres qu'elle sera coupée s'il reste vne cauité vn peu profonde, alors vous la guerirez en y versant du beurre fondu chaudement soir & matin. Lors que la chair sera venuë à fleur de la peau, vous la desseicherez auec la poudre de miel & de chaux; ou auec de la suye & de la cresme meslées ensemble.

D'autres ont de coustume d'oindre cette callosité auec

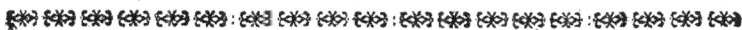

du beurre frais ou de la graisse de porc, iusques à ce qu'elle deuienne si molle & si souple, qu'on la puisse couper ou arracher: puis de lauer la playe auec de l'vrine d'homme, & ensuite la desseicher auec la poudre de coquilles d'huistres, ou de bol armene.

CHAPITRE XLIV.

DES DVRILLONS QVI VIENNENT *sous les bords de la selle.*

LEs durillons ou bosses viennent communément aux deux costez, pour des vieilles contusions.

Le remede est premierement de les ramollir, les oignant trois ou quatre fois le iour auec graisse de porc l'espace de plus d'vne sepmaine, & quelquefois de les lauer auec de la lie de vin chaude. Que si dans ce temps-là elles ne s'éleuent pas en pointe, alors faites ouuerture auec la lancette depuis le milieu iusqu'au bas, puis mettez-y vne tente enduite de terebentine lauée, jaunes d'œufs, & saffran meslez ensemble, comme il a esté montré cy-deuant, rennouuellant la tente tous les iours, iusques à ce que l'vlcere soit entierement guery.

CHAPITRE XLV.

DE LA GALLE AV NOMBRIL.

LA galle du nombril arriue quand le Cheual a receu quelque contusion à la sommité de l'espine du dos derriere la selle vis à vis le nombril, d'où elle a tiré son nom. Elle arriue, ou à cause du debris ou rupture de la selle, ou à cause qu'elle n'est pas bien embourée & garnie, ou à cause de la boucle de la croupe qui est posée en cét endroit; ou à cause de quelque pesát & dur fardeau qui a esté chargé sur cette partie, ou à cause de quelque bosse de la selle, ou à cause de quelque contusion & meurtrisseure faite au dos. Cette affection est vilaine & dangereuse, ce que vous reconnoistrez par la bouffisseure de la chair qui est spongieuse, paroissant à l'entour des bords de l'vlcere, comme des poulmons vieux & pourris.

Le remede selon la methode des anciens Mareschaux est, premierement de couper toute la chair pourrie & baueuse iusques à l'os; puis faire vn trou auec vn cautere actuel quatre doigts plus bas que la galle du nombril, & y passer vn seton de crin de Cheual au trauers. Puis prendre de la poudre de vieux souliers bruslez & en saupoudrer le mal. Et à proportion qu'il deuiendra humide, faut y mettre dauantage de poudre.

Les autres pour ce mal prennent le blanc d'vn œuf, de la fleur de farine de froment, du miel, de la moustarde, & du sauon de chacun égale quantité, & les meslant ensemble en font vn emplastre: apres que la chair pourie est ostée, & la galle lauée auec de l'ale ou bierre, beurre & vrine; alors appliquez l'emplastre dessus: Que si la chair pourrie reuient, la poudre de semelle bruslée, ou l'huile de castor, appellé *Nerуinum* (dont on trouuera la description dans la Pharmacopée d'Ausbourg, page 900. de l'impression de Roterdam 1653.) ou le verd de gris la consumera, & la poudre de coquilles d'huitres fera reuenir la peau.

D'autres anciens Mareschaux ont de coustume apres qu'ils ont couppé toute la chair pourrie, de prendre le blanc d'vn œuf & du sel battus ensemble, & l'appliquer sur le mal auec vne estouppe qui en est imbuë, la renouuellant vne fois le iour pendant deux iours. Puis apres prenez vn quarteron de miel & vne once de verd de gris reduits en poudre, les remuant toûjours iusqu'à ce qu'ils deuiennent rouges, estant tiede couurez-en vne estouppe, & l'appliquez sur la playe l'ayant bien lauée & nettoyée, premierement auec vn peu de vinaigre chaud & du vin blanc, continuant ainsi vne fois le iour, iusques à ce qu'elle commence à guerir & à se cicatrizer; puis seichez-là en y mettant la poudre suiuante. Prenez du miel vn quarteron & autant de chaux esteinte qu'il en faudra pour espoissir le miel, faites-en vne paste, laquelle vous mettrez dans vne poëlle sur le feu, iusques à ce qu'elle soit si dure qu'on la puisse reduire en poudre: mais cependant auant que de mettre de vôtre poudre lauez l'vlcere auec vinaigre chaud, continuant ainsi iusques à ce qu'il soit parfaitement cicatrizé.

D'autres ont de coustume de guerir cette galle en y appliquant vne emplastre de suye de cheminée, & de leueure de bierre meslées ensemble: ou bien de prendre de la graine d'orties & de l'huile d'oliue meslez ensemble & en oindre l'vlcere. Les autres la lauent seulement auec de l'eau tiede, puis ils oignent la partie auec de la graisse & du sel meslez ensemble. Ou bien ils prennent des feüilles de betoine, souphre puluerisé, hellebore, poix, du vieux oingt de chacun egale quantité, & les font boüillir ensemble, & apres auoir laué le mal auec de la lie & de l'vrine meslées ensemble, on la frotte de cét onguent iusques à ce qu'elle soit guerie.

CHAPITRE XLVI.

DE L'ENTORSE OV TOVR de reins.

LE Cheual eſt bleſſé au dos, ou pour auoir porté vn fardeau trop peſant, ou pour auoir gliſſé, ou pour auoir fait quelque effort, ou pour auoir tourné trop viſtement, ou pour auoir receu quelque entorſe en la partie inferieure du dos, au deſſous les fauſſes coſtes, & iuſtement entre les hanches.

Les ſignes ſont vn roulement perpetuel, ou tournoyement de la partie poſterieure du Cheual quand il marche, auſſi il chancellera ſouuent, & reculera, quelquefois il ira de coſté, & ſera preſt à tomber à terre : de plus le Cheual eſtant couché aura de la peine à ſe releuer.

Le remede, ſelon l'opinion des anciens Mareſchaux Italiens, eſt de prendre de l'huile de pomme de pin deux onces, d'oliban trois onces, de reſine quatre onces, de la poix quatre onces, du bol armene vne once, du ſang de dragon demie once, incorporez tout cela enſemblement, & l'appliquez en forme d'emplaſtre deſſus les reins ou ſur le dos, ne l'oſtant pas en aucune maniere iuſques à ce qu'elle tombe d'elle-meſme.

Il y a de nos Mareſchaux qui ont de couſtume, premierement de couurir le dos du Cheual auec vne peau de mouton tout nouuellement eſcorché, & de l'appliquer ſur le dos du coſté le plus charnu, puis mettre par deſſus vn drap chauffé, afin de tenir ſon dos auſſi chaud que faire ſe peut, & laiſſer cette peau deſſus iuſques à ce qu'elle vienne à s'enpuantir : puis ils oſtent cette vieille peau & en remettent vne nouuelle, continuant ainſi durant trois ſepmaines. Que ſi par ce moyen il ne reçoit pas du ſoulagement, alors faites vne raye auec vn fer chaud le long de l'eschine du dos des deux costez, depuis les fesses iusques à la distance d'vne palme de la selle : puis faites des rayes entre-deux en cette maniere, comme on peut voir par cette figure. Et faut que chaque ligne soit éloignée d'vn doigt l'vne de l'autre, & qu'elle ne soit pas profonde, & faut se contenter de brusler seulement iusques à ce qu'il paroisse vne ligne jaune : puis mettez sur la brusleure cét emplastre. Prenez de la poix vne liure, de la resine & du bol armene puluerisé de chacun demie liure, de la poix liquide aussi demie liure. Faites bouillir tout cela ensemble dans vn pot, & le remuez iusques à ce que tout soit fondu : cela estant tiede mettez-en sur la brusleure bien espois, & par dessus mettez-y des floccons de bourre tirez du collier du Cheual, que vous y ferez tenir, ne l'ostant pas qu'il ne tombe de soy mesme. Que si c'est en Esté vous pouuez mettre vôtre Cheual à l'herbe.

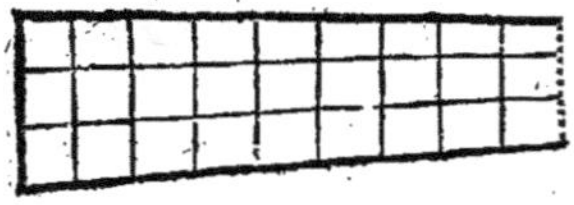

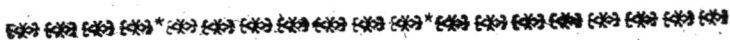

CHAPITRE XLVII.

D'VNE FOIBLESSE PARTICVLIERE au dos.

QVOY qu'on n'aye pas fait grand cas de cette infirmité, neantmoins ie vous diray qu'il y a vne autre sorte de foiblesse qui arriue au dos du Cheual, qu'ils nomment la mordication ou le picotement des reins qui prouient d'vne abondance d'humeurs lesquelles tombent sur cette partie, & par ce moyen les parties posterieures du Cheual perdent leur sentiment & leur force, & le Cheual est sujet à tomber. De plus ces mesmes humeurs s'amassans vers la poitrine & le cœur le suffoquent quelquefois, & font mourir le Cheual en deux ou trois heures de temps.

Le remede est selon leur sentiment de tirer quantité de sang au Cheual, de la veine jugulaire, & faire vne raye auec vn fer chaud sur son dos, ainsi qu'il a esté dit au dernier chapitre, puis apres le faire vn peu nager dans vne riuiere, & faire vn seton aupres des os de la hanche; en suite d'enduire la partie malade de graisse de porc, dans laquelle aura bouilly des feuilles de trefle, iusques à ce qu'il soit guery.

CHAPITRE XLVIII.

DE L'ENFLEVRE DES TESTICVLES.

L'Enfleure ou inflammation des testicules prouient ou de quelque blesseure, ou d'vne picqueure ou morsure de quelque beste veneneuse, ou bien de quelque grand effort qui a esté fait, soit en courant, soit en sautant, ou bien de la morsure de quelque autre Cheual.

Le remede est, selon le sentiment des anciens Mareschaux Italiens, premierement de fomenter le testicule auec la decoction de racines de concombre sauuage & de sel, & le frotter auec vn onguent fait d'huile, de graisse de cheure & d'vn blanc d'œuf, ou bien de baigner le testicule dans de l'eau chaude nette, & du vinaigre meslez ensemble, ou bien de l'estuuer auec le jus de morelle ou solanum, ou auec le suc de ciguë qui croist sur les fumiers, & de le saigner s'il est besoin des veines du flanc.

Mais nos Mareschaux plus recens tiennent que ce mal vient ordinairement apres vne autre maladie, ou d'vn excez de froid.

Ils le guerissent en cette maniere. Prenez de la farine de febves, farine de froment, de cumin & graisse de porc de chacun pareille quantité, faites-en vn cataplasme, lequel vous estendrez sur les testicules & bourses du Cheual.

D'autres font boüillir du seneçon dans le vin & le vinaigre, & en fomentent les testicules du Cheual : ou bien ils prennent vne quarte d'ale nouuelle qu'ils mettent sur le feu, auec la mie de pain bis bien leué & qui a beaucoup de leuain, & plus d'vne poignée de cumin puluerisé, auec de la fleur de farine de febves, faites-en vn cataplasme, & l'appliquez sur le mal ou enfleure aussi chaud que faire se pourra, & cela la diminuëra. Que si cette inflammation vient de la pourriture de la semence, ce que vous reconnoistrez par l'humidité mucilagineuse de la verge, alors vous luy ferez couurir vne Cauale: apres faites-le abstenir d'auenage, & qu'on luy tire du sang de la veine qui est entre les hanches, & auec des œufs durs battus & meslez auec sa fiente faites-en vn cataplasme que vous appliquerez sur ses testicules, & vne fois le iour lauez-le d'eau froide.

D'autres ont accoustumé de saigner le Cheual aux veines du flanc, puis apres de prendre de l'huile rosat & du vinaigre de chacun vne chopine, du bol armene reduit en poudre demy quarteron, meslez-les ensemble dãs vn pot, & estãt tiede oignez-en les testicules auec trois ou quatre plumes liées ensemble, & vn iour apres faut le monter pour le mener à l'eau, en sorte que ses testicules baignent dans l'eau, le tournant vne ou deux fois dans l'eau : apres remenez le tout doucement à l'escurie, & lors qu'il sera essuyé & seiché, oignez le derechef comme auparauant, & faites cecy tous les iours iusques à ce que le Cheual soit guery.

Il y en a d'autres qui estiment que cette maladie peut venir de mauuaises humeurs, & d'vn sang corrompu qui tombent sur les testicules.

Alors le remede est de couurir les testicules d'vn cataplasme de bol armene & de vinaigre agitez & meslez ensemble le renouuellant tous les iours, iusques à ce que l'enfleure soit passée, ou qu'elle s'ouure de soy-mesme. Que si elle s'ouure mettez-y vne tente enduite de miel rosat, & faites-luy vn suspensoir de caneuars pour les soustenir, renouuellant la tente vne fois tous les iours iusques à ce qu'il soit guery.

CHAPITRE XLIX.

DE LA DESCENTE DV BOYAV.

LA hernie ou descente de boyau, se fait lors que la membrane qui soustient les boyaux du Cheual est rompuë, en sorte que les boyaux tombent, ou dans le scroton du Cheual, ou dans l'aine, comme i'ay veu arriuer plusieurs fois.

Cette rupture prouient d'auoir receu quelque rude coup d'vn autre Cheual, ou quelque contorsion en sautant vne haye, ou en apprenant à vn Cheual qui est encore trop jeune, à se courber ou à se fleschir ; ou quand vn Cheual se heurte contre contre vn pilier, ou quelque piece de bois qui le separe des autres dans l'escurie ; ou lors qu'on contraint vn Cheual qui est replet, de courir au delà de ses forces : ou lors qu'on arreste promptement vn Cheual sur quelque fascheux terrain, ce qui fait qu'en glissant, ou escartelant les pieds de derriere, il peut estendre ou rompre le peritoine.

Les signes de ce mal auant qu'il paroisse à la veuë sont ceux cy. Le Cheual quittera sa nourriture, & demeurera incliné sur le costé qui a esté blessé, & si vous mettez la main entre le testicule & la cuisse en montant en haut vers le corps, & vn peu au dessus du testicule, vous trouuerez le boyau gros & dur à l'attouchement, & de l'autre costé vous ne sentirez rien de tout cela.

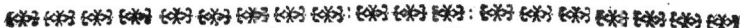

Quoy que i'aye toûjours estimé ce mal incurable, à cause que la beste ne se gouuerne pas par raison ; neantmoins pour vôtre satisfaction ie proposeray quelques remedes, sans m'arrester à mettre en auant ce que i'ay pratiqué en ce rencontre aussi bien que les meilleurs Mareschaux, ce qui fait beaucoup pour le soulagement, quoy qu'il ne guerisse pas absolument.

Le remede donc est de mettre le Cheual dans quelque maison qui aye vne poutre au dessus qui croise de trauers, & couurir le plancher de paille bien espois; alors mettez des entraues aux quatre jambes, & quatre anneaux à ses pieds, & attachez le bout d'vne longue corde à vn de ces anneaux, puis passez dans tous les autres anneaux le bout de la corde qui est detachée, & ainsi tirez ses quatre pieds ensemble, & le renuersez sur la paille : cela estant fait jettez la corde par dessus la poutre, & esleuez le Cheual en sorte qu'il puisse demeurer posé sur son dos auec les pieds en haut sans pouuoir remuër ny se debattre : puis fomentez ses testicules auec de l'eau chaude, dans laquelle on aura fait fondre du beurre : les testicules estans ainsi vn peu échauffez & ramollis, leuez-les en haut auec les doigts des deux mains jointes ensemble, & tenant les testicules auec la main en cette maniere. Remettez le boyau dans le corps du Cheual, le tirant en bas continuellement auec les deux poulces, l'vn trauaillant apres l'autre immediatement, iusques à ce que vous apperceuiez ce costé du testicule estre aussi petit que l'autre. Ayant ainsi remis le boyau en sa place, prenez vne bande large de deux doigs ointe de beurre frais, auec laquelle vous lierez ses testicules aussi prés du corps que vous pourrez, mais pourtant vous ne les serrerez pas trop, & ferez en sorte que puissiez passer le doigt par dessous : cela estant fait détachez vôtre Cheual & le menez à l'escurie, ou vous deuez le laisser reposer durant trois sepmaines. Sur tout n'oubliez pas vn iour apres que vous aurez remis le boyau en sa place d'oster la bande, & ce iour-là aussi bien que les autres suiuans de jetter de haut vne ou deux fois le iour, plein vn plat d'eau froide sur les testicules ; cela luy fera retirer ses testicules, & empeschera le boyau de tomber. A la fin des trois sepmaines pour asseurer la guerison, il ne seroit pas hors de propos de coupper le testicule de ce costé-là, & par ce moyen il ne sentira pas facilement rupture de ce costé-là. Pendant le traitement il ne doit pas ny manger, ny boire beaucoup, & sa boisson doit toûjours estre chaude.

CHAPITRE L.

DV BVBON OV ABSCEZ dans l'aine.

C'Est l'opinion de tous les meilleurs Mareschaux, que si vn Cheual gros, gras, & remply de beaucoup d'humeurs est subitement & violemment trauaillé, les humeurs se jetteront sur la partie la plus foible, & s'amassans en cét endroit y feront vne tumeur, principalement aux parties posterieures entre les cuisses, bien prés des testicules.

On reconnoistra ce mal à ces signes. Les jambes de derriere seront enflées depuis le jarret vers le haut, & si vous y touchez auec la main, vous trouuerez vne tumeur ou enfleure, que si elle est ronde & dure elle abboutira.

Le remede selon la pratique commune, est premierement de la faire venir à maturité par le moyen de ce cataplasme. Prenez de la fleur de farine de froment, de la terebenthine, du miel de chacun pareille quantité; remuez tout ensemble & en faites vn cataplasme assez espois & dur que vous estendrez sur vn linge pour l'appliquer sur la tumeur, le renouuellant tous les iours, iusques à ce qu'elle s'ouure ou soit ramollie, puis donnez-y vn coup de lancette, en sorte que la matiere puisse s'écouler vers le bas, mettez-y apres vne tente enduite de terebenthine, & de graisse de porc fonduës ensemble, le changeant tous les iours vne fois iusques à la guerison.

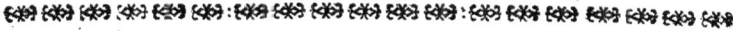

CHAPITRE LI.

DV PRVRIT OV DEMANGEAISON, & galle de la queuë, & aussi de la cheute du poil.

LEs Cheuaux à cause de la corruption du sang, ou pour auoir esté remplis de nourriture mauuaise, corrompuë, & pourrie, ou pour auoir esté trop trauaillez & échauffez, ou par la contagion des autres Cheuaux, contractent bien souuent vne galle par tout le corps, ou vne demangeaison à la queuë : & quelquefois au printemps, les Cheuaux sont tourmentez des vers au fondement, ce qui leur fait frotter la queuë, & cela ronge le poil.

Vous déliurerez le Cheual de ce prurit & de ce rongement de poil, si vous lauez le fondement du Cheual auec la main en l'oignant de sauon, & si vous en tirez les vers. Que si vous voyez que le poil tombe de la queuë à cause des petits vers qui s'engendrent à la racine du poil, ou bien à cause de quelque galle mordicante, vous oindrez tout le long de la queuë de sauon ; puis lauez-là d'vne forte lexiue, & cela tuëra les vers & nettoyera la rongne.

Que s'il y a beaucoup de poil de la queuë tombé, alors vous mouïillerez la queuë continuellement auec vne esponge trempée dans de l'eau claire, & cela fera renaistre le poil bien viste.

Que si quelque cancer s'est engendré dans la queuë du Cheual, lequel en suite consume la chair & les os, & fait tomber les articles les vns apres les autres ; alors vous lauerez la queuë auec de l'eau forte faite en cette maniere. Prenez de la couperose verte, & de l'alun de chacun vne liure, de la couperose blanche vn quarteron. Faites bouïllir le tout en trois quartes d'eau de riuiere, dans vn pot de terre bien fort,

fort, iuſques à ce qu'a la moitié ſoit conſumée: puis trempez vn linge, ou de la filaſſe attachée au bout d'vn baſton, dans vn peu de cette eau tiede & en lauez ſa queuë, continuant ainſi tous les iours vne fois iuſques à ce qu'il ſoit guery.

Que ſi comme i'ay déja dit à cauſe de la corruption du ſang, mauuaiſe nourriture, ou excez de trauail, cette galle, rongne, ou prurit, s'eſtend en pluſieurs parties du corps, vous les lauerez auſſi de la meſme eau forte, iuſques à ce qu'il ſoit guery.

CHAPITRE LII.

DE LA GALLE VNIVERSELLE, demangeaiſon, rogne ou lepre de tout le corps.

LA demangeaiſon vniuerſelle, ou lepre qui s'épand par tout le corps du Cheual, eſt vne vilaine rongne & comme vne gangrene qui le couure par tout, procedante d'vne humeur melancholique ou d'vn ſang corrompu & pourry engendré de nourriture infecte, ou d'vn trauail immoderé.

Les ſignes ſont ceux-cy. Le Cheual ſera rongneux par tout ſon corps, couuert de crouſtes vilaines & blancheaſtres, plein de puſtules & de marques rouges vers le col & les flancs, difformes au regard. De toutes les galles & demangeaiſons celle-cy eſt la plus contagieuſe, & qui fera mourir le Cheual bien aſſeurément ſi on ne preuient le peril.

Le remede, ſelon l'opinion des anciens Mareſchaux, eſt premierement de ſaigner le Cheual de la veine ceruicale, & deux iours apres de la veine du flanc, & enfin de la veine de deſſous la queuë. Puis lauez toutes les parties malades auec de la ſaumeure, & les frottez rudement auec vn torchon de paille bien tortillé, en ſorte que vous les faſſiez ſaigner, & deuenir rouges & vermeilles: apres cela oignez-les de cét onguent. Prenez de l'argent vif vne once, graisse de porc vne liure, du soulphre en poudre vn quarteron, d'huile de raues vne pinte: meslez toutes ces choses ensemble iusques à ce que l'argent vif soit bien incorporé auec le reste : & ayant frotté tous les endroits escorchez de cét onguent, faites le penetrer dans la chair, tenant au dessus vne barre de fer bien chaude, & la remuant de costé & d'autre. Ne le touchez plus apres de deux ou trois iours durant quelque temps. Si vous voyez que le Cheual se frotte en quelque partie, frottez & peignez derechef cét endroit-là auec vn vieil peigne à Cheual iusques à ce qu'il deuienne rouge, puis oignez-le d'onguent frais. Que si tous ces remedes ne profitent de rien. Prenez vn fer chaud de la grosseur du doigt, rond & émoussé, auec lequel vous bruslerez tous les endroits rongneux & y ferez des trous ronds, perçant seulement la peau & non pas dauantage; pour ce faire il sera besoin de détacher la peau de la chair auec la main gauche, la tenant ferme, iusques à ce que vous ayez poussé le fer chaud au trauers, & faut que chaque trou soit distant l'vn de l'autre d'vn empan. S'il est besoin vous pourrez oindre ces trous auec du sauon, & faut faire garder au Cheual vne diete tenuë, ou regime de viure exquis pendant l'vsage de ces remedes.

Quant à moy ie desapprouue absolument cette brusleure, car c'est vne laide maniere de guerir, & engendre plusieurs maladies aux yeux du Cheual. D'autres de nos Mareschaux les plus recens & modernes ont de coustume pour ce mal, apres qu'ils ont fait saigner le Cheual à la veine jugulaire, de prendre bonne quantité de graisse fraische, & de la bien mesler auec de la craye reduite en poudre, puis y mettre bonne quantité de soulphre, & de racine denula campana reduits en poudre, & les remuër tous ensemble; puis prendre vn peu d'argent vif & l'esteindre auec de la saliue estant à jeun, ou auec de l'huile d'oliue, & le bien méler auec tout le reste, & oindre ainsi de cét onguent toutes les parties malades du Cheual.

D'autres prennent de l'huile à brusler, du soulphre subtilement pulverisé, du savon noir, de la poix liquide, de la graisse de porc, & de la suie de cheminée de chacune pareille quantité, meslez bien le tout ensemble, les faisant boüillir sur le feu : puis oignez toutes les parties malades aussi chaudement que le Cheual le pourra souffrir, pouruéu qu'il soit toûjours saigné auant que de vous seruir de l'onguent.

D'autres ont de coustume apres que le Cheual a esté saigné, de prendre vne liure d'huile de laurier, vne once de vif argent, & les mesler ensemble, en remuant toûjours iusques à ce que le vif argent soit esteint & incorporé auec l'huile; puis en oindre toutes les parties malades, apres les auoir bien frottées iusques à les faire venir rouges.

D'autres Mareschaux ont accoustumé, premierement de saigner le Cheual, & deux iours apres de lauer toutes les parties malades auec de la decoction de geneſt, ou de persicaire qui aura esté hachée menu, dans laquelle on aura meslé vn peu de suye ; puis les frotter iusques à ce que les parties affectées saignent. Apres faut prendre vne liure de sauon noir, vn pot de forte moutarde, pour quatre sols de soulphre en poudre, pour trois sols d'argent vif esteint auec de la graisse fraische, pour deux sols de verd de gris, vn quarteron de graisse, remuez tout cela ensemble dans vn vaisseau, iusques à ce que la graisse soit fonduë à force de remuër & sans feu : oignez de cét onguent toutes les parties malades. En l'oignant ainsi vne fois & le lauant deux fois il guerira.

Les autres ont de coustume si le Cheual est jeune de le saigner des deux costez du col, puis de faire vne incision au milieu du front de la longueur du doigt, & auec vne ventouse dilater la peau de la largeur du doigt des deux costez de l'incision, & y mettre des morceaux de la racine d'enula campana, ou d'Angelique qui est meilleure, & la laisser sous la peau iusques à ce que la matiere se forme, laquelle vous pousserez dehors deux ou trois iours apres, & en douze iours, les racines tomberont à proportion qu'il guerira: par ce moyen le prurit ou rongne cessera, pourueu que vous frottiez les parties affectées d'onguent fait auec soulphre, verd de gris, & huile d'oliue, meslez ensemble estans sur le feu.

Il y en a qui passent vn seton au dessous du col du Cheual, afin que les mauuaises humeurs ayent leur sortie, puis frottent tout le corps auec toile faite de crin, ou autre toile rude, ou bien auec vn vieil peigne iusques à ce que le Cheual saigne. Apres cela prenez du soulphre, du sel, & du tartre de chacun pareille quantité, mettez-les en poudre, & les détrempez auec du fort vinaigre & autant d'huile commune, de cela oignez-en toutes les parties affectées: ou bien prenez du vinaigre tres-fort, de l'vrine d'vn garçon qui sera au dessous de douze ans, & du suc de ciguë, meslez-les ensemble, & en lauez le Cheual.

D'autres Mareschaux ont accoustumé apres la saignée d'oindre le Cheual d'vn de ces onguents, apres que la partie aura esté frottée iusques à saigner, lequel sera fait auec soulphre, huile, vinaigre, sel, suye, fient de pourceau & chaux viue de chacun quantité égale, lesquelles choses seront meslées & boüillies ensemble, ou bien auec de la saulmeure, dans laquelle auront boüilly des orties; ou bien auec vinaigre, dans lequel auront boüilly alun & sel nitre. Ou bien lauez la partie malade auec du boüillon de bœuf; puis faites boüillir du poiure, du verd de gris reduits en poudre, & du cerfeüil dans de la graisse fraische, dont vous oindrez le Cheual par tout, tenant vn réchaut plein de feu, ou vne barre de fer chaud au dessus de son corps, afin que l'onguent puisse penetrer.

Enfin seruez-vous de ce remede qui sera aussi bon qu'aucun autre, apres que le Cheual aura esté saigné. Prenez vn vieil peigne, ou carde à laine, frottez-en les parties malades de dessus le Cheual, iusqu'à ce qu'elles saignent. Puis prenez vn pot de la plus vieille vrine que vous pourrez trouuer, de la couperose verde trois quarterons, meslez-les bien ensemble; puis mettez-les sur le feu, & les faites boüillir vn peu. Apres lauez vôtre Cheual aussi chaudement que faire se pourra, & lors qu'il sera peu seiché. Prenez de l'huile vne once & demie; du vif argent deux onces, de l'ellebore blanc vne once, meslez tout cela auec bonne quantité de graisse de porc, iusques à ce qu'il ne paroisse rien de l'argent vif: puis frottez-en vôtre Cheual, & s'il n'est guery à la premiere fois, il le sera sans doute à la seconde fois, pourueu que vous fassiez garder au Cheual vne diete fort tenuë.

CHAPITRE LIII.

POUR CONNOISTRE QUAND le Cheual bronche des pieds de deuant, & en quelle partie consiste son mal.

IL ny a rien de plus necessaire à connoistre à vne personne qui veut se seruir d'vn Cheual, & principalement à vn Mareschal qui veut passer pour expert, que de sçauoir pour quel sujet le Cheual bronche, & en quelle partie est la douleur, tant parce que ces douleurs sont cachées aussi bien que le lieu, qu'à cause de plusieurs, qui estans subtils & peu consciencieux, prennent peine à cacher ce que le prochain deuroit sçauoir, & ce qui le peut tromper.

Vous deuez donc sçauoir qu'il ny a point de Cheual qui bronche, cloche ou s'arreste des pieds de deuant, que son mal ne soit ou à l'espaule, ou dans les jambes, ou dans les pieds, s'il est dans les espaules, il sera ou au sommet de l'espaule, ou de l'omoplate, ou au bas des espaules, prés l'os de la moëlle qui est le deuant de la poitrine, ou dans le coude du Cheual, qui joint la partie inferieure de l'os de la moëlle, & les jambes ensemble.

Maintenant pour connoistre en general si la douleur est à l'espaule ou non, voyez si le Cheual ne leue pas son pied; mais s'il le traisne à terre, alors vous pourrez dire que le mal eſt à l'eſpaule, & qu'il a receu vne nouuelle bleſſeure. S'il jette vn pied plus en dehors l'vn que l'autre, & le plus ſouuent de prés ſans tendre le genoüil, c'eſt encore vn ſigne que le mal eſt à l'eſpaule, & que c'eſt vne ancienne bleſſeure. Si le prenant par la bride, & le faiſant tourner autant court que vous pourrez des deux mains, vous voyez qu'il eſpargne & feint le pied du coſté qu'il boite (comme il ne peut pas s'en empeſcher) alors c'eſt vn indice que le mal eſt à l'eſpaule : ou bien ſi le Cheual eſtant debout dans l'eſcurie, il eſtend ſon pied de deuant, & l'auance plus que l'autre, c'eſt ſigne en partie que l'eſpaule eſt offenſée, mais non pas abſolument.

Ce n'eſt pas aſſez de ſçauoir que le mal eſt à l'eſpaule, il faut outre cela ſçauoir en quelle partie de l'eſpaule reſide le mal; ce qui ſe fera en cette maniere. Si le Cheual cloche plus lors qu'il porte ſon homme, que lors qu'il eſt deſchargé, alors la douleur eſt au ſommet de l'eſpaule, vous iugerez le ſemblable lors que vous verrez que le taſtant au ſommet de l'eſpaule il retirera ſa jambe, & voudra vous mordre; pourueu qu'auparauant il n'ait eu aucune galle au dos, car cela peut vous tromper. Si le Cheual marche courbé vers la terre, & ſerre ſes pas par trop, alors c'eſt ſigne que la douleur eſt à la poitrine, entre la partie inferieure de l'os de l'omoplate, & partie ſuperieure de l'os de la moelle; & partant ſi auec le poulce vous preſſez cét endroit, vous verrez qu'il ſe retirera, & chancellera comme s'il eſtoit preſt à tomber. Que ſi en prenant ſon coulde auec la main vous le pincez auec le doigt & le poulce, & que le Cheual leue incontinent le pied de terre taſchant de vous mordre, alors la douleur eſt ſeulement dans le coulde.

Or la douleur qui fait clocher le Cheual eſt ou à la jambe ou au genoüil, ou au jarret, ou aux paſturons dans l'article; ſi elle eſt au genoüil, ou à l'article du paſturon, il ne les fleſchira pas en marchant, mais les tiendra roides : la douleur peut eſtre à la hanche, ou à cauſe de quelque eſquille, ou ſurots, eaux, ou jauart, ou pour quelque douleur manifeſte à la veuë. Que ſi la douleur qui le fait boiter eſt au pied, il faut qu'elle soit ou à la couronne qui enuironne le sabot, ou au talon, ou à l'orteuïl, ou au quartier, ou à la sole du pied. Si elle est à la couronne du pied, ou la douleur sera apparente auec enfleure de la partie, ou auec escorcheure & vlcere ; ou bien on sentira vne grande chaleur en appliquant la main sur la partie laquelle sera aussi luisante, alors c'est signe que l'article de l'ongle a receu quelque violence & estreinte ; si la douleur est au talon pour auoir esté comprimé, ou autrement c'est vne chose qui se reconnoistra facilement à la veuë car il trepignera, ou marchera tout a fait sur l'orteuïl. Si le mal est en quelqu'vn des quartiers, à sçauoir depuis le milieu de l'ongle iusques au talon lors qu'il marchera sur le bord d'vne haye ou d'vne terre montueuse il clochera dauantage que s'il marchoit sur la terre égale, & par l'approche du Cheual marchant sur ce bord, & par son éloignement de vous, vous apperceurez aisément si la douleur est dans le quartier interieur ou exterieur. Il peut aussi boiter des cuisses à cause d'vne picqueure de clouds : alors auec des tenailles vous pincerez la teste de chaque cloud & l'ongle en mesme temps ; & à l'endroit ou il témoignera du ressentiment vous tirerez le cloud, & si le cloud s'enfonce c'est l'endroit de son mal. S'il boitte sur l'orteuïl, ce qui ne se voit que rarement, ou presque iamais, il marchera tout à fait sur son talon. Si le mal est à la solle du pied pour auoir marché sur quelque cloud, chicot, ou escharde, ou pour auoir mis le pied ou il ne deuoit pas, ou pour autre chose semblable ; alors il clochera également sur quelque terre que ce soit, si ce n'est lors qu'il marchera sur des pierres, car alors il boitera dauantage. Or pour sçauoir en quelle partie du pied est la douleur, il sera bon premierement de le faire marcher sur vne terre égale, puis sur vne terre pierreuse, puis dans des allées bordées, alors si vous y prenez bien garde, & que vous le maniez adroitement, vous reconnoistrez aisément quelle partie le fait clocher.

CHAPITRE LIV.

DV CLOCHEMENT DES PARTIES *de derriere, & comment on peut connoiſtre en quelle partie reſide la douleur.*

SI vn Cheual cloche du derriere, ſa douleur doit eſtre neceſſairement ou à la hanche appellée l'os iſchium, ou au jarret, ou à l'aſtragale, ou à l'article inferieur, ou au paſturon, ou au pied; s'il cloche de la jambe pour auoir receu quelque nouuelle bleſſeure, le Cheual marchera de trauers, & ne ſuiura pas ſi bien auec ce pied-là qu'auec l'autre, & ne pourra pas s'appuyer ſur ce pied-là ſans feindre beaucoup. Que ſi cela vient de quelque ancienne bleſſeure, alors la hanche ſe retirera & deuiendra plus petite que l'autre; cela ſe remarquera mieux lors qu'il marchera ſur quelque colline, ou ſur le bord de quelque haye, en ſorte que le pied qui eſt le plus malade ſoit du coſté le plus éleué; car alors il clochera bien plus, parce qu'il luy eſt fort penible & douloureux de marcher ſur vn lieu inegal en tordant la jambe. Si le mal eſt à l'aſtragale, alors le Cheual marchant tournera la jointure de l'aſtragale en dehors, & l'os pareſtra bien plus gros en dedans que l'autre, il ne pourra toucher la terre qu'auec l'orteüil; ſi la douleur eſt au jarret, ou à cauſe de quelque eſparuin apparent qui ſe peut voir & ſentir, ou bien à cauſe de quelque entorſe ou de quelque coup, alors il y paroiſtra vne enfleure. Il en faut dire le meſme du reply de la jambe, ou ſe peuuent voir les ſoulandres, ou autres ſemblables maux qui font boiter le Cheual; ſi la douleur eſt à la jambe, aux paſturons, ou au pied, vous le découurirez par les ſignes qui ont eſté rapportez au Chapitre precedent.

CHAPITRE LV.

COMMENT ON PEUT SCAVOIR si le Cheual a quelque mal caché qui le puisse faire clocher quand il est mené en voyage, & d'où il procede.

IL y a des Cheuaux qui à cause d'vn trop grand repos & d'estre à l'herbe couuent & portent de grandes maladies, en sorte que quand ils sont montez & menez doucement ils couurent & ne font pas paroistre leur clochement, & à cause du respect qu'ils portent naturellement à l'homme, ils marcheront pendant qu'il sera dessus aussi aisément que faire se peut, & comme s'ils n'auoient aucune incommodité: cependant ils sont de leur nature fort imparfaits.

Afin que vous ne soyez pas trompez, & pour découurir l'infirmité la plus cachée, vous tirerez premierement vôtre Cheual de l'escurie attaché à vne longue corde, laquelle vous vous ferez prendre par quelqu'vn qui le fera courir à la longueur du licol. Alors remarquez comment il porte ses pieds : car s'il y en a quelqu'vn qui soit incommodé il l'épargnera. Que si au commencement il marche droit, & ne feint pas aucune jambe, alors montez-le & le faites marcher çà & là dans vne allée ; puis descendez, & qu'il s'arreste durant vne heure. Apres le prenant à la main la longueur du licol sans que personne soit dessus, qu'on le fasse courir comme il a déja esté dit : & tenez pour vne regle certaine que s'il a la moindre douleur, il la témoignera, & choyera la partie offensée : par cette seule regle on découure plusieurs meschans coureurs de poste.

Pour connoistre d'où procedent ces douleurs, il faut

sçauoir que si la douleur vient de cause chaude, le Cheual cloche dauantage lors qu'il est échauffé ou trauaillé : mais si elle est produite de cause froide, il cloche dauantage quand il a froid, & moins quand il est échauffé, & lors qu'il a beaucoup trauaillé.

CHAPITRE LVI.

DE LA DOVLEVR DE L'ESPAVLE.

LA douleur de l'espaule vient ou de trauail ou d'vn effort arriué au Cheual estant encore trop jeune, & pour auoir porté vn fardeau trop pesant.

On peut reconnoistre cela par la constriction ou reserrement de la poitrine, & par la consomption de la chair des espaules ; en sorte que la partie malade de l'os de l'espaule sera éleuée sur la chair : si la douleur est inueterée, la partie sera caue & enfoncée vers le brichet, il entr'ouurira ses jambes dauantage en bas qu'au genoüil.

Le remede, selon l'opinion de quelques Mareschaux, est de faire vne incision de la longueur du doigt auec vn cousteau bien aiguisé, des deux costez, vn doigt au dessous de l'os de l'espaule, & souffler sous la peau auec vn tuyau de plume de cygne, tant d'vne espaule que de l'autre, mesme iusques au sommet desdites espaules, & pousser le vent auec la main également dans les deux espaules. Alors quand elles en sont pleines, battez ces endroits que vous auez remplis de vent en soufflant, auec vn baston de noiselier par toute l'espaule ; puis separant la peau de la chair passez vn seton par les deux incisions, lequel soit fait de poil ou de crin du Cheual, ou bien auec des roüelles de la partie superieure de vieux souliers, auec vn trou au milieu, afin que la matiere sorte par la, & que le seton soit long de deux palmes pour le moins dans la peau, & soit large de deux doigts ou de trois, estant couché de telle sorte qu'il puisse demeurer plat dans l'incision. Puis vne fois le iour vous tournerez le seton dans la peau, & en ferez sortir le pus ou la matiere : mais si le trou se reserre tellement que la bouë ne puisse sortir, alors vous l'eslargirez auec vn cousteau bien aiguisé, & mettrez aux pieds de deuant des entraues, & le tiendrez ainsi quinze iours, à la fin desquels vous le promenerez dehors, & éprouuerez comment il marche.

Que s'il ne marche pas à vôtre gré, continuez à le traiter quinze autres iours de la mesme maniere, & il guerira. Nos meilleurs Mareschaux ont accoustumé apres auoir fait vn seton au Cheual en la maniere susdite, d'appliquer cét emplâstre sur le haut des espaules, & sur la poitrine. Prenez de la poix, de la poix resine de chacune vne liure, de la poix liquide demie liure, faites boüillir tout cela dans vn pot, & quand il est en partie refroidy, prenez vn baston, au bout duquel sera attaché vn morceau de drap & le trempez dedans; puis frottez-en toute l'espaule : cela estant fait, mettez par dessus de la bourre de la couleur du Cheual le plus approchant que vous pourrez, & nettoyez de deux iours l'vn les setons, & les remettez, continuant ainsi quinze iours durant. Puis ostez le seton, & guerissez la playe auec deux tentes de flasse trempées dans la terebenthine & de la graisse de porc fonduës ensemble, renouuellant cela tous les iours vne fois iusques à ce que la playe soit guerie; & laissez dessus l'emplastre iusqu'à ce qu'elle tombe de soy-mesme; que si vous mettez vôtre Cheual à l'herbe iusques à ce qu'il arriue vne ou deux gelées, il n'y a point de doute qu'il sera plustost guery.

Il y a d'autres Mareschaux qui ont accoustumé de faire vn seton au Cheual, comme il a esté dit, mais de trauers, & en croix l'vn par dessus l'autre, puis font des lignes par toute l'espaule auec vn fer chaud aussi doucement que faire se peut, le bruslant en plusieurs endroits de l'espaule, ensuite ils oignent l'espaule auec les setons de beurre frais vne fois le iour, & faut promener de costé & d'autre le Cheual le soir & le matin, afin que les humeurs puissent s'écouler, ou tomber sur les parties affectées, faut apres en faire sortir la bouë, en pressant auec les mains au moins vne fois,

Ce remede aussi doit estre continué pendant quinze iours, & puis le Cheual sera guery. Pour moy d'autant que ce remede est salle & incommode, il ne me plaist gueres.

CHAPITRE LVII.

DE L'ENTR'OVVERTVRE OV blessure à l'espaule.

CE mal vient d'auoir glissé ou tombé dedans ou dehors l'escurie, ou d'auoir arresté le Cheual trop promptement quand il gallopoit, ou d'auoir marché sur des planches ou sur le verglas, ou terre glissante, ou d'auoir tourné trop promptement sur vne terre qui n'estoit pas ferme, ou pour sortir trop promptement d'vne porte, ou d'auoir receu quelque coup d'vn autre Cheual.

Vous apperceurez cette incommodité lors que le Cheual traisnera son pied sur la terre.

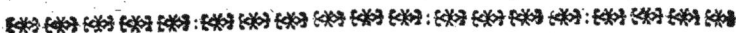

Le remede est de le saigner à la veine platte, & en tirer iusques à trois pintes de sang. Il faudra garder ce sang dans vn pot, & y mettre premierement vne quarte de fort vinaigre, & demie douzaine d'œufs cassez auec la coque, & autant de fleur de farine de froment, qu'il en faut pour rendre ce meslange espois: apres adjoûtez-y du bol armene subtilement puluerisé vne liure, du sang de dragon deux onces. Meslez tout cela ensemble iusques à ce que la fleur de farine disparoisse; s'il est trop mol adjoûtez y vn peu de vinaigre, puis auec la main faut en enduire toute l'espaule depuis le crin iusques au poictral à contrepoil, & faites que le Cheual ne bouge de cét endroit là, iusques à ce que cét emplastre soit bien attaché à la peau: apres cela menez-le à l'escurie & l'attachez au ratelier, ne luy permettant pas de se coucher tout le long du iour. Cependant donnez-luy fort peu à manger, & luy faites obseruer vn regime moderé l'espace de quinze iours, pendant lequel temps il ne doit pas bouger de sa place, mais seulement se coucher, & tous les iours vne fois appliquez sur le haut de l'espaule vne nouuelle charge de ce remede, mettant toûjours du nouueau sur le vieux, à la fin des quinze iours menez-le dehors pour voir comment il marchera, & s'il a receu quelque soulagement, laissez-le reposer & sans trauailler vn mois durant, par ce moyen son espaule se redressera. Que si pour tout cela il ne reçoit pas aucun amendement, faites luy faire vn seton, comme il a esté dit au Chapitre precedent, iustement à la pointe de l'espaule, & y tiendrez le seton quinze iours durant, n'oubliant pas de le remuër, & nettoyer la playe de deux iours l'vn : puis promenez-le çà & là tout doucement, & tournez-le toûjours du costé opposite à la playe. Lors qu'il marche droict & sans boiter, alors ostez le seton, & consolidez la playe auec terebenthine & graisse de porc fonduës ensemble, comme il a esté dit.

Que si tout cela ne sert de rien, alors il sera besoin auec vn fer chaud de le tirer en maniere d'eschiquier sur toute l'espaule ou au sommet, & de le faire trauailler à la charruë tous les iours deux heures durant pour le moins pour redresser ces articles, l'espace de trois sepmaines ou d'vn mois, s'il doit receuoir du soulagement c'est par le moyen de ces deux derniers remedes.

Il y en a d'autres qui pour ce mal ; saignent premierement le Cheual à la veine pectorale, puis passent vn seton, depuis la partie inferieure de l'os de l'omoplate iusques à la pointe de l'espaule : cela estant fait, vous luy mettrez vn sabot au lieu d'vn fer, au pied sain, puis vous le mettrez à l'herbe durant vn mois, n'oubliant pas de remuër les setons de deux iours l'vn, & de pousser dehors la matiere. Lors que vous le verrez guery & marcher bien, vous luy osterez son sabot & les setons, & qu'il demeure à l'herbe iusques à ce qu'il ait senty vne ou deux gelées, & sans doute il demeurera sain.

CHAPITRE LVIII.

DE LA CONTORSION A L'ARTICLE de la sommité de l'espaule.

CEtte entorse vient d'auoir mis son pied en quelque trou, ou d'auoir marché par quelque chemin pierreux.

Les signes sont ceux-cy. Le Cheual clochera, & le dos vers le haut des espaules sera enflé, & vn peu dur à l'attouchement.

Le remede est. Prenez du sauon noir ou gris demie liure, & l'ayant chauffé dans la poëlle, prenez vne ou deux poignées d'estoupes, & les trempez dans le sauon; puis appliquez les bien chaudement sur la sommité des espaules. Apres appliquez par dessus vn emplastre fait de cire, terebenthine, graisse de porc fonduës ensemble, en suite couurez-le de deux ou trois couuertures, & tenez ses jointures le plus chaudement que vous pourrez, & qu'il demeure en cét estat vingt & quatre heures auant que vous le pensiez, continuez ce traitement quinze iours durant, ce faisant le Cheual marchera fort bien.

Il y a d'autres Mareschaux, qui au lieu de sauon prennent de la lie de vin & de la fleur de froment meslez ensemble, & en font vn cataplasme qu'ils appliquent chaudement sur la partie offensée, & le renouuellent vne fois le iour iusques à ce que le Cheual marche bien.

CHAPITRE LIX.

DV DEIETTEMENT DE L'ESPAVLE.

L'Espavle du Cheual se dejette, lors que par quelque cheute sur le costé contre quelque bois ou haye, l'espaule se destache de la poictrine, & ainsi laisse vne separation non pas dans la peau, mais aux chairs & membranes qui sont sous la peau; ce qui fait que le Cheual cloche & ne peut pas marcher: ce qui est facile à remarquer, parce que le Cheual traisne la jambe apres soy en marchant.

Voicy les remedes: premierement mettez des entraues estroites à ces pieds de deuant, le tenant en repos dans l'escurie, puis prenez du dialthea vne liure, de l'huile d'oliue vne pinte, huile de laurier & du beurre frais de chacun demie liure, faites fondre toutes ces choses ensemble dans vn pot de terre, & en oignez la partie blessée, & aussi le costé du dedans de l'espaule, deux ou trois iours apres la partie & toute l'espaule s'enflera. Scarifiez toutes les parties enflées auec la lancette ou flammette, ou bien picquez-les auec vn fer chaud pointu, puis oignez-les toûjours auec l'onguent cy-dessus mentionné. Que si vous voyez que l'enfleure ne diminuë pas, mais s'augmente & se ramasse en pointe, alors faites ouuerture auec la lancette à l'endroit le plus esleué & le plus mol sous le doigt, puis mettez-y vne tente faite auec filasse trempée dans de la terebenthine & graisse de porc fondües ensemble comme a esté monstré cy-deuant, renouuellant la tente deux fois le iour, iusques à ce que le mal soit guery.

CHAPITRE LX.

DE LA DISLOCATION DE l'espaule, ou du Cheual espaulé.

CE mal arriue au Cheual, lors que par quelque cheute, ou par quelque coup ou violence qui luy a esté faite à la sommité de l'espaule, elle sort de sa cauité & de sa place; ce qui est facile à reconnoistre, en ce que la pointe de l'espaule blessée sera esleuée & bien plus haute que l'autre, le Cheual boitera fort bas.

Le remede, selon le sentiment des anciens Mareschaux, est premierement de le faire nager dans vne eau profonde çà & là vne douzaine de tours : car cela fera remettre l'os en sa place naturelle; puis faites deux lardoires ou broches de fresne grosses comme le petit doigt, qui soient pointues, & longues chacune de cinq doigts. Apres faites incisions en la peau, vn doigt au dessus de la pointe de l'espaule & vn doigt au dessous, & y fourez vne de vos broches de haut en bas, en sorte que les deux bouts soient également hors la peau, & si la broche ne passe pas aisément au trauers, vous luy pouuez eslargir le trou auec vn fer ou poinçon.

Apres faites deux autres trous qui croisent ceux qui ont déja esté faits, en sorte que l'vn des poinçons puisse croiser l'autre iustement au milieu; la premiere broche doit estre vn peu platte au milieu, afin que l'autre estant ronde puisse mieux passer sans resistance, & s'approcher plus iustement ensemble; puis prenez vn petit morceau de linge gros comme vne ficelle, d'vn costé de laquelle vous ferez vn nœud coulant, auec lequel vous serrerez vne des broches, & entortillerez le reste à l'entour du bout de la broche, en sorte qu'elle puisse estre entre les deux bouts de la broche & la peau, & attachez l'autre bout auec vne grosse

grosse aiguille enfilée d'vn gros fil au reste de la corde, en sorte qu'il ne puisse pas s'échapper, & pour bien faire toutes les broches deuroient estre frottées d'vn peu de graisse de porç, puis menez-le à l'escurie, qu'il repose l'espace de neuf iours, & laissez-le coucher le moins qu'il se pourra; mettez vne entraue au pied ou à la jambe malade, en sorte qu'on le puisse attacher au pied de la mangeoire auec vne corde, pour tenir toûjours cette jambe plus auancée que l'autre pendant qu'il est dans l'escurie, au bout des neuf iours ostez les broches, & oignez les parties malades auec vn peu d'onguent de dialthea, ou auec graisse de porc, puis mettez-le à l'herbe.

D'autres plus modernes ont de coustume, premierement de mettre grande quantité de paille sous le Cheual, & de mettre de fortes entraues aux jambes de deuant, & d'autres aux jambes de derriere: puis l'ayant renuersé sur le dos de l'esleuer de terre, & de le suspendre par les pieds auec vne corde, lesquelles cordes il faut attacher à vne poutre, ce qui remettra l'os en sa place, puis l'ayant descendu tout doucement, ostez les entraues du pied de deuant malade, & auant qu'il se leue attachez la jambe malade au pied de la mangeoire, si court qu'en se leuant il soit contraint de tenir la jambe deuant soy, de peur de disloquer son espaule, qu'il demeure ainsi attaché l'espace de trois iours, & aussi-tost qu'il sera leué, faites auec vn fer chaud des rayes sur toute l'espaule en forme d'eschiquier, de la largeur pour le moins d'vn pied, & que chaque raye ne soit pas distante l'vne de l'autre de plus d'vn doigt. Apres chargez toutes les parties bruslées & tout le reste de l'espaule de poix, resine, & poix liquide fonduës ensemble, & l'appliquez vn peu chaudement auec vn drap attaché au bout d'vn baston, puis mettez par dessus de la bourre de la couleur du poil du Cheual, & apres l'auoir encore vne fois couuert de bourre, détachez son pied au bout de trois iours, & mettez des entraues à ses pieds, afin qu'il ne se couche ny ne sorte pas de l'escurie l'espace de seize ou vingt iours. Alors vous le pourrez tirer dehors, &

voir s'il va bien ou non ; que s'il ne marche pas encore parfaitement, vous pourrez luy donner derechef autant de repos, & il guerira.

CHAPITRE LXI.

DE L'ENFLEVRE DES PIEDS DE deuant apres vn grand trauail.

IL arriue aux Cheuaux qui ne sont pas accoustumez à la fatigue, vne enfleure aux pieds & aux jambes de deuant apres vn grand trauail ; parce que la chaleur & l'exercice violent font tomber les humeurs sur les jambes, principalement si ces Cheuaux sont gras au dedans : car le trauail immoderé fond cette graisse interne & la fait couler dans les jambes.

Le remede, selon la pratique de quelques Mareschaux, est de prendre de l'huile de castor dit neruinum, & de sauon noir de chacun vne liure, de graisse d'ours demie liure, puis les faire fondre & boüillir ensemble, les passer & les laisser refroidir, en suite en oindre les jambes du Cheual de ce remede tiede : & empeschez que les jambes ne prennent de la poussiere.

D'autres Mareschaux ont de coustume de fomenter ses jambes auec de la bierre & du beurre, ou auec du beurre & du vinaigre, les autres auec de l'huile d'os de jambes de brebis, d'autres auec huile d'os de jambe de bœuf ; d'autres auec huile de troesne, & d'autres auec vrine & salpetre boüillis ensemble. De tous ces remedes le dernier est le meilleur, apres l'auoir fomenté de la sorte, il faut enuelopper ses jambes de cordons de foin moüillé en eau froide, depuis les pasturons iusques au genoüil ; mais il ne le faut nullement serrer de peur de faire du mal, & qu'il demeure toûjours ainsi quand il repose.

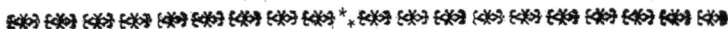

Les autres Mareschaux vn peu plus curieux, se seruent pour l'enfleure des jambes de cette fomentation. Prenez trois poignées de mauues, du mar de roses, vne poignée de sauge; faites boüillir tout ensemblement dans vne suffisante quantité d'eau, & quand les mauues sont molles, mettez-y vne demie liure de beurre, & chopine d'huile d'oliue, fomentez l'enfleure de cela estant vn peu chaud, tous les iours vne fois, l'espace de trois ou quatre iours; & si l'enfleure ne cesse pas pour cela, alors prenez de la lie de vin & du cumin, faites les boüillir ensemble, y adjoûtant vn peu de fleur de froment, & en chargez toute l'enfleure, promenez-le apres souuent; si tout cela ne sert de rien, faites enfler la grande veine au dessous du genoüil du costé interieur, ne permettant qu'il saigne d'enhaut mais d'enbas, & cela ostera l'enfleure.

CHAPITRE LXII.

DE LA SOVRMENEVRE OV forboiteure du Cheual.

LE CHEVAL est dit estre forboitu quand il a vn tel engourdissement, picotement ou fremissement dedans ses ongles, qu'il ne luy reste aucun sentiment de ses pieds, il luy arriue en ce rencontre la mesme incommodité qu'à vne personne, qui apres auoir esté assise durement & sans estendre ses jambes a les pieds engourdis, ce qui l'empesche pendant ce temps-là de marcher, ny se tenir debout: car le cours du sang & des esprits estant interrompu par les obstacles & obstructions des conduits, cette affection se forme, & encore plus souuent lors que le Cheual estant trop gras, & ayant la graisse fonduë au dedans, vient à se refroidir subitement, soit pour auoir osté la selle de dessus son dos trop tost, ou pour s'estre arresté pendant le froid ſans ſe remuër, ou bien pour s'eſtre tenu debout dans vne eau baſſe, & qui ne ſurpaſſoit pas le boulet.

Vn Cheual peut eſtre auſſi ſolbattu pour auoir porté des fers trop eſtroits & rabotteux, principalement en Eſté, lors qu'il a marché ſur de la terre dure.

Les ſignes qui donnent à connoiſtre ce mal, ſont ceux-cy. Le Cheual marche en taſtonnant, & tire ſes quatre pieds enſemble dans l'enceinte d'vn petit cercle de la grandeur d'vn boiſſeau, il frappera du pied en tremblottant, comme s'il marchoit ſur des eſpingles.

Vous deuez ſçauoir que le Cheual peut eſtre ainſi affecté des pieds de deuant, & non pas de ceux de derriere, ce que vous reconnoiſtrez en ce que le Cheual trepignera des pieds de derriere & non pas des pieds de deuant, & marchera comme ſi ces feſſes touchoient la terre.

Quelquefois le Cheual ſera forboitu des pieds de derriere & non pas des pieds de deuant : ce qu'on reconnoiſtra par la crainte qu'il a d'appuyer ſes pieds ſur la terre, eſtant tellement foible des pieds de derriere, qu'il ne pourra ſe ſouſtenir deſſus ſans trembler & friſſonner, & voudra toûjours ſe coucher. Quelquefois il ſera ſolbattu de tous ſes pieds, ce qu'on reconnoiſtra par les ſignes qui ont eſté propoſez.

D'autant que les remedes qui conuiennent à ces indiſpoſitions ſont d'vne meſme nature, & que ce qui guerit la premiere peut auſſi guerir toutes les autres, ie les ramaſſeray tous icy auec cét aduertiſſement que ie vous donne, qui eſt que ſi vous apperceuez le Cheual eſtre forboitu ſeulement des pieds de deuant, d'appliquer les remedes ſeulement aux parties de deuant, s'il eſt trauaillé des parties de derriere il les faut appliquer à ces ſeules parties. Que ſi les quatre pieds ſont enſemblement affectez, alors il faudra appliquer les remedes à toutes ces parties, comme il ſera incontinent declaré.

Pour venir donc aux remedes, il faut ſelon l'aduis d'vn tres-digne & honorable Caualier, bien experimenté en cette matiere, ſi vôtre Cheual eſt forboitu de tous les quatre pieds, luy faire tirer du sang des deux veines pectorales des deux pieds de deuant vn peu au dessous du genoüil. Vous le saignerez aussi des deux veines de l'esperon, & des veines des pieds de derriere vn peu au dessus de l'ongle, & entre l'ongle & le pasturon. Vous ferez tirer vne quarte ou trois pintes de sang, lequel vous garderez dans vn vaisseau, & le remuerez auec vn baston afin qu'il ne se clarifie pas. Apres bouchez les playes auec fiente de Cheual, ou auec de la terre; puis faites vne remolade de sang en cette maniere. Prenez autant de farine de froment auec le son, qui rendra le sang plus espois, laquelle vous mettrez dans le sang, auec huict ou dix œufs cassez, & meslerez aussi parmy le sang la cocquille. Cela estant fait vous remuerez le tout ensemblement; puis auec la main vous l'appliquerez sur les reins du Cheual, sur les fesses, & sur les espaules: quand vous aurez fait cette charge, ainsi que nous auons dit, vous prendrez deux morceaux de linge trempez dans cette mixtion, auec lesquels vous banderez vn peu ferme le dessus du genoüil & les jambes de deuant, vous en ferez aussi de mesme auec des bandes trempées que vous appliquerez sur les ongles de derriere: Cela estant fait, il faudra le promener sur le paué, ou sur la terre la plus dure que vous trouuerez, pendant deux ou trois heures: s'il est paresseux à marcher comme il le sera pour l'ordinaire, que quelqu'vn le suiue & le frappe auec vn baston ou verge pour le forcer d'aller. Apres cette promenade qu'on le mette à l'estable, & qu'on l'attache au rattelier pour empescher qu'il ne se couche, laissez-le ainsi reposer deux ou trois heures, & apres cela qu'on le promene deux ou trois heures comme il a esté dit, en suite mettez-le dans l'estable & le faites manger, & quand vous l'abbreuuerez, ce que vous pourrez faire deux ou trois heures apres qu'il aura mangé, vous luy ferez boire de l'eau chaude ou aura esté destrempée la farine d'orge, telle qu'on prepare pour faire la bierre, apres qu'il mange vn peu, puis montez-le vn peu. Que si vous le tenez debout dans vne mare d'eau iusques au ventre pendant vne heure ou deux, & iusques au dessus du dos pendant vne heure, ce sera bien fait. Apres cela montez-le derechef vn peu, puis qu'on le pense bien, & qu'on le tienne bien couuert, & ainsi peu à peu montez-le vn iour ou deux; apres quoy vous pourrez hardiment le mener en voyage. Car c'est l'exercice & le marcher qui perfectionne les pieds du Cheual; ce faisant vôtre Cheual deuiendra aussi sain qu'il a iamais esté.

Or pendant l'vsage des remedes vous auez à faire ces obseruations & remarques que vous imprimerez en vôtre memoire.

Premierement, vous n'aurez pas besoin de changer ou remuer les fers du Cheual; & vingt-quatre heures apres auoir fait la susdite charge sur le dos du Cheual, vous la pourrez frotter & descroter entierement.

Item apres douze heures vous osterez les bandes cy-dessus mentionnées, & frotterez ses genoüils & ses ongles auec la main, & auec des torchons de paille vous chasserez l'engourdissement.

Item, si vous ne pouuez auoir de la farine de froment, vous prendrez de la farine d'auoine.

Item, s'il ne peut estre saigné des veines susdites, on pourra tirer du sang de la veine jugulaire.

En dernier lieu, si vous entreprénez de guerir le Cheual vingt-quatre heures apres qu'il aura les pieds foulez ou solbatus, ou que vingt-quatre heures apres il marche plus loin, la guerison sera plus longue.

La pratique des anciens Mareschaux de ce Royaume & celle des Italiens, ne differe pas beaucoup en ce poinct de celle que nous venons d'escrire, il y a cecy de different, qu'ils adjoustent à la charge demy quarteron de sang de dragon, autant de fleur de febves que de fleur de froment, auec demie liure de terebenthine: alors s'ils voyent que dans quatre iours le Cheual ne recouure pas sa santé, ils reconnoissent que les mauuaises humeurs sont cachées seulement dans les pieds du Cheual, en ce cas faudra chercher dans les pieds auec le boutoir rognant toute la sole, & laissant la corne si mince que vous puissiez voir l'eau sortir au trauers: cela estant fait, il faut le saigner à l'orteüil, & luy tirer beaucoup de sang, puis consolider la veine auec terebenthine & graisse de porc fonduës ensemble, & estenduës sur vn peu de filasse: puis posez les fers, & garnissez bien l'endroit ou vous l'auez saigné auec estouppe, afin que la playe se ferme. En suite il faut remplir le pied auec de la graisse de porc & du son bouïllis ou fricassez ensemble, & mettez cela aussi chaud qu'il se peut, appliquez apres cela vne piece de cuir, & des morceaux de bois en croix pour contenir le tout, immediatement apres prenez des œufs & les agitez dans vn plat y adjoûtant du bol armene, & de la farine de febves autant qu'il faudra pour rendre ce meslange espois; meslez le tout ensemble exactement, & en faites deux emplastres tels qu'ils puissent couurir & enuironner chaque pied, iusques vn peu au dessus de la couronne, lesquels vous lierez auec vne bande fortement, afin qu'ils ne puissent pas tomber, ny estre ostez de dessus la partie pendant deux iours. Apres que ses pieds soient nettoyez & remplis d'estoupes nouuelles tous les iours. Celles de la couronne doiuent estre changées tous les deux iours iusques à ce que le Cheual soit guery; durant lequel temps, il faut que le Cheual se repose de peur de perdre ses ongles.

Que si vous voyez qu'il commence a estre mieux, vous pourrez le promener doucement vne fois le iour sur quelque terre molle pour exercer ses jambes & ses pieds. Ne permettez pas cependant qu'il mange beaucoup, & ayez soin qu'il ne boiue pas beaucoup d'eau froide.

Que si cette forbeiture s'estend au dessus de l'ongle, ce que vous apperceurez par l'eslargissement du petit pied ou coffre de l'ongle prés la couronne, alors quand vous rognerez la corne, vous deuez retrancher toute la partie anterieure de la sole, laissant le talon entier, afin que les humeurs puissent auoir vne issuë plus libre vers le bas; puis vous enuelopperez & accommoderez tout le circuit de la couronne comme il a esté dit.

Que si pendant l'vsage de ces remedes le Cheual deuient malade, ou que son corps se desseiche en telle sorte qu'il ne puisse vuider ses excrements, alors vous les tirerez en introduisant la main dans le fondement, puis vous luy ferez prendre vn clystere fait d'vne decoction de trois poignées de mauues boüillies dans vn pot d'eau iusqu'à la reduction d'vne pinte; dans la couleure il faudra mesler demie liure de beurre, & demy septier d'huile d'oliue. Lors que le Cheual aura vuidé son ventre donnez-luy ce breuuage pour le fortifier. Prenez vne quarte de maluoisie, dans laquelle vous mettrez vn peu de canelle, macis, & poivre battus ensemble & reduits en poudre subtile, auec vn demy septier d'huile, donnez-en à boire tiede au Cheual: cela estant fait qu'on le promene çà & là durant vn bon espace de temps s'il peut marcher: sinon attachez-le au rattelier, & qu'il soit suspendu auec des sangles & des cordes, en sorte qu'il puisse toucher la terre de ses pieds, car le moins qu'il se couchera sera le meilleur: Neantmoins on en vient rarement à cette extremité.

Il y a d'autres Mareschaux qui pour guerir ce mal prennent du verd de gris, de la terebenthine, huile d'oliue, & graisse de porc de chacun quantité égale, de cire jaune vne once, faites boüillir le tout ensemble, & trempez dedans des estouppes ou de la filasse, puis ayant rongné ses pieds minces iusques à ce qu'il saigne des orteuïls, remplissez tous ses pieds de cét onguent bien chaudement: ou bien ils prennent des racines d'orties & de ciguë, auec des grains de sureau de chacun vne poignée, & les font boüillir dans de la graisse d'ours ou graisse de porc, apres l'auoir fait saigner au milieu du pied de la veine de l'orteuïl, ils estuuent & fomentent chaudement la jointure & la jambe auec cét onguent iusques au poil du talon, puis ils mettent par dessus vn linge aussi chaud qu'ils peuuent, & faut faire cela vne fois le iour iusques à ce qu'il guerisse.

Quant à moy, quoy que ie n'improuue pas vne de ces manieres de traiter ce mal, & que ie les trouue fort bonnes chacune en leur genre; neantmoins ie n'en ay trouué aucune si bonne, soit pour vne ancienne ou nouuelle forboiture, comme est celle que ie vay descrire, premierement auec vn coûteau bien aiguisé, vous ferez vne quantité de rayes tout le

long

long de la sole du pied qui sera renduë si mince que faire se pourra, iusques à ce qu'on voye sortir vne eau rousse, sur tout que toutes les rayes soient égales, ce qui ne peut se faire auec le parroir, puis au bout pointu du pied du Cheual, vous découurirez la veine qui y est couchée, & auec la pointe du cousteau leuez l'ongle, & faites saigner la veine, laquelle aussi long-temps que la tiendrez ouuerte l'ongle saignera, & quand il sera sorty plus d'vne pinte de sang vous resserrerez l'ongle, & boucherez bien la veine. Puis prenez deux ou trois œufs durs rostis & sortans du feu, & creuez-les dans la sole du Cheual, puis versez par dessus de la graisse de porc, terebenthine & poix liquide tout boüillans, & auec de la filasse trempée dedans remplissez la cauité du pied, & mettez par dessus vne piece de cuir pour contenir tout dedans, & appliquez par dessus des planchettes de bois pour le tenir ferme, de cette maniere vous pourrez accommoder ses quatre pieds s'ils sont tous solbatus, autrement vous n'accommoderez que ceux qui sont affectez. Vous penserez ainsi le Cheual trois fois en quinze iours, & pourrez vous asseurer que le Cheual deuiendra aussi sain que iamais.

Que si le Cheual est solbatu à cause que le fer est trop estroit, ce qui ne fait pas proprement la solbature, mais vn picotement qui est vn degré moindre, alors vous osterez le fer, & luy tirerez du sang des orteils, puis bouchant la playe auec sauge mettez son fer, & remplissez la cauité auec graisse de porc, & du son boüillis ensemble, aussi chaud que faire se peut, faites cecy deux fois en quinze iours, & le Cheual sera soulagé.

CHAPITRE LXIII.

DES SVROS QVI VIENNENT *au dedans du genoüil, comme aussi en toute autre partie de la jambe.*

CETTE tumeur est d'vne nature calleuse, cartilagineuse ou plustost osseusse, grosse quelquefois comme vne noisette, quelquefois comme vne noix, selon le temps qu'il y a quelle a commencé, laquelle vient au dedans du pied de deuant, entre le genouïl & l'article du haut du pasturon, & quelquefois dessous & bien prés du genouïl, laquelle est la plus dangereuse de tous les suros, & fait boiter le Cheual.

Ce mal vient d'auoir fait trauailler le Cheual trop jeune; ou bien de luy auoir fait porter des fardeaux trop pesants, ce qui fait que les nerfs mols des jambes en sont offensez.

Ce mal est aisé à connoistre, parce qu'il se voit & se touche.

Le remede, selon les anciens Mareschaux, est de prendre vn oignon, & apres en auoir osté le milieu, mettre dedans vne demie cuillerée de miel, le quart d'vne cuillerée de chaux viue, & pour quatre sols de verd de gris; & apres l'auoir bouché le faire cuire sous la braise iusques à ce qu'il soit amolly, puis le broyer dans vn mortier, & l'appliquer sur la tumeur, aussi chaud que le Cheual pourra endurer, puis l'ayant laué d'eau chaude razer le poil qui est à l'entour, & scarifier legerement la peau, de maniere qu'il en sorte du sang. Prenez apres demie cuillerée de cantharides, demie cuillerée d'euphorbe puluerisé subtilement, & les meslez ensemble dans vne cuillerée d'huile de laurier, meslez-les dans vn poilon & les faites fondre en les re-

muant, en forte qu'ils ne demeurent pas trop fur le feu.
Cela eſtant encore tout boüillant, trempez deux ou trois
plumes dedans, & en oignez la partie bleſſée. Cela eſtant
fait, il faut que le Cheual demeure en repos vne heure apres,
de peur qu'il ne ſecoüe & faſſe tomber l'onguent. Puis
menez-le tout doucement à l'eſcurie, & l'attachez
en forte qu'il ne puiſſe pas atteindre auec ſa teſte ſous la
mangeoire, afin qu'il ne morde pas le remede acre & mordicant, s'il le touchoit de ſes leures il les eſcorcheroit incontinent. Faites-le auſſi tenir fur ſes pieds toute cette iournée,
& la nuiɛt ſuiuante. Le iour d'apres oignez la partie malade de beurre frais, continuant ainſi pendant neuf iours : car
par ce moyen la chaleur du remede ſera corrigée, & fera tomber non ſeulement l'eſcharre mais auſſi le ſurot.

Il y en a d'autres qui ont de couſtume de faire vne raye
auec vn fer chaud le long du ſurot, & font d'autres rayes en
trauers qui croiſent comme on peut concenoir par cette figure, puis quatre heures apres ils prennent
de la fiente de bœuf toute recente auec de
l'huile d'oliue meſlées & agitées enſemble,
& de cela frottent les parties malades ; ce
qui doit eſtre fait lors que le mal eſt recent.

D'autres font vne inciſion ſelon la longueur du ſurot, & par
le moyen de la ventouſe ou cornet dilatent l'inciſion, & leuent
la peau des deux coɛtez du ſurot : puis font à l'entour comme vne bœſte d'argile, pour receuoir la graiſſe d'ours qu'ils
verſent toute boüillante dans la playe, iuſques à ce que la
bœſte de terre en ſoit remplie, puis le laiſſent repoſer tant
que la graiſſe ſoit refroidie. Apres cela ils laiſſent leuer le
Cheual, & cette maniere de traiter, quoy ne ſoit employée
qu'vne fois guerira ce mal, ſans qu'il en reſte aucune marque qui ſoit deſagreable à la veuë.

D'autres battent le ſurot auec vn baſton & le broyent
ainſi, puis le piquent auec vne aleſne & en font ſortir le
ſang, apres ils mettent deſſus vn morceau de cuir blanc, &
auec vn fer chaud font que la graiſſe le bruſle : ou bien y

font fondre de la poix qu'ils meslent auec du verd de gris, & appliquent par dessus vne emplastre de poix ne la changeant pas qu'elle ne tombe de soy-mesme : ou bien apres que vous aurez ou battu ou piqué le surot, prenez vn oignon & en ostez le cœur, remplissez-le de sel marin, faites le cuire iusques à ce qu'il soit mol, & l'appliquez chaudement sur le surot, au lieu d'oignon : vous pouuez si vous voulez y appliquer vn œuf dur, chaud & bruslant.

D'autres font vne incision tout le long du surot, puis trempent vn linge dans du vin chaud, & jettent du verd de gris en poudre par dessus, & ainsi l'appliquent sur l'incision, le renouuellant vne fois le iour iusques à ce que le surot soit dissipé.

D'autres font razer tout le poil, & frottent rudement le surot deux fois le iour, iusques à ce que le surot soit guery : mais cette tumeur doit estre recente & tendre, & en ce cas si on employe la saliue d'vne personne, elle sera aussi bonne que la poix liquide.

D'autres prennent vn limaçon noir, ils le coupent & mettent parmy du sel marin, & l'appliquent sur la tumeur apres estre ouuerte, le changeant tous les iours iusques à ce que la tumeur soit esuanouïe : apres faut barrer la veine au dessus le genouïl, & en tirer du sang au dessous, de peur qu'elle ne porte de la nourriture au surot.

D'autres ont de coustume si le surot est sur le genouïl, de le brusler comme il a esté dit : apres ils prennent de l'absynthe, de l'ache, de la parietaire, de la branche vrsine, qu'ils font bouïllir auec de la graisse de porc ; & l'appliquent sur la brusleure, pourueu qu'auparauant on ait rasé le poil. Que si le surot est au dessous du genouïl ce remede est pareillement bon, & bien plus asseuré.

Apres auoir rapporté toutes ces diuerses manieres d'oster vn surot, vous sçaurez que le plus expedient est, premierement ayant couché par terre le Cheual, de prendre vn baston de noiselier qui soit d'vne bonne grosseur & grandeur, auec lequel on frappera doucement sur la tumeur, puis peu à peu & par degrez vn peu plus fortement, iusques à ce que le ſurot ramoliſſe de toutes parts. Puis auec la pointe d'vne lancette faire ſortir toute l'eau & le ſang qui y eſt contenu : Prenez en ſuite vne brique & la mettez au feu, & quand elle ſera chaude extremement enueloppez-là d'vn drap rouge, & auec cela frottez le ſurot & paſſez par deſſus, en ſorte que le ſang ſoit tout deſſeiché, & qu'il ne tombe pas dauantage aucune humidité. Puis prenez de la poix reſine, du maſtich de chacun égale quantité, faites-les fondre enſemble, & eſtant bien chaud, verſez-en deſſus la tumeur, & tout à l'entour ; apres mettez de la bourre de la couleur du pied du Cheual par deſſus, & laiſſez cela ſur la tumeur iuſques à ce qu'il tombe de ſoy-meſme. Si apres qu'il eſt tombé il reſte & demeure quelque partie de la tumeur, ce qui arriuera difficilement ſi elle a eſté battuë d'ordre, alors vous penſerez ce qui reſte, comme vous auez fait l'autre auparauant, & le ſurot guerira parfaitement.

Mais le meilleur & le plus aſſeuré moyen d'oſter le ſurot, eſt de faire vne inciſion auec vn couſteau bien aiguiſé, de la longueur d'vn grain d'orge iuſtement au ſommet ou au milieu du ſurot, & la faire ſi profonde qu'elle penetre iuſques à l'os, puis de mettre dans ladite ouuerture auec la pointe d'vn couſteau, autant d'arſenic que la quatrieſme partie d'vne noiſette peſe, dans trois ou quatre iours cela conſumera le ſurot, en ſorte qu'il tombera apres de ſoy-meſme, puis vous guerirez l'ouuerture auec du beurre frais fondu, ou auec vne emplaſtre faite de graiſſe de porc & de terebenthine meſlées & fonduës enſemble. Vous deuez ſeulement prendre garde en cette ſorte de penſement, que le Cheual ſoit attaché tellement, que de vingt-quatre heures apres il ne puiſſe pas toucher de ſa bouche la partie malade.

Pour la concluſion i'ay à vous donner cét enſeignement, duquel vous deuez vous reſſouuenir toûjours, tant pour la gueriſon de ce mal, que de toutes autres tumeurs telles qu'elles puiſſent eſtre.

Premierement faut arreſter & empeſcher la cheute de

nouuelles humeurs ſur la partie malade, ce qui ſe fera par le moyen des emplaſtres adſtringents, comme de poix reſine, maſtic, ſanguine, bol armene, & autres ſemblables. Puis faire ſortir la matiere qui y eſt contenuë auec des medicaments qui attirent, comme cire, terebenthine, & autres ſemblables: en ſuite deſſeicher auec des poudres diſſiccatiues, comme de miel, chaux d'eſcailles d'huiſtres, ſuye, & ſemblables.

Vous deuez auſſi ſçauoir que tous ſurots, eſparuins, ou groſſeurs doiuent eſtre oſtez, ou au commencement, ou apres la pleine lune.

CHAPITRE LXIV.

DES SVROTS DES DEVX coſtez de la jambe.

QVOY que pluſieurs Mareſchaux font difference entre ce que les Anglois nomment *serevv*, & ce qu'ils appellent *ſplent*, diſans que le premier vient toûjours au dehors de la jambe, & le dernier au dedans, neantmoins il eſt tres-certain que ces infirmitez ſont vne ſeule & meſme choſe, & ſe peuuent nommer auſſi bien ſurots du coſté du dedans, que de celuy du dehors.

Le ſurot qui eſt en la partie du dehors eſt toûjours le moins dangereux. Souuent vn Cheual les aura tous deux en meſme temps & en vne meſme jambe: qu'ainſi ne ſoit, ie les ay veu ſi juſtement oppoſez l'vn à l'autre, que vous croiriez qu'ils ont percé de part en part la jambe du Cheual, d'où il eſt arriué que pluſieurs Mareſchaux ignorans, eſtans dans cette penſée les ont nommez *ſplent serevv*. Moy-meſme i'ay veu des Mareſchaux beaucoup eſtimez, leſquels eſtans priez de traiter vn tel mal, l'ont refuſé abſolument, diſants qu'il eſtoit incurable: mais cette opinion eſt fort ridicule, car l'os de la jambe eſtant caue & plein de moëlle, il ny a rien qui puiſſe percer au trauers, qu'il ne trouble, & ne confonde la moëlle, & alors l'os ne peut pas ſubſiſter, mais doit incontinent ſe rompre & abſceder; principalement quand vne telle ſubſtance foible & ſpongieuſe occupera la force de la jambe.

Pour ce qui eſt des remedes, comme ces deux ſortes de ſurots ſont vne meſme choſe, auſſi demandent-ils meſmes remedes, ce qui ſoulagera le premier, deuant auec plus de facilité ſoulager le dernier; d'autant qu'il n'eſt pas tout à fait ſi dangereux, ny ſi prés des gros nerfs.

CHAPITRE LXV.

DES MALANDRES.

LEs malandres ſont vne ſorte de galle dure & ſeiche, qui vient ſur la partie interne de la flexion du genoüil en maniere d'vne raye ou fente, & a des poils durs fort enracinez, ſemblables à la ſoye de pourceau, ce qui gaſte & corrompt la chair, en la meſme façon que ſont les racines du poil de la teſte d'vn enfant qui a la teigne. Si le mal eſt grand & profond, il tiendra la jambe du Cheual roide d'abord qu'il ſortira, & le fera clocher beaucoup.

Ce mal procede ou de la corruption du ſang, ou du peu de ſoin qu'on a eu à le penſer & le tenir proprement : car vous remarquerez que quelques Cheuaux naturellement ſont ſujets à auoir le poil long, depuis le ply du genoüil iuſques en bas vers le poil du talon, & ce poil du genoüil eſt ſouuent ſujet à ſe frizer; c'eſt pourquoy ces Cheuaux-ià s'ils ne ſont penſez ſoigneuſement, & tenus proprement ſont fort ſujets à ce mal.

La cure, selon l'opinion des anciens Mareschaux, est telle: Prenez vn harang salé venant du caque, & de la saumeure auec laitte de poisson, deux cuillerées de sauon, & autant d'alun, pilez tout cela dans vn mortier ensemblement, puis appliquez-le sur le mal, renouuellant cela vne fois le iour, durant trois iours, ce qui guerira les malandres, pourueu qu'auparauant que vous appliquiez les remedes sur le mal, vous fassiez tomber les croustes des galles, & ne laissiez aucun poil sur la partie affectée.

D'autres prennent de la peleure de fromage l'ayant chauffé bien fort ils l'enduisent de miel, & ainsi l'appliquent chaudement sur les malandres, & le renouuellent vne fois le iour, iusques à ce qu'elles soient gueries: ou bien ils broyent dans vn mortier de la fiente de poule & des œillets, & l'appliquent sur le mal iusques à ce qu'il soit guery.

Il y a des Mareschaux qui lauent la partie ou est le mal auec de l'eau chaude, & apres auoir rasé le poil auec les galles, prennent vne cuillerée de sauon, & autant de chaux qu'ils meslent ensemble, & en font vne maniere de paste qu'ils estendent sur vn linge assez grand pour couurir le mal, & le lient fortement auec vne bande, la renouuellant tous les iours vne fois pendant deux ou trois iours, lesquels estans expirez ils ostent l'emplastre, & oignent le mal auec huile rosat tiede, par ce moyen on fait tomber la crouste ou galle produite par le remede caustique, laquelle galle estant leuée on laue la partie malade tous les iours auec son vrine, ou bien auec l'vrine d'vne personne, & immediatement apres on jette par dessus de la poudre de coquilles d'huistres bruslées, continuant ainsi tous les iours iusques à ce qu'il soit guery.

Quelques-vns de nos Mareschaux modernes prennent vne quarte d'eau, chopine d'huile, & autant de farine qu'il faudra pour rendre cela d'vne consistence espoisse en cuisant, & appliquent cela tout chaud sur la partie malade deux fois le iour pendant quatre iours. Puis il faut prendre du dre du mastic, encens puluerisé, du vif argent esteint auec le jus de limons ou du vinaigre fort, de chacun vne once, de la litharge demie once, de la ceruse dix onces, & autant de graisse de porc clarifiée. Faut incorporer & mesler tout ensemblement, auec de l'huile & du vinaigre & l'appliquer sur le mal, iusques à ce que la malandre soit amortie. Puis on le traite comme il a esté déja proposé.

Les autres apres l'auoir lauée & rasée, la frottent auec vrine & sauon iusques à ce qu'elle deuienne rouge, puis y appliquent sur la partie de l'huile de castor, du miel & de la moutarde forte meslez ensemble. Autrement ils prennent du souphre, du vitriol, du sel nitre, du sel gemme, qu'ils meslent auec huile de laurier, & en frottent la malandre.

Pour conclure, vous sçaurez que quelques Cheuaux auront deux malandres à vn pied ou à vne jambe, l'vne sur l'autre, quelquefois ils en auront vne vn peu au dessus de la flechisseure interne du genoüil.

Pour cela il ne faut pas changer de remedes, & de la façon que vous en pensez vne, vous pouuez en penser deux ou trois de mesme.

Quant à moy, ie n'ay rien trouué de meilleur pour les malandres qu'apres auoir nettoyé l'vlcere, de prendre l'excrement d'vne personne, & en frotter la partie malade, Car cela amortira & guerira le mal.

CHAPITRE LXVI.

DES ATTEINTES SVR LES NERFS au dessus du pasturon.

CE que nous appellons atteinte superieure, n'est autre chose qu'vne fascheuse enfleure du nerf principal, ou du nerf posterieur de l'os de la hanche, qui arriue lors que le Cheual frappe & auance la pince du pied de derriere contre ce nerf, ce qui fait par ce moyen boiter le Cheual tout bas.

Les signes sont l'enfleure de la partie, & le boitement. Le remede, selon les anciens, est d'appliquer chaudement sur l'endroit malade vn emplastre fait de lie de vin, & de fleur de froment; ou bien de prendre du sauon noir, & de la graisse d'ours tout bouïillants, de chacun égale quantité, & en faire vn cerat dont on enueloppera la partie malade : ou bien si l'enfleure ne se resout pas par aucun emplastre; prenez vn fer chaud bien menu, & tirez vne raye tout le long de la jambe sur le poil, & faites plusieurs autres petites rayes bien prés l'vne de l'autre & vn peu profondes: puis oignez la brusleure deux ou trois iours auec du sauon noir, & apres mettez le Cheual à l'herbe. Si vous ne le mettez pas à l'herbe, faites-luy prendre vn peu d'exercice tous les iours : mais cette brusleure ne m'agrée gueres car elle est difforme : & quoy qu'elle oste l'enfleure, neantmoins les bords de la brusleure, apres estre guerie, entretiendront toûjours la partie enflée.

D'autres Mareschaux lauent la jambe auec de l'eau chaude, & rasent le poil auant que l'enfleure s'estende, puis ils scarifient la partie malade auec la pointe du rasoir, afin que le sang en puisse sortir. En suite ils prennent des cantharides, & de l'euphorbe de chacun demie once qu'ils mélent ensemblement auec demy quarteron de sauon, & estendent sur la partie malade vn peu de cét onguent auec vne espatule, le laissant reposer apres pendant vne demie-heure au mesme endroit où il a esté pensé; apres quoy on le meine à l'escurie, on le fait tenir debout sans littiere, & on l'attache en sorte qu'il ne puisse porter la bouche à la partie malade. Vn iour apres traictez-le encore de la mesme façon: le troisiéme iour oignez l'endroit de beurre frais, continuant ainsi pendant neuf iours, à la fin desquels faites-luy vne fomentation. Prenez trois poignées de mauues, du mar de roses, de la sauge de chacun vne poignée: faites-les bouillir ensemble dans suffisante quantité d'eau, & quand les mauues seront molles, mettez-y demie liure de beurre, & demie liure d'huile d'oliue, estant vn peu chaud, lauez-en la partie malade tous les iours vne fois iusqu'à ce qu'elle soit guerie.

D'autres fendent vn poulet ou vn pigeon & l'appliquent tout chaud sur l'enfleure, ce qui la fait diminuër: ou bien prenez de l'onguent dialthea, de l'onguent d'Agrippa & de l'huile parties égales qu'ils meslent ensemble, & appliquent sur l'enfleure.

D'autres prennent de l'encens, resine, poix liquide, euphorbe, terebenthine, & fenugrec de chacun deux drachmes, du suif vne once, autant d'huile, de la cire trois onces, de la myrrhe six drachmes, le tout estant fondu & meslé ensemble, ils l'appliquent sur le mal en forme d'emplastre iusques à ce qu'il soit guery: ou bien prenez pour ce mal six drachmes de sang de dragon, du bol armene vne once, autant d'huile, du mastic trois onces, autant de suif, & autant de graisse de porc, meslez-les ensemble, faites-les fondre, & appliquez cela sur l'enfleure & il la dissipera. Apres faites faire les fers des pieds de derriere vn peu plus courts que la corne des pinces, & que la corne reste sans la couper: il ne faut pas que les fers des pieds de deuant soient plus longs que le talon, mais plustost ils doiuent estre plus courts.

CHAPITRE LXVII.

DES ATTEINTES SVR LE TALON ou dans le pasturon.

L'ATTEINTE sur le talon, ou dans le milieu, ou au fonds de l'article du pasturon, n'est autre chose qu'vne petite vessie remplie d'vne eau rousse semblable à vne molette, & quoy qu'elle ne soit pas apparente à la veuë, si est-ce qu'elle est aisée a estre sentie.

Elle peut venir de quelque grand effort, comme de s'estre fortement estendu, elle fera boitter la jambe du Cheual.

Les signes sont ceux-cy. L'article vers les poils du talon sera fort chaud, & vn peu enflé, & on sentira aisément à l'attouchement vne petite vessie molle.

Le remede, selon l'opinion des anciens Mareschaux, est de prendre vne petite corde, auec laquelle on liera estroitement la jambe, depuis le genoüil iusques à l'article inferieur, puis entre le pasturon & l'ongle auec vne lancette, faites vne incision au milieu de l'enfleure, & faites sortir la matiere : prenez en suite vn blanc d'œuf que vous battrez auec vn peu de sel, dans lequel vous tremperez vn peu de filasse pour l'appliquer sur toute l'enfleure ; apres ostez la corde de la jambe & renouuellez ce remede deux fois le iour, iusques à ce que la douleur soit passée : mais sur tout prenez garde que le Cheual ne soit trauaillé en aucune façon, ny monté durant le temps qu'il sera dans ces remedes.

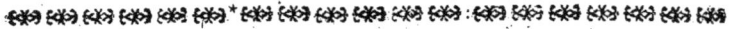

CHAPITRE LXVIII.

DE L'ATTEINTE AV TALON.

L'Atteinte au talon, eſt quand le Cheual porte le pied ou fer de derriere dans le talon du pied de deuant, iuſtement à l'inſertion de l'ongle. Si ce mal n'eſt ſoigné il pourrira le dedans, iuſques à mettre en danger de perdre l'ongle du Cheual.

On voit ordinairement par la playe la peau pendante ſur le talon du Cheual, & le Cheual boiter.

Le remede eſt, premierement de retrancher la peau, l'ongle, & la chair qui ſeront détachez, iuſques à ce que vous ayez égalé & renduë vnie la partie bleſſée. Puis la bien lauer auec de la bierre & du ſel, & mettre par deſſus vn peu de filaſſe trempée dans le blanc d'œuf, meſlé auec vn peu de bol armene, renouuellant cela tous les iours vne fois, pendant trois ou quatre iours, & par ce moyen il guerira.

CHAPITRE LXIX.

DES MVLES AVX TALONS.

Les mules ſont vne galle ſeiche, laquelle vient d'aucune fois au talon à cauſe de la corruption du ſang, ou bien faute d'eſtre nettoyé, frotté, & penſé comme il faut.

Quand on le met dans l'eſtable tout moüillé elle paroiſt comme vne creuaſſe ſeiche & ſans aucune humidité. Elle occupera quelquefois les deux talons.

Le remede est, selon la pratique des anciens Mareschaux, de prendre vne chopine de miel, & vn quarteron de sauon noir & les mesler ensemble, y adjoûtant quatre ou cinq cuillerées de vinaigre, gros comme vn œuf d'alun, & deux cuillerées de farine de seigle : ayant tout meslé ensemble faut l'appliquer en forme d'emplastre sur le mal, aussi long que le mal s'estend, & le laisser dessus cinq iours durant, puis il le faut oster, & lauer sa jambe & son pied de boüillon de bœuf salé ; puis entortiller ses jambes de cordons de foin moüillé, & il guerira, pourueu qu'auant que vous le pensiez vous ostiez toûjours les croustes & les galles, & que vous les nettoyez autant que faire se pourra.

CHAPITRE LXX.

DES FAUX QUARTIERS.

CE mal est vne fente ou creuasse à l'endroit des quartiers, laquelle paroist quelquefois en dehors: d'autrefois & le plus souuent elle est au dedans de l'ongle, parce que le costé interieur est toûjours la partie qui est la plus foible, lesquels costez sont appellez quartiers, d'où ce mal prend sa denomination, & est appellé faux quartier, qui veut dire vn quartier malade & mal sain, car c'est comme si on luy auoit mis vne piece au pied, & comme si l'ongle n'estoit pas d'vne seule piece tel qu'il doit estre.

Ce mal vient souuent d'estre mal ferré, ou d'auoir la corne mal rognée ; quelquefois aussi d'auoir esté piqué, ou d'autres semblables blesseures.

Les signes sont ceux-cy. Le Cheual boittera bien bas, & la fente saignera: quand le fer sera leué toute l'enfleure sera apparente, & se pourra voir.

Le remede, selon les anciens Mareschaux, est d'oster le fer, & de le rogner autant du costé qui porte sur le mal, qu'il eſt beſoin pour laiſſer le mal à découuert quand on remettra le fer: apres ouurez la fente auec vn biſtory, & rempliſſez-là d'eſtouppes trempées dans la terebenthine, cire, & graiſſe, ou ſuif de mouton fondus enſemble, renouuellant cela vne fois tous les iours, iuſques à ce que la partie vienne en ſon entier. La fente eſtant fermée en haut, faites vne raye auec vn fer chaud entre le poil & l'ongle en forme de croiſſant, afin que l'ongle puiſſe toûjours pouſſer vers bas. Quand le Cheual marchera droict ne montez pas deſſus qu'il n'aye les fers aux pieds tels que nous auons dit cy-deſſus, c'eſt à dire qui ne portent & ne preſſent pas la partie affectée iuſques à ce que l'ongle ſoit endurcy.

D'autres ont de couſtume de l'oindre tous les iours auec ſuif de mouton & de l'huile meſlez enſemble, ce qui bouchera la fente. Les autres retranchent le vieil ongle qui eſt corrompu & gaſté. Puis ils prennent ſept blancs d'œufs, de l'encens puluериſé, de la chaux viue, du maſtic, du verd de gris, & du ſel de chacun trois onces qu'ils meſlent enſemblement & mettent deſſus, & couurent le pied malade d'étoupes, & en ſuite ils appliquent deſſus de la graiſſe de porc vn doigt d'eſpoiſſeur & de meſme deſſous, & attachent cela de telle ſorte qu'il puiſſe demeurer quinze iours durant, le renouuellant en ſuite, & cela guerit l'ongle.

Que s'il y a quelque matiere corrompuë amaſſée dedans le faux quartier, c'eſt à dire au dedans de l'ongle & qu'elle faſſe boitter le Cheual; vous mettrez le doigt deſſus, & ſi le Cheual retire la jambe, c'eſt ſigne que l'abſcez eſt meur, alors vous l'ouurirez auec vn biſtory & laiſſerez ſortir la bouë: appliquez en ſuite de la fiente de Cheual, de l'huile, du ſel, & du vinaigre meſlez enſemble en forme d'emplaſtre: cela guerira le Cheual & fera venir l'ongle bon: cependant vous deuez ſoigner qu'on luy mette des fers appropriez en la maniere que nous auons dit cy-deuant.

CHAPITRE LXXI.

DV CHEVAL DESHANCHÉ, ou bleßé dans la hanche.

VN Cheual est dit estre deshanché quand par quelque distorsion, par quelque coup, ou par quelque autre accident l'os de la hanche est ébranlé & sorty de sa place naturelle. C'est vn mal aussi difficile à guerir que mal qui soit: car s'il n'est secouru, au mesme instant il s'amassera dans la cauité vne substance si espoisse & si dure, qu'elle ne laissera aucune place à la teste de l'os, & pour lors le mal est deuenu tout à fait incurable.

Les signes pour connoistre ce mal sont ceux-cy. Le Cheual boittera beaucoup, ira de costé, & traisnera vn peu le pied apres soy. La hanche malade sera aussi plus basse que l'autre, & la chair de la fesse de ce costé-là diminuëra.

Le remede est, selon l'aduis des meilleurs Mareschaux, d'y soigner de bonne heure. Et premierement de renuerser le Cheual, & ayant mis vn entraue au pied malade, à laquelle soit attaché vne corde, de tirer le pied en haut, & prendre auec les deux mains l'os de la cuisse pour le repousser iustement dans son emboiture, cela estant fait laissez retomber la jambe tout doucement, & ainsi permettez-luy de se leuer sans violence, conduisez-le à l'escurie, & appliquez chaudement sur son dos de la poix resine fonduë, & par dessus de la bourre de la mesme couleur: enuoyez apres vôtre Cheual à l'herbe iusques à ce qu'il marche droit.

Que si le Cheual n'est pas deshanché, mais seulement blessé à la hanche, & ce depuis peu; alors prenez de l'huile de laurier, du dialthea, huile de castoreum, & graisse de porc de chacun demie liure; faites-les fondre tous ensemble

les

les remuant continuellement, iusques à ce qu'ils soient parfaitement meslez ensemble ; puis oignez-en la partie malade à contre-poil, tous les iours vne fois l'espace de quinze iours, & pour faire penetrer l'onguent dans la chair, tenez vn fer chaud par dessus la partie qui aura esté ointe en remuant la main çà & là iusques à ce que l'onguent ait penetré. Que si au bout de quinze iours vous ne voyez aucun amandement, alors faites vne incision sur la peau, vn doigt au-dessous de l'os de la hanche, faisant l'ouuerture si large que vous puissiez y mettre vn ortis auec la main, puis auec vn tuyau de plume en soufflant ou vne ventouse, détacher la peau qui est à l'entour de l'os, en sorte que l'ortis plat puisse estre introduit entre la peau & la chair. Cét ortis deuroit estre fait de cuir de veau mollet auec vn trou au milieu auquel vn fil seroit attaché, afin de l'oster quand on voudra le nettoyer, ou l'ouuerture, que si l'ortis est fait de filasse forte, tortillée & ointe de l'onguent escrit cy-dessous, il tirera dauantage.

Vous introduirez premierement l'ortis double, puis vous l'estendrez auec le doigt; cela estant fait mettez-y vne tente de filasse bien grosse, trempée dans vn peu de terebenthine & graisse de porc fonduës ensemble. Nettoyez le trou & l'ortis tous les iours vne fois, & renouuellez la tente durant quinze iours. Auant que de le penser, faites-le promener tous les iours au petit pas, vn quart d'heure durant, afin de faire descendre les humeurs, à la fin des quinze iours ostez l'ortis, & pensez la playe auec le mesme emplastre, diminuant tous les iours la tente iusques à ce qu'elle soit guerie, apres auec vn fer chaud vous ferez des rayes en croix de la longueur de huict ou neuf poulces, iustement sur l'os de la hanche, en sorte que l'endroit ou a esté l'ortis puisse estre au milieu : ne le bruslez pas profondement, mais seulement que la peau paroisse jaune, & alors appliquez sur ces endroits bruslez & sur les fesses cét emplastre. Prenez vne liure de poix, demie liure de resine, de poix liquide vne chopine : faites-les bouillir ensemble, & estant vn peu chaud, frottez-en la partie auec vn haillon trempé dedans attaché au bout d'vn baston. Mettez par dessus vn peu de bourre de la couleur du Cheual. Que si c'est en Esté qu'on mette le Cheual à l'herbe : car le plus qu'il sera à son plaisir c'est le meilleur.

CHAPITRE LXXII.

DE LA DISLOCATION, ET DES blesseures de la rotule.

LE Cheual peut estre blessé à la rotule, (qui est vn petit os de deux doigts de longueur, entre le bout inferieur de l'os de la cuisse, & l'extremité superieure du grand os de la jambe de derriere) ou lors que cét os est sorty de sa place par quelque contorsion glissade, ou pour auoir receu quelque coup. Que si ce petit os n'est pas détaché ny esbranlé de son lieu, & neantmoins il cloche à cause de quelque douleur qu'il ressent en cét endroit, alors nous disons que le Cheual est blessé à la rotule sans qu'il y ait luxation.

Les marques sont celles-cy. Si cét os est sorty de sa place, il s'esleuera en dehors plus d'vn costé que d'autre, il sera apparent à la veuë, & en boitant il ne fera que toucher la terre de la pince.

Le remede, selon l'opinion des anciens Mareschaux, est de passer deux lardoires en croix à l'endroit de l'os de la rotule à trauers la peau, de la mesme maniere que nous auons enseigné pour la dislocation de l'espaule, mais les broches ne doiuent pas estre si grosses ny si longues, parce que la rotule n'est pas si grande que l'espaule. Vous le tiendrez dans l'escurie auec vne entraue & vn anneau à la jambe, auquel on doit attacher vne corde, laquelle doit entourer son col, & la serrer si fort qu'elle fasse auancer le pied malade plus que l'autre, afin d'empescher l'os de sortir dehors: mais cette methode de guerir est desagreable & fascheuse:

c'eſt pourquoy il y a d'autres Mareſchaux plus experimentez qui mettent vn ſabot au pied ſain, & le meinent ainſi dehors, afin qu'il ſoit contraint de marcher ſur le pied boiteux, & cette contrainte en vn iour ou deux le rendra auſſi ſain que iamais, & remettra l'os en ſa place naturelle. Que ſi d'abord vous ne pouuez pas trouuer vn ſabot alors vous prendrez vne ceinture platte, ou vne autre bande & ligature qui fera le tour de la jambe trois ou quatre fois, & auec cela vous lierez la jambe du Cheual au deſſus du ply de la jambe ou du jarret, meſmement ſur le grand nerf, autant ſerré que vous & vn autre pourrez. Menez apres le Cheual dehors, & le laiſſez aller çà & là durant quarante huict heures; par ce moyen le Cheual deuiendra auſſi ſain que iamais. Oſtez en ſuite le bandage, & frottez l'endroit ou il eſtoit auec du beurre frais: car il ſera beaucoup enflé.

Si cét accident de la luxation de la rotule arriue à vôtre Cheual quand vous eſtes en voyage, & que vos affaires ne vous permettent pas de vous arreſter pour faire aucun de ces remedes; alors vous menerez voſtre Cheual dans quelque lac ou riuiere profonde, dont l'entrée & la ſortie ſoit aiſée, & là dedans faites le nager çà & là vne douzaine de tours: cela eſtant fait vous le ferez trauailler à vôtre plaiſir; car tant plus il aura eſté trauaillé, tant plus il marchera fermement & aſſeurément. Que ſi le Cheual ne ſouffre point de diſlocation, mais s'il eſt ſeulement bleſſé à la rotule, ſoit par quelque coup, ou effort, alors l'os ne s'eſleuera pas en dehors, toutefois l'endroit ſera beaucoup enflé.

Le remede, ſelon l'opinion des anciens Mareſchaux, eſt de faire vne petite inciſion à la peau, vne palme deſſous l'endroit malade; puis auec vn tuyau de plume ſouffler toute la peau qui couure la chair vers le haut, & auec la main en preſſant faire ſortir le vent dehors. Apres mettez vn ſeton de poil de Cheual, depuis la premiere inciſion iuſques à la partie ſuperieure de la rotule: cela eſtant fait, prenez vn pot d'vrine & le faites boüillir iuſques à la reduction d'vne quarte, & le nettoyez tres-bien. En ſuite prenez vne poignée de mauues, & chopine d'huile d'oliue, que vous meslerez auec l'vrine & ferez boüillir tout ensemble, dont vous estuuerez toute la partie malade tous les iours vne fois, pendant sept ou huict iours : cependant il faut qu'il ne sorte pas de l'escurie pendant l'vsage de ce remede, & en vingt & vn iour il sera guery.

D'autres prennent vne liure de bol armene, vne quarte de vinaigre fait de vin rouge, six œufs battus auec les coquilles, pour deux sols de miel d'Angleterre, & autant de terebenthine de Venise, vn quart de fleur de farine, & vne bonne poignée de sel marin, ils mettent tout cela dans vn pot, & les incorporent bien ensemble; & le tiennent bien bouché pendant vne nuict, le iour d'apres ils en oignent l'endroit malade, & le pensent vne fois le iour pendant neuf iours: cela guerira le Cheual.

CHAPITRE LXXIII.

DE L'ESPARVIN OSSEVX, OV de l'esparuin sec.

L'ESPARVIN osseux, ou l'esparuin sec, est vne tumeur dure de la grosseur d'vne noix qui vient au dedans du jarret, iustement au dessous l'article prés la maistresse veine, Au commencement elle paroist en forme d'vn cartilage tendre, mais auec ce temps, elle deuient dure comme vn os, & fait boiter le Cheual bien bas.

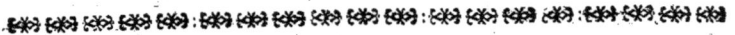

Ce mal vient quelquefois de naissance ou de race, lors que le Cheual ou la Cauale qui ont engendré le Cheual ont eu le mesme mal. Quelquefois aussi, ce qui arriue souuent, il vient de ce que le Cheual a esté trauaillé estant trop jeune : car le Cheual a en cét endroit de la jambe de derriere quantité de petits os joints ensemble, lesquels estans pressez auant qu'estre endurcis par la force de la chaleur naturelle, ne peuuent pas s'empescher de pousser au dehors ces superfluitez & excretions contre nature.

D'autrefois il vient d'vn trauail immoderé, & d'vne chaleur qui fond les humeurs, lesquelles descendent le long de la maistresse veine, laquelle abbreuue cette partie & la remplit de mauuaise nourriture, & la fait enfler, laquelle tumeur ou enfleure par succession de temps deuient dure comme vn os, & pour cette raison est appellée esparuin osseux.

Les signes de ce mal se reconnoissent à la veuë.

Pour moy ie suis du sentiment des autres Mareschaux, que ce mal est absolument difficile a estre guery : neantmoins pour esloigner ce qui fait mal à la veuë, & empescher le clochement, ou pour y apporter quelque soulagement il n'est pas difficile : car ie l'ay esprouué plusieurs fois.

Pour proceder donc à la guerison, selon l'opinion des anciens Mareschaux, il faut suiure cette methode. Premierement faites incision iustement au sommet de l'esparuin ou tumeur, laquelle vous eslargirez auec la ventouse, & sur tout ayez soin de ne pas toucher à la veine principale, & la laisser à part; puis auec la lancette découurez l'esparuin, & auec des petits ciseaux bien aiguisez larges d'vn quart de doigt ou vn peu plus, coupez la teste de l'esparuin, la grosseur de la quatriesme partie d'vne amande, ou à proportion de la grandeur de l'esparuin : apres prenez pour deux sols de verd de gris puluerisé subtilement, & pour deux sols d'huile de castoreum, dit neruinum, meslez bien le tout ensemble, & l'estendez sur vn linge fin pour l'appliquer sur le mal : mais prenez garde qu'entre le remede & la veine vous mettiez vn linge sec, afin que le remede ne touche pas à la veine. Puis appliquez vn emplastre de poix resine, terebenthine, & graisse de porc fonduës ensemble, dessus le jarret, tant pour fortifier la jointure, que pour tenir le remede. Pensez le mal en cette maniere trois iours durant, & vous osterez l'esparuin iusques au fonds, ou iusques à la racine, au bout de trois iours vous lauerez le remede corrosif qui est resté sur la partie malade &

la matiere, soit auec l'eau des tanneurs, soit auec vinaigre, & n'y appliquerez plus cét emplastre de peur de blesser l'os. Prenez apres de l'emplastre de diachylon & l'étendez sur vn linge pour l'appliquer sur l'esparuin, le renouuellant tous les iours vne fois durant sept iours, & il guerira.

Il y en a entre les anciens qui lauent premierement l'esparuin auec de l'eau tiede, & rasent le poil qui est dans l'estenduë de l'esparuin, scarifient la partie & la font saigner; puis prennent vne douzaine de cantharides, demie cuillerée d'euphorbe, & les ayant reduits en poudre, ils les font boüillir auec vn peu d'huile de laurier. Faut appliquer ce remede tout boüillant sur le mal, & que la queuë soit retroussée de peur d'essuyer le remede. Demie heure apres faut le mettre dans l'escurie, & l'attacher en sorte qu'il ne se puisse coucher pendant cette nuict, de peur d'emporter le remede.

Le iour suiuant faut l'oindre de beurre frais, en continuant l'espace de cinq à six iours, & lors que le poil sera reuenu, tirez des rayes auec vn fer chaud sur la partie malade, & iustement sur l'esparuin en cette maniere.

Puis prenez vn autre fer chaud en forme d'vn poinçon, vn peu courbé vers la pointe; poussez-le dedans au bout inferieur de la ligne du milieu en tirant vers haut la longueur d'vn doigt & demy entre la peau & la chair : apres introduisez dedans vne tente ointe de graisse de porc, & de terebenthine fonduës ensemble, la renouuellant tous les iours vne fois, pendant neuf iours, pourueu qu'immediatement apres la brusleure vous leuiez la maistresse veine la laissant vn peu saigner d'enhaut : puis auec de la soye rouge vous lierez la partie superieure de la veine, & laisserez la partie inferieure ouuerte afin que le sang puisse couler, iusques à ce qu'il s'arreste de soy-mesme : cela diminuëra l'esparuin, mais ne l'ostera pas entierement.

D'autres Mareschaux ont de coustume apres auoir bruslé le Cheual de ladite maniere, & qu'ils ont leué la maistresse veine de l'oindre de beurre, iusques à ce que l'escharre commence à tomber : puis ils prennent des feuïlles de sauge, des orties, de chacune vne poignée, des feuïlles de mauues quatre poignées, & font tout bouïllir dans de l'eau claire, y adjoûtant vn peu de beurre : & auec cela ils fomentent le Cheual tous les iours vne fois, durant trois ou quatre iours, iusques à ce que la brusleure soit guerie, & il ne faut pas qu'il mouïlle ses pieds durant ce pensement.

D'autres font vne ouuerture à l'esparuin auec vn cousteau bien pointu & bien aiguisé. Puis ils prennent vn bout de chandelle, qu'ils enueloppent de papier brouïllars, & auec vn fer chaud ils fondent le suif, & en suite ils l'oignent de beurre.

D'autres picquent l'esparuin, & pendant trois ou quatre iours ils mettent dessus de la matiere fecale d'vne personne, apres ils appliquent dessus du galbanum, iusqu'à ce que la matiere & les humeurs en sortent. Puis il faut lauer la partie malade auec de l'vrine, & mettre dessus de l'huile & du miel bouïllis ensemble : car cela fera venir le poil.

Pour conclusion, ie diray ce que i'ay toûjours trouué estre le plus asseuré & le meilleur pour oster entierement l'esparuin osseux, si l'on s'en sert auec soin & discretion, qui est de prendre de l'onguent dit Apostolorum, & du precipité blanc de chacun égale quantité, ou plustost plus de mercure : meslez-les bien ensemble. Apres auoir couché par terre le Cheual, faites vne incision tout le long de l'esparuin, en sorte que vous ne touchiez pas à la maistresse veine, l'ayant ouuert auec vn instrument bien trenchant nettoyez-le, & faites vne compresse de linge aussi grande qu'est l'eminence de l'esparuin osseux, & estendez dessus vôtre remede & l'appliquez sur l'esparuin : mettez apres vn defensif de linge sec sur les parties voisines de celle qui est affectée, & principalement sur la maistresse veine pour les garder de ce corrosif : en suite appliquez vn emplastre tout à l'entour du jarret qui sera fait de poix resine, terebenthine, & de graisse de porc descrit cy-deuant, laissez-le reposer vingt & quatre heures : puis ostez tout ce remede, & égratignant vn peu l'os, si vous trouuez que le corosif n'a pas penetré assez profondement, alors vous recommencerez à le penser de la mesme maniere, & cela suffira. Apres cela prenez de la terebenthine, du suif de cerf, & de la cire, de chacun pareille quantité ; meslez-les bien ensemble en les fondant, & ayant trempé dedans vn ou deux linges, mettez-les chaudement sur l'endroit malade. Vous verrez par ce moyen dans deux ou trois iours toute la crouste de l'esparuin tomber tout à fait : puis vous pouuez guerir l'vlcere auec le mesme emplastre, cela ne m'a iamais manqué dans les cures que i'ay entreprises.

CHAPITRE LXXIV.

DE L'ESPARVIN SANGVIN, HVMIDE, ou qui passe de part en part.

L'ESPARVIN sanguin, humide, ou qui passe de part en part (car tout cela n'est qu'vne mesme chose) est vne tumeur molle, qui croist des deux costez du jarret, d'où vient qu'on l'appelle vn esparuin penetrant : mais pour la pluspart l'enfleure du costé du dedans (parce qu'elle est entretenuë par l'affluence continuelle d'humeurs qui se fait par la maistresse veine) est plus grande que du costé de dehors.

Ce mal est produit par vne humeur plus fluxide & phlegmatique, & qui n'est pas si gluante & si visqueuse que celle de l'autre esparuin : c'est pourquoy celuy-cy ne s'endurcit iamais & ne deuient pas osseux : & par consequent il est plus facile à guerir que l'autre.

Les signes sont les mesmes qu'en l'autre, comme on le peut remarquer à la veuë.

Pour ce qui est des remedes, selon l'opinion des anciens

Mareschaux,

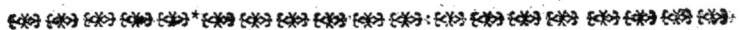

Mareschaux, il faut premierement lauer l'esparuin auec de l'eau tiede : puis il faut le penser auec l'euphorbe & les cantharides, en la maniere qui a esté décrite amplement au Chapitre precedent : vous obseruerez seulement qu'il ne faudra pas les faire boüillir, mais faudra seulement les mesler ensemble, & en penser le mal deux iours de suite : puis oignez-le auec du beurre, & bruslez-le auec vn fer chaud, tant en la partie du dehors qu'en celle qui est au dedans, en la maniere qui a esté enseignée au Chapitre precedent. Vous ny mettrez aucune tente ; mais aussi-tost vous leuerez la maistresse veine, & la ferez saigner comme il a déja esté dit : puis pendant neuf iours oignez-le vne fois le iour auec beurre, iusques à que l'escharre commence à tomber, puis estuuez-le de cette fomentation. Prenez trois poignées de mauues, vne poignée de sauge & autant d'orties rouges, faites-les boüillir dans de l'eau iusques à ce qu'elles soient toutes molles. Adjoûtez-y vn peu de beurre frais, & en fomentez l'endroit tous les iours vne fois, durant trois ou quatre iours, & iusques à ce que la brusleure soit guerie ; & ne laissez pas moüiller les jambes au Cheual.

Les autres apres auoir razé tout le poil, & leué la veine, prennent de la graine de moustarde, de la racine de guimauues, & du fient de bœuf de chacun égale quantité, & autant de fort vinaigre qu'ils meslent ensemble, & en font vne maniere d'onguent ou de cataplasme qu'ils appliquent sur l'esparuin, il faut le renouueller le soir & le matin, & l'attacher sur le mal auec vn morceau de drap, en sorte qu'il ne puisse tomber ny changer de place. Quand l'esparuin est tout à fait osté, appliquez sur l'endroit vn emplastre de poix bien chaud, & l'y laissez iusques à ce qu'il tombe de soy-mesme. Il y en a qui adjoûtent à ce remede de l'huile de laurier, de la terebenthine, & du bol armene. Les autres ne font autre chose que de leuer la veine, tant dessus que dessous l'esparuin, & l'ayant bien fait saigner resserrent la veine, & le frottent de beurre iusques à ce qu'il soit guery ; & cela consumera l'esparuin.

CHAPITRE LXXV.

DES SOLANDRES.

LA solandre est vne espece de galle seiche qui vient au ply du jarret, aux jambes de derriere, & s'estend auec des vilains bords & creuasses. Que si ce mal n'est preuenu par les remedes suiuans il rongera les nerfs du jarret. Il est fort semblable en toute chose aux malandres, il procede d'vne mesme cause, & demande les mesmes remedes. C'est pourquoy voyez le Chapitre des malandres, & ce qu'il contient pour la guerison des malandres, seruira aussi pour celle des solandres.

CHAPITRE LXXVI.

DES CAMPANES, OV GROSSEVRS *qui viennent sur le ply du iarret.*

CE mal est vne tumeur ronde comme vne balle qui croist au haut du jarret, & vient toûjours d'auoir receu quelque coup ou contusion : mais principalement quand il a frappé de sa jambe de derriere contre le pilier ou poteau qui est derriere luy ; ou bien contre la barre qui le separe de celuy qui est proche de luy : ce qui arriue à plusieurs rosses, lors qu'ils veulent heurter le Cheual qui est proche d'eux.

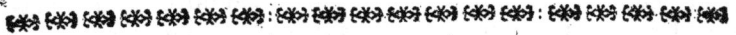

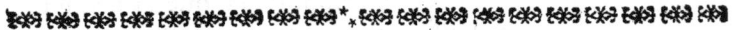

Voicy le remede, selon l'opinion des anciens Mareschaux : prenez vn fer rond vn peu pointu au bout comme vn grand vilbrequin ou poinçon vn peu courbé vers la pointe. Puis tenant la tumeur auec la main droite & la détachant vn peu des nerfs, percez-là auec le fer estant auparauant rougy, le poussant vers le bas, & pareillement vers le haut, afin que l'humeur glaireuse qui est contenuë dedans puisse s'escouler en bas par l'ouuerture, & ayant fait sortir toute la glaire, mettez dãs le trou vne tente trempée dãs la terebenthine & graisse de porc fonduë ensemble, frottez aussi l'exterieur de graisse de porc chauffée, reïterãt cela tous les iours vne fois, iusqu'à ce que le trou soit prest à se fermer, diminuant de iour en iour la tente.

Pour moy ie trouue que pour ce mal, ou pour quelque contusion receuë en cette partie, ce remede est le meilleur. Premierement de faire venir la tumeur à suppuration auec de la littiere pourrie, ou du foin boüilly dans de la vieille vrine, ou bien auec vn cataplasme fait de lie de vin, & farine de froment boüillis ensemble, ou de faire resoudre l'enfleure. Que si elle s'éleue en pointe, alors il faut faire ouuerture en la partie inferieure qui paroistra molle, auec vn fer chaud delié, & laisser ainsi escouler la matiere. Puis y mettre vne tente ointe de terebenthine, de suif de cerf, & de la cire fonduës ensemble égale quantité, la couurant d'vn emplastre fait auec le mesme onguent pour la retenir, iusques à ce que le mal soit guery.

CHAPITRE LXXVII.

DES COVRBES.

LA courbe est vne enfleure qui vient vn peu au dessous le haut du jarret, au grand nerf de derriere vn peu au dessus le haut de la corne, ce qui fait boitter le Cheual apres vn peu de trauail : car tant plus ses nerfs sont-ils estreints, tant plus a-t'il de la peine & de la douleur, & tant plus il a de repos, tant moins a-t'il de douleur.

Ce mal s'engendre de la mesme maniere que l'esparuin, soit d'auoir porté des pesants fardeaux lors que le Cheual estoit ieune: ou bien il vient de quelque entorse ou estreinte.

Les marques se reconnoissent par la veuë.

Le remede selon les anciens, est premierement de razer le poil, puis de picquer la tumeur auec vne flammette en trois ou quatre endroits, & y appliquer durant trois ou quatre iours l'excrement d'vne personne, puis y appliquer du galbanum deux fois le iour, iusques à ce que la matiere vienne à maturité, & qu'elle trouue issuë: puis lauez-là auec l'vrine, & en dernier lieu consolidez le mal auec huile & miel boüillis ensemble, reïterant cela deux fois le iour iusques à ce que la courbe soit guerie. Et en quelque cas que ce soit, que tous les remedes soient appliquez chaudement & nouuellement faits. Que si vous faites vn cautere auec vn fer chaud sur la courbe, il ne sera pas hors de propos.

D'autres prennent vn fer chaud & l'approchent de la courbe, aussi prés que faire se peut sans la toucher : puis quand elle a ressenty la chaleur, ils l'ouurent en six ou sept endroits: apres cela prenez vne cuillerée de sel, demie cuillerée d'huile de castoreum, pour vn sol de verd de gris, & vn blanc d'œuf : meslez tout cela ensemble, & ayant trempé dedans de la filasse appliquez-la sur la courbe, & cela l'ostera en peu de temps.

D'autres ont de coustume de faire vne incision tout le long du mal: puis prennent vn morceau de linge, & le trempent dans du vin chaud, puis le saupoudrent de verd de gris, & l'appliquent sur le mal, reïterant cela vne fois le iour iusques à entiere guerison.

Les autres prennent vne pinte de lie de vin, du cumin demie once, autant de farine de froment qu'il faudra pour l'espoissir, & remuent tout ensemblement : puis l'ayant chauffé l'appliquent sur la partie malade, renouuellant cela tous les iours vne fois pendant trois ou quatre iours.

Quand l'enfleure sera vn peu passée, cauterisez-la auec vn fer chaud tres-delié & mince en cette façon : Et couurez

la brusleure de poix & de resine fonduës ensemble & appliquées chaudement : mettez par dessus de la bourre de la couleur du Cheual, ou la plus approchante que vous pourrez trouuer, & ne changez pas ces choses iusques à ce qu'elles tombent d'elles-mesmes, que le Cheual repose l'espace de neuf iours, & qu'il ne se moüille point. Il y a d'autres Mareschaux qui adioûtent à ce dernier remede de la poix liquide, ce qui n'est pas hors de propos, autrement il ne s'attachera pas si bien.

Quant à moy : i'ay toûjours trouué que cette methode-cy est la meilleure. Premierement, de lier estroitement auec vn ruban large le iarret au dessous du testicule, puis auec vn petit baston de coudre, battre & bien frotter la courbe, & auec la flammette picquer la courbe aussi profondement que faire se pourra en trois ou quatre endroits, & en faire sortir le sang pourry : en suite auec la pointe d'vn cousteau mettre dans chaque trou, aussi auant que vous pourrez, la grosseur de deux grains d'orge d'arsenic blanc, & apres cela il faut que le Cheual repose vingt & quatre heures : puis oindre l'endroit chaudement auec du beurre fondu, vne fois le iour pour le moins iusques à ce qu'elle soit guerie.

CHAPITRE LXXVIII.

DES GALLES ET DEMANGEAISONS dans le boulet du Cheual.

CE mal est vne galle vlcerée qui s'engendre aux pasturons du Cheual, entre le poil du talon, & le talon, pleine d'vne eau mordicante.

Ce mal vient au Cheual pour auoir esté mal pensé, & pour n'auoir pas esté frotté & tenu nettement apres qu'il aura voyagé en temps d'hyuer, pour ce sujet le sable s'arrestant au poil incommode la peau & la chair, & ainsi deuient galleuse. C'est pourquoy les Cheuaux de Frise & de Flandres qui sont aujourd'huy en vsage pour le carrosse, sont le plus souuent tourmentez de ce mal si le palfrenier n'en a bien du soin.

Les signes sont ceux-cy. Les pieds seront enflez & eschauffez, la galle se sentira aisément, il découlera de la galle vne eau, laquelle sera si chaude & si mordicante, qu'elle eschaudera, fera tomber le poil, & engendrera de la galle par tout où elle passera.

Le remede est, selon les anciens Mareschaux, de prendre de la terebenthine, graisse de porc, miel & sauon noir, de chacun égale quantité, & les ayant fait fondre sur vn feu lent, les retirer du feu, & y adjoûter du bol armene reduit en poudre subtile : puis meslez tout cela fort bien ensemble auec vn baston que vous tiendrez de la main droite, & tiendrez vn plat de fleur de farine de froment prés de vous, afin qu'auec la main gauche vous en puissiez mettre dedans vn peu à la fois, iusques à ce que vous ayez rendu tout espois comme vn onguent ou vn emplastre mol. Apres cela estendez-le sur vn linge aussi grand que le mal, ayant premierement razé le poil, & esgratigné le mal pour descouurir la chair. En suite appliquez ce remede, & le pensez ainsi vne fois le iour iusques à ce qu'il soit guery.

Ce remede est fort approuué pour la guerison de toutes sortes de douleurs, galle ou mal aux talons, ou de toutes autres sortes de galles qui peuuent suruenir aux jambes ou aux pieds des Cheuaux, soit qu'elles prouiennent de mauuaises humeurs, ou par faute d'estre bien pensé & tenus nettement, soit qu'elles viennent des vlceres pleins d'ordures, ou bien de galles seiches.

D'autres anciens Mareschaux ont de coustume de prendre pour ce mal vne pinte de lie de vin rouge, & vne poignée de son de froment, plein vne sauciere de miel, & vne demie liure de beuf salé & bruslé reduit en poudre, & autant de poussiere d'escorce, demie liure d'alun, vn quarteron de graisse de porc, & demie poignée de verueine. Pilez tout cela ensemble dans vn mortier, & les fricassez sur le feu, faites-en vn emplastre que vous appliquerez aussi chaud sur le mal que le Cheual le pourra souffrir, l'y laissant l'espace de trois iours. L'ayant ainsi pensé deux ou trois fois il sera remis en son entier. Neantmoins il y en a qui estiment qu'il est fort bon & vtile de border auec vn fer chaud toute la veine, vne palme par dessus le poil du talon; puis de prendre vne cuillerée de poix liquide, vne cuillerée de beurre, & autant de miel, & les ayant fait chauffer ensemble, en oindre la veine tous les iours, iusques à ce que la guerison soit accomplie.

D'autres ont de coustume de lauer premierement tous les pasturons du Cheual auec du beurre fondu dans de la bierre; puis apres que le pied est vn peu ressuyé razer tout le poil qui fait le mal, ou qui augmente la douleur. Apres on prend de la terebenthine ou de la graisse de porc & du miel de chacun quantité égale, on les mesle ensemble dans vn pot, & on y met vn peu de bol armeine, le jaune de deux œufs, & autant de farine de froment qu'il en faudra pour espoissir le tout, & ainsi on en fait vne forme d'emplastre que l'on estend sur vn linge, & on le met à l'entour des pasturons du Cheual, le liant fortement auec vne bande, le renouuellant vne fois le iour, iuſques à ce que le Cheual ſoit guery, & ne permettez en aucune façon qu'il ſe moüille pendant ce traitement.

Les autres ont de couſtume premierement de frotter l'endroit malade auec vn cordon de foin moüillé, ou bien auec vne toile faite de crin iuſques à ce qu'il ſaigne & ſoit eſcorché; puis ils prennent vn peu de mouſtarde, de la farine de febues, du ſaint doux, auec vn peu de fenugrec, & ayans meſlé tout cela dans vn plat en font vn onguent, dont ils frottent la partie malade iuſques à ce qu'elle ne rende plus de matiere : puis ils prennent du miel, le blanc d'vn œuf, du beurre frais, & ayans meſlé tout enſemble en oignent la partie malade iuſqu'à ce qu'elle ſoit guerie. D'autres eſtuuent ſeulement l'endroit auec du boüillon de bœuf, & cinq ou ſix iours apres ils l'oignent de ſauon. Ou bien on plonge premierement les pieds du Cheual dans de l'eau boüillante, apres on prend vn œuf dur, on le fend par le milieu, & on l'applique le plus chaud que l'on peut, & on le laiſſe ainſi ſur la partie pendant vne nuict, on reïtere cela vne ou deux fois, & en ſuite on peut ſe hazarder de le monter.

D'autres prennent du poivre, de l'ail boüilly, chaux, vieux oingt, de chacun quantité égale; puis ils pilent cela dans vn mortier, iuſques à ce qu'ils l'ayent reduit en onguent, & l'appliquent ſur le mal, le renouuellant vne fois le iour, iuſques à ce qu'il ſoit guery.

D'autres leuent les veines qui ſont à l'endroit ou on met les entraues aux jambes des Cheuaux, puis prennent les œufs d'vn harang ſoret, de la mouſtarde, du ſauon noir, & apres auoir bien battu tout enſemblement, ils le font boüillir dans du vinaigre iuſques à la conſiſtence d'vn onguent, qu'ils appliquent ſur le mal, & cela guerit la douleur, quoy que vous ne leuiez point les veines des entraues. Si vous ne pouuez pas auoir promptement cét emplaſtre, vous pourrez prendre du beurre & du miel fondus enſemble, cela le ſoulagera: ou bien prenez vne liure de graiſſe de porc, pour vn ſol de verd de gris, deux onces de mouſtarde, demie liure d'huile ure d'huile de laurier, vn quarteron d'huile de castoreum, demie liure de miel, autant de cire d'Angleterre, vne once d'arsenic, deux onces de sanguine, & chopine de vinaigre, faites boüillir tout cela ensemble & en faites vn onguent, & ayant escorché le mal & osté les galles, appliquez vostre remede tout chaud, & le renouuellez vne fois le iour iusques à ce qu'il soit guery.

D'autres prennent cinq onces d'orpiment, & autant de tartre, vne once de verd de gris, demie once de souphre, autant de vitriol en poudre, le jus de quatre citrons, deux blancs d'œufs, auec trois onces d'huile d'oliue, ils agitent bien tout cela ensemble, & l'appliquent vne fois le iour sur le mal: cela ne guerira pas seulement ce mal, mais toute vlcere sordide, causée de mauuaises humeurs: meslez auec cela du saint doux, du vinaigre, du miel, de l'orpiment & de l'arsenic; mais il faut que l'arsenic soit en moindre quantité & il guerira ce mal: ainsi le fera la cire blanche, la terebenthine, & le camphre meslez ensemble.

D'autres prennent vn cent de limaçons noirs au mois de May, hachez-les, & les mettez dans vn sachet auec vne chopine de sel marin. Suspendez-les au dessus du feu, tenant vn vaisseau au dessous pour receuoir ce qui en decoulera, & le gardez dans vne phiole de verre bien bouchée: oignez-en le mal tous les iours, & il guerira.

Les autres prennent du miel & du vinaigre de chacun égale portion, vn peu d'huile & autant de suif de bouc; faites-les boüillir à petit feu, & les remuez quand ils commencent à rougir: adjoûtez du verd de gris & du vitriol en poudre de chacun quantité égale, remuant sans cesse iusques à ce que tout deuienne rouge & espois. Oignez-en chaudement le mal, apres que vous l'aurez laué d'eau chaude. Cela ne donne pas seulement soulagement à ce mal, mais aussi à tout autre mal de jambes; pareillement de la couperose verte & de l'alun de roche, de chacun demie liure, auec vne poignée de sel marin, le tout boüilly dans vn brot d'eau de riuiere le guerira: ou bien adjoûtez-y vne pinte de miel, faites-les boüillir derechef, & il en sera meilleur. Quand vous en aurez oingt le mal, frottez-le apres auec du verre puluerisé, de la moustarde, & du vinaigre meslez ensemble : puis cicatrisez-le auec cresme & de l'escorce interne de sureau pilées & reduites en forme d'onguent : ce qui doit estre appliqué sur le mal deux fois le iour.

CHAPITRE LXXIX.

DES MVLES TRAVERSINES.

LEs mules sont de cerraines galles seiches ou fentes engendrées au ply du boulet derriere la jointure, & vn peu en dedans, mesmes elles s'estendent iusques au poil de la couronne en long.

Ce mal procede de la corruption du sang, ou de ce que le Cheual a esté nourry en terre marescageuse & humide, ou bien d'auoir esté peu soigné & mal pensé; de la mesme sorte que les galles s'engendrent. Ce mal fera enfler les pieds du Cheual, principalement en hyuer, & vers le printemps, il marchera roide, & boittera tout bas.

Pour ce qui est des remedes, vous sçaurez que tout ce qui guerira les galles, guerira aussi les mules : neantmoins pour specifier les choses dauantage, vous sçaurez ce que faisoient les anciens Mareschaux du commencement. Ils les frottoient deux ou trois fois le iour auec du sauon, puis ils les lauoient auec de forte vrine, ou du bouïllon de bœuf iusques à ce qu'elles fussent gueries. Que si le mal duroit dauantage, ils coupoient premierement le poil & descouuroient le mal, que s'il ne cessoit pas encore, ils prenoient deux onces de chaux viue, vne once de sauon, & vn blanc d'œuf; ou bien vne once de chaux viue, autant de sel, &

trois onces de suye, & les ayans meslé auec du fort vinaigre, ils en frottoient le mal. Cela guerit & amortit ce mal.

D'autres Mareschaux calcinent du tartre, & le font dissoudre dans l'eau, puis le font coaguler comme du sel, & l'ayant meslé auec du sauon en forment vn onguent, auec lequel ils pensent ce mal. Ce remede fera en quarante-huict heures de temps, que toutes sortes de mules, galles ou demangeaisons se gueriront. Si vous prenez le suc des feüilles & racines de sureau, cela sera fort bon pour desseicher toutes ces meschantes humeurs.

CHAPITRE LXXX.

DES MOLETTES.

La molette est vne petite vessie, ou bube remplie d'vne glaire corrompuë semblable à vn blanc d'œuf, qui s'engendre des deux costez du grand nerf de la jambe, vn peu au dessus du pasturon. Il y en a de grandes & de petites, & quelquefois plus d'vne & plus de deux ensemble, & sont si douloureuses, principalement en Esté quand il fait chaud, & que les chemins sont durs, que le Cheual ne peut trauailler, & boitte tout bas. Elles viennent d'vn trauail immoderé en Esté par des chemins durs, qui fait que les humeurs estans attenuées coulent & se jettent sur les parties caues, à l'entour des articles inferieurs, lesquels sont les plus affligez & affoiblis du trauail, & là ils se coagulent & s'espoississent auec vne pellicule déliée & mince qui les enuironne en la maniere d'vne vessie.

Elles sont fort aisées à reconnoistre par la veuë & par l'attouchement.

Le remede, selon la pratique des anciens Mareschaux, est de prendre vn cousteau, & les ouurir de la longueur d'vn poix ou d'vne febve, ne perçant que la seule peau de la vessie, & apres faire sortir la glaire, laquelle comme i'ay dit ressemble au blanc d'vn œuf : puis prenez vn jaune d'œuf, & autant d'huile de laurier comme la grosseur d'vne noix, meslez le tout ensemble, & en faites vn onguent pour appliquer sur le mal, & en deux ou trois iours il sera guery. D'autres anciens Mareschaux les pensent auec euphorbe & cantharides, de la maniere que nous auons dit pour les nodositez & surots. Que si cela ne sert de rien, faites auec vn fer chaud des rayes en cette sorte. Et apres ouurez la ligne du milieu auec vne lancette la longueur d'vne febve, & faites sortir la glaire ; en suitte appliquez dessus de la poix & de la resine fonduës ensemble, auec vn peu de bourre. Cela ostera la molette entierement.

D'autres Mareschaux leuent la maistresse veine du dedans de la jambe, & la laissent seulemẽt saigner d'en-bas; puis ayant resserré la veine, ils couurent toute la jambe auec vn cataplasme fait de lie de vin, & de farine de froment meslez ensemble, laquelle ils lient auec vne longue bande. Il faut penser le mal de cette maniere vne fois le iour, iusqu'à ce qu'il soit guery.

D'autres ouurent la peau & poussent dehors les glaires: apres ils prennent vne cuillerée d'huile de laurier, autant de terebenthine, pour vn sol de verd de gris, le blanc d'vn œuf, & deux drachmes de sanguine. Ils font tout boüillir ensemble iusqu'à ce qu'il soit en consistẽce d'emplastre, puis ils l'appliquent sur le mal, pourueu qu'il ne soit pas trop chaud; cela le guerira. Quelques-vns prẽnent les racines de cumin, les pilent auec vn peu de sel, & appliquent cela sur les mollettes. Ou bien frottez le mal de jus d'oignons ou de porreaux cela le diminuëra, ou addoucira. Ou bien prenez du lierre terrestre, de l'absynthe auec les racines, faites les boüillir dans du vin, & appliquez-les sur les molettes, cela les guerira.

Il y a des modernes qui prennent vne once de cire blanche, vne once de resine, deux onces de miel rond, trois onces de graisse de pourceau, deux onces d'huile de jaunes d'œufs, cinq onces d'huile de laurier qu'ils meslent ensemble & les passent ; puis ils en frottent les molettes, en tenant vn fer chaud contre l'onguent. Et elles en gueriront.

On fait l'huile d'œufs en cette maniere. Faites cuire les œufs iusques à ce qu'ils durcissent, puis hachez-les & les faites boüillir dans vn pot de terre à petit feu & les pressez. Ce remede ne guerira pas seulement les molettes, mais aussi les suros. Il est bon aussi pour diminuër les molettes & faire mieux operer le remede, de faire tenir le Cheual debout dans vne eau courante vne heure le soir & vne heure le matin. L'escume des quatre sels boüillis dans l'vrine d'vne personne, & appliquée sur le mal l'ostera.

Il y en a qui prennent vn pot de vinaigre, vne liure d'orpiment, vn quatteron de noix de galles, & vne poignée de feüilles de boüillon blanc hachées menu : meslez tout ensemblement & le mettez dans vn pot, & en fomentez tous les iours les mollettes, cela les desseichera entierement en trois sepmaines de temps. Ce remede ostera aussi la forbure, l'esparuin & les surots si vous les soignez dés le commencement.

D'autres Mareschaux prennent de l'huile d'oliue & du souphre de chacun quantité égale, & les font boüillir auec de l'vrine d'vne personne en les remuant, puis y mettent la grosseur d'vne noix de sauon, afin d'empescher le poil de s'échauder, & en estuuent la partie malade chaudement trois fois de suite, la frottant bien fort pour faire penetrer le remede, apres il faut l'oindre tout à l'entour d'huile de castor & d'huile de laurier, tenant vne barre de fer chaud, ou vne poëlle chaude au dessus pour faire penetrer le remede, lequel en trois iours seichera entierement le mal.

Le meilleur remede que i'ay experimenté en cette maladie, & le plus facile est d'ouurir la mollette auec vne lancette, ne faisant pas le trou plus grand qu'il ne faut pour faire sortir les glaires, lesquelles estans poussées dehors entierement, enueloppez-le d'vn drap de laine moüillé, & auec vn carreau chaud de Tailleur, pressez le drap en sorte que vous luy fassiez tirer toute l'humidité de la mollette, & qu'elle deuienne seiche : puis prenez de la poix resine & du mastic de chacun quantité égale, & estant fort chaude couurez-en toute la mollette, puis mettez par dessus beaucoup de bourre de la couleur du Cheual, & laissez ainsi le Cheual courir à l'herbe, iusques à ce que l'emplastre tombe d'elle-mesme, vous pouuez estre asseuré que ce faisant la mollette disparoistra.

Il reste à vous donner cét aduertissement : on ne doit pas en aucune façon appliquer sur les mollettes iamais de l'arsenic ou du realgar : car alors la molette rentre, & ne deuez pas la brusler beaucoup, ny faire vne grande incision : car par ce moyen la substance molle de la molette s'endurciroit, & ainsi le Cheual deuiendroit boiteux sans y pouuoir apporter remede.

CHAPITRE LXXXI.

DE L'EFFORT FAIT A L'ARTICLE du pasturon, ou sous le poil du talon.

LE Cheual peut receuoir vne entorse au pasturon, à cause de quelque effort qu'il a fait dans l'escurie, lors que le paué est rompu sous luy ; ou pour auoir frappé du pied de trauers sur quelque pierre, ou pour auoir marché sur l'orniere de quelque roue de charrette.

Les signes sont l'enfleure & la douleur de la jointure, qui feront boitter le Cheual.

Le remede, selon la pratique des anciens Mareschaux, est de prendre vne quarte de vieille vrine, & la faire boüillir iusques à ce que l'escume se leue : puis la couler & y mettre vne poignée de tenaisie, vne poignée de mauues, & plein vne sauciere de miel, auec vn quarteron de suif de mouton, lesquelles choses faut mettre sur le feu, & les faire boüillir ensemblement iusques à ce que les herbes soient molles, pour en faire vn cataplasme qu'on appliquera fort chaud sur l'article, & on le couurira par dessus auec vn morceau d'estoffe bleuë ; l'ayant pensé trois fois de la sorte il guerira.

D'autres prennent vne liure de dialthea, & autant d'huile de castoreum meslez ensemble, & en frottent la partie malade, l'eschauffant bien auec les deux mains, afin que l'onguent penetre, continuant ainsi tous les iours vne fois iusques à ce que l'onguent soit employé, & faut faire reposer le Cheual. Que si cela ne suffit pas pour obtenir l'effet qu'ils souhaittent, alors ils se seruent de cantharides comme aux surots ; mais ie n'estime pas que ce remede soit conuenable : parce qu'il causera double douleur : c'est pourquoy i'aimerois mieux que vous prissiez du populeum, de l'huile de castoreum, & du sauon noir de chacun quantité égale, qu'il faudroit battre estans sur le feu, & puis en oindre la partie malade. Ce qui rendra le Cheual sain & entier.

CHAPITRE LXXXII.

QVI ENSEIGNE LE MOYEN DE remedier à toute sorte de boittement, causé par quelque détorse, contusion, coup, ou autre accident.

PVISQVE le boittement ou clochement est vn mal si commun aux Cheuaux, qu'il ne se trouue personne qui n'en ait ressenty les incommoditez dans les voyages qu'il a entrepris en quelque tẽps que ce soit : ie feray icy d'abord vne enumeration de certaines receptes generales, que i'ay leuës & recueillies de la pratique particuliere, & des experiences qu'en ont fait les meilleurs Mareschaux de la Chrestienté; desquelles ie peux rendre vn ample témoignage, parce que ie les ay pratiquées, & que ie connois leurs vertus.

Si donc vostre Cheual boitte en quelque façon à cause

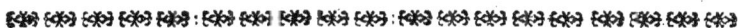

de la roideur des nerfs, d'vne estreinte, entorse, coup, ou quelque autre accident, & que la douleur soit à la jambe, vous prendrez de l'ache, de l'œil de bœuf, autrement dit *buphtalmum* & suif de mouton de chacun quantité égale. Hachez tout ensemblement, puis faites-les bouïllir dans l'vrine d'vne personne, & en fomentez la jambe du Cheual. Le lendemain il sera en estat de trauailler : ou bien faites bouïllir vne liure de sauon noir dans vne quarte *d'ale* ou de forte bierre, iusques à ce que cela ressemble a de la poix liquide, & en frottez la jambe du Cheual: cela rendra les nerfs soupples, & les fera venir en bon estat.

Si vous lauez les jambes du Cheual dans de la lie de bierre chauffée, & apres que vous mettiez à l'entour des cordons de foin mouïllé dedans cette lie, cela guerira la detorse de la jambe.

Si vous prenez de la farine de graine de lin, de la terebenthine, & du miel en pierre, de chacun quantité égale, les faisant bouïllir auec du vin blanc iusques à ce que ce meslange deuienne espois comme vn onguent, & que vous l'estendiez sur vn drap & l'appliquiez sur le mal; cela ostera toute la douleur des nerfs. Pareillement vn cataplasme fait de lie de vin & de farine de froment, ou vn onguent fait auec sauon noir & graisse de sanglier feront la mesme chose.

Si vous meslez de l'huile de castoreum, de l'huile de laurier, & de l'eau de vie ensemble, & que vous en frottiez l'endroit de la detorse, cela ostera tout à fait la douleur.

Si le mal est à l'espaule ou à la jambe de derriere, alors vous bruslerez l'endroit de la jointure, ce que vous ferez en esleuant la peau auec des pincettes, & la perçant tout au trauers auec vn fer chaud. Que si cela ne le guerit pas, il faut croire que le siege de la douleur est entre le perioste de l'os, & faut alors se seruir du seton. Si la douleur est à l'espaule ou à la hanche, ou en quelque autre part,

part, alors tirez-luy du ſang, lequel vous garderez pour le meſler auec de l'encens en poudre, & en frotterez le Cheual.

Si la douleur eſt ſeulement aux nerfs, prenez vn emplaſtre qui ſera fait de gomme tragacanth, cire neufue, poix & terebenthine meſlez enſemble: ou bien deux jaunes d'œufs, vne once d'encens, auec vn peu de ſon, battez-les bien enſemblement, & appliquez cela ſur le mal.

Si la douleur vient de cauſe chaude faites ſaigner le Cheual, parmy le ſang que vous aurez fait tirer, vous meſſerez vn peu de vinaigre & d'huile, & en frotterez le Cheual, faiſant penetrer le remede.

Si elle procede de cauſe froide tirez-luy vn peu de ſang. En ſuitte prenez des figues trempées vn iour dans de l'eau, auec autant de graine de mouſtarde, faites-en vn emplaſtre que vous appliquerez ſur le mal.

Si elle vient de quelque effort ou de quelque coup, faites ſaigner le Cheual, & meſlez du fort vinaigre auec le ſang qui eſt tiré, y adjoûtant des œufs entiers auec la coquille, du ſang de dragon trois onces, du bol armene quatre onces, de la farine de froment cinq onces, dont vous enduirez toutes les parties bleſſées.

Si la douleur eſt à l'eſpaule auec ſolution de continuité en la peau. Prenez noix de galles, pilez-les & les meſlez auec du miel; puis appliquez-les ſur le mal.

Si la douleur vient de la roideur des articles. Prenez vne liure de ſauon noir, faites-le bouillir dans vne quarte de bierre ou *ale* iuſques à ce qu'il deuienne eſpois, Cela fortifiera les jointures.

Si les jointures ſont enflées prenez de la reſine, de la poix, de la terebenthine, & du ſang de dragon, faites tout fondre enſemble: puis appliquez-le vn peu chaudement ſur l'enfleure, & cela l'oſtera, ou la fera venir à ſuppuration & la fera vuider.

Si vous prenez de l'huile de camomille, d'aneth, du beurre, de l'onguent agrippa de chacun pareille quantité:

ou bien si vous faites vn emplastre d'vne once de terebenthine, demie once de verd de gris, & de la moëlle de cerf, pour appliquer sur la partie douloureuse. Ou si vous estuuez le Cheual auec de l'eau chaude, dans laquelle aura boüilly du rosmarin; cela soulagera quelque douleur que ce soit.

Si la douleur du Cheual est à l'espaule: premierement auec vne lancette, picquez la peau entre le palleron & l'omoplate, & l'espine du dos, puis introduisez y vne plume, auec laquelle vous soufflerez la peau & la chair qui est tout à l'entour: en suite faites sortir le vent qui est dedans, en pressant auec la main la partie; apres mettez-y vn ortis ou seton. En suite prenez vn pot de vieille vrine, dans laquelle vous mettrez vne liure de beurre, autant de graisse de porc, des feüilles de mauues, de tenaisie, de verueine, d'orties rouges, d'auronne, de melisse, de chacun vne poignée; faites tout boüillir ensemble & le pilez, pour en fomenter les épaules du Cheual, prenãt garde qu'il ne sorte pas de l'escurie pendant vne sepmaine entiere.

Si la douleur est en quelque jointure inferieure. Prenez vne poignée de feüilles de laurier, des feüilles de primeuere, de lierre terrestre, de pied de corneille, qui est vne espece de plantain, de mauues, de fenoüil rouge, & de foin fin de chacun pareille quantité. Faites tout boüillir ensemble, estuuez-en l'article quatorze iours durant vne fois le iour, & appliquez-y les herbes, les tenant sur la partie pendant quatre iours: puis faites penetrer dans la jointure du saint doux & de l'huile meslez ensemble, cela soulagera la douleur.

Enfin si quelque article, ou membre du Cheual est enflé par le concours des humeurs qui se jettent dessus; & qu'il soit défiguré, ce qui fait que le Cheual marche roide & boitte: alors pour resoudre ces humeurs-là, prenez de l'absinthe, de la sauge, du rosmarin, de l'escorce d'orme, & de pin, auec de la semence de lin. Faites-les boüillir ensemble, & en faites vne fomentation, ou vn cataplasme, pour appliquer sur la partie malade, cela resoudra les humeurs. Les figues boüillies auec du sel & appliquées sur le mal feront le mesme effet.

CHAPITRE LXXXIII.

DV CHEVAL QVI S'ENTRETAILLE.

L'Entretaillement arriue lors que le Cheual, à cause du pas qu'il a naturellement serré; ou à cause des fers qui sont trop grands, marche les jambes de derriere estant si peu ouuertes & escartées, qu'il s'entrecouppe & heurte les vnes contre les autres en la partie du dedans, mesme auec l'article du pasturon. A cause de ce heurtement il s'engendre des galles pleines de matiere, lesquelles sont si douloureuses qu'elles font bien souuent boitter le Cheual.

Les signes sont le pas serré & estroit, & les galles qui se remarquent à la veuë.

La cure consiste autant dans la precaution que dans l'vsage des remedes. Pour la precaution, qui est d'empescher le Cheual de heurter vn pied contre vn autre, cela appartient seulement au Mareschal, lequel doit faire les fers des pieds de derriere en telle sorte, qu'il puisse marcher les jambes plus ouuertes, en sorte qu'elles ne se puissent pas s'entre-heurter : dont nous traitterons plus amplement quand nous parlerons de rogner & ferrer les Cheuaux de chaque pied en particulier.

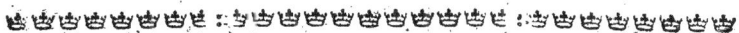

Le remede pour guerir ce mal quand il est arriué est tel. Prenez du beurre de May, si vous en pouuez trouuer, ou du saint doux, ou du beurre frais, auec quantité de resine, & autant d'huile de castor : fricassez tout dans vne poëlle, & apres laissez-le reposer iusques à ce qu'il ne soit plus chaud. Mettez-le dans vn pot auec vn peu de fiente de bœuf. Appliquez cela sur le mal en maniere d'emplaſtre, le renouuellant vne fois le iour, & il ne guerira pas ſeulement ce mal ; mais auſſi toute picqueure de cloud, telle qu'elle ſoit.

CHAPITRE LXXXIV.

DES BLESSVRES QVI VIENNENT aux jambes des Cheuaux, à l'endroit qu'on leur met les entraues.

SI le Cheual eſt eſcorché aux paſturons, au talon, ou à la couronne, ſoit par les entraues, ſoit par vne fouleure, comme il arriue ſouuent lors que les Fermiers les ayans mis dans vne plaine leur lient les pieds auec des cordes.

Vous prendrez pour ce mal du miel & du verd de gris, & les ferez boüillir enſemble iuſques à la conſomption de la moitié, & qu'il paroiſſe rouge. Apres eſtre vn peu refroidy, vous en oindrez la partie offenſée deux fois le iour, & puis la couurirez d'eſtouppes couppées menu, afin de retenir l'onguent. Ce remede eſt excellent pour toute ſorte de galles, & principalement pour les eſcorcheures.

CHAPITRE LXXXV.

DES BLESSEVRES QVI ARRIVENT aux jambes pour l'encheueſtreure.

LEs bleſſeures qui viennent de l'encheueſtrure ſont de diuerſes ſortes, comme lors que l'a longe du licol eſt ſi longue, que le Cheual ne peut aller d'vn coſté ou d'autre ſans paſſer l'vn de ces pieds ou tous les deux par deſſus, & alors se debattant il les blesse bien fort, & les escorche : ou bien lors qu'vn Cheual voulant se gratter l'oreille auec le pied de derriere se frotte auec le pied, & à la fin l'engage dans le licol ou dans la longe : d'où il arriue que tant plus il s'efforce de le dégager, & tant plus il se debat, tant plus aussi il se blesse, iusques à emporter la chair de la jambe iusques à l'os.

Le remede, selon le sentiment des anciens Mareschaux, doit estre tel. Prenez vne once d'huile d'oliue, de la terebenthine trois ou quatre onces : faites-les fondre sur le feu; adjoûtez-y vn peu de cire & les meslez bien ensemble. Appliquez-en sur le mal en forme d'emplastre, le renouuellant vne fois le iour iusques à ce qu'il soit guery.

Il y a d'autres Mareschaux qui enduisent seulement la partie blessée de blancs d'œufs & d'huile d'oliue meslez ensemble, & lors qu'il se fait vne galle sur le mal, frottez-le de beurre roussy sur le feu.

Quant à moy ie me sers principalement de ce remede. Prenez de la cire, de la terebenthine, de la graisse de porc de chacune vne once, les ayant meslées & fonduës ensemble mettez-les dans vn pot : prenez apres vne once de verd de gris reduit en poudre, vne once de saint doux, meslez-les ensemble, & mettez cela dans vn autre pot. Lors que vous penserez ce mal, prenez deux parties du premier onguent & vn tiers de l'autre, les ayant meslez ensemble dans la paulme de la main, oignez-en toutes les parties malades vne fois chaque iour, iusques à ce qu'il soit guery.

CHAPITRE LXXXVI.

DES QVEVES DE RAT OV PETIS.

LEs petis ou queuës de rat n'estans qu'vne mesme espece de mal, sont de longues fentes galleuses & seiches qui s'engendrent çà & là sur les jambes de derriere, justement depuis le poil du talon jusques à la flechisseure du jarret, & comme la galle vient au dessous du pasturon, les queuës de rat viennent au dessus, & s'engendrent d'humeurs seiches & melancholiques, produites par les salletez & ordures du dehors; ou bien par la fumée du fumier qui est sous les pieds du Cheual.

Les signes sont apparens à la veuë, outre que cela separe le poil, cela le fait frizer & grossir, le mal sera aussi fort puant.

Le remede, selon l'aduis des anciens Mareschaux, est de prendre quelqu'vn des remedes cy-deuant proposez pour les mules trauersines. Neantmoins pour vne intelligence plus particuliere, vous sçaurez que les remedes suiuans sont fort propres à ce mal. Premierement vous raserez tout le poil, & escorcherez vn peu le mal: puis vous prendrez demie liure de terebenthine, chopine de miel, vn quarteron de graisse de porc, trois jaunes d'œufs, vn quarteron de bol armene puluerisé, vne pinte de farine de febues, meslez tout cela & en faites vne forme d'onguent, duquel vous oindrez auec le doigt toutes les parties malades, & pendant l'vsage de ces remedes il ne faut pas laisser mouiller le Cheual.

D'autres veulent (& sans doute c'est la meilleure façon de practiquer) premierement apres auoir rasé le poil & nettoyé la partie, qu'on la laue bien auec de la vieille vrine chaudement; apres qu'on prenne du sauon noir, de la moutarde, & du vinaigre de chacun quantité égale, & qu'on les mesle auec vn peu de fiel de bœuf, les remuant bien ensemblement; en suitte qu'on en frotte le mal, & qu'on mette dessus vn morceau de drap, il faut faire cecy vne fois le iour iusques à ce qu'il soit guery. Puis oignez-le d'huile de pied de bœuf pour rendre les nerfs souples. Les autres prennent du foin le plus délié & le brûlent sur vn aix, apres ils meslent la cendre auec l'huile de pied de bœuf & en font vn onguent dont ils oignent la partie apres l'auoir frottée iusques à ce qu'elle ait saigné vn peu, enuironnant les jambes de cordons de foin, & les tenant seiches.

Les autres ont de coustume apres auoir laué le mal de vieille vrine, de prendre vne quantité de moustarde, de vinaigre, de sauon gris, graisse de roue de charrette, auec vn peu de vif argent, & apres auoir tout meslé ensemblement en oindre la partie offensée.

Il y en a qui prennent vne bonne quantité de chaux viue, la moitié d'autant de sauon noir, & du fort vinaigre, autant qu'il sera besoin pour reduire tout en forme d'onguent, lequel ils appliquent sur la partie apres l'auoir lauée, & rasé le poil, ne le changeant pas de deux iours, & cela amortira le mal. Il faut apres cela lauer l'endroit ou est le mal auec du vin chaud, puis le penser auec de la terebenthine & de la graisse de porc fonduës ensemble, & prendre garde que le Cheual ne se moüille & sorte à la pluye.

D'autres apres auoir laué le mal auec de l'vrine, & auoir rasé le poil & frotté la partie, prennent du beurre & de la poix liquide pareille quantité, qu'ils font boüillir ensemble pour en oindre toutes les parties malades iusques à ce qu'elles soient gueries.

Autrement on prend du miel & du verd de gris, de chacun quantité égale, lesquels on fait boüillir ensemble, iusques à ce que la moitié en soit consumée, dont on frotte le mal vne fois le iour iusques à ce qu'il soit guery.

Entre les modernes il y en a qui rasent le poil, ou le font tomber auec de l'orpiment & de la chaux viue, bouillis dans de la lie forte de vin : puis lauent la partie auec vinaigre chaud, ou auec du vin blanc, & lors qu'il est sec ils l'oignent de cét onguent. Prenez vne once d'orpiment, trois onces de verd de gris, cinq onces de suye, vn peu de chaux viue, du miel vne liure, ils meslent le tout ensemble estant sur vn feu moderé, & estant reduit en forme d'onguent ils s'en seruent comme auparauant vne fois le iour.

Ou bien prenez du miel, du verd de gris, du sauon, de la chaux viue, & du vinaigre, lesquels vous ferez boüillir, y adjoûtant de l'alun, des noix de galles, des fiels de bœuf, iusques à ce le tout soit reduit en forme d'onguent, lequel vous appliquerez sur le mal.

Ou bien faites boüillir de l'huile d'oliue, auec vn peu de suif & de sauon, escumez-les & les tirez du feu, & y adjoûtez vne once de vif argent esteint, deux onces de verd de gris, trois onces de chaux viue, & vne once de cire blanche; quand tout est meslé ensemble, & reduit en forme d'emplastre, appliquez-en vne fois le iour sur le mal iusqu'à ce qu'il soit guery.

Il y a des Mareschaux, qui apres auoir rasé le poil font boüillir dans du vinaigre vne coine de lard, & l'appliquent sur le mal trois iours de suite, puis ils prennent du lard fondu, de la litharge, du mastic, du verd de gris, de la suye, qu'ils meslent ensemble auec du laict de chevre, l'appliquent sur le mal, le renouuellant vne fois le iour iusques à ce que le mal soit guery.

Il est bon aussi de prendre la roüille du fonds d'vn chauderon, meslé auec l'escorce de sureau, ou bien l'excrement d'vne personne mis sur la partie malade durant cinq iours. Et en suite oindre le mal auec huile & sauon meslez ensemble.

D'autres prennent de la chaux viue, la poudre de verre, & du verd de gris de chacun vne once, d'orpiment, d'huile & de graisse nouuelle de chacun vne once, lesquelles choses ils meslent toutes ensemble, & l'appliquent sur le mal iusques à ce qu'il soit guery.

Si vous prenez des limaçons noirs, de la racine de bardane,

dane, & qu'apres les auoir pilez ensemble vous les mettez sur la partie, cela guerira le mal.

D'autres prennent vne once de sauon, deux onces de chaux viue, & de la lexiue ou du fort vinaigre, autant qu'il faudra pour les détremper, & auec cela pensent le mal iusques à ce qu'il soit guery.

D'autres prennent du fenu-grec qu'ils pilent, trois oranges couppées par morceaux, demie liure de suif de mouton, des crottes recentes de mouton, & font boüillir tout cela dans de la lie de bierre, & en oignent le Cheual aussi chaud que faire se peut : puis enuironnent la partie de cordons de foin, & le laissent ainsi reposer durant trois iours. En suite ils l'oignent de la mesme sorte encore vne fois.

D'autres prennent de la graisse de porc, du sauon, du souphre, de la suye, & du miel, lesquels ils font boüillir & l'appliquent froid; on peut aussi y adioûter du verd de gris. Lors qu'on appliquera cét onguent, faut racler les galles & les faire saigner; puis les frotter auec du sauon, de la moutarde, & du vinaigre meslez ensemble.

CHAPITRE LXXXVII.

DES FORMES QVI CROISSENT sur le sabot du Cheual.

CE mal vient sur la couronne du pied, & n'est autre chose qu'vn certain cartilage endurcy qui enuironne quelquefois l'ongle.

Il vient, comme soustiennent quelques Mareschaux, ou pour auoir receu quelque coup d'vn autre Cheual, ou d'auoir heurté le pied contre quelque chicot, ou quelque pierre, ou par quelque autre semblable accident : mais pour dire le vray ie croy que c'est vne imperfection naturelle, d'autant que i'ay veu pluſieurs poulains qui ont apporté ce mal auec eux en leur naiſſance.

Ce mal eſt produit par vne humeur gluante & viſqueuſe qui s'amaſſe ſur le pied, lequel tombant ſur l'os, qui de ſa nature eſt froid & ſec, s'endurcit & approche du naturel, & de la dureté de l'os par ſucceſſion de temps.

Les ſignes ſont les apparences du mal, il eſt plus éleué qu'aucun endroit de la couronne, le poil eſt heriſſé, & fait boiter le Cheual.

Le remede eſt, ſelon les anciens Mareſchaux eſt, premierement de ſcarifier la peau par deſſus ce cartilage auec vne lancette ; puis prendre vn gros oignon duquel oſterez le cœur, & le remplirez de verd de gris & de chaux viue, vous le boucherez en ſuite & le ferez cuire ſous les cendres ; apres vous le broyerez dans le mortier & l'appliquerez chaudement ſur le mal. Faites cela quatre iours de ſuite & il guerira.

D'autres anciens ont de couſtume de lauer la partie malade auec eau chaude & de raſer le poil : puis la ſcarifier legerement auec la pointe du raſoir, en ſorte que le ſang en puiſſe découler, apres ils le penſent auec cantharides & euphorbe, comme il a eſté enſeigné pour les ſurots, le traitant de la meſme maniere : quand le poil commence à reuenir, tirez des lignes eſtroites auec vn fer chaud, depuis le paſturon iuſqu'à la boëte du pied ou de l'ongle en cette maniere,

& que le bord du fer ſoit auſſi eſpois que le dos d'vn couſteau de table, & ne le bruſlez pas plus qu'il ne faut pour faire paroiſtre ſeulement la peau jaune : cela eſtant fait couurez la brusleure auec poix & reſine fonduës enſemble, mettez par deſſus de la bourre de la couleur du Cheual. Trois iours apres appliquez vn peu de l'emplaſtre déja mentionné, & auſſi de la bourre nouuelle ſur la vieille, & les laiſſez-là iuſques à ce qu'ils tombent d'eux-meſmes.

D'autres ont de couſtume de raſer le poil, & de ſcarifier la partie auec vne lancette : puis reſpandre par deſſus du ſel & du tartre puluériſé de chacun quantité égale meslez ensemblement, & l'attacher de court. Puis apres de l'oindre de graisse recente: ou bien ramollissez la forme auec la coine de vieux lard, ayant osté le gras, en sorte que vous puissiez voir à trauers la coine, & l'appliquez sur le mal apres l'auoir ratissée, & auoir fait saigner la partie malade, apres découurez la forme auec vn rasoir: D'autres ouurent la peau auec vn rasoir, & ayant dilaté & séparé la peau auec vne ventouse ouurent la forme. Enfin faut répandre dessus du vitriol en poudre, & le tenir si bien sur la partie qu'il n'en puisse estre osté durant neuf iours, puis faut presser & faire sortir la matiere qui est dessous: & lauer la partie auec du sel, vrine & vinaigre meslez ensemble.

D'autres Mareschaux ont de coustume apres auoir rasé le poil, d'y appliquer vn cataplasme fait de son, de miel, de feuïlles tendres d'absynthe, parietaire, branche vrsine, bouïllies & meslées auec graisse de porc, puis pilées & appliquées si chaud que le Cheual pourra souffrir. Ce remede ne guerira pas seulement la forme; mais aussi toutes autres sortes d'enfleures, ou tumeurs dures, cõme aussi d'appliquer des feuïlles d'ache hachées menu, n'est pas seulement bon pour ce mal, mais aussi pour les jauars & vessies. Lauer continuellement vne forme de fort vinaigre le diminuëra: ou bien raser le poil, & prendre la moitié d'vn citron que l'on saupoudrera d'arsenic; puis l'appliquer sur la forme, cela la consumera. Si deux ou trois fois le iour vous appliquez vn œuf dur fort chaud sur la forme cela l'ostera.

En dernier lieu si vous prenez de l'euphorbe, & que vous le mesliez auec de l'huile de genievre, du sel & du poivre, & qu'ainsi vous l'appliquiez sur la forme, cela la consumera en peu de temps tout à fait; pourueu que vous empeschiez tousiours le Cheual de se mouïller pendant l'vsage de ces remedes.

CHAPITRE LXXXVIII.

DES BLESSEVRES SVR LA COVRONNE pour auoir croisé vn pied sur l'autre.

SI le Cheual par hasard croisant vn pied sur l'autre se blesse à la couronne du pied ; alors, selon l'aduis des anciens, vous lauerez aussi-tost la partie blessée de vin blanc, ou d'vrine chauffée, & appliquerez dessus vn blanc d'œuf auec de la suye de cheminée, & du sel meslez ensemble, renouuellant cela vne fois le iour; dans deux ou trois iours cela seichera le mal.

D'autres rognent ou couppent l'ongle, en sorte qu'il ne puisse toucher la blesseure, laquelle ils nettoyent auec l'vrine: puis ils font durcir deux œufs, & ayans osté la coquille ils les pressent auec la main, & leurs donnent vne forme longuette : apres ils en font rostir vn & l'appliquent chaudement, le liant fortement sur la partie. Quand celuy-là est froid, ils prennent l'autre, & en font de mesme: apres on fait vn emplastre auec la suye, le sel, & l'huile boüillis ensemble, qu'on applique sur le mal, le renouuellant vne fois le iour, iusques à ce qu'il soit guery.

CHAPITRE LXXXIX.

DE LA GALLE SVR LA couronne.

LA galle qui s'engendre à l'entour de la couronne de l'ongle est salle, puante, accompagnée de pourriture, & de douleur.

Elle arriue bien souuent de ce que le Cheual a esté nourry dans des lieux marescageux, ou le froid fait tomber des humeurs pourries sur les pieds. d'où vient que ce mal est toûjours plus grand en Hyuer qu'en Esté.

Les signes sont ceux-cy, le poil de la couronne sera fort esparpillé & herissé comme la soye de porc. La couronne sera toûjours remplie de pus, & decoulante d'eaux.

Le remede approuué de plusieurs Mareschaux, est de prendre vne coine de lard, sur laquelle on mettra de la suye & du sel puluerisez & meslez auec graisse ou suif, cire, & poix fonduës ensemble. Que si la chair surmonte & deuient baueuse, il faut la consumer auec du verd de gris en poudre, ou auec racleure de corne de cerf, ou de corne de bœuf puluerisée.

D'autres Mareschaux prennent du sauon & graisse de porc de chacun demie liure, vn peu de bol armene, vn quarteron de terebenthine qu'ils meslent ensemble & en font vn emplastre, lequel ils appliquent sur le mal le tenant ferme dessus, & le renouuellant tous les iours vne fois iusques à ce qu'il ne coule plus; puis il faut le lauer de fort vinaigre chauffé, iusques à ce que le mal soit nettoyé & desseiché, prenant garde que le Cheual ne se mouille pas qu'il ne soit guery.

D'autres encore l'estuuent continuellement auec de vieille vrine, dans laquelle on aura fait boüillir du sel, cela seichera l'humeur & guerira le mal.

CHAPITRE XC.

D'VNE TVMEVR, OV ENFLEVRE *au pied du Cheual.*

CE mal est vne enfleure dure & ronde qui vient sur la couronne du pied du Cheual, entre le talon & les quartiers, & s'engendre ordinairement au dedans du pied.

Elle est produite par le grauier qui s'amasse sous le fer, lequel gagne au dedans, & fait venir vn abscez au dehors, ou bien elle vient d'enclouëure, ou picqueure de cloud poussé par vn Mareschal ignorant.

Et ainsi engendre des mauuaises humeurs qui produisent ce mal.

Les marques sont celles-cy. Le Cheual boittera beaubeaucoup, & l'enfleure paroistra à la veuë, laquelle en quatre ou cinq iours s'esleuera en pointe, & la matiere sortira d'vn petit trou profond comme vne fistule. Certainement il ny a point de maladie externe plus dangereuse au Cheual.

Le remede, selon le sentiment des anciens, est de couper l'ongle iusques à la chair viue, puis faire boüillir vne couleuure ou vn lezard.
iusques à ce que la chair se separe des os, & soit fonduë comme vn onguent, puis en oindre la partie malade bien chaudement la faisant penetrer. Durant l'vsage de ces remedes tenez les pieds bien nets: car par ce moyen le mal se desseiche & s'amortit.

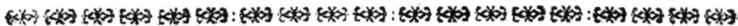

D'autres Mareschaux anciens font vne raye à l'entour auec vn fer chaud en forme de demy cercle, au milieu duquel ils tirent vne autre ligne en cette sorte : puis ils prennent gros comme vne febve d'arsenic puluerisé finement, & le mettent dans le trou, le poussant au fonds auec vne plume, & bouchent le trou auec de la charpie ou des estoupes, & l'attachent si bien auec vne bande, que le Cheual n'y peut pas toucher de la bouche; ils le laissent reposer ce iour-là : le iour suiuant si le mal paroist noir au dedans, c'est signe que l'arsenic a bien operé. Puis pour addoucir la brusleure, mettez dedans vne tente de filasse enduite de graisse de porc & terebenthine fonduës ensemble. Couurez la tente auec vne emplastre de poix resine, cire & terebenthine fonduës ensemble : mais il faut qu'il y ait autant de terebenthine que de toutes les autres drogues ensemblement. Il faut continuër de mesme iusques à ce qu'on aye tiré dehors le cœur, que l'arsenic aura consumé : alors vous verrez si le cartilage separé est descouuert ou non. S'il n'est pas descouuert, vous tasterez auec le doigt ou auec vne plume, si vous estes proche ou non. Que si vous en estes prés, leuez le cartilage auec vn petit instrument crochu, & l'espluchez auec tenailles ou pincettes faites exprés: cela estant fait, introduisez vne autre tente plus grosse enduite du mesme onguent, pour appaiser la douleur, qui a esté faite dans le dernier pensement, & bouchez bien le trou de peur qu'il ne se ferme. Le iour suiuant ostez la tente & y en mettez vne nouuelle auec miel & verd de gris boüillis ensemble iusques à ce qu'il deuienne rouge, la renouuellant tous les iours vne fois iusqu'à ce que le mal soit guery, & entretenant toûjours l'ouuerture autant que vous pourrez, de peur qu'elle ne se ferme trop tost, & prenant garde que le Cheual ne se mouille & ne trauaille, qu'il ne soit parfaitement guery.

D'autres ont de coustume de couper l'ongle prés de la chair viue, puis de prendre du galbanum, sagapenum, poix de grece, oliban, mastic, huile de cire blanche de chacun vne once, auec demie liure de suif de mouton, qu'ils font fondre à petit feu, & les incorporent bien ensemble, & auec cela, ils pensent la partie malade iusques à la guerison.

Les autres apres que le mal est ouuert, mettent dedans du sel de tartre, & lors qu'il a consumé, ils acheuent de le guerir auec du miel & du verd de gris bouillis comme il a esté dit.

Il y en a qui prennent des crottes de chevre deux onces, de suif de mouton trois onces, & du fort vinaigre, autant qu'il en faudra pour les faire bouillir dedans : auec cela ils pensent le Cheual, iusques à ce qu'il soit entierement guery.

CHAPITRE XCI.

DV MAL QVE FONT LES PETITES pierres & grauiers qui s'enferment sous le pied du Cheual.

IL arriue souuent qu'entre la sole & le fer du Cheual il s'enferme des petites pierres, & du grauier, ou quelque autre chose picquante, quelquefois du costé externe du pied, quelquefois du costé interne, & d'autrefois des deux costez vers le talon, il se glisse des pierrettes entre la partie spongieuse du pied & le fer, lesquelles par l'attrition continuelle minent & vsent l'ongle iusqu'à la chair viue, & cecy arriue tant plustost si les talons du Cheual sont mols & foibles, ou que le fer soit posé à plat sur le pied, en sorte que les grauiers estans enfermez dedans, ne puissent sortir.

Les signes sont ceux-cy. Le Cheual boittera beaucoup, & marchera plus librement sur la pince ou sur le deuant du pied, pour soulager le talon, il n'aura pas aussi tant de peine à marcher en beau chemin.

Le remede est, selon la practique des anciens Mareschaux, premierement de rogner l'ongle iusques à ce qu'on descouure le mal. Puis prendre vne once de cire vierge, vn quarteron vn quarteron de resine, autant de graisse de cerf, & demie once de graisse d'ours, battez le tout ensemble dans vn mortier, & apres faites le fondre sur le feu: apres cela faites tremper dedans bonne quantité de filasse, & en remplissez & enueloppez bien serré l'endroit qui est offensé. Ce qui estant fait, vous pourrez mener le Cheual ou vous voudrez: Faites cecy vne fois le iour, iusques à ce que le pied soit guery.

Il y a d'autres anciens Mareschaux qui rognent premierement l'ongle, & tirent les grauiers ou pierres auec vn cousteau à tirer, n'en laissant pas vne en arriere; puis remplissent la partie malade auec terebenthine & graisse de porc fonduës ensemble, & appliquent des estouppes ou de la filasse trempée dedans, apres ils mettennt par dessus le fer pour tenir dessous les tampons de filasse, reiterant cela tous les iours vne fois, & empeschent que le Cheual ne se moüille, iusques à ce qu'il soit guery tout à fait.

Vous deuez remarquer que si vous ne bouchez & ne remplissez bien fort la partie d'estouppes pour abbaisser la chair, qu'elle s'esleuera plus haut que l'ongle, autrement cela donnera plus de peine au Mareschal, qui sera contraint d'y mettre des compresses pour abbattre cette chair superfluë qui seroit engendrée contre nature.

D'autres rognent le pied, & ostent les pierres entierement: apres ils le lauent tres-bien auec bierre & sel: puis versent dessus du suif, de la resine, & de la poix fonduës ensemble, & l'enueloppent bien ferme de filasse. Apres ils remettent le fer par dessus, & font cecy vne fois le iour.

Il y en a qui apres auoir nettoyé le mal, appliquent dessus des estouppes trempées dans les blancs d'œufs: puis apres ils le nettoyent auec du sel subtilement puluerisé, & meslé dans du fort vinaigre: ou bien auec la poudre de noix de galles, du sel & du tartre meslez ensemble: ce qui est aussi fort bon pour l'encloüeure ou picqueure.

CHAPITRE XCII.

DE LA SVRBATVRE.

LA ſurbature eſt vn frappement ou heurtement continuel de l'ongle du Cheual contre terre, cela vient des mauuais fers, qui ſont quelquefois appliquez trop à plat ſur les pieds : ou bien d'auoir marché trop long-temps ſans fers. Ce defaut vient auſſi quelquefois de la dureté de la terre, & de leuer trop haut les pieds, ſoit en trottant, ſoit en marchant l'amble. Le Cheuaux plus ſujets à ce mal, ſont ceux qui ont les pieds grands & ronds, ou qui ont les pieds plats, dont la boitte du pied eſt tendre & foible.

Les ſignes de la douleur ſont ceux-cy. Le Cheual boitera beaucoup, & marchera lentement, ayant les jambes roides, comme s'il eſtoit à demy forboitu.

Le remede, ſelon le ſentiment des anciens Mareſchaux, eſt de cuire vne couple d'œufs durs, & dans leur plus grande chaleur les creuer dans les pieds du Cheual, puis de verſer de l'huile d'oliue boüillante, & remplir le fer d'vn morceau de cuir, & mettre deux pieces de bois en croix. Faites cecy trois fois en quinze iours de temps, & cela le ſoulagera.

D'autres oſtent les fers & rognent ſi peu que faire ſe peut. Si les fers ne ſont doux, c'eſt à dire s'ils ne ſont aſſez longs, larges, & aſſez profonds, alors faites-les faire de cette maniere, & les attachez auec quatre ou cinq clouds: cela eſtant fait, rempliſſez les pieds de graiſſe de porc & de ſon boüillis enſemble, auſſi chauds que faire ſe peut, & couurez auſſi le coffre de l'ongle tout à l'entour du meſme remede, l'enueloppant d'vn morceau de drap, & le liant auec vne bande tout à l'entour de l'article, renouuellant cela tous les iours vne fois iuſques à ce qu'il ſoit guery, pendant l'vſage des remedes, il faut donner au Cheual de l'eau chaude à boire, & qu'il demeure à ſec, qu'il ne trauaille pas beaucoup. Que ſi par le trauail le Cheual ſe ſurmene, pourueu que toutes les nuicts vous rempliſſiez le deſſous des pieds auec de la bouſſe de vache ſeule ou meſlée auec vinaigre; cela fera ſubſiſter le Cheual iuſques à la fin du voyage.

CHAPITRE XCIII.

DE LA PICQVEVRE A LA plante du pied, pour auoir marché ſur vn cloud, ou quelqu'autre choſe pointuë ou picquante.

SI vn Cheual dans le trauail, ou quelque voyage marche par hazard ſur vn cloud, chicot, eſpine, ou ſur quelque autre choſe dure telle quelle ſoit, qui le picquera à la plante du pied, le Caualier s'en apperceura par le prompt arreſt du Cheual, & la diligence du bon Mareſchal trouuera bientoſt l'encloüeure,

Le remede, ſelon la practique des anciens Mareſchaux, eſt premierement de leuer les fers, & rogner le pied auec vn biſtory ou auec vn couſteau, & deſcouurir la picqueure ou le trou, faiſant l'ouuerture grande comme vne piece de cinq ſols, & apres remettre le fer : cela eſtant fait, verſez dans le trou terebenthine & graiſſe de porc fonduës enſemble, puis appliquez vn peu de filaſſe ou eſtouppe par deſſus; apres rempliſſez le pied de fiente de bœuf, & ainſi le couurãt d'vn morceau de cuir, mettez par deſſus deux planchettes de bois pour contenir le tout en ſa place, renouuellant cela tous les iours vne fois iuſques à ce qu'il ſoit guery : & faut que le Cheual ne ſe moüille pas.

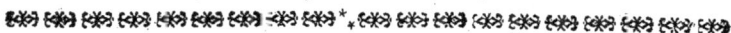

Or on doit eſtre ſoigneux en la cure de ce mal : car s'il n'eſt guery au fonds, outre qu'il eſt dangereux pour la vie du Cheual, il y a danger que cette bleſſeure ne rejette la

bouë iusques au sommet de l'ongle, & qu'ainsi elle ne le detache tout à l'entour, & peut-estre qu'elle ne le fasse tomber entierement.

Si vous voyez que la matiere se respande en haut; alors faites vne plus grande sortie par le bas, en ouurant le trou, le dilatant, & retrenchant dauantage de la sole, afin que la chair puisse auoir plus grande liberté : puis prenez demy quarteron de bol armene, autant de farine de febves, battez-les, meslez-les ensemble & en couurez des estouppes, que vous appliquerez sur la couronne & les lierez fortement, afin qu'elles demeurent ainsi deux iours. En suite renouuellez-les de deux iours en deux iours, iusques à ce que vous voyez l'ongle s'endurcir & deuenir plus ferme en haut. Car ce remede estant adstringent repoussera les humeurs vers le bas, lesquelles doiuent estre attirées dehors auec terebenthine & graisse de porc comme auparauant, iusqu'à ce que la bouë cesse de couler : puis desseichez-là auec alun brussé en poudre, que vous respandrez sur vn peu de filasse mise encore par dessus, continuant ainsi tous les iours iusques à ce que l'ongle s'endurcisse : & faut prendre garde que le Cheual ne soit moüillé auant la guerison.

D'autres Mareschaux mettent dans la playe vne tente faite de suif, poix liquide, & terebenthine fonduës ensemble, & oignent la boite & la couronne de l'ongle auec bol armene & vinaigre battus ensemble, iusques à ce que le mal soit guery; principalement si ce qui a picqué le Cheual à de la roüille ou du venin.

CHAPITRE XCIV.

DE LA MANIERE DE TIRER *dehors quelque cloud, chicot ou espine du pied, ou d'vne autre partie du corps du Cheual.*

SI le corps estrange qui blesse le pied du Cheual est entré si auant dans la chair, que vous ne le puissiez pas atteindre pour le retirer; alors, selon l'aduis des anciens Mareschaux, si vous reconnoissez qu'il ne soit pas si auant, qu'il n'y ait quelque esperance de l'attirer au dehors, vous prendrez bonne quantité de sauon noir, que vous appliquerez sur le mal, l'y laissant toute vne nuict, cela le fera paroistre en dehors, en sorte que vous pourrez le retirer auec des pincettes. Que s'il est si profond qu'il faille faire ouuerture auec le bistory, il le faudra faire, puis en introduisant les pincettes l'arracher par force. En suite vous penserez le mal, comme il a esté enseigné au dernier Chapitre.

Les autres disent que les racines de roseau ou de cannes estans cuites & meslées auec du miel, attireront au dehors toute sorte de cloud ou chicot : ce que feront aussi les limaçons noirs cuits auec du beurre. Que si la partie est beaucoup enflée, il sera bon de la ramollir auec vn cataplasme fait de feüilles d'absynthe, de parietaire, de pied d'oye, de graisse de porc & de miel bien boüillis & meslez ensemble, ce qui diminuëra toute l'enfleure qui pourra suruenir à cause de quelque coup, ou autrement.

Quand vous aurez descouuert ce que vous cherchez, alors vous verserez premierement dans la playe de l'huile d'oliue boüillante, lors quelle sera refroidie versez-y de la terebenthine chauffée de mesme, quand elle sera aussi refroidie, versez par dessus du souphre en poudre; puis enueloppez le pied auec des estouppes, & empeschez qu'il ne touche aucune humidité ou salleté.

CHAPITRE XCV.

DV FIC.

SI vn Cheual a esté blessé, comme il a esté dit, de quelque chicot, cloud, espine, os, esclat, ou pierre, soit à la sole ou autre endroit du pied, & qu'il n'ait pas esté bien pensé & parfaitement guery, il croistra en cét endroit vn certain morceau de chair superfluë semblable à vne figue qui aura beaucoup de petits grains blancs.

Le remede, selon la practique des anciens, est premierement de couper entierement le fic, puis prendre de la cire, terebenthine & graisse de porc fonduës & meslées ensemble, & les ayant mises sur des estouppes en boucher bien ferme la playe, de peur que la chair ne surmonte, renouuellant cela vne fois le iour, iusques à ce que le mal soit guery.

Les autres des plus recens, apres qu'ils ont couppé comme il a esté dit le fic, prennent les sommitez d'orties jeunes, apres les auoir hachées menuës, les mettent sur vn linge aussi grand que le fic, puis ils prennent du verd de gris en poudre qu'ils respandent dessus & les appliquent sur le mal, renouuellant cela vne fois le iour, iuques à ce que l'ongle ait couuert la playe, & ce remede est tres-asseuré.

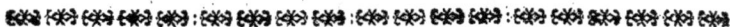

CHAPITRE XCVI.

DE LA RETRACTION DV PIED.

LE Cheual eſt ſouuent bleſſé au pied par la faute du Mareſchal, lors qu'vn cloud eſt mal pouſſé, encore qu'auſſi toſt que cela eſt découuert, on retire le cloud : & quoy que cela arriue quelquefois par la negligence du Mareſchal, ſi eſt-ce que cét accident peut auſſi arriuer à cauſe de la foibleſſe du cloud, ou à cauſe qu'il eſt creux.

Lors que le cloud eſt vn peu trop foible, la pointe ſe rebrouſſe & va de trauers dans la chair viue, quand meſme il ſortiroit droit en dehors. Et quand il eſt creux il ſe fend en deux parties, l'vne deſquelles eſt inegale & eſcorche la chair lors qu'on retire le cloud : ou bien il ſe rompt & ſe briſe, & ainſi demeure fiché dans la partie : cette ſorte de picqueure eſt la plus dangereuſe & la plus pernicieuſe de toutes, d'autant qu'elle corrompt la partie & fait venir la gangrene au pied, ſi le corps eſtrange n'eſt tiré.

Les ſignes ſont ceux-cy, le Cheual ſe demene & retire ſon pied auſſi-toſt que la chair viue eſt touchée il boite bien bas. Puis apres vous reconnoiſtrez ce mal en viſitant le pied, & frappant vn peu auec le marteau ſur la teſte de chaque cloud : car quand vous frapperez la teſte du cloud qui fait la douleur, le Cheual retirera ſon pied. Que ſi cela ne ſert de rien pour faire reconnoiſtre le mal, taſtez & ſondez l'ongle tout à l'entour auec des pincettes iuſques à ce que vous ayez trouué l'endroit malade.

Le remede, ſelon l'aduis des anciens, eſt premierement de tirer le fer, & apres d'ouurir la partie bleſſée, ſoit auec le paroir, ou auec vne raynette, en ſorte que vous puiſſiez voir ou ſonder s'il y a dedans vne pointe de cloud ou non.

S'il eſt reſté dans le pied quelque morceau de cloud, faites en ſorte de le tirer entierement : puis prenez demie poignée d'orties, pilez-les dans vn mortier, & y adjoûtez vne cuillerée de vinaigre rouge, autant de ſauon noir, deux onces de graiſſe de blereau, auec le gras de lard, broyez tout cela enſemble, & en bouchez le trou de la playe : remettez apres le fer, & en ſuite vous pouuez le faire marcher en aſſeurance.

D'autres Mareſchaux ont de couſtume, apres qu'ils ont ouuert le mal, de remplir le trou auec terebenthine, cire, & ſuif de mouton fondus enſemble, qu'ils verſent dedans chaudement, & mettent par deſſus vn peu d'eſtouppes puis ils remettent le fer, le renouuellant ainſi tous les iours vne fois, iuſques à ce qu'il ſoit guery, & faudra prendre garde que pendant l'vſage de ces remedes il ne ſe moüille. On doit pareillement remplir le trou de la playe, quoy qu'il ne ſoit pas demeuré dedans aucune partie du cloud.

Que ſi n'ayant pas pris garde de bonne heure à vne telle bleſſeure, le mal creue & aboutit en dehors, alors vous appliquerez deſſus vn cataplaſme adſtringent auec bol armene, farine de febves, & des œufs, comme il a eſté dit au Chapitre 97. ou bien auec des orties hachées & du verd de gris, dont a eſté fait mention au Chapitre precedent.

Il y en a d'autres qui non ſeulement en ce rencontre, mais auſſi en toute autre ſorte de picqueure au pied du Cheual, apres auoir dilaté la playe, ont de couſtume de prendre de la terebenthine, de la poix liquide, de la poix, du ſuif de bœuf de chacun vne once, vne teſte d'ail, puis font tout boüillir enſemble, & l'appliquent ſi chaud qu'il le puiſſe ſouffrir : Que ſi le mal vient à creuer deſſus l'ongle, appliquez-y le meſme remede & il guerira.

CHAPITRE

CHAPITRE XCVII.

DE L'ENCLOVEVRE.

LE Cheual est dit estre encloüé ou picqué, lors que le cloud est enfoncé dans la chair viue & y demeure : ce qui fait que le Cheual cloche & boitte extremement.

Cette douleur se reconnoist par les coups de marteau ou de tenaille qu'on donne sur la riueure des clouds du pied qui boitte, s'il leue le pied c'est signe qu'il est encloüé.

Le remede, selon la pratique des anciens est tel. Si le Cheual boitte incontinent apres estre ferré, leuez le fer, & ouurez le trou iusques à ce qu'il commence à saigner, apres versez dedans bien chaudement de la terebenthine, de la cire, & du suif de mouton fondus ensemble, renouuellant cela vne fois le iour iusques à ce qu'il soit guery, & que le Cheual ne moüille pas son pied, & qu'on luy remette le fer aussi-tost qu'il aura esté pensé.

Il y en a qui versent dedans du beurre fondu chaudement & cela le guerira, ou bien bruslent le trou auec vn autre cloud, ce qui le guerit encore.

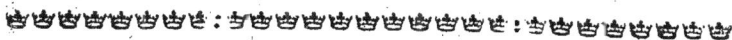

D'autres Mareschaux apres qu'ils ont dilaté la playe, prennent vne demie liure d'encens, vne liure de resine, autant de poix de grece, demie liure de poix noire, vne liure de cire neufue, autant de graisse de chevre, du vernis & de la terebenthine de chacun demie liure, deux onces d'huile d'oliue, & fondent tout ensemblement. Ils appliquent cela sur l'ongle en forme d'emplastre : ce qui guerira non seulement toute sorte de picqueure ; mais aussi toutes creuasses, fentes, gersures à l'ongle, de quelque maniere qu'elles soient produites, ne laissant pas moüiller les pieds du Cheual durant l'vsage de ces remedes. Que si le mal pousse iusques au sommet de l'ongle ; alors vous prendrez trois ou quatre jaunes d'œufs auec le blanc battus ensemble : adjoûtez-y vne once de bol armene, de farine de febves ou de froment, autant qu'il en faudra pour donner la consistence. Faites-en vn emplastre de la largeur de deux doigts, & autant qu'il sera necessaire pour enuironner l'ongle du Cheual. Attachez-le fortement auec vne bande, & renouuellez cela vne fois le iour iusques à ce qu'il soit guery.

D'autres ont de coustume, apres qu'ils ont cherché & ouuert la playe de mettre dedans des estouppes trempées dans le blanc d'œuf; puis de remplir le trou auec du sel mis en poudre subtile, meslé auec de la verueine & du fort vinaigre, & le couurir de filasse trempée dans le vinaigre : ou bien ayant leué le pied du Cheual, verser dans le troû de l'huile d'oliue toute boüillante, & lors qu'elle est refroidie d'y verser de la terebenthine chaude, laquelle estant refroidie, on respandra dessus du souphre reduit en poudre: puis on fera vne couche de filasse par dessus, & on remettra les fers, empeschant qu'il ne mette les pieds dans l'humidité.

D'autres prennent du suif, du souphre en poudre, des mauues & du fort vinaigre. Ils font tout boüillir ensemble iusques à ce qu'il vienne en consistence d'onguent : puis ils appliquent cela sur le mal aussi chaud que le Cheual le peut souffrir, le renouuellant vne fois en douze heures iusques à ce qu'il soit guery.

D'autres prennent du miel & du vinaigre de chacun quantité égale, auec vn peu d'huile, & de suif de bouc; qu'ils font bouillir à petit feu, & les remuent quand ils commencent à rougir, y adjoûtant verd de gris & vitriol puluerisez de chacun pareille portion, remuant toûjours iusques à ce que le medicament deuienne espois & rouge; duquel ils remplissent la playe iusques à ce qu'elle soit guerie, apres l'auoir bien lauée de sel & de vinaigre.

D'autres prennent du poivre, de l'ail & feüilles de choux pilez ensemble, auec suif & graisse de porc, puis appliquent cela sur le mal : ou bien prenez du suif & de la fiente de Cheual, desquels estans bien meslangez, vous en boucherez la playe, & il guerira en peu de temps.

D'autres leuent le fer, & ayans ouuert la playe la lauent auec du vin; puis ils appliquent dessus de l'escorce seconde de sureau, sur laquelle ils mettent de la graisse, qu'ils font fondre en tenant au dessus vn fer chaud : puis remettent le fer : Il faut faire cela deux iours de suite, & on doit s'asseurer de la guerison.

CHAPITRE XCVIII.

REMARQVES GENERALES POVR le pied & ongles du Cheual.

D'AVTANT que les pieds & ongles du Cheual sont les seuls instruments du trauail, & qu'vne petite douleur qu'il ressent en cét endroit, priue son maistre du profit & de l'vtilité qu'il en pourroit recueillir; Ie croy qu'il ne sera pas hors de propos, auant que ie parle des maladies de l'ongle, de vous mettre en auant les remarques & obseruations generales, que vous auez à faire pour conseruer les pieds du Cheual.

Vous sçaurez donc premierement, que les fers des pieds de deuant doiuent estre courts, auec des esponges espoisses & fortes ; mais qu'elles ne doiuent point auoir des crampons, & qu'il faut que les clouds ayent de fort bonnes testes.

Que les fers des pieds de derriere ayent de bons crampons courbez en dehors. Que s'il s'entretaille les crampons doiuent estre tournez en dedans, afin de luy faire tourner les pieds en dehors, & que le fer soit deux fois plus espois en dedans qu'en dehors. Que si tout cela n'empesche pas qu'il ne s'entretaille, faites le aller l'amble, que s'il ne peut marcher l'amble, bruslez-le auec vn fer chaud entre les jambes, afin que la douleur luy fasse escarter les jambes de derriere, ce qui est vsité parmy les François.

Que les fers soient faits d'vn fer doux, & qui ne soit pas sujet à se casser; à quoy nostre fer d'Angleterre est le plus propre & le meilleur, celuy d'Espagne va apres : celuy de Dannemarch est le pire. Qu'ils soient aussi legers, en sorte neantmoins qu'ils puissent porter le fardeau & la pesanteur du corps du Cheual, estans plus larges à la pince qu'aux esponges.

Que les crampons soient courts, dont l'extremité soit mousse, & les esponges longues & espoisses.

Que les fers soient aussi grands que le pied du Cheual aussi loing que vont les clouds. Au derriere depuis les deux clouds du talon que les fers soient plus larges que la corne, en sorte qu'ils excedent la corne.

Mettez à chaque fer neuf clouds, quatre de chaque costé & vn au milieu, & que les queuës des clouds soient plattes & minces, afin que si l'ongle est meschant, ils puissent encore tenir ferme le fer auec plus de retenuë, & tant plus les clouds sont poussez en arriere vers le talon (pourueu que ce soit sans danger) tant mieux le fer tiendra, & il se détachera plus difficilement.

Que les crocs soient de la largeur d'vne paille derriere le coin du coffre de l'ongle, & que les testes des clouds entrent dans le fer, principalement du costé exterieur. Faites les fers aussi peu concaues que vous pourrez: rognez fort peu ou rien du tout du talon du Cheual, ouurez pourtant suffisamment les talons autant que faire se pourra; parce que le talon doit estre toûjours espois, & la pince déliée & mince.

Dans les beaux chemins rognez la sole bien mince, mais pour les chemins pierreux ou durant les gelées, rognez-en aussi peu que faire se pourra.

Enfin quand l'ongle est plus du costé externe que de l'interne, cela fera que le Cheual sera sujet à s'entretailler : & quand il est plus haut du costé interne il luy fera escarter les jambes; tellement que le fer qui est également espois & vny, tant en dehors qu'en dedans est le plus commode.

Apres le trauail, remplissez toûjours le creux de l'ongle auec fiente de bœuf, & frottez le dehors & la couronne auec du lard, ou de la coine de lard: car cela entretiendra l'ongle espois, poly, & ferme.

CHAPITRE XCIX.

DE L'ONGLE DETACHE'.

L'Ongle est dit estre détaché, lors que la corne se separe de la chair à l'endroit de l'insertion de la couronne. Que si cette separation est tout à l'entour de la couronne, alors cela arriue de courbature, que si elle n'est separée qu'en partie, cela arriue d'vne extreme douleur causée par vn cloud de ruë ou autre accident, qui a percé la sole ou les quartiers du pied, ou de quelque enfleure sur la couronne, ou d'enclоüeure, ou semblable accident.

Lors qu'il est destaché à cause de la courbature, on le reconnoistra à ces signes, il abboutira du commencement, & la separation paroistra à l'endroit de la couronne qui est malade vis à vis de la pince: parce que l'humeur descend plustost vers la pince. Que si ce mal vient de picqueure, ou de grauier, ou chose semblable, alors l'ongle se détachera tout à l'entour également, mesme dés le commencement: mais quand il vient d'enfleure ou blesseure sur la couronne, alors l'ongle se rompra iustement à l'endroit qui a esté offensé, & pour l'ordinaire cette rupture n'ira pas plus auant.

Le remede, selon la pratique des anciens, de quelque cause que vienne la separation, est premierement d'ouurir la corne à la sole du pied, en sorte que l'humeur puisse auoir vne issuë libre par le bas: puis appliquer vers le sommet de l'ongle l'emplastre astringent, qui est descrit au Chapitre 97. & au Chapitre 100. en la maniere qu'il est dit en ces endroits-là, & apres le penser auec terebenthine & graisse de porc fonduës ensemble.

D'autres anciens Mareschaux prennent trois cuillerées de poix liquide, vn quarteron de resine, des feüilles de tenaisie, de ruë, de menthe rouge, d'auronne, de chacune demie poignée : lesquelles ils pilent dans vn mortier, y adjoûtant demie liure de beurre, & pour vn sol de cire vierge, & font tout fondre sur le feu, & le font cuire iusques à ce qu'il deuienne en consistence d'emplastre, duquel ils en estendent vn peu sur vn morceau de drap, & l'appliquent sur le mal, le renouuellant vne fois le iour pendant sept iours. Ce qui le guerira.

D'autres prennent de la ceruelle de pourceau, & en remplissent tout l'ongle durant trois iours, renouuellant cela vne ou deux fois chaque iour, & il deuiendra dur, ferme, & meilleur qu'il n'a iamais esté.

D'autres coupent la sole en bas, la laissant tres-bien saigner, apres ils la couurent auec des estouppes trempées dans des blancs d'œufs, & tiennent cela sur la partie durant vingt & quatre heures; puis ils la lauent auec fort vinaigre chaudement, & la remplissent d'égale portion de sel & de tartre. Et faut laisser cela dessus durant deux iours, puis l'oindre d'vn onguent fait d'oliban, de mastic, de poix de grece de chacun pareille quantité, auec vn peu de sang de dragon, de cire neufue & graisse de mouton autant que du premier, lesquels on fera boüillir ensemble, & on appliquera cét onguent vne fois le iour, iusques à ce que le mal soit guery.

Que si vous apperceuez vn nouuel ongle renaistre, alors vous couperez l'ancien, de peur que la dureté de l'vn ne nuise à la tendresse de l'autre. Puis oignez l'ongle nouueau auec suif, huile, & cire de chacun pareille quantité, le tout boüilly ensemblement, afin de le faire croistre : ou bien prenez poix de grece, mastic, oliban, sang de dragon, galbanum de chacun égale quantité, lesquels on fera fondre auec du suif pour seruir de liniment, & faire croistre l'ongle nouueau. Ce que feront aussi la cire neufue, miel, huile, graisse de porc & suif de mouton boüillis ensemble: quand cela sera refroidy adjoûtez-y du mastic, sang de dragon, de l'encens, & les incorporez tous ensemble: car il ny a rien qui fasse plustost croistre l'ongle, soit vieux, soit nouueau.

D'autres prennent les limaçons à coquilles qu'ils font boüillir, & les appliquent deux fois le iour. Ils feront par ce moyen affermir ou durcir le vieux ongle, ou renaistre bien-tost vn nouueau.

Il y en a encore d'autres qui d'abord remplissent le mal de terebenthine, & apres que cela a esté ainsi vingt & quatre heures, ils lauent le mal ou auec de l'vrine, ou eau de couperose, puis le remplissent ou de verd de gris, ou de suif de mouton, poix & resine bouïllis ensemble dans lesquels ayans trempé des estouppes, ils les appliquent sur le mal deux fois le iour iusques à ce qu'il soit guery.

CHAPITRE C.

DE LA CHEVTE DE L'ONGLE.

L'ONGLE tombe lors que la boiste de l'ongle est separé du pied entierement, ce qui arriue pour toutes les causes qui ont esté dites au Chapitre precedent, & se remarque si clairement à la veuë, qu'il n'est pas besoin d'autres marques pour reconnoistre ce mal.

Les remedes doiuent estre tels. Prenez vne liure de terebenthine, chopine de poix liquide, demie liure de cire neufue, autant de suif de mouton, vne chopine d'huile d'oliue, faites tout bouïllir ensemblement, iusqu'à ce qu'il soit reduit en forme d'onguent. Puis faites faire vne botte de cuir auec vne forte ſemelle appropriée au pied du Cheual, & qu'elle enuironne le paſturon. Penſez ſon pied auec le remede ſuſdit appliqué ſur des eſtouppes, & mettez ſous le pied de la filaſſe qui le ſupporte, puis mettez la botte en ſorte qu'elle ne le bleſſe pas & ne luy puiſſe faire douleur, renouuellant le remede tous les iours vne fois iuſques à ce qu'il ſe faſſe vn nouuel ongle : alors à meſure que l'ongle commence à s'endurcir, s'il vient eſpois & inegal, limez-le & poliſſez-le auec vne lime douce, iuſques à ce qu'il ſoit venu en ſa perfection : en ſuite mettez-le à l'herbe, afin qu'eſtant-là il puiſſe prendre la dureté & conſiſtence naturelle qui eſt requiſe.

CHAPITRE CI.

DE L'ONGLE RETIRÉ.

L'ONGLE retiré n'eſt autre choſe, qu'vne retraction de l'ongle vers la partie ſuperieure, faiſant eſleuer & croiſtre la peau par deſſus l'ongle.

Ce mal vient de tenir les ongles du Cheual trop ſeichement dans l'eſcurie, ou d'auoir les fers trop ſerrez, ou de quelque chaleur contre nature, reſtée apres vne courbature.

Les ſignes ſont ceux-cy. Le Cheual boittera tout bas, ſes ongles ſeront chauds : ſi vous les frappez auec le marteau ils rendront vn ſon creux comme vne bouteille vuide.

Que ſi l'ongle des deux pieds n'eſt pas retiré, alors le pied malade ſera le plus court, & vous ſçaurez que cette maladie eſt appellée de quelques Mareſchaux vne courbature ſeiche.

Le remede, ſelon l'opinion des anciens, eſt tel. Prenez vne liure de coine de jambon, vn quarteron de ſauon blanc, des feuïlles des feüilles de baulme, de laurier & de ruë de chacune vne poignée, faites-les bien boüillir ensemble, puis couurez-en tout à l'entour la couronne de l'ongle bien chaudement, laissez ce remede sur la partie durant cinq iours, puis renouuellez-le, ne souffrant pas qu'il moüille ses pieds, & cela le soulagera.

D'autres Mareschaux ont de coustume, premierement de luy oster les fers, & de luy en mettre d'autres faits en forme de demie lune appellez lunaires, desquels vous verrez la representation en vn autre endroit: apres rognez les deux quartiers de l'ongle auec vn cousteau, depuis la couronne iusques à la sole, auant que vous en voyez sortir vne rosée. Et si vous faites deux rayes des deux costez il ne sera que mieux, & cela élargira dauantage l'ongle: cela estant fait, oignez l'ongle prés de la couronne, & tout à l'entour auec l'onguent descrit au Chapitre precedent de l'ongle tombé, continuant ainsi tous les iours iusques à ce qu'il amende: & qu'on le promene sur la terre molle & humide durant vn mois, alors ostez les demy fers, & parez la sole & fourchette, & les laissez si minces que vous en voyez sortir vne espece de rosée: puis remettez vn fer entier, & remplissez tout le dedans du pied de graisse de porc & de son fondus ensemble, les appliquant bien chaudement, & renouuellant cela tous les iours vne fois l'espace de neuf iours afin que la sole se leue. Que si cela ne sert de rien; alors ostez la sole tout à fait, & remettez vn fer entier, & bouchez le pied auec orties que vous broyerez auec du sel, neantmoins ne le bouchez pas trop ferme, afin que la sole puisse auoir la liberté de se leuer, il faut renouueller cela tous les iours vne fois iusques à ce que la sole croisse derechef, apres qu'on luy mettre les demy fers, & ainsi qu'on le renuoye à l'herbe.

D'autres Mareschaux veulent seulement qu'on coupe l'ongle depuis la couronne iusques au bord de l'ongle en quatre ou cinq endroits, & le frottent deux ou trois fois le iour auec du sel. Cela sert à ouurir l'ongle.

D'autres seulement ouurent beaucoup les talons du Cheual vne fois la sepmaine, & luy mettent des fers larges & ouuerts, & pendant vn mois ou deux luy font tirer la charrette, afin qu'estant contraint de poser le pied fortement & iuste contre terre, il puisse par ce moyen estendre le pied & l'eslargir.

Pour preuenir cette maladie, il est fort bon d'oindre son ongle auec huile de pied de bœuf ou terebenthine, & remplir le dessous de fiente de bœuf.

CHAPITRE CII.

DE LA POVRRITVRE DE LA fourchette.

LA fourchette du pied est la partie la plus tendre de l'ongle vers le talon, laquelle est faite comme la partie fourchuë d'vne fleche, estant cette partie que les Mareschaux rognent quand ils disent auoir rogné la sole. Il s'engendre souuent en cette partie vne pourriture ou corruption qui vient des humeurs qui sortans des pieds du Cheual les preseruent des jauars ou des eaux, parce que les humeurs ont leur sortie libre par là; cependant le dommage que ce mal apporte est plus grand que l'vtilité qu'on en peut attendre; parce qu'il rend le pied du Cheual si foible & si delicat, qu'il ne peut appuyer ses pieds sur la terre dure.

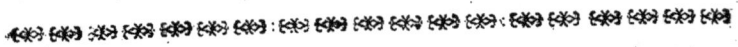

Les signes sont ceux-cy. Le Cheual boittera beaucoup lors qu'il marchera sur vne terre pierreuse, ou par des chemins roides & sales, il va toûjours mieux sur vne terre noire & tapissée de verd: mais principalement il boitte dauantage, lors que le passage de l'humeur est bouché par les grauiers qui s'amassent dans la fourchette, lequel n'estant pas bouché distillera toûjours, & put si fort qu'vne personne aura bien de la peine à le souffrir. De plus elle paroistra escorchée en plusieurs endroits.

Le remede, selon l'opinion des anciens Mareschaux, doit estre tel. Premierement leuez le fer, & rognez tous les endroits pourris & escorchez, en sorte que vous voyez sortir l'eau de ces parties. Puis remettez le fer qui doit estre assez large : cela estant fait, prenez de la suye, du sel, de chacun vne poignée, broyez-les bien dans vn plat; mettez-y trois blancs d'œufs, auec lesquels vous détremperez tout ensemble, & tremperez dedans des estouppes, auec lesquelles vous boucherez tout le pied, & principalement la fourchette, & par dessus vous mettrez des esclats de bois pour faire tenir le remede, le renouuellant vne fois le iour pendant l'espace de sept iours, & certainement il guerira. Pendant l'vsage de ces remedes le Cheual se doit reposer & ne se pas moüiller, & à la fin des sept iours descouurez le pied, & le promenez dehors, & quand il est de retour à la maison faut lauer & nettoyer le pied malade: car il n'y a rien de plus contraire à ce mal que le grauier & la salleté.

D'autres Mareschaux de ce temps ostent seulement le fer, & le rognent bien, & nettoyent, tant la matiere qui s'amasse en la partie blessée que l'excrement du Cheual, le lauant trois ou quatre fois le iour auec de l'vrine, & cela seul le guerira aussi bien qu'aucun autre remede.

CHAPITRE CIII.

DES MESCHANTS PIEDS.

LEs Cheuaux ont des mauuais pieds, soit que cela vienne de la conformation naturelle, soit que cela vienne d'auoir esté éleuez dans vn pays pierreux & raboteux; soit que cela vienne de negligence & de peu de soin: pour cette raison leur corne sera ou retirée, ou graueleuse, ou fenduë & rompuë de trauers, ou autrement, lesquels defauts se remarquent assez par la veuë, sans auoir besoin d'en donner les marques qui paroissent assez d'elles-mesmes.

Le meilleur remede qu'on peut employer pour remedier à ces defauts, est de prendre vne lime fine auec laquelle on applanira & addoucira les aspretez, & de frotter la couronne de l'ongle du pied, & la peau auec du lard frotté dans de la suye; apres quoy il faut que le Cheual se tienne debout sur son fient durant quinze iours pour le moins, sur lequel fient vous verserez quantité d'eau; mais tous les iours vous balayerez & changerez ce fient: puis apres le renouuellement de la Lune, mettez-y des fers bons & forts, tenant la sole du pied si creuse que vous pourrez, par le moyen de la rogneure ou racleure que vous en ferez, & cela formera l'ongle du Cheual selon vôtre desir & plaisir.

CHAPITRE CIV.

DE LA CORNE FRIABLE OV sujette à s'esmier.

SI le Cheual, à cause qu'il est d'vn temperament chaud, ou à cause que ses pieds ont esté eschauffez par le trauail, où à cause quil a eu vne courbature, & qu'il en est mal guery, à la corne si friable & si courte, que difficilement elle peut porter vn fer.

On le reconnoistra à ces signes. La corne sera blanche & friable, ou comme tombante en petites miettes.

Le meilleur remede, selon le sentiment des meilleurs Mareschaux, est de prendre de la fiente de bœuf & du vinaigre, puis les mesler fort bien ensemble, & les faire chauffer sur le feu, & ainsi l'appliquer au dessous & au dessus tout à l'entour de l'ongle, en suite luy mettre vne botte de cuir fort, comme il est dit dans le Chapitre de l'ongle qui tombe.

D'autres Mareschaux laissent le Cheual debout sur son fumier, & oignent la partie superieure de l'ongle auec le gras de lard cuit, & meslé auec de la terebenthine. Il faut faire cela tous les iours vne fois, iusques à ce que l'on voye venir ses ongles vn peu espois & rudes.

D'autres prennent terebenthine, graisse de porc, & du miel de chacun égale quantité, ils font fondre le tout ensemble, & l'ayant chauffé en oignent tout le pied; puis trempent des estouppes dedans, & en enueloppent le pied dessus & dessous: & apres luy mettent la botte. Il faut le penser de la sorte vne fois le iour, & qu'il demeure vne fois en deux iours durant quatre heures sans sa botte, afin que la corne deuienne dure & espaisse.

CHAPITRE CV.

MANIERE DE PRESERVER l'ongle du Cheual.

SI vous voulez preseruer l'ongle du Cheual, soit desdites maladies, soit de toute autre douleur. L'aduis des anciens Mareschaux est de prendre trois testes d'ail, vne poignée de ruë, six onces d'alun puluerisé, deux liures de vieux oingt, & du fient d'vn Asne. Faites tout boüillir ensemble, & en remplissez la cauité de l'ongle vne fois le iour.

D'autres prennent vn quarteron de vinaigre, vne chopine de poix liquide, demie liure de graisse de porc, vne pinte d'huile d'oliue, vne bonne poignée d'absynthe, & quatre ou cinq testes d'ail, faites boüillir tout cela & le reduisez en consistence d'onguent, duquel vous oindrez tous les ongles du Cheual.

Il y en a qui font boüillir des febves iusques à ce qu'elles creuent, & apres les détrempent auec du miel, & auec cela oignent tout le pied & l'ongle du Cheual auec du vinaire chaud; puis les enduisent de marrube, absynthe, & graisse cuits ensemble.

Les autres prennent de l'oliban & de la cire neufue de chacun vne once; du dialthea & de la terebenthine de chacun trois onces, du beurre quatre onces, d'huile vieille six onces, suif de mouton vne liure, des feüilles de plantain cinq ou six poignées, & font tout boüillir ensemble, & en oignent l'ongle du Cheual deux fois le iour.

D'autres enduisent les ongles de terebenthine, graisse de porc & de miel chauffez ensemblement & fonduës de chacun quantité égale: puis rognent le pied & luy mettent des fers lors que la lune sera renouuellée de deux ou trois iours.

D'autres prennent de la craye blanche, & du plomb meslez ensemble: ou bien de la poudre d'escorce de chesne meslez auec du miel, & les ayans fait chauffer dans vn poislon, ils l'appliquent chaudement sur la chair tout à nud. Ce remede est tres-excellent pour faire croistre l'ongle.

Enfin si on fait tenir vn Cheual debout sur son fumier, lequel soit bien arrousé d'eau, pourueu qu'il ne couche pas dessus, ce sera vn fort souuerain remede pour la preseruation de l'ongle.

CHAPITRE CVI.

DV MOYEN DE GVERIR TOVTE sorte de blesseure sur l'ongle.

SI le Cheual a receu quelque offense sur l'ongle, soit que cela vienne de cause interne ou externe, comme d'auoir heurté le pied mal à propos, ou de s'estre entre-frotté, soit d'auoir frappé du pied contre quelque pierre, paué, cailloux, ou autre chose semblable.

Le remede est premierement de remplir l'ongle auec miel & vinaigre meslez ensemble, & ce durant trois iours pour le moins: puis apres auec des feuilles de tamarisc broyées & pilées, iusques à ce que l'ongle soit guery.

D'autres remplissent seulement la cauité de suif de mouton, & de fiente de Cheual meslez ensemble, renouuellant cela vne fois le iour seulement, iusques à ce qu'il soit guery.

CHAPITRE CVII.

DE LA MANIERE DE RAMOLLIR la corne.

LORS que la corne des Cheuaux a esté long-temps à sec sur le paué ou sur d'autres endroits, elle deuient si dure, qu'elle ne peut estre rognée ny coupée par le boutoir. De plus elle ostera au Cheual le sentiment de ses pieds, & fera que le Cheual marchera roide & auec peu d'agilité.

Partant quand vous apperceurez vn tel defaut au Cheual, lequel est aisément reconnu quand on veut rogner l'ongle: Incontinent vous prendrez vne once de sauon, deux onces de chaux viue, auec autant de lexiue forte pour en faire comme vn cataplasme. Puis auec cela remplissez les cauitez des pieds du Cheual tous les iours iusques à ce qu'ils viennent à vne mollesse conuenable.

CHAPITRE CVIII.

DV MOYEN D'ENDVRCIR la corne.

COMME tenir le Cheual en vn lieu sec endurcit fort la corne; ainsi vn regime de viure humide, marcher en des lieux marescageux, ou le tenir debout perpetuellement dans la bouë, ou dans du fumier, fait que sa corne deuient trop molle; de sorte que le Cheual à cause de cette tendresse & mollesse de la corne ne pourra ny marcher ny porter aucun ter aucun fer, ce que vous apperceurez par les rogneures & coupeures molles & douces de ladite corne.

La maniere donc de l'endurcir & de la guerir selon l'opinion des anciens, est premierement de brusler des semeles de vieux souliers, puis les faire bouïllir en du vinaire, & en fomenter les pieds du Cheual pour le moins deux fois le iour : ce remede sans doute les endurcira.

D'autres prennent la poudre de noix de galle, du son & du sel de chacun vne poignée, ils font tout bouillir dans vn pot plein de vinaigre fort & en fomentent les pieds. Ce remede en peu de temps les endurcit.

CHAPITRE CIX.

D'VN VLCERE CHANCREVX *sur la couronne.*

CEt vlcere chancreux vient au dessus de la corne iustement sur la couronne, lequel s'éleue & se multiplie en plusieurs branches & bosses qui s'ouurent, desquelles sort vne sanie, ou humeur mordicante qui gaste & corrompt tout le pied.

Les signes de ce mal se donnent à connoistre à la veuë, & consistent dans le seul escoulement de cette serosité maligne.

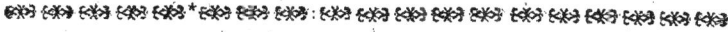

Le remede, selon l'aduis des anciens Mareschaux, est de prendre des limaçons noirs, & des racines de bardane, lesquelles choses on pilera bien ensemblement, & apres on les appliquera sur le mal, renouuellant ce remede vne fois en vingt-quatre heures. Que si c'est en Hyuer, prenez la racleure ou verd de gris du fonds d'vn chauderon, y adjoûtant vne poignée de la seconde escorce verte de sureau : pilez-les bien ensemble dans vn mortier, & appliquez ce remede sur le mal, le renouuellant vne fois le iour & il guerira.

D'autres prennent de l'ail, du poivre & du miel de chacun égale quantité : faites-les boüillir ensemble, puis d'vne partie vous en frotterez sa langue, & vous appliquerez l'autre sur les pasturons, ce qui guerira le mal.

CHAPITRE CX.

REMEDE POVR CICATRIZER TOVTE *sorte d'vlcere sur le pied du Cheual.*

IL ny a rien de meilleur pour faire reuenir la peau au pied du Cheual, de quelque cause que le mal vienne, que de prendre seulement de la terebenthine, & en oindre tous les iours le pied malade : ce qui non seulement fera venir la peau mais aussi l'ongle, si cette partie en a besoin.

CHAPITRE CXI.

DES IAMBES ET PIEDS *gorgez ou enflez.*

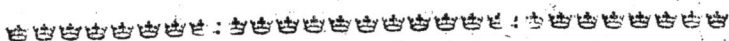

LEs jambes ou pieds gorgez sont vn mal fascheux, c'est à sçauoir vne enfleure douloureuse à la partie inferieure des jambes, prouenante ou de la fonte de la graisse par vn trauail immoderé, laquelle graisse ne se pouuant pas vuider par les excremens, tombe sur les membres, & y produit cette enfleure : ou bien quand vn Cheual est extremement eschauffé & mis dans l'estable sans auoir esté soigné, & qu'il prend le froid, alors le sang descend sur les pieds, se congele, & fait enfler les jambes.

Enfin ce mal arriue pour auoir marché dans les chemins durs en Esté; ce qui fait venir premierement les jauars, qui offensent les nerfs, & qui les font enfler, & cette enfleure est la plus fascheuse, d'autant qu'en suite le Cheual est sujet à boiter.

Les signes sont ceux-cy : les pieds du Cheual seront plus enflez lors qu'il est en repos dans la maison, que lors qu'il est trauaillé, principalement s'il marche dans l'eau. L'enfleure est ordinairement accompagnée de quelques petites galles qui degenere à la fin en escorcheure ou en grappes.

Le remede, selon l'opinion des anciens Mareschaux, est de faire des rayes auec vn fer chaud, la largeur de la main dessus le genoüil, puis enuelopper les jambes auec vne liasse de foin trempée dans l'eau froide, & qu'il demeure ainsi vn iour & vne nuict; cela ostera l'enfleure.

D'autres prennent deux liures d'huile de castor, deux liures de sauon noir, vne liure de graisse d'ours : puis ils font fondre & boüillir tout ensemble : apres ils le coulent, & le laissent refroidir : & quand ils en ont besoin ils frottent les pieds du Cheual auec ce liniment : & afin qu'il penetre dauantage, oignez-les auparauant d'huile de castor, tenant vn fer chaud par dessus pour la faire fondre : puis seruez-vous de l'autre liniment en la mesme maniere : cela estant fait garantissez les pieds de la poussiere, en les enueloppant d'vn linge, ou de quelque bandage.

Les Mareschaux modernes ont accoustumé de leuer la veine au dessus des genouïls, & la laissent bien saigner, puis ils la lient vers le haut & vers le bas, & apres frottent tous les pieds de cét onguent. Prenez de l'encens, de la resine, & de la graisse nouuelle de chacun pareille quantité, & les ayant fait boüillir ensemble coulez-les, pour vous en seruir dans l'occasion vne fois le iour, cela guerira toute sorte d'enfleure de semblable nature. Pour ce qui est de leuer les veines, vous pouuez vous en desister si vous voulez, parce que le Cheual demeure roide toûjours en suite, si cela n'est pratiqué auec beaucoup d'adresse.

CHAPITRE CXII.

REMEDE POVR LE FARCIN.

ENTRE toutes les maladies externes, il n'y en a point de plus sale que le farcin, & qui soit plus meschante, plus infecte, & plus dangereuse; lors qu'il est tant soit peu negligé: autrement c'est la plus facile à guerir, & à peu de frais. C'est vne maniere d'vlcere qui rampe & gagne les parties d'alentour, accompagnée de nodositez, suiuant d'ordinaire vne ou plusieurs veines, selon la grandeur de l'infection.

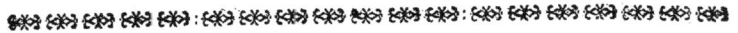

Ce mal prouient d'vn sang corrompu dans le corps, quelquefois il arriue à l'occasion de quelques blesseures externes, ou contusions faites par des instruments veneneux, comme par des esperons rouillez, fourches, morsures de chiens ou de Cheuaux, picqueure de vermine, ou mouche à chien, poux de pourceau, & semblables; ou de ce que quelque pourceau se sera frotté contre les jambes du Cheual, ou d'auoir couché sur la littiere ou des pourceaux auront couché, ou d'auoir heurté ou frotté vne jambe contre l'autre, mais generalement ce mal prouient d'vne mauuaise habitude du corps, & d'vn excez de trauail; ce qui fait que le sang estant eschauffé, & la graisse se fondant, lors que le Cheual se refroidit incontinent apres, il arriue de telles obstructions dans les veines, & vne telle pourriture dans le corps, que la nature ne peut en façon quelconque s'en descharger, ny la vuider qu'au dehors en excitant des petits nœuds, des pustules, ou des vlceres, lesquelles sont si infectes & contagieuses, qu'autant de Cheuaux qui mordent ou mangent prés le Cheual malade, vn mois mois apres ils contracteront le mefme mal : Que fi vn Cheual infecté de ce mal, mord vn autre il l'infectera auffi, laquelle infection fi on n'y apporte auffi-toft le remede eft mortelle, & tuëra quelque Cheual que ce foit : c'eft pourquoy lors que vous aurez vn Cheual atteint de cette maladie, il faut auffi-toft que vous le faffiez feparer des autres pour euiter le danger.

Les fignes de ce mal fe voyent & fe touchent : il a des nœuds qui font toûjours accompagnez de grandes enfleures & d'vne corruption, coulant tout le long des veines, & fe partageans felon la diftribution des veines, le nombre des nœuds fe multipliant & croiffant, iufques à ce que tout le corps en foit couuert, ou que la partie en foit entierement défigurée.

Les remedes, felon le fentiment des anciens Marefchaux, font premierement de tirer du fang au Cheual de la veine ceruicale, & des deux veines de l'efperon. Puis de donner au Cheual cette boiffon. Prenez vn broc d'eau, & y mettez vne bonne poignée de ruë, & vne liure de graine de chanvre, ces deux chofes ayans efté broyées auparauant dans vn mortier, puis faites-les bouillir dan l'eau iufques à la confomption de la moitié, & en donnez à boire froid au Cheual le matin à jeun diuers iours de fuite, & il guerira.

Il y a d'autres anciens Marefchaux qui premierement faignent le Cheual à la veine ou ce mal paroift du commencement, auffi prés que faire fe peut du lieu malade, & le laiffent faigner beaucoup ; puis ils appliquent le feu fur chaque nœud l'vn apres l'autre ; prenant le nœud de la main gauche & le tirant fi fort qu'il fe peut, afin qu'ils le puiffent mieux percer auec vn fer chaud, rond & emouffé, de la groffeur du doigt d'vne perfonne, fans bleffer aucunement le corps, & laiffent fortir la bouë, ne laiffant rien fans brufler, foit peu ou prou. Cela eftant fait, faut oindre chaque nœud ainfi bruflé auec de la graiffe de porc chauffée, tous les iours vne fois, iufques à ce que la croufte foit prefte de tomber: Et cependant faut preparer vne bonne quantité de vieille vrine, & lors que vous verrez les boutons prests à tomber, faites boüillir alors l'vrine, & y mettez vn peu de couperose, de sel, & vn peu d'orties : lauez-les auec cette eau, & toute la corruption : cela estant fait, remplissez tous les trous de chaux viue mise en poudre, continüant de faire ainsi tous les iours vne fois, iusques à ce que les trous soient fermez : Que si l'vn a plus de corruption que l'autre, remplissez celuy-là de verd de gris.

Pendant l'vsage de ces remedes, faut donner au Cheual fort peu à manger, c'est à dire de la paille & de l'eau seulement, si ce n'est que quelquefois vous luy donnassiez vn pain, ou vn peu d'auenage : car tant plus il sera maigre & décharné, tant plustost il guerira : & sur tout faut luy mettre à l'entour du col vn seau dont le fonds soit osté, ou bien des bastons attachez & disposez de telle sorte à l'entour du col, qu'il ne puisse lecher ces vlceres : & le moins qu'on luy donnera de repos, tant plus il receura d'amendement & de soulagement.

Il y a d'autres Mareschaux modernes, lesquels pour ces vlceres prennent bonne quantité de gluë, de miel, & de sauon noir, qu'ils font boüillir dans de la vieille vrine, & de cela estant fort chaud ils lauent le Cheual entierement tous les iours, vne fois durant cinq ou six iours. Ce remede luy apportera du soulagement.

Les autres ont de coustume de faire vne incision au front du Cheual de la longueur de deux doigts, & luy font encore incision des deux costez de la mesme longueur, puis y mettent vn tampon fait auec l'escorce interieure de sureau verd, qu'ils tiennent en trauers de l'ouuerture, ce faisant on consumera toute l'humeur maligne de son corps, & ce remede le guerira parfaitement, ayant esté fort souuent esprouué.

D'autres prennent vn poinçon bien pointu, auec lequel ils percent en croix la partie inferieure des nazeaux du Cheual, mesme ils percent le petit cartilage en sorte qu'il puisse bien saigner. Ou bien ils luy tirent du sang de la veine jugulaire : puis ils tastent les nœuds, & ouurent auec la lancette tous ceux qui sont mols & les laissent couler: puis il faut prendre de la lexiue forte, de la chaux & de l'alun, & apres les auoir bien meslé ensemble, en lauer tout l'vlcere, & par ce moyen il guerira.

Les autres encore prennent vn cousteau bien aiguisé, & font vne longue incision profondant mesme iusques au crane, au haut de la teste du Cheual, vn peu au dessous des yeux, puis auec vn instrument emoussé pour cette fin ils separent le pericrane d'auec l'os, vne assez bonne estenduë. En suite ils prennent des petites racines de carottes couppées en petites roüelles, & les mettent entre la peau & l'os: Ou faute de carottes on peut prendre des racines de raues, ou de bardane, & les faire vn peu broyer auant que les mettre dedans, & presser la matiere pour la faire sortir vne fois le iour, & cependant il ne faut pas retirer les racines : que si elles ny peuuent pas demeurer, alors cousez les bords de la playe ensemble auec vne aiguille & de la soye, pour retenir le remede dedans, puis vne fois le iour oignez la playe de beurre frais; cecy est tenu pour vn certain remede à ce mal : & remarquez que comme cette playe faite en cette maniere suppurera, seichera, & guerira: ainsi ce mal à la fin apostumera, seichera, & guerira. Ce qu'il y a d'incommode en ce remede, c'est qu'il est long à guerir, & est desagreable à la veuë, iusques à l'entiere guerison.

Il y a d'autres Mareschaux, qui apres auoir introduit des racines comme dit est dans la playe, ont accoustumé de brusler toutes les parties malades tout à l'entour auec vn fer chaud, puis auec vn autre fer esmoussé & rouge grand comme le doigt, bruslent le mal au milieu, iusques à ce qu'il en sorte vne matiere jaune & blanche, puis auec des pincettes ils espluchent les nœuds : cela estant fait, il faut oindre toutes les parties malades de sauon, & ne le penser pas de quatre ou cinq iours apres, dans lequel temps on fera prouision d'vrine forte, de laquelle on le lauera tous les iours chaudement : & on frottera les vlceres iusques à ce qu'ils commencent à saigner, puis ayant desseiché tous les endroits malades, faut jetter dessus de la poudre de chaux viue ou d'alun bruslé qui guerira mieux que la chaux. Que si on void qu'en quelques vlceres faute d'estre pensez, il y ait des chairs qui surmontent tellement, qu'on ne les puisse corriger auec la poudre susdite; alors on pourra brusler cét endroit comme on a fait au commencement, & faudra le penser comme auparauant.

Il y en a quelques-vns qui voyans ce mal estre inueteré, & tellement enraciné, que la partie en est défigurée, purgent le Cheual premierement auec vne forte purgation, de laquelle on peut trouuer vne description à choisir dans vn Chapitre cy-deuant escrit, puis ils font vn seton sous le ventre, soit auec du crin ou du cuir, ou au sommet de l'espaule, ou à l'insertion de la jambe malade, si le mal est sur le deuant à l'endroit de la rotule, si la douleur est au derriere, ils y appliquent vn autre seton, & tiennent ces deux endroits auec le cautere du front ouuerts, iusques à la guerison : puis auec vn autre fer chaud ils bruslent toutes les jambes faisans de longues rayes, mesme depuis le corps iusques à l'ongle, vne raye n'estant esloignée que d'vn doigt l'vne de l'autre, & le fil du fer n'estant pas plus large qu'vne paille : il faut tirer la raye vers le bas selon le poil, & le brusler iusques à ce que la peau paroisse jaune, & non pas dauantage.

Lors que le mal sera guery par ces moyens, si apres cela la partie demeure défigurée à cause de l'enfleure, alors vous appliquerez sur la partie vn cataplasme fait de lie de vin & de fleur de farine de froment, & y mettrez vn seton de laine, le renouuellant vne fois en vingt & quatre heures, iusques à ce que le membre soit diminué, par ce moyen la jambe guerira, quoy qu'elle soit beaucoup enflée, si les remedes sont appliquez sans discontinuation. Que si à cause des cauterizations des precedentes incisions, & pensemens de quelques Mareschaux ignorans, il croist vne substance extraorditraordinairement dure & comme de la corne à l'entour de la partie affligée que le cataplasme precedent n'aura pû resoudre, alors vous prendrez de la cire neufue demie liure, de la myrrhe vne liure, de la resine vne liure, du galbanum demie liure, du costus six onces, de l'ammoniac six onces, de la graisse de porc deux liures : mettez vostre graisse de porc, premierement dans vn pot de terre, lequel ayant placé dans vn chauderon large plein d'eau, faites vn feu lent dessous afin que l'eau bouille, & quand vous apperceurez que la graisse de porc est presque fonduë, alors vous mettrez parmy toutes les autres drogues, excepté le costus, & quand tout sera fondu (ce qui demandera vne ebullition de de cinq ou six heures pour le moins) vous ajoûterez le costus, qui est vne racine blanche, estant reduit en poudre subtile, ayant retiré le vaisseau du feu, & incorporerez tout ensemblement pour en faire vn emplastre, que vous estendrez sur vne peau de mouton, qui doit estre vn peu plus grande que l'vlcere, cét emplastre seruira du moins trente iours sans la changer, auec peu de rafraichissement: seulement vous la leuerez vne fois le iour, & frotterez bien sa jambe de peur qu'elle ne demange, ce qui seroit cause que le Cheual frapperoit & trepigneroit du pied contre terre, & ainsi feroit plustost augmenter que diminuër le mal, ou enfleure, vous deuez prendre garde de l'enuelopper d'vne bande estroite; car cela est tres-dangereux. Il ne sera pas hors de propos de le mener à l'eau, & de le promener vn peu durant vne heure: l'ayant conduit à l'escurie, frottez bien son pied, & ayant chauffé l'emplastre au dessus d'vn réchaut, appliquez-là dessus. Par ce moyen on dissipera en deux ou trois mois toute l'enfleure, & on ostera la difformité telle qu'elle puisse estre.

Il y en a d'autres lesquels (ce mal estant recent, & principalement estant à l'entour de la teste ou au front du Cheual) prennent de l'eau de vie deux cuillerées, autant de jus d'ail, du jus de ruë deux cuillerées, & les meslent bien ensemble, puis prennent des pelottes de filasse & les trempent là-dedans, & en bouchent l'oreille du Cheual. Prenez apres vne aiguille & du fil, & cousez les extremitez des oreilles, afin qu'il ne puisse pas faire sortir le remede: seruez-vous ainsi de ce remede pour le Cheual trois matinées de suite & il amortira le mal, comme souuent on l'a experimenté.

D'autres prennent du seneçon, & le pilent bien dans vn mortier auec du sel & en remplissent l'oreille du Cheual, & les cousent ensemble, ou bien les lient auec vn ruban large, renouuellant de quatorze en quatorze heures, & reïterant cela quatre ou cinq fois, ce qui guerira ce mal.

D'autres ont de coustume de frotter toute l'vlcere auec de la tenaisie & du verjus boüillis ensemble, ou bien auec de la graisse d'ours bien chaude: ce qui amortit le mal.

Les autres lauent premierement le mal auec de l'vrine vieille, puis ils prennent de la poudre de verre, soulphre & graisse de porc boüillis ensemble & bien meslez, & ayant ouuert les nodositez ils les frottent & oignent de cét onguent, qui les guerit sans autre chose.

Il y en a qui saignent le Cheual dés le commencement & non point autrement, & bruslent tous les boutons comme il a esté dit: puis guerissent les brusleures auec huile, poix liquide, & miel meslez ensemble, & luy donnent auec vne pinte de maluoisie, trois ou quatre cuillerées de la poudre diapente. Ou bien faut prendre quatre onces d'hiebles ou sureau auec vne pinte & demie de maluoisie trois iours de suite: apres cela prenez vne once d'aloës, vne once de centaurée, vne once d'opoponax; mettez tout en poudre, & luy donnez à boire dans vne pinte & demie de maluoisie chauffée, dans laquelle auront boüilly les racines d'hieble ou de sureau. Et ainsi montez-le & le faites marcher souuent iusques à ce qu'il suë. Lors que le mal est passé mettez-le à l'herbe, car c'est vne chose fort salutaire que de le laisser courir dans vn air libre.

Il y en a d'autres qui prennent du sauon noir, de l'arsenic, de la chaux viue, du verd de gris, & du minium & meslent tout ensemblement; puis ayant ouuert les nœuds ils les pensent auec cét onguent iusques à ce qu'ils se seichent & s'amortiſſent : D'autres ouurent les nœuds auec vn fer chaud, puis ils prennent du ſauon noir & du ſel pilez enſemble, & moitié d'autant de verd de gris qu'ils font boüillir auec de la graiſſe nouuelle, puis prennent quatre cuillerées de moutarde, & meſlent le tout enſemblement, dont ils penſent le mal. D'autres prennent ſix onces de vif argent, & les mettent dans vne veſſie, auec deux cuillerées de jus de citron ou d'orange, & les agitent enſemble pour eſteindre l'argent vif, puis prennent demie liure de graiſſe de porc recente, & vne once de verjus, & mettent tout dans vn plat & remuent bien le tout, puis enduiſent les nœuds de cét onguent iuſqu'a ce qu'ils pourriſſent : apres auec vn couſteau bien trenchant ils les ouurent, & continuent de les oindre comme dit eſt ; en ſuite ils mettent dans les oreilles le ſuc de ſatyrion : par ce moyen ce mal ſeiche, & ce remede eſt fort approuué.

Autrement on prend du ſauon noir, de la mouſtarde faite auec le vinaigre de vin, & du minium, ayant meſlé le tout enſemblement, on en oingt toute la veine, tenant vn fer chaud au deſſus du mal, afin que l'onguent puiſſe penetrer : il faut faire cecy vne fois le iour iuſques à ce que le mal ſe ſeiche.

Autrement on prend du jus de ciguë bonne quantité, dans lequel on trempe des eſtouppes, auec leſquelles on bouche les oreilles du Cheual, puis on ouure tous les boutons & on y applique du ſel : enfin on luy donne à boire de la bierre nouuelle, dans laquelle on aura diſſout de la theriaque, & meſler de la ſemence de fenoüil.

Il y en a qui prennent l'herbe dite petaſites, de laquelle eſtant ſeiche & reduite en poudre, ils ſaupoudrent les boutons apres qu'ils ont eſté ouuerts : puis ils luy donnent à boire deux ou trois cuillerées de ladite poudre auec vne pinte de maluoiſie, ce qui guerit le mal : cette racine eſt auſſi excellente pour toute ſorte d'vlcere : elle eſt forte à l'odeur & amere au gouſt.

D'autres prennent du ſoulphre, de l'orpiment, de la chaux viue, & les ayant meſlé enſemble les mettent dans les nœuds, & cela amortira le mal : apres cela il les faut enduire de bol armene pulverisé & incorporé dans du vinaigre fort, auec les sucs de jonbarde, de poireaux blancs, & de morelle.

Il y a des Mareschaux qui apres auoir saigné le Cheual, font boüillir dans du vinaigre de la farine de febves & de la graisse de porc ; puis y adjoûtent vne petite quantité d'huile & le passent : en suite ils y adjoûtent vne partie d'aloës, & deux de soulphre, & le font boüillir vn peu, & estant chaud en oignent les parties affligées : ou bien ils les frottent auec le jus d'ache, & les jaunes d'œufs battus ensemble.

Il y en a d'autres qui prennent deux onces d'huile de laurier, vne once d'euphorbe & deux onces d'arsenic, & les ayant meslé ensemble en oignent les vlceres, ce qui mortifiera le mal.

De toutes ces receptes, desquelles il n'y en a aucune qui n'aye esté trouuée fort bonne & experimentée : i'ay toûjours remarqué que les deux que ie descriray maintenant ont esté trouuées les plus excellentes pour ce mal tel qu'il puisse estre, soit qu'il soit sec, ou humide & coulant, comme l'appellent nos simples Mareschaux, quoy que ce ne soit qu'vne mesme chose, qui prouient d'vne mesme cause : il y a seulement cecy de difference, que quelques Cheuaux n'ayans pas vn tel flus d'humeurs comme les autres, les nœuds ne seront pas disposez à s'ouurir, & ils disent alors que c'est vn potiron sec. D'autres creuent à proportion qu'ils grossissent, & sont remplis de matiere & de boüe, & alors on les appelle potirons humides ou aqueux. D'autres s'estendront en plusieurs endroits du corps, neantmoins ils ne s'ouurent pas, mais se glissent entre la peau & la chair, & ils appellent cela potiron coulant, pour toutes lesquelles differences de mal les mesmes remedes conuiennent.

Pour l'application desquels il est necessaire de remarquer auec grand soin : Premierement sur qu'elle veine principale du Cheual les nœuds se sont esleuez, & obseruerez de quelle maniere ils s'estendent, & coulent : Secondement, le potyron est diuisé en diuerses branches selon la distribution de la veine : alors vous prendrez le dernier nœud de chaque branche, lequel sera le plus souuent dur, & ne viendra pas à maturité : puis faites dessus vne incision, & auec la pointe d'vn cousteau remplissez-le d'arsenic blanc. Ceux que vous trouuerez meurs, faites-en sortir & couler la matiere, & les oignez de sauon noir, & d'arsenic meslez ensemble : dans deux ou trois iours vous verrez tomber le cœur de ceux que vous aurez pensé auec le simple arsenic, le reste que vous aurez accommodé auec du sauon noir se seichera : en suite il faut les oindre tous auec du beurre frais fondu, iusques à ce qu'ils soient gueris. Que si vous apperceuez qu'il vienne de nouueaux nœuds, vous les ouurirez de mesme auec l'arsenic simple, & il n'en échappera pas vn sans estre guery. Que si le farcin n'est pas fort contagieux, & s'il est en son commencement, vous n'aurez qu'à prendre seulement du sauon noir & de l'arsenic comme il a esté dit, & en enduirez vôtre doigt & vôtre poulce, auec lesquels apres vous pincerez & torderez chaque bouton : dans deux ou trois iours apres ils seicheront & gueriront.

Que si le farsin est sale, vilain, & dont on n'espere presque aucune guerison : c'est à dire qu'il soit generalement estendu sur le corps, & si le membre auquel il est attaché est defiguré, & a perdu sa juste proportion, en telle sorte qu'on ne puisse juger en quel endroit sont les veines, ou en quelles parties les boutons sont plus fascheux, & si en guerissant vn, deux nœuds s'esleueront ; en ce cas vous purgerez fortement le Cheual selon ses forces, & pour cét effet le plus souuerain remede, est de luy faire prendre vne pinte de vin muscat, ou vne quarte de bierre forte, auec chopine d'huile d'auoine : puis vous prendrez pour vn sol de poix liquide, & deux bonnes poignées de fiente de pigeon, & pour douze sols de mercure crud : faites-en vn onguent, dont vous enduirez toute la partie, ne laissant rien descouuert, & prendrez vne barre de fer toute rouge, que vous tiendrez si proche qu'elle puisse seicher l'onguent sur le mal : en suite vous appliquerez de l'onguent nouueau , & le desseicherez de mesme , & le laisserez sur la partie iusques à ce qu'il tombe : cela esteindra & amortira toute sorte de farcin , tel qu'il soit , la premiere ou la seconde fois qu'on le pensera de cette sorte.

Il y en a d'autres qui remplissent le bouton de poudre de verd de gris , & d'arsenic meslez ensemble ; ou bien lauent le mal auec de l'eau forte : mais ces remedes ne sont pas si bons que ceux dont nous auons fait mention.

CHAPITRE CXIII.

DV CANCER EN QVELQVE partie du corps qu'il soit.

LE cancer est vn vlcere malin , ambulant , auec mordication , & rongeant la chair bien auant, dont le commencement paroist auec des nœuds fort semblables au farcin, & s'estend & s'amplifie en diuers endroits , estant vlceré & ouuert , il se rassemble & se forme en vn vlcere sale & vilain , d'où découle vne sanie acre , mordicante , & subtile, qui vlcere la peau par tout ou elle passe , & accroist par ce moyen l'vlcere & le rend plus incurable.

Il prouient d'vn humeur melancholique ou d'vn mauuais sang corrompu , & est produit d'vne mauuaise nourriture, & mauuais traictement. Si ce sang est meslé auec des humeurs salées & acres, alors il cause vne vlceration plus fascheuse & plus douloureuse. Ce mal peut aussi venir en consequence de quelque mauuaise playe , laquelle n'a pas esté bien traictée, ny bien pensée , de telle sorte que la matiere corrompuë de l'vlcere , infecte les autres parties du corps qui sont saines.

Il n'est pas besoin de donner d'autres marques pour reconnoistre ce mal, que la description que nous en auons déja faite.

Pour ce qui eſt des remedes, ſelon l'aduis des anciens Mareſchaux, il faut premierement ſaigner le Cheual des veines qui ſont les plus proches du mal, & luy tirer bonne quantité de ſang. En ſuite prenez demie liure d'alun, autant de couperoſe verte, de la couperoſe blanche vn quarteron, & vne bonne poignée de ſel. Faites boüillir tout dans de l'eau claire, iuſques à ce que deux pintes ſoient reduites à trois chopines. De cette eau lauez le mal auec vn linge, & saupoudrez-le de poudre de chaux eſteinte, continuant à faire de la meſme ſorte durant quinze iours, vne fois le iour.

Que ſi vous voyez que la chaux ne mortifie pas la chair pourrie, & n'empeſche pas que le mal ne s'amplifie & ne s'eſtende plus auant, alors prenez du ſauon demie liure, d'argent vif demie once, meſlez-les ſi bien enſemblement dans vn pot, que le vif argent ne paroiſſe plus : apres que vous aurez laué l'vlcere de l'eau forte ſuſdite, couurez-là de cét onguent auec vne eſpatule de fer, continuant de faire ainſi tous les iours vne fois, iuſques à ce qu'on voye que le cancer ne s'eſtende pas dauantage, & que vous apperceuiez la chair pourrie & bien mortifiée ; & que la peau commence à renaiſtre vers les bords : alors apres que vous l'aurez laué, penſez-le auec de la chaux comme auparauant, continuant ainſi iuſques à ce qu'il ſoit guery. Lors que vous le penſerez, ne ſouffrez pas qu'aucune matiere qui découle de l'vlcere ſejourne & demeure ſur les parties ſaines qui ſont à l'entour : mais eſſuyez-les bien & les lauez d'eau chaude, & faites obſeruer au Cheual pendant l'vſage de ce remede vne diete fort exacte & fort tenuë, & qu'il ſoit beaucoup exercé.

Que ſi cét vlcere gangreneux arriue à la queuë du Cheual comme il ſe voit ſouuent (ce que vous apperceurez, tant par la cheute du poil, que par l'vlcere) alors vous ferez vn oreiller ou de drap mol, ou d'eſponge, que vous tremperez dans du vinaigre, & l'attacherez fortement ſur le mal, & lors qu'il ſera ſec vous le moüillerez derechef, faiſant cecy deux ou trois fois le iour, ſi on le peut faire plus ſouuent ce ſera encore mieux, & vous deuez cõtinuër ainſi durãt trois ou quatre iours: puis traitez-le de la mesme maniere, que vous traiteriez toute autre sorte d'vlcere ordinaire; c'est à dire auec graisse de porc & terebenthine fonduës ensemble, ou autres choses semblables.

Il y en d'autres qui pour le cancer qui arriue au corps, prennent vne once du suc tiré de la racine d'asphodele, trois onces de chaux viue, deux once d'orpiment ou d'arsenic, & mettent tout cela dans vn pot de terre bien bouché & le font cuire dans le four, iusques à ce que tout soit en forme de poudre. Ayant laué le mal auparauant auec du fort vinaigre, ils le saupoudrent en suite de cette poudre.

D'autres prennent de l'ail & le pilent dans vn mortier auec de la graisse de porc, iusques à ce que cela soit en forme d'onguent. Ayans laué le mal ou auec du vinaigre, ou eau d'alun, de couperose, ou de vieille vrine, ils le frottent deux ou trois fois le iour de cét onguent iusques à ce qu'il soit guery.

D'autres prennent de l'herbe nommée molaine, ou boüillon blanc, laquelle ils broyent &, meslent auec du sel & verd de gris, & l'appliquent sur le mal soir & matin pendant trois ou quatre iours; puis ils se seruent du mesme remede encore long-temps sans qu'il y ait du verd de gris, & enfin ils se seruent de l'herbe toute seule. Que si dans quelque temps vous voyez que le mal reuienne, recommencez à faire comme il a esté dit, & tous les iours auant que de l'oindre, lauez-le premierement auec du vinaigre & de la graisse fonduës ensemble.

Les autres prennent de la sabine, du sel marin, & de la ruë qu'ils font boüillir ensemble auec du vieux oingt, & en oignent le mal auec, & quand la malice des humeurs est rabbatuë (ce que vous reconnoistrez à la blancheur) vous le penserez auec de la poix liquide, de l'huile & du miel meslez ensemble, & reduits en forme d'onguent, duquel vous oindrez l'vlcere: ou ce que i'estime le meilleur: Prenez vinaigre, gingembre, & alun, meslez-les ensemble pour en faire vn onguent, lequel estant appliqué dessus corrigera la malignité, & guerira l'vlcere.

CHAPITRE CXIV.

DE LA FISTVLE.

LA fiſtule eſt vn vlcere profond, cauerneux, & ſinueux, remply de matiere, eſtant le plus ſouuent plus eſtroit à l'emboucheure qu'au fonds, & arriue apres quelque playe, contuſion, vlcere, ou cancer, qui n'ont pas eſté gueris parfaictement.

Les ſignes pour la reconnoiſtre ſont la profondeur de l'vlcere, depuis l'orifice iuſques au fonds, la ſubtilité de la matiere qui en ſort, & la tortuoſité que vous y obſeruerez lors que vous le ſonderez.

Le remede, ſelon l'opinion des anciens eſt tel : premierement il faut chercher le fonds auec vne plume d'oye ou de cygne, ou auec vne baguette qui ſera bien couuerte de petits linges : ayant trouué le fonds, dilatez-le auec vn raſoir, autant qu'il faudra pour donner libre iſſuë à la matiere par bas : mais prenez garde en faiſant l'inciſion que vous ne coupiez quelque nerf conſiderable, ou quelque gros tendon : puis ayant arreſté le ſang, ſoit auec fient de pourceau ou autre ſemblable; Prenez vne pinte de bon miel, vne once de verd de gris, faites-les bien boüillir enſemble ſur le feu lent trois quarts d'heures, puis ayant nettoyé l'vlcere, attachant de la filaſſe ou du linge au bout de la plume auec vn filet, tirez-le doucement dans la playe, & couppez auſſi long de la plume, qu'il en faudra pour pouuoir tenir au bout inferieur de la tente, qui alors ſortira par le fonds de l'vlcere. Apres trempez vne autre tente dans ledit onguent, puis auec vne aiguille enfilée attachez le bout d'enhaut de la tente auec le premier linge, tirez en ſuite la premiere tente vers le bas, ainſi vous ferez paſſer facilement la tente auec le remede dans l'vlcere, & la premiere tente nettoyera le mal fort bien.

Que si la matiere est en trop grande quantité il sera bon de le penser deux fois le iour: mais vous ne le penserez auec ce remede qu'vn iour seulement. Apres vous le penserez auec le remede suiuant; Prenez de la terebenthine, graisse de porc, de miel, & de suif de mouton de chacun pareille quantité: faites-les fondre ensemble, & en faites vn onguent, auec lequel vous penserez vostre Cheual quatre fois pour vne; que vous le penserez auec le premier remede fait de miel & de verd de gris. Prenez garde que vous fassiez vôtre tente de linge mollet & délié, ou de filasse fine, & que vôtre tente ne soit pas trop longue, apres l'auoir pensé la premiere ou seconde fois; aussi-tost que vous l'aurez pensé, vous deuez couurir la partie malade & celles qui sont à l'entour auec ce cataplasme suiuant. Prenez deux brots de fort belle eau, faites-là boüillir & l'escumez aussi long-temps que vous l'aurez repurgée de toute corruption, mettez dedans trois poignées de mauues, autant de feüilles de violettes, & deux ou trois poignées de farine d'auoine, ayant fait boüillir ces trois choses dans cette eau ainsi preparée, vous y adjoûterez de la graisse de porc, & du beurre frais de chacun vne liure, vous les laisserez boüillir iusques à ce que le tout deuienne espais comme de la paste, ou de la boüillie, puis appliquez-le chaudement sur le mal, & prenez garde qu'en descouurant cét vlcere vous ny laissiez entrer de l'air, & que d'ailleurs que vous ne le teniez trop chaudement.

Si cette fistule est au sommet des espaules du Cheual, vous deuez auoir soin d'attacher sa teste au ratelier, en sorte qu'il ne puisse ny se coucher, ny baisser sa teste dessous la mangeoire: car si vous luy permettez de paistre contre terre, pendant que le mal est au sommet de l'espaule, il arriuera difficilement qu'il puisse iamais guerir. Que si de iour en iour vous apperceuez que le mal tende à guerison, & qu'il ne jette que fort peu de boüe, alors il suffira de le penser vne fois le iour, & aussi il sera expedient de prendre garde de ne pas faire vostre tente trop grosse : cependant seruez-vous de ce cataplasme, iusques à ce qu'il soit parfaictement guery.

Il y en a d'autres qui ont de coustume en cette cure de chercher & sonder le fonds de cette fistule, soit auec vne plume, soit auec vn instrument de plomb, lequel se peut courber de tous costez : que si vous ne trouuez le fonds il sera tres-difficile à guerir : ayant rencontré le fonds, si vous voyez qu'il soit en vn endroit ou on puisse faire vne incision auec vne lancette ou bistory, alors faites l'incision tout proche le fonds assez grande pour y pouuoir mettre vostre doigt, afin de voir s'il y a quelque os, ou quelque cartilage gasté, ou quelque chair spongieuse separée, laquelle doiue estre ostée : apres introduisez-y vne tente de filasse trempée dans cét onguent. Prenez de la myrrhe, de l'aloës, de la sarcocolle de chacun vne once, de bon miel six onces, du verd de gris deux onces, faites fondre tout sur vn feu lent, & le reduisez en onguent ; puis estant tiede frottez-en vôtre tente, & mettez dessus vne compresse faite de filasse, & s'il est en tel endroit que la tente ne puisse y estre commodement retenuë dedans, alors faites vn bandage que vous attacherez des deux costez du trou auec du fil de Cordonnier à l'endroit de la compresse pour retenir la tente, lesquels bouts peuuent estre là suspendus comme deux rubans, pour estre liez & desliez quand il vous plaira, renouuellant la tente tous les iours vne fois, iusques à ce que l'vlcere ne suppure plus : Alors diminuez la tente tous les iours iusques à ce qu'elle soit guerie. Vous sçaurez que cét onguent nettoye toute la pourriture de la fistule, qu'il engendre la chair estant sarcotique, qu'il consume les mauuaises chairs, & qu'il agglutine. Ayant fait ce qui a esté dit vous la laisserez fermer, la saupoudrant de la poudre de chaux esteinte.

Que si la fistule est en tel endroit que l'on ne puisse ny coupper à l'opposite du fonds, ny prés d'iceluy, alors il n'y a point d'autre remede, sinon toutes les fois que vous le penserez d'y verser au trauers d'vne plume ou d'vne syringue de l'eau de couperose blanche, ou de l'eau d'alun, en sorte qu'elle puisse aller iusques au fonds, & desseicher la matiere salle & vilaine. Il faut faire cela deux fois le iour iusques à ce qu'il soit guery.

Il y a de nos Mareschaux modernes qui se seruent de ce remede : apres qu'ils ont trouué le fonds de la fistule, ils prennent vn pot de vinaigre fait de vin blanc, demie once de camphre, demie once de mercure precipité, demie once de theriaque nouuellement faite, trois onces de sauge rouge, de la mille-feuïlle, & petit plantain de chacun vne poignée, du miel vne pinte, de la graisse d'ours vne chopine, faites tout bouïllir iusques à la reduction d'vne pinte, & auec cela vous lauerez & nettoyerez la playe : apres pour acheuer la guerison, vous prendrez de l'huile rosat, de la cire vierge & de la resine de chacune égale portion, de la terebenthine cinq onces, de la gomme de lierre, & du suif de cerf autant. Faites bouïllir le tout ensemblement, & le reduisez en forme d'onguent, auec lequel vous penserez le mal iusques à ce qu'il soit guery, obseruant toûjours tant en cette cure, qu'en tout autre, qu'aussi-tost que vous aurez introduit vostre tente, vous appliquiez dessus vn emplastre de poix meslée auec resine, mastic, terebenthine, & graisse de porc fonduës ensemble, ce qui fortifiera la partie malade, en dissipant les mauuaises humeurs, & empeschera la tente de tomber.

Si la fistule est à la teste du Cheual, ou aux parties voisines, vous prendrez le suc de jonbarde, dans lequel vous tremperez vn peu de laine, laquelle vous mettrez dans les oreilles du Cheual, & cela arrestera l'inflammation. Que si elle est ouuerte & vlcerée, vous retrancherez toute la chair pourrie & baueuse, & la baignerez de bierre tiede, & en suite vous essuyerez le sang qui en découlera. Apres vous prendrez du beurre, de la resine, & de l'encens vn peu, lesquels vous ferez bouïllir ensemblement, & les verserez tout bouïllant dans la playe ; puis vous appliquerez dessus vostre emplastre, & ferez cela vne fois le iour iusques à ce que le Cheual soit guery. S'il y a quelque inflammation derriere les oreilles, & qu'elle degenere en abſcez, vous ferez boüillir des racines de mauues dans de l'eau, iuſques à ce qu'elles deuiennent molles, puis vous les broyerez, & écoulerez l'eau, & vous appliquerez le tout chaudement ſur le mal, lequel par ce moyen guerira.

Il y a d'autres Mareſchaux, leſquels pour la cure generale des fiſtules ont de couſtume, comme par maniere de precaution, de prendre du miel & du ſuif de mouton, deſquels eſtans encore tous boüillans, ils eſchaudent le mal du commencement lors que l'enfleure paroiſt, & cela empeſche la generation de la fiſtule. Que ſi la fiſtule eſt déja faite, vous donnerez vn coup de lancette en la partie inferieure, & mettrez dedans gros comme vn poix de mercure, ſublimé, eſteint auparauant auec de l'huile d'oliue, & appliqué auec vne plume. En ſuite prenez pour quatre ſols de verd de gris, de vitriol pour deux liards, du minium pour trois ſols, battez tout cela enſemble, & lauez tous les iours la playe auec de l'eau faite auec la couperoſe & les feüilles de ſureau en Eſté, ou auec l'eſcorce verde dudit ſureau en Hyuer. Apres l'auoir lauée prenez la poudre des choſes ſuſdites & mettez-en ſur l'vlcere, puis verſez deſſus vne goutte d'huile.

Il y en a d'autres qui prennent de l'eſcorce externe de noix verde, & les mettent dans vn cuuier, & verſent par deſſus trois ou quatre poignées de ſel marin, vne partie au fonds, vne partie au milieu, & vne partie au deſſus, & gardent cela ainſi pendant toute l'année : quand ils s'en veulent ſeruir, ils prennent vne pinte de cette drogue, vn peu de ſel marin, & vn demy quarteron de ſauon noir, auec demie cuillerée de beurre de May, ou à ſon defaut d'vn autre beurre, meſlez & les incorporez enſemble ; puis mettez-en ſur le mal, & introduiſez vne tente enduite de cét onguent dans l'vlcere : mais deux heures auparauant, oignez le mal de terebenthine de Veniſe, & continuez ainſi iuſques à ce que le mal ſoit guery.

D'autres Mareſchaux prennent de l'egyptiac, lequel eſt fait d'vne pinte de miel, d'vne chopine de vinaigre, vn quarteron d'alun, & vne once & demie de verd de gris, & font bouillir ces choses iusques à ce qu'elles s'espaississent, & quelles ayent vne couleur rougeastre ou tannée : cét onguent est appellé egyptiac, & pour le faire plus fort il faut adjoûter vne once de mercure sublimé reduit en poudre, de l'arsenic deux scrupules, & les faire bouillir ensemble. Vous pouuez penser auec l'vn ou l'autre de ces deux remedes, & principalement auec celuy qui est le plus fort, toute sorte de fistule, cancer, ou vieux vlcere tel qu'il soit, & il l'amortira. Celuy qui est le moins fort, & qui ne reçoit en sa composition ny mercure, ny arsenic, peut estre appliqué sur vne fistule à la bouche d'vn Cheual.

Autrement prenez du sublimé puluerisé vne once, vne mie d'vn pain à demy cuit & bien leué, meslez-les ensemble auec vn peu d'eau rose, & faites-en des tentes & les seichez sur vne tuile, apres mettez-les dans la fistule, & sans doute cela l'amortira.

Il y en a encore qui prennent de la forte lexiue, du miel, de l'alun de roche, du mercure, qu'ils font bouillir ensemble, puis en font injection dans la fistule, & cela l'amortira dans le fonds.

Quand vous voudrez desseicher vne fistule, prenez crotte de chevre, farine de febves, faites-les bouillir ensemble, & les appliquez chaudement sur la fistule, & cela la seichera.

Que si vous voulez abbaisser l'enfleure d'vne fistule. Premierement bordez-là auec vn fer chaud en cette façon.

En suite prenez de la resine, du suif de mouton & du soulphre, faites-les bouillir ensemble pour les appliquer chaudement sur la fistule, les estendant sur vn morceau de drap, & cela abbaissera l'enfleure. Ce remede est aussi tres-excellent pour oster les jauars, s'il est appliqué apres que le jauar est ouuert : mais il ne faut pas l'appliquer trop chaud, il faut seulement qu'il soit raisonnablement chaud, cela aussi le tiendra fort net.

Il y a des Mareschaux lesquels prennent du verd de

gris, du beurre, & du sel fondus ensemble, qu'ils versent tout bouillant dans la fistule, & se seruent de ce remede iusques à ce que toute la chair paroisse rouge & vermeille: puis ils mettent dedans vne tente faite auec du verd de gris, alun bruslé, fleur de froment, & jaunes d'œufs bien battus & meslez ensemble. Enfin ils la cicatrizent auec de la leueure & de la suye meslez ensemble.

D'autres prennent du realgar qui est fait d'orpiment, de chaux viue, & de soulphre: ce qui amortira la fistule si vous l'appliquez au fonds, neantmoins c'est vn corrosif violent, qui a besoin de beaucoup de discretion pour s'en seruir.

CHAPITRE CXV.

D'VNE ESPECE DE VERRVE ou excroissance de chair.

CE mal est vne grande verruë & vne chair spongieuse remplie de sang, qui peut croistre sur toutes les parties du corps du Cheual, principalement à l'entour des sourcils, des nazeaux, ou des parties honteuses: elle a la racine semblable au testicule d'vn cocq.

Le remede, selon l'opinion des anciens Mareschaux, est premierement de la lier bien serré auec vn fil, lequel la coupera peu à peu; en sorte que dans sept ou huict iours elle tombera de soy-mesme. Que si elle est si platte que vous ne puissiez la lier, alors il la faut emporter auec vn fer chaud bien trenchant, & si profondement que vous ne laissiez aucun reste de la racine: apres desseichez-là auec la poudre de verd de gris. Que si elle vient en vn endroit sinueux & anfractueux, en sorte qu'elle ne puisse estre couppée commodement auec vn fer chaud, alors il la faut consumer auec la poudre de realgar, & boucher le trou auec de la filasse trempée dans des blancs d'œufs vn iour ou deux, & à la fin la desseicher auec de la poudre de chaux viue, & du miel, comme il a esté déja dit.

D'autres au lieu de lier la verruë auec vn fil, la serrent auec le crin de Cheual, ce qui est beaucoup meilleur, & cela fera pourrir & tomber plus seurement & plus promptement.

CHAPITRE CXVI.

DES CORDES.

CE mal est vne certaine corde ou filet qui vient de la veine de la hanche, & s'estend iusques au cartilage des nazeaux, & paroist entre la levre de la grosseur d'vne amande: ou bien ce sont deux cordes comme des filets qui sont au dessous du genoüil, entre le genoüil & le corps, & passent en la maniere d'vne petite corde le long du corps, se terminans aux nazeaux, faisant extremement boiter le Cheual, & le faisans ainsi tomber. C'est vne maladie frequente à beaucoup de jeunes Cheuaux.

Les marques sont vn marcher roide, & vn grand clochement, sans qu'il paroisse aucun mal au dehors.

Le remede est, selon l'opinion de nos anciens Mareschaux, est de prendre le bout d'vne corne de cerf tortuë qui est pointuë, & la mettre au dessous du mal, le tournant dix ou douze fois à l'entour, iusques à tant que le Cheual soit contraint de leuer le pied, puis couppez tout à fait la corde, & mettez vn peu de sel dans l'ouuerture: ou bien couppez-là premierement au genoüil, & puis au bout du nez, l'attirant en haut de la longueur d'vn empan, & coupez cela.

D'autres Mareschaux saignent le Cheual de la veine qui descend au dedans de la jambe prés la poictrine, & en tirent deux pintes de sang pour le moins, & sept iours apres ils

ils le lauent de boüillon de bœuf, & par ce moyen il guerira.

D'autres prennent de la mouſtarde, eau de vie, & de l'huile d'oliue qu'ils font boüillir ſur le feu, & en font vn emplaſtre qu'ils appliquent ſur la partie malade, & cela la ſoulagera.

D'autres prennent de la lie de bierre, de laquelle eſtans chauffée ils fomentent les jambes, & apres les enuironnent de cordons de foin moüillez : ce qui guerira parfaictement le Cheual.

CHAPITRE CXVII.

DV CLOCHEMENT AVEC retraction des pieds de derriere.

CE mal eſt vne prompte retraction des pieds de derriere du Cheual, comme s'il auoit marché ſur des aiguilles, & comme s'il ne pouuoit appuyer ſes pieds ſur la terre.

Les ſignes ſont vne mauuaiſe maniere de marcher, fort viſible & apparente.

Le remede eſt de leuer la veine moyenne, tant au deſſus qu'au deſſous de la cuiſſe, & de couper vn certain filet qui ſe trouuera ſous ladite veine; puis oindre la partie de beurre & de ſel: ce faiſant il guerira, & marchera fort bien.

CHAPITRE CXVIII.

DE LA BLESSEVRE FAITE par les coups d'esperon.

SI vn Cheual, par l'indiscretion d'vn mauuais Caualier, est blessé par l'esperon : ce qui est vne indisposition fort euidente, & qui se peut reconnoistre par l'attouchement & par la veuë.

Le remede est de le lauer auec de l'vrine & du sel meslez ensemble, ou bien auec de l'eau & du sel, ou du vinaigre chaud; ou bien appliquer sur la partie les sommitez ou feüilles d'orties cuites : chacun de cesdits remedes le guerira.

CHAPITRE CXIX.

DES BLESSEVRES EN GENERAL, ou des playes.

LEs playes, selon la generale opinion, sont vne solution, diuision, ou separation du tout continu : car s'il ny a point de telle solution ou diuision euidente, on doit l'appeller plustost vne contusion qu'vne playe.

Les playes sont faites auec des instruments pointus, perçans, & trenchans ; les contusions sont faites auec des instruments obtus : neantmoins si quelque partie du tout est euidemment rompuë auec ces instruments obtus, on les doit appeller blesseures ou playes aussi bien que les autres; & ces playes viennent de quelque coup, picqueure, ou quelque accident violent.

Entre les playes les vnes ſont caues , les autres ſont caues & profondes : les vnes arriuent aux parties charnües ; les autres aux parties oſſeuſes & nerueuſes , celles qui arriuent aux parties charnües, combien qu'elles ſoient bien profondes , elles ne ſont pas ſi dangereuſes que les autres. Ie parleray premierement de celles qui ſont les plus dangereuſes.

Si vn Cheual a vne playe nouuellement faite , ſoit en la teſte , ſoit en vne autre partie qui eſt remplie de nerfs, d'os, ou de cartilages, alors, ſelon le ſentiment des plus anciens , vous lauerez premierement la playe de vin blanc chauffé : & pendant tout le temps que vous le panſerez , vous le tiendrez couuert de drapeaux trempez dans du vin blãc chauffé , apres vous ſonderez le fonds de la playe auec vne ſonde, ou auec vn petit inſtrument d'acier fait exprés, n'expoſant que le moins qu'il ſe pourra la playe à l'air. Lors que vous aurez trouué la profondeur , bouchez l'ouuerture bien exactement auec du linge , iuſques à ce que cét onguent ſoit preparé. Prenez de la terebenthine , du miel roſat, de l'huile roſat de chacun vn quarteron, & vn peu de cire neufue ; faites-les fondre enſemble, les remuant continuellement iuſques à ce qu'ils ſoient bien meſlez : Que ſi la playe eſt faite par inciſion , faites vne tente ou vn plumaceau rond d'eſtouppes , mol , ſi long & ſi grand qu'il puiſſe remplir le fonds de la playe , lequel ordinairement n'eſt pas ſi ample que l'ouuerture de la playe. Faites apres vn autre rouleau ou plumaceau vn peu plus grand, afin de remplir le reſte de la playe iuſques à l'orifice, & que leſdits plumaceaux ſoient enduits de l'onguent ſuſdit chauffé.

Vous deuez ſeulement obſeruer cecy, que ſi la playe eſt longue & large, il ſera plus à propos de coudre la playe auec vne aiguille & de la ſoye cramoiſie ; car cela la fera rejoindre plus promptement, & fera vne cicatrice moindre. Que ſi la bleſſeure eſt faite en forme de trou par vn inſtrument pointu , alors faites vne tente dure & groſſe , ſoit d'eſtouppes , ſoit de linge , en ſorte qu'elle puiſſe atteindre iuſques au fonds , laquelle ſera enduite du ſuſdit onguent , & mettez par dessus vn peu d'estouppes. Lors que vous aurez introduit les tentes ou plumaceaux ronds, appliquez par dessus vn emplastre agglutinatif fait de poix, resine, mastich, & terebenthine fonduës ensemble, comme il a esté enseigné cy-deuant, tant pour tenir l'onguent sur la partie, que pour fortifier la partie blessée.

Que si l'orifice de la playe n'est pas assez large pour laisser escouler librement la matiere, & si elle est en vn tel endroit que vous ne puissiez pas blesser aucun nerf, alors faites vne incision depuis l'orifice iusques en bas, afin que la matiere puisse auoir vne plus libre issuë; en tout cas prenez garde sur tout que la tente puisse estre retenuë continuellement dans la playe, en sorte qu'elle ne puisse pas s'enfoncer ou se perdre dans la blesseure : mais attachez vn filet au bout d'enhaut, afin qu'on la puisse retirer quand on voudra.

Que si le trou est profond, & en vn tel endroit que vous ne puissiez pas y faire incision, alors faites vne tente qui soit grosse à proportion du trou, faite d'vne esponge seiche qui n'ait point esté mouïllée, si longue qu'elle puisse atteindre le fonds, la tente estant faite vn peu dure, vous la pousserez facilement au fonds en la tournoyant, puis vous penserez la playe auec le susdit onguent deux fois le iour, nettoyant la playe tousiours auec vn peu de vin blanc qui soit tiede: car cette esponge enduite dudit onguent tirera & absorbera toute la vilaine matiere, & la rendra si nette au dedans qu'il se pourra, & lors qu'elle commence à se fermer, faites vôtre tente plus petite de iour en iour, iusqu'à ce qu'elle soit preste de se fermer entierement, & ne la laissez iamais sans tente si courte soit elle, pendant tout le temps qu'elle en pourra receuoir : d'autant que les playes qui sont fermées trop tost degenerent en fistules, lesquelles à proprement parler sont de vieilles playes, & par consequent doiuent estre traitées comme des fistules.

Que si l'vlcere vient de quelque aposteme, alors vous prendrez deux ou trois oignons, & ayant osté les cœurs vous mettrez dedans vn peu de sel marin, & vn peu de saffran entier, & ainsi vous les ferez cuire sous la braise, puis vous les appliquerez en forme d'emplastre chaudement sur l'vlcere, la renouuellant vne fois le iour, iusqu'à ce que le mal soit guery.

Que si la chair de dessus est pourrie & que la vouliez oster, faites vn cataplasme de fiente de bœuf bouïllie auec du laict, laissez-le dessus vingt-quatre heures durant, & il ne laissera aucune salleté à l'entour de l'vlcere.

D'autres Mareschaux se seruent generalement pour toute coupeure d'vn quarteron de beurre frais, de poix liquide & du sauon noir la moitié d'autant, auec vn peu de terebenthine. Faites tout bouïllir ensemble à la reserue du sauon, quand vous aurez osté le tout de dessus le feu, ajoûtez-y le sauon, & auec cét onguent pensez toute playe & elle guerira.

D'autres ont de coustume de prendre seulement de la graisse de porc, & de la terebenthine de Venise, lesquelles ils font fondre ensemblement : & cela guerira toute sorte de playe.

D'autres Mareschaux prennent huict drachmes de terebenthine, quatre gros de cire vierge, qu'ils font fondre dans vn vaisseau d'estain, les remuant bien ensemblement; quand tout est fondu & meslé ensemblement ils le retirent du feu, & incontinent apres lors que tout est encore chaud, versez parmy chopine de vin blanc. Lors qu'il sera refroidy versez le vin & frottez vos mains d'huile rosat, meslez bien la cire & la terebenthine ensemble : mettez-les derechef dans vn vaisseau d'estain, & y ajoûtez vne demie once de gomme de bois de sapin, trois gros de suc de betoine; puis faites-les bouillir ensemble iusques à la consomption du suc de betoine; ajoûtez-y trois gros de laict de femme, ou du laict d'vne vache rousse, & faites les bouïllir derechef iusques à ce que le laict soit consumé. En suite mettez les dans vn pot bien bouché; & auec cela pensez toute blesseure ou playe, & vous la guerirez.

D'autres prennent du rosmarin qu'ils seichent à l'ombre, & le reduisent en poudre : puis ils lauent la playe de vinaigre ou d'vrine d'enfant, & versent dessus ladite poudre : cela guerira toute sorte de playe.

D'autres prennent de l'absynthe, de la marjolaine, de la pimpinelle, de l'oliban qu'ils reduisent en poudre subtile; puis ils prennent de la cire, & du vieil oingt, qu'ils font boüillir sur vn feu lent iusques à ce qu'ils soient épaissies en maniere d'onguent ou d'emplastre, auec lequel on guerira toute sorte de playe.

D'autres prennent des sommitez d'orties, du beurre & du sel qu'ils pilent bien dans vn mortier, iusques à ce qu'ils les reduisent en forme d'onguent, & cela fera suppurer & fermer la playe. Prenez de la terebenthine, du miel, de l'axonge de porc, de la cire, & du suif de mouton de chacun pareille quantité, faites-les fondre ensemble & les reduisez en forme d'onguent, lequel guerira toute playe.

Que si le Cheual a heurté contre vn pilier, vous le renuerserez, & verserez dans la blessure du beurre fondu tout boüillant, que vous ferez penetrer au fonds, continuez cela vne fois le iour iusques à ce que la playe soit fermée. Si uous desirez tenir la playe ouuerte, mettez-y de la couperose verde, & vôtre dessein reussira : Si vous voulez la fermer promptement, la farine de froment & le miel battus ensemble en forme d'onguent, le fera, en pensant la playe vne fois le iour.

CHAPITRE CXX.

DE LA BLESSEVRE DE fleche.

SI le Cheual est blessé par vne fleche, mettez seulement dans la playe vne tente enduite de graisse de porc & de terebenthine fonduës ensemble, & la renouuellez vne fois le iour iusques à ce que la playe soit guerie.

CHAPITRE CXXI.

DE LA GVERISON DES VIEVX vlceres.

LEs vlceres sont de trois sortes ; les premiers sont profonds & sinueux & sont appellez fistules : les autres sont larges, superficiels, mais qui s'estendent & croissent & sont nommez cancers ; & les derniers sont larges, profonds, & noirs à l'entour des bords & au fonds, qui cependant ne croissent pas beaucoup, quoy qu'ils ne se ferment pas ; & ceux-là sont appellez vieux vlceres.

Ils sont produits de quelque grande contusion, ou playe, ou aposteme qui est enuenimée, ou qui a esté mal traitée auec des emplastres qui n'estoient pas propres pour le mal; ou à cause d'vn flus d'humeurs qui se sont jettées sur cette partie, par la negligence d'vn ignorant Mareschal.

Les signes sont la dureté des bords de l'vlcere, la tenuité de la matiere qui en découle, & la noirceur de l'vlcere accompagnée d'inflammation.

Le remede, selon le sentiment des anciens Mareschaux, est tel. Premierement nettoyez diligemment l'vlcere auec du vin blanc, puis prenez de la couperose & des feüilles de lys, pilez-les bien dans vn mortier auec de la graisse de porc, iusques à ce qu'ils soient reduits en forme d'onguent, que vous appliquerez sur le mal auec de la filasse, & apres couurez-le d'vn emplastre comme on fait aux playes, & renouuellez cela vne fois le iour, & il guerira.

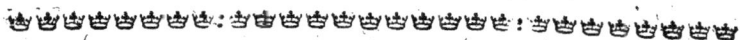

D'autres prennent de la chaux, & de la fiente espaisse de Cheual, qu'ils meslent fort bien ensemble auec du poivre & le blanc d'vn œuf, & l'appliquent sur le mal, le renouuellant vne fois le iour iusques à ce qu'il soit guery. D'autres le saupoudrent de noix de galles, ce qui sert à le seicher. D'autres l'eschaudent vne fois le iour auec de l'huile d'oliue chaude, & cela le guerit.

CHAPITRE CXXII.

DES CONTVSIONS OV enfleures.

TOVTES contusions & enfleures arriuent au Cheual, soit par accident, comme d'auoir receu quelque coup, ou ruade, ou d'auoir esté pressé, ou par l'attouchement de quelque chose veneneuse : ou bien par des causes internes & naturelles, comme par fluxions de froides ou de chaudes humeurs, ou de la corruption du sang, & d'vne abondance de flatuositez.

Les signes se donnent à connoistre à la veuë.

Celles qui viennent par accident sont proprement appellées contusions, ou enfleures. Les autres s'ils tendent à suppuration & erosion sont appellées apostemes.

Les remedes generaux de toute contusion ou enfleure, selon l'opinion des anciens Mareschaux, est tel. Prenez de la poix & de la gomme de chacun quantité égale, à sçauoir vne once, du galbanum & de la chaux de chacun quatre onces, du bitume deux onces, de la cire trois onces : faites tout bouillir & fondre ensemblement, puis enduisez la partie malade de cela tous les iours vne fois, & il guerira.

Que si l'enfleure vient de contusion ou de quelque ruade ; prenez alors deux pintes de verjus, vne pinte de leueure de bierre, & y mettez tant soit peu de foin delié, faites-les bouillir ensemble fort bien : apres mettez le foin sur l'enfleure bien chaud, & versez apres dessus la liqueur : faites cecy deux ou trois iours de suite, & il ostera l'enfleure.

D'autres

D'autres prennent des sommitez d'absinte, parietaire, branche vrsine, pilez-les bien ensemble auec de la graisse de porc, puis passez les, & y ajoûtez vne bonne quantité de miel, d'huile de lin, & de farine de froment, remuant tout sur le feu iusques à ce que tout soit cuit en forme de cataplasme, appliquez-le sur l'enfleure, le renouuellant vne fois le iour, iusques à ce que l'enfleure soit passée.

Il y a des Mareschaux qui ouurent l'enfleure auec vn bistory, puis ils prennent vne pinte de lie de vin, & autant de fleur de froment qu'il en faudra pour l'espaissir, auec vne once de cumin: faites tout boüillir ensemble & l'appliquez vn peu chaud, renouuellant cela vne fois tous les iours iusques à ce que l'enfleure soit passée, ou qu'elle aboutisse. Que si ny l'vn ny l'autre arriue, donnez-y vn coup de lancette, & le guerissez comme vne playe.

Les autres prennent de la resine, de la terebenthine, & du miel de chacun demie liure; faites-les fondre sur le feu, coulés les, & y ajoûtez de la myrrhe, de la sarcocolle, de la farine de fenu-grec, & de l'huile de lin de chacun vne once: incorporez le tout, & faites-en vn onguent espais, y ajoûtant de la farine de lupins: appliquez cela sur l'enfleure & elle diminuëra. Si vous prenez de la littiere pourrie ou du foin boüilly dans de l'vrine, & que vous l'appliquiez tous les iours sur l'enfleure cela l'ostera.

Que si l'enfleure est à la jambe, & si elle vient par vne entorse: vous prendrez alors vne liure d'huile de castor, du sauon noir vne liure, de la graisse d'ours demie liure; faites tout fondre & boüillir ensemble, coulez-le & le laissez refroidir. Lors que l'occasion se presentera, frottez-en les jambes du Cheual, tenant de prés vn fer chaud, afin de faire penetrer l'onguent: puis enuironnez les jambes de cordons de foin, & les tenez exemptes de bouë & de poussiere.

Que si l'enfleure est au dos ou au corps: Prenez du miel & du suif égales parties; faites tout boüillir ensemble; puis estendez-les sur vn morceau de drap, & l'appliquez sur la partie enflée, & laissez-le sur la partie iusqu'à ce qu'il tombe de soy-mesme.

Que si l'enfleure procede de quelque cause venteuse, & quelle paroisse seulement au ventre du Cheual, vous prendrez alors vn cousteau bien aiguisé, ou vn poinçon, & y appliquerez vn arrest pour empescher qu'il ne penetre trop auant, & qu'il ne blesse les boyaux : puis apres percez la peau vis à vis la partie caue de l'os de la hanche au dessous l'os du dos, & le vent sortira par la, que si vous y mettez vne tente ou vne canule, le vent en sortira mieux : puis laissez-le fermer. Il est fort bon aussi d'oindre le Cheual au ventre d'huile de sabine, & le promener vn peu çà & là.

Que si l'enfleure est au dessous des machoires du Cheual, ou à l'entour de sa teste, vous prendrez de sa fiente toute chaude aussi-tost qu'il l'aura renduë, & l'appliquerez sur la partie auec vn morceau de drap, le renouuellant deux fois le iour, iusques à ce que l'enfleure soit passée.

CHAPITRE CXXIII.

DES APOSTEMES, ET DE LA maniere de les faire venir à maturité.

LEs apostemes s'amassent & se produisent à cause d'vne abondance d'humeurs pourries dans quelque partie du corps, qui la font enfler extremement, & y excitent vne telle inflammation, qu'à la fin ils s'ouurent, & rendent vne matiere vilaine & purulente, & deuiennent vlceres coulans.

Ils arriuent communément de la corruption de nourriture & de sang.

Du commencement ils sont accompagnez d'vne grande dureté & d'vne grande douleur. Cette dureté est la principale marque qui fait juger qu'ils viendront à suppuration.

De ces apostemes les vns sont produits de cause chaude, & les autres de cause froide : mais d'autant que tout aposteme doit premierement estre meury & auoir suppuré auant qu'on le puisse guerir; nous parlerons auant toutes choses des moyens de les faire tendre à maturité & suppuration.

Pour paruenir à cette fin (selon l'opinion des anciens) il faut prendre du sang de dragon, de la gomme arabique, de la cire neufue, du mastich, de la poix de grece, de l'encens, & de la terebenthine égales parties, & les faire fondre ensemble, puis les couler, & en faire vn emplastre, pour l'appliquer sur l'abscez sans le changer : ce qui meurira, fera ouurir, & guerira toute sorte d'aposteme.

D'autres Mareschaux prennent de la graisse de porc, de la cire rouge, & de l'euphorbe finement puluerisé qu'ils font fondre sur le feu, les meslant ensemble exactement ; puis ils l'appliquent sur l'aposteme ; ce qui fera le mesme effet.

Les autres prennent du miel, de la farine de froment de chacun pareille quantité, & les font bouïllir dans la decoction de mauues, ou bien ils les meslent auec des jaunes d'œufs. Ce remede doit estre renouuellé vne fois le iour, lequel sert à meurir, faire abboutir, & guerir le mal.

D'autres prennent de la farine d'orge, laquelle ils font bouïllir auec du vin, & de la fiente de pigeon, & l'appliquent sur l'aposteme, ce qui haste merueilleusement la suppuration.

Il y en a qui prennent deux ou trois poignées d'ozeille, qu'ils enueloppent dans vne feüille de bardane, & la font cuire sous les cendres chaudes comme on feroit vne poire, puis ils l'appliquent sur la partie aussi chaudement que faire se peut, renouuellant ce remede vne fois le iour, par ce moyen il meurira, abboutira, & guerira. Vn emplastre de poix dont se seruent les Cordonniers fera la mesme chose.

Les autres prennent des racines de mauues, & des racines de lys qu'ils pilent ensemble dans vn mortier, y ajoûtans de la graisse de porc, & de la farine de semence de lin, & en font vn cataplasme, qu'ils appliquent sur l'aposteme. Ce qui le fera venir à maturité, le fera ouurir, & le guerira parfaitement.

CHAPITRE CXXIV.

DES APOSTEMES PRODVITS de cause froide.

SI l'aposteme prouient de cause froide, comme ceux qui arriuent apres que le Cheual a esté morfondu, ou apres auoir esté mis à l'herbe en Hyuer, vous prendrez de l'herbe appellée baulme, & la ferez boüillir auec de la graisse de porc; ainsi vous l'appliquerez en maniere de cataplasme, & cela le guerira : ou bien si l'abscez est meur, ouurez-le en la partie inferieure auec vn fer chaud, puis lauez le auec de l'vrine chaude : apres cela oignez-le de poix liquide & d'huile bien meslez ensemble, & si vous faites l'ouuerture en maniere de demie lune, ce sera le mieux.

D'autres prennent de la menthe blanche, & la font boüillir auec du vin, de l'huile, de la bierre, & du beurre, puis ils l'appliquent chaudement, & cela guerit.

D'autres prennent de l'arum ou pied de veau, qu'ils font boüillir auec du vieux oingt, & l'appliquent sur le mal, & cela guerit.

D'autres prennent vne poignée de ruë, qu'ils font boüillir auec des jaunes d'œufs & du miel, puis ils l'appliquent en forme de cataplasme, & cela guerit toute sorte d'aposteme froid.

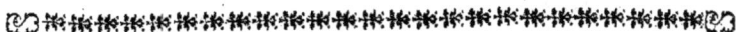

CHAPITRE CXXV.

DES APOSTEMES PROVENANTS de cauſe chaude.

SI l'apoſteme vient de cauſe chaude, comme d'vn trauail immoderé, d'vne eſcorcheure expoſée au Soleil, ou de l'inflammation du ſang; alors, ſelon l'aduis des anciens Mareſchaux, il faut prendre de l'herbe appellée hepatique, laquelle vous meſlerez & ferez boüillir auec de la lie de bierre, de graiſſe de porc, & des mauues pilées enſemble: puis vous l'appliquerez ſur le mal, ce qui le fera meurir, ouurir, & enfin le guerira. Mais ſi vous ne deſirez pas que l'enfleure vienne à ſuppuration: Prenez de la lie de bierre, dans laquelle vous ferez boüillir des feüilles de mauues; fomentez-en la partie malade, & cela diſſipera l'enfleure.

Il y a des Mareſchaux qui prennent de la graine de laictuë, ou de pauot, & la meſlent auec de l'huile roſat faite auec les roſes rouges & l'appliquent ſur le mal, principalement au commencement de l'enfleure, laquelle ce remede oſtera entierement.

CHAPITRE CXXVI.

D'VNE SORTE DE DERTRE.

CE mal eſt vne vilaine ſorte d'vlcere ſemblable au cancer, il differe ſeulement en ce qu'il eſt vn peu plus noüeux, & ne s'eſtend pas; mais demeure le plus ſouuent en vn ſeul endroit, & quelquefois entre cuir & chair de meſme qu'vn bouton de farcin, & ne s'ouure point.

Le remede, ſelon l'opinion des anciens, eſt de faire vne forte lexiue, auec de l'vrine forte, des vieilles cendres de freſne, de la couperoſe verde, & en lauer les nœuds; ce qui les reſoudra & les guerira.

D'autres prennent vne couleuvre, de laquelle ils couppent & jettent la teſte & la queuë, ils mettent le reſte eſtant couppé par morceaux en vne broche & le font roſtir; puis ils prennent la graiſſe qui en diſtille, de laquelle eſtant chaude, ils oignent le mal; ce qui le guerit en fort peu de temps: mais prenez garde que vous n'en laiſſiez tomber quelque partie ſur les autres parties ſaines, parce que cela les enuenimeroit.

CHAPITRE CXXVII.

DES NERFS PICQVEZ, COVPPEZ, ou contus.

SI vn Cheual par quelque accident a eſté bleſſé, & que par cette bleſſeure il y ait quelqu'vn de ſes nerfs, picqué, couppé ou grandement contus ; alors s'il n'y a point de conuulsion de nerfs, selon l'aduis des anciens, il faut prendre de la poix liquide, de la fleur de farine de febves, & vn peu d'huile rosat, les ayant bien meslé ensemble, il faut appliquer ce remede chaudement sur la partie, & s'il n'apporte vn prompt soulagement. Prenez des vers de terre, lesquels vous ferez boüillir dans de l'huile d'oliue, ou bien de l'huile de lumbrics, que vous trouuerez chez les Apotichaires, laquelle vous appliquerez sur la partie, ce qui reunira & rejoindra les nerfs, si ce n'est qu'ils soient entierement separez.

Que s'il arriue conuulsion ; alors vous deuez couper en deux le nerf auec des ciseaux, & prendre de la poix resine, de la terebenthine, de la poix, du sang de dragon, & les ayant fait fondre ensemble, les verser sur la partie affligée vn peu chaudement : puis prenez de la filasse que vous mettrez par dessus, cela nettoyera la blesseure & la preseruera d'autres accidens : il ny a point de meilleur remede au monde pour vn article enflé.

Que si l'article n'est pas beaucoup enflé, mais que les nerfs soient extremement roides à cause des grandes contusions, alors vous prendrez vne liure de sauon noir, & le ferez boüillir dans vne quarte de forte biere iusqu'à ce qu'il soit espais comme de la poix liquide : gardez-le, & lors que vous en aurez besoin, oignez-en les nerfs & les articles, cela les rendra soupples & mols, & mesme les estendra, quoy qu'ils fussent auparauant retirez, comme il a esté esprouué.

CHAPITRE CXXVIII.

DE L'ESCORCHEVRE DV VENTRE *à cause de la sangle.*

S'IL arriue lors que vous sellez & que vous sanglez vôtre Cheual, que les sangles soient inegales & ayent des nœuds, ou qu'elles soient trop vsées, & qu'elles soient trop serrées, alors elles ne produiront pas seulement des escorcheures & blesseures sous le ventre du Cheual; mais aussi elles arresteront le sang qui est és veines principales que l'on appelle les veines plattes, en sorte qu'elles causeront de grandes enfleures.

Le remede, selon l'opinion generale, est de prendre de l'huile de laurier, & de l'huile de baulme deux onces de chacune; de la poix deux onces, de la poix liquide deux onces, de la poix resine vne once: meslez-les bien ensemble, & en frottez la partie blessée du ventre du Cheual: puis prenez de la bourre ou des estouppes trempées dans ledit onguent que vous appliquerez dessus, & laisserez ainsi iusques à ce qu'il tombe de soy-mesme; asseurément cela le guerira.

D'autres prennent du vinaigre & du sauon qu'ils font chauffer, les remuans auec vn baston, ou vn linge: puis ils en lauent & frottent la partie escorchée, & font cela pour le moins deux fois le iour; ce qui en deux ou trois iours au plus la seichera.

Que si l'escorcheure est à l'entour du col du Cheual, alors vous prendrez des feüilles de coulevrée, lesquelles vous ferez boüillir, & les meslerez auec du vin, puis vous les appliquerez sur le mal en forme de cataplasme.

CHAPITRE CXXIX.

DES BOVRGEONS.

Les bourgeons sont de petites eruptions ou vessies remplies d'eau, lesquelles se forment entre la peau & la chair, causées par des legeres brusleures, ou eschauffaisons, se trouuans pleines d'vne matiere tenuë.

Le remede, selon la commune opinion des Mareschaux, est de les frotter au Soleil iusqu'à ce qu'ils saignent : puis il faut prendre des racines de lierre, lesquelles apres auoir esté pilées dans vn mortier, il faut mesler auec autant de poix liquide, de soulphre & d'alun, iusques à ce qu'on aye reduit tout en forme d'onguent, duquel on pensera les bourgeons, ce qui les guerira.

CHAPITRE CXXX.

DE LA MANIERE D'OSTER les os, excroissances, & chairs superfluës.

Qvand il arriue au Cheual que quelque os croist en quelque partie de son corps contre l'ordre de la nature, ou quand il s'engendre des chairs superfluës, outre la proportion naturelle des parties; alors ces os, bosses, & chairs superfluës s'appellent excroissances, lesquelles prouiennent d'vne substance espaisse & phlegmatique, & sont causées par des contusions, ou suruiennent à des playes mal gueries, ou sont produites de quelque matiere pourrie & vilaine.

Ces choses sont apparentes à la veuë, & se peuuent reconnoistre par l'attouchement.

Pour ce qui est de la guerison: il faut au commencement se seruir de medicamens corrosifs, apres de medicamens suppuratifs, & enfin de medicamens desiccatifs: ou bien pour s'en expliquer plus clairement, vous les traicterez en cette maniere. Premierement vous scarifierez l'excroissance auec vn scalpelle, ou bistory: puis vous mettrez dessus du soulphre & du bitume, ou de la coloquinte bruslée & sassée, & lors que ces choses auront consumé l'excroissance, vous acheuerez la guerison auec des emplastres agglutinatifs & desiccatifs, comme sont la poudre de miel, de chaux, & de bol armene, & d'autres semblables.

D'autres Mareschaux ont de coustume apres qu'ils ont fait saigner le Cheual, de prendre deux onces de cendre de sarment de vigne, & autant de chaux viue, meslées auec six onces de forte lie, & faire tout bouïllir iusqu'à la consomption de la moitié, reduisant le tout en vne consistence dure & ferme, laquelle on doit conseruer dans vn vaisseau de verre, en vn lieu sec, pour l'appliquer apres sur l'excroissance, iusques à ce qu'elle soit entierement consumée, & acheuez la cure comme il a esté dit.

Les autres prennent vne liure de forte lie, & de sauon, auec vn quarteron de vitriol Romain, vne once de sel armoniac, & autant d'alun de roche, qu'ils font bouïllir iusques à ce que le tout deuienne bien espois, & auec cét onguent ils consument toute l'excroissance.

D'autres prennent du fort egyptiac, & le mettent sur l'excroissance auec du cotton trois ou quatre fois, & il l'oste entierement: ce remede est excellent pour toute sorte de surots, & est d'vne grande vertu contre la fistule, car il l'oste quand mesme elle seroit à la couronne du pied.

CHAPITRE CXXXI.

DE LA MANIERE DE CONSVMER *les chairs superfluës.*

SI apres que vostre Cheual a receu quelque playe ou blesseure dont se soit formé vn vlcere, vous apperceuez que quelque chair morte surmonte, laquelle chair morte vous reconnoistrez en partie par le defaut de sentiment, & en partie parce qu'elle est spongieuse, caue, & villaine, & non pas ferme comme la chair loüable, & est de couleur noirastre, ou rougeastre; alors il sera necessaire que vous recherchiez tous les moyens possibles pour consumer cette chair superfluë & mauuaise; d'autant que l'vlcere qui est embarassé d'icelle ne peut iamais guerir iusques à ce qu'elle soit nettoyée, & repurgée de cette chair.

Partant, selon l'opinion des anciens Mareschaux, le meilleur moyen de la consumer, est de faire boüillir du verd de gris & du saint-doux ensemble en pareille quantité, & d'enduire la partie de cét onguent, ou de mettre vne tente dedans ointe dudit onguent, iusqu'à ce que la chair morte soit consumée.

D'autres Mareschaux prennent, ou de la racleure de corne de cerf, ou de la racleure de corne de bœuf, lesquelles ayans meslé auec du sauon vieil, ils en forment vn vnguent auec lequel ils pensent le mal, ce qui consume la chair morte.

D'autres prennent de l'esponge marine auec laquelle ils pensent le mal; ce qui fera le mesme effet.

D'autres se seruent de la poudre de realgar; mais c'est vn corrosif violent. Les autres meslent de la litharge ou de la chaux auec de la lie: mais ce sont des corrosifs trop violents.

D'autres prennent de l'hellebore blanc ou noir, ancre, soulphre vif, orpiment, litharge, vitriol, chaux viue, alun de roche, noix de galles, suye ou les cendres d'auellaines de chacun demie once, lesquelles ils reduisent en poudre, laquelle consume la chair morte. Le mercure esteint & le verd de gris reduits en poudre, de chacun vne once feront la mesme chose. Le suc de borrache, scabieuse, fumeterre, & de bardane, de chacun demie once, auec vn peu d'huile vieille & de vinaigre bouillis ensemble sur vn feu lent, dans lesquels on meslera du tartre, consumeront la chair morte.

Il y en a d'autres qui prennent des cantharides, de la fiente de bœuf & du vinaigre, qu'ils font bouillir sur vn feu lent, y adjoûtant du tartre; ce qui consume la chair morte.

D'autres prennent des cantharides, de la fiente de bœuf & du vinaigre seulement qu'ils meslent ensemble, & l'appliquent sur la partie malade, ce qui oste la chair morte.

Les autres scarifient auec la pointe du bistory les chairs mortes, puis oignent la partie de graisse, & la saupoudrent d'vn peu d'orpiment.

Autrement il y en a qui prennent au lieu de realgar, de la poudre de verd de gris & d'orpiment, de chacun vne once, de la chaux viue & du tartre de chacun deux onces: meslez-les ensemble, & pensez le mal auec cette poudre, apres que vous l'aurez bien laué de fort vinaigre. Vous pouuez si vous voulez y adjoûter du vitriol & de l'alun; car ces deux sont fort propres à consumer la chair morte.

Les autres prennent du tartre en poudre, & l'excrement bruslé d'vne personne auec du sel pilez ensemble, & en versent sur le mal. Ou bien prenez du sel, de la chaux viue, & des escailles d'huitres, pilez-les dans vn mortier, & les meslez auec de la lie forte, ou de vieille vrine, en sorte que tout soit reduit en forme de paste, laquelle vous ferez en suite seicher au four; puis vous la reduirez en poudre, de laquelle vous en saupoudrerez le mal : & elle consumera la mauuaise chair.

D'autres lauent la partie affectée auec de la bierre, dans laquelle aura bouïlly la graine d'orties ; puis jettent dessus de la poudre de verd de gris.

Pour conclure vous deuez toûjours obseruer qu'auparauant de vous seruir de ces remedes, vous rasiez le poil, afin qu'il n'empesche pas l'application desdites drogues : comme aussi si vous voyez apres l'auoir pensé vne fois qu'il s'esleue vn endroit, alors vous y appliquerez quelque remede remollient iusqu'à ce qu'il disparoisse, puis vous remettrez dessus vôtre poudre cathéretique, & continuerez ainsi iusques à ce que toute la chair superfluë soit consumée, & qu'il ne reste que la chair saine & entiere : en suite vous le traiterez comme on fait les autres vlceres.

CHAPITRE CXXXII.

POVR LES NOEVDS ET DVRETEZ aux articles crampe, ou inflammation.

IL y a trois sortes d'enfleures qui croissent aux articles, à sçauoir vne enfleure chaude, vne enfleure dure, & vne enfleure molle, lesquelles toutes vous pouuez reconnoistre par l'attouchement.

Elles prouiennent, ou d'vne abondance de grosses humeurs amassées par vn mauuais traitement, ou bien elles viennent de quelque accident, comme d'vne blesseure, ruade & contusion.

Le remede, selon l'aduis des anciens Mareschaux, est d'agiter dans le mortier de la poudre de diapente auec de l'huile, iusqu'à ce que tout soit reduit en forme d'onguent, puis l'appliquer vne fois le iour sur la partie affligée de douleur, laquelle ce remede ostera, principalement si elle prouient d'vne goutte crampe, ou d'vne inflammation.

D'autres incorporent auec de l'huile demie once de storax liquide, deux onces de terebenthine, six onces de cire, & dix onces de glu à prendre les oyseaux, & appliquent cela sur le mal, qui par ce moyen diminuë.

D'autres prennent du vin, de l'huile vieille, & de la poix liquide, meslées & bouïllies ensemble, & auec cela ils pensent la partie malade, qui en reçoit soulagement.

D'autres de nos plus recens Mareschaux prennent demie liure de graisse, trois scrupules de moustarde, & autant de sel marin, qu'ils meslent auec du vinaigre & l'appliquent sur la partie dolente.

D'autres font vn cataplasme de figues, de racines de fougere, & de la roquette, ou bien ils meslent ces choses auec de la graisse & du vinaigre, & l'appliquent sur la partie malade.

D'autres prennent de l'onguent qui est fait de miel, storax, galbanum, bdellium, poivre noir, de bayer de laurier, de mœlle de cerf de chacun égale quantité, deux fois autant d'ammoniac, & de l'encens reduit en poudre autant qu'aucun des autres, toutes lesquelles choses ils incorporent auec de la graisse de mouton, & les appliquent sur le mal, ce qui le diminuë.

D'autres prennent de la poix seiche, poix de grece de chacune vne partie, du galbanum & de la chaux de chacun quatre parties, du bitume deux parties, de la cire trois parties : ils font fondre le tout ensemble, & en oignent l'endroit fort chaudement; ce qui ostera la douleur, & peut-estre aussi le mal des yeux.

CHAPITRE CXXXIII.

POVR GVERIR TOVTE SORTE de blessures faites auec la poudre à canon.

LEs anciens sont d'aduis que premierement on prenne garde auec la sonde si la balle a demeuré dans la chair ou non, que si on remarque qu'elle y est restée, qu'alors on la tire dehors auec vn instrument propre à ce faire, s'il est possible : Que si cela ne se peut faire, il l'a faut laisser dans la playe; car à la fin la nature la dissipera & la poussera dehors de son propre mouuement sans qu'elle excite aucune douleur, ny aucun empeschement : parce que le plomb ne ronge point & ne produit aucune corruption.

Alors pour esteindre le feu il faut prendre vn peu de vernis, que vous mettrez dans la playe auec vne plume, l'oignant bien au dedans, mesme iusques au fonds : puis faut boucher l'ouuerture de la playe auec vn peu de filasse molle enduite de vernis, laquelle vous appliquerez sur la partie enflée. Prenez vn quarteron de bol armene, de la graine de lin puluerisée demie liure, de la fleur de farine de febves autant, trois ou quatre œufs entiers auec la cocquille, de la terebenthine vn quarteron, auec vne quarte de vinaigre: meslez tout ensemblement sur le feu, cela estant vn peu chaud, couurez-en la partie malade entierement d'vne partie d'iceluy, & mettez par dessus vn morceau de drap, ou vn morceau de cuir, afin que l'air ny penetre point, continuant d'enduire le dedans de la playe de vernis, & de couurir la partie enflée par dehors pendant quatre ou cinq iours : puis au bout des cinq iours cessez de faire l'onction, & y introduisez vne tente qui aille iusqu'au fonds de la blesseure, & qui soit enduite de terebenthine & graisse de porc fonduës ensemble, la renouuellant tous les iours deux fois iusques à ce que le feu ſoit eſteint tout à fait; ce que vous connoiſtrez par la matiere qui ſortira de la playe, & par la diminution de l'enfleure: car tant que l'inflammation durera la playe ne ſuppurera point, mais ſeulement il en ſortira vne eau claire & jaunaſtre, & l'enfleure ne ceſſera point; alors prenez vne demie liure de terebenthine, lauée neuf fois en diuerſes eaux, y adjoûtant trois jaunes d'œufs & vn peu de ſaffran; enduiſez vôtre tente de cét onguent, la renouuellant tous les iours vne fois iuſqu'à ce que la bleſſeure ſoit guerie.

Que ſi la balle a percé d'outre en outre, vous prendrez alors des fils de Tiſſeran pleins de nœuds que vous tremperez dans du vernis, & les paſſerez au trauers de la playe, les tournant çà & là en dedans ladite playe pour le moins deux ou trois fois le iour, & couurirez vn des deux coſtez de la playe ſur l'endroit enflé du ſuſdit onguent, juſques à ce que vous apperceuiez que le feu ſoit eſteint: alors vous mettrez ſeulement vn emplaſtre pour fortifier la partie ſur l'vne des ouuertures, & introduirez vne tente dans l'autre, que vous enduirez de l'onguent fait de terebenthine lauée, d'œufs, & de ſaffran comme dit eſt.

D'autres eſteignent le feu auec l'huile de creſme; puis gueriſſent la playe auec terebenthine, cire, graiſſe de porc fonduës enſemble.

Il y en a d'autres qui eſteignent le feu auec eau de neige, & chargent la partie malade & enflée de creſme & d'eſcume de bierre battuës enſemble: puis ils gueriſſent la playe, en trempant la tente dans vn onguent fait auec vn jaune d'œuf, du miel, & du ſaffran battus & bien meſlez enſemble.

CHAPITRE

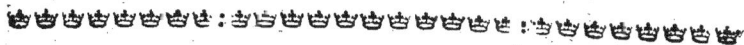

CHAPITRE CXXXIV.

DE LA BRVSLEVRE FAITE par la chaux, ou autre chose caustique.

SVIVANT l'opinion des anciens Mareschaux, vous lauerez premierement le mal & les parties voisines auec de l'eau chaude; puis vous esteindrez le feu en oignant la partie offensée, d'huile & d'eau battuës ensemble, la pensant de cette sorte tous les iours iusques à ce que le mal deuienne rouge & vermeil: alors oignez-le de graisse de porc, & le saupoudrez de chaux esteinte, le pensant ainsi tous les iours vne fois iusqu'à ce qu'il soit guery.

D'autres Mareschaux ont de coustume, premierement de lauer & nettoyer le mal seulement auec de l'huile d'oliue chauffée: puis d'esteindre le feu auec de la cresme & de l'huile battuës ensemble, & lors que le mal paroist rouge & vermeil, d'appliquer dessus de la cresme & de la suye meslées ensemble: Et enfin de verser dessus de la poudre faite auec du miel & de la chaux, iusques à ce que l'vlcere soit parfaitement cicatrizé.

CHAPITRE CXXXV.

DE LA MORSVRE D'VN chien enragé.

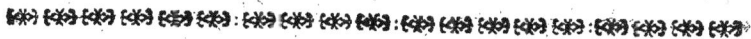

SI vostre Cheual est mordu d'vn chien enragé, le venin de ses dents fait non seulement vn extreme tourment; mais aussi il corrompra & enflammera son sang de telle sorte, que le Cheual mourra enragé, ou ſera dans vn extreme danger.

Le remede, ſelon le ſentiment des anciens, eſt de prendre des crottes de chevre, de la chair fort ſalée de chacun demie liure, quarante noix, broyez tout cela enſemble; appliquez-en vne partie ſur le mal, cela tirera le venin au dehors, & guerira la bleſſeure: mais la premiere fois que vous le penſerez, vous donnerez à boire au Cheual du vin & de la theriaque meſlez enſemble.

Il y en a qui font prendre au Cheual premierement du vin d'Eſpagne & de l'huile d'oliue: puis ils cauterizent auec vn fer chaud la partie bleſſée, & gueriſſent la playe auec l'emplaſtre cy-deuant mentionnée. D'autres donnent au Cheual trois ou quatre cuillerées de la poudre de diapente dans vne pinte de vin muſcat; puis ils prennent vn pigeon tout vif, & l'ayans fendu par le milieu, ils l'appliquent ſur la bleſſeure pour attirer le venin au dehors: en ſuite ils gueriſſent la playe auec de la terebenthine & de la graiſſe de porc fonduës enſemble.

CHAPITRE CXXXVI.

DES BLESSEVRES FAITES PAR les defenſes de Sanglier.

SI le Cheual eſt bleſſé par les defenſes d'vn Sanglier, vous prendrez de la couperoſe, du vitriol, & de la poudre de la teſte d'vn chien bruſlée apres qu'on en aura oſté la langue; le tout eſtant reduit en poudre & meſlé enſemble, vous en appliquerez vne fois le iour ſur le mal, & il guerira: mais auant que de le penſer vous lauerez bien la bleſſeure de vinaigre, ou de vin blanc.

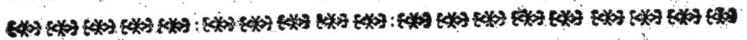

CHAPITRE CXXXVII.

POVR GVERIR LA MORSVRE ou picqueure des serpents, ou d'autres bestes veneneuses.

SI vostre Cheual est mordu ou picqué, soit d'vn serpent, ou de quelque autre beste veneneuse, ce que vous connoistrez facilement, à raison de l'enfleure soudaine soit de tout le corps, ou de la partie seulement : alors vous le frotterez iusques à ce qu'il suë, puis vous le ferez saigner au palais, & enfin vous prendrez vn cocq ou vn pigeon, & le fendant par le milieu, vous l'appliquerez tout chaud sur la blesseure, & en suite vous donnerez au Cheual du vin blanc & du sel à boire.

D'autres Mareschaux prennent vne bonne quantité de l'herbe appellée sanicle, laquelle ils broyent & l'arrousent de laict de vache qui soit toute d'vne couleur, & le font aualler au Cheual, & cela le guerit.

Les autres appliquent sur le mal de la fiente de pourceau ou de bœuf, ou bien de la jusquiame broyée, ou bien des cendres de roseaux : puis ils luy font aualler de l'armoise, de la grande tenaisie, & de la camomille broyées & meslées auec du vin : ou bien ils luy donnent du vin & de l'huile rosat meslez ensemble, & appliquent cela sur l'endroit malade, & donnent à boire au Cheual du vin & de la theriaque ; ou bien du poivre blanc, de la ruë, & du thim meslez ensemble.

D'autres prennent de l'asphodele ou *hastula regia* qu'ils broyent auec du vin vieil, & l'appliquent sur le mal, ce qui est souuerainement bon.

CHAPITRE CXXXVIII.

DES POVX, OV VERMINE, ET du moyen de les faire mourir.

LEs poux, ou vermine qui s'engendrent sur vn Cheual sont semblables aux poux des oyes, ou sont vn peu plus grands, & viennent communément à l'entour des oreilles, du col, du crin de la queuë, & sur tout le corps.

Cette incommodité vient de pauureté, ou d'auoir esté nourris dans les bois, ou les arbres moüillez distillent continuellement sur leurs corps.

Les marques sont, le Cheual se frottera & demangera continuellement, & quoy qu'il mange beaucoup, neantmoins il ne profitera pas, & par son continuel frottement il vsera tout son crin, & sa queuë. Vous remarquerez aussi les poux courir au bout du crin quand le Soleil luit.

Le remede, selon l'aduis des anciens Mareschaux, est de prendre du sauon noir vne liure, du vif argent demie once: meslez-les bien ensemble, iusqu'à ce que l'argent vif soit esteint, puis oignez tout le Cheual de cét onguent, & il tuëra promptement les poux.

D'autres Mareschaux prennent du staphisagre & du sauon, & les ayant meslé ensemble en oignent le Cheual entierement.

D'autres prennent des meures vertes auec les racines, & les tiges du meurier, & les font boüillir dans de l'vrine forte; puis oignent le Cheual de cette decoction: apres cela oignez tout son corps de sang de dragon, de jus de porreau, de sel, de poix, d'huile, & de graisse de porc bien meslez ensemble.

Les autres frottent tout son corps de vif argent, & de graisse fonduë meslez ensemble iusqu'à ce que le vif argent ſoit eſteint : quand le Cheual aura eſté ainſi frotté de cét onguent deux ou trois fois les poux ſeront tuez.

CHAPITRE CXXXIX.

DV MOYEN DE GVARANTIR LES Cheuaux de la picqueure des mouſches en Eſté.

SI vous voulez garder voſtre Cheual en Eſté de la picqueure des mouſches qui les incommode fort, vous oindrez tout le corps du Cheual d'huile, & de bayes de laurier meſlez enſemble ; ou bien attachez au licol vne eſponge trempée dans du vinaigre fort : quelques-vns arrouſent l'eſcurie d'eau, dans laquelle aura boüilly ou infuſé de la ruë, ou bien parfument l'eſcurie de la fumée de lierre, ou de calaminthe, ou de nielle bruſlée.

Mais le plus ſeur de toutes, tant dedans l'eſcurie que dehors, eſt de faire deux bonnes bottes de ruë, & en frotter le corps du Cheual, & pas vne mouſche ne s'y arreſtera, comme il à eſté eſprouué ſouuent.

CHAPITRE CXL.

DES OS ROMPVS OV DISLOQVEZ.

LE commun des Mareſchaux Anglois ne ſçauent que faire ; ou ſont encore occupez à chercher des remedes contre ce mal, tant parce qu'ils ne s'inſtruiſent pas des parties d'vn Cheual, & n'ont pas trouué l'inuention en cette extremité, de faire qu'vn Cheual qui eſt vne creature irraiſonnable, ſouffre autant qu'vne creature raiſonnable : &

aussi d'autant que les anciennes traditions touchant la guerison des maladies des Cheuaux, asseurent que toute fracture au dessous du genoüil est incurable : ainsi desesperans de la guerison, ils abandonnent le soin de la traicter & de la penser : mais ils s'abusent lourdement ; car la fracture soit au dessous soit au dessus du genoüil n'est pas plus incurable en vn Cheual qu'en vne personne raisonnable, si le Mareschal peut trouuer le moyen d'empescher le Cheual d'agiter & de tourmenter la partie affligée.

Si donc vostre Cheual a quelque os cassé, ce qui est aisé à reconnoistre par la priuation du mouuement de cette partie & de son action, & par la diuision de l'os, vne partie estant plus haute que l'autre, & par l'inegalité qui se remarque en la partie.

Cela estant ainsi, vous prendrez vn canneuars double & fort, qui sera aussi large, comme depuis le deuant de l'espaule du Cheual iuques au flanc, & aurez vn autre double canneuars, qui prendra depuis les costez du Cheual iusques à la place de la selle, & auec de fortes cordes passées au trauers enleuerez le Cheual dans vn trauail ; en sorte que les pieds ne fassent autre chose que de toucher legerement la terre, si les jambes de deuant sont rompuës, il les faut esleuer plus que celles de derriere, & si celles de derriere sont rompuës, il faut les enleuer vn peu plus que celles de deuant, en sorte que le Cheual puisse reposer & s'appuyer sur les jambes saines : le Cheual estant ainsi disposé, vous remettrez les os dans leur situation naturelle : apres enueloppez la partie de laine qui ne soit pas moüillée, nouuellement prise de dessus la brebis, la liant fortement sur la jambe auec vne bande de linge vnie, trempée dans de l'huile & du vinaigre meslez ensemble, & prenez garde que vostre bande demeure vnie & égale, mettez encore par dessus de la laine trempée dans de l'huile & du vinaigre, appliquant au dessus trois larges atteles liées fortement aux deux bouts. Il faut que les jambes du Cheual soient tenuës estenduës & droites l'espace de quarante iours, & que les bandes ne soient point leuées plus de trois fois en vingt iours, s'il ny a quelque consideration qui requierre qu'il soit pensé plus souuent: cependant ne manquez pas de verser tous les iours vne fois sur la partie malade au trauers des atteles de l'huile & du vinaigre meslez ensemble.

Si à la fin des quarante iours vous remarquez que l'os rompu soit reuny par le moyen d'vn cal, alors vous lascherez les bandes & le canneuars, afin que le Cheual puisse plus fermement s'appuyer sur son pied malade, & lors qu'il le pourra faire on le desliera entierement, & on le laissera aller çà & là tout doucement, & de là en auant vous oindrez la partie affligée de graisse molle; ou de l'vn de ces emplastres ou onguents. Prenez de la litharge d'argent & du vinaigre de chacun vne liure, de l'huile d'oliue demie liure, de la gomme ammoniac & de la terebenthine de chacune trois onces, de la cire & de la resine de chacune deux onces, du bitume, de la poix, & du verd de gris de chacun demie liure. Faites boüillir le vinaigre, l'huile, & la litharge ensemble iusqu'à ce qu'ils deuiennent espois: puis adjoûtez-y la poix, laquelle estant fonduë vous retirerez le pot du feu, & mettrez le bitume dedans sans le remuër, lequel estant fondu, vous y mettrez tout le reste, approchant le pot du feu, vous ferez tout boüillir iusques à ce que tout soit incorporé & vny ensemblement; cela estant fait coulez-le, & en faites vn emplastre, duquel vous vous seruirez dans l'occasion.

Il y en a d'autres qui prennent de la poix liquide vne liure, de la cire deux onces, de l'encens le plus pur & le plus fin vne once, d'ammoniac quatre onces, de resine seiche & du galbanum, de chacun vne once, du vinaigre deux pintes: faites boüillir la poix & le vinaigre ensemble, puis mettez dedans l'ammoniac dissout auparauant dans le vinaigre, & apres vous mettrez toutes les autres drogues susdites, & lors qu'elles auront boüilly toutes ensemble, & qu'elles seront meslées, passez-les & en faites vn emplastre, duquel vous vous seruirez dans l'occasion.

Les autres encore prennent vne quarte de vieille huile, d'oliue, & mettent dedans de la graisse de porc, de l'escume de nitre, de chacun vne liure, & font tout bouïllir ensemble, iusques à ce qu'il s'esleue des bouteilles au dessus: alors retirez-le du feu, & quand vous voudrez vous seruir de cét onguent vous le ferez bien chauffer, afin qu'il aye la vertu de penetrer : puis vous appliquerez vn des emplastres mentionnez cy-dessus : cela est tres-souuerain pour toute sorte de fracture des os.

CHAPITRE CXLI.

DES OS DESIOINTS OV disloquez.

SI vn Cheual a vn de ses os sorty hors de l'article comme le genoüil, l'espaule, les pasturons, ou autres parties semblables ; ce que vous apperceurez, tant par la jointure qui n'est pas bien vnie, & aussi par la cauité de la partie ou est faite la luxation, alors le plus prompt remede est de renuerser le Cheual sur son dos, & luy mettant aux pieds quatre fortes entraues, éleuez-le en haut de telle sorte, que son dos ne fasse que toucher la terre ; puis tirez le pied malade plus haut que les autres, iusques à ce que le poids de son corps ait fait remettre l'article dans sa place : ce que vous reconnoistrez par le soudain bruit que l'os fera lors qu'il rentrera dans sa boite & dans sa place naturelle. Alors déliez tout doucement vostre Cheual & le faites leuer ; puis oignez toute la partie malade, ou auec de l'onguent dont il a esté fait mention au Chapitre precedent : ou bien auec de l'huile de mandragore, ou de l'huile d'hirondelles, toutes deux ayans de grandes vertus.

CHAPITRE CXLII.

POVR DESSEICHER LES HVMEVRS, ou les arrester par onguents & emplastres adstringents.

PRENEZ de l'onguent appellé tripharmacum fait de litharge, de vinaigre, & de vieille huile boüillis, iusques à ce qu'ils soient espois seulement, il faut prendre autant d'huile que des autres & il arrestera le flux de toutes les humeurs en general, & de chacun en particulier.

Si vous prenez de la lie forte, elle seruira d'vn grand adstringent.

Faites dissoudre dans du vinaigre de la resine, de l'asphalte, de la myrrhe de chacun vne once, de la cire rouge demie once, auec vn peu de galbanum, de bitume demie once, & autant d'ammoniac : meslez-les fort bien ensemble en les faisant boüillir. Cét emplastre desseiche merueilleusement & est adstringent, il conforte les parties debilitées.

Prenez deux liures de lard, & quand il sera fondu coulés-le & le meslez auec trois onces de ceruse, & autant d'alun que ferez fondre. Cét onguent desseiche & est grandement adstringent.

Les figues seiches pilées auec de l'alun, de la moustarde, & du vinaigre, desseichent fortement.

L'huile ou la graisse molle pilée en forme d'onguent auec de l'alun, du vitriol, de la noix de galles, & la poudre d'escorce de grenade, du sel & du vinaigre, desseichent & sont fort adstringents.

Le sauon & la chaux viue desseichent parfaitement apres vne incision.

Le verd de gris, l'orpiment, le sel armoniac, & la poudre de coloquinthe, de chacun quantité égale reduits en forme d'onguent, auec du laict ou de la cire est desiccatif & adstringent.

La graisse de couleuvre rostie, la teste & la queuë estans coupées est vn grand desiccatif.

Enfin l'escorce de saules reduite en cendre est vn aussi grand desiccatif, qu'aucun simple que ce soit.

CHAPITRE CXLIII.

EMPLASTRE POVR DESSEICHER l'humidité superfluë, & pour resserrer les parties relachées.

PRENEZ du bitume vne liure, de la partie plus pure d'encens trois onces, du bdellium vne once, de la graisse de cerf vne liure, du populeum vne once, autant de galbanum, du storax liquide vne once, de la cire commune vne liure, de la resine demie liure, de la gluë d'Italie vne once, du suc d'yssope vne once, d'ammoniac vne once, de la poix demie liure. Que tous ces ingrediens soient parfaitement fondus & incorporez ensemble selon l'art, pour en faire vn emplastre.

CHAPITRE CXLIV.

AVTRE EMPLASTRE POVR dessseicher toutes enfleures, vessies, molettes, surots, à l'entour ou sur les jointures.

PRENEZ de la cire vierge demie liure, de la resine cinq quarterons, du galbanum vne once & demie, de la myrrhe vne liure, de l'ammoniac trois onces, du costus trois onces : faites boüillir le tout ensemble dans vn pot de terre, excepté l'ammoniac & le costus, lequel estant broyé comme farine doit estre adjouté aux autres choses, apres qu'elles auront boüilly & seront refroidies, & apres il faut les faire encore boüillir, & les remuër en sorte qu'elles puissent estre incorporées ensemble & vnies. Vous appliquerez ce remede selon que l'occasion s'en presentera.

CHAPITRE CXLV.

RECEPTE POVR RESOVDRE les humeurs.

PRENEZ de l'absynthe, de la sauge, du rosmarin, & de l'escorce d'orme ou de pin de chacun quantité égale; faites-les boüillir dans de l'huile, auec bonne quantité de semence de lin, & vous en ferez vne fomentation pour en estuuer la partie malade : cela resoudra toutes les humeurs amassées & collées ensemble. Vne liure de figues broyées auec du sel iusques à ce que cela soit reduit en forme d'emplastre, resout toutes sortes d'humeurs, ouurant les pores, & donnant vne libre issuë.

CHAPITRE CXLVI.

LE MOYEN D'AMOLLIR TOVTES duretez.

PRENEZ de la ſemence de lin & de fenugrec pilées, de chacune quatre onces, de la poix & de la reſine de chacune trois onces, des fleurs de roſes deux onces, poix de grece ſix onces : faites-les bouïllir enſemble ; puis adjoûtez trois onces de terebenthine, ſix onces de miel, & vn peu d'huile ; cét onguent appliqué ſur la dureté la ramollira,

La guimauue bien cuite & broyée auec huile roſat, eſtant appliquée ſur quelque dureté que ce ſoit, la ramollira.

Faites bouïllir de la branche vrſine & des mauues enſemble, & les pilez auec de la graiſſe, de l'huile & du lard. Cela ramollira & guerira la dureté.

La guimauue, les choux, la branche vrſine, parietaire & vieux oingt battus enſemble ramolliſſent beaucoup. L'huile de cyprés ramollit & guerit.

La farine de froment, le miel, la parietaire, la branche vrſine, & les feüilles d'abſynthe eſtans battuës auec graiſſe de porc, & appliquées chaudement ſur quelque tumeur dure, la ramolliſſent promptement ; ce remede eſt bon auſſi pour les contuſions.

La graiſſe, la ſemence de mouſtarde & de cumin bouïllies enſemble ramolliſſent beaucoup.

Prenez auſſi vne once de ſauon, de chaux viue autant ; meſlez-les bien auec de la forte lie : cela ramollira les ongles les plus durs.

Le ſuc des feüilles & racines de ſureau, ou l'emplaſtre fait d'iceux, deſſeiche & ramollit merueilleuſement les humeurs.

Comme fait auſſi le ſuc de noix de cyprés, & les figues ſeiches macerées dans du vinaigre, & coulées, de chacun trois onces : que ſi vous y adjoûtez du ſel nitre vne once, d'ammoniac demie once, de l'aloës & d'opoponax vn peu pour en faire vn onguent, il ramollira toute dureté ſuffiſamment.

Les mauues, les orties, la mercuriale, les racines de concombre, & la terebenthine eſtans battuës enſemble auec du vieux oingt, ramolliront promptement toute dureté.

CHAPITRE CXLVII.

POVR ENDVRCIR TOVTE molleſſe.

LA ſemelle de vieux ſouliers bruſlée boüillie dans du vinaigre endurcira les ongles, ce que fera ſemblablement la poudre de noix de galles boüillie auec du ſon & du ſel dans du fort vinaigre.

La poudre de miel & de chaux ; ou bien la poudre de coquilles d'huiſtres, ou la poudre de feutre bruſlé, ou de la creſme épaiſſe & de la ſuye meſlées enſemble endurcira toute playe.

CHAPITRE CXLVIII.

POVR REIOINDRE ET agglutiner.

L'Iris illirique pilée & tamisée subtilement, meslée auec poivre, miel, raisins de corinthe, & donnée au Cheual à boire auec vin, huile, soulage & reünit toute rupture interne telle qu'elle soit.

La gomme tragacanth, le saffran, la pomme de pin auec des jaunes d'œuf donnez à boire auec vin & huile, rejoint aussi toute partie interne ou veine rompuë. L'encens & le mastich font le mesme effet.

Le polygonum ou la centinode boüillie auec du vin & donnée à boire est bonne aussi.

Les racines & semences d'asperges boüillies auec de l'eau, & données au Cheual sont bonnes, & si trois iours apres vous luy donnez du beurre, de l'opoponax, auec du miel & de la myrrhe meslez ensemble, cela consolidera toute vlcere & blesseure interne.

CHAPITRE CXLIX.

POVR MONDIFIER OV NETTOYER toute playe.

PRENEZ huile d'oliue, graisse de porc clarifiée, la graisse d'vn renardeau, terebenthine, alun, & cire blanche. Faites boüillir le tout ensemble iusqu'à ce qu'ils soient incorporez parfaitement, & auec cét onguent pensez toute vilaine blesseure telle qu'elle soit, & il la mondifiera, & nettoyera suffisamment.

CHAPITRE CL.

DES REMEDES REPERCVSSIFS.

LEs remedes repercussifs ou qui empeschent le flus des humeurs, & le repoussent en arriere, appellez des Mareschaux emplastres ou onguents defensifs, doiuent estre employez à l'entour des grandes playes ou blesseures : de peur que les humeurs tombans sur la partie debile, troublent & empeschent la vertu du remede, & produisent de plus dangereuses exulcerations.

Entre les remedes repercussifs ceux-cy sont les meilleurs, le vinaigre, le sel, le bol armene pilez ensemblement & mis à l'entour de la playe : ou bien le plomb blanc & l'huile d'oliue battus ensemble, ou bien le plomb rouge ou craye & huile d'oliue meslez ensemble dans vn mortier, ou l'onguent blanc camphoré.

CHAPITRE CLI.

DES COMPOSITIONS CAVSTIQVES.

LEs compositions caustiques pour la pluspart sont corrosiues, desquelles nous pourrons parler plus amplement dans vn Chapitre cy-apres : neantmoins d'autant que les vns sont de meilleure temperature que les autres, vous sçaurez que de tous les remedes caustiques le plus doux est l'onguent dit *Apostolorum*, apres celuy-cy est le verd de gris, meslé auec la graisse de porc, apres est le precipité & la terebenthine meslez ensemble (qui sont plustost detersifs & cathereтiques que caustiques) en suite est l'arsenic addoucy auec l'huile ; apres est le sublimé temperé de quelque onguent froid : & le pire de tous est la chaux & la lie forte battuës ensemble : car ils corroderont & mortifieront les parties les plus saines.

CHAPITRE CLII.

POVR TOVTE SORTE DE blesseure qui arriue au Cheual.

PRENEZ vne once d'huile, deux onces de terebenthine, & vn peu de cire : meslez-les sur le feu ; cela guerira toute blesseure ou galle, & nettoyera toutes eaux & vilaine bouë.

Prenez du vinaigre & du miel & les faites boüillir ensemble, lors que cela sera refroidy, adjoûtez-y de la poudre de verd de gris, de la couperose, & du cuiure brûlé: meslez-les bien ensemble ; cela consumera toute la méchante chair, & nettoyera & guerira tout vlcere vieil.

Prenez de la cire, de la poix, de la graisse de porc, & de la terebenthine : meslez-les bien ensemble, cela guerira tout os, blessé de quelque tronc d'arbre ou chicot.

Prenez des limaçons de maison : faites les boüillir dans du beurre, en les appliquant sur la partie ils feront sortir toute espine, ou cloud, si on renouuelle le remede souuent. Autant en feront les racines de joncs broyées & appliquées.

Les racines de sureau en poudre, boüillies auec du miel, sont bonnes pour toute ancienne blesseure.

Prenez sel, beurre, & miel, ou cire blanche, terebenthine

thine & huile rosat de chacun pareille quantité, auec deux fois autant de fleur de farine de febves que des autres : meslez-les fort bien ensemble & en faites vn onguent qui guerira toute blesseure, soit ancienne ou nouuelle telle qu'elle soit.

Prenez cire, terebenthine, graisse de cerf, ou bien la moelle : meslez-les bien ensemble ; & cela guerira toute blesseure ou aposteme, ce que feront pareillement la cire, l'huile, le mastich, l'encens, & le suif de mouton fondus ensemble ; ou la poudre d'encens, d'aloes meslées & fondues ensemble.

Les blancs d'œufs battus auec huile rosat & sel, estendus sur des estouppes, guerit toute playe qui n'est point aux parties principales, & celles qui sont dans les parties musculeuses.

Si vous voulez penser & guerir vne playe, prenez trois pintes de miel bien clarifié, & vne pinte de vinaigre, & du verd de gris : faites-les boüillir ensemble, & l'appliquez dessus : ou bien prenez du mastich & du verd de gris de chacun demie once, de l'encens vne once, de la cire neufue quatre onces, de la terebenthine six onces, de la graisse de porc deux liures. Faites tout boüillir & incorporer ensemble : puis appliquez-le sur le mal, & cela le mondifiera & guerira.

Le mouton blanc, le seneçon, la graisse & la vieille vrine meslez ensemble, gueriront les blesseures & escorcheures faites par le licol, ou autre accident, comme d'vne entorse, de quelque coup ou enfleure.

Prenez du laict recent trois quartes, vne bonne poignée de plantain : faites tout boüillir iusques à la consomption d'vne pinte : puis adjoûtez-y trois onces d'alun en poudre, vne once & demy de sucre candy blanc aussi en poudre ; faite tout boüillir iusques à ce qu'il se coagule vn peu. Coulez-le & en estuuez chaudement toute vieille vlcere, apres essuyez-le, & appliquez dessus vn peu d'onguent dit *basilicum* : cela nettoye, desseiche, fortifie, appaise les demangeaisons, & guerit les plus sales vlceres, soit d'vn homme, ou d'vn autre animal.

Pareillement si vous prenez vne quarte de laict, de l'alun en poudre deux onces, vne cuillerée de vinaigre, & lors que le laict est boüillant vous y versez l'alun & le vinaigre, & apres auoir separé ce qui est caillé, vous vous seruez de ce qui reste, cela seichera & guerira aussi toute blesseure & vlcere, sale & vilaine telle qu'elle soit.

CHAPITRE CLIII.

LA MANIERE DE FAIRE LA poudre de miel & de chaux.

PRENEZ telle quantité de chaux viue que vous iugerez à propos, reduisez là en poudre subtile; puis prenez autant de miel qu'il en faudra pour les incorporer ensemble. Faites-en vne paste espoisse comme pour faire vn gasteau, laquelle vous mettrez dans vn four chaud, ou bien au feu ardent iusquès à ce qu'elle soit cuite, ou bruslée, ou toute rouge, puis retirez-là & reduisez-là en poudre subtile estant encore toute chaude, pour vous en seruir dans l'occasion. Elle seiche, guerit, & cicatrize toute blesseure à merueille.

CHAPITRE CLIV.

MANIERE DE LEVER LES veines, & à quoy cela est bon.

PREMIEREMENT auant que de parler de la maniere de leuer les veines, il faut ſçauoir que toutes les veines, excepté celles du col, des yeux, de la poictrine, du palais, & celles de l'eſperon doiuent eſtre leuées & non pas frappées auec la flammette; tant parce qu'elles ſont ſi petites & ſi déliées, que ſi vous les frappez, vous courez riſque de les percer d'outre en outre: ou bien parce qu'elles ſont ſi proches des arteres & des nerfs, que ſi en frappant la veine vous touchez l'artere ou le nerf, & ſi vous le picquez, vous eſtropierez le Cheual ſur le champ; comme ie l'ay obſerué en la practique de pluſieurs Mareſchaux ignorans.

Or pour ce qui eſt de la maniere de leuer les veines il eſt tel. Premierement vous renuerſerez voſtre Cheual, ou ſur la terre molle, ou ſur l'herbe; ou ſur quelque fumier qui ne ſoit pas moite, ou dans quelque maiſon bien eſclairée, ſur vne bonne quantité de paille; lors que le Cheual eſt ainſi renuerſé, vous chercherez la veine que vous voulez leuer: ſi elle eſt ſi petite ou ſi profonde, que difficilement vous la puiſſiez apperceuoir, alors vous frotterez & baignerez l'endroit ou la veine eſt couchée, auec de l'eau chaude: puis prenez vne jarretiere eſtroite de ſoye, & vne palme ou deux au deſſus la veine (ſi c'eſt quelqu'vne des jambes du Cheual) faites la ligature: Que ſi la veine qu'on veut leuer eſt au corps ou à la poictrine, alors prenez vne ſurſangle, & bien prés de la pointe poſterieure de l'eſpaule, ou à vne palme de diſtance de l'endroit ou vous pretendez leuer la veine, faites vne ligature bien ſerrée, incontinent apres vous verrez la veine s'enfler & s'eſleuer: alors marquez l'endroit de la peau qui couure la veine, & auec le doigt & le poulce tirez-le vn peu à costé de la veine, puis auec vn cousteau bien trenchant, faites vne incision sur la peau sans toucher la veine en façon quelconque, selon la longueur de la veine de la longueur du doigt : cela estant fait, leuez vostre doigt & vostre poulce afin de laisser remettre la peau en sa place iustement sur la veine comme elle estoit auparauant, de telle sorte qu'en ouurant seulement l'incision, vous verrez la veine qui paroistra bleuë & à descouuert deuant vos yeux : puis prenez vne corne bien polie & lisse fait de la peau de cerf ou de bouc, & la poussez sous la veine, & l'esleuez vn peu, (c'est à dire la moitié de l'espoisseur de la corne) de dessous la peau : alors vous detacherez ou la jartiere ou la sangle, car ils ne seruent que pour trouuer la veine; de sorte que quand elle paroist sans eux, vous ne deuez pas vous en seruir. Lors que vous aurez leué la veine sur vostre cornet, vous passerez vn filet de soye rouge, oingt d'huile ou de beurre, ou bien vn petit fil de Cordonnier, sous la veine vn peu plus haut que le cornet, laquelle soye ou fil vous doit seruir pour lier la veine quand il en sera besoin : alors le cornet demeurant en la mesme situation qu'il estoit, faites vne incision en long, de la longueur d'vn grain d'orge afin que la veine saigne : puis serrant la partie inferieure de la veine auec la soye ou le fil laissez-là saigner d'enhaut : & auec vostre soye ou fil mené en haut, liez-là bien serré auec vn nœud au dessus de l'ouuerture, luy permettant de saigner d'en-bas seulement, & ayant bien saigné aussi de ce costé-là, liez la veine vers le bas auec vn nœud bien serré : puis remplissez le trou de la veine de sel, & guerissez la playe faite en la peau, auec terebenthine & graisse de porc fonduës ensemble, ou bien auec vn peu de beurre frais, appliqué sur vn peu de filasse ou estouppe.

L'auantage & l'vtilité qui reuient de ce leuement des veines est, premierement pour appaiser toutes les douleurs, entorses, & roideurs de membre : car le leuement des veines plattes appaise toutes les douleurs de la poictrine & du coffre : le leuement des veines des cuisses de deuant soulage le farcin & l'enfleure des jambes : quand on leue les veines des pasturons de deuant cela appaise l'engourdissement, l'enfleure des jointures, la galle, & les demangeaisons : le leuement des veines des jarrets de derriere donne du soulagement pour les deux sortes d'esparuins, principalement pour le farcin en ces parties-là, & generalement pour toute enfleure ou aposteme. La leueure des veines des pasturons des jambes de derriere, soulage les enfleures qui sont à l'entour de la couronne ou des articles inferieurs, pour les douleurs, pour toutes sortes de maux aux talons, & plusieurs autres semblables incommoditez.

CHAPITRE CLV.

DES CAVTERES, BOVTONS DE feu, de leurs genres & vsages.

L'APPLICATION du feu parmy les meilleurs Mareschaux s'appelle cauterizer, & parmy les plus communs brusler. Border (selon l'opinion des anciens) est le principal remede, & comme le dernier refuge de toutes les maladies qui arriuent aux Cheuaux, soit naturelles, ou accidentelles : car la force du feu dissipant & digerant toutes sortes d'humeurs, resout & consume les humeurs grossieres, qui sont les causes materielles de toute putrefaction & vlceration.

Il y a deux sortes de cauterization : l'vne qui se fait par le cautere actuel, qui est celuy qui est fait auec vn fer chaud de quelque figure qu'il soit : l'autre potentiel qui est fait par l'application des remedes, dont la nature est ou corrosiue, putrefactiue, ou caustique.

Le premier qui est le cautere actuel doit estre employé, principalement quand vne aposteme s'engendre dans les parties nerueuses, ou entre les veines principales; ou lors qu'on couppe quelque jointure, ou quelque membre; ou qu'on fait vne incision en vne partie, ou il y a danger d'vne perte de sang, ou bien ou la peau & les muscles sont retirez & retressis, & en plusieurs autres rencontres.

Le cautere potentiel doit estre employé pour les vieux vlceres, gangrenes, loupes, ou autres excroissances de chair superfluë; de la nature & proprieté desquelles il en sera parlé dauantage cy-apres, dans vn Chapitre exprés.

CHAPITRE CLVI.

DV CAVTERE ACTVEL.

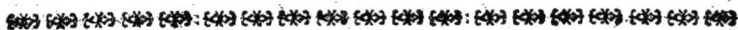

LE cautere actuel, selon l'opinion des plus anciens, estant employé discretement, est vn remede important pour arrester toute sorte de corruption des parties, pour maintenir leur temperament en sa perfection, & pour arrester le sang, on doit seulement prendre garde qu'en maniant le fer chaud, on ne touche ny nerfs, ny tendons, ny ligamens de peur d'estropier la partie, ou y exciter des conuulsions, si ce n'est lors que l'on couppe quelque jointure, comme quand on couppe la queuë, qu'on chastre les Cheuaux, ou lors qu'on fait d'autres semblables operations, alors le cautere est seulement pour resserrer les veines, nerfs & ligamens, iusques à ce qu'on soit entierement asseuré qu'il ny ait plus sujet de craindre aucun flux de sang. De plus le cautere actuel resserre les parties relaschées, & attenuë les parties enflées, desseiche l'humidité superfluë, détache, dissipe & separe les mauuaises humeurs qui s'étoient amassées en forme de nœuds, il appaise les anciennes douleurs, il rectifie les parties du corps corrompues de quelque façon que ce soit, les reduisant en leur premier estat, & ne laisse pas amasser aucune abondance de mauuaises humeurs : car la peau estant ouuerte & separée par le fer chaud, toute putrefaction est digerée & meurie par la vertu du feu, & en suite dissoute, la matiere sort par les trous, ce qui fait que la partie malade est soulagée de toute douleur & peine: mesmement les ouuertures estans fermées l'endroit est mieux reuny & couuert d'vne peau plus espaisse qu'elle n'estoit auparauant. Le plus grand mal que le cautere laisse apres soy est la deformité de la partie qui consiste en vne cicatrice desagreable à la veuë : c'est pourquoy on ne doit admettre l'vsage des cauteres qu'en toute extremité: & quoy que son action est vilaine & fascheuse, elle est neantmoins d'vne vtilité trés-asseurée.

Quant aux instruments auec lesquels on doit cauterizer, de quelle matiere ils doiuent estre faits, & quelle figure ils doiuent auoir, le sentiment des plus curieux Mareschaux est qu'ils doiuent estre faits d'or ou d'argent, qui sont les meilleurs metaux & les plus propres pour cét effet, veu qu'il arriue fort peu de mauuais accidens en la partie qu'ils brûlent, mais les autres croyent que le cuiure est suffisant, & qu'il ne cede à aucun autre metal en bonté pour cét effet: neantmoins là où les instruments de cuiure ne seront pas grandement estimez, on peut se seruir des instruments de fer, & on trouuera que l'operation se fera aussi commodément.

Quant à ce qui est de la figure des instruments ou des fers, ils doiuent auoir quelque rapport ou proportion à la partie malade que l'on doit toucher, selon la nature de laquelle les instruments doiuent estre faits de diuerses façons: car les vns se doiuent faire en forme de cousteau auec vn bord large, espois, ou mince, & ils s'appellent cousteaux à tirer, ou faire des lignes; parce qu'ils sont employez principalement pour tirer des lignes droites, profondes, ou superficielles, & quelquefois circulaires ou en forme de quarré: les autres sont faits comme des poinçons droits; les autres comme des poinçons courbes, desquels on se sert, ou pour les excroissances de chair, ou pour vlceres, ou bien pour faire vne ouuerture & donner issuë à la matiere dans les abſcez : les autres ſont faits comme des crochets ou faucilles & faux, & ſont en vſage quand la bleſſeure eſt faite en ligne courbe pour bruſler la chair morte, ou lors que ces maux ſont cachez, en ſorte qu'ils ne peuuent eſtre atteints par des inſtruments droicts : les autres ſont faits auec de gros boutons, ou des petits boutons, au bout deſquels on ſe ſert pour ouurir des apoſtemes, ou bien pour bruſler la chair ſaine en laquelle on veut faire ouuerture pour donner iſſuë aux humeurs, ou bien pour les diuertir.

Le iugement du Mareſchal ſeruira beaucoup à faire ces inſtruments, parce qu'ils doiuent eſtre appropriez ſelon la figure de la partie malade, & doiuent eſtre faits propres pour accomplir ſon deſſein.

Il y a deux choſes principales à obſeruer dans l'vſage de ces inſtruments, premierement la maniere de chauffer le fer, & apres le temperament & la retenuë de la main du Mareſchal : pour la chaleur du fer, vous deuez ſçauoir que le dos du fer ne doit iamais eſtre ſi chaud que le filet ou bord, c'eſt à dire que le dos du fer ne doit iamais eſtre rougy, de peur qu'il n'échauffe trop, & par conſequent qu'il n'excite vne inflammation : c'eſt pourquoy toutes les fois que vous verrez le dos du fer auſſi chaud que le filet, vous le refroidirez auec vn peu d'eau : pour ce qui eſt de moderer la main, vous ſçaurez que le plus également qu'on peut donner le feu, c'eſt le mieux : & icy eſt à conſiderer la delicateſſe ou eſpaiſſeur de la peau du Cheual, que vous reconnoiſtrez ordinairement à ſon poil : car s'il eſt court & fin, alors on peut dire que la peau eſt mince ; s'il eſt long & groſſier, alors la peau eſt rude & groſſiere.

La peau qui eſt mince & déliée doit eſtre cauteriſée ou bordée d'vne main legere ; d'autant que cette peau eſt bien-toſt percée, & la peau eſpaiſſe doit eſtre bordée auec vne main peſante : toutes les deux doiuent eſtre bruſlées d'vne main ſi moderée que la peau ne paroiſſe que jaune ; & on trouuera que la peau déliée paroiſtra toûjours pluſtoſt jaune que l'eſpaiſſe : la raiſon de cela eſt que la rudeſſe & l'eſpaiſſeur du poil de la peau eſpaiſſe refroidit & eſtouffe la chaleur

leur du fer, s'il n'est appliqué d'vne main pesante, & si l'instrument n'est chauffé plus souuent, il ne pourra pas faire l'effet que l'art requerroit.

Outre cela il faut encore obseruer qu'en tirant quelque ligne, ou cauterizant quelque partie, il faut tirer toûjours selon le fil du poil, & non pas à contre-poil, soit que les lignes soient courtes, profondes, non profondes, droites, courbes, ou de trauers, selon que la douleur l'exige.

Pour conclure vous deuez obseruer ces preceptes en cauterizant, premierement qu'il ne faut pas appliquer le feu sur aucune partie nerueuse, s'il n'y a quelque enfleure apparente, ou quelque aposteme. Secondement qu'il ne faut pas appliquer le feu sur aucun os cassé ou disloqué, de peur de causer vne foiblesse entiere dans la partie. En troisiesme lieu il ne faut iamais appliquer le feu si rudement, ou peser la main en telle sorte que vous rendiez le Cheual difforme, soit par des marques non necessaires, ou par des escharres mal-seantes. En quatriesme lieu qu'il ne faut pas estre trop hasté d'employer ce remede, comme si toute sorte de cure se deuoit faire par cette seule voye (ainsi que i'ay remarqué que quelques Mareschaux qui ont grande vogue estiment) mais qu'il faut tenter tout autre moyen auparauant; & quand tout autre moyen defaut il faut recourir à l'application du feu, comme à vn dernier refuge, & en vne derniere necessité: Enfin ie ne voudrois pas qu'à l'imitation de ceux qui ne sçauent rien, vous mesprisassiez ce remede comme s'il estoit inutile, mais qu'auec toute moderation & discretion on l'appliquast en temps & lieu, par le moyen duquel le pauure Cheual peut estre soulagé. Le Mareschal acquerrera de la reputation, & le maistre du Cheual du profit tandis qu'ils se gouuerneront sagement.

CHAPITRE CLVII.

DV CAVTERE POTENTIEL.

LE cautere potentiel ou bordeure de la chair par medicamens est comme i'ay déja dit quand on applique dessus des remedes corrosifs, putrefactifs, ou caustiques; corrosifs comme quand ils corrodent, rongent & consument la chair : putrefactifs, quand ils corrompent le temperament de la partie, & produisent vne grande escharre semblable à de la chair morte, excitans des douleurs extremes, en sorte que souuent il s'en ensuit des fievres & mortalitez : c'est pourquoy il ne les faut pas appliquer que sur les corps robustes & vigoureux, & dans des grandes maladies. Caustiques ce qui signifie bruslans, lors que l'operation en est si violente, qu'elle approche de la nature du feu, & ainsi brûle & consume tout ce qu'elle touche.

Pour ce qui est des cauteres potentiels, les vns excellent par dessus les autres de certains degrez en cette maniere: Les corrosifs sont plus foibles que les putrefactifs, les derniers plus foibles que les caustiques : les corrosifs déployent leur action en la partie superieure de la chair qui est molle: les putrefactifs operent iusques dans le fonds de la chair dure : & les caustiques ont la vertu de rompre la peau entiere ou non entiere, tant en la chair dure que molle, & cela fort profondement.

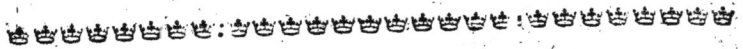

Or des corrosifs les vns sont simples les autres composez, les simples sont l'alun de roche bruslé ou non bruslé, l'esponge marine vn peu bruslée, la chaux, le corail rouge, la poudre de mercure, la racleure de corne de bœuf ou de cerf, le precipité, le verd de gris, & autres semblables : les corrosifs composez sont le sauon noir & la chaux, l'onguent dit *Apostolorum*, l'onguent egyptiac, l'onguent ceraceum, & autres semblables, qui doiuent estre appliquez sur les vlceres ou excroissances apres qu'elles ont esté corrodées. Les putrefactifs sont l'arsenic, soit jaune ou blanc, le sublimé, le realgar ou autre remede qui soit composé de ceux-cy; De plus la chrysocolle, la sandaraque & l'aconit. Si vous voulez que ces medicaments putrefactifs soient escharotiques & chauds au quatriesme degré, prenez de la chaux viue & de la lie de vin bruslée, & les appliquez sur les carboncles, cancers & verruës, les caustiques sont ceux qui se font de lie forte appellée *capitellum* ou *magistere*, de vitriol romain, de sel nitre, d'eau forte, d'ache, de cantharides, bulbes de cyclamen, d'ail, de miel d'anacardes, graine de couleuée.

Pour conclure ie souhaiterois que tout Mareschal soigneux ne se seruit iamais ou rarement d'arsenic, de realgar, ou mercure sublimé simplement, c'est à dire s'ils n'estoient meslez & temperez d'onguent *Apostolorum*. Si la partie sur laquelle on les doit appliquer a de l'estenduë, il faut employer peu de leur substance, laquelle doit estre temperée de graisse de porc, de terebenthine, ou d'autres choses semblables. Et cela soit dit du cautere potentiel & de ses vsages.

CHAPITRE CLVIII.

DV SETON ET DE SON vsage.

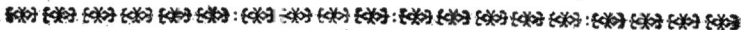

IL ny a point de remede pour les Cheuaux qui soit plus frequemment pratiqué des ignorans & simples Mareschaux, que le seton; de sorte qu'on ne peut s'imaginer aucune maladie qui arriue au Cheual, soit grande ou petite, qu'incontinent sans aucune raison ny iugement ils n'employent le ſeton, ainſi ils expoſent le Cheual à vne torture fort inutile, & de plus ils attirent en bas quelquefois par ce moyen pluſieurs mauuaiſes humeurs qui eſtropient le Cheual, lequel autrement demeureroit en parfaite ſanté: mais ie n'ay pas deſſein preſentement de combattre leur ignorance. Ie diray du ſeton ſeulement que c'eſt vn remede auſſi neceſſaire, & auſſi recommandable pour la ſanté du Cheual, qu'il y en ait: pourueu qu'il ſoit employé en temps & lieu: au contraire il peut nuire grandement.

Les vtilitez qu'il apporte ſont de diſperſer & de diſſiper toutes les mauuaiſes humeurs qui ſont amaſſées & aſſemblées en quelque endroit par quelque corruption, empeſchans & troublans l'action de la partie, laquelle elles peuuent rendre difforme par leur affluence, de plus il reſout, il reſſerre les parties relaſchées, & fortifie les jointures infirmes, il corrobore tout ce qui eſt opprimé de phlegme froid, ou d'humeur chaude & cholerique.

Le general vſage du ſeton, eſt d'apporter ſoulagement aux vieilles douleurs internes cauſées de quelque entorſe; principalement enuiron les eſpaules, ou les hanches: ou bien pour des grandes enfleures auec dureté, leſquelles ne peuuent pas ſe guerir par l'application d'aucun remede externe, ſoit emplaſtre ou onguent, ny meſme ne peuuent pas eſtre conſumées: car il faut remarquer que lors que quelque Cheual reçoit vne entorſe ou contuſion, ſoit aux jointures du haut de l'eſpaule, ou des hanches, leſquelles ne ſe font pas par application des vns ſur les autres comme aux articles inferieurs, mais entrent les vnes dans les autres comme l'extremité de l'os du bras qui entre dans la cauité de l'omoplate, & l'autre extremité dans la cauité du coulde ou il y a double os, ie dis donc quand ces parties ont ſouffert quelque contuſion, ſi la douleur ne ceſſe pas par la prompte application des medicaments chauds, il s'amaſſe auec le temps dans la cauité de la jointure vne glaire, laquelle bleſſant le cartilage, & occupant la place de l'os, fait clocher extremement le Cheual, & alors cette matiere ſuperfluë ne ſe peut diſſiper par remedes externes; mais ſeulement par le moyen du ſeton. Ce que ie dy de l'eſpaule, ſe peut auſſi dire des hanches ou de l'os de la cuiſſe, duquel l'extremité ſuperieure entre dans la cauité de l'iſchion, ou il s'engendre vne pareille infirmité.

La maniere de faire le ſeton eſt telle. Premierement ayant trouué l'endroit ou le Cheual eſt bleſſé, comme ſi c'eſt au deuant de l'eſpaule, ou au derriere du coude ou de la hanche, alors apres auoir renuerſé le Cheual, vous ferez vne petite inciſion plus d'vne palme au deſſous de la douleur, qui penetre la peau & non pas plus auant, & laquelle ſoit auſſi grande qu'on y puiſſe introduire vne plume de cygne: puis auec vn cornet ou ventouſe eſleuez la peau & la ſeparez de la chair, puis remettez-là plume & ſoufflez vers le haut pour détacher la peau de la chair, iuſques au ſommet & au deſſus de toute l'eſpaule: apres ferrant le trou auec le doigt & le poulce, prenez vn petit baſton de noiſelier, pour battre les parties ſoufflées, & auec la main reſpandez le vent dans toutes les parties: en ſuite prenez vn cordon de crin de Cheual entortillé, ou ce qui eſt encore meilleur du taffetas rouge fort mince & délié, gros comme la moitié du petit doigt, & long d'vn pied ou de ſeize doigts fait en cette maniere, & l'ayant mis dans voſtre aiguille à ſeton, laquelle doit eſtre de ſept ou huict doigts de longueur, pouſſez-là dedans le premier trou, pour le moins ſix

poulces auant, tirant vers le haut, & la tirez: puis ſi vous voulez, vous pourrez en mettre vne autre au deſſus de celle-cy, & apres lier enſemble les deux bouts des cordons, les remuër & tirer de coſté & d'autre deſſous la peau, n'oubliant pas auant que vous les mettiez, & apres les auoir mis, de les oindre tous les iours de beurre, de graiſſe de porc, ou d'huile de laurier.

Il ſe trouue d'autres Mareſchaux leſquels ſont d'aduis à cauſe que ces longs ſetons de poil ou de ſoye font tant de douleur & vne grande ouuerture, de faire d'autres ſetons auec des morceaux ronds de cuir eſpois, comme celuy du deſſus de vieux ſouliers, auec vn trou rond au milieu en cette ſorte,

& l'ayant roulé en l'introduiſant dedans, ils veulent qu'on l'eſtendent apres tout plat entre le cuir & la chair, de maniere que le trou du ſeton correſponde iuſtement au trou qui eſt fait en la peau du Cheual, & faut nettoyer vne fois en trois ou quatre iours le ſeton, l'oindre & ainſi le remettre.

D'autres Mareſchaux ont de couſtume de faire le ſeton de corne de lanterne, de la meſme maniere qu'eſt fait celuy de cuir, & s'en ſeruent de la meſme façon. Quant à moy ie me ſuis ſeruy de toutes les ſortes, & n'en ay pas trouué dans la pratique que i'en ay faite vn meilleur plus que l'autre : il y a cecy de differend, que le cuir ou la corne eſt plus nette, & ne ſont pas ſi deſagreables à la veuë: toutefois ils requierent bien plus de ſoin.

Que ſi vous appliquez le ſeton au Cheual à cauſe d'vne enfleure, alors vous ferez le ſeton ſelon & à l'endroit que les veines s'eſtendent, & ne le ferez iamais ou rarement en croix. Et plus vous souffflerez la peau pour l'enfleure, ce ſera le mieux, car le vent donne occaſion à la putrefaction, & fait que les humeurs pourries s'eſcoulent des cauitez ſecrettes des iointures, dans les parties ou on a fait ces ouuertures, deſquelles il ſort comme de la bouë, & par ce moyen l'animal guerit.

CHAPITRE CLIX.

MANIERE DE CHASTRER les Cheuaux ou Poulains.

POVR chaſtrer les Cheuaux il faut obſeruer premierement l'âge, en ſecond lieu la ſaiſon de l'année, & enfin le temps de la Lune. Pour ce qui eſt de l'âge on peut chaſtrer le Poulain encore qu'il n'euſt que neuf iours, ou à quinze iours ſi les teſticules ſont deſcendus: & pour dire la verité le pluſtoſt qu'on le chaſtrera ce ſera le mieux, tant pour ſon accroiſſement, que pour la figure & le courage: quoy que quelques-vns ſouſtiennent que le terme le plus long eſt à deux ans; mais ils ſe trompent, & n'ont que de vaines raiſons.

Si c'eſt vn Cheual que vous voulez chaſtrer, il ne faut pas parler de ſon âge: car il eſt hors de doute qu'vn habile Mareſchal peut chaſtrer vn Cheual en quelque temps que ce ſoit, pourueu qu'il prenne le ſoin qu'aucune erreur ne ſe commette pendant ſon traitement.

Pour ce qui eſt de la ſaiſon de l'année, la meilleure eſt le Printemps, entre Avril & May, ou au commencement de Iuin au plus tard, ou bien vers la fin de Septembre.

Pour ce qui eſt de la Lune, le temps le plus propre eſt quand elle eſt en ſon croiſſant.

Pour ce qui eſt de la maniere de chaſtrer, elle eſt telle, ſoit que ce ſoit Poulain ou Cheual. Premieremẽt vous le renuerſerez ſur de la paille ou ſur le fumier, & prenãt les teſticules auec les premiers doigts, vous ferez vne inciſion auec vn coûteau bien trenchant, aſſez grande pour preſſer le teſticule dehors, & non pas dauantage: puis auec des petites tenailles faites d'acier, de boüis, ou de breſil bien polies, preſſez les vaiſſeaux qui s'inſerent dans le teſticule, bien prés de l'inſertion dans le testicule si serré, qu'il n'arriue point de flux de sang : en suite auec vn fer mince à tirer lequel sera rougy, vous couperez le testicule : apres vous prendrez vn emplastre dur fait de resine, de terebenthine, & cire fonduës ensemble, & le ferez fondre sur le bout des vaisseaux & ligaments suspensoires des testicules : puis borderez du fer chaud lesdits vaisseaux, & ferez fondre de vostre emplastre dessus, & y en appliquerez bien espois, & en suite vous ouurirez les tenailles, & en ferez autant à l'autre testicule; puis vous remplirez les deux incisions sur les testicules de sel blanc, & oindrez le dehors auec tout le ventre du Cheual & les cuisses de graisse de porc lauée, & apres faites-le leuer, & le tenez dans quelque escurie, ou dans quelqu'autre lieu bien chaudement, ou il pourra se promener çà & là, n'y ayant rien de meilleur pour vn Cheual en tel rencontre qu'vn exercice moderé. Que si apres cette operation, vous apperceuez que la verge & les parties voisines s'enflent extraordinairement, alors vous oindrez ces parties, & le ferez marcher durant vne heure chaque iour; & il sera bientost guery sans aucun empeschement.

CHAPITRE CLX.

DE LA MANIERE DE COVPER *la queuë aux Cheuaux.*

LE retranchement de la queuë aux Cheuaux n'est pas vne chose qui se pratique tant parmy les autres nations, qu'en Angleterre & en Irlande, à cause des pesants fardeaux que nos Cheuaux portent continuellement; & d'autant plus que nous sommes fort persuadez que ce retranchement rend l'espine du dos plus forte & plus capable de porter des fardeaux, comme nous l'experimentons tous les iours.

Cette

Cette operation se fait en cette sorte. Premierement vous tasterez auec le doigt & le poulce pour trouuer le troisiesme article depuis l'insertion de la queuë, l'ayant trouué, leuez tout le poil & le renuersez, puis prenez vne petite corde bien forte & la tournez à l'entour de cét article & la serrez à deux de toute vostre force, puis faites vn morceau de bois aussi gros que la queuë du Cheual, dont le bout soit poly, & le mettez entre les pieds de derriere du Cheual, apres que vous aurez lié ses quatre pieds en sorte qu'il ne puisse remuër, vous mettrez sa queuë dessus, & ayant pris vn cousteau bien affilé, vous poserez le trenchant autant que vous pourrez iuger entre le quatriesme & le cinquiesme article, puis auec vn gros marteau de Mareschal frappant sur le dos du cousteau, vous couperez la queuë en deux.

Que si vous voyez le sang couler, c'est signe que la corde n'est pas bien serrée, c'est pourquoy vous la serrerez encore dauantage : Que si le sang ne coule pas, c'est vne marque qu'elle est assez serrée : cela estant fait vous prendrez vn fer chaud, de la grosseur du circuit de la chair de la queuë du Cheual, fait en cette maniere,

afin que l'os de la queuë puisse passer par le trou de ce fer, & ainsi vous borderez la chair iusques à ce que vous l'ayez mortifiée, & lors que vous appliquerez le fer de la sorte, vous verrez l'extremité des veines paroistre comme des mammelons : ce que voyant vous continuërez toûjours d'appliquer le fer chaud dessus, iusques à ce que tout soit poly, égal & durcy, en telle sorte que le sang ne puisse plus couler à trauers de l'escharre, alors vous pourrez hardiment deslier la corde, & deux ou trois iours apres que vous verrez la playe se pourrir, vous l'oindrez de beurre frais, ou bien de graisse de porc & de terebenthine iusques à ce qu'il soit guery.

CHAPITRE CLXI.

POVR FAIRE VNE ESTOILE blanche ſur quelque partie du Cheual.

SI vous voulez en quelque temps que ce ſoit faire vne eſtoile blanche ſoit au front, ſoit en vne autre partie du corps du Cheual vous prendrez, ſelon l'aduis des anciens Mareſchaux, vn morceau de tuile, ou d'ardoiſe & la ferez chauffer toute rouge, & la reduirez en poudre ſubtile, puis vous prendrez des oignons de lys, racines de marguerites, racines de roſes ſauuages, dites cynorrhodon, de chacun pareille quantité, & apres les auoir fait ſeicher vous les mettrez en poudre ſubtile, & la meſlerez auec la premiere: apres raſez le poil de l'endroit du Cheual ou vous voulez faire l'eſtoile, & auec cette poudre frottez-le rudement iuſques à ce qu'il ſoit preſque tout eſcorché: en ſuite prenez vne bonne quantité de feüilles de chevrefeüil, & ſemblable quantité de miel & d'eau, dans laquelle aura boüilly vne taupe, puis faites diſtiller le tout, & auec cette eau l'auez l'endroit malade durant trois iours, & gardez-le du vent: ainſi vous verrez incontinent croiſtre le poil blanc en cét endroit. Et cette recepte a eſté eſprouuée fort ſouuent.

Il y a d'autres Mareſchaux qui prennent vne eſcreuiſſe & la font roſtir, eſtant toute bruſlante ils lappliquent ſur l'endroit ou ils veulent auoir du poil blanc, cela fera tomber le vieil poil, & celuy qui croiſtra apres ſera blanc.

Les autres ont de couſtume apres auoir raſé l'endroit de prendre le jus d'oignons acres ou de porreaux, & d'eſtuuer l'endroit auec: puis de prendre du pain d'orge tout boüillant ſortant du four, & l'appliquer ſur la partie raſée, le laissant dessus iusques à ce qu'il soit refroidy : puis ils oignent la partie de miel, & le poil qui croistra sera blanc.

Les autres apres qu'ils ont rasé l'endroit, le frottent de sel, puis pendant quinze iours, deux fois chaque iour, ils le lauent d'vne decoction de taupe & de graisse de porc.

D'autres font bouillir vne taupe dans de l'eau salée trois iours de suite, ou dans de la lie forte, & quand la liqueur est consumée, ils en versent d'autre : auec cette decoction chaude ils oignent l'endroit qui a esté rasé, & cela fait venir le poil blanc promptement. D'autres prennent du fiel de chevre & en frottent la partie rasée, & cela fait venir le poil blanc. D'autres prennent du laict de brebis qu'ils font bouillir, & trempent dedans vn linge, lequel ils appliquent bien chaud, le renouuellant iusques à ce qu'on puisse oster en frottant & auec les doigts tout le poil : apres cela ils appliquent le laict tiede deux fois le iour, iusques à ce que le poil reuienne, lequel sans doute sera blanc.

Il y en a d'autres qui prennent des racines de concombre sauuage, & deux fois autant de nitre, meslez auec de l'huile & du miel : ou bien faut adjoûter aux racines de concombre, du sel nitre pilé & du miel, & en oindre l'endroit rasé ; cela fera venir le poil blanc.

D'autres prennent vne brique & frottent assez doucement la partie, iusques à ce que par la continuation ils ayent leué le poil & la peau, de la grandeur qu'ils veulent auoir l'estoille, puis ils l'oignent de miel iusques à ce que le poil reuienne, ou bien ils font rostir vn trognon de choux, comme on feroit vne poire, ou prennent vn œuf durcy comme vne pierre, & comme ils sortent tout chauds du feu, ils appliquent l'vn ou l'autre sur le front du Cheual, ce qui l'eschaudera, puis ils l'oignent de miel iusques à ce que le poil reuienne.

Enfin pour vous faire voir la plus belle experience que i'aye iamais trouuée qui est infaillible. Vous n'aurez qu'à prendre vn poinçon bien pointu & long fait exprés, que vous pousserez en haut entre la peau & l'os aussi long que l'estoile doit estre, & en le poussant vers le haut, vous separerez la peau de l'os de la grandeur que vous voulez que vostre estoile soit : cela estant fait vous prendrez vn morceau de plomb fait comme le poinçon , & retirant le poinçon vous fourerez le plomb dans le mesme trou : puis vous fourerez le poinçon en croix par le front dessous le plomb , & y mettant vn autre morceau de plomb , vous verrez qu'ils representeront au front du Cheual cette figure,

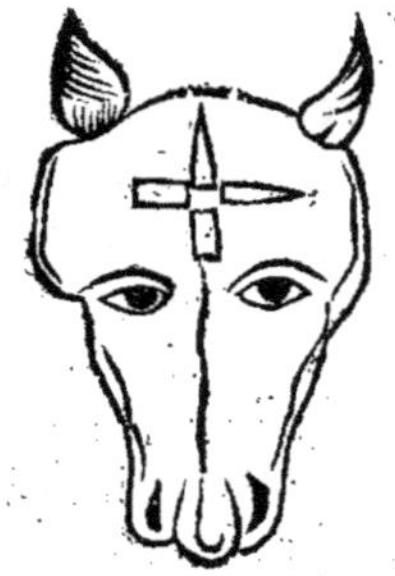

Ce qu'estant fait , vous prendrez vn fil fort propre à coudre des sacs , & le pressant sous les quatre bouts des plombs , & tirant bien fort, par ce moyen vous ramasserez la peau vuide en forme d'vne bourse , tournant & remuant souuent le fil , en sorte que le verrez faire cette figure.

Cela estant fait , vous laisserez cela ainsi durant quarante - huict heures, auquel temps la peau sera mortifiée: alors vous pourrez détacher le fil & retirer les plombs , & auec la main appliquez la peau contre le front bien ferme , & bien-tost apres vous verrez le poil tomber , & le poil qui viendra en suite sera blanc.

Il y a quelques Mareschaux qui ne fourẽt point ces plombs, & ne se seruẽt point de fil gros: mais font vne incision au front, & ouurent la peau des deux costez ; puis y mettent vne corne ou vne placque de plomb , grande comme on veut que soit l'estoile , & laissent cela ainsi iusques à ce que la peau se mortifie. Alors ils ostent la corne ou le plomb , & fomentent la partie de miel & d'eau , dans laquelle auront bouilly des mauues , & cela fait venir le poil blanc : cette experience est aussi asseurée : mais elle fait vne vilaine playe, & est vn peu lente à faire son effet.

CHAPITRE CLXII.

MANIERE DE FAIRE VNE estoile noire.

SI d'aucunefois vous voulez faire vne estoile noire sur vn Cheual blanc. Il faut prendre vn scrupule d'ancre, & quatre scrupules de bois de laurier rose puluerisé, incorporez cela auec autant de suif de mouton qu'il faudra, frottez-en la partie, & cela noircira le poil blanc.

D'autres prennent de la racine de fougere & de la sauge boüillie dans de la lie, & en lauent l'endroit, & cela fera venir le poil noir : mais vous deuez lauer la partie souuent.

D'autres Mareschaux prennent la roüille d'escume de fer & du vitriol, qu'ils broyent auec de l'huile : ou bien prenez de l'ancre des Corroyeurs, des galles & de la roüille de fer : pilez-les bien ensemble, & oignez-en la partie, & cela changera le poil noir en blanc.

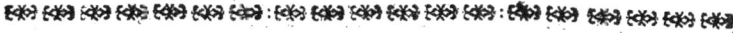

CHAPITRE CLXIII.

POVR FAIRE VNE ESTOILE *rouge au front du Cheual.*

SI vous souhaitez de faire au front du Cheual, ou en quelqu'autre partie vne estoile rouge, vous prendrez de l'eau forte vne once, pour vn sol d'eau de vie, de l'argent la valeur de quinze sols, ou d'vn teston : mettez-les dans vne phiole de verre & les faites chauffer, puis oignez-en l'endroit, & incontinent apres il se changera en couleur parfaitement rouge ; & demeurera seulement ainsi iusques à ce que le poil tombe : c'est pourquoy il faudra reiterer cela toutes les fois que le poil tombera, si vous voulez que l'estoile continuë.

CHAPITRE CLXIV.

LE MOYEN DE FAIRE VENIR *le poil promptement fort espois & bien long.*

SI vous voulez que le poil croisse promptement en quelque partie qui est nuë, & qu'il deuienne espois ou il est fort clair ; ou bien long ou il est court : vous prendrez, selon l'aduis des anciens Mareschaux l'vrine d'vn petit garçon & en lauerez l'endroit : apres cela prenez de la lexiue faite de chaux viue, ceruse & litharge, & en lauerez souuent le poil : ce qui fera croistre bien-tost le poil bien long & bien espois.

D'autres Mareschaux lauent l'endroit auec de l'eau, dans laquelle ont bouilly les racines de guimauues : puis apres ils le desseichent doucement auec la main. Et cela fait croistre le poil.

D'autres oignent la partie d'huile meslée auec des cendres faites auec cocques de noix bruslées, ou bien de coquilles de limaçons bruslées, & cela fera croistre aussi le poil.

D'autres prennent de l'aigremoine pilée auec du laict de chevre, & en oignent la partie : ou bien de l'huile dans laquelle aura boüilly vne taupe, & frottent la partie de l'vn ou de l'autre : & cela fera croistre beaucoup le poil.

D'autres prennent des crottes de chevre, de l'alun, du miel, & du sang de porc, & meslent tout ensemble, les remuant iusques à ce qu'ils soient tout prests de boüillir, & de cela tout chaud en frottent la partie qui n'a point de poil.

D'autres prennent de la semence d'orties broyée auec miel, eau, & sel : puis en frottent la partie.

D'autres prennent la racine de lis blanc, pilée & cuite auec de l'huile, & en oignent la partie.

D'autres prennent du jus d'oignon, ou bien du jus de raues, & en frottent la partie.

D'autres prennent de la poix liquide, de l'huile d'oliue, & du miel boüillis ensemble, & en frottent la partie rase.

D'autres Mareschaux prennent de la suye du cul d'vn chauderon, qu'ils meslent auec du miel & de l'huile, & en oignent la partie.

Il y en a encore d'autres qui prennent le brou de noix vertes, & les font brusler pour les reduire en cendre, laquelle ils meslent auec du miel, de l'huile, & du vin, & en oignent la partie. Ce qui fera croistre le poil à merueille.

CHAPITRE CLXV.

POVR RENDRE LE POIL FIN & poly.

SI vous voulez rendre le poil de voſtre Cheual doux, poly, & luiſant ; vous le tiendrez chaudement auec pluſieurs couuertures aux enuirons du cœur : car le moindre froid externe fera heriſſer le poil : puis vous le ferez ſuër ſouuent ; car cela détachera toute la pouſſiere & l'ordure qui ſont ſur la peau : Et lors que le Cheual ſuëra vous prendrez vne vieille lame d'eſpée, & tournant le fil vers le poil, vous raclerez toute l'eſcume blanche & ſueur qui paroiſtra au deſſus ; cela rendra ſa peau égale & polie.

Enfin quand vous luy tirerez du ſang vous l'en frotterez, & le laiſſerez ainſi durant trois ou quatre iours, & le ferez fort bien eſtriller & penſer : cela le rendra luiſant comme vn verre.

CHAPITRE CLXVI.

LE MOYEN D'OSTER LE POIL de quelque partie du Cheual.

SI vous voulez en quelque temps que ce ſoit oſter le poil de quelque partie du Cheual. Vous diſſoudrez dans de l'eau, ſelon l'aduis des plus anciens Mareſchaux, huict onces de chaux viue, & la ferez boüillir iuſques à la conſomption de la quatrieſme partie : puis vous y adjoûterez

rez vne once d'orpiment, & en ferez vn emplaſtre que vous appliquerez ſur la partie, laquelle en peu d'heures leuera tout le poil.

Il y en a d'autres qui font boüillir dans de l'eau de riuiere de la roüille & de l'orpiment, & auec cela ils lauent bien chaudement la partie: cela oſtera bien-toſt le poil.

CHAPITRE CLXVII.

LA MANIERE DE RENVERSER le Cheual.

LORS que vous voudrez renuerſer voſtre Cheual, apres l'auoir mené dans vn lieu conuenable, comme ſur l'herbe, ou ſur vn fumier, ou dans vne grange ſur la paille, vous prendrez vne longue corde & la mettrez en double, & ferez vn nœud à vne aulne proche du col, & la mettrez à l'entour, puis vous la mettrez à l'entour des quatre pieds, & à l'entour des paſturons de derriere ſous le poil de la fourchette; puis vous mettrez les bouts de la corde proche le col, & tirerez promptement: apres vous attacherez les bouts, & tiendrez la teſte en bas, deſſous laquelle vous tiendrez toûjours bonne quantité de paille.

Que ſi vous voulez marquer voſtre Cheual ſur les feſſes, ou faire quelque choſe aux jambes de derriere pour empeſcher qu'il ne regimbe, prenez les pieds de deuant, & quand vous voudrez le marquer, que le fer ſoit autant rouge qu'il faut pour border le poil & buſler la peau entierement, auant que de le laſcher: & ainſi vous ne perdrez point vôtre peine.

CHAPITRE CLXVIII.

POVR CONNOISTRE L'AAGE d'vn Cheual.

ON connoist l'âge d'vn Cheual ou aux dents, ou à la corne, où à la queuë, ou aux barres du palais: On le reconnoist aux dents en cette maniere. A l'âge de deux ans il change les quatre dents de deuant, à trois ans il change celles qui sont les plus proches, & il n'en paroist que deux de chaque costé dessus & dessous, en haut & en bas. A l'âge de quatre ans il change les dents les plus proches de celles-là, & il ne luy reste plus de dents de laict, qu'vne de chaque costé, en haut & en bas. A cinq ans il n'a point de dent de laict par deuant: mais alors il change les dents canines des deux costez. A l'âge de six ans il pousse les dents canines, prés desquelles vous verrez croistre vn petit cercle de chair nouuelle & tendre: de plus la dent canine sera blanche, petite, courte & pointuë. A l'âge de sept ans les deux dents de deuant de la maschoire inferieure seront cauues auec vne petite tache noire: Et à l'âge de huict ans toutes les dents seront pleines, polies & lisses, & la tache noire sera entierement ostée: les canines seront vn peu jaunes sans aucun cercle de nouuelle chair. A neuf ans les dents de deuant seront fort longues, larges, jaunes, & salles, & les canines obtuses. A dix ans il n'y aura point de trous dans les canines de la maschoire d'enhaut, ce que vous pourrez sentir auec le doigt: & pouuez toûjours sentir ces cauitez iusques à cét âge-là parfaitement: de plus les tempes commenceront à s'abbattre. A l'âge d'onze ans les dents seront longues extremement, fort jaunes, noires & sales, elles trencheront également, & celles d'en-bas seront directement opposées à celles de dessus. A l'âge de douze ans les dents seront longues, jaunes, noires, & salles : mais alors les dents d'en-haut s'auanceront dauantage que celles d'en-bas. A treize ans les canines seront toutes vsées iusques à la maschoire, si c'est vn Cheual qui a beaucoup trauaillé: autrement elles seront noires, sales, & longues comme les defenses du sanglier.

Si la corne du Cheual est ridée, & comme ourlée, auec vne bordeure qui est l'vne sur l'autre, si elle est seiche, pleine, & remplie de croustes c'est signe de vieillesse : comme au contraire si elle est humide, polie, caue, & raisonnante, c'est signe de jeunesse.

Si en prenant auec le doigt & le poulce le gros de la queuë du Cheual prés les fesses & proche de l'insertion, & qu'en le comprimant vn peu fort, & en tastonnant vous découurez vn article plus eminent que les autres, de la grosseur d'vne noisette; alors vous pouuez presumer que le Cheual n'a pas dix ans. Que si les articles sont tout vnis & sans vne telle inegalité il a passé dix ans, & a pour le moins treize ans.

Si les yeux du Cheual sont pleins, ronds, & estincelans, quasi sortans de la teste, si les cauitez qui sont au dessus de l'œil sont remplies, polies, & au niueau des tempes, n'ayans point de rides ny à l'entour des sourcils, ny dessous les yeux: alors on jugera que le Cheual est jeune. Autrement si vous voyez des characteres contraires c'est signe de vieillesse.

Si vous esleuez la peau en quelque partie du corps auec le doigt & le poulce, comme si vous la separiez de la chair, & si en la quittant elle retourne promptement en la place d'où vous l'auez tirée, & qu'elle soit polie & vnie sans rides; alors c'est vne marque que le Cheual est jeune, plein de force & de vigueur : mais si apres que la peau a esté esleuée de la sorte auec les deux doigts, elle demeure ainsi & ne retourne pas en son lieu; alors c'est vn signe que le Cheual est fort vieux & vsé.

Enfin si vn Cheual qui estoit de couleur sombre ou noirastre, deuient grisastre seulement vers les sourcils, ou dessous le crin, c'est vne marque infaillible d'vne extreme vieillesse.

CHAPITRE CLXIX.

POVR FAIRE QV'VN CHEVAL vieil paroisse jeune.

PRENEZ vn petit fer recourbé de la longueur d'vn grain de bled de froment, & l'ayant fait rougir au feu : faites vn trou noir au sommet des deux dents, des deux costez de la maschoire inferieure en deuant, tout proche les canines: puis auec vn certain instrument propre à creuser les dents, rendez beau le dehors : apres quoy auec vn fer à racler bien aiguisé, nettoyez & blanchissez toutes ses dents : cela estant fait prenez vne lancette, & faites vn petit trou sous les cauitez des yeux du Cheual lesquelles s'abbaissent, seulement à trauers la peau : puis l'esleuant introduisez-y vne plume fort petite comme d'vn corbeau, ou autre semblable : & soufflez sous la peau iusques à ce que toute la cauité soit remplie de vent. Cela estant fait retirez la plume, & mettez le doigt vn petit moment sur le trou, afin que le vent y demeure que vous y aurez soufflé : ainsi le Cheual paroistra comme s'il n'auoit que six ans.

CHAPITRE CLXX.

POVR EMPESCHER QVE LE Cheual ne hennisse, soit estant seul, soit courant auec d'autres Cheuaux.

SI estant à la guerre, craignant d'estre descouuert, ou pour quelque autre raison, vous ne voulez pas que vôtre Cheual hennisse, ou qu'il fasse du bruit : alors vous prendrez vne bande de drap, auec laquelle vous enueloppe-rez la langue de vostre Cheual, & ferez plusieurs tours de bande à l'entour, vers le milieu de la langue. Croyez que pendant que la langue sera ainsi enueloppée, le Cheual ne pourra pas hennir, ny faire aucun bruit extraordinaire auec sa voix : ce qui a esté esprouué plusieurs fois.

CHAPITRE CLXXI.

POVR RENDRE LE CHEVAL vif à l'esperon.

SI le Cheual est dur à l'esperon & s'arreste, soit par son inclination naturelle, soit par lassitude, ou quelque autre accident; vous le raserez de la largeur d'vne sauciere des deux costez, iustement à l'endroit ou il le faut picquer de l'esperon : puis auec vne lancette vous ferez cinq ou six picqueures des deux costez ; puis esleuant la peau de dessus la chair, vous mettrez dans les trous vne bonne quantité de sel bruslé, ce qui fera apostumer la playe : apres vous le laisſerez ainſi repoſer pendant trois iours, ſans le faire marcher aucunement: le troiſieſme iour eſtant paſſé vous ferez monter vn petit garçon ſur le Cheual auec des eſperons, & ferez picquer le Cheual à l'endroit des playes: apres cela vous lauerez la partie auec de l'vrine, du ſel, & des orties bouïllies enſemble: cela luy cauſera vne cuiſſon ſi grande qu'il ne ſouffrira iamais apres cela l'eſperon. Cela eſtant fait vous le laiſſerez en repos trois iours durant apres eſtre laué; puis vous prendrez vne chopine de miel, auec lequel vous oindrez ſes flancs vne fois le iour, iuſques à ce qu'ils ſoient gueris.

CHAPITRE CLXXII.

POVR FAIRE MARCHER VN *Cheual retif, ou qui eſt laſſé.*

SI voſtre Cheual ſuiuant le naturel des roſſes & mauuaiſe inclination, ou manque de courage, eſt ſi retif ou ſi laſſé, qu'il ne veüille pas aduancer: mais qu'il s'arreſte & demeure immobile comme vne buche; alors vous ferez vn nœud coulant à l'entour des teſticules, en ſorte qu'il ne puiſſe eſchapper: puis vous tirerez le bout de la corde entre les ſangles & le corps du Cheual, & la paſſant entre les jambes de deuant du Cheual, prenez le bout de la corde auec la main eſtant aſſis ſur la ſelle du Cheual, puis vous ferez auancer le Cheual; & quand il commence à deuenir retif ou à s'arreſter, alors tirez la corde & ſerrez les teſticules, ce faiſant vous le verrez marcher incontinent, & apres l'auoir ainſi traité durant quinze iours, il perdra entierement cette mauuaiſe couſtume.

CHAPITRE CLXXIII.

POVR FAIRE QV'VN CHEVAL suiue son Maistre, & qu'il le découure & le reconnoisse parmy la foule.

SI vous voulez qu'vn Cheual ait vne telle passion pour vous, que non seulement il vous suiue par tout, mais qu'il se mette en peine de vous reconnoistre, & d'aller vers vous aussi-tost qu'il vous aura reconnu.

Vous prendrez vne liure de farine d'auoine, y adjoûtant vn quarteron de miel, & en ferez vn gasteau, & le mettrez dans vostre sein proche la peau : apres vous vous exercerez & courerez iusques à ce que vous soyez en sueur : puis enduisez vostre gasteau de cette sueur : cela estant fait tenez vostre Cheual à jeun durant vingt-quatre heures; puis donnez-luy le gasteau à manger, lequel ayant mangé incontinent apres vous le destacherez, lors non seulement il vous suiura auec ardeur; mais mesme il vous cherchera quand il vous aura perdu : & quoy que vous soyez enuironné d'vne multitude de personnes, toutefois il vous trouuera & vous reconnoistra. Ne manquez pas toutes les fois qu'il approchera de vous de cracher dans sa bouche, & enduire sa langue de vostre saliue : ce faisant il ne vous abandonnera iamais.

Fin de la seconde Partie.

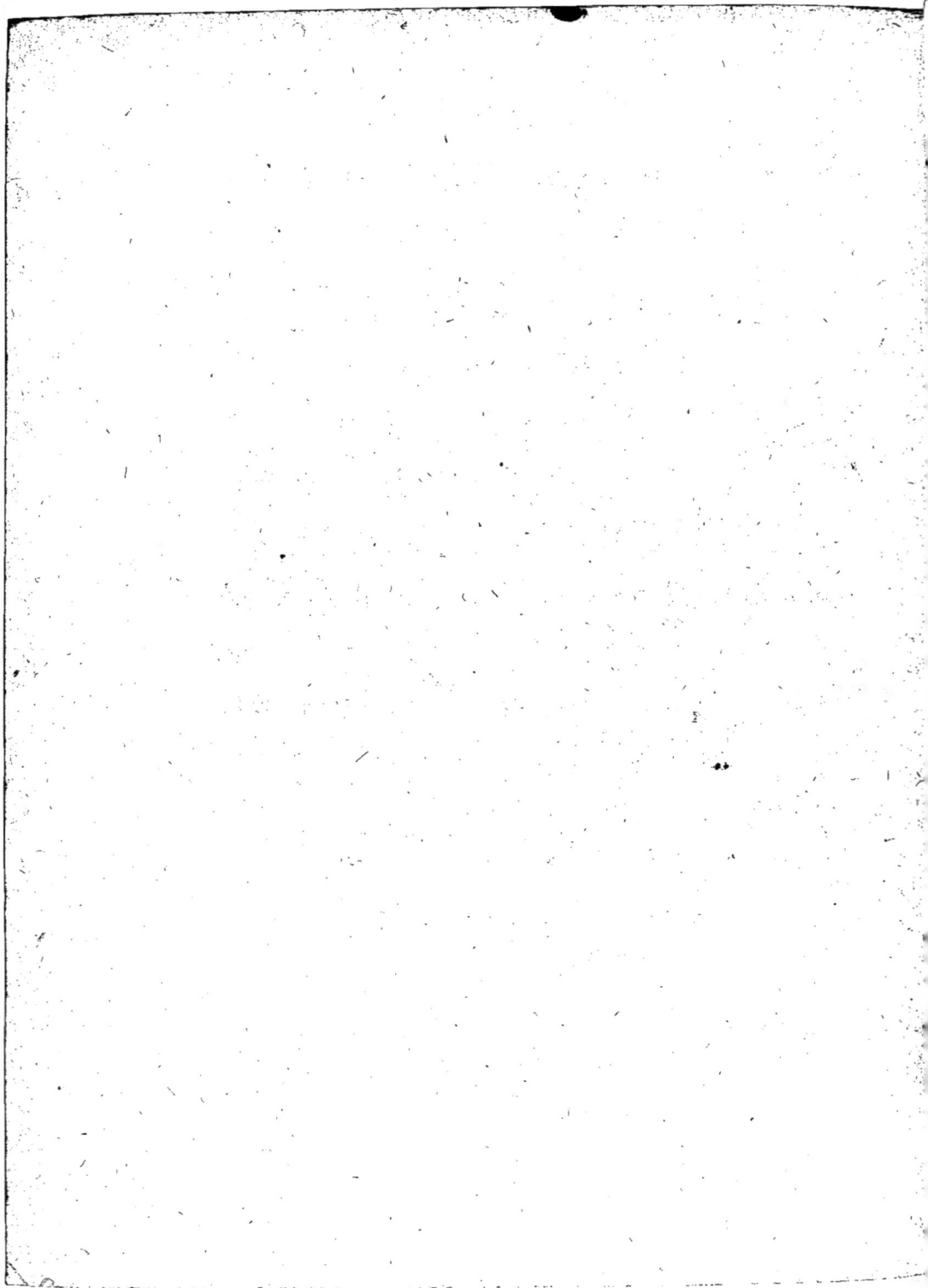

NOVVEAU TRAITÉ DV HARAS,

QVI ENSEIGNE LE MOYEN D'ELEVER DE

tres-beaux Poulains, & la maniere de les dresser, comme aussi de gouuerner les estalons & les Iuments Poulinieres, tant durant qu'apres la portée.

OVVRAGE TRES-VTILE & tres-necessaire à la Noblesse, qui est curieuse d'auoir de beaux & de bons Cheuaux.

TROISIESME PARTIE.

NOVVEAV TRAITE' DV HARAS,

PREMIERE PARTIE, DE toutes les diſpoſitions des choſes requiſes pour auoir de beaux & de bons Poulains.

CHAPITRE PREMIER.

DES CHOSES NECESSAIRES pour dreſſer vn haras, & de la maniere d'eſleuer des bons Poulains.

LEs Haras ſont comme vne pepiniere, d'où les grands Seigneurs & Gentilshommes tirent beaucoup de fruict, d'vtilité, & de plaiſir : ils ſont comme les magaſins & les reſeruoirs des beaux & des bons Cheuaux; deſquels il ſe fait en ſuite vne diſtribution à tout le Royaume pour le bien public, & pour la neceſſité d'vn chacun.

Plusieurs qui ne sçauent pas la maniere de dresser & entretenir ces Haras, ne seront pas faschez d'apprendre icy plusieurs choses pour faire reüssir vne si glorieuse entreprise.

Il faut premierement choisir vn lieu commode qui soit bien temperé, fertile en herbes, & abondant en eaux viues pour y nourrir & esleuer des Cheuaux d'estime & de valeur: car quoy que la terre soit la mere commune de tous les animaux; si est-ce qu'ils se plaisent & profitent plus en certains lieux qu'en d'autres: d'où vient que les Poulains qui paissent en diuers lieux, peuuent en vn mesme iour se nourrir le matin d'herbes bonnes & conuenables à leur complexion, & le soir se nourrir de mauuais fourage, qui ruine & détruit la vigueur de leurs corps, & les empesche de croistre & de profiter.

En second lieu, il faut auoir soin d'esloigner tout ce qui peut corrompre & infecter le lieu du Haras, comme sont les pourceaux, boucs, brebis, & bœufs, ausquels on n'en doit pas permettre la frequentation, laquelle est tres-preiudiciable aux jeunes Cheuaux, à cause de l'antipathie qu'il y a des vns auec les autres.

En troisiesme lieu, il ne faut pas seulement auoir esgard à l'election du lieu; mais aussi à la saison de l'année: c'est pourquoy il faut choisir & construire telles retraites aux peres, aux meres, & à leurs enfans que l'Hyuer, ny l'injure de l'air ne les puisse offenser: il faut les tenir dans des bocages hauts, secs, & pierreux prés des vallées, esuitant les lieux steriles qui procureroient leur perte, & aussi les lieux marescageux qui seroient cause que toute la race y prendroit mauuaise corne: ce qui seroit fort fascheux & dommageable: d'autant que c'est la sole qui soustient tout le corps du Cheual, laquelle n'ayant pas les qualitez qu'elle doit auoir, le Cheual est rendu inutile & infructueux.

En quatriesme lieu; il faut que le gouuerneur du Haras obserue deux choses pour en tirer de l'honneur & du profit. La premiere est, qu'encore que ce soit vne maxime generale, qu'il faut tenir les Poulains en des lieux esleuez: neantmoins il est à propos de les mener dans les vallées au poinct du iour, & les y laisser paistre iusques à ce qu'ils ayent beu. La seconde est de les conduire apres aux montagnes qu'il aura remarquées les plus herbuës, & ce pour deux considerations : La premiere, d'autant que par ce mouuement le sabot s'endurcit, les membres se desflient & se fortifient, & le phlegme se dissipe; de telle sorte que les Cauales & les Poulains en sont plus dispos: L'autre est que l'ardeur du Soleil n'y est pas si grande qu'il n'y ait abondance de pasturages, & qu'il n'y ait des arbres pour s'y retirer à l'ombre & se deffendre de la chaleur au haut du iour. En suite il les fera descendre les montagnes vers le soir, tant pour les exercer doucement, que pour trouuer dans les vallées qui sont à couuert des rayons du Soleil, des herbes fraisches, pour les abbreuuer aux Riuieres & Fontaines aux heures ordonnées à cét effect, pour les retenir-là iusques à ce que le Soleil soit couché, & pour les laisser passer agreablement la nuict dans les campagnes & dans les prairies, estans gardez & deffendus des loups par des bons chiens. Il est absolument necessaire d'obseruer cét ordre, si on veut recueillir quelque vtilité de son Haras.

CHAPITRE II.

QVELLES QVALITEZ DOIVENT auoir les Cauales pour porter de beaux & de bons Poulains.

LA nature de la Cauale est bien peu differente de celle du Cheual, si ce n'est qu'elle est d'vn temperament plus froid & plus humide, qu'elle n'est si forte ny si courageuse, quoy qu'elle paroisse plus gentille & plus delicate, elle est aussi plus desdaigneuse, & ne le surpasse en rien qu'à la course, s'en trouuant en Arabie de si grande haleine (à ce qu'on dit) qu'elles courent cinquante lieuës en vn iour.

Et d'autant que chaque animal engendre son semblable, non seulement à l'esgard de l'espece; mais aussi à l'esgard de la disposition du corps & des inclinations, il faut choisir des Cauales qui n'ayent aucun defaut, ny aucun vice en toutes les parties de leur corps, pour porter de bons Cheuaux capables de rendre de bons seruices.

Ie croy que ce qui peut nous donner des marques principales de leur bonté & perfection, est la robbe qui les couure, à laquelle vous joindrez aussi leurs actions.

Quant à la robbe, c'est à dire le poil, il seroit à desirer qu'il fut de l'vne de ces quatre couleurs, à sçauoir bay chastain, ou gris pommelé, ou alezan bruslé, ou roüan à teste de more; d'autant que l'experience fait voir tous les iours que la nature a fort auantagé les Cheuaux qui ont le poil de telle couleur, par dessus les blancs & les noirs, les pies & les tauelez: pour ce qui est de leurs actions, elles doiuent estre fieres & hautaines, leur taille doit estre bien proportionnée à leur courage, estant jointe auec la force, la vitesse, la gayeté & gentillesse requise.

Outre ces choses qui rehaussent la dignité des Cauales de Haras, la beauté les rend d'autant plus recommandables qu'elles tiennent moins de ganaces, qu'elles ont la teste bien deschargée, le col plus longuet que court, plus gresle que gros & gras, & bien orné de crin long & frisé. Le ventre grand pour conceuoir & porter commodement de beaux Poulains. Les parties basses & le reste du corps doit estre à proportion de la teste, du col, & du ventre, les mammelles doiuent estre saines & entieres, afin de bien alaitter leurs petits; veu que le Poulain sans laict est comme celuy qui est sans mere, & qui ne peut eschapper le peril de la mort, si ce n'est par la diligence & l'industrie de son gouuerneur.

CHAPITRE III.

A QVEL AAGE ON DOIT *faire couurir les Cavalles.*

IL ne faut pas ſoumettre la Cavalle à l'eſtalon auant qu'elle ait atteint l'âge propre, & ait acquis les forces conuenables pour porter ſon Poulain : autrement elle ne produira que de foibles auortons : c'eſt pourquoy ceux-là ſont inconſiderez, qui ayans plus d'eſgard à la quantité des Poulains qu'on peut tirer d'vne Cavalle qu'à leur bonté, la commettent à l'eſtalon preciſément à deux ans : car en cét âge elle n'a pas encore atteint la perfection ny la vigueur du corps qu'elle doit auoir, pour produire vn fruict parfait, & non ſeulement en ce bas âge elle ne peut pas produire des Poulains vigoureux ; mais meſme cette charge qui luy arriue auant le temps ruine ſon corps entierement, de ſorte que non ſeulement le premier Poulain qu'elle portera ſera beaucoup defectueux ; mais meſme tous les autres qu'elle aura en ſuite ne feront pas meilleurs, ſi elle eſt tous les ans employée au Haras. Et lors qu'on la croira inutile à produire vne belle race, s'il arriue qu'on la retire du Haras pour la mettre à la ſelle ou à la charge, elle ſe trouuera ſi foible ſous l'homme, & ſous les fardeaux qu'on n'en pourra tirer aucun ſeruice ; cela fait voir euidemment que la precipitation en telle affaire ne vaut rien, & ne fait qu'auancer la ruine des Haras.

D'ailleurs il y en a qui ſont ſi mauuais meſnagers & profitent ſi mal du temps, qu'ils ont nourry des Cavales iuſques à ſix ans ſans les faire couurir, s'imaginans qu'elles ne ſont point capables de porter qu'à la ſeptieſme année, laquelle eſt le terme de leur perfection, & que les Poulains qui en prouiendront en cét âge ſeront plus forts & plus robustes que si elles estoient plus jeunes. Pour moy ie suis d'aduis que celuy qui pretend tirer quelque profit de ses Caualles, ne doit pas s'arrester à l'vne ou à l'autre de ces extremitez, c'est à dire qu'il ne doit pas anticiper, ny differer le vray & legitime temps qu'elle est propre à porter, & par consequent qu'estant assez forte & vigoureuse pour porter à quatre ans, si elle s'y voit disposée, on ne doit pas differer de la presenter à l'estalon pour apporter quelque profit à son Maistre, & par le present qu'elle luy peut faire de deux Poulains, depuis quatre iusques à sept ans, le desdommager des frais & des despenses qu'il pourra auoir fait pour l'entretien du Haras.

Et comme la Caualle qui à deux ou trois ans ne peut porter aucun fruict de valeur à cause de la foiblesse de son âge, aussi celle qui est vieille est inutile pour la mesme raison : c'est pourquoy le gouuerneur du Haras qui doit esuiter ces extremitez, n'en doit faire couurir aucune qui n'ait atteint l'âge de quatre ans, & pas vne qui ait passé l'âge de quatorze ans, si ce n'est qu'il ait reconnu qu'il y en eust d'assez gaillardes, pour pretendre d'elle encore quelque braue Poulain. Il doit aussi prendre garde de n'en retenir aucune qui soit inutile, auec celles qui sont capables de porter fruict ; afin que celles qui sont nourrisses profitent de la nourriture que les steriles pourroient prendre si elles demeuroient dans le Haras, & que leurs Poulains aussi se ressentent de ce benefice.

CHAPITRE IV.

QVELLES QVALITEZ DOIT AVOIR *l'estalon pour estre parfait, & quelles sont les choses qui le rendent defectueux & inutile.*

ON a dit de tout temps que la valeur & le courage viennent de race, que les Lyons engendroient des Lyons, & que les Aigles produisoient des Aigles. On ne sçauroit mieux appliquer qu'à ce sujet ce que dit Horace [*Ode 4. carm. Sess. 4.*],

Fortes creantur fortibus & bonis,
Est in iuuencis, est in equis patrum
Virtus : ne imbellem feroces
Progenerant aquilæ columbam.

C'est à dire que les vaillans & les genereux doiuent leur bonne naissance à ceux qui les ont produit ; que dans les Taureaux & dans les bons Cheuaux, reluit & esclatte la vertu des peres, & qu'il n'arriue point que les Aigles fiers engendrent des Colombes foibles & imbecilles : c'est pourquoy si on veut auoir de bons Poulains & tels qu'on les peut desirer, il faut faire choix d'vn excellent estalon digne des Cauales que l'on nourrit, il ne faut rien espargner pour cela : car l'experience nous fait voir que les Cheuaux de bataille engendrent des Cheuaux intrepides, courageux & infatigables. Et au contraire qu'vn Estalon pesant & melancholique ne produit des Poulains qu'on ne peut destiner à autre employ qu'à porter le bas & à tirer la charette : mais pour bien choisir vn Estalon, il faut qu'il ait toutes les perfections qui le peuuent rendre recommandable.

Quant à son temperament il doit estre chaud, mais temperé par son humidité : il sera tel quand il aura la legereté, la promptitude & la hardiesse : mais pour en faire vne representation plus iuste, il faut faire vne description particuliere de toutes les parties qui le peuuent rendre accomply, & qui peuuent contribuër à sa perfection, laquelle on reconnoistra quand sa taille qui doit estre de moyenne grandeur sera bien proportionnée à tous les membres de son corps, cela dépend de leur legitime conformation qui se remarquera. Premierement en la teste si elle est petite, bien déchargée & si seiche, qu'il semble que l'os & la peau se touchent, estant ainsi formée elle donne des marques de majesté, de force, d'allegresse, de vigueur & de grand courage, & principalement quand les veines paroissent par tout ou la nature les a placées, & que les machoires ne releuent point de la ganace, quand il a les oreilles petites & estroites, & qu'il les porte droites & égales, les yeux gros, noirs, nets, & plus eminents en dehors, qu'ils ne sont enfoncez au dedans, les narines ouuertes, grandes & enflées, la bouche mediocrement fenduë, l'estoile au front s'il est bay ou alezan, le col longuet & fourny de crin long & frisé, le garot aigu, s'il est plus haut du deuant que du derriere, s'il a les espaules & la poictrine larges, charnuës, & musculeuses; l'eschine courte, dure, & ronde; les costes longues comme celles du bœuf, les fesses & les hanches pleines dedans & dehors de muscles; la croupe releuée & cauée, la queuë longue & épaisse, les jambes seiches & nerueuses, ny trop grosses, ny trop gresles, les jointures courtes, & les sabots noirs, lissez, durs, hauts, ronds & creux, bien ouuerts & releuez vers le talon.

Et comme toutes ces qualitez le font estimer beaucoup; aussi celles qui s'ensuiuent le font mespriser, à sçauoir lors qu'il mord, qu'il est indocile, qu'il a mauuaise bouche, qu'il est retif, lunatique, courbatu, poussif, fourbu, & ayant quelque defaut en quelque partie de son corps : estant ainsi disposé il n'est pas iugé propre pour le Haras, car il communiqueroit ſes defauts & manquements aux Poulains qu'il engendreroit. On peut mettre en ce rang celuy qui n'auroit qu'vn teſticule, ou qu'il les a tous deux trop aualez, gros, & enflez, d'autant qu'il eſt ordinairement ou ſterile, ou qu'il produit ſon ſemblable, comme pareillement celuy qui aura fait quartier neuf, qui ſera borgne ou aueugle par accident ou par maladie, ne doit iamais eſtre employé à l'œuure de la generation, à cauſe que telles defectuoſitez luy diminuënt ſa vigueur & ſa gaillardiſe accouſtumée.

Pour ſe preualoir du parfait eſtalon, il faut que les Caualles répondent à ſa taille, auſſi bien qu'à ſon poil, & à ſon courage: de ſorte que ſi le Haras eſt peuplé de grandes, hautes, & groſſes Iuments, il faut que l'eſtalon ſoit vn haut, fort, & puiſſant coureur, ou rouſſin. Et ſi elles ſont trapes, il faudra leur en donner vn qui ſoit d'entre-deux ſelles: ou bien il faudra imiter ce qui ſe pratique en pluſieurs lieux, qui eſt, ſi on veut auoir des Cheuaux de moyenne taille, de faire vn meſlange d'vn grand eſtalon auec vne petite Caualle, & d'vne grande auec vn Cheual de la riche taille. Quoy qu'il en ſoit, ie trouuerois à propos de ne pas employer aux Haras d'autres Cheuaux que des Coureurs, des Genets, des Friſons, des Turcs, & des Barbes: à cauſe qu'ils ont toûjours excellé au deſſus des autres.

CHAPITRE V.

DE QVEL AAGE ON DOIT prendre l'Estalon, & combien de temps il doit seruir au Haras.

QVOY qu'il y ait des personnes qui estiment que le Cheual peut engendrer dés l'âge de deux ans, & que d'autres l'accouplent auec des Cauales à l'âge de quatre ans, mesmement sortant du Haras, & sans estre dressé ny instruit : neantmoins les plus iudicieux croyent qu'il ne doit pas estre employé à l'œuure de la generation auant l'âge de six ans pour le moins : & cela n'est pas sans raison & fondement : car quiconque considerera ce que vaut l'instruction au Cheual neuf, il trouuera par experience que c'est elle qui le despoüille de toutes ses mauuaises habitudes & inclinations, & qui luy montre à se bien seruir de ses forces & de son courage: si bien que l'art seruant de pierre de touche pour descouurir ce que le Cheual a dans l'ame & dans le cœur, s'il a bonne bouche & de belles inclinations; & d'ailleurs la foiblesse qui accompagne son bas âge ne permettant pas de le fatiguer dans ces exercices, il vaut mieux attendre que l'âge de six ou sept ans, & la discipline l'ayent formé pour s'en seruir apres au Haras.

Il est en la force & puissance d'engendrer depuis six ans iusques à douze, & quoy qu'on en ait employé autrefois à cette action qui estoient âgez de dix-huict ou de vingt ans, & que Columelle rapporte qu'il s'en soit trouué de puissans à la generation à l'âge de trente-trois ans, & Aristote à quarante ans, si est-ce que ie ne voudrois pas les employer à cette action en vn âge si auancé, me persuadant qu'ils ne pourroient pas produire des Poulains courageux & bons au seruice.

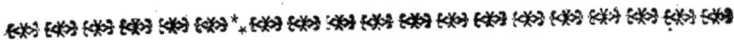

CHAPITRE VI.

DV TEMPS QVE LES CAVALLES doiuent estre couuertes, & quand il faut leur donner l'Estalon.

LEs Caualles sont amoureuses en toute saison : mais elles sont plus viuement esprises d'amour depuis l'equinoxe qui est le vingt-deuxiesme de Mars, iusqu'au solstice d'Esté qui est le vingt-deuxiesme de Iuin, qu'aux autres saisons de l'année ; c'est pourquoy prenant l'occasion aux cheueux, le gouuerneur du Haras pourra en ce temps-là leur donner la joüissance des estalons qui leur seront propres, ayant cependant esgard à la qualité de l'air, & des lieux destinez à la nourrirure de ces animaux, qui naissent ordinairement vn an apres la copulation.

Pour choisir le temps propre & conuenable, il faut descouurir quand les Caualles seront en chaleur, & si elles desirent l'estalon, ce que l'on reconnoist par quelques-vns de ces signes ; à sçauoir, quand elles joüent de leur queuë plus souuent qu'à l'ordinaire, & sans estre forcées par les mousches ; ou lors qu'elles changeront le ton de leur voix, ou qu'elles vuident par les parties genitales qui seront plus enflées & plus chaudes que de coustume, vne certaine humeur semblable à la semence ; ou qu'elles se réjoüissent entr'elles, & pissent plus qu'auparauant ; ou qu'elles ne songent pas à manger, ou lors qu'elles trepignent & battent souuent la terre auec les pieds, que si on les trouue en cét estat, il faut leur presenter l'estalon deux fois le iour : vne fois le matin auant qu'il ait beu, & vne autre fois le soir, en l'vne des manieres qui sera declarée cy-apres.

CHAPITRE VII.

A COMBIEN DE CAVALLES peut fournir vn Estalon, & à quoy on le peut reconnoistre propre à la generation.

IL ny a aucun exercice qui affoiblisse plus l'estalon que l'acte de la generation: pour ce sujet plusieurs les ont tellement espargnez durant leur jeunesse, qu'ils n'ont iamais fait couurir en vn an plus de douze Cauales à vn ieune & foible estalon, & plus de quinze à celuy qui est fort & robuste, afin de leur conseruer la vie en vigueur & santé plus parfaite, de laquelle ils ne pourroient pas joüir long-temps s'ils faisoient vn plus grand effort: car c'est vne chose asseurée qu'il ny a rien qui abbrege tant le cours de leur vie que la precipitée & trop frequente conjonction.

Pour auoir quelque preuue certaine de la valeur de l'estalon, il le faut esprouuer en luy presentant vne Caualle: car si son humeur le porte à l'amour, il ne manquera de montrer ce qu'il sçait faire, & n'espargnera ny pieds, ny force, ny courage, pour se dégager des mains de celuy qui la luy produira, afin d'en joüir à son aise, & s'il est en chaleur, il luy faudra donner la permission de la couurir à son gré, & il faut essayer de receuoir quelque goute de sa semence sur quelque linge pour esprouuer sa valeur, d'autant que si elle est visqueuse & épaisse sans s'estendre sur ledit linge, ce seroit signe d'vn parfait Estalon: au contraire si elle s'estendoit dessus le linge comme de l'eau ce seroit vne marque de son impuissance, & de la froideur de la semence qui seroit aqueuse.

CHAPITRE VIII.

COMMENT IL FAVT NOVRRIR *l'Estalon, tant auant que durant la conjonction.*

ON dit à bon droict que la nourriture passe nature, & il faut auoüer que les forces defaillent à tous les animaux qui sont priuez des alimens necessaires pour leur conseruation, ainsi que l'experience le fait voir particulierement aux Cheuaux, lesquels ne peuuent rendre aucun bon seruice s'ils ont quelque faute de viures, sur tout il faut auoir grand soin du traitement de l'Estalon auant qu'il se joigne à la Caualle, & d'vne autre maniere que l'on feroit, si on ne vouloit se seruir de luy que pour faire vne promenade, ou vne visite d'amy, d'autant que l'on espere tirer vne ample recompense de sa production, & que manquant à ce deuoir, il y auroit sujet de craindre sa ruine & sa perte.

Et d'autant que chaque sorte d'aliment à vne qualité & proprieté particuliere, qui n'est reconnuë que par les espreuues qui en ont esté faites, & que ceux qui en ont fait l'experience cy-deuant, ont dit qu'il y en auoit quelques-vns qui auoient la vertu d'augmenter la puissance generatiue des animaux, en purifiant & augmentant leur sang & leur semence, il sera fort à propos de rapporter icy les remarques plus considerables qu'ils ont faites sur ce sujet.

Les Italiens se seruent pour leur nourriture des herbes que la terre leur fournit en cette saison, de sorte qu'ils ne leur donnent aucune autre nourriture vn mois auant leur copulation; tant pour les purger que pour rafraischir leur sang: au lieu qu'il y en a d'autres qui n'ont recours qu'aux drogues des Apotiquaires, & à la flãmette du Mareschal pour leur ouurir les veines des deux costez du col, sans considerer que la perte du sang qu'ils souffrent par la saignée, ne peut estre si promptement reparée par le bon traictement qu'ils luy peuuent faire, qu'ils ne se ressentent plus laches & moins habiles à l'œuure de la generation : au contraire ceux qui ne mangent que des herbes, se purgent & se renouuellent si agreablement, que par ce nouueau changement ils prennent tant de vigueur & de force, qu'ils demeurent toûjours frais, alaigres, prompts, & legers durant tout le temps de l'exercice venerien.

Il est bien vray que ces herbes n'ont point d'autre vertu que de le rafraischir & le réjoüir, si ce n'est qu'elles soient secondées de quelque autre aliment : c'est pourquoy celuy qui en prendra le soin ne doit pas manquer de luy donner double ordinaire d'orge ou de febves, auec quelque peu de poivre ou de zingembre, ou de sel, tant pour corriger leur crudité, que pour rendre la semence plus chaude, espaisse & visqueuse.

Et d'autant que l'exercice à la vertu de dissiper l'humeur pituiteuse, & de rendre les membres plus souples & adroits, on doit faire en sorte que l'Estalon en prenne auec moderation, & qu'il se promene doucement tous les matins auant que l'abbreuuer, iusques à ce qu'il commence à couurir les Caualles qu'on luy a destinées, & qu'il satisfasse sa passion.

Ie ne voudrois pas qu'on luy presentast aucune Caualle, qu'il n'eust mangé auparauant vne bonne souppe au vin, tant pour réjoüir & fortifier les esprits du cœur, que pour conseruer sa chaleur naturelle qui ne se dissipe que trop par le cou ; & lors que l'heure de l'abbreuuer est venuë, au lieu de le mener à l'eau courante, ie luy donnerois tout son saoul à boire de l'eau blanche, dans laquelle ie meslerois quelque peu de sel auec le son, ou auec la farine dont elle seroit composée. Pendant tout le reste du temps je luy ferois lauer souuent le nez & les nazeaux auec du meilleur vin blanc qu'on pourroit trouuer, afin de luy descharger le cerueau.

CHAPITRE

CHAPITRE IX.

COMMENT IL FAVT DONNER *l'Estalon aux Caualles, & de la copulation qui se fait à la main.*

POVR faire reussir vne entreprise il faut esloigner toutes les difficultez qui s'y presentent. C'est pourquoy le Caualier doit tenir la main à faire reussir la conjonction de l'Estalon auec la Caualle. Le meilleur moyen qu'il puisse employer est de faire attacher la Caualle qui est en chaleur, & qu'il voudra faire couurir entre-deux piliers, ou deux arbres, laquelle doit estre soignée de quelqu'vn qui puisse habilement & promptement la détacher, aussi-tost que l'Estalon l'aura couuerte.

Pour se conduire sagement en ce rencontre, le gouuerneur ayant couuert la teste d'vn caueson de corde plustost que de fer, afin de luy causer moins d'ennuy, le sortant hors de son escurie, & tenant toûjours sa corde qui doit estre longue de six pieds, si bien empaquetée en sa main droite, qu'il luy en puisse autant donner qu'il luy en faudra pour sa liberté, tant pour accoster & sentir que pour monter la Caualle, il le conduira prés d'elle, & le tenant de la main gauche fort prés de sa teste, si adroitement toutefois qu'il ne s'en accointe point, qu'il ne l'ait mis en belle & bonne humeur, par les tours & détours, allées & venuës qu'il luy aura fait faire à l'entour des piliers, ou arbres ou elle l'attendra, lesquels doiuent estre plantez en telle sorte, que le terrain puisse donner de l'auantage à l'Estalon, par quelque éleuation de terre, assez prés des pieds de derriere de la Caualle afin de soulager les siens, & de ne se pas fouler si tost si toute la place estoit égale.

Et afin de le laisser joüir à son aise de la Caualle, il faudra luy lascher de la corde à mesure qu'il approchera d'elle, & quand il sera aux prises auec elle, il faudra se contenter de la tenir seulement par le bout, afin qu'il aye la liberté toute entiere de joüir d'elle à son gré, & selon ce qu'elle luy permettra : & pour empescher qu'elle ne le refusast, il faudroit esprouuer en quelle disposition elle se trouue par l'entre-veuë de quelque autre Cheual, sans qu'il s'en ensuiuit autre chose que la mine & la contenance de le vouloir receuoir : car il est à presumer qu'ayant par moyen ressenty quelque émotion elle ne se defendra nullement d'admettre l'Estalon : mais il faut que lors qu'il la montera, quelqu'vn luy leue la queuë, & luy ayde doucement à faire l'introdu-ction de peur qu'il ne décharge hors de sa nature, le laissant dessus prendre ses ébats tant qu'il voudra.

Aussi-tost qu'il sera descendu de dessus la Caualle, celuy qui en aura le soin doit monter dessus promptement, & la contraindre de marcher au trot bien fort, s'il ne peut l'obliger à aller au petit galop iusques à quatre ou cinq cens pas au delà, de peur que si elle demeuroit en repos qu'elle ne rejettast sa semence, comme toutes ont accoustumé de faire si on n'y prend garde, & si on n'y remedie, en leur jettant quantité d'eau fraische contre la nature, & en leur baignant de cette eau la crouppe & le ventre : pendant qu'on la trai-ctera de la sorte, le gouuerneur de l'Estalon le retirera & le promenera doucement d'vn autre costé, le tenant en laisse, & le menant en lieu ou il ne la puisse point reuoir, que quand il le trouuera disposé à l'embrasser pour vne seconde fois, ce qu'il luy faudra permettre, & non pas dauantage pour ce iour-là, se comportant enuers l'vn & l'autre comme auparauant, sinon qu'il les faudra promener, à sçauoir l'E-stalon pour le moins vne demie heure, & la Caualle vne ou deux heures entieres auant que les remener dans l'escurie, ou il la faudra traicter comme il a esté dit cy-dessus. Apres cette promenade, il n'importe pas de la laisser paistre auec ses compagnes, pourueu qu'il ne s'y rencontre aucun Cheual, & qu'on luy fist passer quelque eau ou elle fust contrainte de nager, ou du moins de se bien baigner auant que de s'y rendre, & qu'elle ait mesmement vriné.

Et afin de ne la point trop presser en ses amours, il est bon de ne luy faire pas reuoir son amant que huict iours apres, lors qu'on doute qu'elle n'ait pas retenu la semence & qu'elle n'aura pas conceu, ce qui se pourra remarquer par ses deportemens, qui seront tels que nous les auons déja representez: ou en luy presentant vn Cheual de bas prix, lequel si elle fait mine de desirer, c'est vn témoignage certain qu'elle n'est pas pleine; ainsi se venant rejoindre à son amant, elle s'y rendra si soûmise qu'elle ne s'en départira point ou rarement qu'elle n'aye conçeu.

Si l'Estalon est jeune, ou si c'est la premiere fois qu'il s'esprouue au congrés, quoy que les apprentifs soient aussi habiles que les maistres en ce mestier, neantmoins pour luy aiguiser l'appetit, il n'est rien tel que de luy presenter quelque Caualle qui sçache bien le mestier, & qui soit portée de mesme ardeur que luy à la generation, afin que par la bonne reception qu'elle luy fera, elle luy imprime au cœur le desir de la bien seruir: car si on luy presentoit vne jeune Iument & qui fust éperduëment amoureuse, ils pourroient tous deux faire tant de folies, qu'ils n'occuperoient leurs esprits & leurs forces qu'à se diuertir, au prejudice du jeune Estalon, lequel outre qu'il mépriseroit les Caualles qui auroient déja porté; il auroit d'ailleurs beaucoup de peine & de tourment tant en ses poursuites, que pour le regret qu'il auroit de l'absence de sa bien-aymée, de telle sorte qu'il en pourroit perdre le boire & le manger, & deuenir par ce moyen si maigre & si défait qu'il feroit pitié.

CHAPITRE X.

DE LA COPVLATION QVI SE fait dans la campagne, & en pleine liberté.

QVOY qu'il semble que la liberté de la campagne donne cét auantage à l'Estalon, de prendre seulement son diuertissement auec les Caualles qu'il aime le plus, & de ne suiure que les mouuemens de sa volonté, & qu'ainsi ce qui prouient de telles conjonctions peut estre plus dispos & plus gaillard, que ce qui naist de la copulation qui se fait à la main: si est-ce que le temps a fait voir par experience que cette procedure est accompagnée de plusieurs incommoditez & d'infortunes, en sorte qu'on a esté contraint iusques à present de ne s'en seruir qu'à l'égard des Cauales de mediocre valeur: car outre le soin continuel que doit auoir le gouuerneur du Haras de toutes les Caualles en general, il faut qu'il prenne vn soin particulier de chacune, & faire en sorte que les vnes ny les autres ne puissent offenser l'Estalon qu'il leur presentera, par les continuelles ruades qu'ils luy donnent pour se dégager de luy par defaut d'amour: autrement il esprouuera d'heure à autre qu'amour forcé n'engendre que playes & bosses.

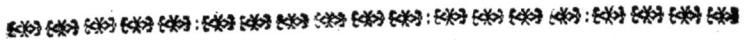

Auant que de le mettre en liberté auec celles qu'on estimera conuenable à sa force & à son courage, il luy faudra bien lauer les genitoires auec du bon vin blanc, dans lequel on aura fait boüillir la queue d'vn cerf qui aura esté auparauant bruslée & reduite en poudre, à cause qu'elle a en soy la vertu d'échauffer, d'émouuoir la nature, & l'inciter à l'acte venerien, comme fait pareillement le basilic domestique & sauuage, & sur tout il ny a rien qui le puisse éguillonner, que de luy faire prendre de la poudre des testicules de Cheual meslée auec du vin blanc, qui aura esté vaillant au combat de Venus. Les Caualles qui en auront pris seront aussi plus eschauffées ; & si on veut encore les inciter dauantage à l'acte, il faut leur frotter la nature d'oignons & d'orties pilées ensemble.

Pour ce qui est du temps qu'on le doit laisser en campagne pour joüir de celles qui le voudront admettre, les plus aduisez ne luy permettent pas d'y demeurer plus de six ou sept heures le iour, pour auoir experimenté qu'il peut durant cette liberté faire quatre bons offices à celles qu'il affectionnera dauantage. Ils veulent aussi que celuy qui en prendra le soin reconnoissant qu'il en sert plus, vne ou deux que les autres, qu'il les luy oste aussi-tost qu'il les aura couuertes trois ou quatre fois pour quelques iours ; tant afin que les autres en prennent leur part, que pour leur donner le moyen de faire fructifier la semence qu'elles auront pû retenir.

Ie ne veux pas passer sous silence l'opinion que i'ay, & que ie voudrois estre obseruée touchant la conjonction de l'Estalon qui est, que supposé qu'il se soit aujourd'huy déchargé quatre fois, qu'il faut au moins le laisser reposer le lendemain, afin que cette intermission donne loisir à la nature de faire d'autre semence, pour produire de nouueaux fruicts qui pourront estre masles, si elle est autant espaisse & visqueuse qu'elle doit estre, & telle qu'elle pourra estre, si pendant cét interualle on le traite bien dans l'escurie : au lieu qu'elle deuiendroit si fluide & si foible, qu'elle ne produiroit que de foibles femelles, si on ne luy accordoit cette intermission.

Mais si cette procedure semble trop ennuyeuse à ceux qui voudroient voir aussi tost la fin que le commencement de cét accouplement, pour suppléer à leur impatience, ie leur conseille d'auoir deux estalons, & de les y faire trauailler alternatiuement : par ce moyen leurs Caualles s'empliront d'heure en heure, & si doucement que les jeunes Cheuaux n'en seront foulez aucunement, à cause du repos & du bon traictement qu'on leur fera.

CHAPITRE XI.

DE LA COPVLATION LIBRE en apparence, & toutefois contrainte.

QVOY qu'on die que celuy-là n'est pas échappé qui traisne son licol, si est-ce l'Estalon en la sorte qu'il est icy representé, ne se peut pas dire estre sujet à son gouuerneur, depuis qu'il l'aura introduit au parquet, ou il aura resserré les Caualles qu'il luy voudra faire couurir: car encore qu'il porte toûjours son caueſſon en teste, si est-ce qu'estant hors de ses mains, il peut se diuertir aussi librement auec celles qui luy plairont le plus, que s'il estoit en pleine campagne: veu que sa liberté n'est pas si fort condamnée par les palissades, qui toutefois la bornent, qu'il ny puisse donner carriere à ses esprits, & contenter ses fantaisies: à cause que ce parquet doit auoir pour le moins cent pas de longueur, & autant ou bien peu moins de largeur, & que les barrieres qui y sont doiuent estre de telle hauteur, que les vns ny les autres ne puissent passer par dessus.

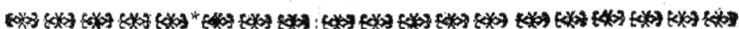

Ce qui peut rendre cette maniere de copulation recommandable, & ce qui en peut reussir, est qu'elle tient le milieu entre celle qui se fait à la main, & celle qui se fait à la campagne & en pleine liberté, & que toute la difference qui y peut estre, n'est qu'en ce que le conducteur de l'Estalon luy donne licence de faire tout ce qu'il veut & peut, depuis qu'il luy a mis la corde du caueſſon sur le col; au lieu que lors qu'il le tient en main, il n'a pas plus de liberté que la corde est longue, & qu'il le tient en subjection aussi bien apres qu'auant l'action: De plus estant à la campagne il n'y a rien qui l'empesche de suiure les Caualles par tout ou elles vont; au lieu que dans le parquet ny luy ny elles n'ont pas la permiſſion de s'egayer plus au loing : ioint auſſi que celuy du parquet ne doit y demeurer le matin que iuſques à ce qu'il ait couuert la Caualle deux fois, & le ſoir autant, à cauſe qu'il ny peut pas toûjours croiſtre autant d'herbes qu'il en faut pour leur nourriture.

CHAPITRE XII.

DE L'IMAGINATION DES Caualles, & comment elles peuuent faire leurs Poulains de tel poil qu'on les voudra.

C'EST vne choſe aſſeurée que l'Eſtalon d'vn poil & la Caualle de l'autre font porter vne troiſieſme liurée à leur Poulain, ou bien vne couleur plus haute ou plus baſſe que la leur ; comme il ſe voit par effect qu'vn Cheual bay & vne Iument alezane font leurs petits pommelez.

La raiſon de cette diuerſité ſe tire des climats, pays, & paſturages differents, ou de l'imagination de la mere, ou du defaut de l'vn ou de l'autre, ou de tous les deux enſemble ; quoy que le plus ſouuent il tienne de la complexion du pere.

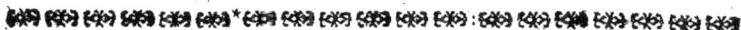

Nous auons parlé cy-deuant des lieux & des aliments qui rendent le Haras bien fortuné : maintenant il faut dire quelque choſe de l'imagination de la Cauale, qui a vne grande puiſſance ſur la faculté formatrice, & pour imprimer l'idée qu'elle ſe forme ſur le corps de l'animal durant ſa conception ; ſoit qu'elle en prenne l'occaſion d'elle-meſme ; ou qu'on l'oblige à ce faire par quelques repreſentations qu'on luy met au deuant : par exemple on croit que ſi on couure l'Eſtalon d'vn manteau de pluſieurs couleurs, auant que de le preſenter à la Caualle qu'on luy voudra faire couurir, & qu'on le luy laiſſe contempler à ſon aiſe aussi bien apres qu'auant la joüissance, que son fruict portera les marques de son imagination, & la diuersité des couleurs en son poil.

Il y en a quelques autres qui veulent qu'on fasse vne peinture de celuy qu'on leur veut donner, quelque temps auant que de les faire couurir, & qu'on la laisse apres en leurs escuries, à cause que telles figures les conuie & les excite à l'amour, & frappent leur imagination, & pour ne rien obmettre de ce qui est necessaire pour obtenir ce qu'ils desirent, ils veulent qu'on ne tienne aucuns Cheuaux ny Poulains parmy elles de mauuaise marque, ou qui soient incommodez en leur santé, de peur que tels objets ne ruinassent la bonne esperance qu'on pourroit auoir de leur fruict.

Quant au defaut de nature, on voit par experience que l'Estalon qui n'a qu'vn testicule engendre son semblable, & ce qui est de plus admirable, qu'on peut leur faire conceuoir masle ou femelle, en luy en liant vn des deux, à sçauoir le gauche pour auoir vn masle, & le droict pour auoir vne femelle, ainsi que dit Columelle, & pour reconnoistre lequel elle fera de l'vn ou de l'autre, il faut prendre garde de quel costé il se jettera en descendant; que s'il tombe du costé droict, il aura engendré vn masle, s'il descend du costé gauche ce sera vne femelle. Quelques-vns sont d'aduis de la faire couurir trois iours auant la pleine Lune pour en auoir vn masle, & trois iours apres pour luy faire conceuoir vne femelle.

CHAPITRE XIII.

DES CAVSES DE LA STERILITÉ tant des Estalons que des Caualles.

IL ny a point de doute que le Caualier ne reçoiue vn notable déplaisir quand il reconnoist vn Cheual inhabile à la generation, lequel d'ailleurs a toutes les perfections qu'on peut desirer en vn Estalon; ou lors qu'il a des Caualles en son Haras doüez de belles qualitez, qui cependant ne peuuent gratifier leur Maistre d'aucune production. Pour effacer ces regrets & remedier à cét inconuenient, il faut connoistre la cause de ce deffaut.

La sterilité procede ou du defaut de l'Estalon, ou de celuy de la Iument, ou conjoinctement de l'vn ou de l'autre: quant à l'Estalon, ou il sera sterile à cause de sa trop grande jeunesse, ou à cause de sa grande vieillesse: d'autant qu'en l'vne & en l'autre de ces âges la semence n'est pas bien elaborée mais est trop aqueuse, froide, & humide; à cause que la nature est entierement occupée à parfaire l'accroissement de celuy qui est jeune, & à conseruer celuy qui est vieil: si bien qu'employant toute sa force à en esleuer & parfaire l'vn iusqu'à l'âge de cinq ou six ans pour le seruice du Caualier, & à empescher la ruine totale de l'autre extenué du trauail & de la peine qu'il a endurée, elle les rend tous deux inutiles aux Haras, l'vn deuant cinq ans, & l'autre apres les quinze, ou comme quelques-vns veulent apres vingt & trente, voire mesme quarante ans; quoy que neantmoins depuis quinze ans iusques à la fin de leur vie, ils ne sont plus propres à la generation.

En tous les deux âges ils peuuent encore estre impuissans ou de naturellement, ou par violence: naturellement s'ils sont de froide & humide, ou trop chaude complexion, ou si la longueur de leur verge ne correspond pas à la capacité de la matrice de la Caualle : par violence s'ils se sont addonnez de trop bonne heure à l'œuure de la generation; ou si en âge conuenable ils ne s'y sont espargnez en aucune saison : Pour le regard de l'intemperie, il est certain que tenans plus du froid & de l'humide que du chaud & humide bien moderez, ils ne peuuent faire aucune production dans vne terre trop froide ou trop chaude, telle qu'est la Iument Pouliniere, & ainsi le Haras sera sterile par le defaut de l'vn & de l'autre conjoinctement, suiuant cette maxime de Physique, que c'est la chaleur qui donne l'estre & la forme à la chose, & dispose la matiere à la receuoir. Supposez que la Iument soit de temperament chaud & humide ; & que par ce moyen elle puisse par sa chaleur rechauffer la semence qu'elle receura, laquelle sera froide & humide ; si est-ce que la retenant elle ne fera qu'vne femelle ; d'autant qu'elle sera plus humide que chaude : ou si c'est vn masle il sera si foible & delicat, qu'il ne vaudra pas la despense qu'on fait pour sa nourriture. Quant à l'impuissance qui vient de l'excez & de la precipitation de l'acte venerien, elle est assez connuë par l'experience. Pour ce qui est de la mauuaise conformation du membre, elle consiste ou en vne longueur excessiue, ou au de ladite longueur, & à cause que la semence qui decoule dans la matrice perd de sa force & de sa chaleur, il ne s'en peut rien former.

Les Caualles sont steriles, ou pour estre trop grasses, ou trop maigres, ou trop jeunes, ou trop vieilles, ou à cause qu'elles ont la matrice mal disposée à la generation, par sa froideur ou chaleur immoderée. L'excez de graisse fait que le Poulain n'ayant pas assez d'espace pour se remuër au ventre de sa mere, y perd la vie auec la liberté auant qu'arriuer à my-terme, & entraisnant souuent sa mere à la mort.

Le defaut de nourriture abrege sa durée & le fait mourir en naissant, ou viure dans l'infortune. Si elles sont couuertes estans encore trop jeunes, cela les empesche de croistre, & fait qu'estans plustost meres qu'elles ne sont venuës à perfection, elles ne conçoiuent que des auortons. La vieillesse les enuironne de tant d'infirmitez, qu'elles ont bien de la peine pour quelque soin qu'on en prenne de se maintenir en bon estat. Et quand la matrice est intemperée pour estre trop froide ou trop chaude, il ne s'y fait aucune conception, la chaleur consumant la semence, & la froideur l'esteignant.

CHAPITRE XIV.

PAR QVELS MOYENS ON PEVT rendre feconds les Estalons & les Caualles steriles.

IL n'y a point de maladies si difficiles à guerir que celles dont on ne reconnoist pas la cause, & au contraire il n'y a point de si grand mal dont on ne puisse arrester le cours quand on en connoist l'origine. La sterilité est sans doute le plus grand mal qui puisse affliger le Haras. C'est pourquoy il faut descouurir quelles sont les causes qui produisent ce mal, pour en pouuoir garantir les Estalons & les Iuments qui en seront entachées, & pour en auoir de la race: I'espere qu'en practiquant les remedes & les regles qu'il faut obseruer en combattant ce mal, que le Seigneur du Haras n'en receura que joye & profit.

Si on reconnoist donc que la trop grande jeunesse du Cheual empesche l'œuure de la generation, la nature luy en desniant la puissance au dessous de cinq ans, il faut auoir patience, & attendre qu'il ait atteint l'âge conuenable, se souuenant qu'vn bien vient assez à temps pourueu qu'il arriue: Que si la vieillesse est cause de cette sterilité, il faut en desabuser le Haras, en y introduisant vn autre qu'on jugera plus capable d'occuper sa place.

Mais si vn Cheual qui est en sa perfection est si dédaigneux, que les Caualles ne le puissent obliger à l'amour, quoy qu'il ait assez d'âge & de force pour s'en mesler, on l'y pourra inciter par artifice, en introduisant vne esponge dans la nature de quelque Iument qui demande le masle, & luy en frottant les narines, ou la luy tenant si bien attachée au muséau auec quelque fisselle, qu'il en ait toûjours l'odeur pour en estre si puissamment chatoüillé qu'il s'en puisse mettre en telle humeur, qu'il fasse paroistre par ses actions le desir qu'il a de paruenir à la joüissance de ce qu'il auoit auparauant refusé: Et en cas que cela ne l'attire point à la copulation, il pourra y estre conuié plus viuement, en luy mettant quelques feüilles d'orties vertes dans la bouche, & luy oignant les testicules, la verge, le trou, & toute la raye du cul d'vne drachme d'huile, de graine de moustarde, & autant de noix d'inde: mais auec cela il sera expedient de luy faire prendre par la bouche, au matin estant à jeun, de la poudre de testicules de Cheual, qui en son temps aura esté bon Estalon, ou de Renard, ou de Lievre, ou de verras, ou de la semence de mercuriale, ou des racines de satyrion trempées dans le meilleur vin qu'on pourra trouuer: & luy faudra donner à manger copieusement des lentilles, erfs & febves, & mesler parmy son orge du fenu-grec, de l'orobe, de la semence de raues, d'orties, & de roquette, & luy épargner tout exercice qui le puisse plus lasser que recréer.

Pour échauffer celuy qui sera de si froide & humide complexion qu'il ne pourra engendrer, à cause que sa semence sera si claire & fluide, qu'elle ne se pourra attacher à la matrice de la Caualle qui la receura, il faut le tenir en quelque escurie moderement chaude, l'exercer auec discretion: parce que le trop grand repos luy pourroit amasser vne si grande abondance d'humeurs, que la superfluité luy en seroit à la fin pernicieuse, si elle n'estoit éuacuée par quelque exercice moderé, dont l'effect est de luy recréer les esprits, resueiller la chaleur naturelle, & purifier le sang de ces superfluïtez: & comme les alimens froids diminuënt la chaleur de l'animal, il s'ensuit aussi que les alimens chauds la fortifient & l'entretiennent; c'est pourquoy il faudra luy donner à manger du foin au lieu de paille, & luy resueiller les sens par le moyen des remedes déja mentionnez, qu'on pourra encore fortifier de froment boüilly, & ne luy permettant de boire que de l'eau, dans laquelle on aura meslé de la fleur de farine dudit froment & de bon miel, & outre les huiles susdites, on pourra se seruir de celle de béen ou de poivre blanc, qui ont la vertu d'échauffer les plus morfondus, que si son impuissance ne vient que des excez qu'il aura faits auec quelques Caualles, le plus grand remede pour le guerir est de luy donner du repos, & de le bien traicter.

Pour corriger la sterilité des Caualles, supposant que le trop de graisse qu'elles ont, leur remplit la matrice de tant d'humidité, qu'elles ne puissent retenir la semence du Cheual, ou qu'ayant conçeu le fruict ne soit suffoqué, celuy qui en aura le soin pourra leur faire desseicher cette partie, auant que de les faire couurir, faisant introduire le bras & la main de quelqu'vn qui les aura menus & déliez, laquelle tiendra vne esponge pour nettoyer la matrice, & la rendre par ce moyen si alterée, qu'elle ne s'occupera qu'à conseruer ce que l'Estalon y aura semé, à cause de l'humidité visqueuse qui accompagnera sa chaleur : Si on ne veut pas y employer la main, ie conseille d'y introduire vne sardine sallée le plus auant qu'on pourra, & on verra par ce moyen qu'elle se déchargera d'elle-mesme de toutes ces humiditez superfluës, & qu'apres elle conceura : mais d'autant que l'oysiueté leur cause souuent de telles indispositions accumulant trop de sang, & de graisse. Le grand remede sera de luy donner de l'exercice & de la trauailler long-temps auparauant que de la produire à l'Estalon : & afin qu'elle ne le refuse pas, il faudra luy frotter la nature de feüilles d'orties fraisches, ou de sel nitre, & de fiente de poules, tout estant meslangé ensemble pour en faire vn liniment.

Si le mal vient de ce que la Caualle à la matrice trop froide & humide, vn des bons remedes qu'on puisse employer pour corriger cette intemperie, est de luy faire injection auec vne syringue, deux iours auant que de la faire monter, de vin tiede dans lequel on aura fait boüillir des feüilles d'armoise & de sabine, de chacune vne poignée, & parsemée d'encens, auec deux drachmes de myrrhe, vne de coloquinthe, & bonne quantité de miel seul, ou fortifié de suc de porreaux, ou de marrube : & pour ne rien obmettre qui soit conuenable à guerir ce mal, on aura recours au suppositoire qui se fait communément de sel nitre, de fiente de poule, & de terebenthine; ou de caillette & de crottes de Lievre détrempées dans du miel ; ou d'vne estouppe trempée dans cette composition, qui requiert de chaque chose autant de l'vne que de l'autre.

On pourra repurger aussi la matrice, apres auoir fait vne injection dedans auec de l'huile & de l'eau salée tiede; & ce par le moyen des pastilles ou pessaires, qu'on introduit dans l'orifice de la matrice qui seront faits de douze onces d'anis, de six de myrrhe, de demie once de safran, ou de storax liquide & de poivre autant d'vn que d'autre. Si on veut luy faire prendre quelque chose par la bouche pour ayder cette detersion, il faudra luy faire aualer à jeun ce breuuage, qui sera fait de poudre d'yuoire, de caillettes, ou de matrices de Lievre en égale quantité meslées auec du bon vin : on le luy donnera, si le lendemain on la voit disposée à receuoir l'Estalon, & aussi-tost qu'il l'aura couuerte, on luy lauera la nature auec du plus rude vin qu'on pourra trouuer, dans lequel on aura fait bouillir de l'escorce de grenades, il sera bon de luy donner ordinairement à manger du son, parmy lequel il faudra mettre des erfs, lentilles, & de la graine de panets, & luy donner à boire de l'eau, dans laquelle on aura meslé de la farine d'iuroye, d'erfs & de lentilles.

CHAPITRE XV.

COMMENT ON PEVT RECONNOISTRE que les Caualles sont pleines.

LE desir que nous auons naturellement de posseder ce que nous esperons, & de descouurir ce qui nous est caché pour quelque temps, nous porte à rechercher & obtenir des asseurances de sa iouissance future : nous ne nous contentons pas des simples apparences que la nature presente à nos yeux de peur d'estre trompez en nos conjectures: mais nous penetrons plus auant, & la suiuons de si prés en ses actions, qu'à peine peut-elle tromper le jugement que nous faisons de ses œuures.

Pourquoy diroit-on que quelques-vns sont si attentifs à considerer & examiner toutes les actions & comportemens des Estalons & des Iuments durant la copulation, si ce n'est pour former vn iugement & vn prognostic asseuré de tout ce qui s'en peut ensuiure.

Si la Caualle refuse l'Estalon huict ou dix iours apres qu'il l'aura couuerte, c'est vne marque infaillible qu'elle est pleine : d'autant que l'amour luy estant permis en toute saison & à toutes occasions, elle en prendroit le diuertissement, si ce n'estoit qu'elle ne pense plus qu'à conseruer ce qu'elle aura conçeu.

Plusieurs ont fait diuerses obseruations pour juger de la conception : car voyans que l'Estalon retiroit sa verge toute seiche de la matrice de la Iument, & qu'elle retenoit sa semence ils estiment qu'elle a conçeu : d'autres n'estans pas contens de ces indices, font cette espreuue vn mois apres la copulation qui est telle. Ils versent quelques gouttes d'eau dans les deux oreilles, & lors que la Caualle secouë seulement la teste, ils soustiennent qu'elle est asseurément pleine; que si en secoüant la teste tout le corps frissonne, ils disent qu'elle ne l'est pas: D'autres luy font prendre vne carriere, & l'y poussent le plus prestement qu'ils peuuent, afin de descouurir au parer ce qu'elle peut auoir dans le ventre par le battement de ses flancs, lequel s'il est petit & lent, elle n'est pas pleine, que s'il est gros & esleué, c'est signe qu'elle porte.

CHAPITRE XVI.

POVRQVOY IL NE FAVT PAS faire que les Caualles de merite portent souuent, ny employer tous les ans l'Estalon au Haras.

C'Est à bon droict & auec raison que les bons Laboureurs donnent quelque repos à la terre qu'ils ont à cultiuer, de sorte que l'interualle de temps qu'ils la laissent en gueret, leur fournit tant d'auantage sur celle qu'ils ensemencent tous les ans, qu'elle leur paye vsure le temps qu'ils sembloient auoir perdu. Il arriue la mesme chose à l'endroit des Caualles genereuses, qui rendront bon compte à leur Maistre du temps qu'il leur aura donné pour se reposer, en sorte que le Poulain qu'ils mettront au iour aprés ce temps-là, vaudra mieux que quatre autres qu'elles auroient fait sans interruption de temps.

I'approuue fort l'aduis de ceux qui veulent que les meres s'égayent auec leurs enfans, pendant toute l'année qu'elle les allaictent, les esleuent, & les promennent par la campagne

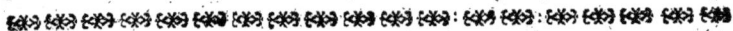

pagne, d'autant que si on les fait remplir dés qu'elles ont vuidé leur ventre, comme on pourroit faire, il arrriue que le laict qu'elles doiuent fournir à leurs petits, n'en est pas seulement troublé & corrompu, mais aussi est diminué de moitié, à cause que le sang qui se change en laict quand elles sont vuides, ne s'y change qu'en partie; parce que la nature apres la conception, retient l'autre partie pour sa formation, & pour la nourriture de l'animal qu'elles portent dans leur ventre.

Ceux qui veulent auoir des Poulains deux années de suite de leurs Caualles, & qui ne les laissent reposer que la troisiesme année, me semblent preferer le nombre à la bonté: car c'est vne chose asseurée que ny l'vn ny l'autre de ces Poulains ne pourra iamais arriuer à la perfection de celuy qui sera éleué sans compagnon; à cause que luy seul tire autant d'aliment de sa mere que font les deux autres: joint que tant plus la Caualle contribuë de matiere au fruict qu'elle porte; d'autant plus il vient beau, grand, & robuste.

Et comme le repos donne moyen aux Caualles de se restablir, & se bien disposer à la conception; aussi il fournit le moyen à l'Estalon de faire prouision de meilleure semence, qu'il ne feroit s'il estoit employé tous les ans sans intermission à peupler le Haras, parce que le temps & le bon traictement luy en augmentent la quantité & la perfection: d'où s'ensuit qu'il pourra engendrer des Cheuaux beaucoup plus parfaicts & plus accomplis, qu'ils ne seroient s'ils estoient produits d'vne semence froide & aqueuse; au lieu qu'elle doit estre chaude & gluante.

Mais comme il faut fuir toutes les extremitez qui sont dangereuses: aussi il arriue autant d'inconueniens de l'abondance de semence trop épaisse, que du defaut d'vne qui seroit trop liquide; de maniere qu'il s'en ensuiuroit de fascheux accidens s'il ny estoit pourueu: c'est pourquoy il ne faudra pas manquer de traicter l'Estalon au Printemps, comme ie diray au commencement de la ſeconde Partie de ce Traicté, apres qu'il aura couuert les Caualles, & de bien exercer les meres, en leur lauant ſouuent la nature auec de l'eau fraiſche, ou en les faiſant nager dans quelque riuiere pour bannir l'amour de leur fantaiſie, qui pourroit tellement les troubler, & les porteroit à tels excez ſans cét artifice, qu'elles ſe precipiteroient manque d'eſtre couuertes.

SECONDE PARTIE.

DV SOIN QV'ON DOIT AVOIR pour le gouuernement des Eſtalons, des Caualles, & de tout le Haras apres la copulation.

CHAPITRE PREMIER.

DV TRAITEMENT QV'ON DOIT faire à l'Eſtalon, apres qu'il eſt deſcendu de deſſus la Caualle.

PVISQVE tout bon ouurier merite recompenſe de ſon trauail & de ſa peine, & qu'il ny a rien qui affoibliſſe tant l'Eſtalon que l'œuure de la generation, il eſt bien raiſon de luy faire quelque reconnoiſſance & d'auoir ſoin de ſa ſanté, ſans laquelle il ne peut viure qu'en langueur, & eſtre à charge à ſon Maiſtre.

Pour ce faire ie ſuis d'aduis qu'on repare ſes pertes, auſſi-toſt qu'on reconnoiſtra que toutes les Caualles qu'on luy auoit deſtinées ſeront pleines de ſes œuures, & que le temps de la conionction sera expiré, qu'on le fortifie, & qu'on le rende aussi dispos & vigoureux qu'il estoit auparauant. Pour commencer ie voudrois que dés le premier moment de sa retraite, on luy fist vn bon traictement, iusques à ce qu'on le vist en vn aussi bon estat qu'il estoit auparauant l'œuure de la generation, ce qu'on peut obtenir dans six sepmaines pour le plus tard, en le laissant la premiere sepmaine en repos, sans vser d'autre artifice que de le bien nourrir d'orge & de son quelque peu arrousé & souphré, & de le bien penser de la main.

Apres cette huictaine il sera necessaire de luy ouurir les veines des deux costez du col pour esuenter & rafraischir son sang qui sans doute se corromproit & deuiendroit melancholique sans la saignée, de sorte qu'il tomberoit en des maladies fascheuses, & faut luy en tirer bonne quantité, iusques à ce que la perte luy en fasse retirer les testicules en leur place ordinaire, que le trauail luy auroit pû abbaisser, & en retenir trois liures de douze onces la liure, pour en faire vne charge composée de vingt œufs, d'vne liure de sang de dragon, d'vne de bol armene pulucrisé, de trois liures de fort vinaigre, & d'autant de fleur de farine de froment qu'il en faudra pour empaster tout son corps, & le couurir depuis les couronnes des pieds de deuant iusqu'à ceux de derriere, en telle sorte qu'on ne voye rien de son corps si ce n'est la teste & le col qui n'en soit couuert.

Pour rendre l'operation de cette charge plus puissante, il la faudra couurir d'vne double toile faite exprés, & l'arrouser quatre iours de suite auec du vinaigre & de la lexiue plus tiede que chaude, afin d'empescher par cette humidité que la charge ne se desseiche, & l'humecter pendant tout le mois qu'il la doit porter toutes & quantes-fois qu'il en sera besoin, durant lequel temps on luy fera manger le plus de chicorée fraische & tendre qu'on pourra, afin qu'en se raffraichissant, par ce moyen il recouure plustost sa premiere vigueur.

On employera la derniere sepmaine à luy oster cette charge la leuant auec les ongles plustost qu'auec la lexiue, de peur qu'en luy ouurant par trop les pores on n'esmeut trop les humeurs qui se seroient resserrées par le moyen de cette charge, en sorte qu'on fust contraint de trauailler à la reparation de sa santé tout de nouueau, en employant de nouueaux remedes, & de là iusques à vn autre mois, apres il faudra le remettre au foin, & à son ordinaire d'orge ou d'auoine plus fort que foible, & le traictant bien de la main sans sortir de l'escurie, on le verra si frais & si dru qu'il paroistra comme auparauant, & il faudra l'exercer auec moderation; d'autant que le trauail immoderé desseicheroit toute son humidité, dissiperoit ses esprits & abregeroit sa vie, affoiblissant la chaleur naturelle.

CHAPITRE II.

COMMENT IL FAVT GOVVERNER *l'Estalon, qu'on ne veut pas employer à couurir la Caualle durant toute l'année.*

LE Printemps apporte auec luy deux merueilles dans la nature; l'vne est qu'il reuestit la terre de verdure, & l'autre qu'il conuie toutes sortes d'animaux à l'amour, afin que chacun engendre son semblable, toutes deux sont fort necessaires; les herbes seruent à nourrir les indiuidus, & l'autre à perpetuer l'espece.

Et comme l'amour trouble quelquefois tous les sens de l'animal duquel il s'est emparé, aussi les herbes ont la vertu de reffrener cette passion & de le garantir de plusieurs maux: c'est pourquoy ie dis que pour déliurer l'Estalon de toutes ces passions, qui le peuuent autant trauailler sans rien faire, que s'il couuroit vne douzaine de Caualles du Haras, on ne sçauroit luy presenter vn remede plus facile à prendre qu'vn meslange de grains en herbes tels que sont le froment, le seigle, l'orge & l'auoine, à cause que toutes ces choses ensemble ont tant de pouuoir, qu'outre qu'elles sont laxatiues elles sont aussi raffraichissantes, & capables d'esteindre leurs flammes.

Mais d'autant que ce n'est pas assez d'auoir ces choses à commandement, & mesme recueillies sur les costes de la mer, ainsi que quelques-vns veulent, afin qu'elles soient plus aperitiues, il faut de plus les sçauoir donner à l'Estalon auec ordre & raison, pour en obtenir la fin qu'on s'estoit proposée.

Il faut donc premierement garder la netteté qui est si necessaire au Cheual, qu'estant en vn lieu salle il perit à veuë d'œil; & au contraire il se conserue fort bien en toutes les escuries qui sont tenuës nettement; d'où s'ensuit qu'il faudra tenir l'Estalon qu'on voudra mettre à l'herbe en vn lieu plus chaud que froid; parce que comme l'humidité falit tout ou elle se rencontre, aussi la chaleur purifie tout ce quelle touche: Estant donc ainsi placé nettement & chaudement, & disposé à faire son profit de tout ce qu'il prendra, on le fera paistre à terre vn iour & vne nuict; puis on luy soufflera dans les narines auec vne canule d'estain ou vn tuyau de plume, ce qui s'ensuit bien puluerisé, tamisé, & meslé ensemble, sçauoir est demie once de racines de safran, autant de poivre qu'on en peut faire tenir sur vn liard, du pouliot & de l'origan demie once, des feüilles de costus, & des racines de concombre sauuage, & autant qu'il en faut pour couurir vn sol. On le tiendra durant vne demie heure attaché entre les piliers la teste haute: apres quoy on le conduira dans vn pré fertile en trefle, ou autres bonnes herbes, ou par ce moyen il pourra se décharger de toute l'humeur pituiteuse & de la superfluë humidité que l'hyuer luy aura amassée dans la teste, les conduits estans assez ouuertes pour leur donner sortie, ce qu'on luy continuëra durant trois iours, le retirant tous les soirs à Soleil couchant, à l'escurie, ou l'herbe ne luy doit pas manquer toute la nuict, qui doit estre mise si proprement à terre, qu'il ne la puisse pas fouler aux pieds.

En cas qu'il n'y ait point de pré prés de son escurie, on

l'y fera paiſtre l'herbe pendant trois fois vingt & quatre heures ſans le tirer de là, apres lequel temps on luy fera manger quatre iours durant le meſlange de ſeigle & d'orge ſimplement; ou celuy de froment, de ſeigle, d'orge & d'auoine ſelon ſa commodité: le cinquieſme iour on luy tirera du ſang autant qu'il en aura beſoin des veines du coſté du col, & le meſlant auec vn pot de vinaigre, vne liure d'huile roſat, & douze blancs d'œufs il en oindra tout le Cheual, le tenant au Soleil iuſques à ce qu'il ſoit ſec: ce qu'eſtant fait, & eſtant retourné à l'eſcurie il le nourrira du meſlange des meſmes herbes dix iours de ſuite, ſans le frotter ny eſtriller en aucune partie de ſon corps, excepté la teſte qu'on luy doit tenir continuellement nette, la frottant ſouuent d'vn morceau de drap, ou de linge blanc.

Apres qu'on aura paſſé dix iours, ſi l'air eſt beau & ſans vent, on le menera à quelque eau courante ou on le fera bien lauer & nettoyer, au defaut de laquelle on ſe ſeruira de celle du puits, pourueu qu'elle ſoit tiede, & apres l'auoir bien eſſuyé, on le nourrira d'herbes communes tant & ſi longuement que l'on jugera qu'elles luy ſeront plus profitables que le foin, en le tenant toûjours chaudement & couuert ſans le faire eſtriller que de deux iours en deux iours, quoy qu'il le faille bouchonner & frotter par tout le corps, à tout le moins vne fois tous les iours.

I'approuue le procedé de ceux qui luy mettent du ſel en quelque augette dans ſa mangeoire, pour en vſer tout le temps qu'il eſt à l'herbe: mais comme il n'eſt pas bon de luy continuer ſon ordinaire d'orge ou d'auoine, à cauſe qu'il ne pourroit pas les digerer, à raiſon de la crudité & froidure humide des herbes, ie ſerois d'aduis qu'on luy en meſlaſt quelque peu parmy du ſon le ſoir & le matin pour ſuppléer à ce defaut; & principalement depuis l'heure qu'il aura eſté ſaigné iuſques à ce qu'on le retire de l'herbe.

Et d'autant que l'exercice eſt fort vtile lors qu'on en vſe bien, il eſt à propos qu'on le promene doucement tous les iours durant vne heure, depuis qu'on l'aura déchargé, iuſqu'à ce qu'on le remette à ſon premier train & traictement.

Que s'il arriue qu'il se mette en sueur, on l'oindra d'huile d'oliues & de vin tiede, le frottant auec la paulme de la main ointe de ce liniment par tout le corps, tant à contre-poil qu'à droict poil, excepté la teste qu'on doit seulement frotter auec vn morceau d'étoffe.

Si on apperçoit qu'il est tourmenté de vers, lesquels s'engendrent fort souuent de ces alimens, on le guerira en luy faisant donner au declin de la Lune vn coup de corne dans la bouche, pourueu qu'il auale le sang qui en sortira, ce qu'il fera facilement en luy tenant la teste haute, & luy lauant de trois iours l'vn la bouche de sel & de vinaigre pendant tout le temps qu'on le traictera de la sorte, il n'aura iamais les dents agacées, ny ne manquera pas de bien contenter son appetit.

CHAPITRE III.

COMMENT IL FAVT REMETTRE au foin les Estalons, & autres Cheuaux qui sont à l'herbe.

LE changement de nourriture est aussi dommageable que profitable au Cheual, s'il n'est reiglé & proportionné à son naturel, suiuant les effects que l'experience nous fait voir tous les iours : si bien que qui penseroit le tirant des herbes, le nourrir sans autre façon que de luy donner du foin ou de la paille, verroit bien-tost en luy vn grand changement, & qu'il deuiendroit si maigre faute de bon traictement, qu'il ne pourroit pas se soustenir sur ses pieds : d'autant que la graisse qu'il a amassée de la nourriture des herbes est si molle, qu'elle se fond & se resout en sueur, aussi tost qu'on luy fait faire quelque petite promenade.
Pour esuiter cét inconuenient, ie suis d'aduis qu'on parfume souuent son escurie de toutes sortes de drogues odoriferantes,

tes, à cause qu'outre que l'odeur aromatique à la proprieté de luy réjoüir & fortifier le cerueau, elle chasse & fait fuïr les rats, les souris, & les autres insectes.

Il ne faut pas permettre au palfrenier de luy presenter du foin vieil ou de la paille, laquelle doit estre d'orge ou de froment selon sa complexion, & ce que le lieu luy produira, & faut que tout soit bien battu & secoüé, afin que la poussiere ne luy fasse dédaigner, & luy en donner si peu à la fois que la quantité ne le dégouste point. Et pour faire que l'eau creuë ne le refroidisse pas trop, on luy fera manger soir & matin auant que de l'abbreuuer vne mesure ou picotin d'orge, s'il ne mange que de la paille d'auoine, & s'il ne vit que de bon foin dans les lieux où il s'en trouue, & deux autres encore quelque temps apres auoir beu: on luy augmentera son ordinaire selon qu'il profitera, sans luy épargner non plus deux fois le iour l'estrille ny le bouchon.

Pour ce qui est de l'exercice, le Caualier se doit contenter durant huict ou dix iours de luy faire voir agreablement la campagne, seulement par forme de promenade, & se souuenir de ne le remettre point à ses premieres leçons au galop, qu'il ne les luy ait fait reconnoistre quelque temps au pas de peur de le trop échauffer, tenant pour maxime qu'on ne doit le trauailler que rarement durant tout l'Esté, ny au Manege, ny à la campagne, si on veut qu'il reprenne ses forces, & le courage de fournir mieux que iamais à l'appointement du Haras, lors que l'occasion s'en presentera.

CHAPITRE IV.

DES PVSTVLES QVI S'ENGENDRENT & degenerent en vlceres ſur la verge de l'Eſtalon, & des remedes conuenables à ſa gueriſon.

L'Estalon s'échauffe quelquefois tellement apres les Caualles que la peau de ſa verge s'écorche, & s'y forme des vlceres par le moyen de certaines puſtules blanches & pleines de pus, leſquelles ſe creuent en eſtendant la peau, leſquelles luy font beaucoup de peine & de douleur ſi on n'y prend garde.

Pour remedier à ce mal & en arreſter le cours, il faut luy preſenter trois ou quatre fois le iour quelque Caualle afin de luy faire découurir ſa verge, pour la lauer autant de fois d'eaux rafraichiſſantes & deſſeichantes meſlées enſemble, telles que ſont celles-cy.

Prenez deux liures d'eau roſe, cinq de plantain, vne poignée de feüilles d'oliuier, autant de roſes ſeiches & de ſumach, & auec celà baignez-là autant de fois le iour qu'il la dreſſera : puis ſaupoudrez-là d'aloës, de boüillon blanc, de tuthie & de ſucre bien pulueriſez & tamiſez, & ne vous départez pas de l'vſage de ce remede, que vous ne voyez la partie garantie de ces puſtules.

Ces vlceres eſtans mondifiées par la vertu de cette fomentation, & de ces poudres, ſi la chair y paroiſt vermeille, ſe gueriront facilement & en peu de temps, en jettant deſſus la poudre bien ſubtile de racines ſeiches d'iris & de lys, auſſi-toſt qu'on les aura lauées des eaux mentionnées cy-deſſus.

CHAPITRE V.

COMMENT IL FAVT GOVVERNER les Cauallés pleines iusques à ce qu'elles ayent pouliné.

SI c'estoit assez de semer pour moissonner ; ie dirois que la nature seroit suffisante pour garder le fruict que la Caualle porte dans son ventre, iusques à ce qu'elle en fust déliurée : mais d'autant que toutes sortes de grains se peuuent perdre dans les meilleurs fonds qu'on les peut semer, & qu'il n'y a que le soin continuel qu'on y apporte qui fasse tout fructifier ; j'estime que si le gouuerneur ne veille à la conseruation des meres du Haras, qu'on n'en tirera pas grand profit : parce qu'elles sont sujettes à tant d'inconueniens que le moindre les peut perdre auec leur fruict.

Pour les bien gouuerner, on doit aussi-tost qu'elles seront pleines, les sequestrer non seulement des Estalons ; mais aussi de tous autres Cheuaux & Asnes, de peur qu'en estant importunées elles ne se laissassent monter, & qu'elles en auortassent si elles receuoient quelque coup de pied par maniere de caresse.

Et d'autant que le bon & le mauuais traictement qu'elles peuuent receuoir depuis leur conception iusqu'au temps de leur déliurance, dépend de la capacité ou ignorance de leur gouuerneur, & que tel qui en fait la fonction, n'en a aucune connoissance ; on pourra faire espreuue de tels conducteurs en leur faisant ces deux demandes. Sçauoir en quels lieux elles peuuent plus commodement porter durant l'Esté & l'Hyuer, & de quels alimens il les y faut entretenir pour faire de beaux & nobles Poulains : car celuy qui entendra son mestier respondra qu'il les faudra tenir l'Esté en des lieux frais, ombragez, pleins de bonnes herbes, & entrecouppez de ruisseaux coulans d'eaux viues, ou de bonnes riuieres, tant si bien nourrir, que pour se garantir de la trop grande ardeur du Soleil, & qu'en Hyuer il faut les tenir en ceux qui seront les plus secs, les moins découuerts, les plus herbus, & les moins battus des vents qui soient en toute la contrée du Haras: parce que les lieux aquatiques leur gastent ordinairement le sabot, & leur font mauuaises jambes: les les arides, les amaigrissent de telle sorte, qu'elles ne peuuent tirer la nourriture qui leur est necessaire pour porter leur fruict à perfection, & que les vents les refroidissent tellement qu'elles en auortent, ou du moins qu'elles font leurs petits si foibles & eneruez, qu'on est contraint de les abandonner aux Loups pour s'en deffaire: en vn mot qu'elles ne doiuent pas estre gardées l'Esté non plus que l'Hyuer en des lieux trop éleuez ny trop découuerts, & par consequent que les collines leur seront plus conuenables que les montagnes, & les bois plus auantageux que les campagnes, ou toutes sortes de vents s'entrechoquent en Hyuer, & ou la chaleur brusle tout l'Esté.

Pour le regard des fourages, il faut dire que comme la gentiane à la vertu de les faire vuider, & les ferules de les faire mourir, aussi que le trefle & les autres bonnes herbes leur donnent la force de porter leur Poulain à terme, & de pouliner sans danger de leur vie: pour cette raison, encore que la nature les ait doüées d'vn si bon instinct, qu'elles peuuent choisir les herbes qui leur sont profitables, & laisser celles qui sont nuisibles & mortelles, neantmoins il en faudra dépeupler le plus qu'on pourra les lieux ou on les menera paistre, & faudra les abbreuuer l'Hyuer aussi bien que l'Esté deux fois le iour, d'eaux qui ne soient pas trop creuës, & en cas que l'Hyuer couure tellement la terre de neiges, ou qu'il gele si fort les pasturages, qu'elles ny puissent trouuer dequoy se nourrir suffisamment, il faudra les tenir dans les escuries, & les y donner à manger du meilleur foin qu'on aura pû recueillir, auec force paille, pour les garantir des injures de l'air & du mauuais temps.

CHAPITRE VI.

DES CAVSES QVI FONT *auorter les Caualles.*

IL y a tant de choses qui conspirent la mort du Poulain, qu'il ne peut sortir plein de vie du ventre de sa mere, sans le soin & les precautions qu'on y apporte: car outre les mauuaises qualitez de l'air qui ébranlent continuellement son domicile, par les neiges, pluyes, gresles & vents, la Caualle a tant d'ennemis, que mesme la femme de son Maistre la peut tuer si elle la touche ayant ses purgations, & sa fille aussi si elle la regarde lors qu'elle a ses purgations pour la premiere fois au rapport de Pline. Le Loup luy est si fatal, que sa peau & ses pas la font auorter dés qu'elle passe par dessus & qu'elle les touche, ainsi que les Egyptiens l'ont figuré par leurs hieroglyphes, qui voulans representer vne femme qui auoit fait perte de son fruict, ou qui s'en estoit deliurée auant le temps, dépeignoient vne Caualle tirant ruades sur ruades, & foulant le Loup aux pieds.

Et quoy que l'Asne puisse faire vn Mulet s'il la rencontre vuide, si est-ce que s'il la couure apres auoir retenu la semence de son Estalon, il perd & ruine celle du premier par la froideur de la sienne. L'odeur puante d'vne lampe mal esteinte en son escurie, luy peut offenser tellement les sens, qu'elle en auorte: ce qu'elle fait aussi en mangeant quelques herbes qui luy sont contraires, telle qu'est la gentiane & la sabine, ou en beuuant des eaux trop froides: il ne luy en arriue pas moins quand on la trauaille excessiuement, ou qu'on la frappe sur le ventre indiscrettement, ou qu'on luy fait porter quelques charges trop pesantes pour son dos.

CHAPITRE VII.

COMMENT IL FAVT EMPESCHER les Caualles d'auorter, & de les garantir de la mort lors que cét accident arriue.

IL ny a point de remede qui ne fasse preuue de son merite par ses bons & ses mauuais effects. Les vns & les autres dependent de la connoissance qu'en a celuy qui l'employe contre la violence que font les maladies à la nature des animaux : & quoy que quelquefois le mal soit plus fort que le remede, si est-ce que ny arriuant point trop tard, il n'est iamais sans fruict quand il est bien administré, & n'apporte aucun repentir qu'à celuy qui le méprise ou qui en abuse: si bien que pour en tirer quelque aduantage, le Caualier industrieux découurant l'auortement de quelque Caualle par quelques marques exterieures, y pourra remedier, ou par son experience particuliere, ou par celle de ses amis.

Les signes euidens de cette perte & les plus asseurez, sont vne enfleure extraordinaire de sa nature qu'on apperçoit en se couchant & en se releuant, se debattant la teste, & la portant çà & là, & tant plus elle approchera de l'heure de cette perte, on sentira mettant la main sous son ventre que le Poulain se remuëra, & s'efforcera d'autant plus pour sortir de sa prison. Et tant plus grand sera le mal, s'il ne donne aucun indice de vie: d'autant que c'est vne chose tres asseurée qu'il sera mort s'il ne remuë point pour quelque trauail que se donne sa mere, qui estant lors accablée de douleur tiendra sa teste en bas comme si elle estoit demie morte, elle aura la langue blanche & retirée, la bouche si mauuaise qu'il n'en sortira qu'vne fascheuse & insupportable haleine, son ventre sera immobile, enflé, & extremement froid.

Pour preuenir ce faſcheux accident, auſſi-toſt que la Caualle ſemblera eſtre menacée de perdre ſon fruict, à cauſe de quelque excez qu'elle aura pû faire ou receuoir, il la faudra retirer d'auec les autres & la tenir dans vn lieu moderement chaud, & en repos. On la nourrira de bon foin, & on ne l'abbreuuera que d'eau blanche. Pour luy faire retenir ſon fruict, on chargera ſes reins de biſtorte & tormentille reduite en poudre, & incorporées auec du vinaigre, duquel on luy fomentera les flancs & le corps, apres y auoir fait boüillir des noix de cypres, de galles, & des feüilles de myrthe: ou bien on luy oindra les reins, le ventre, & les flancs d'huile de maſtic ou de mirthe fortifiée de bol armene : ou bien on luy appliquera ſur le dos & ſur vne partie de la croupe vn remede adſtringent fait de ſix onces de poix nauale, & d'autant de grecque, de quatre de reſine de pin, de quatre de terebenthine, de deux de maſtic, & d'autant de gomme Arabique détrempée dans le vinaigre, du laudanum, de la racine de biſtorte, de noix de cypres, de l'hyppocyſte, d'acacia, de ſang de dragon, de terre ſigillée, & de bol armene demie once de chacun, faut pulueriſer tout ce qui doit eſtre reduit en poudre, & le tout eſtant meſlé & mis enſemble dans vn pot de terre neuf, & incorporé à petit feu, puis appliqué ſur les parties ſuſdites fera vn bon effect.

Que ſi on s'apperçoit qu'elle ſoit menacée de cét infortune pour auoir mangé quelques herbes veneneuſes, il faudra la preſeruer auec ce remede fait d'vne liure de racines d'imperiale ou de myrthe, d'vne de laudanum, d'vne de ſpica nardi, de galanga & de canelle, de trois onces d'eau de vie, & d'autant de vin, leſquelles choſes eſtans pulueriſées & miſes enſemble dans vn four pour les deſſeicher, on les luy fera prendre dans le meilleur vin qu'on pourra trouuer, auquel on adjoûtera vne once de miel, & autant d'huile d'oliue. Que ſi ce remede ne fait effect dans vingt & quatre heures, la Caualle perira dans quatre iours au rapport des plus experimentez, à cauſe que la malignité du poiſon ſurmonte la vertu de l'antidote. Mais il ne faut pas donner ce remede au croiſſant de la Lune, à cauſe des mauuaiſes qualitez que son humidité influë dans les corps inferieurs, si ce n'est aux Cauallcs fort sanguines & repletes, ou que celuy qui les gouuerne se fust trop tard apperceu de leur mal.

Si on doute que ce malheur luy soit arriué pour auoir esté trop à la neige, à la pluye, au vent, ou au froid, ou à cause de quelques humeurs pituiteuses, froides & venteuses qui la trauaillent, on luy mettra sur les reins vn restraintif bien chaud composé d'vne liure & demie de poix nauale, de demie liure de poix de grecque, de quatre onces de terebenthine, d'vne de colophone, de trois de poudre de mastic, d'autant de laudanum, de deux de sang de dragon, de deux & demie de bol armene, du galbanum, du storax calamite, des noix de cypres, de la bistorte, du galanga, d'encens & de myrthe de chacun demie once.

Que s'il luy arriue tant de malheur que de vuider son Poulain mort, on la pourra garantir de la mort en luy faisant aualer ce breuuage fait de trois liures d'huile d'oliues, d'vne de jus d'oignons blancs, de quatre de liscia (ou peut-estre de lycium) & d'autant de laict de Iument ou d'Anesse, & pour faire vn plus grand effect apres sa purgation, on la parfumera de ce qui s'ensuit mis dans vn bassin ou dans vn réchaud plein de braise ardente : à sçauoir, de quatre onces de souphre broyé, de six de vieille graisse de bœuf, & de la peau d'vn serpent qui sera d'autant meilleure qu'elle sera noire, disposant le tout en telle sorte, que la fumée qui s'éleuera de cette matiere luy puisse monter au cerueau par le conduit des narines, ce qui est fort aisé à faire en luy couurant la teste de quelque sac décousu par les deux bouts, en l'vn desquels on luy fera tenir le nez, & on mettra le réchaud au bas de l'autre. Que si on ne peut recouurer telle peau, on luy donnera ce breuuage composé de quatre onces de suc de petit tithimale, de huict de fumeterre, & de cinq de vinaigre.

CHAPITRE

CHAPITRE VIII.

POVR FAIRE VVIDER LES *Caualles pleines.*

IL y a deux considerations qui peuuent obliger à rechercher les moyens pour faire vuider vne Caualle auant le terme naturel du poulinement : l'vne quand son Maistre la nourrit seulement pour s'en seruir à la course de quelque prix, ou pour la chasse, ou pour ses affaires ordinaires : l'autre est quand on luy asseure qu'elle a esté couuerte & emplie de quelque Cheual de mauuaise marque & qualité : pour le regard de la premiere raison elle est jugée tres-valable, supposant que sa portée ne luy peut permettre de faire aucune course, ny de fatiguer à la campagne comme elle faisoit auparauant qu'elle fust pleine, & quand à la seconde ; chacun sçait qu'il vaut beaucoup mieux de deux maux choisir le moindre, que de s'opiniastrer à les souffrir tous deux ; & par consequent qu'il est plus expedient de se déliurer d'vn fruict qui ne peut donner que du déplaisir que d'en attendre la maturité ; de tous les remedes qui peuuent produire cét effect, les plus asseurez sont ceux-cy : Prenez des racines de petite centaurée, de fougere femelle, ou de la ciguë : reduisez-les en poudre, & les faites prendre dans du bon vin à la Caualle que vous voudrez décharger de son fruict par trois matins à jeun : ou bien faites-luy aualer dans du vin de la graine de lin bien puluerisée : ou bien apres auoir fait boüillir dans de bon vin vn morceau de bois de pin fort resineux haché menu, iusques à la diminution de la troisiesme partie, donnez-luy le matin la troisiesme partie de ce qui en restera, & la faisant bien courir aussi-tost qu'elle l'aura aualé, vous verrez par experience qu'elle s'en déchargera.

CHAPITRE IX.

DE LA MATRICE DES CAVALLES.

POVR ne laisser rien à desirer au Caualier de tout ce qui luy peut donner vne parfaite connoissance de la nature des Cheuaux, ie trouue qu'il est à propos de luy representer icy la partie qu'elle a destinée à la conception, formation, & perfection du Poulain.; afin de s'en seruir en temps & lieu, lors que la Caualle aura besoin de son secours; elle se nomme matrice, qui est vn vaisseau ou l'Estalon jette sa semence en sa conjonction pour engendrer son semblable, & est située entre la vessie & l'intestin, que les anatomistes appellent rectum.

Pour en bien representer la figure & l'estenduë, il la faut considerer en trois égards, a sçauoir telle qu'elle est dãs les Caualles qui n'õt iamais esté couuertes; cõme elle est en celles qui ont porté fruict, & cõme elle est en celles qui sont pleines: dans les premieres elle est faite cõme vn corps sans teste & sans jambes, estendant vne corne au costé droict, & vne autre au costé gauche. En celles qui ont autrefois pouliné, le dessous ne differe point de celle qui n'a point esprouué ce que pese l'Estalon, & le dessus de celle qui est chargée de sa semence depuis peu de temps: on ne la peut mieux representer en celles qui sont pleines que par vne grande chemise enflée & fermée par le collet, ayant le fonds & les manches pendantes en forme de demy cercle, & de beaucoup plus large qu'elle n'est en haut, s'eslargissant vers les costez de tant plus que son fruict s'y grossit & prend accroissement, s'auoisinant par sa longueur assez prés du ventricule & du foye, desquels elle estoit auparauant fort éloignée, montant entre les intestins gresles, & le bout du *rectum*, & entre le gros qui la couurent presque toute, afin d'en estre échauffée, comme elle est defenduë de plusieurs accidens par les vertebres des lombes, & par l'os de l'eschine.

Quant aux parties externes & internes de la matrice de celles qui ont porté & de celles qui sont pleines: Les externes sont humides, égales, polies & quelque peu vermeilles: mais le dedans de celles qui sont sans fruict est plat, lissé, & bien peu ridé; au lieu qu'il l'est fort en celles qui sont pleines & diuersement inegal, parce que les parties du milieu qui tend vers les nœuds des reins est beaucoup moins rude & ridée que celle qui aboutit aux cornes de la matrice, à cause de la grande quantité de veines qui se terminent à sa superficie interne & qui la grossissent, pour fournir d'aliment à cette chair spongieuse, qui se dilate quasi par toute la matrice.

CHAPITRE X.

DES PARTIES DE LA MATRICE & de leurs proprietez.

IL y a trois parties fort remarquables en la matrice de chaque Caualle à cause de leurs proprietez: c'est à sçauoir le col, le corps, & les cornes, ou comme quelques-vns veulent les bras. Le col est cette partie longue & estroite, par laquelle l'Estalon porte & jette sa semence au dedans d'elle, pendant la conjonction pour y former vn Poulain, & qui demeure en celles qui sont pleines, si serrée que la teste d'vne espingle n'y pourroit pas entrer; tant pour empescher qu'il n'en sorte, que pour empescher l'entrée de l'air qui autrement s'y introduiroit, en sorte qu'il l'amortiroit entierement par sa froideur, & laquelle neantmoins se dilate par vn artifice si admirable de la nature, qu'elle luy fait assez de place pour en sortir à l'heure deuë à sa naissance; & s'est fermée en telle maniere en celles qui sont vuides, que quelque Cheual qui la couure la peut ouurir sans difficulté pour l'emplir de ses œuures.

Le corps ou la capacité de la matrice, est tout ce qui contient la matiere de laquelle se forme l'animal, & a autant de longueur que de largeur dans les Caualles qui n'ont point encore porté, si ce n'est que le fonds est vouté vers les bras: mais en celles qui sont pleines & en celles qui ont autrefois pouliné, il est releué en forme de demy cercle, & est obtus, grand & large beaucoup plus que vers les cornes, quand le Poulain est proche du iour de sa naissance; parce que c'est ou se logent sa croupe, ses hanches, ses fesses, & vne partie de ses jambes de derriere bien retroussées, qui toutes ensemble occupent par leur grandeur & grosseur plus de place que ne font les reins, le dos & les flancs plus gresles & serrez, qui se maintiennent ordinairement bons voisins des bras, le reste faisant vne grande circonference prés la bouche de la matrice, dans laquelle se retire la teste & le col plié en rond, de telle sorte qu'il le touche du sommet & des oreilles, principalement quelque temps auant que naistre.

Les bras ou cornes ressemblent aux deux manches d'vne chemise, dont la gauche est plus courte que la droicte, qui touche en sa longueur le testicule droict; ce que ne fait pas la gauche, & toutes deux sont de mesme substance que la matrice, au commencement desquelles se rend la plus grande partie des vaisseaux spermatiques, & sont quasi aussi grands que son corps aux Caualles qui n'ont iamais conçeu, sinon que leurs extremitez tiennent plus du cercle que ne fait son fonds: mais en celles qui sont pleines & qui ont autrefois porté, elles sont plus petites & estroites que n'est le corps de la matrice.

La nature a fait ces bras ou cornes, tant pour receuoir plus facilement les vaisseaux, veines & arteres qui s'y inserent & qui les arrousent, pour cuire, purifier & perfectionner le sang qu'elle destine à la nourriture de l'animal, que pour le luy distribuër plus commodement & plus lentement, en le luy enuoyant continuellement par les veines vmbilicules.

CHAPITRE XI.

DES VAISSEAVX SPERMATIQVES de la Caualle.

IL y a deux veines & deux arteres qui sont quatre canaux, par lesquels la nature enuoye & fournit à la matrice tout ce qui est necessaire pour conceuoir & nourrir l'animal, ces veines naissent de la veine caue, vn peu plus bas que les reins & les veines emulgentes, d'où estans sorties elles se diuisent en deux branches, dont les rameaux entrelassez font comme vn rots dessous le peritoire, chacune desquelles se porte obliquement, & de son costé vne partie se va inserer sous la matrice, & l'autre se termine estant diuisée en deux, presque au milieu du testicule.

Les arteres sortent toutes deux du costé droict du tronc de la grande artere, & enuoyent premierement vn rameau à la partie de dessous la matrice, & accompagnent toûjours les veines, s'entr'embrassant tantost dessus & tantost dessous, de telle sorte que le rameau droict qui est plus gros que le gauche, aussi bien que la veine droicte qui est plus grosse que la senestre, passe sur la veine & le conduit de l'vrine, & dessous les rameaux de la veine porte qui vont aux boyaux, & tous par plusieurs & diuers contours se terminent dans la cauité de la matrice en forme de pointe aiguë, au bout de laquelle il y a vn petit trou fort subtil & sensible, par lequel la semence de la Caualle entre dedans sa matrice deuant ou apres, ou à l'instant que l'Estalon y laisse la sienne.

Apres que tous ces rameaux tant des veines que des arteres se sont joints ensemble, au lieu ou ils se rencontrent au dessous des bras de la matrice, & ou les arteres s'embouchent auec les veines, ils s'y respandent si admirablement qu'ils l'occupent entierement: mais ils sont fort petits dans les Caualles vuides, & ils s'accroissent & s'enflent peu à peu en celles qui sont pleines, & principalement les veines, selon la proportion de l'animal qu'elles doiuent alimenter, lequel estant en sa perfection les rend aussi grosses & aussi enflées qu'est la veine caue, & les arteres aussi s'en sont quelque peu accreuës, autant que leurs membranes leur ont pû permettre: & cependant dés que le Poulain en est sorty, ils retournent comme font tous les autres vaisseaux presque en leur premier estat.

CHAPITRE XII.

DES VEINES ET DES ARTERES *inferieures de la matrice, & de la nature des Caualles.*

LA nature ayant donné à la matrice les quatre vaisseaux qui viennent d'estre nommez, elle a de plus muny les parties inferieures de quatre autres grandes veines, deux desquelles sont au costé droict, & les deux autres sont au costé gauche, ausquelles elle a pareillement donné quatre arteres pour fidelles compagnes, dont les deux qui sont à main droicte sont beaucoup plus grosses, principalement quand elle est remplie d'vn masle, que qui sont au costé gauche, & toutes quatre reçoiuent leurs rameaux de la grande artere.

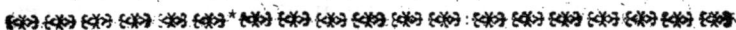

Les deux plus grosses de ces veines & qui tiennent le dessus, tirent leur origine en la partie interne de l'os de la cuisse, d'vn gros rameau de la grande veine, au lieu d'où il descend des cuisses aux jambes, & chacune de son costé en faisant qu'vn tronc, descendant entre l'os des iles & l'os sacré proche l'intestin *rectum*, & s'etortillant vers la matrice & la vessie, se diuisent vn peu loin d'elles en plusieurs rameaux, dont les vns vont en la partie de dessus au col & au bas d'elle, & quelques autres passent par dessous pour l'enuironner de leurs entortillemens, & se peuuent à bon droict appeller veines recurrentes, à la maniere nerfs qui portent ce nom : d'autant que ces gros rameaux descendans en bas accompagnez de leurs arteres, & s'éloignans fort par leur descente du corps de la matrice qui se hausse fort dans les Caualles pleines, sont contraints de se reflefchir presque en demy cercle pour reprendre le haut, afin de se joindre aux vaisseaux spermatiques ou ils commencent à se distribuër, pour s'y terminer & s'espandre aussi par tout, pour fournir la nourriture à la partie de dessous de la matrice.

Les deux autres veines beaucoup moindres que les premieres, naissent pareillement de la veine qui descend aux cuisses & aux jambes; mais beaucoup plus bas & cheminant obliquement vers la partie inferieure de la matrice, & le col de la vessie & de la nature, se diuisent vn peu loin des autres en deux rameaux : le plus gros & le plus haut desquels montant au dessus se fent prés du milieu en plusieurs autres, les deux derniers desquels & plus grandes que les autres, se recourbent & s'entortillent vers les cuisses & les hanches, chacun d'eux formant de son costé deux demy cercles, les inferieurs desquels s'vnissent ensemble, par le moyen d'vne veine commune & transuersale, & s'embouchent au milieu de la nature qui est au dessous, & l'autre rameau qui passe par dessous la remplit toute.

Et d'autant que la matrice de la Caualle est sujette à beaucoup de douleurs, aussi bien que les autres parties de son corps, il y faut encore remarquer, qu'outre tous les vaisseaux qui ont esté icy representez, il y a encore quelques rameaux de la sixiesme conjugaison des nerfs du cerueau qui s'y estendent de telle sorte, qu'ils la rendent par leur entremise sensible à tout le mal qui luy peut arriuer.

CHAPITRE XIII.

DES MEMBRANES QVI ENVIRONNENT le Poulain dans la matrice.

LA nature a eu vn si grand soin de la conseruation du fretus dans la matrice, qu'elle l'a enuironné de tuniques & membranes pour sa defense, & pour appuyer les vaisseaux qui vont de la matrice au fretus pour luy porter sa nourriture, ce qui soit principalement dit de celle que les anatomistes appellent chorion, & ces vaisseaux sont attachez au dedans de cette tunique dite chorion, & posez sur celle que l'on nomme amnios, & aussi pour receuoir l'vrine du fretus qui s'amasse entre le chorion & l'amios, afin qu'il se repose sur elles plus mollement; car aux Cheuaux & aux animaux qui ont des dents en la maschoire superieure, il ny faut pas chercher cette troisiesme membrane qui se trouue aux brebis & aux vaches qu'on appelle allantoide.

Celle qui enueloppe immediatement le fretus est l'amnios qui est vne membrane deliée, laquelle enuironne entierement le fretus, & est distante neantmoins de son corps de quelque interualle, & ce pour receuoir la sueur qui en sort, laquelle ne se mesle pas auec l'vrine, mais est reseruée en differents lieux. Car l'vrine est contenuë dans la partie inferieure du chorion, & la sueur en la partie superieure de l'amnios.

Cette membrane quoy qu'elle soit si déliée, ne laisse pas d'estre double, & est parsemée de plusieurs de plusieurs rameaux de veines & arteres qui procedent des vaisseaux vmbilicaux, qui ont en leur milieu vn fort petit trou & presque insensible pour empescher que le sang ny soit porté en trop grande abondance & plus qu'il ne faut : ces vaisseaux ont vne tunique si épaisse, qu'ils ressemblent plustost à des nerfs

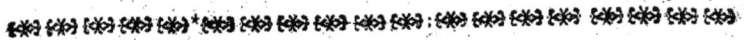

nerfs qu'à des veines & arteres. Elle est si artistement tissuë, qu'elle s'amplifie & s'estend autant que l'animal en a besoin pour estre à son aise: ce que vous reconnoistrez si vous la soufflez.

L'autre tunique qui est couchée sur l'amnios, & qui enuironne le fœtus est appellée chorion, laquelle est forte & époisse ayant quelques aspretez, afin que les vaisseaux, dont sa partie interne qui regarde le fœtus est parsémée, y soient attachez plus fermement, & conduits au fœtus auec plus de seureté, elle est aussi double & est differente de l'amnios, en ce qu'elle s'estend iusques à l'extremité des bras ou cornes de la matrice, pour y conduire & accompagner les vaisseaux vmbilicaux, & pour receuoir le sang qui y est porté pour son aliment.

CHAPITRE XIV.

DE LA SITVATION DV POVLAIN *estant dans le ventre de la Caualle.*

ON peut reconnoistre deux differentes situations du Poulain dans la matice de sa mere en deux diuers temps, sçauoir est l'vne dans le temps qu'il y prend vie, nourriture & accroissement; & l'autre dans le temps qu'il s'efforce d'en sortir & de venir au iour. Le premier temps le represente coy & quasi sans mouuement, ayant toutes les jambes & cuisses fléchies & recourbées, en sorte qu'elles ne fassent aucun angle, mais que l'animal fasse comme vne figure ronde ou ouale: de peur qu'ayant les membres estendus il ne blessast la matrice, ou ne rompit les membranes qui l'enueloppent par vne trop violente distension. Le second le dispose en cette sorte, ayant la teste penchante en bas vers l'orifice de la matrice, & se ramassant tout en soy-mesme de telle maniere que la maschoire inferieure luy touche quasi la gorge, comme la bouche fait la poictrine, pliant toûjours le col pour ce sujet en forme d'arc, & tournant toute l'eschine tantost vers la panse, & tantost vers les costez de sa mere, ayant les jambes de deuant si bien ajancées, qu'en les auançant il recourbe toutefois les bras, de telle sorte que les genoüils n'excedent pas la moitié de la teste, & en retire si bien les ongles qu'il les approche du nombril, & ramasse celles de derriere, estans si proprement pliées & couchées tout le long de son ventre, qu'il les tient toutes quatre ensemble prés des dernieres costes, sans que l'vne incommode ou offense l'autre; faisant par ce moyen auec la croupe la plus haute partie de la matrice.

Et d'autant que quelques-vns se pourroient imaginer que la nature lie les jambes du Poulain ensemble auec ces onglettes ou callositez qui se voyent au dessus des genoüils de celles de deuant, & au dessous de celles de derriere & au dedans de toutes.

Ie dy qu'il me semble que la cause de telles marques ne peut estre autre qu'vn frayement & attouchement continuel de ces parties pendant qu'il est enfermé dans la matrice, ou il les tient toûjours en mesme estat iusques à ce qu'il approche du terme qu'il en doit sortir, par le moyen duquel ces endroits demeurent destituez de poil, & par l'affluence de quantité d'humeurs phlegmatiques, grossieres, & visqueuses qui s'y amassent, ces callositez s'accroissent, s'encroustent & s'endurcissent, d'autant plus qu'il vieillit, quoy qu'elles se renouuellent tous les ans en certain temps.

CHAPITRE XV.

DE L'VNION DES VAISSEAVX proches du cœur du Poulain, pour son entretien dans la matrice de sa mere.

LA nature a si merueilleusement pourueu à tout ce qui estoit necessaire pour la conseruation & entretien de la vie du Poulain, qu'elle luy a fourny dés le ventre de sa mere tous les organes qui estoient requis pour accomplir ce dessein, cela se peut remarquer en cette admirable vnion qu'elle fait prés du cœur de la veine caue auec l'artere veneuse, & de l'aorte ou grande artere auec la veine arterieuse, laquelle jonction desdits vaisseaux n'a son vsage particulier que pendant que le fœtus est renfermé dans la matrice, & s'abolit auec les anastomoses apres qu'il est sorty dehors.

La veine caue se joint donc du costé droict auec l'artere veneuse, par embouchenre formant vn trou d'vne figure ouale sous l'oreille droicte du cœur auparauant que la veine caue entre dans le cœur, au milieu de laquelle ouuerture il y a vne valuule qui la ferme à demy.

L'autre vnion qui se fait est de la grande artere & de la veine arterieuse, lesquelles s'approchent si prés l'vne de l'autre dés leur origine, qu'elles ne s'esloignent que d'vn doigt de distance entr'elles, iusquà ce qu'elles se joignent par l'entremise d'vn canal qui est vn peu plus gros qu'vn tuyau de plume d'oye, qui s'insere obliquement dans la grande artere; c'est pourquoy la nature ny a point mis de valuule, à cause que l'obliquité du canal empesche assez le reflus du sang.

Galien parle de la jonction de ces vaisseaux dans le fœtus humain tres-doctement & exactement, au vingtiesme

Chapitre du sixiesme Liure des Parties. Suiuant l'opinion duquel l'vsage de la premiere vnion est afin que le sang soit porté de la veine caue dans l'artere veneuse pour la nourriture des poulmons, lesquels ne peuuent pas receuoir rien du cœur, puis qu'il n'a pas encore de cauité dans le fœtus, & qu'il n'a point de mouuement dans les premiers mois pour pousser ce sang du ventricule droict dans la veine arterieuse : Et quant à la seconde vnion de laorte auec la veine arterieuse, elle a esté faite, selon l'opinion du mesme, pour porter l'esprit vital des arteres vmbilicales dans la grande artere, & de là pour estre porté par le moyen de ce canal, qui joint & qui entretient vne communication entre ces deux vaisseaux, dans la veine arterieuse aux poulmons pour l'entretien de la vie.

Il est bien vray que les anatomistes plus recens leur attribuënt d'autres vsages, celuy de la premiere vnion estant pour porter vne partie du sang de la veine caue dans le ventricule gauche du cœur, qui ne pouuoit pas passer à trauers les poulmons, lesquels alors ne sont pas dilatez, & ne seruent pas encore à la respiration, par le moyen de laquelle communication le ventricule droict en attire quelque portion : & celuy de la seconde estant afin que le sang qui est dans le tronc de la veine caue ascendante soit porté au ventricule droict du cœur par l'entremise du canal, duquel la plus grande partie est enuoyée dans laorte, pour nourrir & viuifier toutes les parties du corps de l'embryon, & la moindre partie est conduite vers les poulmons par le chemin ordinaire.

CHAPITRE XVI.

DE LA DIFFICVLTÉ DV PART des Cavalles.

QVOY que les Caualles ne conçoiuent que pour mettre au iour leur Poulain, si est-ce qu'elles ne joüissent pas toûjours de ce bien & courent souuent risque de leurs vies, ou du moins elles souffrent de grandes peines & tourmens. Elles portent ordinairement vn an, ou bien onze mois & quelques iours.

Le part naturel est quand le Poulain vient au bout de ce temps-là, la teste la premiere auec le col suiuy des pieds de deuant, celuy qui est contre nature, est quand la mere le jette dehors auant ce terme, les jambes de deuant, & les costez premiers que la teste.

Les difficultez qui trauersent le part de la Caualle, viennent de causes internes ou externes: les internes sont sa trop grande jeunesse, l'abondance de graisse, le poulinement auant le temps, ou de deux à la fois à terme, & l'estroite sortie de la matrice, les externes sont sa trop grande chaleur ou froidure, & l'insuffisance de celuy qui la doit soulager en son trauail.

Pour la garantir de peril & de tourment, il faut auoir recours aux remedes ordinaires & extraordinaires selon la qualité du mal. Que si elle n'est trauaillée que selon l'ordre de nature, il suffira de faciliter le poulinement, en oignant premierement les voyes de la sortie de l'animal d'huile de jasmin, d'amandes douces, & de graisse de chapon ou de poule fonduës ensemble, & estans encore chaudes. Quand elle vuidera ses eaux, on luy serrera doucement les narines afin de l'obliger à quelque effort pour reprendre son haleine, qui luy fasse pousser son fruict ; on luy fera prendre auec la corne, du bon vin auec de la canelle & de la myrrhe reduites en poudre subtile : ou bien du suc de marrube auec de la poudre d'iris : ou vne decoction de feüilles de sauge, ou de laict de Iument, ou de la myrrhe, du castoreum, du storax, de la calamite, de la canelle, & de la sabine de chacun poids égal reduites en poudre, & meslées auec du vin.

Que si ces aydes ne la déliurent pas, on pourra se seruir des parfums qui réueillent tellement les esprits qu'ils se rassemblent & s'vnissent pour pousser dehors ce qui leur est à charge, tels que sont ceux qui sont faits d'ongles d'asne, ou de Cheual, ou d'escorce, ou de morceaux de bois de pin; ou bien on luy fomentera le ventre de galbanum ou de sabine; ou on luy mettra dans la nature de la racine de gentiane, ou de panets sauuages, en forme de collire.

Que si on reconnoist que l'excessiue grandeur de son Poulain la mette en danger de mort; alors il faudra sans hesiter se frotter les mains & les bras des susdites huiles, & les porter iusques dans la matrice, afin de faire ce qui se pourra pour l'en tirer petit à petit; & en cas qu'on ne l'en puisse déliurer par cette voye, attendu que la vie de la mere est plus precieuse que celle de l'enfant, on l'attrachera tout entier auec quelque fort lien fait de laine; ou par pieces si on ne la peut sauuer autrement.

Pour la soulager de la peine qu'elle souffre lors que jettant dehors son Poulain à terme, les pieds ou les costes sortent auant la teste; il n'est rien tel que de luy remettre ce qui sortia dehors contre l'ordre de nature, dans la matrice, le mieux qu'on pourra iusques à ce qu'il se presente selon les loix de la nature: Que si on ne peut le repousser dedans, le plus expedient sera de couper auec vn rasoir la partie qui sera sortie, & d'en tirer le reste tout doucement par le moyen du lien susdit, en luy pressant legerement le ventre, pour luy faire jetter hors plus facilement.

Et pour la déliurer de celuy qui seroit mort dans son ventre, il luy faudra faire aualer par force de la fougere femelle puluerisée, & meslée auec du vin & de l'huile d'oliue : ou de la sabine auec du vin & du miel : ou du galbanum auec du vin & de la myrrhe : ou de la poudre *d'assa-fœtida*, de ruë seiche & de myrrhe auec de l'eau de sabine : ou du laict de lument auec du vin & du miel ; ou du suc de ruë & d'armoise, & luy faire vn parfum d'ongles d'asne ; ou de pastilles de myrrhe, de galbanum, de souphre & d'opoponax également pestris ensemble auec du fiel de vache, mis dans vn vaisseau sur les charbons ardents, & tenu sous son nez : ou bien faut mettre dans la nature vn pessaire composé d'hellebore noir, d'opoponax, & de fiel de Taureau, autant d'vn que d'autre.

Que si ces remedes ne sont pas assez forts pour la descharger de ce fardeau, alors il sera permis d'employer d'autres machines, & de porter la main & le bras huilez comme dit est iusques dedans la matrice, pour y prendre la teste de l'auorton afin de l'en tirer ; & en cas que celuy qui fera cét office se lasse tellement le bras que les forces luy manquent, ie luy conseille de luy mettre vn crochet de fer en la maschoire inferieure, pour le tirer entier ou en pieces plus commodement auec les deux mains, par le moyen de sa corde.

Que si apres auoir heureusement ou auec infortune jetté dehors son Poulin, elle ne peut se déliurer des secondines, soit à cause de la foiblesse de la vertu expultrice, ou de la trop grande abondance de sang qui est en elle : Alors il sera bon de la faire esternuër souuent, & de mettre en son eau blanche quantité de suc de marrube auec de l'iris ou des porreaux : ou de luy faire aualer du vin & de l'huile d'oliue, apres y auoir laissé tremper quelque temps du tithimale ou de la sabine, & de luy faire les susdits parfums, ou de bousse de vache, ou de fiente de pigeons.

CHAPITRE XVII.

COMMENT IL FAVT REMEDIER à la cheute de la matrice de la Caualle.

D'AVTANT qu'il arriue quelquefois que la matrice de la Caualle tombe hors de sa place, soit par le grand effort qu'elle a fait en poulinant, ou par quelque autre violence: ou à cause de l'affluence d'humiditez qui ramollit les ligaments, les estend trop, & les pourrit: Et que d'ailleurs c'est vne necessité de la maintenir en son lieu pour en recueillir d'autres fruicts; aussi-tost qu'on la verra en cét estat, on taschera de la faire retourner en son lieu par le moyen des parfums faits de fiente de bœuf, & d'asphaltum, meslez ensemble: ou en la frottant d'orties fraisches.

Mais si nonobstant tous ces aydes elle demeuroit si abbatuë de douleur qu'elle ne pût d'elle-mesme la retirer en son lieu; on ne doit pas manquer en ce rencontre d'oindre promptement l'orifice de sa nature d'huile rosat tiede, & de l'espraindre tout doucement auec les mains frottées d'huile de mastic, pour la faire rentrer dans le ventre, & tout à l'instant qu'elle sera remise, on la retiendra en sa place auec de la laine, qu'on trempera pour cét effect en du bon vin, dans lequel on aura fait boüillir du mastic, des noix de cypres, de l'hypocistis & du bol armene, & pour la tenir bouchée de cette laine, on attachera quelques petites cordes au haut de sa queuë, qu'on luy fera passer entre les cuisses, pour les arrester à quelque sangle qu'on luy mettra au col en forme de collier, afin d'empescher qu'elle n'en ressorte.

Quelques-vns abbattent la Caualle en vn lieu ou elle ait la teste plus basse que la croupe, & la tenant renuersée sur le dos luy fomentent la matrice d'eau tiede, dans laquelle

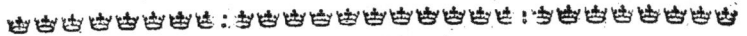

quelle ils ont fait boüillir du costus, des balaustes, & des noix de cypres, puis ils la luy picquent doucement auec vne aiguille : ou bien ils la frottent d'orties vertes, & apres l'auoir bien lauée de gros vin tiede aigry sur le feu, auec des escorces de grenades, des noix de cypres, ou bien d'huile rosat ou de mastic, ils la repoussent en sa place, & afin qu'elle n'en bouge, ils luy mettent auec la main bien huilée vne vessie de porc ou de bœuf tellement preparée, qu'ils la puissent faire enfler auec quelque long tuyau, & sans qu'elle empesche neantmoins d'vriner à son aise; puis y jettent dedans du vin tiede le plus rude qu'ils puissent trouuer, dans lequel auront boüilly des noix de cypres, des feüilles de myrte, & de l'acacia : quelques iours apres ils luy donnent air pour l'en retirer, & tenant la beste en lieu chaud, ils la traictent soigneusement pour luy faire reprendre son enbonpoint.

CHAPITRE XVIII.

DES REMEDES CONVENABLES *aux Poulins asthmatiques ou poussifs.*

ENCORE qu'on puisse dire que l'asthme ou la toux soit vn mal hereditaire, & que par cette raison le Poulain peut naistre asthmatique ou poussif; si est-ce que l'experience a fait voir que la corruption de l'air & les mauuais alimens auoient vne telle puissance sur luy que de le frapper de cette maladie peu de iours apres sa naissance si cruellement, que la nature ne pouuoit resoudre & digerer la trop grande humidité qui le suffoquoit, & le déliurer de cette incommodité, sans l'aide des remedes qu'on a inuenté pour ce mal.

Le meilleur est de faire prendre à celuy qui en sera tourmenté au dessous de six mois le poids d'vn denier de poudre d'hippomanes dans vn peu de laict, parce qu'elle a la proprieté de détruire vne peau qui s'engendre en l'estomach de ces jeunes bestes, & de dilater les parties internes qui reçoiuent la pasture.

Or parce que l'hippomanes a cette vertu particuliere de les garantir d'vn mal si violent, il est bon de declarer ce que c'est, à sçauoir vne certaine carnosité noire en forme de figue seiche, longuette, & de couleur d'vne petite ratte, laquelle le Poulain apporte adherente à son front, que la Caualle engloutit aussi-tost qu'elle l'a mis au monde, ce qui apporte tant d'vtilité à son enfant, que si on la frustre de ce morceau elle ne le peut voir ny allaicter: cette obseruation seruira d'aduertissement aux gouuerneurs des Haras d'en faire prouision, & de les tirer des Poulains que l'on tirera du ventre de la mere, ou qu'elle jettera morts, de peur que n'ayans pas cette chair, les Poulains qu'on voudra éleuer n'en ressentent le dommage.

Quelques-vns à l'imitation des Medecins, leur font aualer dans du laict de la poudre d'vn poulmon de renard desseiché dans vn four: mais ce remede n'estant pas si singulier que le precedent, ie suis d'aduis qu'on s'arreste au premier sans s'en départir. Il ne faudra pas faire saigner ceux à qui on aura donné vn tel breuuage, que long-temps apres; & quand il en faudra venir là, il est bon que ce soit en Mars ou en Avril, auant que de les mettre aux herbes nouuelles; parce que cette nourriture apres l'euacuation vniuerselle les purifie & les engraisse. I'approuue pareillement la methode de ceux qui leur font tirer du sang au mois de May & au mois de Septembre, pour empescher que les humeurs superfluës ne leur tombent sur les parties basses.

CHAPITRE XIX.

DES MOYENS DE REMEDIER au mal que le Poulain reçoit de l'abondance ou de la corruption de ſa mere.

LEs alimens détruiſent la ſanté, ou par leur quantité, ou par la mauuaiſe qualité qu'ils ont naturellement, ou qu'ils contractent lors qu'ils ſe corrompent dans l'eſtomach & dans le ventre : il en arriue de meſme au laict, quoy qu'il ſoit vn aliment le plus familier & le plus conuenable à la nature des jeunes animaux qui ſe puiſſe trouuer. Bien ſouuent le Poulain en prend vne ſi grande quantité qu'il s'en dégouſte & qu'il en deuient malade, ou à cauſe qu'il n'en prend point du tout, ou à cauſe qu'il ſe corrompt.

Pour empeſcher cét inconuenient, il faut ſeparer de la mere durant quelques heures du iour le Poulain qui ne peut digerer la quantité de nourriture qu'il tire : ou bien il en faut donner deux à la mere pour eſleuer, afin de partager leur nourriture, & que chacun n'en prenne pas par excez. Sur tout il les faut mener paiſtre en des lieux hauts & couuerts, de ſorte qu'ils ne s'y puiſſent pas trop échauffer comme ils font, par les carrieres qu'ils ſe donnent en raſe campagne : La raiſon eſt que non ſeulement ils ſe fortifient les membres en les montant & deſcendant : mais auſſi ils diſpoſent leur ventricule à vne bonne digeſtion par cét exercice moderé, & leurs eſprits ſe recreent & purifient par le moyen de l'air qu'ils reſpirent ſur les montagnes, ils y diſſipent mieux le phlegme & purifient le ſang, qu'ils ne feroient s'ils eſtoient dans des mareſts.

La quantité de laict venant à ſe corrompre en eux, leur cauſe vne fievre ſi grande qu'elle les deſſeiche & conſume entierement, laquelle on reconnoistra par le battement de poulx & de flancs extraordinaire, ou par la dilatation de leurs narines, par la sueur des cuisses aux femelles, & des testicules aux masles par la seicheresse de leur langue, & par l'ardeur de leurs tempes.

Pour les deliurer de ce mal, il faudra leur prendre quatre onces de cette portion, composée de deux onces de syrop de violettes, d'vne de manne, & d'vne de syrop de meures, le tout estant incorporé auec le laict de Iument ou d'asnesse, & leur donner vn clystere fait auec de l'eau distillée de lierre, pour rafraischir les parties internes qui sont enflammées.

CHAPITRE XX.

DES CAVSES DV FLVX DE SANG *qui arriue aux Poulains, & des moyens de l'arrester.*

IL ny a rien qui prouoque tant le flux de sang au Poulain que l'exercice immoderé, l'humidité de la terre, & la boisson des eaux mortes & croupies, parce que toutes ces choses l'affoiblissent & le refroidissent tellement, qu'il ne peut digerer les alimens comme il faut, & le sang se corrompt par l'indigestion.

On reconnoist ce mal quand on voit qu'il neglige le boire & le manger, & le boyau se retressit si fort, qu'il en est contraint de tenir continuellement la teste basse, & de faire paroistre que ses forces luy manquent au besoin.

Pour le guerir il faut luy faire changer d'air, & le mettre en quelques pasturages secs, bien airez, fertiles en bonnes herbes & eaux courantes, & luy donner à manger des choses qui ayent vne qualité chaude & qui soient gluantes pour en arrester le cours, puis aualer ce breuuage composé de quatre onces de farine de febves, de trois de cotignac, le tout estant meslé auec dix jaunes d'œufs détrempez auec quelque peu de vinaigre, & meslé auec de bon vin tiede plein vn pot.

CHAPITRE XXI.

COMMENT IL FAVT SECOVRIR *les Caualles & les Poulains picquez des serpens.*

LEs serpens se plaisent si fort dans les lieux herbus à cause de leur fraischeur, qu'ils ne les abandonnent point tout l'Esté; ce qui incommode grandement les Haras: d'autant que les meres & les enfans ne pouuans se passer de paistre les herbes, & pour ce faire d'y sejourner, & y passer souuent la nuict. Ils courent risque d'en estre blessez, ou à la teste & au col, ou aux pieds, aux jambes, & aux cuisses.

En quelque part que soit la blesseure, il faut raser le lieu offensé, & le battre deux ou trois fois le iour auec vn marteau de fer fait en forme de T, aussi massif & applaty d'vn costé que d'autre, iusques à ce que la tumeur diminuë, & qu'il en sorte vne humeur de couleur meslée d'vn peu verd & de rouge detrempé auec de l'eau, comme on voit quelquefois dans vn sang corrompu; puis apres l'oindre de graisse de Loup quelque peu fonduë.

Si ce remede est sans effect à cause de la malignité du venin, il faudra lauer la partie offensée de suc de chardonnette, de cardamome & de la moustarde, ou de leurs semences broyées auec de vieille huile d'oliue, & l'en frotter apres l'auoir purgée auec de la lexiue faite de sarment de vignes, ou de bois de sauls, par faute de sarment, & pour vn plus asseuré remede, il faut brusler la picqueure, & marquer les parties voisines auec vn fer bien rouge.

Pour vous communiquer ce que l'experience m'a appris, ie vous diray qu'il ny a rien de meilleur que d'escacher quelques œufs durs sur la partie blessée, les plus chauds que faire se pourra, & apres y appliquer les culs d'autant de pigeons ou de poules en vies qu'il en faudra pour tirer le venin dehors, sans les oster qu'ils ne soient morts dessus, comme ils y mourront promptement tant qu'il y restera du venin.

CHAPITRE XXII.

COMMENT ON DOIT TRAITER LES *Poulains en la campagne iusqu'à l'âge de trois ans.*

LE bon air est vne demie vie & si necessaire aux Poulains, qu'ils languissent plus qu'ils ne profitent dans les lieux mal airez; quoy qu'ils soient auantagez d'herbes & de fourage propres à leur entretien : c'est pourquoy on doit auoir soin de les mener paistre dés les premiers iours de leur vie dans les montagnes ou campagnes, purifiées des vents fauorables & salutaires qui y soufflent en toute saison, & les retenir en ces lieux auec leurs meres iusqu'à ce qu'ils ayent atteint l'âge de trois ans.

Il faudra tascher de découurir leurs complexions & inclinations, & les estimer d'autant plus qu'on les verra alaigres, intrepides, marchans la teste leuée, se joüans les vns auec les autres, & s'efforçans de se deuancer à la course, franchissans les fossez, passans les riuieres & les ponts sans rien craindre, & trauersans librement les lieux rudes & montagneux sans se fouler.

L'ordre qu'il faut tenir pour les sevrer & separer de leurs meres, est que trois iours auant la pleine Lune de Mars. Il faut les tenir vingt & quatre heures durant hors de leur veuë & de leur compagnie, sans qu'ils en puissent apres joüir plûtost de leur presence que le lendemain, afin que se remplissans plus auidement de laict pour la derniere fois ils en demeurent plus gros & plus dispos, & pour leur faire entendre qu'ils doiuent desormais se pouruoir d'eux mesmes d'alimens, il faut leur pendre au col la sonnette & la corne de cerf pour espouuenter les serpens.

Quand il y aura quelqu'vn du Haras foulé, ou à qui les nerfs seront tellement retirez, qu'à grand peine il puisse leuer les jambes & les pieds pour cheminer, ou pour auoir fait trop d'escapades ; ou à cause de la trop grande humidité ou froidure du lieu ou on l'éleuera, le meilleur remede qu'on luy puisse faire est de l'échauffer par l'exercice qu'on luy donnera, & pendant qu'il sera ainsi échauffé luy frotter toute la nucque du col, le gosier, & l'espine du dos de vieille huile d'oliue, de beurre, & d'onguent d'althea meslez ensemble, & de luy parfumer le ventre de fumée de pierres viues, trempées toutes rouges dans de bon vin, en les y retenant bien enueloppées de quelques linges iusques à ce qu'elles soient refroidies.

I'approuue la practique de ceux qui donnent le feu aux jambes de ceux qu'ils destinent au seruice des Princes & grands Seigneurs, auant que de les retirer tout à fait du Haras, encore qu'ils n'en ayent besoin apparemment : d'autant que son effect est de restraindre la chair molle & ouuerte en l'endurcissant, d'attenuër & amaigrir les parties enflées, de resoudre les estreintes & trop serrées, & de guerir les playes inueterées.

Il faut laisser executer ce conseil à quelque Mareschal qui entende bien son mestier, & faut qu'il y trauaille au commencement du Printemps ou de l'Automne, & toûjours au decours de la Lune, lors que les Poulains auront l'âge de trois ans. La raison de cela est que la rosée de ce temps-là à la vertu de les guerir plus promptement que toute autre chose, & de faire que les rayes paroissent plus petites que si on les auoit pensées à l'escurie : comme aussi il sera necessaire pour faire renaistre le poil en la place d'où il estoit tombé de se seruir d'eau distillée de miel, ou de tartre, & d'en lauer les brusleures deux fois le iour, l'ayant premierement frottée de quelque linge, afin que ces remedes penetrent dauantage.

CHAPITRE XXIIII.

LE MOYEN D'ESLEVER LES POVLINES depuis deux ans iusques à quatre ans, qui est le temps qu'on les abandonne aux Estalons.

QVOY que les Poulines ayent ce don de la nature de conceuoir incontinent apres l'âge de deux ans, lors que es boüillons de la jeunesse les incitent à la recherche des masles, si est-ce que la joüissance de ce qu'ils desirent leur est si prejudiciable qu'on leur doit entierement desnier, iusques à ce qu'elles soient au premier quartier de leur cinquiesme année: à l'imitation des bons Iardiniers qui despoüillent les ieunes antes de leurs vergers des leurs premieres fleurs, afin qu'elles n'employent toute la substance qu'elles tirent de la terre que pour leur accroissement, & pour produire de meilleurs fruicts quand il sera temps: d'autant qu'en ce bas âge elles sont si foibles, que non seulement elles ne pourroient pas croistre ny acquerir la force qui leur est conuenable si elles portoient auant le temps; mais de plus les Poulains qu'elles engendreroient de leurs premieres chaleurs seroient si imparfaits & delicats, qu'ils ne seroient d'aucun vsage.

Pour empescher que cette fougue amoureuse ne détruise tout ce qu'elles auront de force & de vigueur, il faudra les separer des Poulains de peur de s'entregaster, & pour empescher qu'elles n'incitent leurs Estalons de les couurir par leurs continuelles poursuites. Depuis le mois de Mars de leur seconde année iusqu'au Printemps de leur quatriesme année, auquel temps on pourra leur donner la liberté de

paistre

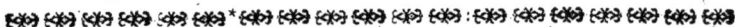

paiſtre & badiner auec les Hongres, en attendant la cinquiéme année en laquelle on leur donnera liberté entiere de ſatisfaire leurs paſſions.

CHAPITRE XXIV.

COMMENT IL FAVT REDVIRE ET gouuerner les Poulains dans l'eſcurie.

PVISQVE la peine qu'on prend a eſleuer les Poulains, eſt à cauſe du ſeruice qu'on eſpere tirer d'eux, & que la nature ne les en rend capables qu'à l'âge de quatre ans. On pourra en ce temps-là les retirer des Haras ſans danger auſſi-toſt que la roſée les aura guery du feu, les enlaſſant finement pour les reduire à l'eſcurie, accompagnez pour cét effect de quelques Caualles ou Cheuaux bien paiſibles pour leur en faire prendre le chemin plus librement, qu'ils ne feroient ſi on les y menoit toutes ſeules, ou eſtans arriuez le Palfrenier les eſtablera les vns apres les autres, auprés de quelques-vns qui ſeront bien dreſſez pour les imiter en leur docilité & patience, leur laiſſant les cordeaux des caueſſons qu'on leur aura mis ſur la teſte, les plus longs que faire ſe pourra les premiers iours de leur eſclauage, pour empeſcher qu'ils ne ſe bleſſent le col, comme ils pourroient faire s'ils ſe trouuoient attachez bien court.

Pour ce qui eſt de leur traictement, ie voudrois qu'on miſt leurs fourages ſi bas, qu'ils mangeaſſent ayans quaſi le nez contre terre, afin que s'eſtendans & ſe deſlians le col, ils ſe dechargeaſſent des ſuperfluitez & de toutes les humiditez qui incommodent le cerueau, & que ceux qui auroient ſoin de leur gouuernement les traitaſſent ſi doucement, qu'ils peuſſent addoucir la colere ou ils pourroient entrer de se voir ainsi changer de vie, & qu'ils leur fissent tant de caresses & de la voix & des mains, qu'enfin ils se laissassent frotter & estriller, leuer & marteler les pieds à plaisir.

Lors que le Palfrenier les voudra estriller, soit en Hyuer ou en Esté, il les attachera entre les deux piliers qui les separent les vns des autres auec les cordes des filets qu'ils auront en bouche, & apres leur auoir frotté la teste auec quelque espoussette faite de crin, ou de gros drap tant à contre-poil, qu'à droict-poil, il leur essuyera les yeux auec vne esponge trempée en eau fraische & claire, & leur en lauera la machoire seulement, s'ils tiennent de la ganace sans leur moüiller aucune autre partie plus haute l'œil: puis leur ayant espoussеté le reste du corps il les estrillera gaillardement commençant par le col; ou comme quelques-vns veulent par la crouppe: mais il n'importe par ou on commence, pourueu qu'on abbatte toute la poussiere, & qu'il ne luy passe iamais l'estrille sur le fil du dos, ny sur la teste, ny aux parties basses, qui toutes ne se doiuent point nettoyer qu'auec les mains, le bouchon, & l'espoussette, non plus que les pasturons: cela estant fait d'vn costé & d'autre il les frottera auec le bouchon à tour de bras, & les espoussettera derechef, & les frottera auec la paulme de la main qui sera vn peu humide, tant pour leur rendre le poil beau, que pour les maintenir en belle humeur.

Et d'autant que les crins & la queuë les ornent d'autant plus qu'ils les ont longs & frisez, il les peignera soigneusement de peur qu'ils ne s'entremeslent, commençant toûjours doucement par les extremitez, & montant petit à petit iusques au tronc de la queuë, à laquelle on ne doit pas épargner l'eau, quoy qu'il la faille donner fort chichement au touppet, & non pas à la criniere pourueu qu'on l'essuye aussi-tost, craignant que l'humidité ne leur offense le cerueau. Pour les tenir nets par tout le corps, il leur lauera le scrotum ou les bourses, & la verge auec de bon vin tiede, tant pour desseicher les humeurs qui tombent dessus ordinairement, que pour les garantir du prurit & de la difficulté d'vriner.

Apres les auoir ainsi pensez de la main le soir & le matin, il les attachera à leurs mangeoires pour y manger quelque peu de foin ou de paille, auant que de les mener à l'eau, qui leur sera d'autant plus propre, qu'elle sera vn peu trouble, de couleur de laict, salée, & qu'elle coulera doucement par des lieux battus du Soleil, & sera de plus difficile digestion qu'elle sera claire, froide, rapide, & toûjours à l'ombre : En cas qu'elle soit trop froide on la corrigera auec du son, en la remuant fort auec vn baston, ou pour mieux faire auec la main bien nette, ou en y meslant de l'eau chaude, auant que de la leur presenter à boire. Lors qu'ils seront dégoustez on leur frottera la bouche de bon vin & de sel, ou auec du vinaigre : mais quoy qu'il arriue on doit toûjours auoir esgard à leur naturel, & à la coustume des lieux, à cause que tout prompt & soudain changement est extremement prejudiciable.

Apres estre abbreuuez on leur donnera de l'auoine bien criblée s'ils mangent du foin, & de l'orge s'ils ne se paissent que de paille, en telle quantité qu'on jugera à propos, & on prendra plaisir de la leur voir manger ; tant pour empescher que les valets n'en desrobent, que pour empescher aussi qu'ils ne leur frottent les dents de suif, pour la leur faire quitter, afin de les leur faire lauer auec du bon vinaigre & du sel, si on auoit vsé d'vne telle tromperie : car ils ne la refusent iamais qu'ils ne soient malades, ou trop fatiguez, ou que malicieusement on n'ait vsé de tromperie ; & d'autant mieux ils se portent, qu'ils mangent bien leur auoine, & qu'estant bridez ils maschent le mords, & jettent quantité d'escume blanche & épaisse, & non pas visqueuse, ou d'autre couleur, ou trop liquide : d'autant que c'est vn signe ; estant telle, que la pituite domine au dessus de leur chaleur naturelle pour produire quelque indisposition. Quand ils l'auront mangée on ne leur presentera ny foin ny paille d'vne ou de deux heures:

apres la nuict estant venuë, on leur fera si bien emplir leur ratelier qu'ils en ayent de reste iusques au matin, & on les laissera reposer sur de la bonne littiere de paille fraische, estans attachez de telle sorte qu'ils ne se puissent blesser en façon quelconque.

FIN.

LA NATVRE ET QVALITÉ particuliere des medicaments, desquels est fait mention en cét ouurage, & qui sont icy descrits par ordre de l'Alphabet.

A

ABROTONVM dit en François auronne, est vne herbe chaude & seiche au troisiesme degré, elle ouure les conduits du corps, & est bonne pour la courte haleine.

Absynthe est vne herbe chaude au premier degré, & seche au second, elle est detersiue, adstringente, & bonne pour l'estomach.

Ache est chaud au premier, & sec au second degré, il meurit & nettoye, il est aperitif & prouoque l'vrine.

Agaric est chaud au premier degré, & sec au second, il purge les humeurs pituiteuses, & bilieuse, & est bon pour le foye & pour les reins.

Ail est chaud & sec au quatriesme degré, il chasse les meschantes humeurs.

Agrippa est vn onguent qui amollit, incise & resout, qui est reconnu bon contre les tumeurs œdemateuses.

Alun de roche est chaud & sec au troisiesme degré, & est bon pour les cancers.

Aloes est chaud au premier degré, & sec au troisiesme, il nettoye, purge, & fortifie.

Althea ou guimauue est chaude moderement, elle resout les humeurs, eschauffe, ramollit & appaise les douleurs.

Amande est chaude & humide au premier degré, prouoque l'vrine, elle est fort bonne pour les poulmons & le foye.

Ambrosia, que nous appellons sauge sauuage ou des bois est repercussiue, elle reprime & arreste les humeurs.

Ammoniac est vne gomme qui est chaude au troisiesme degré & seiche au second, elle ramollit & dissout les humeurs.

Aneth est chaud au troisiesme degré & sec au second, il meurit les humeurs cruës.

Anis est chaud & sec au troisiesme degré, il corrige le froid, il resout les humeurs, & prouoque l'vrine.

Antimoine ou stibium est froid & sec, il est adstringent, mondificatif, & purgatif.

Aristoloche est vne racine chaude & detersiue, que si c'est la ronde elle est plus forte estant chaude, & seiche au troisiéme degré, elle est bonne pour les vlceres.

Armoniac est vn sel resolutif, deficcatif, & qui ramollit.

Armoise est vne herbe chaude au second degré, & sei- au troisiesme, elle est bonne contre les vers, & l'enfleure des nerfs.

Arsenic duquel il y a deux especes, est chaud au troisiesme & sec au second degré, il est adstringent, putrefiant, rongeant, & est vn grand corrosif.

Asphaltum est vne poix qui est meslée auec du bitume, il est chaud & sec, & est bon contre les enfleures.

Assa fœtida est vne gomme chaude au troisiesme degré & seiche au premier, elle digere les mauuaises humeurs.

Axunge est chaude & humide au premier degré, elle ramollit, meurit, & guerit toute sorte de playe, aposteme, & vlcere.

Auene a naturellement vne vertu deſiccatiue, elle eſt adſtringente, deterſiue, elle fortifie toutes les parties internes, & de tous les grains & ſimples, c'eſt le ſeul lequel s'accommode mieux au temperament du Cheual, & à ſon corps: c'eſt pourquoy ſon huile ou eſſence eſt le ſeul, parfait & ſouuerain remede qu'on peut donner contre les maladies internes, comme l'experience le peut faire voir clairement.

B

BAYES de laurier ont vne qualité chaude & ſeiche, & ſont bonnes pour toute ſorte de rheume ou courte haleine, & pour toute maladie des poulmons.

Baulme eſt chaud & ſec au ſecond degré, il nettoye, attire & corrobore.

Bdellium eſt vne gomme chaude & ſeiche, elle ramollit & tire l'humidité, elle eſt excellente contre toute enfleure auec dureté.

Betoine eſt chaude & ſeiche au premier degré, elle deterge toutes les meſchantes humeurs, nettoye les reins & la poitrine.

Bete eſt froide & humide, & nettoye les vlceres.

Bitume eſt vne eſpece de ſouphre, ou graiſſe de la mer, & eſt chaud & ſec au ſecond degré, il eſt corrobatif contre toute ſorte d'enfleure.

Beurre eſt chaud au premier & humide au ſecond degré, il meurit les apoſtemes.

Bol armene eſt vne certaine terre laquelle eſt froide & humide, qui reſſerre & repercute les meſchantes humeurs, c'eſt auſſi vn deffenſif excellent contre le flux de ſang.

Branche vrſine eſt merueilleuſement remolliente.

Bruſcus eſt chaud au ſecond degré & ſec au premier, il pouſſe les vrines.

Bryone eſt de deux eſpeces, blanche & noire: la blanche eſt la plus efficace; la racine eſt chaude & ſeiche au ſecond degré; elle nettoye & meurit; elle deſſeiche, attire, & ramollit toute ſorte de dureté.

C.

CALAMENT, celuy qui croist aux montagnes est le meilleur : il est chaud & sec au troisiesme degré, il resout les tumeurs, & tire les humeurs.

Camomille est chaude & seiche au premier degré, elle ramollit & appaise toute douleur, & est bonne principalement pour le foye.

Chamedrys ou petit chesne est chaud & sec au troisiesme degré : il est bon contre toutes les humiditez froides.

Camphre est froid & sec au troisiesme degré, il preserue le corps de pourriture, & arreste les humeurs.

Canne, principalement celle de hayes, tire les espines si vous appliquez leurs racines auec leurs nœuds.

Cantharides sont certaines mouches qui se posent sur les fresnes : elles sont chaudes & seiches au troisiesme degré, & font esleuer des vessies estant appliquées sur quelque partie du corps.

Capilli veneris est sec, & arreste les humeurs.

Cardamome est chaud, il subtilie les humeurs, & estant meslé auec du vinaigre il amortit la galle.

Carui est chaud & sec au troisiesme degré ; il est bon contre les vents & purifie les humeurs.

Casse est chaude & humide au premier degré, elle purge la bile & le phlegme de l'estomach.

Castor est chaud & sec, & purge beaucoup.

Chanvre est chaud : sa graine corrige les intemperies froides, elle meurit & resout les humeurs : elle ramollit & dissipe les inflammations.

Choux a vne qualité desiccatiue & conglutinatiue des playes ; il guerit les vlceres & tumeurs, il retient la semence, & dissipe les mauuaises humeurs.

Centaurée est chaude & seiche au troisiesme degré, elle conglutine les playes & les reunit, & est bonne pour le foye malade, contre les vers, & pour les vieux vlceres.

Cerfeüil est chaud & sec, & est beaucoup adstringent.

Ceruse

Ceruſe eſt tirée du plomb : elle eſt froide & ſeiche au ſecond degré.

Chelydoine eſt chaude & ſeiche au troiſieſme degré, elle nettoye toutes les humeurs pourries, elle eſt bonne contre les maladies internes. & principalement contre la jauniſſe.

Cigue eſt froide au quatrieſme degré, elle aſſoupit & eſt narcotique.

Chicorée eſt froide & ſeiche au premier degré.

Cumin eſt chaud au troiſieſme degré & ſec au ſecond, il ramollit & meurit.

Cinnabre ou vermillon eſt vn mineral tiré du ſouphre vif, & de l'argent vif, il ſeiche, guerit, incarne, & fortifie les vlceres.

Citrons ſont froids & humides au ſecond degré, ils nettoyent & penetrent.

Colophone, que nous appellons poix terreſtre ou poix de grece, eſt chaude & ſeiche au troiſieſme degré : elle conglutine & reünit les parties ſeparées,

Coloquinthe eſt chaude & ſeiche au troiſieſme degré, elle purge, & mondifie.

Conſoulde eſt glutinatiue & bonne contre les ruptures.

Coſtus eſt chaud au troiſieſme degré & ſec au ſecond: il tuë les vers.

Corne de cerf eſt ſec & corroboratif.

Creſſon eſt chaud & ſec au quatrieſme degré, il bruſle, reſout, eſt bon pour la galle, la teigne, & pour les poulmons.

Crocus ou ſaffran eſt chaud au ſecond & ſec au premier degré : il eſt adſtringent, cordial, & reſout les apoſtemes.

Concombre ſauuage eſt chaud & ſec au troiſieſme degré; il reſout, ramollit, & purge le phlegme.

D

DATTES ſont chaudes & humides au ſecond degré : elles ſont reſolutiues, & diſſipent les humeurs amaſſées.

Diacatholicon est vne composition qui purge toutes les humeurs nuisibles, de quelque nature qu'elles soient.

Dialthea est vn onguent fait des guimauues, il eschauffe & humecte.

Diaphœnic est vn electuaire, qui dissipe les vents & appaise les douleurs de ventre, produits par des humeurs cruës & bilieuses.

Dracontium est chaud & sec, & fort adstringent.

E

E*Laterium*, voyez concombre sauuage.

Ellebore il y en a deux especes, le blanc & le noir: il est chaud & sec au troisiesme degré.

Encens seiche & incarne.

Eruca, en François roquette. Il y en a deux especes, la meilleure est celle des champs : Sa graine est chaude & seiche, elle fait vriner, & chasse les eaux & les vers.

Esule est vne herbe comme l'espurge, elle est chaude au quatriesme degré & seiche: elle mondifie extremement.

Euphorbe est vne gomme chaude au quatriesme degré & seiche, elle purge fortement, nettoye, & vlcere.

F

FEBVE est froide & seiche, elle deterge & resout. Sa farine est chaude & seiche au premier degré.

Fougere a vne vertu desiccatiue, & adstringente: mais sa racine est chaude & detersiue, & tuë les vers.

Fiel est chaud & sec, il est detersif & mondificatif.

Figues seiches sont chaudes & seiches au second degré, elles meurissent les tumeurs, ramollissent & consument les duretez, & sont bonnes pour la toux & les maladies des poulmons.

Fenoüil est chaud au troisiéme degré, & sec au premier degré, il resout les humeurs grossieres, & est bon pour le foye & le poulmon.

G

GALANGA est chaude & seiche au troisiéme degré, elle soulage les douleurs de l'estomach qui prouiennent de cause froide, elle fortifie le cerueau & les sens.

Galbanum est chaud au troisiéme degré, & sec au second, il ramollit & attire les mauuaises humeurs, & est bon contre le rheume.

Galles ou noix de galles sont chaudes & adstringentes.

Gariofillata est chaude & seiche au second degré.

Girofle est chaud & sec au troisiéme degré, & fortifie les parties internes.

Gingembre est chaud, & propre pour conseruer la chaleur des parties internes.

Genest est chaud & sec au troisiéme degré, tuë les vers & est purgatif.

Gentiane, principalement la racine est chaude au troisiéme degré, & seiche au second, elle attenuë, purge & nettoye toutes les meschantes humeurs, & est bonne pour le foye, pour l'estomach, pour les playes & les vlceres.

Genievre est chaud & sec au troisiéme degré.

Gramen qui comprend toute sorte de grains est froid & sec, excepté le froment, qui est moderement chaud & humide, ils sont incarnatifs & mondificatifs.

Graisse est chaude & humide, elle meurit & ramollit.

Grenade est froide & seiche, reserré, prouoque l'vrine, & est bonne pour l'estomach.

H

HIEBLE est chaude & seiche au troisiéme degré, & purge les eaux, la bile & la pituite.

Hypericum ou mille pertuis chasse l'humidité, & guerit les brusleures.

Helxine que nous appellons parietaire, nettoye & ramollit, elle eſt bonne pour la toux inueterée, ou pour les inflammations.

Hyſſope eſt de deux ſortes. L'vne eſt ſauuage, & l'autre eſt cultiuée dans les jardins qui eſt la meilleure. Elle eſt chaude & ſeiche au troiſiéme degré, elle eſt deterſiue & eſchauffe. Elle eſt bonne pour les inflammations des poulmons, pour la toux inueterée, pour les rheumes, catarrhes, & courte haleine.

I

IRIS de Florence, principalement la racine, eſchauffe, meurit, deterge, eſt bonne pour la toux, elle eſt chaude & ſeiche au troiſiéme degré.

Iuſquiame eſt froide au quatriéme degré, & eſt narcotique.

L

L*APATHVM*, dit la patience, eſt froide & humide, & ramollit.

Laurier eſt chaud & ſec, il nettoye & mondifie.

Lentiſque eſt ſec au ſecond degré & moderement adſtringent, il eſt amer au gouſt.

Liguſtrum, en François troëſne, eſt chaud & humide au troiſiéme degré, chaſſe les vents, principalement la graine & la racine.

Litharge eſt de deux eſpeces, l'vne eſt de couleur d'or, l'autre d'argent: elle eſt fort deſiccatiue, adſtringente, elle ramollit, elle eſt incarnatiue, rafraichiſſante, celle de couleur d'or eſt la meilleure.

Limaçons rouges ſans coquilles ſont fort agglutinatifs.

Lys ramolliſſent les nerfs, & ſont bons pour playes & vlceres.

M

MAVLVE eſt froide & humide, elle ramollit & addoucit les douleurs.

Macis eſt ſec au troiſiéme degré ſans grande chaleur & eſt adſtringent.

Manne eſt de temperament également chaud & ſec: Elle ramollit & incarne.

Martiatum eſt vn onguent chaud, qui eſt bon pour toutes les humeurs froides, il ſoulage les douleurs des nerfs, il diſſipe les matieres froides & aqueuſes, il meurit les tumeurs.

Marrube duquel il y a deux eſpeces, le blanc & le noir: mais le blanc eſt le meilleur. Il eſt bon pour les obſtructions du foye, & eſt aperitif, il purge & eſt bon pour les rheumes & pour les vlceres.

Marcaſite eſt chaude & ſeiche, & fond les humeurs.

Maſtich eſt chaud au premier & ſec au ſecond degré, il tire, ſeiche, arreſte, ramollit, & eſt bon pour les vieux rheumes.

Meliſſe eſt chaude au ſecond degré, & ſeiche au premier.

Menthe eſt chaude au troiſiéme & ſeiche au ſecond degré, celle qui eſt ſauuage eſt la meilleure; elle tuë les vers, elle arreſte, reſout, & eſt bonne pour l'eſtomach, & le foye refroidy.

Moëlle de quelque eſpece qu'elle ſoit eſt chaude & humide, ramollit. La meilleure eſt celle de vieux cerf, aprés celle de veau, de mouton, & enfin celle de chevre.

Myrrhe eſt vne gomme ſouueraine, elle eſt chaude & ſeiche au ſecond degré, elle agglutine, arreſte, nettoye les playes, eſt bonne contre les intemperies froides, tuë les vers, ſoulage la courte haleine, & quoy qu'elle ſoit fort deterſiue, neantmoins elle n'irrite point la trachée artere: elle eſt incarnatiue auſſi.

Miel eſt chaud & ſec au ſecond degré, il nettoye l'eſtomach & les entrailles, & il incarne les playes.

Minium, que nous appellons plomb rouge, eſt froid & ſec, & eſt bon contre les enfleures.

Meures, celles qui ne ſont pas paruenuës encore à maturité ſont froides & ſeiches au ſecond degré: l'eſcorce, mais principalement la racine eſt chaude & ſeiche au troiſiéme degré ; elles nettoyent, purgent, la racine tuë les vers, la gomme, & le suc du fruict soulage les cancers, & les bouches vlcerées.

Myrtilles sont les fruicts de myrthe, ils sont secs au troisiéme degré, ils sont adstringents.

N

NARCISSE sa racine desseiche, nettoye, tire, & guerit les playes.

Nard, sa racine est chaude au premier & seiche au second degré, elle arreste. Le spica nardi prouoque l'vrine.

Nasturtium ou cresson est chaud & sec au quatriéme degré, il brusle, attire, fond, & tuë les vers.

Nielle est chaude & seiche au troisiéme degré, elle dissipe les vents, tuë les vers, est laxatiue : mais il est dangereux d'en donner vne trop grande quantité.

Nitre est de mesme nature que le salpestre, il mondifie extremement.

O

OIGNON est chaud au quatriéme degré, il nettoye les saletez & meurit les tumeurs.

Oliban est l'encens masle; il est chaud & sec au second degré, il eschauffe, reunit les playes, & est incarnatif.

Oliue. Son huile est d'vne nature temperée, & change les qualitez selon le temperament des simples auec lesquels elle est meslée.

Opium est froid & sec au quatriéme degré, c'est vne liqueur desseichée & tirée des testes de pauot, il est narcotique & somnifere.

Opoponax est vne gomme chaude au troisiéme, & seiche au second degré, elle ramollit & arreste les humeurs: elle est bonne contre toutes sortes de froidures.

Oeufs, le blanc est froid & le jaune est chaud, il est incarnatif.

Orge eſt froid & ſec au premier degré, il meurit & nettoye.

Origan: que nous appellons marjolaine ſauuage, eſt chaud & ſec au troiſieſme degré, il oſte les obſtructions, & eſt bon pour la toux.

Orobe eſt chaud au premier & ſec au ſecond degré, il ouure & nettoye.

Orpiment eſt vne eſpece de mineral, duquel l'artificiel eſt appellé arſenic: il eſt chaud au troiſiéme degré & ſec au ſecond; il corrode, bruſle, & ronge.

Orties ſont chaudes, ſeiches, & mordicantes, bonnes aux poulmons & pour les playes.

P

PANAX eſt cette herbe d'où ſe tire ce que nous appellons opoponax.

Panique, eſt vne graine froide, ſeiche, & adſtringente.

Peſches ſont froides & humides au ſecond degré.

Perſil & principalement ſa graine eſt chaude & ſeiche au troiſiéme degré, il diſſipe les vents, & prouoque l'vrine

Petaſites eſt ſec au troiſiéme degré.

Petroleum eſt vne certaine huile faite de ſalpeſtre & de bitume, elle eſt chaude & ſeiche au ſecond degré, elle guerit les playes, & conforte les parties foibles.

Philonium duquel il y a deux ſortes; *Romanum* & *Perſicum* ſont deux excellentes compoſitions.

Plantain eſt froid & ſec au troiſiéme degré, il conforte, deſſeiche, reſſerre, & eſt incarnatif des playes.

Poligonum, dit centinode, eſt froid au ſecond degré, & arreſte les humeurs.

Poireaux ſont chauds & ſecs, attenuent les humeurs, oſtent les obſtructions, & diſſipent les mauuaiſes humeurs du corps.

Pouliot eſt chaud & ſec au troiſiéme degré, il deſſeiche extremement les humiditez, il eſchauffe, meurit, & eſt bon pour le poulmon.

R

RAVES sont chaudes au troisiéme degré & seiches au second, confortent, & sont bonnes pour les intemperies froides inueterées, principalement elles prouoquent l'vrine.

Resine, ou poix resine, est chaude & seiche au second degré, elle arreste, reserre, ramollit, nettoye, attire, & purge les vlceres, & est bonne contre les humeurs froides.

Reguelisse a vne chaleur moderée, elle humecte, meurit, elle est bonne pour la poictrine, pour le foye, les reins, & est fort vtile pour les playes.

Realgar est vne composition de souphre, orpiment, chaux viue, & est vn fort grand corrosif.

Rheubarbe est chaude & seiche au second degré, elle purge la bile, & oste les obstructions.

Roses sont sont desiccatiues & adstringentes.

Rubia tinctorum, dite en François garance, est froide & seiche, elle conforte, incarne, & est adstringente, sa racine pousse les vrines, & est bonne pour la jaunisse.

Ruë est chaude & seiche au troisiesme degré: celle des champs approche du quatriesme, & partant vlcere. Celle des Iardins digere les humeurs grossieres, dissipe les vents, prouoque les mois des femmes, & est bonne contre les venins.

S

SABINE est chaude & seiche au troisiesme degré, elle ouure, ressout, & desseiche beaucoup, elle est excellente contre les vers, & prouoque les mois.

Saffran est chaud au second & séc au premier degré auec vne legere adstriction, il fortifie le cœur, il digere les humeurs cruës de la poictrine, il resiste aux venins.

Sagapenum est vne gomme prouenante de la ferule: elle est chaude au troisiesme degré, & seiche au second: elle ramollit, lasche, & est bonne contre les froidures & rheumes.

Sang de dragon, il y en a qui estiment que c'est vne espece de patience, il est adstringent.

Santaux sont froids & secs au second degré, ils arrestent & repercutent les humeurs. Le rouge & le blanc sont chauds & humides, & font venir la peau.

Sarcocolle est vne gomme qui vient d'vn arbre dans la Perse, & est ainsi nommée, à cause qu'elle rejoint & reunit les playes.

Saxifrage est chaude & seiche au troisiesme degré auec adstriction, elle pousse les vrines, prouoque les mois, chasse le calcul, oste les obstructions du foye & de la ratte.

Sauge est chaude & seiche au second degré: elle nettoye & est adstringente, elle est bonne pour les vlceres des poulmons, & fortifie le cerueau & les nerfs.

Saule est froid, adstringent & desiccatif.

Sauon est chaud; il attire, ramollit, desseiche, & purge; saumure est de mesme nature que le sel.

Scabieuse est chaude & seiche au second degré: elle est bonne pour la galle, pour les poulmons & vlcerations de la poictrine, elle prouoque la sueur, & est bonne contre les morsures des serpens.

Scammonée est le suc condensé d'vne herbe, & est chaud au troisiesme degré, elle purge fortement la bile & les serositez, elle doit estre corrigée pour la prendre au dedans, & à cette intention on la fait cuire dans les coings.

Scariole ou endiue est froide & seiche au second degré, estant participante de quelque adstriction.

Scilla en François squille est vn bulbe ou oignon, & est chaud au second degré, il incise, digere, meurit les humeurs, & empesche la pourriture.

Sel est chaud & sec au premier degré, il meurit, dissipe les humeurs, & resiste à la pourriture.

Sel gemme est vn sel chaud & sec, qui mondifie.

Sel nitre, quelques-vns s'en seruent, au lieu de salpestre: il est chaud & sec, & s'euapore, il fortifie les nerfs.

Semperuiuum, dit ionbarde, est froid au troisiesme degré & sec au second : il est bon contre les brusleures, contre les inflammations, il repercute les humeurs.

Serpolet est chaud & sec au troisiesme degré.

Solanum ou morelle est froid au troisiesme degré.

Souphre vif est chaud & sec au troisiesme degré, il attire, dissipe les humeurs, & tuë les vers.

Spelta ou *zea*, dite en François espeautre, est vne graine moindre que le froment, & plus courte que le seigle; mais non pas si noire : elle est froide & detersiue.

Spica ou lauende est chaude au premier & seiche au second, elle nettoye, & est bonne pour la teste.

Stochas est chaud & sec : il oste les obstructions, fortifie les entrailles, & est bonne pour les maux de teste & de poitrine prouenans de cause froide.

Storax est vne gomme, laquelle est chaude & seiche, elle ramollit & est bonne pour la toux, & pour les maladies de la teste.

Sureau est chaud au second degré & sec au premier, il purge les serositez, principalement de la bile, il digere, & conglutine.

Suye est chaude & seiche, & desseiche merueilleusement.

T

Tartre est l'excrement du vin qui s'attache aux muids ; il est chaud & sec au troisiesme degré, & detersif.

Terebenthine est chaud au second degré & sec au premier, elle attire, deterge, cicatrize, & corrobore.

Thyn est chaud & sec au troisiesme degré, & chasse le phlegme.

Tithymale est chaud & sec au quatriesme degré, il purge la pituite & la bile, & est bon pour les vlceres & fistules.

Triphera magna est vne certaine composition mise au rang des opiates, laquelle prouoque la sueur, soulage les douleurs du ventricule, & les rheumes, & est bonne contre les maladies froides de la matrice.

Tuthie preparée est seiche au second degré, & est fort bonne pour les yeux.

V

VERVEINE est chaude & seiche, elle corrobore & mondifie.

Verd de gris est chaud & sec au troisiesme degré, & mange la chair morte.

Vers de terre conglutinent, & confortent les nerfs.

Verre est chaud au premier & sec au second, il nettoye.

Verge de pasteur est froid au troisiesme & sec au premier degré, elle fortifie & est adstringente.

Vitis alba que nous appellons bryonia est chaude, principalement les racines, elle nettoye & esteint la galle: elle seiche, attire, ramollit & dissout.

Vitriol que nous appellons couperose, est de plusieurs especes, le romain, le blanc, & celuy de cypré: tous sont chauds & secs; mais le blanc est le plus fort, ils esteignent la galle.

X

XANTONIQUE sa graine est chaude & seiche.

Z

ZIZIPHES ou iuiubes appaisent la toux, & soulagent la courte haleine.

REMARQVES TOVCHANT LES *simples medicaments.*

IL faut obseruer qu'entre les simples medicaments il y en a qui sont propres à appaiser la douleur, cõme la camomille, le melilot, la semence de lin, le sainct-doux, la moëlle, le suif de toute sorte, ou autre huile qui est chaude au premier degré, & ces remedes sont appellez anodins : Les autres stupefient & engourdissent les sens comme l'opium, la mandragore, la jusquiame, le pauot, la ciguë, & autres semblables qui sont appellez narcotiques : La troisiesme sorte de simples sont ceux qui aydent à engendrer la chair & sont appellez incarnatifs: comme l'encens, la farine, le saffran, les jaunes d'œufs & semblables qui sont chauds & secs au second degré, & ces remedes sont appellez sercotiques : La quatriesme sorte sont ceux qu'on appelle emolliens & sont quatre, sçauoir mauluë, guimauue, violiers, branche vrsine : De la cinquiesme sorte sont ceux qu'on appelle corrosifs, mordicants, bruslans comme arsenic, realgar, mercure, chaux, & semblables, lesquels sont chauds au quatriesme degré : de la derniere sorte sont ceux qu'on appelle cordiaux; comme la violette, les buglosses, la borrache, la scorzonnerie, & autres,

LE MOYEN DE DECOVVRIR LES RVSES DES MARCHANDS de Cheuaux.

CHAPITRE PREMIER.

L'ADDRESSE DES MARCHANDS à choisir les Cheuaux qu'ils achetent, & leur subtilité à couurir les defauts qu'ils ont.

PREMIEREMENT le Marchand de Cheuaux demande vn Cheual fort gras & en bon-poinct, d'vn beau poil, comme d'vn beau gris pommelé ; d'vn Bay brun bien marqué au front, & ainsi des allesans bruslez.

Secondement, il veut qu'il aille parfaitement bien le

pas, ou bien l'amble, la bouche belle qui porte en beau lieu, & fort viste.

En troisiéme lieu, il est aisé de rencontrer des Cheuaux qui ayent quelques defaut, & si manifeste qu'on le puisse aisément remarquer, par ce moyen le vendeur le donne à vn prix plus mediocre. Et quoy qu'il dise à l'encontre, si les defauts qu'il rencontre au Cheual ne sont pas fort visibles, il ne l'estimera pas moins. Et quant aux maux internes, comme la Morue, la Maigreur, la Toux, la Pouse, la Pesanteur, retif, ou tout autre mal qui puisse estre couuert, il ne s'en soucie pas : car sa vente estant prompte, il sçait assez de moyens de les cacher aux ignorans pour peu de temps.

La derniere chose à quoy le Marchand prend garde est le prix : car croyez-moy il acheptera tousiours assez l'embonpoint, la couleur, la force, la vigueur, la gentillesse; mais à grand peine donnera-il vn sol pour sa bonté; parce que le vendeur l'en estimera trop, & le Marchand n'en retireroit aucun auantage, estant capable de faire passer vne Rosse pour vn bon Cheual.

Le Marchand donc ayant acheptè vn Cheual à son gré, il tire du vendeur toutes les particularitez de son Cheual, & découurant ainsi par son addresse les vices ausquels il est sujet ; alors il employe toute son industrie pour les bien cacher, & de le faire paroistre tout autre qu'il n'est en effect.

Par exemple, s'il trouue que le Cheual qu'il a acheptè soit melancholique & sans vigueur, alors il ne manquera pas au matin, à midy, & au soir, de le bien foitter tant qu'il le rende si sensible, qu'à la seule action que le Marchand fera du foüet, il ne cesse d'estre tousiours en action.

D'ailleurs il ne sera point estrillé ny découuert sans receuoir quelque chastiment, mesme lors qu'il le menera sur la vente, & qu'il entretiendra l'homme au milieu de son discours, il ne cessera de le battre & tourmenter, qu'à sa voix mesme il ne cessera de sauter.

Le Marchand ayant ainsi reduit son Cheual à sauter, &

à la moindre menace il le menera au marché, ou il le fera monter par son valet. & deuant mesme qu'il puisse estre bien dessus, luy donnera trois ou quatre bons coups de houssine, & aussitost le garçon pour accroistre le supplice de son Maistre, ne manquera pas de luy enfoncer les esperons dans le ventre. Et s'il arriue que le pauure Cheual joüe vn peu de la queuë, qui est vn certain signe qu'il n'a point de vigueur, le Marchand en mesme temps le frappera si furieusement dessus la crouppe, qu'on croiroit qu'il le voudroit assommer, afin de l'obliger par là de ne la plus remuër. Ce qui peut bien tromper vn expert Caualier, mesme touchant sa vigueur.

Si cecy ne suffit pas, il aura recours au moyen suiuant, qui donnera du courage à son Cheual, & qui le fera aller vigoureusement tant qu'il aura vne estincelle de vie.

Il leuera des deux premiers doigts la peau le long du ventre, & à l'endroit mesme ou il en est picqué, la percera d'outre en outre deux ou trois fois auec vne alesne; puis frottera ces picqueures de verre fort finement pilé, & en fourera dedans tant qu'il pourra; & enfin rajustera proprement le poil par dessus. Mais il ne manquera pas le soir de le frotter d'vn liniment fait auec la terebenthine & du jet en poudre: car dans douze heures apres il se portera aussi bien que s'il ne luy auoit rien fait. Ils employent encore d'autres moyens: mais ceux-cy sont les plus excellens.

Que si le Cheual est courbatu ou foulé, ne doutez point que deuant qu'il l'expose en vente il ne le monte & l'eschauffe vn quart-d'heure deuant; car tant qu'il aura chaud & qu'il marchera sur terre molle il sera difficile de decouurir l'imperfection de son pied. En outre il ne le laissera point en repos, ains le battera & le tiendra tousiours en haleine. Et si la corne est raboteuse ou ridée (comme sont la plus-part des pieds foulez) en telle sorte qu'on le puisse apperceuoir: ou si le Cheual a quelque surot, douleur, ou quelque autre mal qu'on puisse apperceuoir aux jointures basses, la premiere chose que le Marchand fera sera de le monter dans la boüe, afin de luy salir les jambes, & ainsi cacher son defaut.

Si le Cheual est sujet aux enfleures des jambes, le Marchand le menera à l'eau, ou bien luy lauera les molettes des jambes auec de l'eau froide; car cela abbatra l'enfleure, iusques à ce que ses jambes soient en leur premier estat.

Si le Cheual boitte vn peu, le Marchand ostera le fer du costé qu'il boitte, ou luy coupera vn peu de la peau du talon; & protestera que son boittement ne vient que du manque de fer, ou de quelque legere atteinte.

Si le Cheual à la morue depuis plusieurs années, en sorte qu'elle soit deuenuë incurable, le Marchand dés le bon matin, auant que l'exposer en vente, luy soufflera dans les narines vne bonne quantité de poudre de sternutatoire, & puis auec deux longues plumes trempées dans du jus d'aulx, ou dans de l'huile de laurier, il luy frottera les narines aussi auant qu'il pourra par quelque espace de temps, pour luy faire purger beaucoup de sa morue: & ayant bien nettoyé les narines auec de l'eau tiede, il y jettera auec vne corne d'vne mixtion faite auec vne bonne quantité d'aulx bien battus, autant de moustarde, de l'ale, & les bouchant bien de ses mains la retiendra le plus qu'il pourra. Puis laissera esternuër le Cheual tant qu'il voudra, & ainsi la morue s'arrestera tres-asseurement pour douze heures, durant lesquelles le Marchand ne craindra point d'exposer son Cheual.

Si le Cheual est deuenu si vieil qu'il ne soit plus bon à rien, le Marchand luy fera vn trou noir sur chaque dent de deuant de costé & d'autre, de la maschoire inferieure & superieure, auec vn cautere actuel, qui cachera si bien son aage, qu'il vous sera presque impossible de juger qu'il ait plus de sept ans. Que s'il a perdu ses dents qui tesmoignent de son aage, le Marchand ne manquera pas à tous momens de manier ses levres, & en mesme temps de le piquer d'vne halesne, en telle sorte qu'enfin il apprehende si fort qu'on le touche à la bouche, qu'à la moindre approche il morde, & deuienne si furieux qu'on ne puisse facilement y regarder, & reconnoistre son aage par ses dents: car quant à la mine du Cheual, aux creux de ses yeux, ou les blancs des temples, ils ne peuuent estre marques asseurées de son de son aage, & trompent souuent, veu qu'elles se peuuent rencontrer au plus ieune Cheual, s'il est engencré par vn autre qui soit vieil, ou bien par vn esleué par vne jument d'effort contraire, ou bien s'il a esté nourry en vn terroir bas & pourry.

Toutes ces tromperies auec quantité d'autres, comme de vendre vn Cheual lunatique, de faire de fausses queuës, de faire des marques blanches au front, comme de remplir promptement & presque en vn iour, en luy donnant à manger de l'orge boüillie, ou des febves boüillies, ou du bled sarrazin. Toutes ces tromperies, dis-je, sont l'occupation des Marchands. Mais comme de la declaration de celles que ie vous en ay déja fait, il est aisé de découurir toutes celles qu'ils pourroient inuenter, ie ne veux pas en charger vostre memoire de dauantage, que de celles que vous pourrez ordinairement rencontrer.

Ils ont encore vne extraordinaire soupplesse à vendre leurs Cheuaux, par l'intelligence qu'ils ont auec leurs camarades, ou autres personnes attitrées. Et ainsi vous verrez qu'vn particulier n'aura pas si-tost offert quelque chose d'vn Cheual, (quoy que cela soit au delà de ce qu'il vaut,) qu'il viendra quelqu'vn d'eux à la trauerse qui encherira dessus : vn autre dira merueilles du Cheual : vn autre rapportera les grandes offres que le Marchand en aura refusé, afin de seurer par ces moyens le simple particulier qui a déja quelque inclination pour le Cheual.

CHAPITRE II.

LE MOYEN DE DECOVVRIR & preuenir les tromperies des Marchands de Cheuaux.

PREMIEREMENT, quand vous achepterez vn Cheual, vous n'adjoûterez pas plus de foy que de raison, à ce que le Marchand vous en dira; car quand à sa beauté, à son en bon-poinct, & à toute autre qualité exterieure, vous en pouuez aisément estre le iuge : mais quand à celles qui sont cachées, plus il parlera à son aduantage, plus aussi deuez-vous douter de ce qu'il vous dira, & plus il vous semblera qu'il aura enuie de le vendre, plus aussi deuez-vous croire qu'il a dessein de vous tromper.

Pour donc particulariser dauantage, quand le Marchand aura fait monter son Cheual, si vous le voyez s'epouuenter, sauter, reculer, & si impatient, qu'il aye de la peine à tenir vn pas reglé; vous remarquerez en suite s'il a l'œil triste, pesant & immobile, ou s'il les tient fermes & ne les remuë gueres, ou s'il court de mauuaise grace sans leuer le col, ou sans tesmoigner vne gayeté naturelle; ou s'il pese sur la main du Caualier, comme si sa teste luy estoit à charge; Et enfin s'il n'est point inquiet en arriere du monde; mais qu'il le soit seulement deuant le monde. Il n'y a pas vn de ces signes qui ne vous doiue asseurer de sa pesanteur.

C'est pourquoy quand vous vous en apperceurez de quelqu'vn, vous ferez descendre celuy qui le monte, & comme si vous le vouliez considerer de plus prés, vous passerez la main sur la croupe & sur ses costez : & comme si vous vouliez examiner la lascheté de sa peau, vous l'enleuerez & attirerez vn peu à vous. Et si vous trouuez qu'il s'en épouuente, ou qu'il ne le souffre pas volontiers, soyez asseuré delà qu'il n'a pas manqué de coups. Vous en ferez autant à l'endroit de l'esperon, & si vous voyez qu'il tourne la teste comme s'il vouloit mordre, ou qu'il retire sa peau, remuë la queuë, ou branle la teste, c'est vne marque asseurée qu'on luy a frotté les costes de verre, ou de quelque autre chose pour le rendre sensible en cét endroit. Ou, si cela ne vous contente, le meilleur sera de monter le Cheual vous mesme, & si d'abord il vous semble qu'il soit tout plein de feu vous le monterez à quartiers & hors du monde, & quand vous serez seul laissez-le aller à sa fantaisie sans le forcer, & si vous trouuez que de son mouuement il soit assez moderé, & qu'au contraire il ne soit pas plus fascheux que deuant le monde : tenez alors pour asseuré que son feu ne luy est pas naturel ; mais qu'on luy a fait venir, ou à force de le battre, ou par quelque autre moyen encore pire. En outre, quand il luy seroit propre, c'est vne reigle generale que plus vn Cheual a de feu, moins il supportera le voyage, & moins vous y deuez confier. Car la moderation en ce poinct est tousiours le meilleur, c'est à dire, que vous ne le trouuez ny paresseux ou lent, ny facile a estre esmeu par la violence.

Que si vous voulez sçauoir s'il est courbatu, foulé, ou incommodé de quelqu'vn de ses membres, vous attendrez iusqu'à ce qu'il soit reuenu à l'escurie, & apres qu'il y aura vn peu demeuré vous remarquerez sa contenance, tandis que personne ne le tourmente, & si vous trouuez qu'il se soulage d'vn pied, & qu'il ne puisse pas demeurer long-temps sans se reposer, tantost sur l'vn, tantost sur l'autre pied, comme s'il vouloit danser, vous conclurez alors que sans doute, ou il est courbatu, ou foulé, ou qu'il luy reste tousiours quelque grande chaleur en ses pieds : car vn Cheual qui se porte bien demeurera long-temps ferme, mesme sur ses quatre pieds, sans donner la moindre apparence de lassitude en ses pieds : ce qu'vn qui est ainsi incommodé ne peut faire. Que si vous ne vous apperceuez pas de ce changement frequent de pieds, mais seulement qu'il auance vn de ses pieds de deuant plus que l'autre, ou qu'il ne se repose pas si volontiers sur l'vn de ceux de derriere que sur l'autre ; soyez alors asseuré qu'il a eu quelque grande fouleure, dont la douleur reste encore dans ses os & dans ses nerfs. Pendant cette incommodité n'arriue iamais aux jointures hautes, mais seulement aux bases du sabot, comme des blerus ou des fenus.

Quant aux *Excrescences dures* au dedans, vn peu au dessous de la corne, aux tumeurs dures qui viennent sur la couronne du pied, & aux autres semblables maux que la bouë peut cacher, ne manquez de visiter, le Cheual estant net, & si vostre veüe ne les peut pas aisément découurir, ne faites point de difficulté d'y mettre les mains, & cela vous ſera facile ainſi, ſi vous en auez tant ſoit peu de connoiſſance.

Si vous doutez qu'il ait les jambes gorgez & enflées, vous taſcherez de ne le viſiter que quand il aura les jambes ſeiches, ou vne ou deux heures apres qu'il aura eſté de repos, & ainſi vous vous en apperceurez aiſement. Mais ſi vous n'en pouuez rencontrer l'occaſion, vous manierez le Cheual tout le long du nerf, & preſſerez bien fort de vos doigts la chair ou vous la trouuerez plus eſpaiſſe, & ſi vous trouuez que la marque de voſtre doigt y demeure, & que vous ſentiez quelque humeur glaireuſe ſous vos doigts, alors tenez pour aſſeuré qu'au moindre voyage il aura les jambes gorgez & enflées: car bien que l'eau froide & le trauail diſſipent en quelque façon cette humeur, il en reſtera toutesfois quelque partie dans la jointure baſſe.

Que ſi vous craignez que le Cheual n'ait quelque épreinte ou fouleure dans l'eſpaule, dans la hanche, ou dans quelque autre membre ſuperieur, vous le prendrez par la bride, & mettant voſtre dos contre ſon eſpaule vous luy ferez vn tour auſſi court que vous pourrez, premierement d'vn coſté & puis de l'autre: Et ſi vous trouuez qu'en ſe tournant qu'il ne porte pas ſa jambe de dehors au deſſus de celle de dedans, & que celle-cy luy manque en telle façon qu'il n'oze pas s'appuyer deſſus, & qu'il ne la remuë que hors de temps & de mauuaiſe grace, concluez alors qu'il eſt foulé en quelque endroit ſuperieur de la jambe ſur laquelle il n'oze pas s'appuyer dans vn petit tour: parce que de tels tours tordent touſiours, & ſeulement les jointures hautes.

Quant au boitement le meilleur de iamais ne s'en rapporter au Marchand.

Que ſi vous craignez la Morue, la courte haleine, ou quelque autre maladie interieure, vous empoignerez ferme le Cheual au goſier, proche la racine de la langue, aſſez long-temps, & tant que vous l'ayez obligé de touſſer deux ou trois fois, & s'il vient auſſi toſt à remuër les maſchoires comme s'il maſchoit quelque choſe (ce qui ne procede que de quelque vilenie qu'il a attiré en toussant) c'est vne marque euidente qu'il a eu la morue, ou quelque morfondure. S'il tousse comme s'il estoit enroüé, c'est vn signe de pourriture dans ses poulmons: mais s'il tousse sec, net & creux, c'est vne marque qu'il est incommodé de sa respiration : ce que vous reconnoistrez encore mieux par le battement de ses flancs en suite d'vn peu d'exercice, & par le mouuement frequent de sa queuë. Car si sa respiration est libre, ses flancs ne se mouuerent que lentement, & on ne luy verra gueres remuër la queuë.

Quant au Cheual lunatique, bien que ce soit vn deffaut ou on peut estre le plus aisément trompé; il est toutesfois facilement découuert par vn Expert; car bien que l'œil ne soit gueres changé du naturel, il est toutesfois vn peu plus rouge qu'vn bon œil, & beaucoup plus obscur; en outre vous y pourrez remarquer comme vne ligne blanche tout à l'entour du dernier cercle de l'œil ce qui est la plus infaillible marque de ce vice.

Quant aux queuës & aux marques artificielles, vostre main pourra aisément découurir les vnes, & vos yeux les autres. Car le blanc contrefait, n'aura jamais tant d'éclat ny de grace comme le naturel, mais sera comme vne vieille piece sur vn habit neuf, & s'accordera fort mal auec les autres traits.

Enfin quant à l'aage du Cheual, si le Marchand a bruslé les dents de son Cheual, vous trouuerez que les trous qu'il y aura fait par ce moyen, seront & plus ronds & plus noirs de beaucoup que les naturels, & pour l'ordinaire d'vne mesme forme, ce que ne font pas les naturels, car les vns quelquesfois sont polus petits & plus vsez que les autres. Que si le Cheual ne veut nullement souffrir que vous le regardiez à la bouche, vous fourerez adroitement vostre doigt en sa bouche, & en tastant le dedans de sa maschoire superieure par le trou qui est au dedans, vous découurirez son aage sans difficulté, & si vous vous seruez des autres moyens que i'ay enseigné à cette fin, vous n'y serez gueres trompé.

Enfin, bien que vous soyez par ce moyen capable de connoistre & découurir les tromperies ordinaires des Marchands, vous ne laisserez pas en acheptant d'eux, de prendre du temps autant que vous pourrez, pour auoir le loisir d'examiner ce que vous achetez; de le voir aller & arresté, & de le considerer bien vn iour deuant que vous en arrestiez le marché, afin que ce que vous n'aurez pas remarqué vn iour vous le puissiez faire l'autre.

CHAPITRE III.

TRAITE' DES EMBOVCHEVRES les plus en vsage.

TANT d'excellens Caualiers ont parlé de la sorte qu'il falloit emboucher les Cheuaux, & particulierement le Seigneur Pietro Antonio Gentil-homme Napolitain en a écrit si dignement, & auec tant de soin & de jugement, qu'il est impossible de faire mieux. C'est pourquoy ceux qui seront curieux de voir grand nombre d'embouchcures de diuerses façons, pourront jetter l'œil (si bon leur semble) sur ce qu'il en a mis en lumiere. Pour moy ie me contenteray de dire de quelle sorte ie me sers des emboucheures, & comme j'en vse. La meilleure qui se puisse rencontrer, est celle qui ne fait point de mal dans la bouche du Cheual, conduite par la bonne main du Caualier, & par la bonne école qu'il luy donnera: car de croire (comme il y en a plusieurs) que la bride seule soit celle qui asseure la teste du Cheual, & qui le fasse reculer & tourner au gré du Caualier, ce sont des contes trop absurdes. Car tout ainsi que la diuersité des éperons, soit picquans ou mornez, ne font pas manier les Cheuaux, s'ils ne sont placez aux talons de quelqu'vn qui s'en puisse bien seruir: tout de mesme la diuersité des brides n'accommode pas la teste ny la bouche

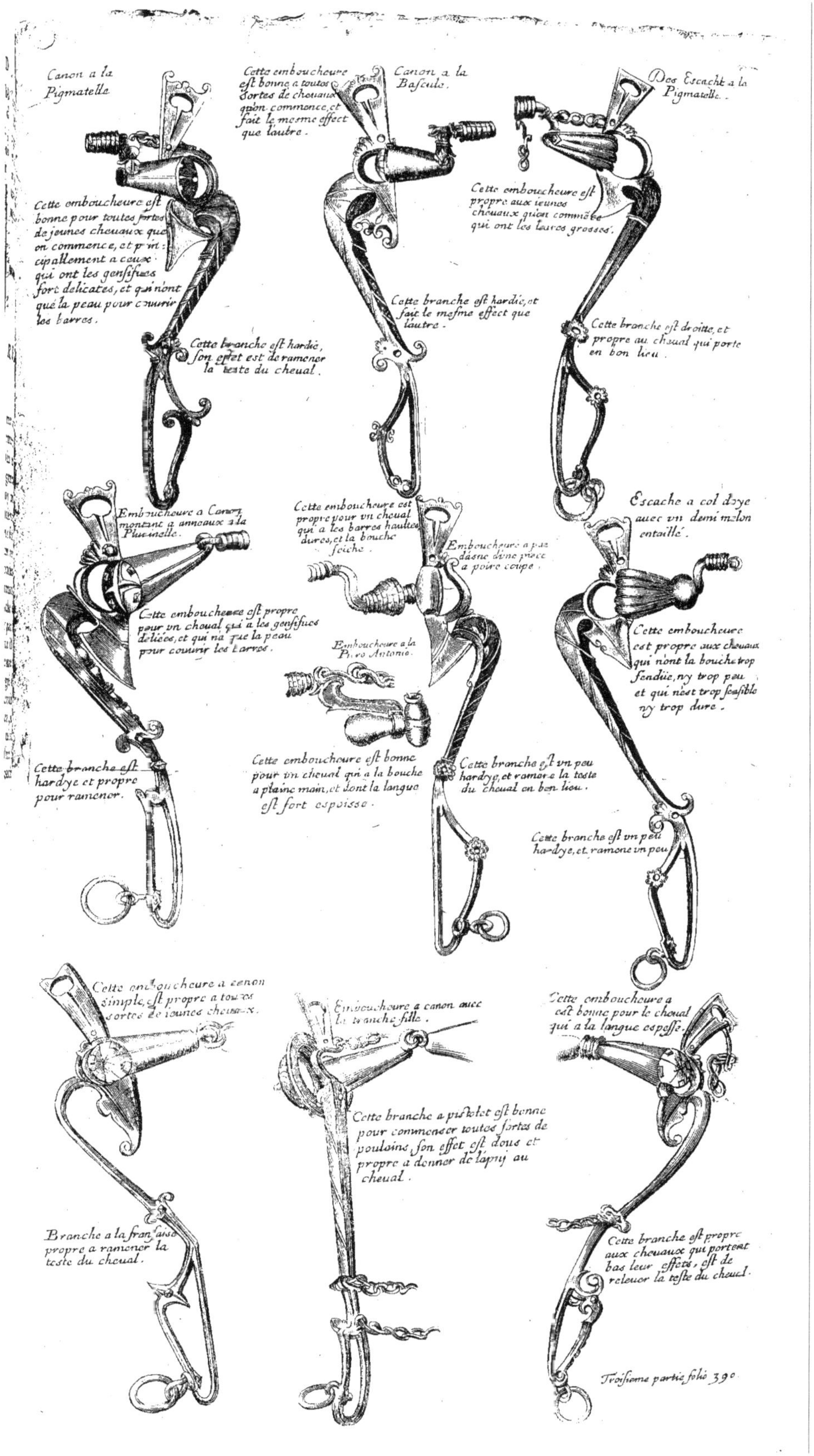

Canon a la Pigmatelle
Cette emboucheure est bonne a toutes sortes de cheuaux qu'on commence, et fait le mesme effect que l'autre.
Canon a la Bascule.
Des Escacht a la Pigmatelle.
Cette emboucheure est bonne pour toutes sortes de jeunes cheuaux que on commence, et principallement a ceux qui ont les gensiues fort delicates, et qui n'ont que la peau pour couurir les barres.
Cette emboucheure est propre aux ieunes cheuaux qu'on commence qui ont les barres grosses.
Cette branche est hardie, et fait le mesme effect que l'autre.
Cette branche est droitte, et propre au cheual qui porte en bon lieu.
Cette branche est hardie, son effet est de ramener la teste du cheual.
Emboucheure a Canon montant a anneaux a la Pluuinelle.
Cette emboucheure est propre pour vn cheual qui a les barres haultes dures, et la bouche seiche.
Escache a col d'oye auec vn demi melon entaillé.
Emboucheure a pas d'asne d'une piece a poire coupe.
Cette emboucheure est propre pour vn cheual qui a les gensiues deliées, et qui n'a que la peau pour couurir les barres.
Emboucheure a la Pirro Antonio.
Cette emboucheure est propre aux cheuaux qui n'ont la bouche trop fendüe, ny trop peu et qui n'est trop sensible ny trop dure.
Cette branche est hardye et propre pour ramener.
Cette emboucheure est bonne pour vn cheual qui a la bouche a plaine main, et dont la langue est fort espoisse.
Cette branche est vn peu hardye, et ramene la teste du cheual en bon lieu.
Cette branche est vn peu hardye, et ramene vn peu.
Cette emboucheure a canon simple, est propre a toutes sortes de ieunes cheuaux.
Emboucheure a canon auec la branche fille.
Cette emboucheure a est bonne pour le cheual qui a la langue espesse.
Cette branche a pistolet est bonne pour commencer toutes sortes de poulains, son effet est dous et propre a donner de l'apuy au cheual.
Branche a la françoise propre a ramener la teste du cheual.
Cette branche est propre aux cheuaux qui portent bas leur effets, est de releuer la teste du cheual.
Troisiesme partie folio 390.

s
n
d
p
u
&
ap
pr
co
re.

ha
de
pro
Cl
da
me
foi
tou
pra
pou
mo
dire
fen
éca
éca
nele
uen
ual
doi
vn p
mel
d'vn
deu
deu
La p

des Cheuaux, si la main de celuy qui s'en sert, n'est experimentée en l'exercice. Neantmoins il est necessaire de donner de la commodité, & du plaisir au Cheual le plus que faire se pourra ; estant certain qu'il y a des emboucheures qui peuuent seruir aux vns, qui ne seroient pas propres aux autres: & qui au lieu de leur estre agreable dans la bouche, leur apporteroient de l'ennuy. Pour cette cause ie dis que le principal effect du mors consiste en la branche longue ou courte, flacque ou hardie : l'œil haut ou bas, droict ou renuersé.

Comme pour exemple, si le Cheual porte le nez trop haut, faut que l'œil de la branche soit vn peu haut, le bas de la branche jetté en auant, ce qui s'appelle hardie, qui est propre pour ramener la teste du Cheual. Si au contraire le Cheual porte la teste trop bas, il faut que la branche soit flacque, jettée en arriere, & lœil bas. Mais si naturellement il porte bien sa teste, il sera besoin que les branches soient justes, par ligne droicte depuis le banquet iusques au touret de l'anneau de la resne. Quant à l'emboucheure, la practique m'a appris, qu'vne douzaine ou plus suffisent pour toutes sortes de Cheuaux: à sçauoir vn canon simple, montant peu ou beaucoup, ou auec vne pignatelle, c'est à dire, que le pas d'asne trebuche en arriere, qui ne peut offenser le palais de la bouche du Cheual. La seconde, vne écache à pas d'asne trebuchant de mesme. La troisiéme, vne écache à deux petits melons à couplet montant garny d'annelets, rayez, estant à noter que tous les pas d'asnes en doiuent estre garnis pour donner plaisir à la langue du Cheual : La quatriéme tout de mesme, excepté que l'écache doit estre de la forme d'vn petit bastonnet, & les melons vn peu plus hauts, comme balotes. La cinquiéme, deux melons auec deux petits anneaux derriere, à pas d'asne tout d'vne piece. La sixiéme, deux poires fort estroites, auec deux petites balottes prés du pas d'asne qui trebuche des deux costez. La septiéme, des poires coupées à pas d'asne. La huictiéme, deux poires renuersées à la Pietro Antonio, le pas d'asne prenant entre la branche & la poire. La neufiéme, vne Pluuinelle, qui est l'embouchеure toute d'vne piece, à peu prés comme vne simple genette. La dixiéme, toute semblable, sinon deux petites balottes fort étroites enchassées dans l'embouchеure. L'onziéme, vne bastarde qui tient de la genette, & de la Françoise, qui a de l'ouuerture, & nonpoint de pas d'asne : la gourmette estant tout d'vne piece, de façon qu'elle soustient iuste le mors. La douziéme, vne genette dequoy ie me sers pour les haquenées, Cheuaux de pas, ou de chasse, pource que ie les trouue plus legers à la main. Mais pour bien ordonner vn mors au Cheual qu'on veut emboucher, il faut sçauoir connoistre ce qu'il a besoin pour sa commodité, & de celle du Caualier. Premierement, que le Cheual ait la commodité de la langue, qui luy est necessaire. Que l'embouchеure porte iustement sur le coin des genciues, puis si la levre est trop grosse, la separer d'auec la genciue auec les annelets, y ayant quantité de Cheuaux qui mettent la levre sous l'embouchеure, & par ce moyen en ostent l'effect. En apres il faut bien approprier les branches & l'embouchеure, courtes, longues, flacques ou hardies : l'œil haut ou bas, selon que le requiert la forme de l'encoleure, & la posture de la teste du Cheual. Prendre garde aussi sur toutes choses que la gourmette porte & repose en sa place, qui est le petit ply sous la barbe du Cheual. Et si par hazard le crochet de la gourmette pinçoit la levre, il le faudra fort courber en haut vers la branche du mors, ce qui arriue fort souuent, principalement quand l'embouchеure est vn canon, à cause de sa rondeur, qui enfle & releue la levre par trop. Considerer en outre, si la bouche est beaucoup fenduë, & en ce cas luy mettre du fer dauantage dedans. Ou bien mettre la tranche-file plus haut prés de l'œil de la branche, voire dans l'œil mesme, s'il est besoin. Si aussi la bouche est peu fenduë, luy faudra mettre peu de fer dedans, & s'il est besoin oster la tranche-file du tout. Si le Cheual ouure la bouche par trop, le pas d'asne à la Pignatelle luy sera plus propre

pre, pource qu'il trebuche en arriere sur la langue. Ayant esté inuenté pour cét effect, & pour ne pas blesser la bouche du Cheual. S'il tourne la bouche en façon de ciseaux deçà & delà, les emboucheures d'vne piece sont les meilleures, & necessaires pour empescher cette action mal-seante, & à tels Cheuaux il faut leur serrer la muserolle. Toutes lesquelles choses sont si necessaires d'obseruer soigneusement, que qui y manque en la moindre partie, la bouche du Cheual, & la main du Caualier ne peuuent auoir leur commodité parfaite. Voilà donc en termes generaux ce que ie iuge propre pour emboucher toutes sortes de Cheuaux, tant pour la proportion des branches, que du dedans de la bouche du Cheual, en y adjoûtant ou diminuant, auançant, reculant, ou changeant quelque piece de l'emboucheure: Car pour la gourmette, encore qu'il s'en fasse de plusieurs façons, ie ne me sers que de l'ordinaire bien proportionnée, excepté quand le Cheual a la barbe deliée, tendre & fort sensible, ie luy en mets vne de cuir iusques à ce qu'il soit du tout ferme de teste, estant tres-necessaire de bien ajuster cette piece, principalement à ceux qui n'ont que la peau sur les os de la barbe, & point de petit ply pour tenir, & empescher qu'elle ne monte par trop: ce qui se rencontre en beaucoup de beaux & bons Cheuaux: Mais pour y remedier il faut tenir les crochets de la gourmette vn peu longs & courbez, & par consequent les mailles ou anneaux plus courts: & s'il est besoin il faut mettre vn petit anneau au dessus de chacun des crochets dans l'œil de la branche du mors, qui empeschera le crochet de se soûleuer, & le contraindra de demeurer tousiours bas en sa place, ce que ie trouue estre le plus grand secret pour ajuster la gourmette. Quant à la mesure & proportion des mors, tant des branches que des emboucheures, il ne s'en peut parler qu'en general, pource que chaque Cheual portant la juste mesure de sa teste, & de sa bouche, de la bonne ou mauuaise posture, & de son encoleure droicte, renuersée, bien ou mal tournée, courte ou longue: C'est au prudent & iudicieux Caualier d'approprier l'emboucheure & la branche selon ce qu'il connoiſtra eſtre expedient pour la commodité de luy & de ſon Cheual. Ce que i'ay practiqué & rencontré eſtre le meilleur pour emboucher les Cheuaux, ce qui empeſchera que ie ne m'étende dauantage en cette recherche: joint qu'ayant prouué le peu de profit que la quantité d'emboucheures apporte : cela m'a obligé de m'arreſter à ce que i'ay trouué eſtre le plus vtile, pouuant dire auec verité n'auoir iamais veu de Cheuaux, qui auec la bonne école ne ſe ſoient accommodez, & demeurez en bonne action auec l'vne des emboucheures cy-deſſus nommée.

CHAPITRE I.

LA MANIERE DE BIEN FERRER toutes ſortes de Cheuaux, & comme on doit fabriquer, les fers & les appliquer.

L'Art de bien ferrer vn Cheual conſiſte particulierement en ces choſes.

La premiere, à ſçauoir bien parer vn pied. Que le fer ſoit d'vne bonne trempe. Que le fer ſoit bien fabriqué, bien vidé, & que ſon tour ſoit conforme au pied pour lequel on le deſtine. Que les trous en ſoient vnis, leur diſtance reguliere, & enfin que les cloux ſoient bons, biens faits, clouez auec iusteſſe, & riuez de meſme. Mais d'autant qu'il ſe trouue peu de Cheuaux de qui les pieds ſe reſſemblent ; qu'il arriue ſouuent qu'vn meſme Cheual aura les pieds differens, les vns bons, & les autres qui ne le ſeront pas ; & que par conſequent chaque pied demandera vne ferrure differente, il ſeroit bon de dire quelque choſe de la diuerſité des pieds, & de leur nature, deuant que de traiter de la maniere de les bien ferrer.

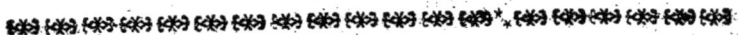

Diuerses manieres de fers pour ferer les pieds des Cheuaux, suiuant les deffauts qui si rancontrent.

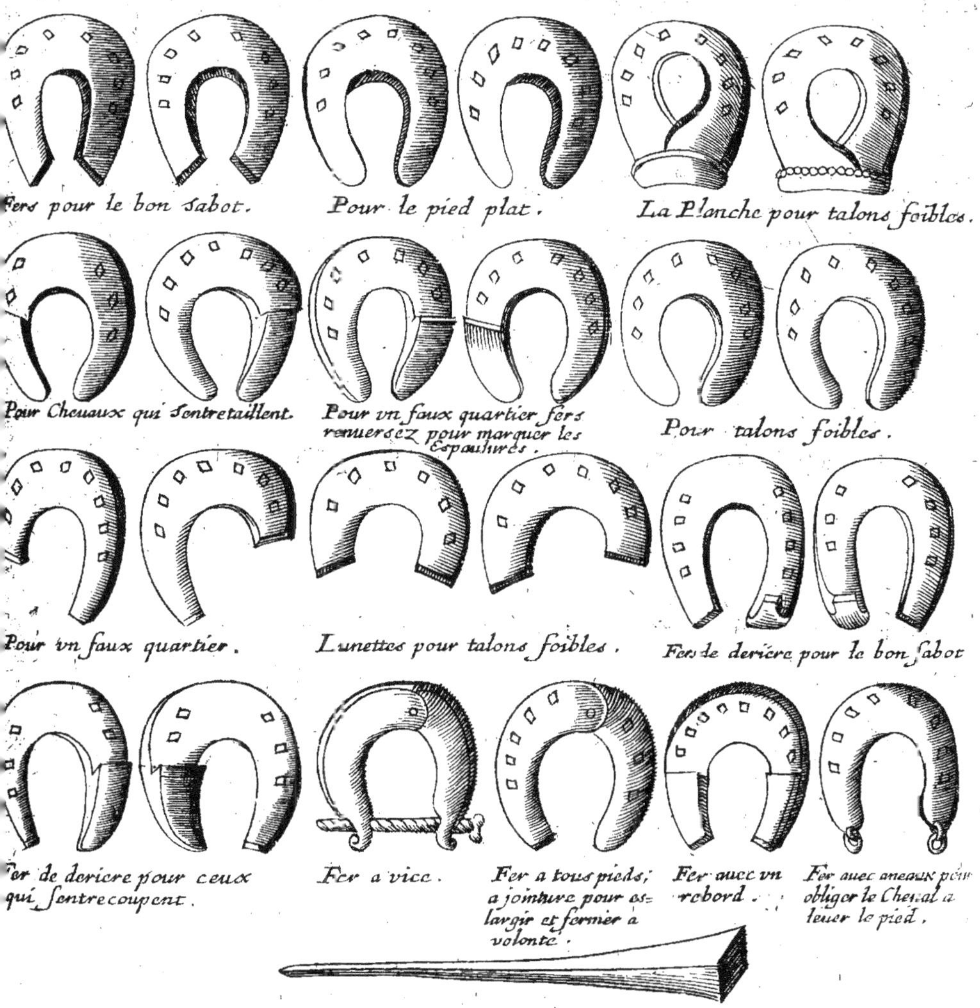

Veritable figure d'vn bon cloud.

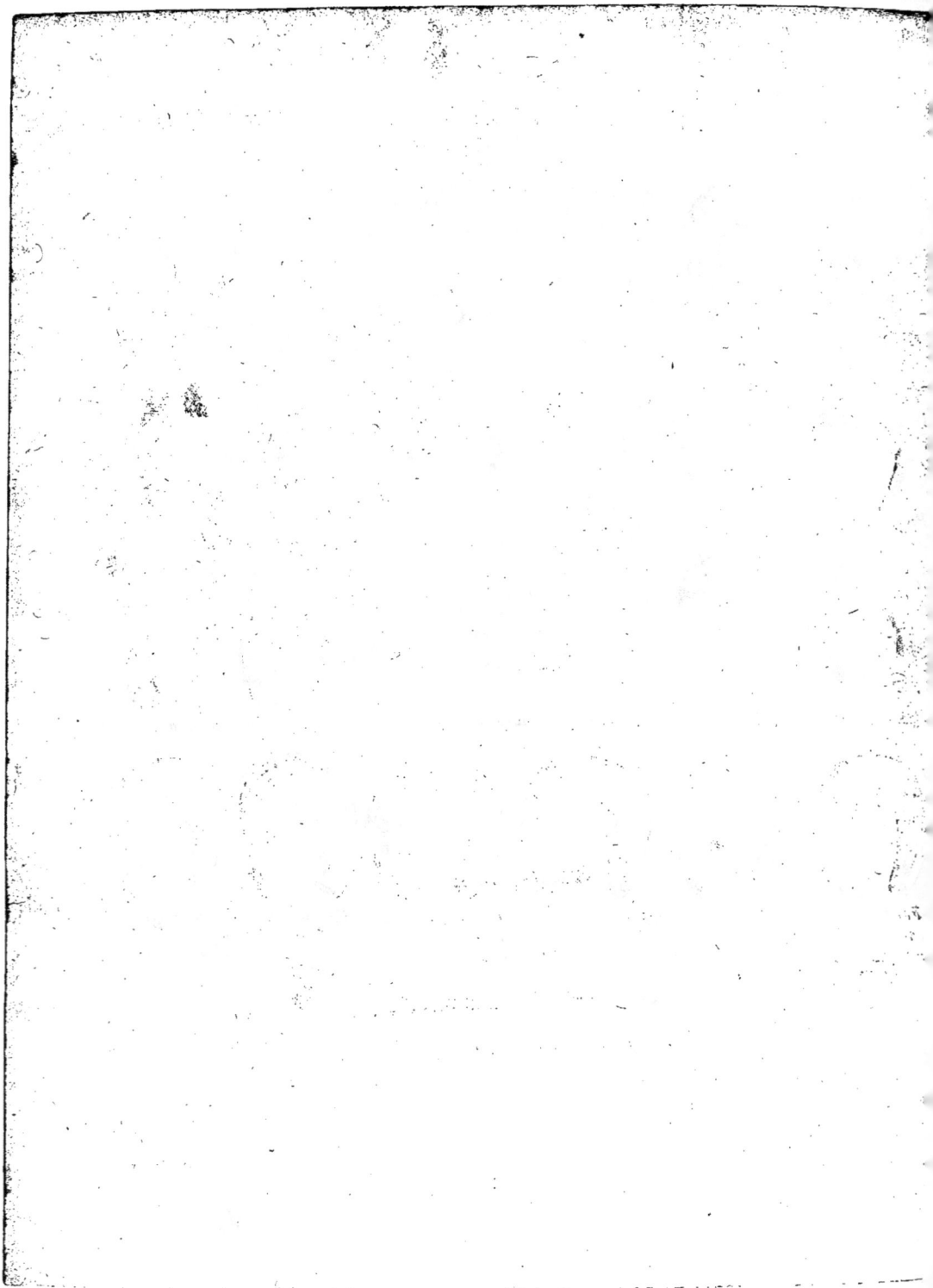

CHAPITRE II.

DE LA DIFFERENCE DES PIEDS de plusieurs Cheuaux, & du temperamment de la corne.

CETTE diuersité se reduit d'ordinaire en deux sortes, que les Mareschaux appellent la parfaite & l'imparfaite. Le pied parfait est celuy duquel la circonferance est ronde, la corne vnie, dure & dont l'espaisseur soit tellement resserrée que le Cheual en marchant puisse dauantage appuyer sur la pince que sur le talon : il faut aussi que le pied soit droit, creux en dedans, sans pourtant l'estre par trop, que la fourchette en soit fort estroite, & le talon fort large, ce qui rend son assiette plus ferme plus asseurée, & de plus de durée.

L'imparfait, ou le pied defectueux à d'ordinaire des qualitez opposées à celles que ie viens de nommer, comme par exemple lors qu'vn pied n'est pas bien rond ny bien ramassé, & qu'au contraire il est trop plat, trop large, & trop éboûlé sur les costez, & de plus ayant les talons trop estroits, ce pied en peu de temps deuiendra tout plat & ne pourra qu'il ne iette son fer & ne se surbatte au moindre trauail que le Cheual fera, parce qu'il appuyra tout sur le talon, & rien sur la pince ce qui le fera succomber, le faisant abattre sur les paturons du pied. Cette sorte de pieds à cause de leur foiblesse, sont fort sujets à s'engrauer, & les Cheuaux de Flandre, & ceux qui sont nourris dans des terroirs humides, & marescageux ont d'ordinaire ce defaut.

De mesme si la corne du pied pesche dans ces irregularitez, qu'elle soit rabotteuse, cerclée & pleines de replis comme la corne d'vn bouc ou d'vn belier, ce qui choque fort les yeux delicats & connoissans, & qui marque vn excez de chaleur & de secheresse, elle sera sujette à se fendre, & à se ruiner en peu de temps se qui arriue souuent à nos Cheuaux Anglois.

De plus lors qu'vn pied est trop long & trop estandu, cela fait que le Cheual s'appuira trop sur les talons & ne portera pas assez sur la pince, & par ce moyen il fera que ses paturons touchant à terre, se ruineront infailliblement, & c'est se qui produit d'ordinaire les mollettes, comme il arriue souuent aux Cheuaux d'Espagne, & aux barbes qui sont sujets à ce deffaut.

Dauantage quand on voit que le pied se trouue inégal, c'est à dire qu'il est plus large & plus estandu aux dehors, & qu'il se resserre en dedans ce qu'on appelle pié de billard ou cagneux, ce defaut fait que le Cheual s'appuie sur le dedans & que par vn trop grand serrement de jambes, il est sujet à s'entreferrer, & à se blesser par vn battement de jointure l'vne contre l'autre, de sorte qu'il s'en estropie souuent tout a fait. Mais lors que le dans du pied emporte cette largeur, & qu'au contraire il est plus estroit au dehors, le Cheual n'en reçoit pas tant d'incommodité, bien que les engraueures soit plus sujettes à s'engendrer par ce costé-là que par l'autre.

Outre tout cela, il y à des Cheuaux qui ont le pied tout a fait plat, sans aucun vide ou concaue, dequoy la plusspart des Cheuaux de Frize, & de Flandre mesme se trouuent incommodez, comme ie l'ay desia fait voir en parlant des premiers defauts qui rendent vn pied imparfait. De mesme si le pied se trouue auoir trop de creux la corne sera sujette à deuenir seche, à moins qu'on ne prenne souuent le soin d'y remedier, en mettant dequoy la tenir humide: cette sorte de pied creux, est d'ordinaire fort estroite, & de forme longue & toute droite, laquelle quoy que moins incommode aux Cheuaux, parce qu'il s'appuyent également sur la pince, sans peser sur le talon, toutesfois ils ne laissent pas d'en arriuer les accidens que ie viens de dire, & cela fait souuent boiter le Cheual qui a ce defaut, auquel les Barbes sont sujets.

Lors que la fourchette du pied pesche en trop de largeur les talons en sont foibles, & si plians qu'on les feroit presque se toucher l'vn l'autre; & pour derniere marque d'vn pied defectueux on condamne les talons trop serrez, comme trop tendres & delicats, ce qui est encore ordinaire aux Cheuaux d'Espagne.

CHAPITRE III.

COMMENT ON DOIT PARER LES *pieds sans defauts, & particulierement les pieds de deuant.*

IL faut premierement bien parer l'assiette du fer, & l'applanir par tout le plus vniment qu'il vous sera possible, afin de bien poser le fer, en sorte qu'il puisse porter par tout également, parant tousiours vn peu plus de la pince que du talon la nature voulant aussi bien pour l'aise des Cheuaux, que celle des hommes, que le derriere du pied soit plus haut que le deuant, cette partie soustenant presque toute la pesanteur du corps. C'est pourquoy l'on doit prendre garde à ne la pas affoiblir. Outre que la corne en est beaucoup plus terue que celle du rond de la pince, laquelle estant plus épaisse, & ne portant que fort peu de pesanteur doit estre parrée le plus mince qu'on pourra pour ce qui est des pieds de deuant, car pour ceux de derriere, ils demandent tout le contraire, parce que ces derniers portent l'autre partie du Cheual toute sur le deuant, & presque rien sur le derriere, ainsi que ie le feray voir en son lieu, d'où sans doute est venu ce prouerbe des Mareschaux, mettez le deuant derriere, & le derriere deuant, voulant dire par là qu'on doit épargner les pieds de deuant sur le derriere, & ceux derriere sur le deuant aussi bien en parant la corne, qu'en bien persant le fer.

CHAPITRE IV.

COMMENT ON DOIT FERRER LES *pieds de deuant & les pieds sans defauts.*

LE bon fer est celuy qui nous vient de la Pruce, ou d'Espagne, le fer qu'on en fabrique doit auoir le fil estendu & le bord bien moulé fait exprés pour le pied qu'il doit couurir; il faut que les éponges en soient plus fortes & plus épaisses que les autres parties, & mesme vn peu larges, afin qu'elles se débordent des deux costez seulement de l'épaiseur d'vn demy-escu afin de mieux conseruer cette partie du pied qui est la plus considerable, celle qui fatigue le plus, & à laquelle le fer tient dauantage. Le Mareschal doit bien prendre garde en perçant le fer, que les trous soient faits en biaisant vers la pince, & non pas vers le talon où la corne à moins d'épaisseur : il faut aussi que l'ouuerture du trou soit plus large en dehors qu'en dedans du fer, & que le cercle où sont posez les trous soit plus éloigné de la pince que du talon pour la raison que ie viens de dire. Pour les cloux ils doiuent estre de mesme trempe & de mesme fer que les fers : la teste quarrée & faite en estraississant vers la pointe proportionnée aux trous, afin de les remplir par tout également & de faire que ce qui reste de la teste au dehors du fer, ne le surpasse que de l'épaisseur du dos d'vn cousteau tout au plus, par ce moyen ils en dureront dauantage, n'estant pas si exposez aux secousses, ny si sujets à s'ébranler. Le plus seur seroit de faire que l'estampe qui marque les trous, ce qui les acheue de percer, & le col des clous fussent tous d'vne mesme largeur, grosseur, & videz en pointe comme ie l'ay desia dit : mais la pluspart de nos Mareschaux ne sont pas assez exats pour cela, au contraire, ils font d'ordinaire si mal & les trous & les cloux qu'outre que les Cheuaux en souffrent cent incommoditez, leur ferrure ne dure pas la moitié, tant comme elle feroit s'ils vouloient prendre garde de plus prez à leur trauail.

De plus vn clou pour estre bien fait, doit auoir la partie qui remplit le trou du fer également vnie & carrée sans auoir rien de plus enflé vers la teste qu'ailleurs; les angles en doiuent estre bien vidées en droite ligne iusqu'à la pointe plus plattes que quarrées, & leur pointe doit estre fort deliée sans paille & sans auoir rien de rabotteux : la figure du clou que i'ay fait grauer fera voir comme il doit estre fabriqué. Lors que le Mareschal aura ajusté son fer, & qu'il viendra à y mettre les clous, il doit frapper doucement les premiers coups iusqu'à ce que le clou foit entré affez auant pour ne plus biaizer, & fi le Cheual eft fin & qu'il ait vn pied delicat, il feroit bon de froter le clou d'vn peu de graiffe, afin qu'il y entre tant plus facilement, commançant toufiours à clouer par les deux trous qui font les plus proches du talon, pour voir fi le fer eft appliqué iufte, & s'il porte par tout, ce qu'il verra facilement en regardant fi la fourchette eft égalément partagée entre les deux éponges: ayant ainfi ajufté le fer, il y mettra encore vn clou; puis il doit laiffer aller le pied du Cheual, lequel en s'appuyant deffus, luy fera voir fi le fer eft bien appliqué, mais s'il voit qu'il ne le foit pas, & qu'il paroiffe plus d'vn cofté que de l'autre, il fera leuer l'autre pied afin de pouuoir encore difcerner mieux où eft le defaut, & l'ayant bien remarqué, il frappera de fon marteau le cofté du pied qui paroift le moins auancé pour le redreffer comme il faut, ce qu'ayant fait il y peut appliquer le refte des clous, qui font huit en tout quatre de chaque cofté, fi adroitement & auec tant de iufteffe que la pointe de chaque clou paroiffe dans vne diftance égale, l'vne de l'autre fortant du mefme biais & non pas l'vne d'vn fens & l'autre de l'autre comme les dents d'vne cie. Cela fait il les faut coupper, & les riuer, cachant s'il fe peut la pointe riuée dans la corne, ce qu'on pourra faire fi l'on coupe vn peu de la corne au deffus de la pointe de chaque clou, aprés cela il faut auec vne rafpe arrondir le tour du pied le plus proprement qu'on pourra, de forte que le bord du fer paroiffe vn peu au dehors tout par tout égalément.

CHAPITRE V.

COMMENT IL FAVT PARER LES pieds defectueux, chacun felon fes defauts & premierement.

LE pied large & trop eftendu, qui toutefois n'eft pas tout à fait plat: ce pied large peut facilement eftre conferué par l'adreffe, & la diligence du Marefchal, lequel en le parant &

ferrant auec iustesse l'empeschera de deuenir plat. Pour le bien parer, il faut oster tout ce qu'on peut de la pince & rien du tout s'il est possible, ny des quartiers ny du talon, horsmis ce qu'il en faut parer pour applanir l'assiete du pied pour y poser le fer, ce que pratiquant toutes les fois qu'on le ferrera le pied demeurera tousiours fort, & ne s'applatira point.

CHAPITRE VI.

COMMENT ON DOIT FERRER vn pied large.

LA ferrure de cette sorte de pied large se doit faire ainsi. Il faut que le fer soit large à proportion, que son fil en soit estendu, les éponges de mesme, & le fer épais & fort tout par tout, percé comme ie l'ay dit en parlant du pied sans defauts, horsmis que le dehors de chaque pied doit porter cinq clous, & le dedans quatre seulement, parce que le dehors est plus exposé à la fatigue que le dedans, & que par consequant il doit estre fortifié dauantage; il faut de plus, que depuis le dernier clou d'aupres de la pince iusqu'au talon, le bord du fer paroisse plus grand de l'épaisseur d'vn cart d'écu, qu'au tour de la pince.

CHAPITRE VII.

COMMENT IL FAVT PARER LE pied rude & cassant.

LE pied rabotteux & cassant est plus foible au dehors qu'au dedans de la corne, & parce que cette sorte de pied est comme ie l'ay dit d'vn temperant plus chaud que les

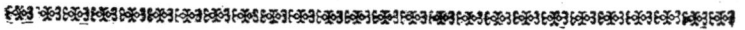

les autres, l'on doit en ouurir le talon dauantage, afin d'y pouuoir auec plus de facilité appliquer souuent de la fiante de vache, ou quelqu'autre matiere pour luy donner de l'humidité. L'on doit aussi râper souuent le dehors de la boëte auec la râpe, pour en applanir la rudesse, & la rendre vnie, & l'oindre de mesme, auec l'onguent duquel ie donneray la composition en son lieu : pour ce qui touche le reste du pied, on le doit parer comme le pied parfait.

CHAPITRE VIII.

COMMENT ON LE DOIT FERRER.

POVR bien ferrer cette sorte de pied, le Mareschal doit fabriquer vn fer d'vne force mediocre, qui ne soit ny trop leger ny trop pesant, capable seulement de suporter le poids du Cheual, sans que son trop de pesanteur puisse endommager le pied, dont la corne estant fragile ne l'endureroit pas longtemps sans le jetter, & se ruiner tout a fait. Son fer comme le precedant, doit porter neuf clous, cinq au dehors & quatre au dedans du pied.

CHAPITRE IX.

COMMENT IL FAVT PARER le pied trop long.

LE pied qui pesche en longueur veut qu'on luy pare toute la pince, la jambe foible & menuë voulant de mesme que le pied soit le plus court qu'il se pourra, car pour bien dire c'est proprement la petitesse du pied qui rend la jambe d'vn Cheual fort, comme le contraire s'y rencontrant l'affoiblit, parce que cette trop grande longueur de pince, fait que le Cheual s'appuye tout sur le talon, & sur les pasturons, ce qui luy est prejudiciable. Pour ce qui reste du pied, il le faut parer comme le bon pied.

CHAPITRE X.

COMMENT ON LE DOIT FERRER.

POVR bien ferrer cetui-cy, le fer en doit estre fort arrondy sur la pince, afin que cette rondeur estant large & reguliere, puisse cacher le defaut d'vne trop grande longueur qui choque la veuë, & si le pied est trop estroit, faites de mesme que le fer se déborde vn peu de chaque costé le perçant en dedans le plus qu'on pourra, & le plaçant fort en arriere, parce qu'vn Cheual qui a ce defaut appuye d'ordinaire tout sur le talon, & peu sur la pince, ce fer ne doit auoir que huit clous de chaque costé quatre.

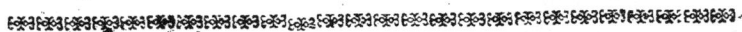

CHAPITRE XI.

POVR PARER VN PIED TORTV & inégale d'aßiette.

LE pied inégal ou tortu demande qu'on luy pare le costé qui a le plus d'épaisseur, sans toucher que fort peu l'autre qui en manque, iusqu'à ce qu'on les mette au niueau, l'vn de l'autre, & pour le reste de l'assiette, il faut la rendre égale par tout, y laissant seulement vn peu de vuide entre la fourchette & le talon, n'affoiblissant le talon que le moins qu'il vous sera possible.

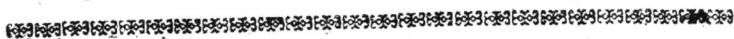

CHAPITRE XII.

POVR FERRER LES TALONS *estrois.*

POVR bien ferrer cette sorte de pied, il faut que le fer soit leger, & bien tourné; que le fil ou la circonferance, en soit large, & que les éponges en soient si larges qu'elles se puissent presque joindre afin de mieux empescher que le talon ne touche à la terre : il le faut percer le plus qu'on pourra sur le deuant tousiours pour épargner la pince, & que le fer aille en allongeant vers le talon; il n'y faut que huit clous comme au pied sans defaut.

CHAPITRE XIII.

COMMENT ON DOIT PARER, *& ferrer les pieds de derriere.*

IAy fait voir dans les Chapitres precedens, la maniere de bien parer & de bien ferrer les pieds de deuant d'vn Cheual: & comme la ferrure des pieds de derriere differe tout a fait de ceux-là, le Mareschal curieux obseruera les regles qui vont suiure pour les bien ferrer.

On doit tousiours tascher de fortifier la pince du pied de derriere, parce que comme ie l'ay dit, vn Cheual porte sur cette partie, de mesme qu'au contraire, il s'appuye dauantage sur le talon du pied de deuant.

Il faut que le fer de derriere soit plus fort sur la pince que vers le talon, & qu'il soit percé plus en arriere qu'en deuant pour la mesme raison. Il faut aussi que le dehors du fer ait vn crampon assez fort, & que l'éponge qui répond à celle qui est ainsi cramponnée ait vne épaisseur qui égale presque la hauteur du crampon, ce crampon n'estant là que pour empescher que le Cheual ne glisse quand il marche sur le paué, ou sur quelque terrain glissant. Ce crampon ne doit pas estre trop pointu, mais il faut qu'il soit applaty sur la pointe, vny & bien tourné comme le montre la figure qu'on trouuera grauée parmy les fers de derriere. Cette sorte de crampon est appellée par Cesar Fiaschy Autheur Italien dans son Traité de la Caualerie Rampone alla Ragonesa, cét Autheur rejettant toutes les autres fabriques de crampons, comme estant incommodes & de mauuais vsage, ainsi que ie le diray plus particulierement en parlant des fers cramponaux, des fers auec les anneaux.

CHAPITRE XIV.

COMMENT ON DOIT FERRER VN pied de derriere duquel le sabot se trouue defectueux, ou dont les quartiers sont gauches.

SI le Cheual qui se trouue auoir ce defaut boite desia, pour y remedier, on doit luy fabriquer au fer propre à son pied duquel le quartier se trouue opposé à celuy du pied qui est entier & sans defaut suiuant la figure grauée; mais si le Cheual ne boite point, il luy faut faire vn fer qui ait vne espece d'épaulard ou de bouton en dedans qui touche à la solle du pied, à quelque distance du mauuais endroit tirant vers la pince, de mesme qu'on le pourra voir dans la figure qui suit.

CHAPITRE XV.

COMMENT IL FAVT FERRER LES Cheuaux qui sont sujets à s'entrecouper.

CE defaut leur arriue d'ordinaire pour auoir le dehors du pied plus haut, c'est à dire le sabot plus épais que non pas le dedans. C'est pourquoy l'on doit parer cette corne bien plus sur sa partie qui pesche en épaisseur, que sur celle qui est plus terue. La mesme raison que son fer soit beaucoup épais & plus fort au dedans qu'au dehors du pied, le fer doit n'auoir point de crampon du tout, parce que le crampon le feroit aller de trauers, & par consequant le rendroit encore plus sujet à s'entrecouper; & pour ce qui est de le bien percer comme il faut, on doit se regler par la figure suiuante. Pour mieux appliquer ce fer juste & comme il faut, il seroit necessaire de faire monter le Cheual deuant vous, auant que le cloüer de tous ses clous, afin de pouuoir remarquer, où il s'entrecoupe le plus, & de le mettre mieux au juste, & le pouuoir élargir, ou estressir suiuant sa pente.

CHAPITRE XVI.

POVR BIEN PARER ET FERRER les Cheuaux qui sont encastelez.

L'On doit parer la pince autant qu'elle le peut permettre, & la solle du pied en suite assez mince de mesme; & puis en ouurir les talons le plus qu'on pourra, & y appliquer vn fer en forme de croissant de mesme que le montre sa figure.

Le fer à planche fait d'ordinaire deux effets differans, puis qu'il est vray qui rend le pied bon & qu'il le conserue; & qu'au contraire il nuit à la jambe, d'autant qu'il fait que le Cheual qui le porte, est sujet à croiser le pied plus qu'il ne faut en marchant à proportion de la jambe. Cette sorte de fer ne laisse pas d'estre d'vn tres-bon vsage, & sur tout pour vn Cheual qui a les talons foibles & defectueux; Outre qu'il dure beaucoup plus qu'vn autre: La planche a esté inuantée pour les mulets, qui ont d'ordinaire le talon & la fourchette du pied tendre & delicate, & ce fer les conserue, en les garantissant des pierres & du grauier qui leur pourroit nuire. Mais pource qui est de son vsage pour les Cheuaux, on ne s'en sert que dans des extremitez qui ne peuuent estre que desauantageuses à ceux qui en ont besoin. I'ay fait aussi grauer la planche à la fin de ce Traité pour satisfaire les curieux.

CHAPITRE XVII.

DES FERS A CRAMPONS, *anneaux, à-vis, ourlets, & à patin.*

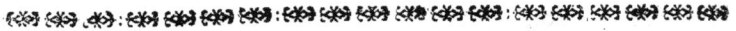

OVTRE les especes de Fers susmentionnez, il y en a plusieurs autres. Premierement il y en a qui ont des Crampons, qui seruent a empescher que le Cheual ne glisse. Et cependant ils font plus de mal que de bien au Cheual, parce qu'ils empeschent que le Cheual n'appuye également sur la terre, ce qui est bien souuent cause qu'il se foule le pied ou quelque nerf, & particulierement dans des chemins pierreux ou montagneux. Parce que le Crampon n'ayant pas assez de prise sur les pierres à cause de leur dureté, la glissade en doit estre plus violente, & le pied plus endommagé: mais principalement le talon s'il est foible. C'est pourquoy Cesar Fiaschy, recommande fort les Fers de Turquie pour voyager par les montagnes, lesquels ont des talons tournez en haut. De mesme que sont ceux qui sont à planche, & qui ont des clous dont les testes sont comme de petis boutons, mais qui ne sont pas du tout si éleuez que nos clous à glace: par le moyen desquels les Cheuaux en marchent plus également & plus seurement; ce qui ne se pourroit faire s'ils auoient des Crampons: qui d'ailleurs outre les incommoditez susdites, sont fort dangereux pour les Cheuaux de Manege: parce que dans les détours qu'on leur fait faire; vn pied pourroit aisément choquer & blesser l'autre. En outre les Crampons rendant le derriere haut, la corne ne peut estre tant parée pardeuant, comme il seroit necessaire; d'où il s'ensuiuroit que le Cheual auroit les talons plus bas que s'il estoit paré & ferré sans Crampons. Cependant il y en a qui ne croyent iamais leurs Cheuaux bien ferrez, s'ils ne le sont à deux Crampons, ou du moins vn. Mais comme de deux maux, il faut tousiours éuiter le pire, i'estime que les Fers à deux Crampons sont meilleurs que ceux qui n'en ont qu'vn, parce que le pied du Cheual en appuyra plus également. Or en ce rencontre il ne faut pas que les Crampons soient trop longs ny trop pointus : mais au contraire qu'ils soient courts & plats, de la façon que nous l'auons enseigné, & que vous le pourrez voir cy-dessous dans la figure des Fers de derriere que Cesar Fiaschy appelle Rampony alla Ragonesa.

CHAPITRE XVIII.

DES FERS A ANNEAVX.

CETTE sorte de Fers a esté inuentée pour faire bien leuer les pieds au Cheual. Mais Cesar Fiaschy dit qu'il luy font plus de mal que de bien, & qu'il n'en leue pas tant le pied par quelque plaisir qu'il en reçoiue que par la douleur, & principalement quand il marche sur vn terrain dur. Ce qui est plus ordinaire aux Cheuaux, dont la corne n'est pas bonne. Car bien qu'ils soient bien ferrez & sans anneaux, ils leueront pourtant leurs pieds dauantage en marchant sur le paué ou sur vne terre dure, qu'ils ne feront sur celle qui ne le sera pas à cause que leur corne estant delicate, ils apprehendent de l'appuyer trop sur la terre dure : ny plus ny moins que si quelqu'vn auoit mal à la plante du pied, pour épargner cette partie il en leueroit dauantage la jambe. Il en seroit de mesme d'vn Cheual qui auroit les talons tendres, auquel inconsiderement on donneroit des Fers à grands Crampons ou à anneaux qui luy rendroient les talons encore plus foibles qu'il ne les auoit. C'est pourquoy laissant à part toutes ces autres inuentions dommageables, ie serois d'auis que vous fissiez tous vos Fers & principalement ceux de deuant auec des éponges ſelon que ie l'ay monſtré.

CHAPITRE XIX.

DES FERS A OVRLETS OV A REBORDS.

EN Allemagne les Mareſchaux font de gros ourlets tout à l'entour de leur Fers, dont le rebord s'éleuant auſſi haut que les teſtes des clous font qu'ils endurent bien dauantage, & de vray ie ne puis que ie n'eſtime beaucoup cette ſorte de Fers. Car dans tout vn voyage de plus de deux cens lieuës d'Allemagne, que ie fis vne fois en ce Pays-là, par des chemins fort pierreux & montagneux, ie n'eus pas beſoin de faire ferrer ny de mettre vn clou ſeulement aux pieds de mon Cheual, qui auoit eſté ferré de cette façon. Car le fer eſtant d'vne fort bonne trampe, il s'vſe également par tout, & le pied du Cheual porte par tout, & particulierement s'il eſt bien paré Ceſar Fiaſchy recommande auſſi beaucoup ce fer pour vn Cheual de courſe, afin de l'empeſcher de gliſſer. Mais il veut auſſi que l'ourlet en ſoit dentelé comme vne ſcie & qu'il aye des éponges ſur le derriere autant eſpoiſſes que l'ourlet. Comme auſſi que l'ourlet ſoit d'vne trempe dure, afin qu'il ne s'ûſe pas trop toſt. En Italie ils ſe ſeruent de ces Fers, aux Barbes, aux Genets & aux Cheuaux de Turquie, qui ſont deſtinez pour des monſtres & des courſes publiques. Et pourtant veu que cette ſorte de Fers eſt la meilleure pour empeſcher vn Cheual de gliſſer, Ceſar Fiaſchy deſaprouue & condamne totalement les Crampons, les clous à glace, les creſtes, les eſperons & toutes autres inuentions dont les ignorans ſe ſeruent à cette fin, parce que le Cheual n'en pouuant appuyer également ſon pied par terre, il ne peut qu'il ne luy en arriue des accidens faſcheux. Où bien au lieu de ce fer, on ſe peut ſeruir de celuy de Turquie & des clous à boutons ſuſmentionnez, & auec beaucoup plus de ſuccez & dauantage que de toute autre inuention.

LES

CHAPITRE XX.

DES FERS A VIS ET A IOINTVRES.

IL y en a qui estans accoustumez de voyager par les montagnes, ou les Mareschaux sont rares, portent auec eux de certains Fers à vis, par le moyen desquels sans clou ny sans marteau, ils peuuent ferrer vn Cheual en cas de besoin. Mais ces fers sont plus curieux qu'vtiles. Car bien qu'ils puissent defendre les pieds du Cheual des pierres, son sabot en est toutesfois si serré qu'il n'en peut aller qu'auec beaucoup de douleur, & pourroit peut estre en receuoir plus d'incommodité que des pierres mesme, c'est pourquoy en de telles rencontres il vaudroit beaucoup mieux se seruir du fer à jointure ou pliant, qui est de deux pieces jointes ensemble sur le deuant par le moyen d'vn clou riué des deux costez: qui se peut allargir & estroissir comme l'on veut, & ainsi s'ajuster à toute sorte de pied. Mais comme il ne peut pas tenir sans clous, il faut aussi que le Caualier sçache en mettre luy-mesme; & qu'il en ait tousiours bonne prouision, & qu'il soit aussi garny de marteau, de tenailles & de Bouttoir commodes pour le voyage; comme le pratiquent la pluspart des Allemans, Cesar Fiaschy les estime fort pour cét vsage, comme aussi fait Martin. Et pourtant j'ay trouué à propos de vous en donner la figure cy-dessous.

CHAPITRE XXI.

DV FER A PATIN.

D'AVTANT qu'il n'y a point de Mareschal qui ne sçache faire ce fer & qui n'en connoisse l'vsage, ie n'auray pas besoin d'en parler beaucoup: mais seulement qu'il est necesfaire à vn Cheual qui s'est blessé en la hanche, où qui a la jambe roide, il doit estre mis au pied opposite, pour faire en sorte que la jambe malade soit appuyée dauantage sur la terre.

CHAPITRE XXII.

COMMENT ON PEVT TENIR humide les pieds d'vn Cheual sans qu'il sorte de l'Escurie.

COMME il arriue fort souuent que les pieds d'vn Cheual sont endommagez par la negligence, ou par l'ignorance d'vn Mareschal, en le parant ou le ferrant mal, il leur en peut aussi arriuer de mesme par la negligence du Palfrenier, faute de remplir soigneusement de quelque tente les pieds de deuant, afin de les tenir tousiours humides. Car quand à ceux de derriere, ils n'en ont pas besoin, par ce que la plus-part neglige d'en tirer le fient & la littiere qui s'amassent aux enuirons. Or ceux de deuant sont tousiours plus au sec, ce qui leur rend la corne plus cassante, ce que le Caualier soigneux pourra facilement preuenir, en faisant souuent remplir le creux du sabot de quelque fiante de vache fort molle, & luy faisant lauer le pied fort net auec de l'eau, & puis le frotter auec l'onguant remoliatif dont i'ay mis icy la recette, ce qui ne luy rendra pas seulement le sabot frais & souple, mais mesme le fortifira & luy rendra tout le pied luisant & beau, qui est vn ornement à vn Cheual parmy les curieux.

Voicy la maniere de faire cét onguant.

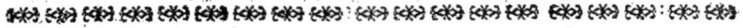

PRENEZ demy-liure de Terebentine, autant de graisse de mouton, deux onces de cire-neuue, & demisettier d'huile d'Oliues. Mettez le tout ensemble dans vn pot de terre & le remuez tres-bien en le faisant boüillir afin de bien mesler le tout. Lors qu'il sera assez fondu & boüilly, ostez-le de dessus le feu, le laissant refroidir ou dans ce mesme pot ou dans quelque autre, vous pouuez vous en seruir de deux iours en deux iours ou plus souuent si vous voulez, apres auoir premierement bien fait lauer le pied de vostre Cheual.

FIN.

EXPLICATION DES FIGVRES DES INSTRVMENTS PROPRES aux Mareſchaux.

1. *Le Marteau du Mareſchal a ferrer les Cheuaux.*

2. *Les Tenailles du Mareſchal, qui ſeruent à rompre, riuer & trier les clouds.*

3. *Le Boutoir, à parer & à ouurir le pied.*

4. *La Rape, à vnir ou à égaler la corne.*

5. *Le Couſteau à rogner la corne qui déborde.*

6. *La Flammette à ſeigner au col ou aux groſſes veines.*

7. *La Lancette à ouurir de petites veines.*

8. *Le Biſtous à percer les apoſtemes, & à couper la chair baueuſe & ſuperfluë.*

9. *La Corne à ſouleuer les veines.*

10. *Le Couſteau à feu, à ouurir & à ſeparer la chair ſaine ou vlcerée.*

11. *Le Bouton de Cautere, à percer la peau & les enfleures.*

12. *Les Pincettes à nettoyer les playes.*

13. *Les Morailles à ſerrer le neZ ou les oreilles du Cheual pour luy faire ſupporter patiemment la douleur.*

14. *L'Eguille à coudre les playes.*

15. *La Sonde.*

EXPLICATION
DE LA FIGVRE
DV FRONTISPICE.

1. Monſtre vn parfait Caualier & à monter, garder, & guerir vn Cheual en perfection.

2. Monſtre ſa nourriture.

3. Monſtre la ſaignée.

4. Monſtre le baume des baumes pour les maladies interieures.

5. Monſtre les marques naturelles.

6. Monſtre la guairiſon des maladies des nerfs, comme les fouleures, les coups & les conuulſions.

7. Monſtre des breuuages ſalutaires.

8. Monſtre la ſaignée de la bouche, qui preuient la mort ſubite.

9. Monſtre le bouillon où la mixtion pour les Cheuaux.

10. Monſtre la furie és animaux indomptez, l'vnique origine des maladies.

Extraict du Priuilege du Roy.

PAR Grace & Priuilege du Roy, signé GVITONNEAV, & scellé du grand seau de cire jaune, il est permis à IEAN RIBOV, Marchand Libraire à Paris, d'imprimer ou faire imprimer, vendre & debiter vn Liure intitulé *Le Nouueau & sçauant Mareschal enseignant à connoistre la nature des maladies des Cheuaux & la maniere de les guerir; ensemble l'Art de les emboucher, auec vn Traitté du Harats.* Composé par le Sieur MARKAM Gentilhomme Anglois. Traduit par le Sieur FOVBERT Escuyer du Roy, & ce pour le temps & espace de dix ans entiers & accomplis, à commencer du iour qu'il sera acheué d'imprimer pour la premiere fois : & deffenses sont faites à toutes personnes de quelque qualité & condition qu'elles soient, d'imprimer ou faire imprimer ledit Liure, ny vendre d'autre Edition que de celle dudit exposant, à peine de quatre mil liures d'amende, confiscation de tous les Exemplaires, & de tous despens, dommages & interests : ainsi qu'il est porté plus au long esdites lettres de Priuilege. Donné à Paris le sixiesme iour de Decembre l'an de grace 1664. & de nostre regne le vingt-deuxiesme.

Et ledit Iean Ribou à associé auec luy Iean Baptiste Loyson, pour joüyr par ensemble esdites Lettres de Priuilege suiuant l'accord fait entr'eux.

Acheué d'imprimer pour la premiere fois, le 9. Auril 1666.

Registré sur le liure de la Communauté suiuant l'Arrest du Parlement, en date du 8. Avril 1665. & 16. Octobre 1665. Signé PIGET, Sindic.

www.ingramcontent.com/pod-product-compliance
Lightning Source LLC
Chambersburg PA
CBHW060821220326
41599CB00017B/2243
* 9 7 8 2 0 1 9 6 2 1 1 6 2 *